WELTENZYKLOPÄDIE DER RAUMFAHRT

WELTENZYKLOPÄDIE DER RAUMFAHRT

GOFFREDO SILVESTRI

LUIGI BROGLIO · CARLO BUONGIORNO · GIOVANNI CAPRARA · FRANCESCO CARASSA

VINCENZO CROCE · FRÉDÉRIC D'ALLEST · JOHN HODGE · GUGLIELMO MARIANI

PAOLO MATRICARDI · FRANCO PACINI · LUIGI NAPOLITANO · GIORGIO RIVIECCIO

DEUTSCHE BEARBEITUNG VON HANFRIED SCHLIEPHAKE

SÜDWEST VERLAG MÜNCHEN

Der Herausgeber möchte der Nationalen Luft- und Raumfahrtbehörde der USA (NASA), der Europäischen Weltraum-Organisation (ESA), der französischen Raumfahrtbehörde (CNES), der italienischen STET, der Telespazio, der Selenia Spazio und dem Ministero per il Coordinamento della Ricerca Scientifica e Tecnologica für ihre freundliche Unterstützung bei der Beschaffung von Informationsmaterial, Daten und der Bilddokumentation danken.

© 1985 Arnoldo Mondadori Editore S. p. A., Mailand
Erste Auflage Libri Illustrati Mondadori: November 1985

Hergestellt bei: ERVIN s.r.l., Rom
Gesamtleitung: ADRIANO ZANNINO
Mitarbeit: SERENELLA GENOESE ZERBI
Beratung und Koordination: GIOVANNI CAPRARA
Redaktion: MARIA LUISA FICARRA
Verantwortlich für die Herstellung: BRUNO BAZZONI

Zu den Autoren und ihren Beiträgen:

Luigi Broglio   Raketenstartplätze rund um die Welt
Direktor der Schule für Weltraumtechnik der Universität Rom – Direktor des CRA (Zentrum für Weltraumforschung)

Carlo Buongiorno   Technologie und Sicherheit beim Weltraumtransportsystem
Professor für Weltraum-Aerodynamik an der Universität Rom – Koordinator der italienischen Raumfahrtaktivitäten (sowohl nationaler als auch internationaler) beim Ministero della Ricerca Scientifica

Giovanni Caprara   Nutzungsbereiche des Space Shuttle; Der Mensch im Weltraum; Amerikanisch-sowjetische Zusammenarbeit; Besiedlung des Mondes und die Erforschung des Mars
Wissenschaftlicher Korrespondent des »Corriere della sera« und Autor des Buches »Il libro dei voli spaziali«

Francesco Carassa   Einleitung
Professor für Nachrichtentechnik an der Universität Mailand

Vincenzo Croce   Merkur; Venus; Mars, Planetoiden; Jupiter; Uranus; Neptun; Saturn; Kometen
Astronom am Montemario Observatorium, Rom

Frédéric D'Allest   Von Trägerraketen zu Raumtransport-Systemen
Generaldirektor der CNES – Präsident von Arianespace

John Hodge   Die Zukunft und der nächste logische Schritt der Raumfahrt
Leiter der Sondergruppe zur Erforschung von Raumstationen

Guglielmo Mariani   Entwicklungen bei den Sonden und Satelliten für die Wissenschaft und kommerzielle Anwendungen
Stellvertretender Direktor von STET – Leiter für Strategie und Entwicklung von Raumfahrt-Vorhaben der STET-Gruppe

Paolo Matricardi   Jenseits der Erdatmosphäre; Raumtransportsystem Space Shuttle
Journalist – Autor der Bücher: »Guida agli aeroplani di tutto il mondo« (Band 1–7); Text u. Redaktion der »Weltenzyklopädie der Flugzeuge«, Band 1, »Militärflugzeuge«; Band 2 »Zivilflugzeuge«; »Bilderlexikon der Flugzeuge«

Luigi Napolitano   Die Nutzung des Weltraums
Direktor des Instituts für Aerodynamik an der Universität Neapel – Vorsitzender der Europäischen Gesellschaft zur Erforschung der Schwerelosigkeit

Franco Pacini   Die Bedeutung von Forschungsarbeiten im Weltraum
Direktor des Astrophysikalischen Observatoriums Arcetri

Giorgio Rivieccio   Weltraumzentren; Militärische Satelliten; Andere Länder; Raumstationen
Wissenschaftlicher Korrepsondent

Goffredo Silvestri   Trägerraketen; Satelliten und Sonden; Bemannte Raumfahrtmissionen in der Erdumlaufbahn: Aufbruch zum Mond; EURECA; Tabellen
Leitender Journalist des wissenschaftlichen Sektors der ANSA-Agentur

Abbildungen
Amedeo Gigli   Koordination und Layout der Abbildungen
Egidio Imperi   Seite: 43; 44; 47; 48; 51; 54; 59; 60
Pierluigi Pinto   Seite: 22 bis 37; 42; 43; 44; 45; 46; 47; 53; 54; 57; 58; 59; 61; 63; 66; 69; 91; 153; 155

Übersetzung ins Deutsche: Rosemarie Schliephake, Dr. Marcus Würmli, Erhard Heckmann, Hanfried Schliephake

Italienische Originalausgabe: VERSO LO SPAZIO gli uomini, i fatti, le macchine, la tecnologia, la storia della grande avventura

Alle Rechte der deutschen Ausgabe (1986) bei Südwest Verlag GmbH & Co. KG, München
Schutzumschlag: Manfred Metzger
Satzherstellung: Uhl + Massopust, Aalen
Druck und Bindung: Officine Grafiche Arnoldo Mondadori, Verona · Printed in Italy

ISBN 3-517-00906-7

Inhalt

Einleitung

Francesco Carassa

Es ist mir eine Freude und eine Ehre zugleich, für dieses Buch Worte der Einleitung schreiben zu dürfen. Es nimmt meiner Ansicht nach in der bisherigen Raumfahrt-Literatur eine Sonderstellung ein, nicht nur durch den gebotenen umfassenden, gründlichen und systematischen Überblick, sondern auch durch die Fachkenntnisse seiner Autoren. Manche Kapitel sind so spannend wie ein Roman, und man verschlingt sie geradezu. Gleichzeitig wird das Buch als gültiges Nachschlagewerk seinen festen Platz in der Bibliothek finden.

Weltraum – die volle Erkundung und Nutzung dieser neuen Dimension liegt noch in weiter Ferne, auch wenn die Menschheit bereits vor drei Jahrzehnten mit dem Start der ersten künstlichen Satelliten den Wettlauf ins All eröffnet hat. Der Weltraum ist ein vierter »Lebens«raum, der uns Erdbewohnern phantastische neue Möglichkeiten bietet. In vergangenen Jahrhunderten gingen die Menschen auf die Suche nach fernen Ländern und Kontinenten mit ihren Schätzen – die heutigen Eroberer sind im Weltraum zu finden. So kam der Mensch dazu, selber oder mit Hilfe von Robotern seinen Weg in Bereiche zu lenken, die »jenseits« seines gewohnten Lebensraumes liegen. Von dort aus können wir bereits unseren Planeten selbst beobachten oder durch künstliche Flugkörper in Erdumlaufbahnen beobachten lassen. Diese neuen Möglichkeiten haben zu einer bisher nicht vorstellbaren Erweiterung des menschlichen Horizontes geführt, wenn wir nur einmal an die Mikrowellentechnik, die Beobachtungsmöglichkeiten der Erde und ihrer Atmosphäre, die Präzisionsnavigation und an vieles andere denken. Es gibt noch einen weiteren Faktor: Innerhalb eines Flugkörpers in Erdumlaufbahn herrscht nahezu keine Schwerkraft, und in einer solchen Umgebung treten bestimmte physikalische und chemische Vorgänge auf, wie wir sie sonst nirgendwo beobachten können.

Die Weltraumprogramme waren und sind ein Betätigungsfeld für Angehörige höchst unterschiedlicher Disziplinen. Es hätte kein einziges der bisherigen Vorhaben durchgeführt werden können oder wäre in Zukunft durchführbar – ganz zu schweigen von dem, was erst noch geplant werden wird – ohne die Zusammenarbeit so extrem verschiedenartiger Fachgebiete wie Werkstoffkunde, Antriebstechnik, mechanische Flugzeugbaustrukturen, Navigationstechnik, elektronische Datenverarbeitung und vieles andere.

Diese Fachgebiete wiederum profitieren von den Erkenntnissen und der Erweiterung des Horizonts, die man aus jedem Unternehmen gewinnt, sei es nun wissenschaftlicher oder kommerzieller Natur. Weltraumunternehmungen sind deswegen als Ganzes betrachtet zu einer ungeheuer wichtigen Sache geworden, weil sie auf breiter Basis die Zusammenarbeit fördern und wertvolle Resultate zeitigen.

Es wurde bereits erwähnt, daß bei einigen Unternehmen der Mensch selber das Wagnis einer Reise ins All auf sich nimmt. Solche Missionen erregen Aufsehen und bewegen mit ihrer vermeintlichen Romantik unsere Phantasie. Ich persönlich bin allerdings der Meinung, daß gerade die automatischen Missionen, die der Mensch von der Erde aus lenkt, unseren besonderen Respekt verdienen. Ich denke dabei zum Beispiel an die Sonden, die entwickelt wurden, um auch die am weitesten entfernten Planeten zu erforschen. Sie führen mit sich in das All so viel von des Menschen Geist, Intelligenz, Beobachtungsgabe und seiner Fähigkeit zu experimentieren, daß er im Grunde genommen tatsächlich mit dabei ist. Ich bin überzeugt, daß beide Methoden weiterentwickelt werden müssen, damit man für jede Zielsetzung die beste Ausführungsmöglichkeit wählen kann. Außerdem bin ich der Ansicht, daß wir im Hinblick auf die zu lösenden Probleme und die dabei entstehenden Kosten zu einer globalen Zusammenarbeit kommen müssen.

Jeder, der über den Nutzen schreibt, der uns aus dem Weltall erwächst, muß mit der Nachrichtenübermittlung auf der Erde beginnen, die sich mit allen Gebieten unvorstellbar schnell entwickelt. Sie steht bei der kommerziellen Nutzung des Raumes an erster Stelle und hat zur Errichtung eines weltweiten Fernmeldenetzes geführt, zu dem alle Länder, ob reich oder arm, gleichermaßen Zugang haben. Aber doch ist dies nur ein Anfang, und es bleiben uns noch viele wichtige neue Gebiete, die es zu erforschen und zu erschließen gibt. Denken wir zum Beispiel daran, daß einzelne Benutzer heute Platz auf Weltraumplattformen oder im Space Shuttle für eigene Zwecke mieten können. Sie profitieren zu verhältnismäßig geringem Preis vom Weltraum, ohne daß sie selbst einen Satelliten finanzieren müssen.

Alles in allem: Es bleibt noch viel zu tun, im Weltraum und für den Weltraum, und es bleibt zu hoffen, daß viele Nationen in der Lage sein werden, an diesem Abenteuer der Menschheit teilzunehmen.

Jenseits der Erdatmosphäre

»Houston, hier Tranquillity Basis; der ›Adler‹ ist gelandet!« Die Uhrzeit: 21.17 und 43 Sekunden (MEZ); das Datum: 20. Juli 1969. Der Funkspruch kommt vom Mond, aus dem Meer der Ruhe. Er wird vom Johnson Space Center aufgefangen, dem NASA-Kontrollzentrum für den bemannten Raumflug. Um 03.56 Uhr und 20 Sekunden (MEZ) kommt eine weitere Nachricht, direkt von Neil Armstrong, der in dem Augenblick den Mondboden betreten hat: »Es ist ein kleiner Schritt für den Menschen, aber ein großer Sprung für die Menschheit!« Um 09.32 Uhr Cape-Ortszeit (14.32 MEZ) hatte am 16. Juli die Saturn V, die Trägerrakete von Apollo 11, von ihrer Startrampe in Cape Canaveral in Florida abgehoben. An Bord befanden sich Neil Armstrong, Edwin Aldrin und Michael Collins. Der Einsatz sollte insgesamt 195 Stunden und 19 Minuten dauern, von denen 21 Stunden und 36 Minuten für die Mondoberfläche bestimmt waren. Der 2 Stunden und 32 Minuten dauernde »Mondspaziergang« von Armstrong und Aldrin war die eindrucksvollste Leistung des ganzen Unternehmens. Am 24. Juli wurde dann die Kommandokapsel mit den Astronauten aus dem Pazifischen Ozean geborgen, und die ganze Welt bereitete den Männern einen begeisterten Empfang.
Elf Jahre später, im Johnson Space Center in Houston, Texas, sah ich das LEM, das Mondlandegerät, das erstemal aus der Nähe. Zu dem Zeitpunkt (1980) hatte bereits seit einiger Zeit das öffentliche Interesse an der Raumfahrt nachgelassen, die erste Landung auf dem Mond lag lange zurück. Die Namen der Astronauten allerdings gehören zu den vielen, die man sich wegen ihrer großen Leistungen im Gedächtnis behalten sollte. Von dem Mondlandegerät, das inmitten eines Raumfahrtszenariums aufgestellt ist, scheint etwas geradezu Beschwörendes auszugehen, trotzdem es jetzt bereits als Museumsstück gilt. Seine insektenähnlichen Landebeine, die schimmernde Isolationsfolie, das ganze kalte, rein funktionelle Aussehen, läßt plötzlich die Nacht wieder lebendig werden, in der wir Aufnahmen direkt vom Mond betrachten und bestaunen konnten.

Schon acht Jahre vor dem bedeutsamen 20. Juli hatte der Mensch die Konfrontation mit dem All gesucht, das geschah am 12. April 1961, als Juri Gagarin als erster Mensch in den Weltraum vorstieß. Ein Jahr später hatte John Glenn das Wagnis unternommen.
Eine »echte« Mercury-Kapsel, in einer angrenzenden Halle überhöht aufgestellt, ist von Tafeln mit Aufnahmen der Astronauten und den verschiedenen Phasen der zahlreichen Raumflug-Programme umgeben, die von den Anfängen des amerikanischen Weltraumabenteuers künden. Treppenstufen führen direkt zu der Einstiegluke. Ohne das Gerüst mit der Rettungsrakete wirkt die Kapsel winzig klein. Mit ihrem olivgrünen Anstrich, das hintere Ende ohne seine Bremsraketen, angeschlagen und verbeult, dazu geschwärzt von der enormen Reibungshitze beim Wiedereintritt in die Erdatmophäre, wirkt die Kapsel irgendwie nackt und kaum geeignet für eine derartige Aufgabe. Das Innere der Kapsel glich mehr dem Cockpit eines modernen Düsenjägers als der Kabine eines Raumfahrzeuges. Der einzelne Austronautensitz scheint dazu entworfen, um den Astronauten in einen Zustand der Symbiose mit der Kapsel zu versetzen, er ist völlig umgeben mit Instrumenten und Apparaturen.
Trotz ihres fremdartigen Aussehens sind die Mercury-Kapsel und das Mondlandegerät ein vertrauter Anblick, eine perfekte Verkörperung höchster Leistungsfähigkeit und immer noch futuristisch, trotz der Zeit, die seit ihrer Planung und Fertigstellung vergangen ist. Der Zeitraum von acht Jahren und der technologische Unterschied, der diese zwei Raumfahrzeuge voneinander trennt, repräsentieren zwei fundamentale Stadien der Eroberung des Weltraumes: 1961, die erste bemannte Erdumkreisung; 1969, der erste Mensch auf dem Mond. In einem beeindruckenden und immer schnelleren Ablauf von Ereignissen haben wir die 80er Jahre erreicht; mit ihren Raumlaboratorien, der automatischen Erforschung des Sonnensystems, dem Space Shuttle und den immer komplizierter werdenden bemannten Raumfahrtprogrammen, die danach trachten, mit Astronauten im-

mer tiefer in den Weltraum vorzudringen.
Die Geschichte der modernen Raumfahrt ist kurz, aber intensiv und umfaßt nicht mehr als zwei Jahrzehnte, 20 Jahre eines rasenden, ständigen und fast unglaublichen Fortschritts, in denen die Grenzen der Erdatmosphäre überschritten wurden und sich ein alter Menschheitstraum verwirklichte, nachdem sich der des Fliegens bereits erfüllt hatte. Diese Geschichte kann aber auch als Chronik verstanden werden, die über einen großen Zeitraum parallel mit der Geschichte der Luftfahrt verlief, wobei sich beide häufig überlappten und auf die gleichen Probleme konzentriert waren. Man braucht nicht eigens zu betonen, daß auch die Weltraumfahrtprogramme ihre Vorgeschichte haben. Beweise dafür, daß man bereits vor langer, langer Zeit das Rückstoßprinzip – und damit das der Raketen –, wenn auch vermutlich mehr durch Zufall angewandt hatte, sind vorhanden. In seinem Werk Noctes Atticae (Attische Nächte) erzählt der römische Schriftsteller Aulus Gellius von der hölzernen Taube des Archytas von Tarent, die an einem Seil über einem Feuer hängend sich durch die im Inneren entstehende heiße, durch eine kleine Öffnung am Schwanzende ausströmende Luft voran bewegte. Das von dem Pythagoreer Heron von Alexandria (62 n. Chr.) konstruierte Reaktionsdampfrad, die »Äolipile«, war schon konkreter. Dieses kugelförmige Gerät wurde durch aus gekrümmten Düsenröhrchen ausströmenden Dampf gedreht, der durch Erhitzen von Wasser erzeugt wurde. Weniger wissenschaftlich, aber zweifellos viel eindrucksvoller, waren die »Feuerpfeile«, die auf den Schlachtfeldern des alten China verwendet wurden.
Daß die Chinesen dem Rest der Welt um Jahrhunderte voraus waren, lag einfach daran, daß sie eine leicht entzündbare, vielleicht schießpulverähnliche Substanz entdeckt hatten, die sich als Raketenantriebsmittel eignete. Erst im 13. Jahrhundert (Roger Bacon) wurde in Europa das Pulver entdeckt, und von da an, bis zum Ende des 18. Jahrhunderts, war das Schießpulver als Treibsatz die Grundvoraussetzung der Raketent-

wicklung und führte zu einer langen Periode von Experimenten und Patenten, die fast ausschließlich kriegerischen Verwendungen dienten.
Obwohl Isaac Newton bereits 1687 das Gesetz über »Aktion und Reaktion« formuliert hatte, war es noch zu früh, um von einer Wissenschaft im engsten Sinne des Wortes zu sprechen, und es war sogar noch unpassender, von »Raumfahrt« zu reden. Es geschah nicht vor dem 19. Jahrhundert und der indsutriellen Revolution, daß die ersten wirklichen Theoretiker und Vorläufer der modernen Wissenschaftler auftauchten. Der bekannteste unter ihnen war der Franzose Jules Verne, der in seinem 1865 verfaßten Roman »Eine Reise zum Mond« zukünftige Ereignisse und Situationen mit bemerkenswertem Verständnis beschrieb, die, obgleich reine Phantasieübungen, voraussahnten, was tatsächlich ein Jahrhundert später Wirklichkeit werden sollte. Am wissenschaftlichsten war der Russe Konstantin Eduardowitsch Ziolkowski, ein Mathematik- und Physiklehrer, der am 17. September 1857 in Ijewskoje im Bezirk Rjasan das Licht der Welt erblickt hatte. Ihm sagt man nach, er habe die Epoche der Raumfahrt eingeleitet. In einer seiner zahlreichen wissenschaftlichen Veröffentlichungen hatte er bereits seine Theorie über das Prinzip der Flüssigkeitstriebwerke entwickelt, da er Pulvertreibsätze für Weltraumraketen als zu leistungsschwach ablehnte.

Die Pioniere der Raumfahrt

Genau wie Cayley für die Luftfahrt, hat Ziolkowski einen entscheidenden Beitrag über Theorie und Praxis von Raketen- und Raumflugtechnik geleistet und wird heutzutage als die erste große Persönlichkeit dieser Wissenschaft betrachtet. In seinen zahlreichen veröffentlichten Werken (z. B. »Träume über die Erde und Himmel« von 1895 oder »Erforschung des Weltraums mittels Reaktionsapparaten« von 1903, in letzterem gab er erstmalig die Ableitung der Raketengrundgleichung an), aber ganz besonders in seinen Notizen, Aufzeichnungen und Skizzen prüfte er mit peinlicher wissenschaftlicher Genauigkeit die mit der Raumfahrt zusammenhängende Problematik und kam dabei zu hypothetischen Lösungen, die in späteren Jahren bestätigt wurden. Diese erstreckten sich von der Verwendung der kryogenen Treibstoffkomponenten Flüssigsauerstoff- und -wasserstoff bis zu den Konstruktionsprinzipien der Raumfahrzeuge, von den Problemen, die mit der Raketensteuerung und -lenktechnik im Zustand der Schwerelosigkeit zusammenhingen, bis zu denen, welche die Sicherheit und die Überlebenschancen der Raumfahrer betrafen. Der russische Gelehrte befaßte sich auch mit den noch unbekannten Problemen der enormen Beschleunigung, außerdem war er der erste, der vorschlug, zur Erzielung der Fluchtgeschwindigkeit Mehrstufenraketen zu verwenden, und er sah sogar die Entwicklung von Weltraumstationen und -besiedelungen voraus. Ziolkowski, der am 19. September 1935 in Kaluga bei Moskau gestorben ist, wird heute als der »Vater der sowjetischen Kosmonautik« betrachtet, und das Haus, in dem er lebte und arbeitete, ist heute Nationaldenkmal und Museum.

Allerdings ist trotz allem Konstantin Eduardowitsch Ziolkowski ein Theoretiker geblieben. An einer anderen Stelle der Welt, in den Vereinigten Staaten, sollten ähnliche Studien zum erstenmal konkrete Anwendungen finden. Robert Hutchings Goddard (geboren am 5. Oktober 1882 in Worcester, Massachusetts), war der zweite große Pionier der Raumfahrt. Im Jahr 1909 hatte er mit seiner Analyse der Dynamik von Raketen begonnen, wozu eine große Anzahl von Versuchen gehörte, die verschiedene funktionelle Theorien im Zustand der Schwerelosigkeit erprobten und wichtige quantitative Auswertungen erbrachten. Zehn Jahre später veröffentlichte er sein erstes bedeutendes Werk: »Eine Methode zum Erreichen sehr großer Höhen«, in dem er die Grundlagen für die Konstruktion einer von flüssigen Treibstoffen angetriebenen Rakete beschrieb. Danach folgte eine Periode intensiven praktischen Schaffens, die am 16. März 1926 in Auburn, Massachusetts, ihren Höhepunkt fand, als Goddard erfolgreich eine von flüssigem Sauerstoff und Benzin angetriebene Rakete startete. Diese Rakete war die erste ihrer Art in der ganzen Welt, und obwohl sie nur 2½ Sekunden lang über eine Strecke von 56 m mit einer Durchschnittsgeschwindigkeit von 103 km/h flog, eröffnete sie eine endlos lange Serie von Versuchen, die sich bis zum Zweiten Weltkrieg hinzogen. Goddard starb am 10. August 1945 in Baltimore. Zu dieser Zeit machten ihm andere Wissenschaftler und Praktiker, besonders in Europa, bereits heftige Konkurrenz.

Der dritte große Name in der modernen Astronautik kam tatsächlich aus der Alten Welt, aus Deutschland. Hermann Julius Oberth ist der Initiator der deutschen Raketentechnik. Am 25. Juni

1894 in Hermannstadt in Siebenbürgen, geboren, erläuterte er in seiner 1923 erschienenen Schrift »Die Rakete zu den Planetenräumen«, die Grundlagen für Weltraumforschung mit Raketen als Transportmittel und die Möglichkeit von erdumkreisenden Raumflügen. Dieser deutsche Wissenschaftler, der ohne Kenntnis der Studien von Ziolkowski und Goddard seine Forschungsarbeit durchführte, wandte sich dann voll hinsichtlich der Analyse von Treibstoffen zu und zeichnete den Plan einer Rakete (Modell B), welche die obersten Luftschichten der Erdatmosphäre untersuchen sollte. Um die erforderlichen Mittel für die Durchführung seiner Experimente aufzutreiben, hatte Oberth sofort zugegriffen, als ihm von dem berühmten Filmregisseur Fritz Lang für seinen Film »Frau im Mond« die Tätigkeit eines technischen Beraters angeboten wurde. Kurz vor der Premiere am 15. Oktober 1929 sollte aus Publicity-Gründen auch eine echte Rakete aufsteigen, doch Oberth bemühte sich vergebens. Erst neun Monate später, am 23. Juli 1930, schaffte er es, seine Rakete erfolgreich zu starten. Diese sogenannte »Kegeldüse« (Name abgeleitet vom Aussehen des Verbrennungsraumes) hielt sich 90 Sekunden in der Luft und verbrannte dabei 6 kg flüssigen Sauerstoff und 1 kg Benzin, wobei sie über 50,8 Sekunden einen konstanten Schub von 7 kp (0,068 kN) erzielte. Dieser Versuch wurde von einer Gruppe durchgeführt, die bekannt werden sollte, dem »Verein für Raumschiffahrt«, besser bekannt als VfR, der 1927 in einem Breslauer Wirtshaus gegründet worden war. Oberth wurde 1929 Vorsitzender dieses Vereins, dessen Mitglieder Bedeutendes für die weitere Entwicklung der Raumfahrt leisteten. Neben Oberth gehörten später dem über 1000 Mitglieder zählenden Verein Johannes Winkler (der Gründer), Max Valier, Rudolf Nebel, Klaus Riedel, Rolf Engel und Wernher von Braun an. Die Aktivitäten des VfR wuchsen ständig und erstreckten sich einige Jahre lang auf eine große Zahl grundsätzlicher Versuche, bis die Gruppe 1934 aus Gründen mangelnden offiziellen Interesses und wegen unzulänglicher finanzieller Unterstützung aufgelöst wurde.

Wie alle, die ihrer Zeit weit voraus sind, blieben auch Ziolkowski, Goddard und Oberth auf sich selbst gestellt und isoliert, und ihre Arbeiten wurden erst viele Jahre später anerkannt. Der »theoretischen Pionierzeit«, die sie in der Geschichte der Raumfahrt repräsentieren, folgte eine Phase intensiven und organisierten Schaffens, besonders in Deutschland und der Sowjetunion. Die Regierungen dieser Staaten begannen die enormen Möglichkeiten der neuen Wissenschaft zu erkennen, wenn auch ihr Hauptinteresse sich auf die militärische Verwendbarkeit konzentrierte.

Im Schatten des drohenden Zweiten Weltkrieges wurden spezielle Forschungs- und Versuchsanstalten, die über unbeschränkte Mittel im Hinblick auf militärische Ziele verfügen konnten,

eingerichtet. Genau wie für die Luftfahrt war der Krieg auch für die Raumfahrt die stärkste Antriebskraft, die hinter dem technischen und technologischen Fortschritt und der Weiterentwicklung stand. Das war nicht nur während dieser intensiven Periode so, die bereits direkt das nächste Entwicklungsstadium der unmittelbaren Nachkriegszeit einleiten sollte, ein Stadium, das hauptsächlich von den beiden siegreichen Supermächten, den USA und der UdSSR, beherrscht wurde.

In den 30er Jahren jedoch waren vor allem die in Deutschland gemachten Entwicklungen herausragend, sowohl hinsichtlich der Zielstrebigkeit ihrer Forschungsprogramme als auch ihrer bemerkenswerten Ergebnisse. Bevor wir uns von Braun und Peenemünde zuwenden – in dieser Phase die Namen, die am häufigsten mit Raketentechnik in Verbindung gebracht werden –, muß ein vierter großer Mann erwähnt werden, der zu diesem Zeitpunkt von sich reden machte, der Sowjetrusse Sergej Pawlowitsch Koroljow (1906–1966). Im Kielwasser von Ziolkowskis Forschungsarbeiten sollte dieser Wissenschaftler der »Vater der Sputniks« werden. 1931 war Koroljow Gründungsmitglied einer Arbeitsgruppe zur Erforschung der Rückstoßtechnik. Unter dem Namen Moskau-GIRD (Moskauer Gruppa Isutschenija Reaktiwnogo Dwischenija) gelang es dieser, die erste sowjetische Versuchsrakete mit Flüssigkeitstriebwerk zu schaffen, die GIRD-09, die im August 1933 gestartet wurde und eine Höhe von 400 m erreichte. Ein Jahr danach veröffentlichte Koroljow eine umfassende und grundlegende Arbeit mit dem Titel: »Der Raketenflug in die Stratosphäre.« Während des Krieges konzentrierte er seine Arbeiten auf Flüssigkeits-Starthilfsraketen für Kampfflugzeuge.

Wernher von Braun

Der Übergang von der Phase der »Pionierzeit« zu der organisierten Arbeit begann in Deutschland 1932, als die Schaffensperiode des VfR durch innere Streitigkeiten langsam zu Ende ging und bei der Reichswehr das erste ernsthafte Interesse an der Raketentechnik erwachte. Im Frühjahr 1931 und 1933 hatten Offiziere des Heereswaffenamtes (Dr. Becker, von Horstig und Dornberger) den VfR-Raketenflugplatz besucht, ein ehemaliges Munitionslager, das vom VfR in Berlin-Reinickendorf entdeckt und ab September 1930 als Versuchsgelände benutzt worden war. Am 22. Juni 1932 erreichte der VfR (Riedel, Nebel, von Braun) die Vorführung einer ihrer Flüssigkeitsraketen (eines Achsenstabers Repulsor IV, auch Minimumrakete Mirak III genannt) vor Angehörigen des Heereswaffenamtes auf ihrer hervorragend eingerichteten Versuchsstelle Kummersdorf-West bei Berlin. Ziel dieser Vorführung war die Unterstützung der Reichswehr für die Aktivitäten des VfR zu erlangen; das wurde jedoch nicht

erreicht. Der Startversuch mißglückte. Die Rakete flog etwa 60 m hoch, legte sich dann quer und stürzte ab, ohne daß sich der Fallschirm öffnete.

Einerseits gab dieser Mißerfolg der Gruppe zwar den »Gnadenstoß«, aber andererseits verhalf er von Braun zu einer neuen Karriere. Dieser junge Ingenieur, geboren am 23. März 1912 im westpreußischen Wirsitz, erhielt am 1. Oktober 1932, gerade 20 Jahre alt, einen Anstellungsvertrag von der Ballistischen Abteilung des Heereswaffenamtes. Hier sollte er unter der Leitung von Hauptmann Walter Dornberger an der Entwicklung von Flüssigkeitsraketen mitarbeiten. Sein Erfolg kam schnell: im Januar 1933 konnte ein kleiner Raketenofen erfolgreich getestet werden, und von Braun entwickelte nach einer Reihe von Versuchen die erste Rakete, mit der Bezeichnung Aggregat 1 (A 1). Auch stellte sich im Dezember 1934 mit der A 2 der Erfolg ein. Zwei dieser Raketen (Max und Moritz), von der Insel Borkum gestartet, erreichten eine Höhe von 2200 m. Als nächstes folgte die A 3, sie diente neben der Erprobung des Antriebes auch der Steuereinrichtung. Als erste Rakete erhielt sie eine kreiselstabilisierte Plattform und war mit Stabilisierungsflächen und Strahlrudern ausgerüstet.

Langsam aber sicher erreichte von Braun sein Ziel, aber er war nicht der einzige auf diesem Gebiet. Genau wie die Moskauer Gruppe zwar einen bemerkenswerten Fortschritt mit Flüssigkeitsraketen erzielt hatte, erreichte auf der anderen Seite des Atlantiks auch der Amerikaner Goddard allmählich dasselbe Ziel wie der deutsche Wissenschaftler. Am 8. März 1935 hatte er einer seiner Raketen einen Rekord aufgestellt. Während der 12 Sekunden Brennzeit flog die Rakete 2,75 km weit und erreichte dabei erstmals Überschallgeschwindigkeit von 1125 km/h. 20 Tage später wurde diese Leistung durch ein anderes Modell verbessert, das durch Kreisel stabilisiert und durch Strahlruder gesteuert wurde. Goddard, mehr oder weniger auf sich allein gestellt, konnte seine Arbeit nur dank privater finanzieller Unterstützung vor allem von Stiftungen fortsetzen; diese Situation trug nicht gerade zur Beschleunigung seines Wirkens bei. Ab 1941 begannen sich die US Army und Navy für seine Projekte offiziell zu interessieren. Die Gruppe um von Braun dagegen bestand aus 80 Mitarbeitern, und im Sommer 1935 waren ihr finanzielle Mittel von 11 Millionen Reichsmark vom Luftwaffen-Etat (zur Entwicklung eines »Rauchspur«-Jagdflugzeuges in Zusammenarbeit mit Junkers und Heinkel) und vom Heer (zur Entwicklung einer ballistischen Kampfrakete) zur Verfügung gestellt worden. Das war eine gewaltige Summe, wenn man sie mit den bis dahin für die gesamte Forschung zur Verfügung gestellten Mitteln von jährlich 80 Millionen vergleicht, und sie bedeuteten für die deutschen Wissenschaftler einen entscheidenden Schritt nach vorn. Zwei Jahre später sollte sich die Situation noch mehr verbessern, als die Kummersdorfer Gruppe in die neue Heeresversuchsanstalt nach Peenemünde umzog, die im Zuge der militärischen Aufrüstung Deutschlands errichtet worden war, nachdem das Interesse an der Raketentechnik erheblich zugenommen hatte. Die neue Versuchsanstalt am Peenemünder Haken auf der Insel Usedom war in Rekordzeit aus dem Boden gestampft worden; man hatte hinsichtlich der Einrichtungen und der Gebäude keinerlei Kosten gescheut. Dort fand von Braun die idealen Verhältnisse für seine Arbeit, und da konnte er auch seine Mannschaft vergrößern und zu seiner Unterstützung einige seiner Mitarbeiter von früher, einschließlich Riedel, einstellen. In bezug auf ihre Zielstrebigkeit und die Durchführung ihres Programms war die Gruppe einmalig auf der Welt. Bald stellten sich auch Erfolge ein. Am Vorabend des Zweiten Weltkrieges bestand die A 5 erfolgreich alle Probeschüsse. Als erste Rakete überhaupt mit einer kompletten Kreiselsteuerung ausgerüstet, war sie eine wesentlich verbesserte Version der vorausgegangenen A 3.

Das gab den Raketenbauern in Peenemünde einen gewaltigen zusätzlichen Aufschwung. Neben der schwierigen Erprobung eines Flüssigkeitsraketenantriebs für Jagdflugzeuge (am 13. August 1941 machte der Messerschmitt Me 163 als erstes Flugzeug dieser Kategorie in der Geschichte der Luftfahrt ihren Erstflug), gelang in Peenemünde am 3. Oktober 1942 dem Prototyp aller zukünftigen ballistischen Fernraketen der erste erfolgreiche Start. Hierbei handelte es sich um das Aggregat A 4 (später bekannt als V 2), einen Höhepunkt des Schaffens Wernher von Brauns. Diese ferngesteuerten, kreiselstabilisierten A4-Raketen hatten eine Startmasse von 12 800 kg und besaßen eine Flugweite zwischen 300 und 320 km, ihr Schub betrug mehr als 25 t (260 kN), und sie erreichten eine Brennschlußgeschwindigkeit (nach 63 s), höher als die fünffache Schallgeschwindigkeit (1650 m/s.). Der höchste Punkt ihrer Flugbahn betrug 96 km. Bei einer kleinen Feier am Abend des A4-Erststarts sagte Dornberger zu seinen Mitarbeitern: »Wir haben mit unserer Rakete in den Weltraum gegriffen, ... dieser 3. Oktober 1942 ist der erste Tag eines Zeitalters neuer Verkehrstechnik, dem der Raumschiffahrt.« Wie wahr! Niemals zuvor war man dem Traum von Ziolkowski, Goddard, Oberth und allen anderen – der Eroberung des Weltraums – so weit nähergerückt. Zunächst jedoch wurde nur die militärische Verwendbarkeit der A4-Rakete erprobt, mit all ihren erschreckenden Möglichkeiten – über und auf London. Beladen mit einer Tonne Sprengstoff richtete diese todbringende Fernwaffe verheerende Wirkungen an: vom 7. September 1944 bis zum 27. März 1945 wurden zirka 4320 V2-Raketen gestartet. Nach britischen Statistiken haben 1120 von ihnen London erreicht und unermeßlichen materiellen und psycho-

logischen Schaden angerichtet; 2511 Menschen getötet und 6000 verwundet. Und dennoch, trotz der grausamen und brutalen Wirklichkeit des Krieges, kam die Begeisterung des Raumfahrtpioniers Wernher von Braun nie zum Erlöschen. Die Beweise dafür sind in seinen zahlreichen Plänen zu finden, in denen er sich nicht mit der militärischen Verwendbarkeit der Raketen, sondern mit ihrer friedlichen Nutzung befaßt hat. Sein Bestreben galt der Steigerung der Reichweite als Vorbereitung für spätere Raumflüge, was er mit der nächsten Version, einer geflügelten A4, der A4b, erreichte. Ihr sollten die A9/A10-Kombination als zweistufige Rakete folgen. Diese Projekte wurden erst nach dem 2. Mai 1945 bekannt, das heißt, als von Braun sich in Reutte/Tirol freiwillig in amerikanische Hände begeben hatte, gemeinsam mit General Dornberger und anderen Peenemünder Raketenexperten. Die folgende Bemerkung des deutschen Wissenschaftlers, der mit kaum 35 Jahren all die Zeit vor sich hatte, um seinen Traum von der Raumfahrt verwirklichen zu können, war mehr als nur prophetisch: »Mit geringfügigen Verbesserungen des Schub/Gewichts-Verhältnisses könnten wir einen Piloten mit der A9 mit Leichtigkeit als Satelliten in eine Erdumlaufbahn befördern.«

Vorbereitungen für den Weltraumflug

Mit von Braun und den ungefähr 100 Mitarbeitern, die sich entschlossen hatten, mit ihm in den Westen zu gehen, hatten die USA die Spitzenkräfte der Weltraumforschung gewonnen, trotzdem lag die Sowjetunion nicht weit zurück. Bei Ende des Krieges in Europa und bevor die Truppen des Marschalls Rokossowski Peenemünde am 5. Mai 1945 besetzt hatten, war das Peenemünder Raketenzentrum buchstäblich geplündert von allem und jedem, was von Wert hätte sein können: Ausrüstung, Materialien, Archive und Pläne. Die Amerikaner hatten aus dem nach Mitteldeutschland verlagerten Werk allein Ersatzteile in die USA geschafft, die zusammengesetzt 100 A4-Raketen ergaben. Die Sowjets hatten mehr oder weniger dasselbe gemacht, wobei es ihnen allerdings nicht gelungen war, die Führungskräfte der Raketentechnik zu erlangen. Immerhin haben sie für ihre eigenen Forschungseinrichtungen noch genug an technischem, materiellem und menschlichem Potential erbeutet. Die beiden Hauptsieger haben geerntet, was in Peenemünde in den Kriegsjahren gesät worden war. Die Früchte dieser Saat konnten in den Jahren des kalten Krieges schnell reifen. Ähnlich wie die Deutschen wollten Amerikaner und Russen zunächst die Möglichkeiten der ballistischen Raketen unter militärischen Gesichtspunkten untersuchen, um zur Erhaltung der strategischen Überlegenheit immer abschreckendere Waffen mit Atomsprengköpfen zu schaffen.

Zu diesem Zeitpunkt war von anderen, nicht kriegerischen Zielen der Raumfahrt kaum die Rede. Erst Ende der 50er Jahre und bis zur Eroberung des Mondes sollte die Rivalität zwischen den beiden Mächten eine andere Dimension annehmen. Nur während dieser Zeit war der Wettkampf ein wirkliches Abenteuer der Menschheit.

Die UdSSR verfolgte von Anfang an eine Strategie, die sich völlig von der amerikanischen unterschied. Der sowjetische Plan zielte nicht auf die Entwicklung von Kernreaktionsraketen zur Schaffung eines Raumschiffes mit ungeheurer Leistung und Reichweite, die Sowjets konzentrierten sich vielmehr auf Erforschung und Weiterentwicklung des erbeuteten deutschen Materials und erzielten dadurch zunächst einen Vorteil vor den USA, den diese erst eine beachtliche Zeit später aufholen konnten. Unmittelbar nach Kriegsende waren mit großer Aktivität zwei Vorhaben in Angriff genommen worden: einmal die Wiederaufnahme der A4 (V2)-Produktion im ehemaligen Mittel-, jetzt Zentralwerk Bleicherode im sowjetisch besetzten Deutschland. Die Leitung hatte einer der führenden Männer Peenemündes, Helmut Gröttrup; er war gegenüber Walentin Gluschko verantwortlich, einem Flüssigkeitstriebwerk-Experten, der bereits 1929 Mitarbeiter des Gasdynamischen Laboratoriums in Leningrad war. Das zweite Projekt war die Verschickung von rund 200 deutschen Raketenspezialisten in die UdSSR, wo sie gemeinsam mit sowjetischen Fachkräften arbeiten sollten. Zu letzteren gehörte als Verantwortlicher Sergej Koroljow mit seinem Konstruktionskollektiv. Die deutschen Techniker wurden in zwei Gruppen geteilt. Die eine mit Gröttrup etablierte sich in »Luxus«-Datschen in Monino bei Moskau, die andere auf der Insel Gorodomlja im Seliger-See, ungefähr 250 km nördlich von Moskau entfernt. Der Erfolg ließ nicht lange auf sich warten. In Kapustin Jar, der ersten sowjetischen Raketenabschußbasis, 120 km östlich des damaligen Stalingrad, wurden im Oktober 1947 die ersten Probeschüsse von zirka 20 in Deutschland erbeuteten A4 (V2) durchgeführt. Kurz danach entwickelte die Gröttrup-Gruppe die R10-Rakete, eine direkte Ableitung der A4. Ihr Startgewicht betrug über 18 t, und das modifizierte A4-Triebwerk erzielte einen Schub von 32 t (314 kN). Ein Jahr später vereinigten sich die beiden Gruppen in Gorodomlja und bauten die R12, die entsprechend der sowjetischen Forderung 1 t Nutzlast über eine Entfernung von 2500 km befördern sollte. Im April 1949 forderte Rüstungsminister Ustinow eine weitere Rakete, die eine 3-t-Nutzlast über 3000 km ins Ziel tragen sollte. Das Triebwerk dieser R14 leistete 100 t (980 kN) Schub. In der Zwischenzeit hatten die sowjetischen Raketenspezialisten von den Deutschen so viel gelernt, daß sie 1951 in eigener Regie ihre erste ballistische Interkontinentalrakete R 7 entwickelten. So kehrten zwischen 1951 und Ende

1953 die deutschen Raketenfachleute allmählich in ihre Heimat zurück, Gröttrup selbst war einer der letzten; sie hatten ihren Auftrag erfüllt.

In den USA waren ab 6. Juli 1945 alle Raketenaktivitäten auf ein neues Erprobungsgelände verlegt worden: den White Sands Proving Grounds in New Mexico. Dorthin waren die in Deutschland erbeuteten Raketen, Bauteile und Dokumente geschafft worden. Im gleichen Jahr wurden noch zwei weitere Zentren eingerichtet: das Wallops Flight Center in Virginia und die Navy Air Facility in Kalifornien. Das bekannteste Raumfahrtzentrum in Cape Canaveral, wurde erst ab 1947 als militärisches Raketenstartgelände in Betrieb genommen. Die ersten Starts begannen Mitte 1946 und dauerten bis Ende September. Während dieser Periode wurden nicht weniger als 67 A4 (V2) gestartet, einmal um den Technikern Einsichten in Aufbau und Handhabung, in die Ballistik, Bahnverfolgung und Lenkung sowie um vieles andere mehr zu liefern und um gleichzeitig wissenschaftliche Daten über den Aufbau der höheren Atmosphäre zu erlangen. Ein Jahr darauf finanzierte die US Army das »Bumper-Projekt«, eine Zweistufenrakete, bestehend aus einer Kombination einer abgewandelten A4 mit einer WAC Corporal. Die Forschungsarbeiten auf dem Gebiet der ballistischen Raketen wurden schnell und gründlich fortgesetzt, aber im Gegensatz zu den sowjetischen Plänen waren die amerikanischen nicht auf die Herstellung einer großen Interkontinentalrakete ausgerichtet. Darüber hinaus zeigten die Amerikaner bald ein sehr starkes Interesse an der Erforschung des Weltalls. In jenen Tagen war die Idee eines bemannten Satelliten schon weit gediehen, wenn auch vorerst für militärische Zwecke. Tatsächlich arbeitete man ab Juli 1945 im US Navy Bureau of Aeronautics an dem möglichen Projekt, durch Bündelung mehrerer A4-Raketen eine Trägerrakete für einen bemannten Satelliten zu schaffen. Diese Untersuchungen waren durch ein anderes Forschungsprogramm der US Air Force ergänzt worden, die das Projekt der kalifornischen Studiengruppe RAND übergeben hatte, einer Gruppe, die sich aus Wissenschaftlern und Techniker verschiedener Firmen zusammensetzte. Jedoch die alte Rivalität zwischen den beiden Teilstreitkräften verhinderte die gemeinsame Durchführung des Programms. Die US Air Force weigerte sich, mit der Navy, ihrem traditionellen Antagonisten, zusammenzuarbeiten. Schließlich wurden die Projekte wegen ihrer sehr hohen Kosten eingestellt. Die US-Streitkräfte mußten bis 1954 warten, bevor sie mit einem konkreten Satellitenprogramm, dem Projekt Orbiter, fortfahren konnten. Diesmal war die Zusammenarbeit zwischen der Army und der Navy von ihren jeweiligen Dienststellen organisiert worden: dem Office of Naval Research und der Army Ballistic Missile Agency. Ihr Ziel, das sie anvisierten, war die Redstone-Mittelstreckenrakete, die später modifiziert und in Juno umbenannt wurde. Das offizielle grüne Licht war am 15. Juli 1955 von Präsident Eisenhower gegeben worden: Das Projekt sollte, als Beitrag der USA zum Internationalen Geophysikalischen Jahr 1957/58, kleine Satelliten auf eine Erdumlaufbahn bringen. Eine Zeitlang schien alles planmäßig zu verlaufen, doch nach einigen Wochen änderte Eisenhower seine Entscheidung und gab neue Direktiven heraus, die sich schwerwiegend auf das Programm auswirkten und die Erfolgschancen aufs Spiel setzten. Eisenhower vertrat jetzt die Meinung, das Projekt Orbiter, das eine militärische Trägerrakete verwenden sollte, sei aus diesem Grund nicht mit den Forderungen des geophysikalischen Jahres vereinbar, denn alle Beiträge sollten ausschließlich dem Wohle der Menschheit dienen.

Als Ergebnis dieses Meinungsumschwungs wurde einem anderen Satellitenprojekt, dem Projekt Vanguard, der Vorzug gegeben, das selbständig vom Marine-Forschungslaboratorium durchgeführt wurde. Dieses Projekt basierte auf der einstufigen, für wissenschaftliche Forschungen eingesetzten Höhenrakete Viking, einer von der Navy verwendeten, von der A4 abgeleiteten Versuchsrakete. Das Programm wurde am 9. September angekündigt. Die rein politische Entscheidung führte bald zu oftmals bitteren Kontroversen: der kritische Punkt war die modifzierte erste Viking-Stufe, die offensichtlich keinen Vergleich mit der Redstone der Army aushielt, die unter der Leitung Wernher von Brauns entwickelt worden war. Nachdem er fünf Jahre als technischer Berater und Direktor bei der Raketenabteilung der US Army in White Sands in Fort Bliss (Texas) beschäftigt gewesen war, hatte man den deutschen Wissenschaftler und seinen gesamten Mitarbeiterstab von Fort Bliss, das für zukünftige Raketenentwicklungen zu klein geworden war, ins Redstone Arsenal nach Huntsville, Alabama verlegt. Hier wurde Wernher von Braun die Leitung der Abteilung übertragen, die sich mit der Entwicklung von ballistischen Raketen mittlerer Reichweite befaßte. Ein Jahr später, 1956, wurde er zum technischen Direktor dieser Raketenanstalt ernannt. Mit großem Nachdruck hat von Braun wiederholt darauf hingewiesen, daß diese Entscheidung den Sowjets zu einem entscheidenden Vorsprung verhelfen würde. Seine Proteste führten jedoch zu nichts, Eisenhower wollte seine Meinung nicht ändern.

Die Sowjetunion schickt den ersten Menschen in die Erdumlaufbahn

Die USA sollten schon bald ihre Entscheidungen und die daraus resultierende Zersplitterung ihrer Kräfte bedauern. Die Überlegenheit der Sowjets auf dem Gebiet der reinen Raketentechnik stellte sich am 4. Oktober 1957 heraus, als die ganze Welt erfuhr, daß die

UdSSR erfolgreich ihren ersten künstlichen Satelliten, Sputnik 1, gestartet hatte. Der Sputnik war ein kugelförmiger Körper aus Aluminium mit einem Durchmesser von 58 cm und einer Masse von 83,6 kg. Er enthielt eine kleine Sendeanlage, die Ortungssignale abstrahlte und während der gesamten Erdumkreisung, die zwischen 228 und 947 km verliefen, die Meßwerte von Innentemperatur und dem Druck übertrug. In den USA war man aufs höchste schockiert. Von Braun ersuchte um die Genehmigung, das Orbiter-Programm ohne Verzögerung wiederaufzunehmen, damit man innerhalb von drei Monaten einen Satelliten starten könne. Diese Genehmigung wurde nicht erteilt, und am 3. November wiederholten die Sowjets ihren Erfolg mit dem Start von Sputnik 2 in die Erdumlaufbahn. Dieser wies eine Masse von 508,3 kg auf und hatte als Passagier die Eskimohündin Laika an Bord, deren Opfer für die Raumfahrt die ganze Welt bewegte. Die ersten Versuche mit Hunden waren 1949 in Kapustin Jar gemacht worden, wo die Tiere mit Raketen, in Spezialbehältern sorgsam verpackt, in Höhen von 100 km befördert worden waren, als Teil von Versuchen über die Lebensfunktionen eines höher entwickelten Organismus unter Raumflugbedingungen.
Einen Monat und drei Tage später, am 6. Dezember, schien Amerika einen Seufzer der Erleichterung auszustoßen, als Vanguard auf die Startplattform kam. Dieser Meßsatellit, eine kleine Kugel von 16 cm Durchmesser, wog gerade 1,54 kg und war mit Solarzellen versehen zum Wiederaufladen der Mercury-Batterien, die den Strom für die Instrumente lieferten. Die Begeisterung nahm jedoch ein schnelles Ende, als einige Sekunden nach dem Abheben die Rakete ihren Schub verlor und explodierte, wobei alle Hoffnungen, mit den Sowjets gleichzuziehen, zerstört wurden. Es blieb nun nichts weiter übrig, als das ursprüngliche Programm zu beschleunigen, das ab 8. November von der Army in Huntsville wiederaufgenommen worden war. Das Ziel war, einen Explorer-Meßsatelliten mit einer modifizierten Jupiter C, einer Trägerrakete aus drei Stufen, die unter der technischen Leitung von Brauns entwickelt worden war, in die Umlaufbahn zu bringen. Der große Tag dämmerte am 31. Januar 1958, als Explorer erfolgreich von Cape Canaveral aus gestartet wurde. Er bestand aus einem zylindrischen, zwei Meter langen Körper von 16,3 cm Durchmesser und wog annähernd 14 kg. Obwohl kleiner als der Sputnik 1, war er technologisch fortgeschrittener. Die zuvor erlittene Demütigung der USA wurde reichlich kompensiert durch den sensationellen wissenschaftlichen Erfolg dieses Experiments: Mit dem Explorer 1 gelang es, den Van-Allen-Strahlungsgürtel zu entdecken (benannt nach dem amerikanischen Wissenschaftler, der das Meßgerät für kosmische Strahlen für den Satelliten entwickelt hatte), der die Erde ringschalenförmig umgibt und auf die

der Satellit während seiner Erdumkreisung (Perigäum 360 km, Apogäum 2500 km) in Höhen ab 850 bis 950 km gestoßen war. So war nun auch für die USA der Weg gebahnt, und neue Einsätze folgten. Am 17. März gelangte Vanguard in die Umlaufbahn, und zwischen Dezember 1958 und September 1959 konnten drei andere Satelliten gestartet werden. Bis 1961 waren außerdem fünf weitere Explorer dem ersten gefolgt, womit eine erfolgreiche Serie eingeleitet wurde.
In seiner historisch wichtigsten Phase war das erste Weltraumabenteuer fast zwölf Jahre nach dem Ende des Zweiten Weltkrieges zur Vollendung gelangt. Der nächste Schritt, der direkt mit dem Menschen im All zu tun hatte, wurde in viel kürzerer Zeit vollzogen. Wieder gelang es der UdSSR, ihre totale Überlegenheit zu demonstrieren. Am 12. April 1961 wurde der sowjetische Fliegermajor Juri A. Gagarin mit einer Wostok-Rakete in eine Erdumlaufbahn gestartet. Die Raumkapsel Wostok war, genau wie die Trägerrakete, unter Sergej Koroljows Leitung entwickelt worden. Der Start erfolgte um 9 Uhr 07 Minuten Moskauer Zeit. In 96 Minuten umkreiste Gagarin mit Wostok 1 (Masse 4730 kg) auf einer elliptischen Bahn mit einem erdnächsten Punkt (Perigäum) von 327 km und einem erdfernsten Punkt (Apogäum) von 327 km die Erde und landete nach 108 Minuten Gesamtflugzeit sicher am vorbestimmten Ort beim Dorf Smelowka. Die Bahnneigung betrug 65°.
Nach diesem erneuten Schock für die Amerikaner nahm der Wettlauf im All einen immer rasanter werdenden Verlauf. Die USA konterten mit ersten bemannten ballistischen Testflügen, die am 5. Mai 1961 von Alan Shepard mit der Mercury-Raumkapsel Nr. 3 und einer Redstone-Rakete und am 21. Juli 1961 von Virgil Grissom mit Mercury-Redstone Nr. 4 erfolgten. Bevor der erste US-Astronaut John Glenn am 20. Februar 1962 mit der Mercury-Atlas die Erde wie geplant dreimal umkreiste (Perigäum 161 km, Apogäum 261 km, Gesamtflugzeit 4 Stunden 56 Minuten), war es der UdSSR gelungen, am 6. August 1961 einen weiteren Kosmonauten ins Weltall zu starten. Fliegermajor German Titow umflog innerhalb von 24 Stunden 17mal die Erde. Zehn Monate später, am 16. Juni 1963, umrundete als erste Frau Valentina Tereschkowa mit Wostok 6 die Erde 48mal und landete nach 70 Stunden und 50 Minuten wieder sicher auf der Erdoberfläche.

Amerika und der Mond

Gagarins Pioniertat hatte die USA bis ins Mark erschüttert und auf allen Ebenen heftige Reaktionen ausgelöst. Das Ziel des höchsten Ehrgeizes war jetzt eine Mondlandung, und John F. Kennedy persönlich verkündete am 25. Mai 1961, sechs Wochen nach dem großartigen Erfolg der Russen, vor dem versammelten Kongreß und der Nation, daß die USA Astronauten zum Mond entsenden würden. Man fühlte sich sowohl politisch als auch technologisch herausgefordert. Nicht nur der amerikanische Anspruch auf die Führungsrolle in der Welt stand auf dem Spiel, sondern der Ruf, die fortschrittlichste Nation der Welt zu sein. So wurden die nun folgenden acht Jahre die hektischsten des ganzen Wettlaufs ins All.
Die Anstrengungen beider Seiten waren ungeheuer, aber auch die dadurch bewirkten technologischen und wissenschaftlichen Erfolge, die auf allen Gebieten erzielt wurden. In den USA hat allein das Apollo-Programm auf seinem Höhepunkt 20 000 Auftragnehmer beschäftigt, das waren über 350 000 Beteiligte, die an den Vorbereitungen der Mondlandung arbeiteten. Die Kosten für das Unternehmen stiegen bis auf 25 Milliarden Dollar.
Die NASA (National Aeronautics and Space Administration), die nationale Luft- und Raumfahrtbehörde der USA, war am 1. Oktober 1958 gegründet worden und hatte im wesentlichen schon mit der Arbeit am Mondflug begonnen. Neben der Stimulierung der verschiedenen Bereiche und der Bereitstellung der erforderlichen finanziellen Mittel war eine weitere wichtige Folge von Kennedys Ankündigung, daß die vielen unterschiedlichen Forschungsprogramme alle auf ein genau festgelegtes, einzigartiges Ziel hingeführt wurden. Die Mercury- und Gemini-Programme haben folglich nicht nur die Lebensmöglichkeiten für den Menschen im All untersucht, nachdem er den Streß beim Austritt aus der Erdatmosphäre überstanden hatte, sondern auch Pionierleistungen bei der Erforschung der Technologien erbracht, die von grundlegender Bedeutung für das Mondprojekt werden sollten: von der Arbeitsfähigkeit der Astronauten im All bis zum Rendezvous mit anderen Raumflugkörpern und der Entwicklung der Kopplungstechnik im Orbit bis zur Ausführung anspruchsvoller wissenschaftlicher Tätigkeiten in der Erdumlaufbahn. Diese neue Entschlossenheit der Amerikaner trug auch wesentlich zum Bau der Saturn-Rakete bei, jener gewaltigen Trägerrakete, die, von Wernher von Braun und seinem Team entwickelt, das ganze Mondlandeunternehmen ermöglichen sollte.
Am 28. November 1961 hatte die NASA die endgültigen Planungsgrundlagen für das Apollo-Konzept festgelegt: bestehend aus einer kegelförmigen Raumkapsel, der Kommandoeinheit, in der die drei Astronauten untergebracht waren, dem zylindrischen Triebwerks- und Versorgungsteil, der Service-Einheit, in welcher sich das Haupttriebwerk, Geräte und die Lageregelungseinheit befanden, und der Mondfähre, das Lunar-Modul (LM). Erst in der Mondumlaufbahn sollte das Mondlandegerät von zwei Astronauten besetzt werden. Den Firmen North American Aviation und Grumman wurde der Auftrag zum Bau der Apollo-Raumkapseln erteilt, wobei

Grumman für das Mondlandegerät verantwortlich war. Am 26. Februar 1966 diente ein Start mit einer Saturn-I-B-Rakete der Erprobung der Apollo-Kapseln; der erste Start mit einer unbemannten Großrakete Saturn V fand am 9. November 1967 statt. Alles verlief planmäßig, und die Endphase wurde vor der Rückkehr zur Erde in drei verschiedenen Umlaufbahnen verbracht. Alles schien bestens für den ersten bemannten Start vorbereitet, der 1967 erfolgen sollte, als sich plötzlich ein tragischer Unfall ereignete. Am 27. Januar 1967 wurden die drei Astronauten Virgil (»Gus«) Grissom, Edward White und Roger Chaffee in ihrer Apollo-Raumkapsel auf der Spitze einer Saturn I-B beim Training von einem Brand überrascht und fielen innerhalb von Sekunden einem sich blitzschnell ausbreitenden Feuer zum Opfer. Die Katastrophe war vermutlich durch einen elektrischen Kurzschluß hervorgerufen worden, der die in der Apollo-Raumkapsel vorhandene Atmosphäre aus reinem Sauerstoff entzündet hatte. Die sich anschließenden strengen Untersuchungen erstreckten sich über eine lange Zeit und führten zu einer Reihe von Änderungen und Überprüfungen des gesamten Versuchsprogramms, bis schließlich am 11. Oktober 1968, nach drei vorausgegangenen unbemannten Testflügen, zum erstenmal eine Saturn-Apollo-Kombination, Apollo 7, mit Walter Schirra, Don Eisele und Walter Cunnigham, in die Umlaufbahn geschickt wurde.

Am 21. Dezember 1968 startete Apollo 8 mit Frank Bormann, James Lovell und William Anders zur ersten Mondumkreisung. Nach zehn Umrundungen des Erdtrabanten auf einer kreisförmigen Bahn in 112 km Höhe kehrten sie zur Erde zurück. Vom 3. bis 13. März 1969 testete Apollo 9 mit James McDivitt, David Scott und Russell Schweickart das Rendezvous- und Ankopplungs-Manöver mit der Mondfähre in der Erdumlaufbahn. Der letzte Erprobungsflug zur Mondlandung wurde zwischen dem 10. und 18. Mai von Apollo 10 mit Thomas Stafford, Eugene Cernan und John Young durchgeführt. Die Astronauten manövrierten dabei die Mondfähre bis auf 15 km an die Mondoberfläche heran. Nach dem Abschluß der Mission gab die NASA bekannt, daß Apollo 11 nicht vor dem 16. Juli starten würde. An dieses, in die Raumfahrtgeschichte eingehende Datum, hat man sich gehalten.

In der Zwischenzeit waren die Sowjets nicht untätig gewesen. Obwohl die Verantwortlichen für die sowjetischen Raumfahrtunternehmungen beteuerten, daß sie niemals beabsichtigt hätten, einen Menschen auf den Mond zu schicken, waren ihre Anstrengungen in diesen Jahren doch sehr intensiv, so daß die Amerikaner vom Gegenteil überzeugt waren. Es gab auch stichhaltige Beweise für die sehr hohe Qualität des sowjetischen Programms. Am 13. September 1959 hatte Lunik 2 als erste Sonde (oder irdischer Raumflugkörper) den Mond erreicht und war nach einer harten Landung auf der Mondoberfläche aufgeschlagen. Der am 4. Oktober gestarteten Sonde Lunik 3 gelang es erstmalig, Aufnahmen von der Rückseite des Mondes zur Erde zu übertragen. Die am 31. Januar 1966 gestartete Sonde Luna 9 führte die erste weiche Landung auf dem Mond durch. Am 31. März des gleichen Jahres gelang es Luna 10 in eine Mondumlaufbahn einzuschwenken und so zum ersten künstlichen Mondtrabanten zu werden. Im September und November 1968, nur wenige Monate vor Apollo 8, wurde erstmals die wichtige wissenschaftlich-technische Aufgabe der Rückführung zweier automatischer Apparate (Sonde 5 und Sonde 6) aus der Umgebung des Mondes zur Erde gelöst. Was die Sowjets tatsächlich beabsichtigt hatten, war nun, angesichts des amerikanischen Erfolges, hinfällig geworden. Das kam auch in einer unmittelbar nach der Apollo-11-Mission veröffentlichten Erklärung der Sowjets zum Ausdruck, in der sie verkündeten, daß sie ihre bemannten Raumflüge auf Einsätze in der Erdumlaufbahn beschränken würden.

Der Raumtransporter Space Shuttle

Der Wettlauf war vorüber, und er ist mit einer solchen Intensität und einem so hohen Einsatz nie wieder aufgenommen worden. Das Ende dieses Wettkampfs war auch das Ende eines grandiosen Abenteuers, und als alles vorbei war, begann die Begeisterung nachzulassen. Die Eroberung des Mondes setzte der allgemeinen Anteilnahme der Menschheit an Weltraumunternehmen ein jähes Ende. Die nachfolgenden Missionen zur Erforschung des Erdsatelliten (das Apollo-Programm lief bis 1972 und erreichte mit Apollo 17 zwischen dem 7. und 19. Dezember dieses Jahres seinen Höhepunkt) wurden nun vor einem mehr oder weniger gleichgültigen Publikum durchgeführt, auch die immer längeren und komplizierteren Einsätze in der Umlaufbahn, die ersten Raumstationen sowie das amerikanische Raumlabor Skylab und unbemannte Sonden zum Mars und zur Venus erweckten kein besonderes Interesse mehr. Diese Haltung signalisierte zwar einerseits die wachsende Anerkennung der Raumfahrt und ihrer Bedeutung, ließ aber andererseits erkennen, daß nach der mehr emotional aufgenommenen Eroberung des Mondes die weitere Eroberung des Weltalls als eine Serie von Ereignissen von hoch bewerteter technologischer und wissenschaftlicher Bedeutung angesehen wurde, aus eben diesen Gründen weit entfernt von der Realität des täglichen Lebens.

Erst zwölf Jahre nach dem Start von Apollo 11 (und 20 Jahre nach dem ersten bemannten Raumflug) konnte dieser Zwiespalt beseitigt werden. Das genaue Datum war der 14. April 1981, als Millionen von Zuschauern (genau wie an jenem historischen Tag im Juli 1969) die Fernseh-Direktübertragung der Schlußphase der bisher letzten großen Raumfahrtabenteuers verfolgten: die Rückkehr von Columbia, dem ersten Raumtransporter der Geschichte, von seinem Jungfernflug mit John Young und seinem Kopiloten Robert Crippen. Das Space Shuttle verkörperte eine völlig neue Philosophie: es war nicht länger ein »Wegwerfgerät« wie die früheren Raumkapseln, und ebensowenig dafür bestimmt, den Rest seiner Tage endlos die Erde zu umkreisen, wie die Masse von Satelliten und anderer Flugkörper. Das Space Shuttle war dagegen ein gewaltiges, leistungsfähiges und technisch vollkommenes Luftfahrzeug mit entsprechenden Aufgaben: der Beförderung von Nutzlasten zwischen Erde und dem schwerelosen Raum, und das nicht für nur eine Mission, sondern für viele nachfolgende. Dieses vertraut anmutende Gerät startete zwar wie eine Science-fiction-Rakete, aber es kehrte zur Erde zurück wie ein Segelflugzeug, geräuschlos und auf einer vorher bestimmten Flugbahn. Es war genau dieser Gedanke – das Konzept einer »Fähre«, dazu bestimmt, einen regelmäßigen Pendelverkehr durchzuführen –, der nötig war, um die Begeisterung wiederaufleben zu lassen und in eine Haltung zunehmenden Interesses zu verwandeln.

Das Space Shuttle repräsentiert natürlich viel mehr als eine extrem fortschrittliche Kombination von Luftfahrt- und Raumfahrttechnologien, es hat die zweite bedeutende Phase in der Geschichte der Raumfahrt eingeleitet. Nach Bewältigung der Erprobungsphase dachte man nur daran, den Weltraum nutzbar zu machen, wie zum Beispiel die Möglichkeit, das Raumtransportsystem in großem Maßstab kommerziell einzusetzen und in einer Erdumlaufbahn eine ständige Raumstation einzurichten. Die Antriebskraft für diese beabsichtigten Vorhaben war das Space Shuttle, das hier die gleiche Rolle spielte wie die Saturn beim Flug zum Mond. In der Tat plant die NASA, mehr oder weniger alle herkömmlichen Trägerraketen durch ein vielseitiges und zuverlässiges, kostengünstiges und wiederverwendbares Raumtransportsystem zu ersetzen.

Die Richtigkeit dieser Philosophie konnte bereits durch zahlreiche Missionen in den ersten Einsatzjahren bewiesen werden. Es genügt, sich an das EOS (Electrophoresis Operations in Space)-Projekt zu erinnern, das 1977 von McDonnell Douglas Astronautics begonnen wurde und beim vierten Space-Shuttle-Flug 1982 zur Ausführung gelangte. Die Ausnutzung der Schwerelosigkeit im Weltraum ermöglichte vielversprechende Elektrophorese-Experimente, bei denen mit Hilfe eines elektrischen Feldes Proteine in einer Lösung getrennt wurden mit einer 100–400mal höheren Konzentration als auf der Erde. Man ist bestrebt, unter Ausnutzung der Schwerelosigkeit organische pharmazeutische Produkte in brauchbaren Mengen zu gewinnen, um einen entscheidenden Beitrag im Kampf gegen so ernste Erkrankungen wie Diabetes liefern zu können.

Während des zwölften Space-Shuttle-Fluges (41D) trat ein »zahlender Passagier«, der Testingenieur Charles Walker, die Reise ins All an. Er war mit der Überwachung des Herstellungsvorgangs einer hochreinen Hormonsubstanz gegen eine unheilbare Krankheit beauftragt. Der Weltraum gehört jetzt nicht mehr ausschließlich den Pionieren; sie sind ersetzt worden durch Wissenschaftler vieler Disziplinen, die gemeinsam mit den Astronauten dort ihrer Arbeit nachgehen, wie der »einfache Mann auf der Straße«.

Ist das große Abenteuer denn wirklich schon vorüber? Aller Wahrscheinlichkeit nach sind bisher nur die Träger der Handlung, das Szenario und die Ziele ausgetauscht worden, indem man ganz einfach den Schalter von »Traum« auf »Wirklichkeit« umgelegt hat. Eines jedoch ist sicher, durch das *Space Shuttle-Transportsystem* ist zum erstenmal eine Geschichte der Menschheit eine wirtschaftliche Nutzung des Weltraumes in greifbare Nähe gerückt.

Raketenstartplätze rund um die Welt

Luigi Broglio

Seit über zehn Jahren schon sind in mancher Hinsicht die erdumkreisenden Satelliten die unbestrittenen Favoriten aller Weltraumunternehmen. Das primäre Ziel ist die Nutzung dieser Satelliten, von der sich die Menschen auf der Erde viel erwarten. Wegen der extremen Höhe seiner Umlaufbahn kann ein Satellit weite Gebiete auf der Erde überwachen (Beobachtung und Fernerkundung) oder Verbindung zwischen Orten herstellen, die nachrichtentechnisch anders nicht zu erreichen sind. Außerdem erlaubt die Schwerelosigkeit im Innern eines Satelliten die Herstellung von Materialien und Substanzen, die auf der Erde nicht oder nur erschwert möglich ist.

Die erdumkreisenden Satelliten, bemannt oder nicht, haben folglich eine ganze Reihe von technologischen fortschrittlichen Aktivitäten ausgelöst sowie eine internationale Zusammenarbeit und einen regen Wettbewerb. Daraus resultiert, daß eine Industrienation, die Satelliten in eine Erdumlaufbahn schießen kann, eine starke Position hinsichtlich der Entwicklung wissenschaftlicher und bedeutender Weltraumunternehmen innehat.

Um das Erwähnte in vollem Umfang verstehen zu können, genügen folgende Anmerkungen: In Europa verfügen nur zwei Länder, Italien und Frankreich, über eigene Satellitenabschußplätze. In der gesamten westlichen Welt sind es vier, außer den beiden bereits erwähnten noch Japan und die USA. Die Möglichkeit, Satelliten in eine Umlaufbahn schießen zu können, wird noch weiter eingeschränkt durch die Tatsache, daß dem Standort der Abschußrampen eine große Bedeutung zukommt. Tatsächlich spielt die Lage des Breitengrades eine primäre und bedeutende Rolle. Je größer der Breitengrad, d. h., je weiter er vom Erdäquator entfernt ist, um so ungünstiger wird der Standort. Nur ein Abschußplatz, der direkt am Äquator liegt, oder noch besser einige wenige Grade nördlich oder südlich davon, bietet die Möglichkeit, jede gewünschte Umlaufbahn zu erreichen. Nur zwei Länder auf der Welt besitzen annähernd äquatoriale Raketenstartplätze, Italien und Frankreich.

Um das zu verstehen, muß man wissen, daß die Satelliten-Bahnebene stets durch den Mittelpunkt der Erde verläuft. Folglich kann von einem am Äquator gelegenen Abschußplatz ein Satellit in eine Umlaufbahn mit jedem gewünschten Bahn-Neigungswinkel gestartet werden (äquatorial: gestartet ostwärts; zum Pol: gestartet nach Norden oder Süden). Von einem äquatorfern gelegenen Abschußplatz ist es unmöglich, beide, d. h. äquatoriale Umlaufbahnen und solche, deren Bahn-Neigungswinkel kleiner als der Breitengrad des Startplatzes ist, zu erreichen.

Natürlich kann die Satelliten-Bahnebene nachträglich durch zusätzlichen Schub von Hilfsraketen, welche die Geschwindigkeit des Satelliten verändern, beeinflußt werden. Aber diese Möglichkeit, die ausnahmslos die Nutzlast und den Grad der Zuverlässigkeit reduziert, sollte daher nur dann angewandt werden, wenn die Geschwindigkeit des Satelliten nach Brennschluß der Trägerrakete zu gering ist, um die Zielumlaufbahn zu erreichen. Das ist bei Satelliten der Fall, die für eine Positionierung auf einer geostationären Umlaufbahn (Synchronbahn) bestimmt sind (knapp 36 000 km Höhe über der Erdoberfläche, auf 24-Stunden-Bahn umlaufend) und die von Cape Canaveral aus in eine anfänglich geneigte Bahnebene gestartet wurden. Denn Satelliten in einer niedrigen Umlaufbahn, d. h. in weniger als 1000 km Höhe (also alle nichtgeostationären), mit ihrer hohen Geschwindigkeit von etwa 8 km/s, lassen keine späteren Änderungen zu. So ist es praktisch auch unmöglich, von Cape Canaveral aus das Space Shuttle oder die zukünftige Raumstation in eine äquatoriale Umlaufbahn zu befördern. Wir hielten es für aufschlußreich, die Standorte der Raketenabschußplätze zu erörtern im Hinblick auf die italienische Abschußplattform San Marco, die auf 2,9° südlicher Breite von allen anderen Abschußrampen dem Äquator am nächsten liegt.

Die schwimmende Plattform San Marco, die vor der Küste Kenias verankert ist, erfreut sich eines außergewöhnlich geeigneten Klimas, in dem keine der sonst in den Tropen bedingten Nachteile auftreten. Und was sehr wichtig ist, durch die in Küstennähe verankerte Plattform können die verschiedensten logistischen Probleme, hauptsächlich diejenigen, die mit dem Transport der Trägerraketen zusammenhängen, auf einfachste Weise gelöst werden. Vom Entwurf her ist diese Plattform gleichzeitig ein Kai, an dem Schiffe anlegen und festmachen können. Dadurch ist es möglich, die Trägerraketen direkt auf dem Seeweg nach San Marco zu transportieren, ohne daß man ein kostspieliges Straßennetz aufbauen muß. Dies alles zeigt die großen Vorteile der schwimmenden Plattform San Marco, und sie erklären auch, warum die NASA sie als einzige nicht-amerikanische Abschußrampe der Welt für Satellitenstarts genutzt hat.

Die Entstehungsgeschichte von San Marco erfordert mehr Platz, als hier zur Verfügung steht. Aber es steht zu erwarten, daß diese Abschußplattform in naher Zukunft wieder durch Aktivitäten von sich reden macht wie in den Jahren von 1964 bis 1975, als Italien der Wegbereiter der europäischen Raumfahrt war. Die Zeit ist reif dafür. Tatsache ist, daß das Space Shuttle der NASA, aber auch die europäische Trägerrakete Ariane als sehr schwere und sehr teure »Satelliten« ausgelegt sind. Den kleinen und mittleren Satelliten, die wirtschaftlicher und flexibler sind, wird kaum noch Beachtung geschenkt.

Die Startplattform San Marco mit ihrer modernen Einrichtung und Ausrüstung für wirtschaftliche Raketen in der Größenordnung der Scout, könnte kleinen Nationen wertvolle Impulse für die Entwicklung mittlerer Satelliten geben.

Raumflugzentren

Zum gegenwärtigen Zeitpunkt gibt es auf der Welt 14 einsatzfähige Raketenstartplätze für die Raumfahrt. Neun von ihnen liegen in einem geographischen Streifen zwischen dem 35. nördlichen und dem 5. südlichen Breitengrad. Eine Ausnahme hiervon machen die sowjetischen Startplätze, da das Gebiet der Sowjetunion nicht in diesen Streifen hineinreicht. Die Konzentration der Raketenstartplätze in der äquatornahen Zone ist keine zufällige, sondern eine bindende Wahl wegen der Möglichkeit, dadurch das Gewicht und die Kosten der Trägerraketen gering zu halten. Innerhalb dieses geograpischen Streifens kann man sich die Erdumdrehung zunutze machen und dadurch umsonst einen Teil der benötigten Geschwindigkeit erzielen, die man benötigt, um einen Raumflugkörper in eine Erdumlaufbahn zu befördern. Die Erde dreht sich einmal in 24 Stunden von Westen nach Osten um ihre Achse; ihre Drehgeschwindigkeit, die an den Polen nahezu Null ist, nimmt in Richtung Äquator stetig zu. Aus der Drehrichtung der Erde ergibt sich, daß Raumflugkörper in östliche Richtung gestartet werden, wodurch der Trägerrakete eine größere Geschwindigkeit mitgegeben wird. Am Äquator beträgt die Drehgeschwindigkeit der Erde 460 m/s oder 1656 km/h, d. h. fast 6% der benötigten Einfluggeschwindigkeit sind »gratis«. Die erforderliche Einfluggeschwindigkeit, die einen Raumflugkörper in eine Freiflugbahn bringen kann, beträgt 28 000 km/h (7,9 km/s). Diese Geschwindigkeit reicht aus, daß der Raumflugkörper nicht zurück zur Erde fällt.

Vor allem wirken sich diese Einsparungen auf die Treibstoffmenge aus; eine geringere Startmasse bedeutet aber auch eine leichtere Konstruktion der Gesamtstruktur, so daß entweder mit weniger Treibstoff eine Umlaufbahn erreicht, oder aber, bei gleicher Masse, eine höhere Zuladung mitgeführt werden kann.

Dieser Vorteil ist am Äquator am größten, denn je weiter der Abschußplatz vom Äquator entfernt liegt, um so weniger Nutzen kann man aus der Drehgeschwindigkeit der Erde ziehen. Ein Beispiel hierfür ist die europäische Trägerrakete Ariane, die vom französischen Raumzentrum Kourou in Französisch-Guayana (5,3° Nord) mit den gleichen Kosten eine 17%ige größere Zuladung befördern kann, als es bei einem Start von Cape Canaveral in Florida (28,5° Nord) aus möglich wäre. Ein weiterer Faktor für die Wahl des Standortes eines Abschußplatzes ist die Lage eines »Korridors«, der so frei wie möglich von dichtbesiedelten Gebieten sein sollte und der sich aus der Haupt-Abschußrichtung und dem Niederfallen der 1. Stufe nach der Trennung oder einem eventuellen Notfall ergibt. So sind die Raumflugzentren meistens an den östlichen Küsten von Kontinenten gelegen (vorausgesetzt, daß die meisten Starts in östlicher Richtung übers Meer erfolgen), obwohl es gelegentliche Probleme mit der Korrosion der Raketen-Metallstrukturen durch den hohen Salzgehalt der Luft gibt.

Vereinigte Staaten

Cape Canaveral

In der unmittelbaren Nachkriegszeit sind in den USA drei Raketenstartplätze eingerichtet worden: auf Wallops Island in Virginia für Starts von Forschungssatelliten, in White Sands in New Mexico für Versuchsraketen und kurze Testflüge und in Point Mugu in Kalifornien für Kurzstreckenraketen. Die zunehmende Entwicklung militärischer ballistischer, gesteuerter Ra-

Aktive Raketenstartplätze

Vereinigte Staaten: 4 (Cape Canaveral; Vandenberg; Wallops; White Sands)

Sowjetunion: 3 (Tjuratam-Baikonur; Plessezk; Kapustin-Jar)

Japan: 2 (Kagoshima; Tanegashima)

China: 2 (Shuang cheng tzu; Chengdu)

Indien: 1 (Sriharikota)

Frankreich (ESA): 1 (Kourou)

Italien: 1 (San Marco)

Außerdem gehören die Startplätze in Matagorda und auf Cat Island, zwei kleinen Inseln im Golf von Mexiko dazu, die von privaten US-Firmen genutzt werden; ferner die Startplätze in der Region Shaba in Zaire und südlich von Tripolis in Libyen, die zwischen 1977 und 1981 der zivilen deutschen Firma OTRAG, der Orbital-Transport-Raketen AG in Garching, für Versuche zur Verfügung standen.

keten und die damit verbundenen Aktivitäten in der Zeit des kalten Krieges sowie der zufällige »Betriebsunfall« im Mai 1947 (als eine von White Sands aus gestartete und außer Kontrolle geratene A4-Rakete nahe der dichtbesiedelten Stadt Ciudad Juarez im nördlichen Mexiko auf die Erde stürzte), beschleunigten das Vorhaben, ein neues, wesentlich größeres Raketenstartzentrum aufzubauen. Das gewünschte Gelände sollte in Meeresnähe, in sicherer Entfernung von dichtbesiedelten Gebieten liegen, und möglichst aus kleineren Inseln mit Flüssen und schiffbaren Kanälen bestehen, um dadurch günstige Transportmöglichkeiten zu erhalten.

Im Mai 1949 fiel die Wahl auf ein dreieckiges Sumpfgebiet an der Ostküste Floridas in der Nähe vom Cape Canaveral. Dort unterhielt bereits die US Air Force seit 1947 ein zwischen dem Ozean und dem Banana River gelegenes Versuchsgelände für Interkontinentalraketen (ICBM) unter der Bezeichnung Patrick Air Force Base. 1962 erwarb die NASA die Halbinsel Merritt Island, die am anderen Ufer des Banana Rivers auf der Leeseite der vorgelagerten Landzunge liegt. 1964 erhielten das Erprobungszentrum der USAF und das Weltraumzentrum der NASA den gemeinsamen Namen Kennedy Space Center, der vorgelagerte Landstreifen wurde Cape Kennedy genannt zur Ehren des ermordeten Präsidenten, der die amerikanische Nation aufgefordert hatte, das Apollo-Mondflug-Programm mit Nachdruck zu betreiben. Auf Wunsch der Einwohner wurde ab 1979 wieder die historische Ortsbezeichnung Cape Canaveral für den vorgelagerten Landstreifen eingeführt. Das Versuchsgelände der USAF heißt heute offiziell Air Force Eastern Space and Missile Center; der NASA-Komplex auf Merritt Island ist das heutige Kennedy Space Center (KSC). Diese Namen werden oft durcheinandergebracht oder mit dem geographischen Namen von Cape Canaveral verwechselt.

Die Einweihung und Namensgebung des neu ausgebauten USAF-Versuchsgeländes bei Cape Canaveral fand am 24. Juni 1950 mit einem weiteren Start einer A4-Rakete mit einer WAC-Corporal-Oberstufe, als Teil des Bumper-Projektes, statt. Von dort erhob sich auch 1957 erfolgreich die erste Interkontinentalrakete.

Alle bedeutenden Stadien der Eroberung des Weltraumes durch die USA, sind von Cape Canaveral aus erreicht worden, angefangen vom Start des ersten Satelliten Explorer 1 am 31. Januar 1958, über das Apollo-Mondlande-Programm bis zum Wiedereintritt und der Landung des Orbiters des amerikanischen Raumtransportsystems Space Shuttle. Die Abschußplattformen sind mit Ausnahme der beiden C-39-A-

und-B-Startplätze für Saturn V und Space Shuttle sowie der beiden Titan-III-Startplätzen auf dem Landstreifen der Cape-Canaveral-Region konzentriert und wurden, da sie ein Teil des militärischen Versuchsgeländes sind, auch unter militärischer Federführung gebaut. Einer der beiden Titan-III-Startplätze befindet sich noch innerhalb des militärischen Geländes im Norden dieses beeindruckenden Komplexes, während der andere genau hinter der Trennungslinie zum Kennedy Space Center errichtet wurde. Die C-39-Plattformen sind Teil des KSC und wurden von der NASA gebaut. Beide Organisationen betreiben ihre eigenen Startrampen und arbeiten gemeinsam an den militärischen Missionen des Space Shuttle.

Die wichtigsten, sich vom Süden nach Norden erstreckenden Startrampen, sind: Startplatz 14 (C-14), verwendet für die ersten amerikanischen bemannten Raumflüge mit Mercury-Kapseln, jetzt demontiert; Startplatz 19 (C-19) für das Gemini-Programm mit Atlas-Raketen, noch vorhanden, aber stillgelegt; Startplatz 34 (C-34); hier brach am 27. Januar 1967 an Bord einer Apollo-Kapsel ein Feuer aus, wobei die Astronauten White, Chaffee und Grissom ums Leben kamen, außerdem wurde dieser Startplatz für die Apollo-7-Mission verwendet; Startplatz 37 (C-37), von dem die ersten Versuchsstarts mit Saturn-I-C-Raketen durchgeführt wurden, jetzt stillgelegt; Startplatz 40 und 41 (C-40 und C-41) für Starts mit Titan-Raketen.

Mit dem C-39-Komplex, der 1968 zum Einsatz kam, waren die vorbereitenden Starteinrichtungen für das Saturn-V-Apollo-Programm abgeschlossen worden. Anfangs waren die Endmontage, die Integration der Nutzlast mit der Trägerrakete, das Durchprüfen der Geräte und die verschiedenen Kontrollen auf der Startrampe durchgeführt worden. Später zog man es vor, diese Aufgaben in einer geschützten Arbeitswelt, in dem sogenannten »Cavernous«-Gebäude auszuführen, einer als VAB (Vehicle Assembly Building) bezeichneten würfelförmigen Raumfahrzeugmontagehalle, die lange Zeit als größtes Gebäude der Welt galt. Dieses 160 m hohe Bauwerk mit einer Grundfläche von 158 mal 218 m liegt 6 km im Innern von Merritt Island. Hier wird das komplette Raumfahrzeugsystem auf einer mobilen Startanlage in aufrechter Stellung zusammengebaut (beim Space Shuttle wird der Orbiter mit dem Treibstofftank und den zwei Feststoff-Starthilfsraketen verbunden). Die mobile Startanlage (ML – Mobile Launcher) für das Saturn-/Apollo-System ist 136 m hoch, wiegt 4808 t und steht auf einem 35 m breiten und 40 m langen, 2700 t schweren Raupen-Crawler-Transporter (C-T). Dieser bewegt sich beladen mit einer Geschwindigkeit von 1,5 km/h und transportiert das Raumfahrzeug und die mobile Startanlage als eine Einheit zur Startstelle. So geschah es bei allen Apollo-Flügen (mit Ausnahme von Apollo 7 und 10), beim Apollo-Sojus-Test-Programm sowie den Skylab-Missionen, und so wird es auch bei den Space-Shuttle-Flügen fortgeführt. Bei den Space-Shuttle-Startvorbereitungen wird der mobile Wartungsturm nicht mitgeführt, er befindet sich schon vorher an der Startstelle.

Der C-39-Startkomplex besteht aus zwei gleichen Startstellen, 39-A und 39-B; jede von ihnen verfügt über umfangreiches Prüfgerät, Bedienungseinrichtungen, Tankanlagen für die verschiedenen Treibstoffe und 62 Fernsehkameras, die alle Startvorbereitungen an das in der Nähe des VAB gelegene Startkontrollzentrum (LCC-Launch Control Center) übertragen. Unterhalb der stählernen Plattform befindet sich ein 137 m langer und 13 m tiefer Flammengraben, in dem ein 315 t mobiler Flammendeflektor auf Schienen montiert ist, der während des Startvorgangs die Triebwerksflammen entlang des Grabens ablenkt. Im Augenblick des Starts werden Startbasis und die mobile Startanlage mit Hunderten von Tonnen Wasser gekühlt. In geringer Entfernung liegt auch der unterirdische Bunker, der Astronauten und Bedienungspersonal im Fall unmittelbarer Gefahr Schutz bieten soll und den sie über eine Notevakuierungsanlage, eine 500 m lange Seilbahn, erreichen können.

Im Nordwesten des Raumfahrtzentrums befindet sich jetzt eine fast 4570 m lange und 91 m breite Landebahn (Kennedy Runway) für die Raumtransporter (Orbiter)-Landungen.

Nach erfolgter Landung wird der Orbiter in ein Gebäude (von 29 m Höhe, 61 m Länge und 26 m Breite), das OPF (Orbiter Processing Facility) gebracht, wo er überprüft, entladen und für die nächste Mission vorbereitet wird. Die Größe dieses Hangars reicht aus, um zwei Orbiter gleichzeitig unterbringen und warten zu können.

Vandenberg Air Force Base

Diese Air-Force-Basis ist der wichtigste militärische Raketenstartplatz der USA. Er liegt an der kalifornischen Pazifikküste auf 35° Nord und 120,5° West, zwischen San Francisco und Los Angeles. Das 40 km lange und 10 km breite, am Meer gelegene Startgelände ist ideal für Starts in westlicher Richtung und ganz besonders für die militärisch interessanten südwärts gerichteten Starts (zwischen 158° und 201° über Wasser) in polare Umlaufbahnen. Es sind dies alles von Cape Canaveral nicht durchführbare Startrichtungen, da sie über besiedeltes amerikanisches Territorium führen würden. Vandenberg ist 1956 auf dem Gelände des früheren Militärstützpunktes Camp Crooke errichtet worden.

Im Juli und Oktober 1961 wurden dort die militärischen Satelliten Midas 3 und 4, ab Mai 1962 Elint-Satelliten für Elektronische Aufklärung und ab 1971 die Mehrzweck-Aufklärungssatelliten Big Bird und KH-11 (Key Hole) gestartet. Nach einem Abkommen mit der NASA soll Vandenberg für militärische Space-Shuttle-Missionen als Start- und Landekomplex benutzt werden. Mit dem Bau dieses Komplexes (No. 6) VLSILC (Vandenberg Launch Site Initial Launch Capability) ist 1980 begonnen worden. Dieser neue Komplex unterscheidet sich in der Anlage und dem Betrieb grundsätzlich von dem in Cape Canaveral. Der von einer Mission zurückgekehrte Orbiter wird hier in einem Wartungsgebäude, dem OMCF (Orbiter Maintenance and Checkout Facility), gewartet und für seine nächste Mission vorbereitet. Danach wird er horizontal von einem 96rädrigen Transporter mit Namen »Columbus« über eine Entfernung von fast 27 km zum Startkomplex gerollt. Inzwischen werden im Mobile Service Tower, dem mobilen Bedienungsturm, die beiden Feststoff-Hilfsraketen aus Segmenten zusammengesetzt und mit dem großen zentralen externen Tank montiert. Im Shuttle-Montagegebäude (SAB – Shuttle Assembly Building) wird der Orbiter von zwei Kränen in eine aufrechte Position gebracht und am Startturm installiert. In dieser Phase wird der Startturm vom Bedienungsturm und dem Montagegebäude als Schutz vor Kälte und Wind umschlossen. Erst kurz vor dem Start rollen diese riesigen Gebäudeteile auf Schienen wieder zu ihrem jeweiligen Ausgangspunkt zurück und geben so den Startturm frei. Die neue 4570 m lange Landebahn für die Orbiter-Landungen ist unter Ausnutzung der alten Basis-Piste gebaut worden. Die umgebenden, bis zu 300 m ansteigenden Hügel bilden eine natürliche Umzäunung für die Startrampen und die Landepiste.

Für die ersten vier Space-Shuttle-Starts von Vandenberg aus werden die Orbiter noch in Cape Canaveral von der NASA vorbereitet und auf dem Rumpfrücken einer modifzierten Boeing 747 nach Kalifornien transportiert. Danach sollen sämtliche Einrichtungen in Vandenberg einsatzbereit sein, ebenso das Space Command und das Kontrollzentrum für bemannte, militärische Missionen in Colorado Springs.

Wallops Flight Center

Dieser amerikanische Raketenstartplatz liegt auf der kleinen Insel Wallops an der Atlantikküste des US-Staates Virginia. Das Versuchsgelände und die Startrampe wurden 1945 gebaut; von letzterer erfolgten bis 1983 rund 10 000 Starts von Höhenforschungsraketen, die in 8000 km Höhe die obere Atmosphäre erforschten. Auch sind in den ersten Jahren zirka 17 kleine Satelliten für wissenschaftliche Zwecke von Scout-Trägerraketen in die Umlaufbahn gebracht worden. Darüber hinaus wurde hier am 15. Dezember 1964 der italienische Meßsatellit San Marco (S. M. 1) mit einer Scout-Rakete in eine Umlaufbahn gestartet.

White Sands Missile Range

Dieses US-Raketen-Testgelände liegt in New Mexico. Seine zwei 11 km langen Landepisten inmitten wüstenähnlichen Gebiets dienen als Ausweichplatz für Shuttle-Landungen. Die 1947 erstmals be-

---

US-Forschungs- und Missionskontrollzentren

Johnson Space Center (JSC)

Unmittelbar nach dem Start eines Raumfahrzeuges werden das Flugmanagement und die gesamten Daten vom Startplatz an das Missionskontrollzentrum übergeben, das die gesamte Mission steuert. Das Raumfahrtzentrum der NASA ist das Johnson Space Centre in Houston, Texas. Seit seiner Gründung 1961 sind hier alle bemannten amerikanischen Raumflüge, von Gemini 4 bis zum Apollo-Programm und gegenwärtig dem Space Shuttle, kontrolliert und überwacht worden. Das JSC ist auch ein Zentrum für Programmplanung und beschäftigt sich sowohl mit der Konstruktion von bemannten Raumschiffen als auch mit der Auswahl und dem Training amerikanischer Astronauten. 1984 wurde dem JSC die Projektleitung über die ständig bemannte amerikanische Raumstation in der Erdumlaufbahn übertragen.

Jet Propulsion Laboratory (JPL)

Bei dem Laboratorium für Strahlenantriebe haben wir das »andere Ich« des Johnson Space Centre, das sich mit Programm-Koordination, der Entwicklung und Konstruktion von unbemannten Mond- und Planetensonden, Trägerraketen, fortschrittlichen Raketentriebwerken für feste und flüssige Treibstoffe, Führungs- und Kontrollsystemen und den verschiedenen statischen Bodentests beschäftigt. Außerdem betreut das JCL auch den Antennenkomplex in der Mohave-Wüste in Kalifornien für das Deep Space Network, das Verbindungsnetz in den fernen Weltraum.

Goddard Space Flight Center (GSFC)

Diese NASA-Schaltzentrale wurde nach dem Pionier der Weltraumfahrt Robert Hutchings Goddard benannt. Hier arbeiten sehr viele Wissenschaftler, die sich mit der Auswertung, der von den Satelliten und Sonden anfallenden Informationsflut, und ihrer Forschungsresultate befassen. Das GSFC ist auch am internationalen KOSPAS-SARSAT-Satellitensystem beteiligt, das zur Ortung und Rettung von in Not geratenen Flugzeugen und Schiffen eingerichtet wurde. Hier befindet sich auch die Schaltzentrale des weltweiten NASA-Nachrichtennetzes (Space Tracking Data Network, STDN), das unzählige Bodenstationen auf der ganzen Welt über Telefon und Telex mit den Kontroll- und Auswertungszentralen zur Aufrechterhaltung des Datenaustausches mit den bemannten und unbemannten Raumflugkörpern verbindet. Dieses Netz wird abgelöst durch das bodenunabhängige Bahnverfolgungs- und Datenvermittlungssystem über Satellit, dem Tracking and Data Relay Satellite System (TDRSS), das die USA von allen Bodenstationen in fernen und unzuverlässigen Ländern sowie einem Landleitungsnetz unabhängig macht.

Langley Research Center (LRC)

Im Langley-Forschungszentrum werden Studien an zukünftigen Raumschiffen ausgeführt. Das in Virginia in der Nähe der Hampton Roads Bay gelegene Zentrum konzentriert sich auf Grundlagenforschung und technologische Neuentwicklungen für Raumfahrzeuge, besonders hinsichtlich ihrer Aerodynamik und Materialien, dazu stehen Simulatoren und modernste technische Einrichtungen zur Verfügung.

Lewis Research Center

Dieses in Cleveland, Ohio, in der Nähe des Hopkins-Flughafens gelegene NASA-Zentrum ist verantwortlich für die Entwicklung von elektrischen Antrieben und Plasmatriebwerken sowie für elektronische Verstärker und Solarzellen-Technologie.

Marshall Space Flight Center (MSFC)

Auf dem Gelände des alten Redstone-Raketenentwicklungszentrums war das 1960 erbaute NASA-Forschungszentrum viele Jahre lang Arbeitsstätte Wernher von Brauns. Hier wurden Großraketen wie die Saturn V und das Mondlandegerät entwickelt, genauso wie die Antriebe des Space Shuttle.

Ames Research Center (ARC)

Das am Moffett Field südlich von San Francisco in Kalifornien gelegene Ames-Forschungszentrum der NASA untersucht biologische und medizinische Probleme der Raumfahrt und ist verantwortlich für die Familie der Pioneer-Sonden. Seit 1986 stehen dem ARC fünf Großrechner für die Erforschung der aerodynamischen Strukturen neuer Raumfahrzeuge zur Verfügung.

National Space Technology Laboratories

Hier in den nationalen Raumfahrttechnologie-Laboratorien werden die statischen Brennversuche mit den Hauptraketentriebwerken von Raumfahrzeugen (Saturn V, Space Shuttle) durchgeführt. Das in Bay St. Louis, Mississippi, gelegene Zentrum beschäftigt sich auch mit der Laser-Technologie.

Consolidated Space Operatiòn Center (CSOC)

Die gemeinsame Weltraum-Operationszentrale der drei US-Teilstreitkräfte auf der Peterson Air Base in Colorado Springs ist noch in der letzten Aufbauphase. Es soll die Verantwortung für militärische Raumfahrtunternehmungen mit Satelliten und dem Space Shuttle tragen. Das neue Kontrollzentrum wird eine Kopie von Mission Control, eine abgeschirmten Zentrale im Johnson Space Center in Houston werden. Ab 1986 wird sich auch hier die Leitstelle des Global Positioning System befinden.

nutzte Startrampe von White Sands diente für Gemini-Startversuche und für Starts von verschiedenen militärischen Geheimsatelliten; außerdem wurden 1037 Aerobee-Raketen in die obere Erdatmosphäre geschossen. Diese Höhenforschungsraketen waren die ersten, die in derartigen Höhen meteorologische Aufnahmen gemacht und Tiere (Affen und weiße Mäuse) bis auf 80 km Höhe gebracht haben. Die hermetischen Kapseln wurden an Fallschirmen geborgen.

Matagorda

Eine knappe Meile von der texanischen Küste entfernt im Norden der Stadt Corpus Christi, liegt die Insel Matagorda. Hier befindet sich der erste private Raketenstartplatz der USA. Eigentümer ist der texanische Multimillionär Toddie L. Wynn. Die Startrampe ist erstmals am 12. August 1981 bei dem erfolglosen Start der Percheron-Rakete benutzt worden. Am 9. September 1982 wurde die Trägerrakete Conestoga I erfolgreich gestartet, erreichte eine Höhe von 310 km und brachte eine 490 kg schwere Satelliten-Attrappe in die Umlaufbahn. 1986 soll Conestoga II folgen.

Die Conestoga II soll auch für sogenannte »Raumbestattungen« verwendet werden. Die Firma Celestis plant, über 10 000 Kapseln mit der Asche von Verstorbenen ins Weltall zu bringen, wo sie wunschgemäß im Kosmos verstreut werden. Der Start dieses »Canestoga-Leichenwagens« soll jedoch von Wallops Island oder von einer Bahama-Insel aus erfolgen.

Sowjetunion

Tjuratam-Baikonur

Bis 1975 war dieser Startplatz die Hauptabschußbasis für zivile Weltraumunternehmungen in der UdSSR und das Gegenstück zu Cape Canaveral, nach offiziellen Angaben in der Nähe der Stadt Baikonur in Kasachstan gelegen. Tatsächlich liegt er aber 370 km vor Baikonur, im Nordosten des Aralsees, in der Nähe des Eisenbahnknotenpunkts Tjuratam (46° Nord, 63,5° Ost). Alle bemannten sowjetischen Weltraummissionen sind von diesem Kosmodrom aus gestartet worden. In den 50er Jahren hatte man mit dem Bau zunächst einer Plattform für den Start von Sputnik 1

begonnen, von der aus auch Gagarins Wostok-1-Flug stattfand. Heute beläuft sich die Zahl der Startplätze auf zirka 80. In unmittelbarer Nachbarschaft des Kosmodroms entstand auch die neue Stadt Leninsk.

Nach westlichen Beobachtungen ist das Kosmodrom-Gelände wie ein Y angelegt, wobei die beiden Seitenarme jeweils etwa 20 km lang sind. An den Enden des Y befinden sich die Startkomplexe, die ausschließlich für militärische Unternehmungen genutzt werden, während die für zivile Missionen mehr in der Mitte gelegen sind. Am Schnittpunkt der drei Arme lagen die Startkomplexe für die Wostok-Weltraumflüge sowie für das Sojus-Apollo-Programm. Weiter östlich sind weitere Startplätze für die Proton-Trägerraketen, mit denen die Salut-Orbitalstationen, die Venus-Sonden und die Progress-Transportraumschiffe gestartet wurden. Im Mittelpunkt des Geländes steht eine Montagehalle, vergleichbar dem VAB des Kennedy Space Center. Weiter im Norden befindet sich der Startkomplex für die Großraketen G-1, die der Saturn V überlegen sein sollen, bisher aber nur Fehlstarts gemacht haben sollen. In Tjuratam werden die Raumschiffe in horizontaler Lage zusammengebaut und mit ihrer Nutzlast integriert, danach werden sie auf dem Schienenweg zum Startplatz transportiert. Hier wird das Gerüst, auf die es gelagert wurden, um 90° in die vertikale Startposition aufgerichtet. Die Startkontrollzentren befinden sich nahe der Startrampe in unterirdischen Bunkern. Durch eine Anzahl von Periskopen kann der Startvorgang beobachtet werden, die ständige Überwachung und Kontrolle des Raumfluges übernimmt dann das zentrale Flugleitzentrum.

Plessezk

Dieser bei 63° N und 40,5° Ost, südlich von Archangelsk gelegene Raketenabschußplatz ist das sowjetische Gegenstück zum amerikanischen Vandenberg, da es ausschließlich für die militärische Raumfahrt benutzt wird. Seine Existenz ist 1966 im Westen durch Geoffrey Perry bekannt geworden, einem englischen Lehrer der Kettering-Schule, an der eine Gruppe durch die hobbymäßig betriebene Beobachtung vor allem sowjetischer Satelliten 1966 herausfand, daß der Satellit Kosmos 112 von einem nördlicher gelegenen, bisher nicht bekannten Startplatz aus gestartet sein müsse, den Perry in der Gegend von Archangelsk vermutete.

Durch seine Lage ist dieses Erprobungszentrum besonders für den Einschuß in stark geneigte und polare Bahnen geeignet, was ideal für militärische Mehrzweck-Aufklärungssatelliten ist, die ein größtmögliches Gebiet der Erdoberfläche erfassen sollen.

Die Basis mit ihrem Flächendurchmesser von mindestens 100 km beherbergt vier unterschiedliche Bereiche. Von dort wurden sowohl Kosmos-Satelliten abgeschossen als auch die Nachrichtensatelliten der Molnija-Klasse. Ihr Satellitenstartaufkommen ist zur Zeit das belebteste der Welt.

Kapustin Jar

Dieses erste Raketenversuchsgelände der UdSSR, das auch unter dem Namen Wolgograd-Basis bekannt ist, liegt am unteren Lauf der Wolga etwa 970 km südöstlich von Moskau. Hier wurden schon 1947 weiterentwickelte deutsche A4-(V2-)Raketen abgeschossen und 1962 Kosmos 1 erstmals in eine Erdumlaufbahn gestartet. Das Gelände erstreckt sich über ein Gebiet von 96 × 72 km, und seine Einrichtungen entsprechen denen anderer sowjetischer Kosmodrome: Aufrüsthallen und ein weitverzweigtes Schienennetz für den Transport zu den Startkomplexen. In den 60er und 70er Jahren wurde Kapustin Jar hauptsächlich für wissenschaftliche Kosmos-Satelliten mit SS-5-Trägerraketen verwendet. Dann beschränkte man sich in erster Linie auf wissenschaftliche Interkosmos- und auf Nachrichten-Satelliten. 1982 nahm Kapustin Jar einen neuen Aufschwung mit dem Start eines maßstäblichen Modells eines wiederverwendbaren Raumtransporters, das dem amerikanischen Space Shuttle vergleichbar ist.

**Sowjetunion –
Forschungs- und Missionskontroll-
zentren**

Kalinin

Dieses sowjetische Flugleitzentrum für bemannte Raumflüge liegt an der Wolga, ungefähr 105 km nordwestlich von Moskau und wurde im Hinblick auf den gemeinsamen Apollo-Sojus-Flug im Sommer 1975 ausgebaut. Heute dient es hauptsächlich zur Leitung der Salut-Orbitalstation und der Sojus- und Progress-Flüge.

»Sternenstädchen«

Diesen hübschen, fast poetischen Namen trägt der Ort, der das Kosmonauten-Ausbildungszentrum Juri A. Gagarin beherbergt, wo die Kosmonauten auf ihren Aufenthalt und ihre Arbeit im Orbit physisch und psychisch vorbereitet werden. Swjosdny gorodok ist 1960, 30 km vor den Toren Moskaus, gegründet worden. Es enthält alle Einrichtungen für die Körperertüchtigung wie Sportanlagen und Schwimmhallen, aber auch für die Vorbereitung und Durchführung psychologischer Tests. Neben Laboratorien und großen Raumflugsimulatoren gibt es hier das »Hydrokosmos«, ein großes Wasserbassin zur Simulation der Schwerelosigkeit.

Frankreich

Kourou

Bis 1954 stand der Name dieses von Malaria verseuchten Streifens von Savanne und

Dschungel nur für Deportation und Exil. Heute jedoch beherbergt Französisch-Guayana das Raumfahrtzentrum Kourou, von dem aus die europäische Trägerrakete Ariane gestartet wird. 1984 konnte Kourou die höchste Anzahl aller vom Westen in eine Umlaufbahn gestarteten kommerziellen Satelliten verzeichnen. Das vom nationalen Raumfahrtforschungszentrum Frankreichs (CNES) verwaltete, und von der europäischen Weltraumorganisation (ESA) genutzte Startgelände wurde 1968 mit dem Start einer Véronique-Höhenforschungsrakete eingeweiht. Für das Ariane-Programm sind seit März 1986 zwei Startplätze in Betrieb.

Die geographische Lage Kourous bei 5,3° nördlicher Breite hat den Vorzug, daß bei Starts in nördlichen bis östlichen Richtungen die Flugbahnen bis zu einer Entfernung von 4000 km über unbewohntes Gebiet führen. Bei Einschüssen von Satelliten in eine geostationäre Umlaufbahn, ist einmal zur Nutzlastgewinn gegenüber nördlicher gelegenen Startbasen beträchtlich (bei gleichem Schub bis zu 17%).

Das Raumfahrtzentrum erstreckt sich über einen 15 km langen Küstenstreifen und verfügt über die Startkomplexe für Höhenraketen (4 Rampen), für Diamant-Trägerraketen (stillgelegt) und ELA (Ensemble de Lancement) 1 und 2. Die Startrampe umfaßt den Starttisch, den mobilen Montageturm, den feststehenden Nabelschnurturm und die Hilfsanlagen. Das Kontrollzentrum liegt 200 m von der Startrampe entfernt und ist in einem unterirdischen, verbunkerten Rundbau untergebracht. Die weiter südlich gelegene Startrampe ELA-2 (eingeweiht am 29. März 1986 durch Ariane 3) erfordert einen völlig neuen Betriebsablauf. Die Trägerraketen werden in einer neuen, 80 m hohen Montagehalle vorbereitet und auf dem Schienenweg zu dem 950 m entfernten Startkomplex transportiert. Hier werden sie mit dem Montageturm verbunden. Auf diese Weise kann bereits mit der Arbeit an einer neuen Trägerrakete begonnen werden, bevor die vorherige gestartet wurde. Dadurch erhofft Arianespace auf eine Startfrequenz bis zu 18 Raketen pro Jahr zu kommen. Eine dritte Startrampe, ELA-3, entsteht für Trägerraketen Ariane 5 und Europas Raumgleiter Hermes.

Unmittelbar nach dem Start einer Ariane wird die Flugkontrolle an die Kontrollzentrale in dem großen, 10 km von der Startrampe entfernten, technischen Zentrum übergeben. Dort werden auch alle Flugdaten, die von den verschiedenen Stationen (Belem und Natal in Brasilien, der Ascension-Insel im Atlantik und Akakro, Elfenbeinküste), über den Satelliten Intelsat eingehen, gesammelt und ausgewertet. So überwachen die Stationen in Guayana die ersten 9 Minuten des Fluges, Natal die 6. bis 13. Minute und Ascension die 13. bis 17½. Minute. Ascension kontrolliert auch die Übergangsphase des Satelliten von seiner niedrigen Parkbahn (200 km) in seine geostationäre Umlaufbahn, und Akakro die Phase von der 17. bis 22. Minute nach dem Start, den Zeitraum, in dem der Satellit sich von der 3. Stufe der Trägerrakete trennt.

Italien

San Marco

Neben Frankreich ist Italien das einzige europäische Land mit einer eigenen Raketenstartplattform. Diese liegt vor der Küste von Kenia auf einer künstlichen Insel und ist von allen Startplätzen der Welt dem Äquator am nächsten gelegen (2,9° südlicher Breite). Diese Position erlaubt Schüsse in jede gewünschte Umlaufbahn vom Pol bis zum Äquator. Die Startplattform San Marco ist 1966 gebaut worden. Der erste Raketenstart fand am 26. April 1967 statt, als der gleichnamige italienische Meßsatellit San Marco S. M. 2 mit einer amerikanischen Scout-Trägerrakete in die Umlaufbahn geschossen wurde, um Luftdichtemessungen durchzuführen. Diesem Start folgten sieben weitere, drei italienische, drei amerikanische und ein englischer, bis zum 8. Mai 1975. Unter diesen wurde dem 12. Dezember 1970 gestarteten amerikanischen Forschungssatelliten Explorer 42 »Uhuru« (was auf Kisuaheli Freiheit bedeutet) besondere Beachtung geschenkt. Uhuru, der von den USA als erster Satellit einem anderen Land zum Abschuß in eine Umlaufbahn anvertraut wurde, entdeckte zahlreiche Röntgenstrahlungsquellen und den ersten Kandidaten für ein »Schwarzes Loch« Cygnus X-1. Die 100 m lange und 30 m breite Plattform

wiegt 3000 t und ruht auf 20 Stahlpfeilern. Sie ist mit der 500 m entfernten Plattform Santa Rita, auf der sich das Startkontrollzentrum befindet, durch 23 Kabel verbunden. Auf der San-Marco-Plattform werden die Scout-Feststoffraketen horizontal auf einer Rollen-Rüstvorrichtung in einer langen mobilen Montagehalle montiert, die man zurückzieht, wenn die Rakete mit ihrer Nutzlast in die vertikale Startposition aufgerichtet wird. Außer der Startvorrichtung für die Scout-Raketen gibt es noch andere Rampen für die Nike-Apache und die Nike-Tomahawk, die als Höhenforschungsraketen bei einer totalen Sonnenfinsternis gestartet wurden.

Die dreieckige Plattform Santa Rita ist 40 m lang und wird von sechs 100-kW-Dieselgeneratoren versorgt. Nach erfolgtem Raketenstart wird die Kontrolle den Landstationen in Malindi und Nairobi übergeben.

Nach zehn Jahren der Untätigkeit ist von dieser Plattform aus der italienische Satellit San Marco DL gestartet worden.

Japan

Kagoshima-Uchinoura

Das älteste japanische Raumfahrtzentrum befindet sich in Uchinoura in der Präfektur Kagoshima und liegt auf 31° Nord und 131° Ost am südlichsten Zipfel der vier Hauptinseln im Kyushu-Archipel. Seit 1963, dem Jahr seiner Fertigstellung durch das Institute of Space and Astronautical Science (JSAS) der Universität Tokio, hat es die ersten sechs japanischen Satelliten mit Trägerraketen der K-, L- und M-Serie gestartet. Gegenwärtig stehen dort zwei bis drei Startkomplexe für L- und M-Trägerraketen zur Verfügung, von denen letztere aus der vertikalen Position gestartet werden.

Das Versuchsgelände und der Startkomplex von Kagoshima werden ausschließlich für wissenschaftliche Satelliten der Universität Tokio benutzt. Die Entwicklung und der Einsatz von kommerziellen Satelliten findet in dem zweiten japanischen Raumfahrtzentrum in Tanegashima statt. Am 8. Januar 1985 fand in Kagoshima mit dem Start der MS-T5-Sonde Sakigake (Pfadfinder), die sich dem Halleyschen Kometen bis auf eine Million Kilometer näherte, der erste japanische Start für eine interplanetarische Mission statt.

Tanegashima

Dieser größte Raketenabschußkomplex gehört der japanischen Raumfahrtbehörde NASDA (National Space Development Agency) und wurde 1974 auf der dem Südzipfel Japans vorgelagerten Insel Tanesgashima (30,5° Nord und 131° Ost) errichtet. Mit dem Start des ETS-1-Satelliten wurde er am 9. September 1975 eingeweiht. Der gesamte Komplex teilt sich auf in den Startplatz Osaki für den Start von Großraketen und in Takesaki für den Abschuß von kleineren und Versuchsraketen. In Osaki befindet sich das Montagegebäude, in dem die Endmontage der Startraketen vorgenommen wird, ein mobiler Montageturm, das Triebwerks-Prüfgelände und

das Startkontrollzentrum. Von hier aus wurde am 11. Februar 1981 die erste serienmäßige N-2-Rakete mit dem Kiku-3-(ETS-4-)Satelliten gestartet.

Vor kurzer Zeit hat die NASDA mit den dort ansässigen Fischern ein Abkommen geschlossen, nach dem sie sich verpflichtete, ihre Starts auf die Monate Februar und August zu beschränken, um die Fischschwärme nicht zu vertreiben.

Die Bahnverfolgung und Vermessung der Raketen wird von drei Stationen durchgeführt, die auf den Chichijima-Inseln (im Bonin-Archipel auf Okinawa und der Weihnachts-Insel liegen. Alle von den Bodenstationen anfallenden Daten werden im Kontrollzentrum des japanischen Raumfahrtforschungs- und -entwicklungszentrums Tsukuba, 60 km nördlich von Tokio, aufgearbeitet.

China

Shuang cheng tzu – »Ostwind«

In der Wüste Gobi, zwischen Zentralchina und der Mongolei, liegt das bedeutendste chinesische Raumfahrtzentrum mit Namen »Ostwind«. Anfang der 60er Jahre in der Nähe der Stadt Jiayuguan (40,25° Nord und 99,5° Ost) aufgebaut, wird es von einer

---

Himmelsmechanik

Der englische Physiker Sir Isaak Newton (1642–1727) machte die Entdeckung, daß im Universum alle Körper gegenseitig von einer Kraft angezogen werden, der Gravitation: das größte zu überwindende Hindernis, wenn ein Raumfahrzeug in den Weltraum gestartet wird. Das Gravitationsfeld eines Körpers ist abhängig von dessen Masse und erstreckt sich durch den ganzen Weltraum, wird jedoch mit zunehmender Entfernung schwächer. Im Beispiel ausgedrückt heißt das, wenn ein Stein geworfen wird, so überwindet er tatsächlich für kurze Zeit die Erdenschwere. Weil aber die Schwerkraft ständig auf ihn einwirkt, wird seine Geschwindigkeit immer geringer und er fällt in einer ballistischen (gestörten) Flugbahn wieder zur Erde zurück. Je größer seine Anfangsgeschwindigkeit, um so weiter fliegt er. Um ein Objekt (Satellit) in eine Erdumlaufbahn zu bringen, muß es in genau dem richtigen Abgangswinkel und Geschwindigkeit von 28 000 km/h (7,9 km/s) erzielen. In diesem Fall erreicht die zentrifugale Beschleunigung des Objekts einen Wert, der in der niedrigsten möglichen Umlaufbahnhöhe (200 km), dem der Schwerkraft entspricht. Dann gleichen sich die beiden Kräfte gegenseitig aus, und das Objekt kann theoretisch in alle Ewigkeit um die Erde kreisen. Diese Geschwindigkeit von 7,912 km/s nennt man Minimumkreisbahn-Geschwindigkeit.

Es gibt verschiedene Erdumlaufbahnen: Bei einer Bahnneigung von 0° spricht man von einer »äquatorialen«, der Satellit bleibt auf der Äquatorebene gefesselt, und von einer »polaren«, wenn sich die Bahnneigung um 90° im Verhältnis zu der äquatorialen verlagert (nur so können die beiden Pole überflogen werden), sowie von schwach oder stark »geneigten« für alle, zwischen diesen beiden Extremen liegenden Ebenen. Eine geneigte Umlaufbahn ist nicht nur durch ihre Höhe gekennzeichnet, sondern auch durch den Grad ihrer Neigung (Inklination). Diese stimmt überein mit den geographischen nördlichen und südlichen Breitengraden der Erde, zwischen denen sich der Satellit bewegt. Diese Umlaufbahnen sind besonders für wissenschaftliche, meteorologische, Nachrichten- und Aufklärungssatelliten geeignet, da sie die Überwachung eines größeren Teils der Erdoberfläche ermöglicht.

Je nach der Höhe der Umlaufbahn wird die Umlaufgeschwindigkeit des Objekts variieren (bis die Zentrifugalkraft die Schwerkraft aufhebt), wie auch der Umfang des Orbits selbst, und

folglich die zur Vollendung eines Umlaufs in Anspruch genommene Zeit. In einem Orbit von 265 km Höhe dauert ein Erdumlauf 1½ Stunden, in einem von 36 000 km Höhe dagegen 24 Stunden. In dem Fall handelt es sich um eine geostationäre synchrone Umlaufbahn, weil das in der gleichen Richtung wie die Erde kreisende Objekt einem Beobachter von der Erde aus wie »feststehend« erscheint. Nachrichten-Satelliten können daher auf einer geostationären Umlaufbahn 24 Stunden lang eingesetzt werden.

Alle Erdumlaufbahnen, auf denen sich Objekte, gleich welcher Art, bewegen, sind Ellipsen und haben den Mittelpunkt der Erde als einen gemeinsamen Brennpunkt. Die Ellipsen sind in ihrer Ausdehnung variabel und können in einigen Fällen kreisrund werden (ein Kreis ist eine Ellipse mit sich deckenden Brennpunkten). Aber es ist unmöglich, diesen Grad der Präzision zu erzielen, indem man ein Objekt auf eine kreisrunde Umlaufbahn bringt. In den Ellipsenbahnen gibt es zwei besonders definierte Punkte: das Perigäum, der erdnächste, und das Apogäum, der erdfernste Punkt eines Objektes. Im Perigäum erreicht ein erdumkreisendes Objekt seine höchste und im Apogäum seine niedrigste Geschwindigkeit. Das wurde von Johannes Kepler (1571–1630) entdeckt, der die ersten Gesetze der Himmelsmechanik formulierte.

Schließlich, um dem Schwerefeld der Erde für immer entfliehen zu können, muß ein Raumfahrzeug eine Fluchtgeschwindigkeit von 40 000 km/h (11,2 km/s) erreichen. Dann setzt es seine Reise in einer Parabel fort, deren Brennpunkt die Erde ist. Die Parabel kann durch die Schwerkraft anderer Himmelskörper, wie der des Mondes zum Beispiel, verändert werden. Diese Fluchtgeschwindigkeit wird für einen von der Erde aus startenden Raumflugkörper genau berechnet. Um sie zu erreichen, benötigt man sehr starke Schubkräfte. Wird dagegen ein Objekt von einer Erdumlaufbahn aus gestartet, so ist es bereits im Besitz seiner Umlaufgeschwindigkeit und die Fluchtgeschwindigkeit daher niedriger. In 20 000 km Höhe beträgt sie ungefähr nur noch die Hälfte der Geschwindigkeit beim Start von der Oberfläche der Erde. Aus diesem Grunde werden eines Tages die Starts von interplanetaren Raumfahrzeugen von im Orbit kreisenden Startrampen aus erfolgen. Einige Satelliten sind bereits im Orbit von Space Shuttle aus gestartet worden.

kleinen Technikermannschaft betrieben, die sowohl in den USA, als auch in der UdSSR ausgebildet wurde.

Das dreieckige Versuchsgelände, das sich an jeder Seite ungefähr 500 km weit ausdehnt, wird in erster Linie für den Start von militärischen Raketen benutzt. Die zwei Startkomplexe für zivile Vorhaben liegen dicht bei Pao-Lu-Wu-La. Trägerraketen, die in anderen Gebieten von China zusammengesetzt wurden, werden in horizontaler Lage auf Eisenbahnwaggons hierher befördert. In der Nähe jedes Startkomplexes befinden sich die Startkontrollbunker, die mit einem Netz von Nachrichtenverbindungen mit den abgelegenen Bahnverfolgungs- und Meßstationen verbunden sind. Das eigentliche zentrale Kontrollzentrum für alle chinesischen Raumfahrtunternehmen liegt 1000 km entfernt bei Wei nan in der Provinz Shanxi.

Chengdu

Im Januar 1984 wurde auf 28° nördlicher Breite (in der Nähe des am weitesten östlichen Ausläufers des Himalajas) ein neues Raumfahrtzentrum gebaut, dessen günstigere Lage den Start von Satelliten in eine geostätionäre Umlaufbahn ermöglicht.

Indien

SHAR – Sriharikota

Indiens bedeutendstes Raumfahrtzentrum SHAR liegt auf der Insel Sriharikota am Golf von Bengalen, etwa 100 km nördlich von Madras. Das Versuchsgelände wird von einer indischen Weltraumorganisation ISRO (Indian Space Research Organisation) geleitet, die noch über weitere Raumfahrtforschungsstätten verfügt: das älteste, das Vikram Sarabhai Raumfahrtzentrum (VSSC) in Thumba, das ISAC-Satellitenzentrum und das SAC (Space Application Center).

Das SHAR-Zentrum (13,47° Nord und 80,15° Ost) bedeckt eine Fläche von 145 km² und erstreckt sich 27 km entlang der Inselküste. Am 9. Oktober 1971 wurde das Gelände mit dem Start der Versuchsrakete Rohini 125 eröffnet. Dem folgten die Vorbereitungen zum Start der Vier-Stufen-Rakete SLV-3 (Space Launch Vehicle). Dieses Programm begann am 18. Juli 1980, als es gelang, den Rohini 1 (RS-1), den dritten indischen Satelliten, in eine Umlaufbahn zu bringen. Insgesamt verfügt das SHAR-Zentrum über vier einsatzbereite Startkomplexe, einen für Versuchsraketen und drei für SLV-3-Trägerraketen.

Von Trägerraketen zu Raumtransportsystemen

Frédéric d' Allest

Die Trägersysteme sind der Schlüssel für den Zugang zum Weltraum, dessen wirtschaftliche und strategische Bedeutung ständig zunimmt. Die UdSSR und die USA waren die ersten, die das klar erkannt und sich mit den erforderlichen Trägerraketen ausgerüstet haben, die notwendig sind, um Nutzlasten (militärische und zivile) in eine Umlaufbahn zu transportieren. Ihre ersten Starts in den Weltraum gehen bis Oktober 1957 beziehungsweise bis Januar 1958 zurück.

Auch Frankreich hatte das schnell erkannt und bereits im November 1965 seinen ersten Satelliten in eine Umlaufbahn geschickt. Das dabei verwendete Material und die Ausrüstung entsprachen allerdings noch nicht dem sowjetischen und amerikanischen. Trotzdem wurde Frankreich die dritte Weltraumnation und ist seitdem führend bei der Entwicklung und dem Einsatz der europäischen Trägerrakete Ariane, deren erstes Modell im Dezember 1979 einen erfolgreichen Testflug absolvierte. Danach war Europa in der Lage, nun ebenfalls an dem Wettbewerb für kommerzielle Satellitenstarts – innerhalb dieses neuen Marktes – teilzunehmen. Der nächste Schritt, die Entwicklung des Ariane-5/Hermes-Raumtransportsystems, wird Europa die Möglichkeit verschaffen, nun auch mit dem amerikanischen Space Shuttle zu konkurrieren, allerdings nicht um Satellitentransporte (das kann Ariane viel billiger) durchzuführen, sondern als Zweiweg-Besatzungs- und -Materialtransporter zu bemannten Raumstationen für deren ständige Wartung. Dieses Stadium, das den Eintritt der dritten Großmacht im Weltraum, Europa, einleiten soll, wird allerdings nicht vor 1995 erreicht werden. Drei weitere Länder, in chronologischer Reihenfolge: China, Japan, Indien, haben ebenfalls Satelliten gestartet und dabei ihre eigenen Raketen benutzt. Indien verfügt bis jetzt nur über beschränkte Möglichkeiten, aber China und Japan haben eigene Trägerraketen (auf Lizenzbasis) für Anwendungssatelliten gebaut und bereiten ihren Einstieg in den kommerziellen Markt vor, wobei sie noch weit hinter Europa zurückliegen.

In noch nicht einmal drei Jahrzehnten haben die Starttechniken eine beachtliche Weiterentwicklung erfahren. Die ersten Trägerraketen waren einfache Versionen von modifizierten Langstreckenraketen. Ihre Leistungsfähigkeit war dementsprechend, und ihre Nutzlast mußte der vorhandenen Masse, dem gegebenen Durchmesser und den Startplatzbedingungen angepaßt werden. Die einzigen Ausnahmen dieser Regel waren die für das Apollo-Programm verwendeten Saturn-Raketen. Sie wurden schließlich für Weltraummissionen entwickelt, aber ihre besonderen Merkmale waren durch ein ganz spezielles Ziel bestimmt worden: die Entsendung von Menschen zum Mond – und nicht aus irgendwelchen kommerziellen Erwägungen. Die Fertigung dieser Raketen wurde auch eingestellt, nachdem das Apollo-Programm abgeschlossen war.

Diese Situation der Anpassung von Nutzlasten an die vorhandenen Trägerraketen bestand bis Anfang der 70er Jahre, das heißt, bis sich die neue Erkenntnis von der Bedeutung kommerzieller Satelliten, in einer geostationären Umlaufbahn (36 000 km über dem Äquator), durchgesetzt hatte.

Diese Satelliten, die von der Erde aus gesehen unbeweglich erscheinen, haben ein ungeheures Bedarfsträgerpotential auf den verschiedenen Sektoren des Kommunikationswesens und der Meteorologie. Sie haben das Entstehen eines Marktes für die kommerzielle Nutzung des Weltraumes bewirkt und damit gleichzeitig einen Markt für Trägersysteme, die jeder möglichen neuen Anforderung gerecht werden können. Mit dem ständig zunehmenden Nachrichtenwesen im Weltraum nehmen auch die dafür verwendeten Satelliten an Masse und Größe, allerdings innerhalb gewisser Grenzen, zu. Diese Satelliten müssen auf eine ganze bestimmte Flugbahn gebracht werden: von einer elliptischen Transferbahn auf ihre definitive Kreisbahn in 36 000 km Höhe. Ist diese Höhe erreicht worden, kann der Satellit mit Hilfe seines Apogäum-Triebwerks auf die für ihn bestimmte Position in der geostationären Umlaufbahn einparken.

Einige der älteren Trägerraketen konnten mit Erfolg auf diese neuen kommerziellen Aufgaben umgestellt werden, besonders die amerikanische Thor-

Delta und die Atlas-Centaur, obgleich ihnen beachtliche Grenzen, hinsichtlich der Masse und des Durchmessers der Nutzlast, gesetzt waren. Die Europäer haben sehr schnell die Bedeutung dieses neuen Wirtschaftszweiges erkannt und Trägerraketen entwickelt, die in der Lage sind, Satelliten in eine geostationäre Transferbahn einzuschießen. Hierbei handelt es sich um die dreistufigen Trägerraketen der Ariane-Serien, deren Kapazität aufgrund zunehmender Anforderungen ständig vergrößert wird. Seit dem ersten Start der Ariane 1 (1979), der Ariane 2 und 3 (1984) werden sie alle von der privaten Raumfahrt-Transportgesellschaft Arianespace gemanagt.

Der Start der Ariane 4 (1986) soll das Angebot an Einsatzmöglichkeiten noch vergrößern mit einer Reihe von Konfigurationen und Abmessungen, die für Einfache und Doppelstartsysteme geeignet sind. Durch die ausgeklügelte, einfache Technik höchster Präzision konnten auch die Kosten gesenkt werden, wodurch die Ariane-Raketen auch in wirtschaftlicher Hinsicht mit den konventionellen amerikanischen Trägerraketen konkurrieren können und vor allem auch mit dem neuen Raumtransportsystem Space Shuttle der NASA.

Anfang der 70er Jahre wurde in den USA beschlossen, ihre konventionellen Einweg-Trägerraketen durch ein vielversprechendes wiederverwendbares Raumtransportsystem zu ersetzen, das gleichzeitig verschiedene schwere automatische Nutzlasten und eine Astronautenbesatzung (Piloten, Missions- und Nutzlastspezialisten) transportiert: Das System Space Shuttle. Die in der Zwischenzeit gemachten Erfahrungen zeigen jedoch, daß diese Lösung nicht optimal ist, denn die Kombination zweier sehr unterschiedlicher Missionen legt beiden nicht unbeträchtliche Beschränkungen auf. Der Transport einer Besatzung begrenzt die Zuladung und erfordert einen übermäßigen Grad an Sicherheit für das Aussetzen oder Bergen von automatischen unbemannten Satelliten, während die riesigen Hilfsraketentriebwerke und die sehr große Ladebucht enorm viel Platz beanspruchen. Außerdem kann das Space Shuttle nur Höhen von einigen hundert Kilometern über der Erde erreichen, und um Satelliten in ihre geostationäre Umlaufbahn befördern zu können, sind eine Reihe von Abläufen in verschiedenen Stadien notwendig, nachdem der Orbiter seine Umlaufbahn erreicht hat. Die Satelliten werden, nachdem sie aus der Ladebucht abgesetzt wurden, von verschiedenen Oberstufen in höhere Umlaufbahnen geschossen. Diese Einsätze sind sehr oft fehlgeschlagen, wenn auch das Shuttle selbst, dank der Sicherheitsmaßnahmen, die für den Transport von Astronauten notwendig sind, in

hohem Maße zuverlässig ist. Für den Start von geostationären Satelliten ist jedoch zum gegenwärtigen Zeitpunkt das Space Shuttle kein Konkurrent für die Ariane. Optimierte konventionelle Einweg-Trägerraketen sind immer noch die beste Lösung um automatische Nutzlasten in ihre Umlaufbahn zu lancieren.

Das bedeutet aber nicht, daß Space Shuttle die Entwicklung von Startabläufen im Weltraum nicht beeinflussen würde. Der große Durchmeser der Ladebucht, seine hohe Nutzlastkapazität, sein Aufenthalt in einem niedrigen Orbit, all das begünstigt das Aussetzen von großen und schweren Satelliten, die durch integrierte Oberstufen dann auf ihre Transferbahn geschickt werden können. Darüber hinaus ermöglicht das Space Shuttle auch den Transport von sehr schweren Ladungen in eine niedrige Umlaufbahn, die Beförderung von Wissenschaftsastronauten mitsamt ihrem Labor, die Bergung von defekten Satelliten und vieles mehr. All diese Transportarten, die im Augenblick mit der Ariane nicht durchführbar sind, werden aber eine zunehmende Bedeutung erhalten, mit dem Erscheinen von Infrastrukturen im Weltall, das heißt von orbitalen Stationen, die mit automatischen Plattformen verbunden sind.

Unter den Bedingungen wird die weitere Entwicklung von Raumstarts, von nun an bis zum Ende des Jahrhunderts, von der zunehmenden Bedeutung des Transports in niedrige Umlaufbahnen gekennzeichnet sein, ganz gleich, ob es sich nun um den Start von geostationären Satelliten handelt, die mit einem eigenen Perigäum-Triebwerk ausgerüstet sind, oder um orbitale, infrastrukturelle Elemente oder um bemannte Raumfahrzeuge, die jene warten und versorgen. Diese Entwicklung wird aber die Bedeutung von direkten Starts in geostationäre Umlaufbahnen nicht schmälern, die mit höheren Leistungswerten und einer flexibleren Nutzbarmachung erreicht werden müssen.

Sie geht vielmehr Hand in Hand mit einer stufenweise und fortschreitenden Ablösung des Einweg-Trägerraketenkonzepts durch ein wiederverwendbares Raumtransportsystem, das in der Lage ist, eine ganze Reihe von Missionen zu garantieren, die von Doppelstarts geostationärer Satelliten bis zur Beförderung von Astronauten mit unterschiedlichen Aufgaben zu Satelliten oder Raumstationen, reichen.

Das Space Shuttle ist ein erster Schritt auf dem Weg zu dieser Art von Transportsystemen, die ihm innewohnenden Probleme sind bereits erwähnt worden. Die französische Raumfahrtbehörde CNES ist mit einem anderen, sehr einfallsreichen Entwurf herausgekommen, der getrennte automatische und

bemannte Starts vorsieht, aber für beide Einsätze ein und dasselbe konventionelle Trägerraketensystem verwenden will. Das läßt sich durch die Tatsache erklären, daß die für das Einschießen eines großen Anwendungssatelliten in eine Umlaufbahn benötigte Leistung auch für den Start eines bemannten Raumfahrzeugs ausreicht. Darüber hinaus stimmt der für unbemannte Satelliten erforderliche hohe Grad von Zuverlässigkeit gut überein mit den rigorosen Sicherheitsbestimmungen für bemannte Raumflüge. Das Ergebnis dieser Analyse ist das Raumtransportsystem Ariane 5/Hermes, das ein fortschrittliches konventionelles Einweg-Trägerraketensystem und ein bemanntes wiederverwendbares Raumfahrzeug miteinander kombiniert. Dieses Konzept, eine Verkörperung fortschrittlicher Technologie, bietet eine optimale Lösung für die weltweiten Probleme mit Raumtransportsystemen, bemannt oder unbemannt, ab 1995. Es berücksichtigt die wachsende Bedeutung von bemannten Flügen mit Hermes, behält aber alle Vorteile konventioneller Einweg-Trägersysteme für unbemannte Starts bei.

Die Zukunft von konventionellen Einweg-Trägersystemen, deren Bedeutung für Raumtransportsysteme ständig zunimmt, scheint dadurch gesichert. Es ist auch interessant zu beobachten, daß die Sowjets noch immer die bewährte Kombination von herkömmlichen Einweg-Trägerraketen und bemannten Raumfahrzeugen einem integrierten System, wie dem des Space Shuttle, bevorzugen, obwohl Versuche in dieser Richtung schon seit einigen Jahren laufen. Auch in den USA gibt es Pläne, für bestimmte Missionen von nationalem Interesse das Shuttle mit einer neuen konventionellen Trägerrakete zu verbinden. Diese Entscheidungen untermauern die Wahl des europäischen Raumtransportsystems Ariane 5/Hermes, begünstigt wegen seiner fortschrittlichen Technologie, trotz zahlreicher Zweifel an einer mehr als fragwürdigen Wettbewerbsfähigkeit.

In weniger als drei Jahrzehnten haben Raketenantriebe die Menschen befähigt, selbst in den Raum zu starten, auf dem Mond zu landen, unbemannte Satelliten zur Erforschung des Sonnensystems ins All zu schicken, und mit der Untersuchung des ökonomischen Potentials des Kosmos zu beginnen. Dank ihrer Bemühungen in der Entwicklung neuer Raumtransportsysteme, werden die UdSSR, die USA und Europa bald in der Lage sein, dieses phantastische wissenschaftliche Abenteuer zu beginnen, das sowohl technologisch als auch ökonomisch von großer Bedeutung ist. Bemannte und unbemannte Missionen werden hier die Wegbereiter sein.

Trägerraketen

Im Juli 1955 hatte Präsident Eisenhower bekannt gegeben, daß die USA beabsichtigen, als Beitrag zum Geophysikalischen Jahr 1957/58 einen künstlichen Satelliten mit Forschungsaufgaben in eine Kreisbahn um die Erde zu entsenden. Als Trägerrakete war unter anderem eine modifizierte Redstone-Version der US Army, die Wernher von Braun mit seinem Team deutscher Wissenschaftler von der A4 (V2) abgeleitet hatte, vorgesehen. Wegen des rein wissenschaftlichen Charakters des Unternehmens sollte jedoch auch die Trägerrakete rein ziviler und auf keinen Fall militärischer Abstammung sein. Deshalb entschied man sich im August 1955 für das vom Forschungslaboratorium der Navy vorgeschlagene Satellitenprojekt, das auf der auf drei Stufen ausgebauten Viking-Rakete basierte. Das Projekt erhielt den Namen Vanguard, zu deutsch Vorhut.

Der zivile Anstrich, der dem Vanguard-Projekt auf einmal verliehen wurde, sollte in Wirklichkeit die Absicht verbergen, der Army das wohlverdiente Prestige zu nehmen, das mit dem Abschuß des ersten US-Satelliten, zu der Zeit sogar des ersten Satelliten der Welt, verbunden war. Die Army, die damals durch Wernher von Braun über die fortschrittlichsten Trägerraketen verfügte, hatte schon 1954 vorgeschlagen, mit einer abgewandelten Redstone einen Satelliten zu starten. Das war von der Air Force verhindert worden, die mit ihrem Atlas-Programm einen Vorsprung auf diesem neuen strategischen Sektor erringen wollte, hauptsächlich um sich einen größeren Anteil an staatlichen Geldern zu sichern. Außerdem befürchtete das Militär, daß durch die Bereitstellung von Geld und Rohstoffen für die Entwicklung einer zivilen Trägerrakete ihr eigenes militärisches Raketenprogramm verlangsamt würde.

Von Braun hatte bei verschiedenen Gelegenheiten die Verwendung seiner Jupiter C empfohlen, die am 20. September 1956 ihre Fähigkeiten gegenüber den Atlas- und Thor-Programmen unter Beweis gestellt hatte, durch Abschuß eines Wiedereintrittkörpers 5000 km weit auf den Atlantik hinaus, wobei sie die Rekordflughöhe von 1259 km erzielte. Die 4. Stufe, der Wiedereintrittskörper, war mit Sand gefüllt worden, sonst wäre er in eine Umlaufbahn gegangen. Im April 1957 legte die Army-Behörde für ballistische Flugkörper (ABMA), für die von Braun arbeitete, erneut ein Programm für sechs Satelliten von je 7,7 kg Gewicht vor.

Der erste davon sollte im September gestartet werden. Im August bestand die Jupiter C ihren letzten Test als Trägerrakete, aber die Entscheidung für die Wahl einer Trägerrakete ziviler Herkunft war bereits gefallen, und so geschah es, daß die Sowjets am 4. Oktober 1957 den ersten künstlichen Satelliten in der Geschichte, den Sputnik 1, in eine Erdumlaufbahn schießen konnten. Am 3. November wiederholten sie ihren Erfolg mit dem Sputnik 2. Fünf Tage später wurde in den USA der Einsatz von Jupiter C/Explorer beschlossen. Die Sowjets, das war inzwischen klargeworden, verfügten über Großraketen, die sie für den Transport ihrer schweren nuklearen Sprengköpfe benötigten und die ihnen fast zehn Jahre lang die Führung im Weltraum sicherten. Erst nachdem Präsident Kennedy seine Nation und damit automatisch auch die Sowjetunion zu einem Wettlauf zum Mond aufgefordert hatte, den die Amerikaner gewannen, änderte sich das Blatt. Aber die UdSSR gab nicht auf; mit der neuen SLW-Großrakete, die mächtiger sein soll, als die Saturn, der neuen mittleren Trägerrakete SL-X-16, dem SLW-Raumgleiter und dem Raumflugzeug-Projekt schickten sie sich an, die Führung wiederzuerlangen. Die USA reagierten mit bewährten traditionellen und zukünftigen Trägersystemen wie der Scout, der Delta-Serie, der Titan-34D-Serie und schließlich dem wiederverwendbaren Raumtransportsystem Space Shuttle.

Das waren, in Verbindung mit wirtschaftlichen Überlegungen und mit dem Wunsch nach Unabhängigkeit von der Verfügbarkeit amerikanischer Raketen, die Voraussetzungen, um den geeigneten Markt für die Ariane und im asiatischen Raum für die japanische H-2 zu schaffen.

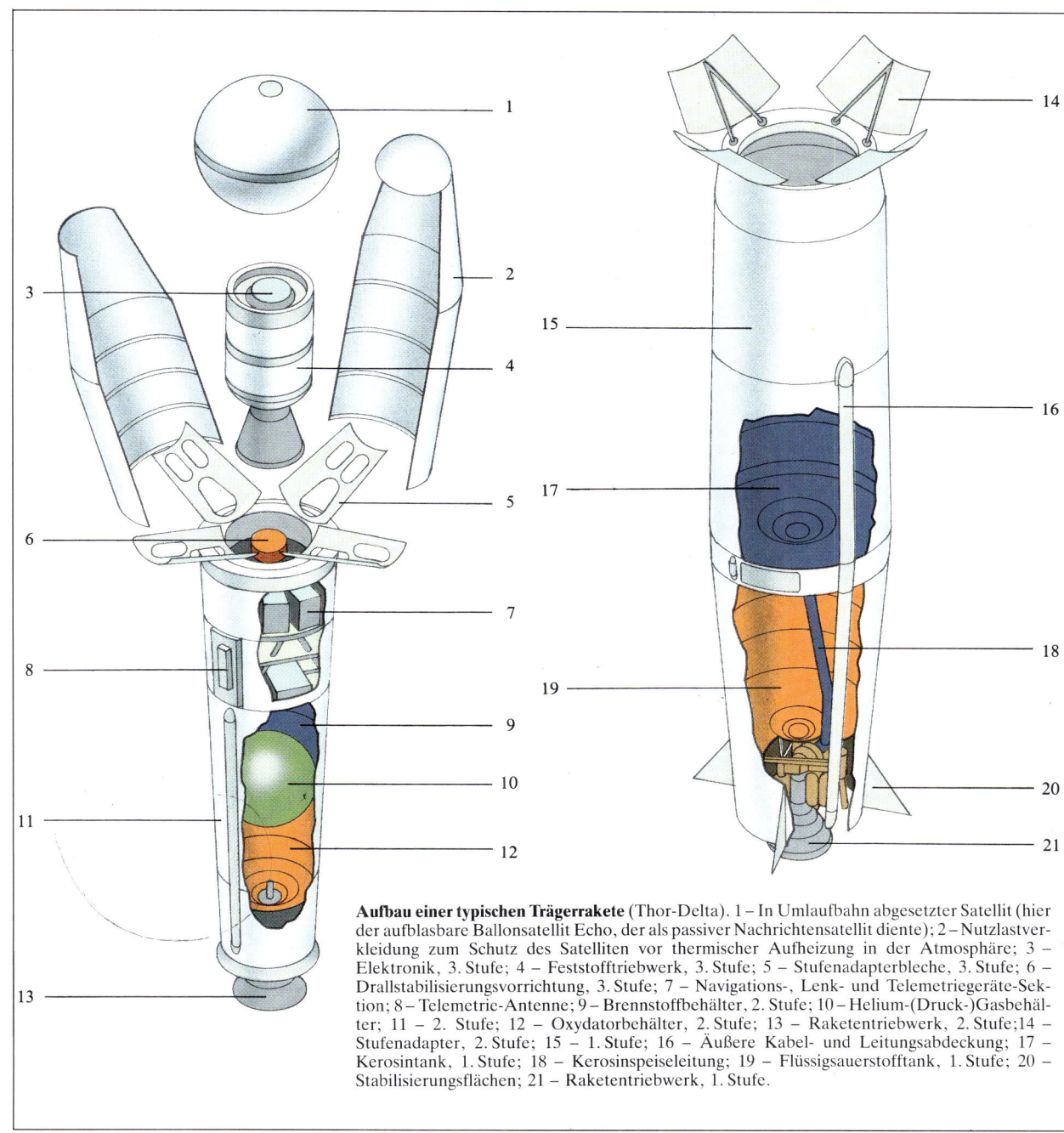

Aufbau einer typischen Trägerrakete (Thor-Delta). 1 – In Umlaufbahn abgesetzter Satellit (hier der aufblasbare Ballonsatellit Echo, der als passiver Nachrichtensatellit diente); 2 – Nutzlastverkleidung zum Schutz des Satelliten vor thermischer Aufheizung in der Atmosphäre; 3 – Elektronik, 3. Stufe; 4 – Feststofftriebwerk, 3. Stufe; 5 – Stufenadapterbleche, 3. Stufe; 6 – Drallstabilisierungsvorrichtung, 3. Stufe; 7 – Navigations-, Lenk- und Telemetriegeräte-Sektion; 8 – Telemetrie-Antenne; 9 – Brennstoffbehälter, 2. Stufe; 10 – Helium-(Druck-)Gasbehälter; 11 – 2. Stufe; 12 – Oxydatorbehälter, 2. Stufe; 13 – Raketentriebwerk, 2. Stufe; 14 – Stufenadapter, 2. Stufe; 15 – 1. Stufe; 16 – Äußere Kabel- und Leitungsabdeckung; 17 – Kerosintank, 1. Stufe; 18 – Kerosinspeiseleitung; 19 – Flüssigsauerstofftank, 1. Stufe; 20 – Stabilisierungsflächen; 21 – Raketentriebwerk, 1. Stufe.

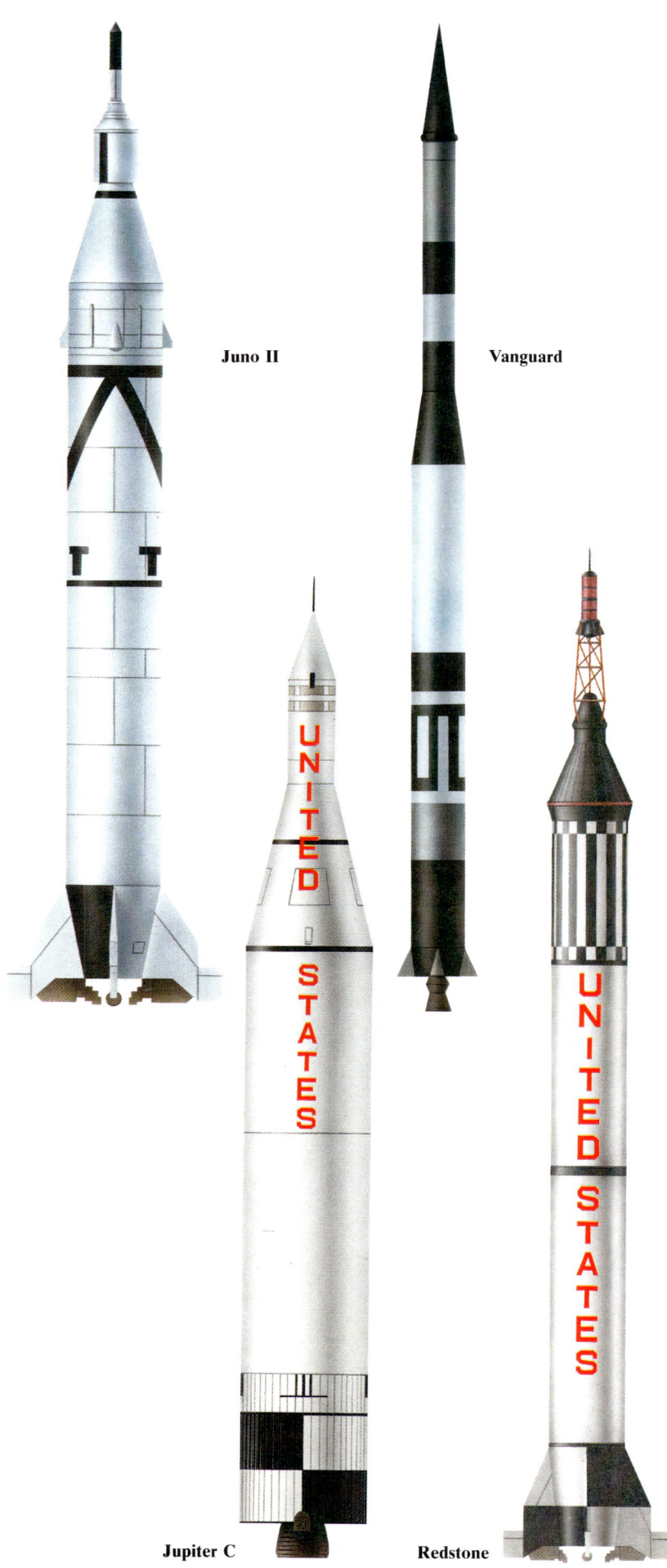

Juno II

Vanguard

Jupiter C

Redstone

Vereinigte Staaten

Juno II – Vierstufig. Startstufe, ballistische Mittelstreckenrakete Jupiter der US Army. Höhe: 17,68 m; Startmasse: 47 625 kg; Treibstoff: Flüssigsauerstoff und Kerosin; Schubkraft: 1. Stufe, 68 000 kp (666,4 kN). Drei Oberstufen bestehend aus Bündel von elf (2. Stufe), drei (3. Stufe) und einer Sergeant-Feststoffrakete(n).
Nutzlasten: Pioneer 3, Masse 5,85 kg, Orbit von 102 300 km (6. Dezember 1958). Entdeckte den äußeren Van-Allen-Strahlungsgürtel. Pioneer 4, Masse 6,08 kg (3. März 1959). Erste amerikanische Sonde in Sonnenumlaufbahn, nach Vorbeiflug am Mond.

Vanguard – Von den USA gewählte Rakete, um den ersten künstlichen Satelliten in eine Erdumlaufbahn zu bringen. Sie war vom Naval Research Bureau auf der Grundlage von Versuchsraketen entwickelt worden. Dreistufig; Treibstoff: 1. Stufe Flüssigsauerstoff und Kerosin, 2. Stufe Salpetersäure und UDMH (unsymmetrisches Dimethyl-Hydrazin), 3. Stufe feste Treibstoffe. Gesamthöhe: 21,95 m; Durchmesser: 1,14 m; Startmasse: 10 250 kg; Gesamtschub: 17 050 kp (167,1 kN). Vom 23. Oktober 1975 bis 18. September 1959 12 Vanguard gestartet, davon 8 Fehlstarts.
Nutzlasten: Satellit Vanguard 1 (17. 3. 1958), Masse: 1470 g; Spitzname: Pampelmuse (Grapefruit). Entdeckte die birnenförmige Erdgestalt.

Redstone – Einstufige ballistische Rakete der US Army mit einer Reichweite von 370 km. 1952–55 in den USA von Wernher von Braun aus der A4 (V2) weiterentwickelt. Startstufe der Jupiter C, die am 31. Januar 1958 den ersten amerikanischen Satelliten (Explorer 1) in die Erdumlaufbahn beförderte. Rakete eingesetzt für Vorversuche mit Mercury-Kapseln für Suborbital-(ballistische) Flüge. Hierfür wurden der Treibstofftank verlängert und einige hundert kleinere und größere Modifikationen durchgeführt. Von sechs Mercury-Flügen waren die ersten vier unbemannt. Am 5. Mai 1961 erster amerikanischer ballistischer Raumflug mit Alan Shepard, Flugdauer 15 Minuten, davon fünf schwerelos. Höhe (mit Mercury, ohne Rettungsturm): 35,30 m; Durchmesser: 2,01 m; Startmasse: 29 935 kg; Triebwerk: 1; Treibstoff: Flüssigsauerstoff und Äthylalkohol und Wasser (25%); Schubkraft: 35 375 kp (346,6 kN); Brennschlußgeschwindigkeit: 7080 km/h.

Jupiter C – Vierstufig. Verlängerte Redstone mit einem Schub von 31 750 kp (311,1 kN). Drei Oberstufen (drallstabilisiert), 2. Stufe bestand aus einem Bündel von 11, die 3. Stufe aus drei Feststoffraketen; die 3. Stufe befand sich konzentrisch innerhalb der 2. Stufe. Auf dieser kombinierten Stufe war als 4. Stufe eine einzelne Feststoffrakete angeordnet, mit dem zylinderförmigen Satellitengehäuse fest verbunden. Entwickelt von der W.-von-Braun-Gruppe der US Army Ballistic Missile Agency. Erzielte am 20. September 1956 eine Reichweite von 5741 km mit der Rekordhöhe von 1259 km. Die 4. Stufe war statt mit Treibstoff mit Sand gefüllt, weil sie sonst in eine Erdumlaufbahn gegangen wäre wie ein Satellit, doch dieser Zweck war damals noch dem Vanguard vorbehalten. Die Jupiter war bereits seit September 1957 einsatzbereit; theoretisch mit einem Jahr Vorsprung vor der UdSSR. Von Brauns diesbezügliche Vorschläge wurden zugunsten einer zivilen Trägerrakete abgewiesen. Siehe: Vanguard.
Nutzlasten: Explorer 1 (31. Januar 1958), erster amerikanischer Satellit, Masse 13,97 kg, Orbit 360 × 2532 km. Entdeckte den inneren Van-Allen-Strahlungsgürtel. Explorer 3, Masse 14,06 kg, Orbit 195 × 2810 km; lieferte zusätzlich Daten über den Van-Allen-Strahlungsgürtel (26. März 1958). Zwei Fehlstarts unter den ersten fünf Starts. Wurde bis Oktober 1958 verwendet.

Thor-Able – Modifizierte Thor, 2. und 3. Stufe aus Teilen der Vanguard-Rakete, die in Able umbenannt wurden. Treibstoff 2. Stufe, rauchende Salpetersäure und UDMH, Schubkraft 3450 kp (33, 8 kN); 3. Stufe Feststoff, Schubkraft 1410 kp (13,8 kN). Fehlschlag als Träger für Mondsonden: zwei erfolglose Missionen mit Pioneer 1 (11. Oktober 1958) und Pioneer 2 (8. November 1958) und drei weitere Fehlstarts.
Nutzlasten: Explorer 6, Masse 64,40 kg, Orbit 250 × 42 416 km. Machte die ersten Fernsehbilder von der Erde und entdeckte einen Strahlungsgürtel innerhalb des Van-Allen-Strahlungsgürtels (7. August 1959). Tiros 1, Masse 122,5 kg, Orbit 690 × 750 km, lieferte zahlreiche Fernsehbilder von der Erde und die ersten detaillierten Wolkenbilder (1. April 1960)

Thor-Able-Star (oder Thor Epsilon) – Thor mit wiederzündbarer Oberstufe, die einen Schub von 3585 kp (35,1 kN) entwickelte. Gesamthöhe: 27,00 m; Durchmesser: 2,44 m; Startmasse: 54 430 kg.
Nutzlasten: Erster Start am 13. April 1960 mit dem ersten militärischen Navigationssatelliten Transit 18, Masse 120 kg, Orbit 375 × 771 km. Courier I B, erster aktiver Kommunikationssatellit, Masse 227 kg, Orbit 806 × 1059 km (4. Oktober 1960).

Thor-Agena B – Zweistufig. Treibstoffe: 1. Stufe LOX/Kerosin, 2. Stufe Salpetersäure/UDMH. Höhe: 26,21 m; Durchmesser 2,44 m; Startmasse: 55 800 kg; Nutzlastvermögen: 700 kg Masse in 500 km hohe Umlaufbahnen.
Nutzlasten: Alouette I, der von Vandenberg aus gestartete Satellit, diente zur Er-

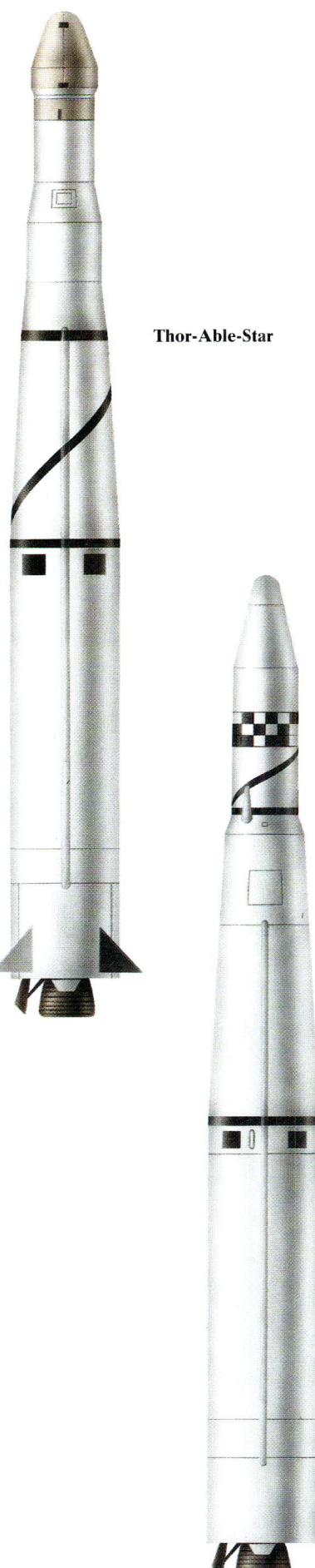

Thor-Able-Star

Thor-Agena B

forschung der Ionosphäre. Masse 145 kg, Orbit 1001 × 1033 km (29. September 1962).

Thor-Hustler – Zweistufig. Thor mit Oberstufe, die zusammen mit dem Satelliten in den Orbit geht. Flüssigkeitstreibstoff.
Nutzlasten: Discoverer 1, Mase 590 kg, Orbit 195 × 973 km. Erster US-Satellit in polarer Umlaufbahn (28. Februar 1959).

Atlas – Erste ballistische Interkontinentalrakete der US Air Force, die am 1. September 1959 vom SAC in Dienst gestellt wurde. 1½stufige Trägerrakete, d. h. das zentrale Marschtriebwerk Rocketdyne MA-5 mit einer Schubkraft von 27 215 kp (266,7 kN), und die halbe Stufe mit den beiden Starttriebwerken, mit einer Schubkraft von je 83 915 kp (822,2 kN) sowie zwei kleine Vernier-Triebwerken (Steuerdüsen) von 472 kp (4,6 kN) Schub wurden aus einem gemeinsamen Treibstoffbehältersatz versorgt. Gesamtschub 195 517 kp (1916 kN). alle fünf Triebwerke wurden gemeinsam gezündet, und die Startstufe nach etwa 2 Minuten abgetrennt. Gesamthöhe mit Nutzlast: 21,72 m; Durchmesser: 3,04 m; Startmasse: 122 t. Ohne Zusatztriebwerke konnte die Atlas 907 kg Nutzlast in eine 185 km hohe Umlaufbahn befördern. Um die Rakete so leicht wie möglich zu machen, wurde für die Struktur und die druckbelüfteten Tanks hauchdünn ausgewalztes Edelstahlblech verwendet, und zur Festigkeit der ganze Innenraum druckbeaufschlagt. Als Treibstoff diente Flüssigsauerstoff und Kerosin.
In modifizierter Form diente die Atlas als Trägerrakete für bemannte Mercury-Flüge. Darüber hinaus wurde sie in unterschiedlichen Versionen verwendet. Als standardisierte Trägerrakete SLV (Standardized Launch Vehicle) gab es zwei Serien: die SLV-3A und die mit der Centaur-Oberstufe kombinierte SLV-3D.
Nutzlasten: Score, erster Versuchskommunikations-Satellit, der eine aufgezeichnete menschliche Stimme aus dem All sendete, (18. Dezember 1958). Masse 3970 kg, von der die Nutzlast 68 kg betrug.

Atlas (SLV-3A) mit Agena-Oberstufe – 2½stufig. Länge: 36 m; Durchmesser: 3,05 m bis 1,78 m. Bringt 3992 kg Nutzlast in eine Kreisumlaufbahn von 185 km Höhe oder 1325 kg in einen geostationären Transferorbit.
Nutzlasten: Midas 2 (24. Mai 1960), Prototyp eines Frühwarnsatelliten für Raketenstarts. Samos 2 (31. Januar 1961), zur Messung der Mikrometeoritenhäufigkeit. Zwischen 1961 und 1962 fünf Ranger-Mondsonden-Starts, davon drei Fehlschläge. Zwei Mariner-Sonden zur Mars- und Venus-Erkundung (ein Fehlstart).
Hersteller: General Dynamics (Atlas), Lockheed (Agena).

Atlas (SLV-3D) mit Centaur-D- oder -D-1-Oberstufe – 2½stufig. Länge: 39,90 m (davon Centaur 9,14 m); Durchmesser: 3,05 m; Masse: 147 750 kg. Bringt 5080 kg Nutzlast in eine 185 km hohe Umlaufbahn, 1814 kg in einen geostationären Orbit oder 590 kg auf eine interplanetare Flugbahn. Auto-

matische Steuerung durch eine Trägheitsplattform über 14 Vernier-Lagesteuerungsdüsen. 36 Starts zwischen Mai 1966 und Dezember 1976, davon sechs Fehlstarts wegen Fehlfunktion der Atlas-Trägerrakete. Die US Air Force rechnet mit einer Einsatzzeit der Atlas H bis 1987 und der Atlas E bis 1991.
Nutzlasten: Sieben Surveyor-Mondsonden. Mariner 7 (Mars-Vorbeiflug), Mariner 9 (Mars-Satellit). Mariner 10 Venus- und Merkur-Vorbeiflug (Start 3. November 1973). Pioneer 10 (3. März 1972) Jupiter-Vorbeiflug, kreuzte Uranusbahn auf dem Weg aus dem Sonnensystem. Pioneer 11 (5. April 1973) Jupiter- und Saturn-Vorbeiflug. OAO (Orbiting Astronomical Observatory) astronomischer Satellit mit Teleskop (8. April 1966). ATS Versuchs-Nachrichtensatellit (6. Dezember 1966). Navy-Verbindungssatellit (Fltsatcom.) Acht Intelsat IV Kommunikationssatelliten.
Hersteller: Convair (General Dynamics Gruppe).

Centaur D oder **D-1** – Oberstufe in Verbindung mit Atlas SLV-3 oder mit Titan 3E. Erste US-Rakete mit der Treibstoffkombination Flüssigsauerstoff und Flüssigwasserstoff. Weist den höchsten spezifischen Impuls im Vakuum (444 s) aller Raketen ihrer Generation auf. Länge (ohne Nutzlastverkleidung): 9,14 m; Durchmesser: 3,05 m; Startmasse: 15 876 kg; Schubkraft: 13 620 kp (133,4 kN), mit zwei Triebwerken Pratt & Whitney RL10A mit Mehrfachzündung. Trägheitslenkung, Steuerung über 14 mit Wasserstoffsuperoxid betriebene Steuerdüsen.
Hersteller: Convair (General Dynamics Gruppe).

Agena – von 1959 bis 1971 ein überaus erfolgreiches Oberstufengerät. Kam in Kombination mit vier Thor-Versionen (ab Februar 1959), Atlas (Februar 1960) und Titan 3B (Juli 1966) zum Einsatz. Diese vom US-Verteidigungsministerium als Mehrzweck-Transportsystem eingesetzte Rakete verwendete die NASA als Zielkörper für Kopplungsmanöver im Rahmen des Gemini-Programms (1966 wurden Gemini 8, 10, 11 und 12 erfolgreich angekoppelt, bei Gemini 9 versagte die Atlas-Rakete). Ihre erfolgreiche Karriere verdankte die Agena nicht nur ihrem wiederzündbaren Triebwerk, wodurch ein Wechseln der Umlaufbahn ermöglicht wurde, sondern auch der Präzision, mit der sie als Zielkörper plaziert und angeflogen werden konnte. Als Satellit sind 30 von insgesamt 300 verlautbarten Starts fehlgeschlagen. Als Oberstufe versagten zwei von über 45 Starts. Länge: 7,10 m; Durchmesser: 1,50 m; Masse: 770 kg; Schubkraft: 7250 kp (71,05 kN); Triebwerk: Bell 8096.
Nutzlasten: Flog als erste dreiachsenstabilisierte Nutzlasten auf kreisrunden und polaren Umlaufbahnen. Transportierte Sonden, die erfolgreich an Mars und Venus vorbeiflogen. Rendezvous und Ankoppelung mit Gemini-Raumkapseln; Triebwerkskontrolle von anderen Raumflugkörpern im Orbit.

Trägerraketen

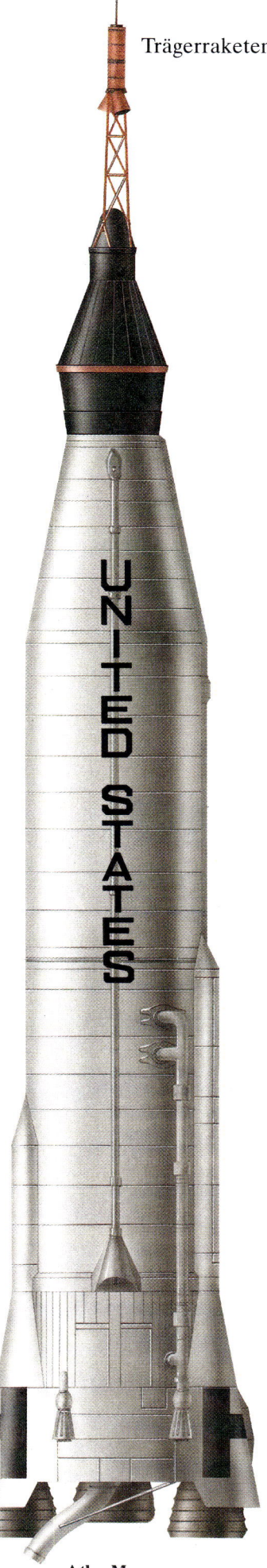

Atlas-Mercury

Trägerraketen

Atlas-Agena-Ranger

Atlas-Centaur (PAM A)

Atlas E

Scout

Scout – Vierstufig. Kleinste US-Trägerrakete, extrem schlank. Von der NASA und Air Force eingesetzt, besonders für Starts mit kleineren wissenschaftlichen Satelliten und für Wiedereintrittsuntersuchungen sowie bei verschiedenen internationalen Gemeinschaftsunternehmen (mit Frankreich, Bundesrepublik Deutschland, Großbritannien, Italien und der ESRO – European Space Research Organisation). Seit dem ersten Start eines Satelliten (Explorer 9) am 16. Februar 1961 sind bis zum Oktober 1984 104 Scout-Starts mit einer Erfolgsrate von 51% durchgeführt worden. Bis heute erfolgten alle Scout-Abschüsse von drei Startplätzen aus: Vandenberg, Wallops Island und San Marco. Die vier Feststoffraketenstufen der gegenwärtig im Einsatz befindlichen Version (SLV-1A) setzen sich zusammen aus Algol 3A mit 48 534 kp (475,6 kN) Schub, einer Castor 2A mit 28 032 kp (274,7 kN) Schub, einer Antares 3A mit 9526 kp (93,35 kN) Schub und einer Altair 3 mit 2585 kp (25,3 kN) Schub. Gesamthöhe: 22,90 m; Durchmesser: 1,13 m; Startmasse: 21 410 kg; Gesamtschubkraft: 88 678 kp (869 kN) aller vier Stufen. Die Scout ist in der Lage, 181,4 kg in eine 556 km hohe Umlaufbahn zu befördern, sofern der Start in östlicher Richtung erfolgt, wobei sich die Erdumdrehungsgeschwindigkeit voll auswirken kann, und 24 kg, wenn Fluchtgeschwindigkeit erreicht werden soll.

Verglichen mit der Version von 1961 ist die Gesamthöhe um 3,99 m, die Startmasse um 5035 kg und die Schubkraft um 8853 kp (86,75 kN) größer geworden. Das beabsichtigte, von Luigi Broglio unterstützte Projekt zur Entwicklung einer Super-Scout oder San-Marco-Scout mit zwei Zusatzraketen an der 1. Stufe, einer modifizierten 2. und 3. Stufe und einer 4. Stufe mit einem wiederzündbaren Flüssigkeitsraketentriebwerk, ist nicht weiter verfolgt worden.
Nutzlasten: Explorer 16, Masse 100,7 kg, Orbit 738 × 1192 km, wurde in 7½ Monaten von 63 Mikrometeoriten durchlöchert und von weiteren 15 000 getroffen (26. Dezember 1962). San Marco 1, Masse 115 kg, Orbit 200 × 843 km, führte Messungen über Bestandteile und Dichte der Atmosphäre durch. Der erste italienische und westeuropäische Satellit (15. Dezember 1964 von Wallops Island). Explorer 42 oder SAS-A (Small Astronomical Satellit) oder Uhuru, Masse 306 kg, Orbit 512 × 563 km, durchmusterte den Himmel nach Röntgenstrahlungsquellen.
Hersteller: Vought Missile and Space Company.

Thor – Ursprünglich als militärische Mittelstreckenrakete (bis 2800 km Reichweite) entwickelt und erst nach verschiedenen erfolglosen Versuchen einsatzbereit, wurde sie die am meisten eingesetzte Startstufe für Trägersysteme der NASA. Sie war die Erststufe von mehreren Startkombinationen, die mit der Thor ihre Leistungen beträchtlich steigern konnten. Ihre Einsatzzeit erstreckt sich über zwei Jahrzehnte, vom 10. Oktober 1958 bis 1979, und sie ist auch zu Beginn der Space-Shuttle-Ära noch nicht zu Ende, denn noch sind die modifizierten Thor-Versionen, die Thor-

Delta-Serien, kurz Delta genannt, im Einsatz. Beim ersten Start einer Delta mit einem der historischen passiven Nachrichtensatelliten Echo A, am 13. Mai 1960, hatte es nicht danach ausgesehen. Der Start war ein Reinfall, aber das sollte sich schon ab dem 2. Start ins Gegenteil kehren. Von 1960 bis 1984 sind 173 Delta, mit einer Erfolgsrate von 93%, gestartet worden. Auf einen Zeitraum von neun Jahren bezogen, bis April 1983 (GOES-F), betrug die Erfolgsrate sogar über 97%.
Die Leistung der Delta konnte im Lauf der Zeit beträchtlich gesteigert werden. So wurde die Nutzlast in eine geostationäre Transferbahn von 45,4 kg im Jahre 1964 bis auf 1270 kg bei der vorletzten Version, der 3920-PAM, erhöht. Das ist die gleiche Nutzmasse, die von einem Space Shuttle im Orbit abgesetzt werden kann, jedoch mit einer zusätzlichen PAM-Stufe.
Bemerkungen: Insgesamt 13 Welt- oder nationale Rekorde bei Starts von Nachrichten-, Wetter- und Forschungssatelliten sowie bei internationaler Zusammenarbeit. GOES-Starts durch die NASA. McDonnel Douglas stellten mit der Serien-Nummer 182 die Produktion ein.
Hersteller: McDonnell Douglas Astronautics.

Thor-Delta (Delta) – Dreistufig. Modifizierte Thor mit einem Schub von 77 100 kp (755,5 kN); Treibstoff: LOX/Kerosin; Durchmesser: 2,44 m, der sich um 0,83 m kegelförmig nach oben verjüngte. 2. Stufe, ein AJ-10-142-Triebwerk, mit den Treibstoffkomponenten rauchende Salpetersäure und Hydrazin und einem Schub von 3500 kp (34,3 kN). 3. Stufe, Altair-Feststofftriebwerk mit 1270 kg (12,4 kN) Schub. Gesamthöhe: 27,43 m; Startmasse: 50 800 kg; Schubkraft 81 870 kp (802,3 kN). Konnte Satelliten von 45,4 kg Masse auf geostationäre Transferbahnen, oder von 272,4 kg in eine 370 km hohe Erdumlaufbahn befördern. Von 1960 bis 1962 wurden 12 Starts durchgeführt.
Nutzlasten: Echo 1A, erster passiver Nachrichtensatellit (12. August 1960). Tiros 2 bis 7, die 216 376 Fotos von Wolkenformationen übermittelten, und die für Wettervorhersagen und zur Überwachung von Wirbelstürmen eingesetzt wurden (vom 23. Oktober 1960 bis 13. Juni 1963). Telstar 1, erster (privater) kommerzieller Fernsehübertragungssatellit (der American Telephone & Telegraph), der Live-Sendungen des amerikanischen Fernsehens nach Europa übertrug (10. Juli 1962). OSO-1 (Orbiting Solar Observatory), das erste erdumkreisende Sonnenobservatorium (7. März 1962). Sirio, experimenteller Nachrichtensatellit Italiens (25. August 1977).

Uprated Thor-Delta (Delta A, B, C) – Dreistufige leistungsgesteigerte Thor mit neuem Triebwerk und/oder verlängertem Tank der 2. Stufe sowie neuem Triebwerk der 3. Stufe. Kann 68 kg bzw. 81,6 kg schwere Satelliten in eine geostationäre Transfer- oder 317,5, 376,5 bzw. 408,2 kg schwere Satelliten in eine 370 km hohe Erdumlaufbahn befördern. Von 1962 bis 1969 wurden 24 Starts durchgeführt.

Nutzlasten: Syncom I und II, Masse 34 kg, Orbit 34 182 × 37 014 km und 37 775 × 35 791 km. Syncom I erreichte zwar eine fast geostationäre Umlaufbahn, die Nachrichtenverbindung brach aber sofort ab. Syncom 2 wurde zum ersten funktionellen Nachrichtensatelliten der NASA mit Parkposition über dem Indischen Ozean (14. Februar und 26. Juli 1963).

Improved-Thor-Delta (Delta D) – Dreistufig. Die 1. Stufe verstärkt durch drei Feststofftriebwerke Castor 1 als Starthilfe. Das Hauptraketentriebwerk ebenfalls leistungsgesteigert. Beförderte 104,3 kg in eine Übergangsbahn und 576 kg in eine 370 km hohe Umlaufbahn. 1964 und 1965 je ein Start.
Nutzlasten: Early Bird (Intelsat I), erster kommerzieller Nachrichtensatellit des weltumspannenden Kommunikationssatellitensystems. Verfügt über 240 Zweiweg-Sprech- und 2 Fernsehkanäle (5. April 1965).

Improved Thor-Delta (Delta E) – Dreistufig. Die 1. Stufe verstärkt durch drei Feststoffraketen Castor 1S als Starthilfe. 2. Stufe um 1,40 m im Durchmesser vergrößert, erhielt ein wiederzündbares Raketentriebwerk. 3. Stufe ausgerüstet mit neuem Triebwerk. Es gab eine zweistufige Version Delta G. Die Delta E konnte von Cape Canaveral und Vandenberg aus gestartet werden, während die vorherige Version nur die Startrampe in Florida benutzen konnte. Beförderte 204 kg in eine Übergangsbahn sowie 734,8 kg von der Atlantik- und 553,4 kg von der Pazifikküste aus in eine 370 km hohe Erdumlaufbahn. Von 1965 bis 1971 erfolgten 26 Starts.
Nutzlasten: ESSA (Environmental Science Service Administration – Umweltbeobachtung), erster operativer US-Wettersatellit (3. Februar 1966). Biosatellit-1, Masse 429 kg; Orbit 214 × 320 km; Forschungssatellit über die Auswirkungen bioastronautischer Probleme wie Dauerschwerelosigkeit und Strahlungsverträglichkeit (14. Dezember 1966).

Long Thank Thor (Delta L) – Dreistufig (einige Versionen zweistufig). War weniger eine Rakete, als ein Zylinder. 1. Stufe mit verlängerten Tanks und drei Feststoffhilfsstartraketen Castor 2S. Beförderte 356 kg in eine Übergangsbahn und 998 kg in eine 370 km hohe Umlaufbahn beim Start von Cape Canaveral und 680,4 kg beim Start von Vandenberg aus. Von 1968 bis 1972 erfolgten 20 Starts.
Nutzlasten: Militärischer Nachrichtensatellit NATO 1, Masse 242,8 kg, Orbit 40807×42164 km, geostationärer Satellit (20. März 1970). Forschungssatellit TD-1, Masse 742 kg, Orbit (sonnensynchron) 536×557 km; astronomische Messungen und Untersuchung kosmischer Strahlen (12. März 1972).

Long Thank Thor (Delta M) – Dreistufig. Die Anzahl der Castor-Feststoffraketen wurde auf sechs verdoppelt. Beförderte 454 kg in eine Transferbahn und 1293 kg in eine 370 hohe Umlaufbahn von Cape Canaveral und 975,2 kg beim Start von Van-

Delta E

Delta 2914

Delta 3914

Delta 3920

denberg aus. Von 1970 bis 1971 vier Starts erfolgt.
Nutzlasten: Wettersatellit Itos D (NOAA-2), Masse 409 kg, Orbit 1448×1453 km, lieferte sofort auswertbare Informationen über die Bewölkung der Erde, Tag und Nacht, durch ein skandierendes Radiometer (15. Oktober 1972). Gemeinsam gestartet mit dem Radio-Amateur-Satellit Amsat-Oscar 6, Masse 18,5 kg, der über zwei Transponder internationale UKW-Verbindungen zwischen Funkamateur-Stationen ermöglicht.

Delta 914 – Dreistufig. Die Feststoffraketen Castor 2S wurden zur Startschubverstärkung auf neun erhöht; fünf wurden beim Abheben und vier in einer bestimmten Höhe gezündet. 2. Stufe mit Stickstofftetroxid/Kerosin-Triebwerk. Beförderte 635 kg in eine Transfer- und 1683 kg in eine 370 km hohe Erdumlaufbahn beim Start von Cape Canaveral und 1225 kg von Vandenberg aus. Von 1970 bis 1973 fünf Starts.
Nutzlasten: Landsat 1 (ERTS-1), Masse

950 kg, Orbit 897×917 km; erster Satellit zur Erkundung von Rohstoffvorräten der Erde durch Multispektralscanner (Streifenabtaster) mit einer Auflösung von 60 m (23. Juli 1972).

Delta serie 1000 – Dreistufig. Die Länge der Thortanks ist vergrößert worden. Beförderte 680 kg in eine Transferbahn von Cape Canaveral und 635 kg von Vandenberg aus. Acht Starts von 1972 bis 1975.
Nutzlasten: Anik-1, erster nationaler Nachrichtensatellit Kanadas mit 9600 Fernsprechlinien oder 10 Farbfernsehkanälen (10. November 1972). Explorer 49 oder RAE-2 (Radio Astronomy Explorer), Masse 250 kg, in Solarer-Kreisbahn, mit vier ausfahrbaren 225 m langen Antennen, dient zur Ortung von Hochfrequenzquellen im Frequenzbereich von 0,03 bis 13 MHz nach Richtung und Zeit (10. Juni 1973).

Delta serie 2000 – Dreistufig. Die Rakete erhielt die Form einer Säule von 35,36 m

Höhe mit durchgehendem gleichen Durchmesser von 2,44 m. Erhielt in der Thor-Erststufe neues Triebwerk Rocketdyne RS-27 mit einem Schub von 92 988 kp (911,2 kN). 2. Stufe modifiziert und leistungsgesteigert. Beförderte 703 kg in Transferbahn und 1887 kg in eine 370 km hohe Umlaufbahn von Cape Canaveral und 1392,5 kg von Vandenberg aus. Von 1974 bis 1981 erfolgten 45 Starts.
Nutzlasten: Westar 1, erster privater amerikanischer Nachrichtensatellit mit 14 000 Fernsprechlinien oder 12 Farbfernsehkanälen (13. April 1974). ISAA-3 (International Sun-Earth Explorer), Masse 469 kg; zu Sonnenwindmessungen auf eine komplizierte Sonnenumlaufbahn befördert, auf der die Anziehung von Sonne und Erde ständig mit gleicher Intensität wirkt (12. August 1978).

Delta serie 391X und **3910/PAM** – Dreistufig. Durch neun Feststoffraketen Castor 4S leistungsgesteigert. 3. Stufe mit dem neuen PAM (Payload Assist Module)-Triebwerk

25

ausgerüstet. Beide Versionen befördern 937 kg und 1111 kg in Transferbahnen. Starts begannen 1975.

Nutzlasten: OTS-2 (Orbital-Test-Satellit), erster europäischer experimenteller Nachrichtensatellit mit 6000 Telefonkanälen, ersetzte den am 13. 9. 72 durch Fehlstart zerstörten OTS-1 (11. Mai 1978). Insat1-A, indischer Mehrzwecksatellit (Meteorologie, Fernsprech und Direktfernsehen) (10. April 1982). IRAS (Infrared Astronomy Satellite) Infrarot-Teleskop-Satellit (25. Januar 1983).

Delta serie 3920/PAM – Dreistufig. Die neuen Feststoffstarthilfsraketen Castor 4S zünden in der Reihenfolge: sechs beim Start, zusammen mit dem Triebwerk der Erststufe, und drei nach dem Abheben in einer bestimmten Höhe, um so die optimalste Schubkraft zu erzielen. 2. Stufe mit neuem stärkeren Triebwerk (Improved Transtage Injector Programme) ausgerüstet. 3. Stufe, PAM mit Thiokol Star 48 Feststofftriebwerk. Befördert 1270 kg in geostationäre Übergangsbahn.

Delta serie 3924 – Dreistufig. Erhielt für die 2. Stufe neues Triebwerk (Improved Transtage Injecotr Programme AJ10-118K). Startmasse: 193 000 kg,. Schubkraft: 452 239 kp (4432 kN). Befördert 1102 kg in eine Umlaufbahn.

Titan II – Zweistufige Interkontinentalrakete der US Air Force. Wurde für das Gemini-Programm modifiziert. Die Air Force plant eine Modifizierung von zwölf Titan II für den Start von 725 kg schweren Satelliten (z. B. Wettersatelliten) in eine polare Umlaufbahn. Gesamthöhe 27,43 m (mit der 5,79 m hohen Gemini-Kapsel 33,22 m); Durchmesser 3,00 m; Startmasse: 154 224 kg. Selbstzündendes Treibstoffgemisch aus Stickstofftetroxid und einem Gemisch aus 50% Hydrazin und 50% unsymmetrisches Dimethyl-Hydrazin (UDMH), das unbegrenzt gelagert werden kann. Gesamtschubkraft: 240 408 kp (2356 kN), wovon 195 048 kp (19112 kN) auf die 1. Stufe entfallen.
Hersteller: Martin Marietta.

Titan III Grundstufe für schwere Nutzlasten (bis zu 17 160 kg) in eine 185 km hohe Umlaufbahn. Ist aus der zweistufigen Titan II durch Hinzufügen einer weiteren Stufe hervorgegangen und bildet eine Familie von fünf Versionen, deren leistungsfähigste Variante die stärkste Trägerrakete nach der Saturn ist. Seit 1966 sind 129 Titan in verschiedenen Versionen von Cape Canaveral und Vandenberg aus gestartet worden, sieben für die NASA, der Rest für das US-Verteidigungsministerium. Drei Fehlstarts. In Vandenberg stellte die Titan III mit 76 hintereinander erfolgten, geglückten Starts einen Rekord auf.

Titan IIIB – Dreistufig. Dabei handelt es sich um die Titan II mit verschiedenen Oberstufen, insbesondere der Transtage und der Agena, die bei einem Start bis zu acht Satelliten in verschiedene Umlaufbahnen befördern können. Wurde auch mit einem Kontroll- oder Kommando-Modul

Titan-Gemini

ausgerüstet. 1. Stufe: Länge: 22,25 m; Durchmesser: 3,05 m; Schubkraft: 238 600 kp (2338,3 kN). 2. Stufe: Länge: 7,10 m; Schubkraft: 46 265 kp (453,4 kN). Agena: Länge: 7,10 m; Schubkraft: 7250 kp (71,05 kN). Gesamtlänge: 36,45 m; Gesamtmasse: 17 600 kg; Gesamtschubkraft: 292 115 kp (2862,7 kN). Gleiche Treibstoffkomponenten für beide Stufen: Hydrazin/Unsymmetrisches Dimethyl-Hydrazin und als Oxidator Stickstofftetroxid, selbstzündend, Zündung erfolgt lediglich durch Kontakt. Funk-Trägheitslenkung. Erster Start am 29. Juli 1966; 54 Starts, davon nur ein Fehlstart. Wurde für eine Anzahl militärischer Satelliten verwendet.

Titan IIIC – Dreistufig, mit zusätzlicher »Zero-Stufe«. Eine Titan II mit einer Transtage-Oberstufe und zwei seitlich befestigten Feststoffstarthilfsraketen, die »Zero-Stufe«. Das Zentraltriebwerk der Erststufe wird in einer geeigneten Höhe gezündet, wodurch der größte Schub erzielt wird, zirka 238 600 kp (2338,9 kN), nachdem die leergebrannten Feststoffraketen abgetrennt wurden. An beiden Fest-

stoffraketen befinden sich Druckgasbehälter, die wie Zusatzraketen aussehen. Die Transtage kann mehrfach gezündet und abgeschaltet werden, wodurch weitgehende Bahnneigungen und Bahnänderungen bis in den Weltraum hinein möglich sind. In der Transtage befindet sich das Kommando-Modul für die ganze Rakete. Länge des mittleren Raketenkörpers ohne Nutzlast: 34,92 m (Transtage: 4,57 m lang); Schubkraft: 292 122 kp (2862,8 kN), die Transtage: 7257 kp (71,12 kN). Treibstoffkomponenten sind die gleichen wie bei der Titan IIIB. Länge der Feststoffraketen mit Verkleidung: 25,91 m; deren Durchmesser: 3,05 m; Schub: 1 043 260 kp (10 224 kN). Gesamtmasse der Titan IIIC: über 635 030 kg; Gesamtschubkraft: 1 335 382 kp (13 086,7 kN); Brennschlußgeschwindigkeit: 28 160 km/h.

Bemerkungen: 80% der Satelliten in geostationäre und äquatoriale Umlaufbahnen erfolgen von amerikanischen Startrampen aus. Nur zwei Fehlstarts von insgesamt 29 Starts.

Titan IIID – Drei- (oder zwei-)stufig mit zusätzlicher »Zero-Stufe«. Die gleiche Kombination wie bei der Titan IIIC, ohne Transtage, jedoch austauschbar, wenn erforderlich, mit anderen Oberstufen. Funkkommandolenkungssystem.

Nutzlasten: 20 Starts, keine Fehlstarts. Ab Juli 1971 sind eine Anzahl Big-Bird-Mehrzweckaufklärungssatelliten der US Air Force in Umlaufbahnen befördert worden. Masse 11 340 kg, Länge 15,25 m. Ab 14. Juni 1978 Start der KH-11 (Keyhole) geheimen Aufklärungssatelliten.

Titan IIIE-Centaur – Dreistufig, mit »Zero-Stufe«. Eine Titan IIIC, bei der die Transtage-Oberstufe durch die leistungsfähigere Centaur D-II ersetzt wurde. Länge des mittleren Raketenkörpers: 39,49 m; Gesamtmasse: 638 659 kg; Schubkraft: 1 341 745 kp (13 149 kN); die größte amerikanische Rakete nach der Saturn; befördert 17 160 kg in eine 185 km hohe Erdumlaufbahn und 6800 kg in eine geostationäre Transferbahn sowie 4014 kg in eine interplanetare Flugbahn. Einsätze erfolgten ab 1974.

Nutzlasten: Sieben erfolgreiche Starts. Diente als Trägerrakete für die deutsch-amerikanischen Sonnensonden Helios A (20. Dezember 1974) und B (15. Januar 1976) zur Erforschung des sonnennahen Raumes; der Marssonden Viking 1 und 2 (20. August und 19. September 1975) sowie der Sonden Voyager 2 (20. August 1977) für Vorbeiflüge an Jupiter, Saturn, Uranus und Neptun und Voyager 1 (5. September 1977) für Vorbeiflüge an Jupiter, Saturn und Pluto.

Titan 34D – Wieder eine Titan IIIC, aber mit der dreiachsig stabilisierten IUS (Inertial Upper Stage)-Feststoff-Oberstufe, als Auftrag der US Air Force, die 16 Starts vorgesehen hatte. Der erste Start verzögerte sich wegen fehlerhafter Entwicklungen um ein Jahr bis zum 30. Oktober 1983. Befördert 15 000 kg in eine 185 km hohe Umlaufbahn und 1900 kg in eine geostationäre Transferbahn.

Titan 34D7 – Letzte Titan-Version, von der US Air Force in Auftrag gegeben, mittlerweile betroffen von Verzögerungen wegen Überbelastung mit Aufgaben durch das Space-Shuttle-Programm. Ist eigentlich als Titan CELV (Complementary Exendable Launch Vehicle) vorgesehen. Die Verbesserungen enthalten: Leistungsgesteigerte Feststoffraketen, verlängerte Tanks für die beiden mittleren Stufen, Oberstufe Centaur G Prime mit Flüssigraketentriebwerk und neue Verkleidungen für umfangreiche Nutzlasten (12,20×5,80 m), d. h. größer als der Durchmesser der zentralen Hauptraketenkörper der Titan; Gesamthöhe: 62,17 m (Feststoffraketen 34,41 m); Startmasse: 862 000 kg; befördert 4536 kg in eine geostationäre Transferbahn. Zehn Raketen dieses Typs sind in Auftrag gegeben.

Saturn – Diese Familie von drei Raketen ist ab Frühjahr 1957 von Wernher von Brauns Mannschaft für die bemannten Mondlandungen entwickelt worden. Die Produktion wurde Ende 1958 aufgenommen. Von Braun nannte die Raketen Saturn, als Nachfolgeauftrag seiner Jupiter-Baureihe (der Saturn folgt in der Reihenfolge unseres Sonnensystems dem Planeten Jupiter). Saturn I diente als Vorerprobungsmuster für die schrittweise Lösung der bei einem solchen Projekt auftretenden Probleme. Dreistufig, aber im Flug, wurden maximal nur zwei funktionsfähige Stufen erprobt. Die erste (S-I) war 25,00 m lang und hatte einen Durchmesser von 6,58 m. Sie setzte sich zusammen aus acht säulenförmigen Tanks und acht Raketentriebwerken Rocketdyne H-1, von denen sich vier im Zentrum des Schubgerüsts und die anderen vier schwenkbar am Außenkreuz des Schubgerüsts befanden. Sie ermöglichten eine Lagesteuerung und Lenkung der Rakete. Der Treibstoff war flüssiger Sauerstoff (LOX) und Kerosin (RP-1). Die Gesamtschubkraft betrug 682 000 kp (6683,6 kN) in Meereshöhe. Die Triebwerke waren eine Weiterentwicklung der für die Jupiter und Thor verwendeten. Die 2. Stufe (S-IV) war 12,20 m hoch, 5,48 m im Durchmesser und verfügte über sechs kardanisch aufgehängte Raketentriebwerke, Pratt & Whitney RL-10; Treibstoff war LOX und Flüssigwasserstoff. Bei den letzten drei Starts wurden 40 800 kp (399,8 kN) Schub erzielt, mit dem gleichen Triebwerk – aber leistungsgesteigert – wie bei einer einstufigen Centaur. Die Gesamthöhe der Saturn betrug 37,20 m, mit der Apollo-Kapsel und dem Rettungsturm 52,12 m. Die Gesamtstartmasse war in stärksten Versionen betrug 493 t und die Schubkraft beider Stufen 722 800 kp (7083,4 kN). Die Nutzlastkapazität war 10 t für eine 180 km hohe Erdumlaufbahn. Vom Oktober 1961 bis Juli 1965 wurden zehn Starts mit einer 100%igen Erfolgsrate gemacht.

Verwendungszweck: Experimentierte mit der unbemannten Apollo-Kapsel, die als Nutzlast die Erde umkreiste, und beförderte die größten und einige der schwersten amerikanischen Satelliten in die Umlaufbahn.

Saturn IB – Zweistufig, letzte Version vor der endgültigen Mondrakete Saturn V.

Titan IIID

Titan IIIE

Titan 34D

Trägerraketen

Saturn IB

Saturn V (1967)

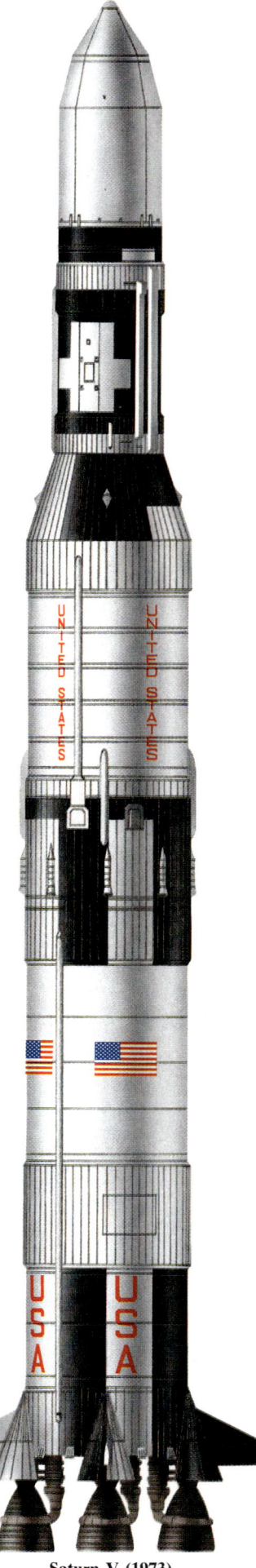

Saturn V (1973)

Diente der Erprobung von Apollo-Kapseln, bemannt und unbemannt, sowie der gesamten Apollo-Einheit (Kommandokapsel, Geräteteil und Mondlandegerät) in Umlaufbahnen und suborbitalen Flügen, insgesamt fünf Flüge. 1. Stufe (S-IB), ausgerüstet mit acht Raketentriebwerken H-1; als Treibstoff dienten flüssiger Sauerstoff (LOX) und Kerosin (RP-1), die Schubkraft betrug 726 400 kp (7118,7 kN) in Meereshöhe. 2. Stufe (S-IVB), ausgerüstet mit nur einem einzelnen wiederzündbaren Raketentriebwerk Rocketdyne J-2 (fest aufgehängt) mit einer Treibstoffkombination von LOX und Flüssigwasserstoff, die Schubkraft betrug 104 328 kp (1022,4 kN). Die Gesamthöhe ohne Apollo-Kapsel war 43,30 m, der Durchmesser 6,58 m. Das Nutzlastvermögen betrug 16 000 kg für eine 200 km hohe Erdumlaufbahn. Zwischen Februar 1966 und Juli 1975 wurden neun Starts mit 100%iger Erfolgsrate durchgeführt.
Verwendungszweck: Diente als Trägerrakete für die drei Drei-Mann-Kapseln der Skylab-Besatzungen 2, 3 und 4 (Mai, Juli und November 1973) und für die bisher einzige Mission, die in Zusammenarbeit mit der Sowjetunion erfolgte, dem Apollo-Sojus-Test-Programm (ASTP).
Hersteller: Chrysler (1. Stufe); McDonnell Douglas (2. Stufe).

Saturn V – Dreistufig in der Mondraketen-Version, zweistufig als Trägerrakete der unbemannten US-Raumstation Skylab 1. Mondversion.
1. Stufe (S-IC): Länge: 42,10 m; Durchmesser: 10,00 m. Das Antriebssystem bestand aus fünf an einem Schubgerüst am unteren Ende der Stufe angehängten Raketentriebwerken Rocketdyne F-1, als Treibstoffe kamen flüssiger Sauerstoff (LOX) und Kerosin (RP-1) zum Einsatz. Die Gesamtschubkraft betrug 5×688 000 kp (5×6742,4 kN) = 3 440 000 kp (33 712 kN).
2. Stufe (S-II): Länge: 24,80 m; Durchmesser: 10,00 m. Ebenfalls fünf Triebwerke (Rocketdyne J-2), von denen die vier äußeren kardanisch und längsachsensymmetrisch aufgehängt waren, die Antriebsachse des fünften Triebwerks lag wie das der 1. Stufe in der Längsachse (starr aufgehängt); als Treibstoff diente LOX und Flüssigwasserstoff. Die Gesamtschubkraft betrug 5×102 060 kp (5×1000,2 kN) = 510 300 kp (5000,9 kN).
3. Stufe (S-IVB) – war gleichzeitig die Zweitstufe der Saturn IB – Länge: 17,70 m; Durchmesser: 6,60 m. Ein einzelnes kardanisch aufgehängtes Raketentriebwerk Rocketdyne J-2 mit den gleichen Treibstoffen wie die 2. Stufe; wiederstartbar im Weltraum (im Gegensatz zum F-1); Schubkraft: 104 328 kp (1022,4 kN). Die 3. Stufe diente nach der Trennung von der 2. Stufe zur Beschleunigung, um Apollo zunächst in eine Parkbahn um die Erde mit einer Bahngeschwindigkeit von zirka 28 000 km/h (7,3 km/s) zu bringen. In der zweiten Antriebsperiode wurde durch erneutes Zünden die Fluchtgeschwindigkeit am Ende der Brennperiode von zirka 39 270 km/h (11 km/s) erreicht und Apollo in die translunare Flugbahn zum Mond eingeschossen.

Unmittelbar über der 3. Stufe befand sich ein 90 cm hoher Ring, der 2041 kg schwere Gerätering. In dieser Instrumenteneinheit waren u. a. die Lenk- und Flugüberwachung für alle drei Stufen, die Stromversorgung, die Messungs- und Datenübertragung, die Funkelektronik und die Umweltkontroll- und Klimaanlage untergebracht. Diesem Modul gab man den Spitznamen »wedding ring« (Trauring), weil es die Rakete mit dem Nutzlastteil »vermählt« hatte.

Die Gesamthöhe der Saturn V betrug ohne Nutzlastteil 85,90 m und mit der Apollo-Einheit einschließlich des Rettungsturmes 111,20 m. (Die Freiheitsstatue ist mit ihrer ganzen Säulenplatte um 18,30 m kleiner als die Rakete. Im Augenblick des Starts war die Saturn V mit ihrer Startmasse von 2 812 230 kg dreizehnmal schwerer als die Freiheitsstatue.) Die Gesamtschubkraft von zirka 4 Millionen kp (39 362,9 kN) wurde in vier Antriebsperioden erzielt. Das Nutzlastvermögen betrug 137 t für eine 185 km hohe Erdumlaufbahn (einschließlich der letzten Stufe S-IVB und des Geräterings) oder 46,7 t für eine Mondumlaufbahn. Einschließlich der einzigen zweistufigen Saturn V wurden zwischen November 1967 und Mai 1973 dreizehn Starts durchgeführt. Die NASA gibt die Erfolgsrate mit 92% statt mit 100% an, wegen des Teilerfolges beim Apollo-6-Programm, dem zweiten unbemannten Testflug am 6. April 1968, bei dem die Wiederzündung des Triebwerks der 3. Stufe in der Umlaufbahn nicht gelang.

Verwendungszweck: Sechs bemannte Flüge zum Mond. Drei bemannte Flüge in einer Mondumlaufbahn. Beförderung der ersten US-Raumstation Skylab in eine Erdumlaufbahn.

Hersteller: Boeing Company (1. Stufe); Rockwell International (2. Stufe); McDonnell Douglas (3. Stufe).

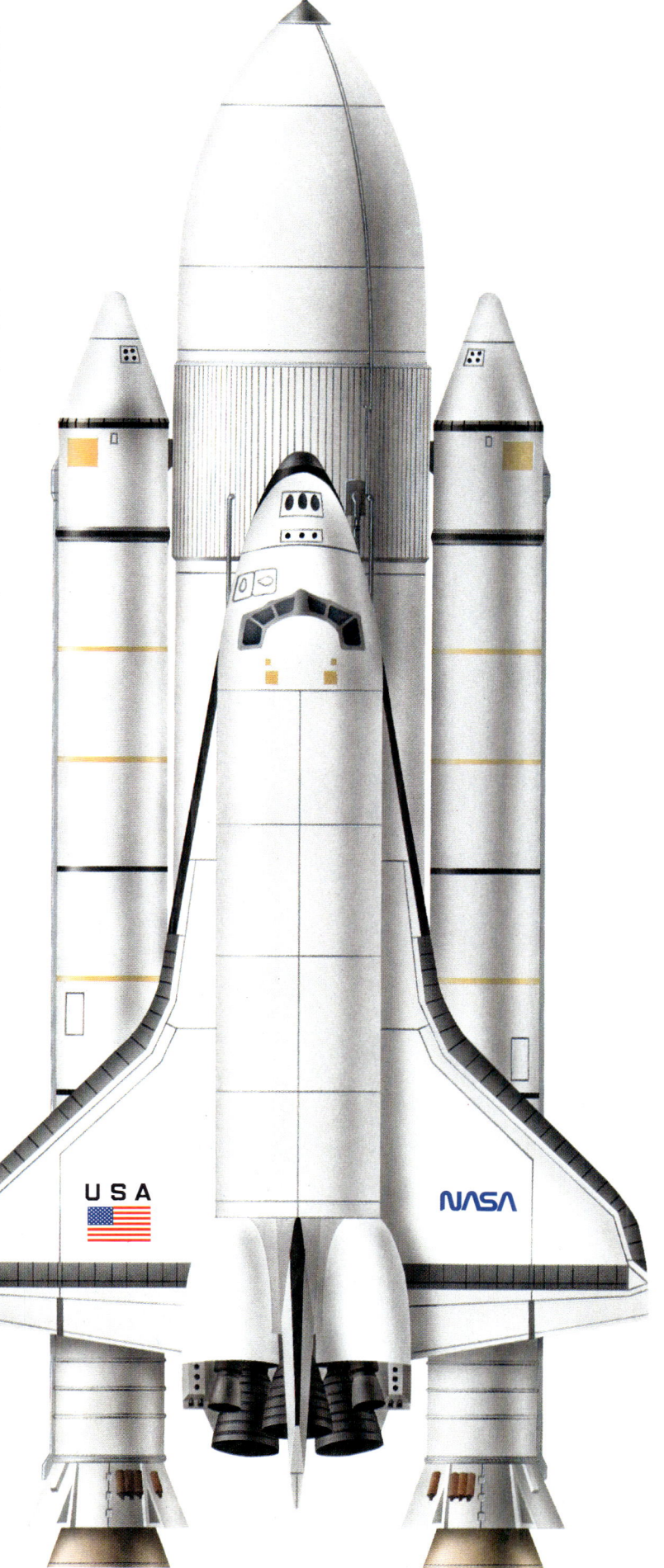

Das wiederverwendbare amerikanische Raumtransportsystem Space Shuttle

Sowjetunion

Da die UdSSR seit Beginn des Weltraumzeitalters nur spärliches Informationsmaterial über ihre Trägerraketen veröffentlicht hat, mußte der Westen auf andere verwendbare Kriterien der Klassifikation zurückgreifen. Die bekannteste ist die Charles-Sheldon-II-Klassifikation in der Kongreßbibliothek in Washington DC. Die Daten über sowjetische Startraketen sind jedoch inoffiziell.

Um die Grundversion der Trägerraketen zu bezeichnen, werden die Buchstaben A, B, C, D, F und G verwendet. »E« ist nicht darunter, weil »e« als Kleinbuchstabe die eigentliche Stufe oder das Triebwerk bezeichnet, das erforderlich ist, um die Fluchtgeschwindigkeit von interplanetarischen Sonden zu erzielen. Für die auf die Grundstufe gesetzten Oberstufen sind Zahlen von 1 an aufwärts gewählt worden. Die Oberstufe, die während des Fluges wieder gezündet werden kann, um eine Bahnänderung herbeizuführen, hat die Bezeichnung »m« (manövrierbar) erhalten. Die Wiedereintrittsstufe in die Erdatmosphäre erhielt den Buchstaben »r«, und ein »X« steht für Startunternehmen, bei denen die Informationen unklar sind.

A – Die allererste Vertreterin der bedeutendsten Familie von sowjetischen Trägerraketen. Eine identische oder sehr ähnliche Kopie der ballistischen Interkontinentalrakete R-7 oder im NATO-Code, der ersten SS-6 Sapwood.

Die Grundstufe war 28,00 m lang mit einem Durchmesser von 3,00 m. Startmasse: 95 000 kg. Die Starteinheit setzte sich aus fünf gebündelten Flüssigkeits-Triebwerken zusammen. Die Zentraleinheit war ein RD-108-Triebwerk mit vier festen Brennkammern und vier kardanisch aufgehängten Vernierdüsen (für die Feinsteuerung) mit einer Schubkraft von 102 019 kp (999,7 kN). Um diese Zentraleinheit waren vier in den Treibstoffbehältern kegelförmig gehaltene abwerfbare RD-107-Startraketen mit je vier Brennkammern und je zwei kardanisch aufgehängten Vernierdüsen angeordnet. Alle Triebwerke verbrannten Flüssigsauerstoff und Kerosin. Länge (Booster): 19,00 m; Schubkraft: 4×102 019 kp (999,7 kN) = 408 077 kp (3999,1 kN). Die Gesamthöhe der A-Trägerrakete (einschließlich der mitgeführten Nutzlast) war 29,20 m. Startmasse: 265 028 kg. Die 32 Brennkammern der Haupt- und Hilfstriebwerke wurden alle gleichzeitig beim Start

A

A-1

A-2

A-2-e

A-2 Sojus

gezündet, wobei sich eine Gesamtschubkraft von 510 096 kp (4998,9 kN) entwickelte. Die Nutzlastkapazität betrug für niedrige Umlaufbahnen 1300 kg. Der Start erfolgte von Tjuratam aus.

Nutzlasten: Sputnik 1, Masse 83,60 kg in einer Umlaufbahn von 228×947 km. Der erste künstliche Satellit der Welt (4. Oktober 1957). Die verstärkte 1½stufige Trägerrakete A bildet die Grundstufe für Startkombinationen mit 2½ Stufen, bezeichnet als A-1(L), A-1(V), A-2(V), A-2(S) und eine fünfte Bezeichnung mit 3½ Stufen, die A-2-E.

A-1(L) – Gesamtlänge: 33,50 m; Startmasse: 280 t; Nutzlastkapazität in niedriger Umlaufbahn: 300 kg.

A-1(V) – Zweistufig, vergrößert im Verhältnis zur A-1(L). Gesamtlänge: 38,40 m; Startmasse: 290 t; Nutzlastkapazität in niedriger Umlaufbahn: 4,75 t. Von 1959 bis 1981 gab es 137 erfolgreiche Starts, 62 von Tjuratam und 75 von Plessezk aus.
Nutzlasten: Lunik 1 (Mechta), Masse 361,3 kg; Mondsonde in einer Sonnenumlaufbahn; flog in 6000 km am Mond vorbei (2. Januar 1959). Lunik 2, Masse 390 kg; das erste irdische Objekt, das auf der Mondoberfläche aufschlug (15. September 1959). Wostok 1, Masse 4725 kg; Orbit 181×327 km; die erste bemannte Raumkapsel in einer Erdumlaufbahn mit Juri Gagarin (12. April 1961).

A-2 – Zweistufig, verstärkt durch 5,4fachen stärkeren Schub als die A-1(V). Zwei Versionen: A-2(V) mit einer Gesamtlänge von 45,00 m, und A-2(V) 49,00 m lang. Startmasse: bei beiden 310 t. Nutzlastkapazität: annähernd 5,5 und 7 t in niedriger Umlaufbahn.
Von 1963 bis 1981 fanden 586 erfolgreiche Starts statt, 258 von Tjuratam und 328 von Plessezk.

A-2S (auch Sojus-Trägerrakete oder SL-4), die Trägerrakete für die sowjetischen Standard-Raumfahrzeuge (bemannte Sojus-Raumschiffe und unbemannte Transportraumschiffe Progress). Zweieinhalbstufig mit einem Schub von 420 t (4116 kN). Im Einsatz seit 1963, wurde sie 1967 erstmals für Sojus-Starts und erstmals 1978 für Progress-Starts verwendet. Insgesamt waren es bis Juni 1985 mit Sojus 55 und mit Progress 24 Starts. Zwei Fehlstarts, verursacht durch die Trägerrakete. Die A-2 ist eines der von Sergej Pawlowitsch Koroljow entwickelten Projekte.
Nutzlasten: Insbesondere Kosmos 4 (rückführbar) zur Kerndetonationsregistrierung (26. April 1962). Woschod 1, Masse 5300 kg, Orbit 178×409 km, mit der A-2(V)-Version, erstes bemanntes Raumschiff mit einer dreiköpfigen Besatzung (12. Oktober 1964). Testflug von Sojus 1, einem neuen Raumschiff, in einer Umlaufbahn von 201×224 km, mit der A-2(S)-Version, mißglückte Landung, bei der Wladimir Komarow durch Versagen seines Fallschirms tödlich verunglückte (24. April 1967). Unbemanntes Transportraumschiff Progress 1 (modifizierte Sojus), Masse 7 t, Orbit 184×262 km (22. Januar 1978). Sojus T (verbesserte Sojus), Orbit 201×232 km (16. Dezember 1979).

A-2-e – Mit einer aufgesetzten 3. Stufe und immer noch den gleichen Treibstoffkomponenten von flüssigem Sauerstoff und Kerosin. Gesamtlänge: 42,00 m; Startmasse: 305 t; Nutzlastkapazität: 1,2 bis 2 t in niedriger Umlaufbahn.
Von 1961 bis 1981 wurden 163 erfolgreiche Starts durchgeführt, 71 von Tjuratam und 92 von Plessezk aus.
Nutzlasten: Verschiedene interplanetarische Sonden zu Venus und Mars. Nachrichtensatelliten der drei Serien Molnija 1, Molnija 2 und Molnija 3. Prognos 1, Masse 845 kg, Satellit zur Erforschung von solaren Auswirkungen auf die Ionosphäre (14. April 1972). Venus (Venera) 1, Masse 643,5 kg, auf interplanetarischer Bahn, Sonde flog in einer Entfernung von 100 000 km an der Venus vorbei (12. Februar 1961). Mars 1, Masse 893,5 kg, flog in 193 000 km am Mars vorbei, verlor Funkkontakt mit der Erde in 106 Millionen km Erdabstand (1. November 1962). Erster Molnija, Masse 1 t, Orbit 538×39 300 km (23. April 1965).

B-1 – Zweistufig. Wurde von der Mittelstreckenrakete SS-4 Sandal abgeleitet, mit zusätzlichem Stufenadapter. Sehr schlanke Form mit einem Durchmesser von 1,65 m. Gesamthöhe: 30,00 m; Startmasse: 42 bis 43 t; Flüssigkeitstriebwerke; Nutzlastkapazität: 200 bis 500 kg in einer niedrigen Umlaufbahn. Von 1962 bis 1977 wurde sie 144mal mit Erfolg gestartet, 60 von Kapustin Jar und 84 von Plessezk.

C-1 – Zweistufig, mit einer zweiten wiederzündbaren Stufe während des Fluges. Wurde von der ballistischen Mittelstreckenrakete SS-5 Skean abgeleitet. Gesamtlänge: 31,00 m; konstanter Durchmesser von: 1,65 m (säulenförmig); Startmasse: 75 t; Nutzlastkapazität: 500 bis 1000 kg in niedriger Umlaufbahn. Von 1965 bis 1981 erfolgten 244 erfolgreiche Starts, neun von Tjuratam (bis 1968), 224 von Plessezk und elf von Kapustin Jar.
Nutzlasten: Kosmos-Satelliten für Nachrichtenverbindungen, Navigation, elektronische Überwachung, zur Forschung und als Zielsatellit für Rendezvousmanöver auf der Umlaufbahn. Interkosmos-Satellitenserie im Rahmen internationaler Kooperation. Am 18. August 1964 wurden erstmals drei Satelliten von einer Trägerrakete in eine 210×876 km hohe Umlaufbahn eingeschossen.

D – Die einzige Familie sowjetischer Trägerraketen (insgesamt vier), bei denen es sich um reine Neuentwicklungen für Weltraumunternehmungen handelt. Sie werden als Proton-Trägerraketen bezeichnet (nach dem Namen des astrophysikalischen Satelliten Proton 1) zur Erforschung der kosmischen Strahlung und ihrer Wechselwirkung mit der Substanz der hochenergetischen Teilchen. Masse: 12 200 kg, Start 16. Juli 1965. Die erste Version wurde nur dreimal als Trägerrakete verwendet (1965/66), die letzte Proton 4, Masse: 17 000 kg, wurde am 16. November 1968 gestartet. Die USA bezeichnen sie als SL-13. Bis 1981 sind 73 erfolgreiche Starts mit Raketen der D-Serie erfolgt, alle von Tjuratam. Die Ge-

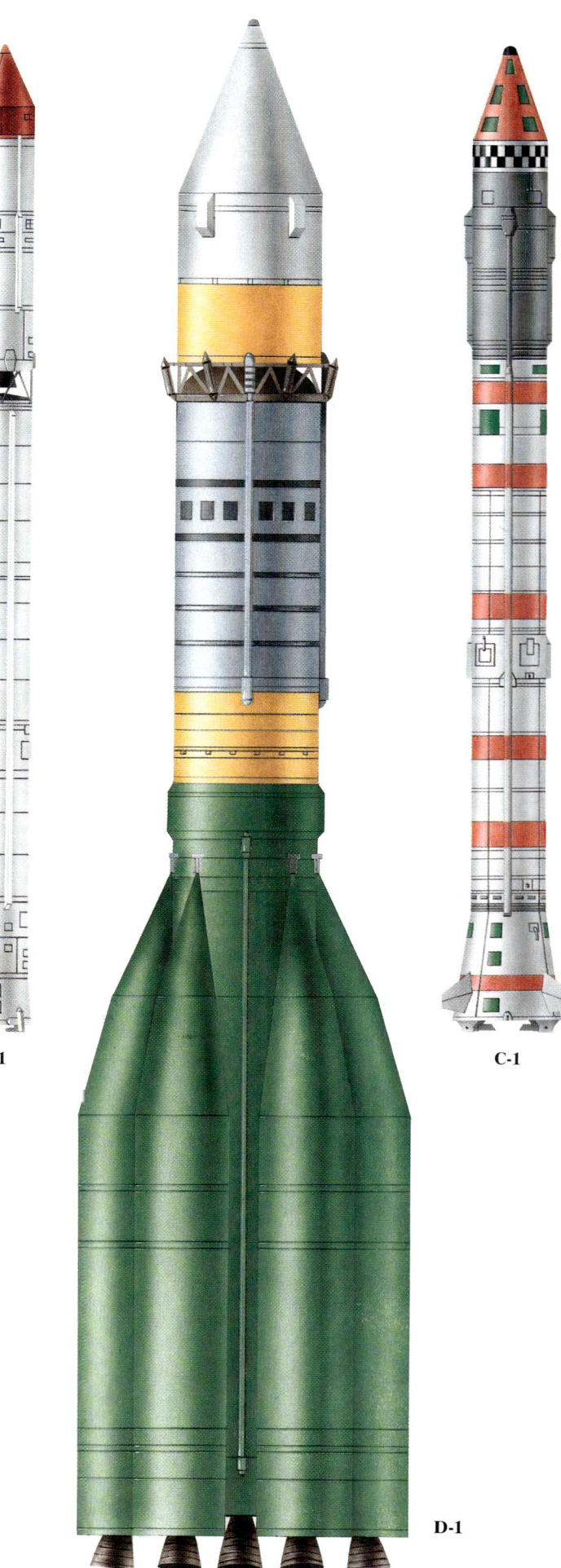

B-1

C-1

D-1

samtziffer ist nicht bekannt. Es handelt sich um die stärksten traditionellen Raketen, die heutzutage im Einsatz sind, und um die einzigen, die von den Sowjets auf dem internationalen Markt angeboten werden. Wegen ihres günstigen Preises hat der Westen (Inmarsat, die International Maritime Satellite Organization) Interesse für sie gezeigt, und zwar als Trägerrakete für 1988 vorgesehene Satellitenstarts.
Unter den spärlichen vorhandenen Daten, sind zwei von besonderem Interesse für den potentiellen Kunden: Während der Aufstiegsflugphase kann der Zustand des Satelliten durch ein Telemetriesystem der Proton kontrolliert werden. Die Ariane dagegen fordert »ruhige Satelliten«. Die Proton verfügt also über einen einmaligen Vorteil. Sie war das Produkt des Konstruktions-Kollektivs, das von Sergej P. Koroljow und Michail K. Jangel angeführt wurde. Die zwei Grundstufen gibt es in vier Kombinationen. Alle haben Flüssigkeitstriebwerke: Stickstofftetroxid und unsymmetrisches Dimethyl-Hydrazin sowie für die 5. Stufe Flüssigsauerstoff und Kerosin. 1. Stufe: Länge: 37,00 m; Startmasse: 528 t; sieben RD-253 Raketentriebwerke, die einen Schub von 1500 t (14 700 kN) entwickeln. Sechs Triebwerke sind verbunden mit sechs »Orgelpfeifen«-Tanks, die um die Zentraleinheit mit dem siebten Triebwerk herum angeordnet sind. Der größte Durchmesser beträgt 9,14 m. 2. Stufe: Länge: 40,00 m; Durchmesser: 4,20 m; Startmasse: 410 t; Schubkraft: 450 t (4410 kN); Gesamtschubkraft: 1950 t (19 110 kN). Nutzlastkapazität von 12 t in eine niedrige Umlaufbahn. Drei erfolgreiche Starts zwischen 1965-66.
Nutzlasten: Proton 1, 2 und 3.

D-1 – Vierstufig. Gesamthöhe: 65 bis 75 m; Startmasse: 1000 t; Nutzlastkapazität von 17 bis 19 t in eine niedrige Umlaufbahn. Von November 1968 bis 1981 ist sie 13mal erfolgreich gestartet.
Nutzlasten: Proton 4; Masse: 17 t in Umlaufbahn von 248×477 km Höhe. Forschungssatellit zur Messung kosmischer Strahlen (16. November 1968). Salut-Orbitalstationen; Masse: 18 900 kg; Länge: 13,50 m; maximaler Durchmesser: 4,50 m; Orbit von 200×222 km. Start von Salut 1 am 19. April 1971, Start von Salut 7, dem letzten des Unternehmens, in eine 219×278 km hohe Umlaufbahn am 19. April 1982.

D-1-E – Vierstufig. Gesamtlänge: 65 bis 70 m; Startmasse: 990 t; Nutzlastkapazität von 4½ bis 6 t für niedrige Umlaufbahn. Von März 1967 bis 1981: 33 erfolgreiche Starts.
Nutzlasten: Luna 15, eine Mondsonde, die nach 52 Mondumläufen auf die Mondoberfläche stürzte (13. Juli 1969). Mars 2, interplanetarische Sonde; Gewicht: 4650 kg; auf Marsumlaufbahn; versuchte eine Kapsel auf die Planetenoberfläche abzusetzen (19. Mai 1971). Venus 8 und Venus 10, Sonden mit einer Masse von 4936 bzw. 5053 kg, jede ausgerüstet mit einem Landegerät zur Untersuchung der Oberfläche und der Atmosphäre der Venus; nach weicher Landung lieferten beide Geräte von der Oberfläche des Planeten Aufnahmen

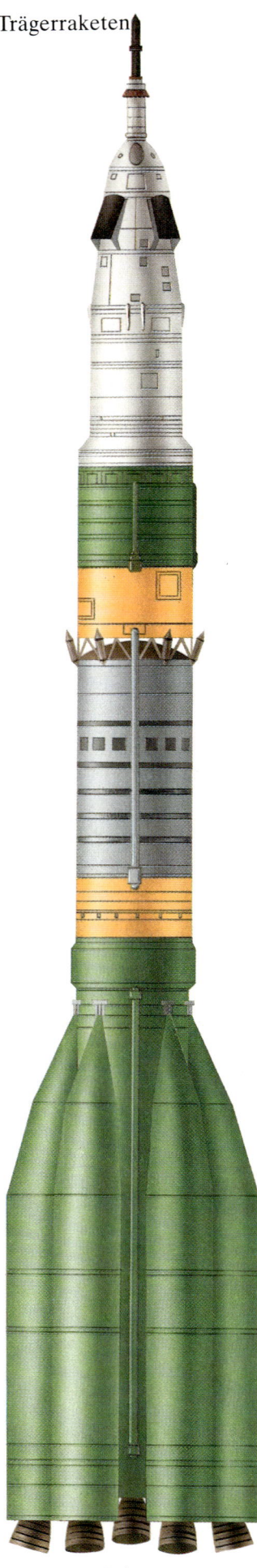

D-1-e

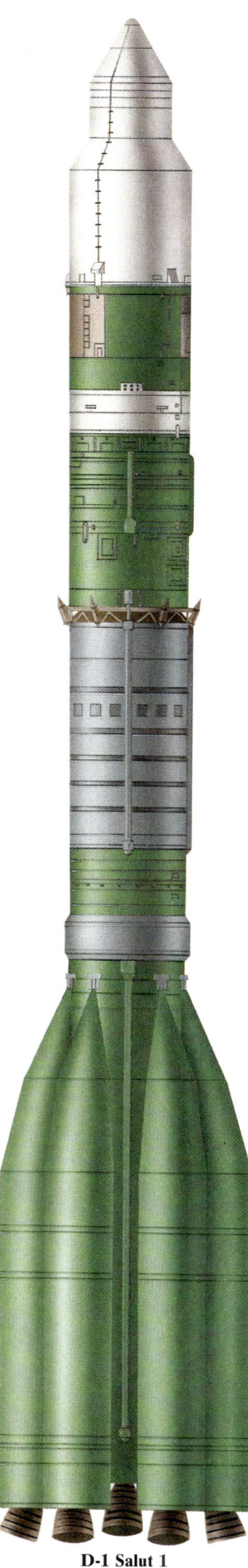

D-1 Salut 1

und Daten über eine Zeitdauer von 53 bzw. 65 Minuten (Starts 8. und 14. Juni 1975). Molnija 1S, erster offiziell identifizierter geostationärer Nachrichtensatellit der UdSSR (29. Juli 1974).

D-1-E-e – Fünfstufig. 5. Stufe mit Flüssigsauerstoff/Kerosin-Triebwerk; Gesamtlänge: 65 bis 70 m; Startmasse: 990 t; Nutzlastkapazität von 2½ t in niedriger Umlaufbahn. Von März 1974 bis 1981 24 erfolgreiche Starts.
Nutzlasten: Satelliten für geostationäre Umlaufbahn. Kosmos 637: erster sowjetischer Satellit in synchroner Parkbahn über dem Indischen Ozean (26. März 1974). Raduga 1, Masse: 5000 kg, erster Nachrichtensatellit des Orbita-Nachrichtensystems (22. Dezember 1975). Ekran, nationaler Fernsehsatellit zur Übertragung der Programme des Zentralen Fernsehens der UdSSR an die kollektiven Empfangseinrichtungen des Hohen Nordens und Sibiriens (26. Oktober 1976).

F – Eine Ableitung der zweistufigen Interkontinentalrakete SS-9 Scarp, mit einer Reichweite von 15 000 km, oder von der dreistufigen SS-10 Scrag, deren erste Stufe über kardanisch gelagerte Brennkammern verfügt. Es gibt zwei Grundstufen in vier Flugkombinationen. Alles Flüssigkeitstriebwerke (LOX/Kerosin).

F-1-r – Zweistufig. Gesamtlänge: 36,40 m; konstanter Durchmesser: 3,00 m; Startmasse: 185 t; Nutzlastkapazität von 4½ t für niedrige Umlaufbahn. Die Nutzlast, die in die Umlaufbahn befördert wurde, war mit einer Bremsrakete für den Wiedereintritt in die Erdatmosphäre ausgerüstet – ein typisches Merkmal der Kosmos-Aufklärungssatelliten. Als FOBS-Satellitenbombe (Fractional Orbit Bombardment System) flog sie während des Zielanfluges auf einer Teilumlaufbahn (150 km Höhe) und stieß zirka 800 km vor dem Ziel mehrere Sprengköpfe aus, die verschiedene Ziele ansteuerten. 15 Starts, darunter mehrere FOBS-Testflüge, von Januar 1967 bis Dezember 1971 in Tjuratam, danach zurückgezogen.
Nutzlasten: Kosmos 139 in eine 144×210 km hohe Umlaufbahn, 50° Neigung, verbrannte am Starttag in der Atmosphäre (25. Januar 1967).

F-1-m – Dreistufig. 3. Stufe wiederzündbar für Bahnmanöver; Durchmesser: 2,00 m; Gesamtlänge: 36,00 m; Startmasse: 185 bis 190 t; Nutzlastkapazität von 800 bis 4000 kg für niedrige Umlaufbahn. von September 1966 bis 1981 wurde sie von Tjuratam aus 47mal erfolgreich gestartet.
Nutzlasten: Kosmos-Abfang-Satellit. Kosmos-Seeüberwachungs-Satellit.

F-1-x – Dreistufig. 3. Stufe verfügte über Bahnkorrekturmöglichkeiten; Durchmesser: 2,00 m; Länge: 36,00 m; Startmasse: 185 t; Nutzlastkapazität von 3000 kg für niedrige Umlaufbahn. Von Dezember 1974 bis 1981 zwölf erfolgreiche Starts in Tjuratam.
Nutzlasten: Ozeanographischer Kosmos-Satellit. Erster Start von Kosmos 699; Or-

F-1-m

F-1-r

bit 463×454 km (24. Dezember 1974). Kosmos 785, Masse: 4500 kg; Orbit 259×278 km (12. Dezember 1975.)

F-1-X – Dreistufig. Durchmesser der 3. Stufe: 2,30 m; Gesamtlänge: 40,00 m; Startmasse: 205 bis 210 t; Nutzlastkapazität von 6½ bis 7 t in niedrige Umlaufbahn. Von März 1977 bis 1981 elf erfolgreiche Starts von Plessezk aus.
Nutzlasten: Ozeanographischer Kosmos-Satellit. Erster Start des Kosmos 898 zur Messung und Ortung von Eisfeldern und Eisbergen, in eine Umlaufbahn von 222×285 km (17. März 1977).

G – Bereits 1967 hat der damalige NASA-Administrator James Webb behauptet, daß in der UdSSR eine Trägerrakete entwickelt würde, die der Mondrakete Saturn V weit überlegen sei. Ihm zu Ehren wurde diese Riesenrakete mit einem großen »G« für »Webb's Giant« (Webbs Riese) bezeichnet. Und diese »Giant« ist mit Sicherheit bei drei Startversuchen explodiert, die Juli 1969 und November 1972 stattgefunden haben. Ein Entwurf wurde beschrieben: Ein sehr großer Körper mit mehreren Mittelstufen und einem großen Bündel von Triebwerken als 1. Stufe.
Die Astronauten des Space-Shuttle-Fluges STS 9, der zum erstenmal über Tjuratam führte, haben eine Reihe von Aufnahmen gemacht. Sie sahen die neue Rakete nicht, haben aber große, im Bau befindliche Anlagen beobachten können, die auf recht aufwendige Programme hindeuten. Auf der Aufnahme von einer Startrampe konnten sie auch eine Rakete erkennen, die von den USA als neue Mittelstrecken-Rakete, entsprechend der Titan-IIID-Klasse, klassifiziert wurde.

Rakete der Klasse Saturn V – Das US-Verteidigungsministerium bezeichnet diese Rakete als SLW (Spacecraft Launcher Weight). Amerikanische Aufklärungssatelliten haben sie in aufgerichteter Startposition auf Startrampen in Tjuratam beobachtet. Die identifizierte Version ist zirka 61 m hoch, hat Flüssigkeits-Haupttriebwerke, die als Oxidator Flüssigsauerstoff verwenden, und vier große Flüssigkeits-Starthilfsraketen, die rund um den zentralen zweistufigen Raketenkörper angebracht sind. Die Oberstufe fehlt, welche die Gesamthöhe auf über 100 m anwachsen ließe (Saturn V war mit der Apollo-Kapsel 111,20 m hoch). In der beobachteten Version beträgt die Nutzlastkapazität zwischen 138 und 180 t für eine niedrige Umlaufbahn, verglichen mit der Nutzlast von 127 t in Erdumlaufbahnen, und von 46 t, die von Saturn V auf die Mondumlaufbahn gebracht wurde. Das US-Verteidigungsministerium beschreibt in seinem Bericht über die sowjetische Rüstung vom April 1984–1985 den zentralen Raketenkörper als dreistufig mit einer Gesamthöhe von zirka 95 m, mit zwei bis drei 37 m langen Starthilfsraketen, die an der untersten Stufe befestigt sind. Der Zentralkörper hat einen konstanten Durchmesser von bis zu 60 m und verjüngt sich dann zur Spitze hin. Die Starthilfsraketen können auf sechs erhöht werden, und in diesem Falle würde

die Schubkraft in einer Größenordnung von 4000 t (39 200 kN) liegen, das heißt, um 17,6% größer als die der Mondrakete Saturn V. Die Nutzlastkapazität für eine niedrige Umlaufbahn beläuft sich auf 150 t. 1984 wurde der Schub auf 8000 bis 9000 t (78 400 bis 88 200 kN) geschätzt, mit der gleichen Nutzlastkapazität von 150 t. Flugtests werden bis 1987 erwartet.

SLW Shuttle – Nach Ansicht der USA ist eine Version des SLW mit zwei mittleren Stufen und zwei seitlichen Starthilfstriebwerken, das Trägerraketensystem, das den sowjetischen Raumtransporter (mit der US-Bezeichnung SLW Shuttle) in eine niedrige Umlaufbahn bringen wird. Die Höhe des mittleren Körpers wird auf 67 m geschätzt. Die US-Daten, die nicht offiziell sind, schätzen die Startmasse auf 2000 t, den Schub auf 3000 t (29 400 kN) und die Nutzlast auf 30 t oder mehr, für eine 180 km hohe Umlaufbahn. Die Form der beiden Raumtransporter ist mehr oder weniger identisch, und die Maße differieren nur um einige Zentimeter. Andere Beobachter halten den sowjetischen Raumtransporter für kleiner (30 m lang, anstelle der vermuteten 37,50 m und mit einer Flügelspannweite von 23 m, anstelle von 24 m). Der einzige feststehende Unterschied von Bedeutung ist die Tatsache, daß die drei Haupttriebwerke nicht am Heck des Raumtransporters selbst, sondern am Zentralkörper des Trägerraketensystems angeordnet sind, der daher auch kein Treibstofftank ist, wie beim amerikanischen Space Shuttle. 1978 stellten die Amerikaner fest, daß die UdSSR mit der Flugerprobung ihres auf einen Tupolew 95 montierten Raumtransporters begonnen hatte. Das Trägerflugzeug ist inzwischen durch den viermotorigen Langstreckenbomber Mja-4 (NATO-Bez. Bison) ersetzt worden.

Mittelstreckenrakete (Klasse Titan IIID) – Die von den USA als SL-X-16 bezeichnete Rakete soll noch vor dem stärkeren SLW-Trägerraketensystem gestartet werden. Sie ist bereits auf einer Startplattform in Tjuratam beobachtet worden. Diese dreistufige Rakete ist zirka 63 m hoch, ihr Durchmesser verläuft fast bis zu der dreieckigen Spitze konstant. Die Triebwerke werden mit flüssigem Sauerstoff und Wasserstoff gespeist. Die Startmasse wird mit 400 t, mit einem Schub von 600 t (5880 kN) – statt der erwarteten 1300 t (12 740 kN) – angenommen. Die veranschlagte Nutzlastkapazität bewegt sich zwischen 13,6 t bis 15 t. Die Titan 34D der US Air Force wiegt 677 t und kann 12,5 t in eine Umlaufbahn befördern. Zu den möglichen Kunden der SL-X-16 gehört das »Raumflugzeug«, bzw. der Raumgleiter, ein kleines wiederverwendbares bemanntes Transportraumschiff, zur Versorgung von Raumstationen, für die Wartung von Satelliten, für schnelles Eingreifen als Anti-Satelliten-Gerät und als Raumstation-Begleitschutz. Vom 3. Juni 1982 bis zum 19. Dezember 1984 ist der Raumgleiter viermal in der Umlaufbahn getestet worden, und zwar als Modell, das ein Drittel der Größe der endgültigen Ausführung besitzt.

SLW Shuttle

Europa

Europa – Anfang der 60er Jahre wurde eine Vereinigung mehrerer westeuropäischer Staaten zur Entwicklung eigener Trägerraketen gegründet. Dieses Projekt wurde aufgegeben, weil die ELDO (European Launcher Development Organization) nicht in der Lage war, sich als Koordinations- und Kommandozentrum der verschiedenen Industrienationen, die erst in diesem späten Stadium mit der Zusammenarbeit begonnen hatten, durchzusetzen.

Europa 1 – Dreistufig. Als 1. Stufe war die ursprünglich als Interkontinentalrakete entwickelte britische Blue Streak vorgesehen, die ihrer neuen Aufgabe angepaßt wurde. Die 2. Stufe war die französische Coralie; die 3. Stufe die deutsche Astris. Gesamthöhe: 31,70 m einschließlich der Nutzlastverkleidung; maximaler Durchmesser: 3,00 m; Startmasse: 104 t. Flüssigkeitstriebwerke: Flüssigsauerstoff und Kerosin für die 1. Stufe, unsymmetrisches Dimethyl-Hydrazin und Stickstofftetroxid für die 2. Stufe. Schubkraft: 166 t (1626,8 kN) in drei Phasen, die Blue Streak allein lieferte 136 t (1332,8 kN). Nutzlastkapazität: 1000 kg in eine niedrige Erdumlaufbahn. Der einzige Start einer vollständigen Rakete (der F-9) fand am 12. Juni 1970 von dem australischen Erprobungsgelände Woomera aus statt. Er mißlang, weil die deutsche Stufe wegen elektrischer Störungen nicht genügend Schub lieferte. Man hatte beabsichtigt, einen italienischen Testsatelliten in eine Umlaufbahn zu bringen.

Europa 2 – Vierstufig. Die Entwicklungsarbeiten zu der neuen Trägerrakete hatten 1969 begonnen, als Großbritannien bereits seine Mitgliedschaft bei der ELDO gekündigt hatte (die ab 1971 wirksam wurde). Die neue Rakete unterschied sich durch eine neue Konzeption der 4. Stufe mit einem von Frankreich entworfenen Feststofftriebwerk (dem SEP P6 der Diamant-Rakete), das als Apogäum-Triebwerk dienen sollte. Die Gesamthöhe einschließlich der Nutzlastverkleidung betrug: 42,90 m; die Schubkraft: 169,6 t (1662 kN); Nutzlastkapazität: 200 kg für eine geostationäre Transferbahn. Einziger Start am 5. November 1971. Die Startrampe lag diesmal in Kourou (Französisch-Guayana), aber der Fehlschlag war der gleiche. Durch ein Versagen des Funkfernlenksystems geriet die Rakete auf eine zu niedrige Flugbahn, wodurch es zu strukturellen Schäden und als Folge davon zur Explosion der Rakete kam.

Ariane – Europas Antwort, unter französischer Federführung, auf die amerikanischen Trägerraketensysteme, die zunehmend allein vom Space Shuttle repräsentiert werden, das zu wenige Starts anbietet und zu groß ist für manche Objekte eines ständig wachsenden Satelliten-Marktes aller Formen und Größen. Das Ariane-Programm bietet fünf Versionen an, deren Nutzlastkapazität in eine geostationäre Transferbahn von 1825 bis 8000 kg (von 1980 bis 1995) gesteigert werden soll. Der Start eines Mini-Shuttle mit zwei Astronauten ist für Ende 1997 geplant und soll mit der stärkeren Version Ariane 5 erfolgen. Startkomplex: Kourou, Französisch-Guayana, zwischen Venezuela und Brasilien an der Atlantikküste, mit drei ELA (Etablissement de Lancement Ariane)-Startrampen. Ariane ist seit Dezember 1973 von elf Ländern, die der ESA (European Space Agency) angehören, finanziert worden, und ihre Produktion wird von dem nationalen Raumfahrtforschungszentrum Frankreichs CNES (Centre Nationale d'Etudes Spatiales) überwacht. Aérospatiale, die maßgebliche Firma dieses Projekts, ist ebenfalls rein französisch. Die Situation reflektiert das Überwiegen französischen Kapitals bei Ariane 1, das 63,87% der gesamten Investition ausmachte. Die Fertigung und der geschäftliche Teil der Ariane-Träger wird von der im März 1980 gegründeten privaten-Transportgesellschaft Arianespace, der ersten ihrer Art überhaupt, gemanagt. Unter französischer Gerichtsbarkeit gehören ihr 50 europäische Gesellschafter, darunter Industrien, Banken und die CNES an.

Ariane 1 – Dreistufig. Gesamthöhe: 47,79 m; Startmasse: 210 t; Schubkraft: 327 t (3204,6 kN) in drei Phasen. 90% der Masse entfällt auf die Treibstoffe, 9% auf die Struktur und 1% auf die Nutzlast. Um das Gewicht zu verringern, beträgt die Stärke der Tankwände nur 2 mm, und zur Erlangung der notwendigen Festigkeit für Flüge und Manöver werden die Stufen unter Druck gesetzt. Die ersten beiden Stufen zerstören sich selbst 30 Sekunden nach der Trennung, die dritte geht in die Umlaufbahn in 200 km Höhe. Ein Bergungsversuch der 1. Stufe ist ausgeführt worden. Die Brennschlußgeschwindigkeit der Ariane liegt bei 34 920 km/h (9700 m/s im Vergleich zu den 800 m/s eines Gewehrgeschosses). Die geplante Nutzlastkapazität betrug 1500 kg in eine geostationäre Transferbahn, die tatsächliche Nutzlast beträgt 1825 kg.

Die 1. Stufe (L140) der Ariane ist 18,39 m hoch mit einem Durchmesser von 3,80 m. Am Heckteil sind zur Erhöhung der aerodynamischen Stabilität vier Stabilisierungsflächen mit Rudern von je 2,00 m^2 angebracht. Die vier symmetrisch am Schubgerüst, paarweise schwenkbar, aufgehängten Viking-V-Triebwerke, werden von unsymmetrischem Dimethyl-Hydrazin (UDMH) und Stickstofftetroxid (N_2O_4) angetrieben. Der Startschub beträgt 249 t (2440 kN) bei einer Brenndauer von 145 Sekunden, der Treibstoffverbrauch 1 t pro Minute. Die Rakete hebt 3,4 Sekunden nach der Zündung von der Startrampe ab. Die 2. Stufe (L33) ist 11,60 m hoch und hat einen Durchmesser von 2,60 m. Das Viking-IV-Triebwerk ist kardanisch aufgehängt, die Lageregelung der Stufe erfolgt für Gier- und Nickmomente durch Triebwerkschwenken; Rollmomente werden durch kleine Heißgasdüsen am oberen Teil des Schubgerüsts erzeugt. Der Treibstoff ist der gleiche wie in der 1. Stufe. Das Triebwerk leistet 72 t (705,6 kN) bei 132 s Brenndauer.

Als 3. Stufe wurde in Europa zum erstenmal eine kryogene Stufe verwendet, mit Flüssigsauerstoff (O_2)- und Flüssigwasserstoff (H_2)-Treibstoffen, die sich bei sehr niedriger Temperatur, zirka $-190°$ C, verflüssigen. Um diese Temperatur am Äquator aufrechterhalten zu können, ist die Stufe mit einer schwarzen Plastikhülle umgeben, die in Bruchstücken abfällt, sobald Ariane vom Boden abgehoben hat. Diese Stufe ist 9,08 m hoch, mit einem Durchmesser von 2,60 m. Das kardanisch aufge-

Europa 2

Ariane 1

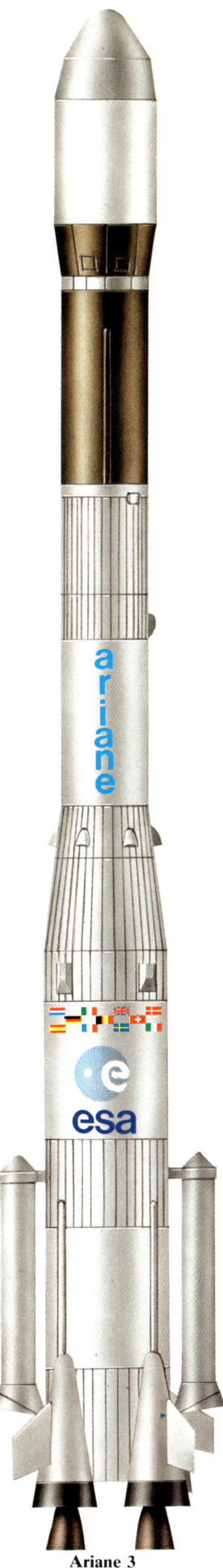

hängte Triebwerk HM 7 leistet einen Schub von 6 t (58,8 kN) bei 570 Sekunden Brenndauer.

Zwischen der 3. Stufe und dem Nutzlastteil befinden sich der Ausrüstungsschacht mit der Steuer- und Kontrolleinheit für alle Stufen und die Elektronik für die Nutzlast. Der Durchmesser entspricht mit 2,60 m dem der 3. Stufe, die Höhe beträgt 1,15 m und die Masse 316 kg.

Die Nutzlastverkleidung, welche die Nutzlast während des Aufstiegs durch die dichten Schichten der Atmosphäre schützt, besteht aus zwei kegelförmigen Teilen und hat eine strahlungsdurchlässige Kunststoffspitze. Die Verkleidung ist 8,65 m hoch, und der Innendurchmesser beträgt 3,00 m. Sie wird während der Brenndauer der 2. Stufe abgesprengt. Unter der Verkleidung befindet sich der Doppellastträger SYLDA, mit dem gleichzeitig zwei Satelliten auf eine Umlaufbahn gebracht werden. SYLDA besteht aus einem Traggerüst, einem Drallmechanismus und einem Abstoßsystem sowie einer Kohlenstoffaser-Innenverkleidung für den unteren Satelliten und wiegt, vollständig ausgerüstet, nur 180 kg.

Die Satelliten sind die gleichen Typen, die von dem Orbiter des Space Shuttle mit einer PAM-D-Oberstufe gestartet werden können (Masse: je 1150 kg). Der erste erfolgreiche Start fand mit der Ariane CAT 1 (Capsule Ariane Technologique) am 24. Dezember 1979 statt. Bis Juli 1985 sind zehn Ariane 1 gestartet worden, darunter zwei Fehlstarts, einer in der Entwicklungsphase, der andere im Einsatz. Neun Satelliten sind in ihre Umlaufbahn befördert worden.

Nutzlasten: Meteosat 2, der erste operationelle europäische Wettersatellit, zusammen mit dem indischen Forschungssatelliten Apple (19. Juni 1981). Marecs A, der erste europäische Satellit für den Schiffsfunkverkehr (20. Dezember 1981). Der Nachrichtensatellit Intelsat V FU7; Masse: 1870 kg in eine geostationäre Umlaufbahn. Der schwerste zivile Nachrichtensatellit und der erste der Intelsat-Serie, der von einer nichtamerikanischen Trägerrakete gestartet wurde (19. Oktober 1983).

Ariane 2 – Dreistufig. Höhe auf 49,50 m vergrößert und die Masse auf 222 t; Schubkraft: 359,5 t (3523,1 kN); Nutzlastkapazität von 2175 kg in eine geostationäre Transferbahn. Mit einem vergrößerten Brennkammerdruck in den Viking-Triebwerken der 1. und 2. Stufe wurde eine 9%ige Schubsteigerung in beiden Stufen erzielt. Um das Risiko von Vibrationen hoher Frequenz noch weiter zu reduzieren, wird eine Treibstoffmischung von unsymmetrischem Dimethyl-Hydrazin und Hydrazin-Hydrat verwendet. Der Tank der 3. Stufe ist um 1,25 m verlängert worden, wodurch die Treibstoffmenge von 8 auf 10 t vergrößert wurde; ebenso ist der Brennkammerdruck erhöht worden. Auch der Startbehälter SYLDA wurde um 50 cm auf 4,40 m verlängert und die Spitze etwas verbreitert.

Ariane 3 – Dreistufig. Wie die Ariane 2, mit zwei zusätzlichen Feststoffstarthilfsraketen an der unteren Stufe angeordnet,

Ariane 3

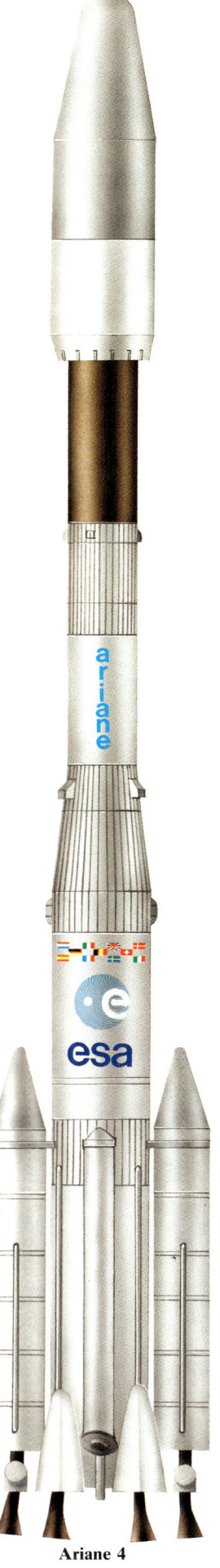

jede enthält 7,35 t Festtreibstoff und entwickelt bei einer Brenndauer von 28 Sekunden einen Schub von 70 t (686 kN). Gesamtstartmasse: 240 t, mit einer Schubkraft von 473 t (4635,4 kN). Nutzlastkapazität: mehr als 2580 kg für eine Transferbahn, oder zwei 1195 kg schwere Satelliten. Erstflug am 4. August 1984 mit dem europäischen Nachrichtensatelliten ECS-2 für den grenzüberschreitenden digitalen Geschäftsdatenverkehr und mit dem französischen Postsatelliten Telecom-1A, u. a. für Fernsprechverbindungen von Frankreich nach Französisch-Guayana.

Ariane 4 – Dreistufig, sechs Versionen. Gesamthöhe: 58,40 m; Startmasse (für die AR-44L-Kombination): 460 t; Nutzlastkapazität: von 2600 bis 4200 kg in geostationärer Transferbahn. 1. Stufe um 7,00 m auf 25,00 m verlängert, mit einem Durchmesser von 3,80 m. Lagerungsfähiger Flüssigtreibstoff um 55,8% auf insgesamt 226 t erhöht. Die Starthilfsraketen sind verlängert worden (15,60 m), und man kann zwischen zwei oder vier Raketen wählen, davon 2 Zusatzraketen mit flüssigem und 2 mit festem Treibstoff. Die Feststofftriebwerke sind jedes mit 9,3 t Festtreibstoff gefüllt und haben eine Schubkraft von 66 t (646,8 kN). Die anderen enthalten 38 t flüssigen Treibstoff und erzielen 69 t (676,2 kN) Schub.

Zweit- und Drittstufe wie bei Ariane 3, aber leistungsgesteigert. Der Geräteteil besteht jetzt aus einer Kohlenstoffaserstruktur und hat neben dem Trägheitssystem ein digitales Flugregelsystem erhalten, das mehrere Flugzustände gleichzeitig regeln kann. Der Startbehälter kann drei Satelliten unterschiedlicher Höhe, von 9,60 bis 11,20 m, aufnehmen, der Innendurchmesser beträgt 3,60 m. Der Name wurde in SPELDA geändert. Die genauen Bezeichnungen der sechs Trägersystem-Versionen sind: AR 40, ohne Zusatzraketen und mit einer Nutzlastkapazität von 1900 kg; AR 42P, mit zwei Feststoffzusatzraketen und einer Nutzlastkapazität von 2600 kg; AR 44P, mit vier Feststoffzusatzraketen und einer Nutzlastkapazität von 3000 kg; AR 42L, mit zwei Flüssigkeitszusatzraketen und einer Nutzlastkapazität von 3200 kg; AR 44LP, mit zwei Feststoff- und zwei Flüssigkeitszusatzraketen und einer Nutzlastkapazität von 3700 kg; und AR 44L, mit vier Flüssigkeitszusatzraketen und einer Nutzlastkapazität von 4200 kg. Erster Start der 44LP-Version: für Mitte 1986 geplant.

Ariane 5 – Das künftige europäische Trägerraketensystem Ariane 5 kann als Rivale des US Space Shuttle angesehen werden. Als Trägersystem für den wiederverwendbaren Raumgleiter Hermes ist sie zweistufig ausgelegt. Am Mittelteil sind zwei Zusatztriebwerke mit je 170 t Festtreibstoff angeordnet. Der Mittelteil nimmt das neue kryogene Großtriebwerk HM-60 auf. Für die 3. Stufe gibt es zwei Wahlmöglichkeiten: ein Triebwerk auf Flüssigtreibstoffbasis mit einem Schub von 2 t (19,6 kN) für Missionen in einer niedrigen Umlaufbahn (15 t in 400 km mit einer 30°-Neigung) oder sonnensynchrone 800-km-Umlaufbahnen,

Ariane 4

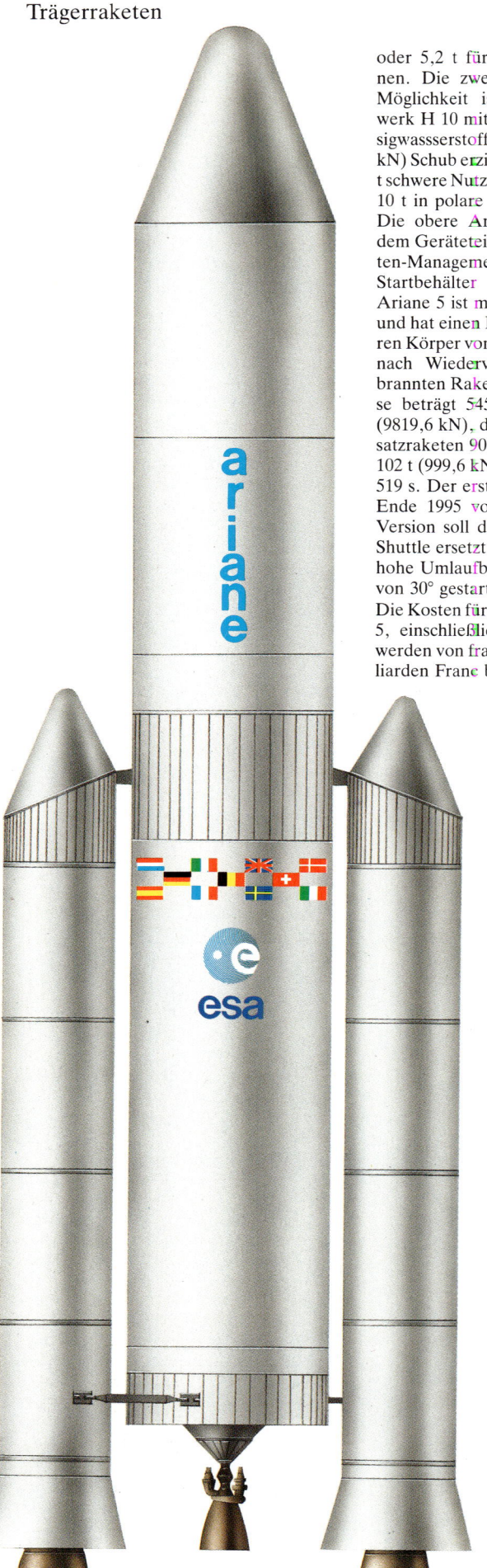

Ariane 5

oder 5,2 t für geostationäre Umlaufbahnen. Die zweite zur Auswahl stehende Möglichkeit ist das Hochleistungstriebwerk H 10 mit Flüssigsauerstoff und Flüssigwasssterstoff als Treibstoffe, das 7 t (68,6 kN) Schub erzielt. Es wird benötigt, um 8,2 t schwere Nutzlasten in geostationäre, oder 10 t in polare Umlaufbahnen zu bringen. Die obere Ariane-5-Sektion besteht aus dem Geräteteil mit einem zentralen Raketen-Management-Computer und einem Startbehälter für bis zu drei Satelliten. Ariane 5 ist mit drei Stufen 49,00 m hoch und hat einen Durchmesser für den mittleren Körper von 5,48 m. Es laufen Versuche nach Wiederverwendbarkeit der ausgebrannten Raketenstufen. Die Gesamtmasse beträgt 545 t, die Schubkraft 1002 t (9819,6 kN), davon liefern die beiden Zusatzraketen 900 t (8820 kN) für 118 s, und 102 t (999,6 kN) das HM-60-Triebwerk für 519 s. Der erste operationelle Start ist für Ende 1995 vorgesehen. In der Hermes-Version soll die 3. Stufe durch das Mini-Shuttle ersetzt werden, das in eine 400 km hohe Umlaufbahn mit einer Bahnneigung von 30° gestartet werden kann.

Die Kosten für die Entwicklung der Ariane 5, einschließlich des HM-60-Triebwerks, werden von französischer Seite auf 11 Milliarden Franc beziffert.

Japan

Lambda 4S – Vierstufig, mit zusätzlichen Starthilfsraketen, alle mit Feststoffantrieben. Die einzige Rakete, die von Versuchsraketen abgeleitet wurde (den Kappa- und Lambda-Serien). Höhe: 16,50 m; Durchmesser: nur Zentralkörper: 73,50 cm; Startmasse: 9,1 t; Gesamtschubkraft: 75,8 t (742,8 kN); Nutzlastkapazität: 20 kg. Startplatz: Kagoshima-Raumfahrtzentrum des Instituts für Weltraum- und Raumfahrtforschung (ISAS) der Universität Tokio in Uchinoura auf der Insel Kyuschu. Das ISAS ist mit der Produktion von wissenschaftlichen Satelliten beauftragt. Die Lambda 4S hat bei fünf Starts nur einen Satelliten in eine Umlaufbahn gebracht. Erster Abschuß: 26. September 1966. Ihre Entwicklungsstufe wurde auf diesen hohen Standard gebracht, um die Verzögerung aufzufangen, die bei der Entwicklung der Mu-4-Rakete entstanden war. Diese war 1968 als Trägerrakete für den Start des ersten japanischen Meßsatelliten Osumi ausgewählt worden.
Nutzlasten: Erster japanischer Meßsatellit Osumi, der aus der 4. Stufe der Lambda 4S-5 bestand: eine Kugel mit einem Durchmesser von 48 cm und einer Masse von 23,6 kg, wovon allein die Instrumente für die Datenübertragung 12 kg wogen. Bei dem fünften Versuch erreichte er eine Umlaufbahn von 340×5140 km, mit einer 31°-Bahnneigung (11. Februar 1970). Die Sendedauer betrug 17 Stunden.

Mu – Eine Familie von fünf Raketen, die von Nissan Motors Co. Ltd. für das ISAS entwickelt wurden.

Mu-4S – Vierstufig, mit herkömmlichen Feststoff- und zwei Starthilfsraketen. Höhe: 23,56 m; Startmasse: 43,6 t; Schub: 134 t (1313,2 kN); Nutzlastkapazität: 120 kg in einen 500 km hohen Kreisorbit. Drei erfolgreiche Starts zwischen dem 16. Februar 1971 und dem 19. August 1972. Nicht mehr im Einsatz.
Nutzlasten: Japans 2., 3. und 4. Satellit.

Mu-3C – Vierte Stufe »wahlweise einsetzbar«. Die 1. Stufe ist verlängert worden. Drei erfolgreiche Starts zwischen dem 19. Februar und dem 16. September 1978. Nicht mehr im Einsatz.
Nutzlasten: Kyokko (Exos-A); Masse: 91 kg in eine stark elliptische Umlaufbahn von 230×30 050 km mit einer Bahnneigung von 31°. Diente zum Messen der Elektronen-

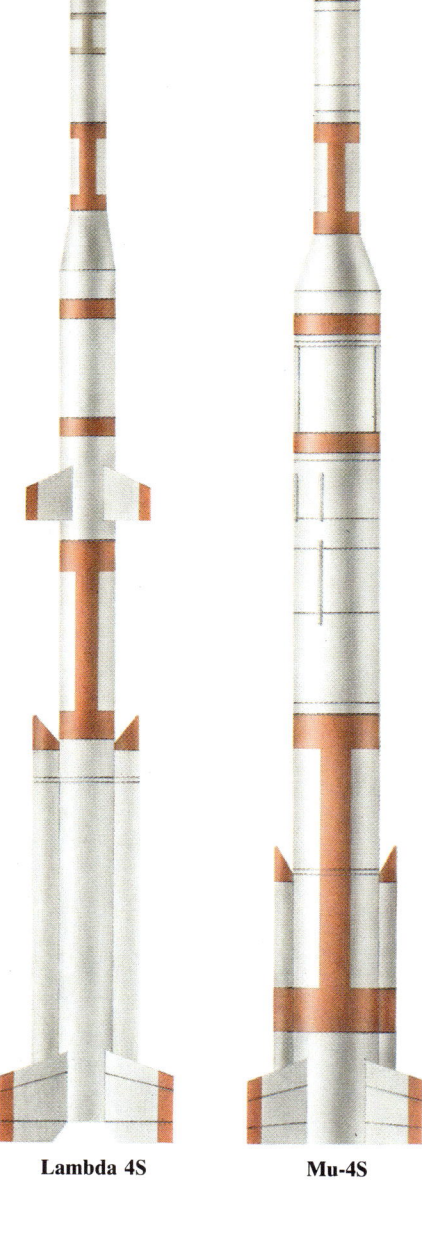

Lambda 4S   **Mu-4S**

dichte und -temperatur sowie der Verteilung der Elektronenenergien und der Polarlichtteilchen.

Mu-3S – Dreistufig, genau wie die Mu-3H, jedoch mit acht zusätzlichen Starthilfsraketen mit einem Durchmesser von je 31 cm. Die typische Trägerrakete für japanische wissenschaftliche Satelliten. Höhe: 25,00 m; Durchmesser: 1,40 m; Startmasse: 54 t. Nutzlastkapazität: 290 kg für niedrige Umlaufbahn von 240 km, 60 kg für geostationäre Transferbahn und 40 kg für eine interplanetarische Flugbahn. Das Flugbahnkontrollsystem war in der 1. Stufe angeordnet. Erster Start am 17. Februar 1980. Vier erfolgreiche Starts bis 1985.
Nutzlasten: Hinotori (Astro A), Masse: 190 kg; Orbit 580×640 km, Neigung 31° (21. Februar 1982), Beobachtungen von Sonneneruptionen im Röntgenspektrum und weitere astrophysikalische Experimente (Röntgen- und Ultraviolettteleskope). Am 7. Juni 1982 beobachtete Astro A die heftigsten bisher registrierten Sonnen-

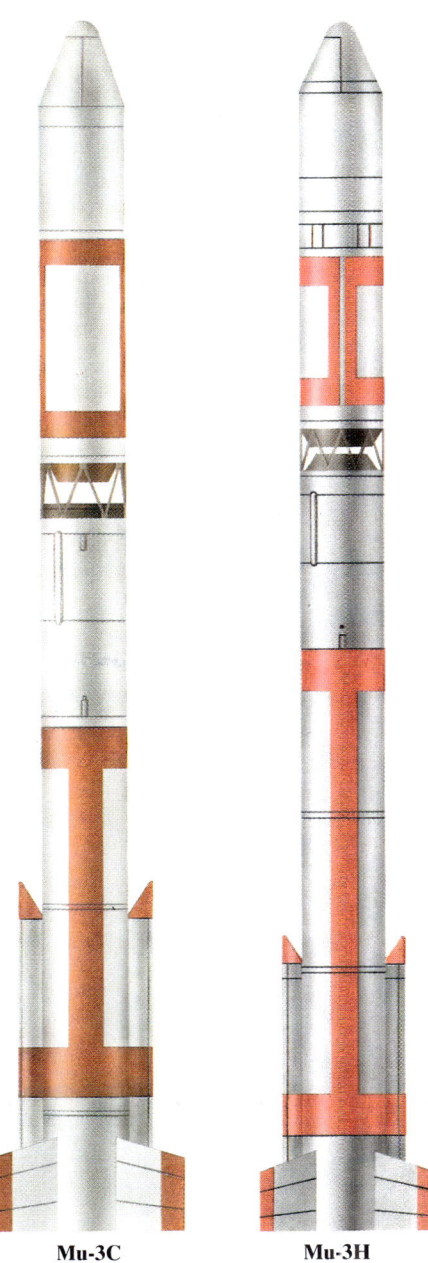

Mu-3C **Mu-3H**

winde. Tenma (Astro B), Orbit 450×570 km, Bahnneigung 31,8° (Februar 1983), Beobachtungen von Röntgenemissionen in Sternen und heftigen Gammastrahlenemissionen. Am 14. November 1983 entdeckte und identifizierte er im Sternbild der Giraffe einen »Schwarzen-Loch«-Kandidaten mit der Bezeichnung »X0331 plus 53«.

Mu-3SII – In der Entwicklung. Der erste Versuchsstart wurde am 8. Januar 1985 mit der Forschungssonde MS-T5 durchgeführt. Dreistufig (mit einer wahlweisen vierten) verwendet. Festtreibstoffe. 2. und 3. Stufe gegenüber der Mu-3S vergrößert. Die acht Starthilfsraketen sind durch größere, mit einem Durchmesser von 73,5 cm, ersetzt worden. Kardanische Triebwerkaufhängung zur besseren Kontrollfähigkeit der Lageregelung bei der 1. Stufe. Nutzlastkapazität von 770 kg für einen 250 km hohen Kreisorbit, oder von 140 kg für eine Sonnenumlaufbahn.

Das sollte die letzte Entwicklung der Mu-Familie sein, da die Universität Tokio be-

absichtigt, Trägerraketen der N-Serie und das US Space Shuttle zu benutzen.

Nutzlasten: Die Kometensonden MS-T5 (8. Januar 1985) und Planet A (14. August 1985), beide Sonden gleicher Bauart, zur Erkundung der entfernteren Umgebung des Halleyschen Kometen. MS-T5 flog am 8. 3. 86 in einem Abstand von 1 Million km, und Planet A am 7. 3. 86 in einem Abstand von 200 000 km am Kometen vorbei. MS-T5 führte u. a. Instrumente zur Untersuchung des Sonnenwindes und der Plasmawellen mit. Planet A verfügte u. a. über eine im ultravioletten Bereich arbeitende Fernsehkamera. Für 1987 ist der Start von Astro C geplant, einem Forschungssatelliten zur Beobachtung von Röntgenstrahlungsquellen im Zentrum der Galaxis und in verschiedenen Himmelskörpern. Die für 1989 geplante Exos-D-Mission soll die Region des Weltalls genau feststellen, in der die Polarlichtteilchen beschleunigt werden.

N – Eine Serie von zwei Raketentypen (mit zwei verschiedenen Kombinationen), bei der es sich um von Mitsubishi Heavy Industries in Lizenz gebaute amerikanische Thor- und Delta-Trägerraketen der Firma McDonnell Douglas handelt. Sie werden von der japanischen Weltraumbehörde NASDA für ihre Anwendungssatelliten vom NASDA-Abschußkomplex Tanegashima, 100 km südlich von Uchinoura, eingesetzt.

N-1 – Dreistufig. 1. Stufe verwendet herkömmliche Füssigkeitsraketentriebwerke mit Flüssigsauerstoff und Kerosin. Sie ist die modifizierte, in Lizenz gebaute Version der Thor-Mittelstufe. Die 2. und 3. Stufe sowie drei Starthilfsraketen Castor 2 verwenden Feststoffantriebe. Gesamthöhe: 32,60 m; Startmasse: 89,8 t; Schub 102,4 t (1003,5 kN); Nutzlastkapazität: 130 kg für eine geostationäre und 1200 kg für eine erdnahe 200 km hohe Umlaufbahn. Versuchsrakete für Flüssigkeitstriebwerks-Technologie und für die Entwicklung fortschrittlicher Trägerraketen. In fünf Jahren, zwischen dem 9. September 1975 und dem 3. September 1982, wurden fünf Starts durchgeführt.

Nutzlasten: Der erste japanische Satellit in eine geostationäre Umlaufbahn: Kiku-2 Chrysantheme (Engineering Test Satellit ETS-II), Masse: 130 kg, ein Testsatellit für Starts und geostationäre Technologien (23. Februar 1977). Mit Kiku-2 wurde Japan das dritte Land der Welt (nach den USA und der UdSSR), das Satelliten in eine geostationäre Umlaufbahn brachte. Ume-2 Pflaumenblüte (ISS-b), Masse: 141 kg in eine 980×1220 km hohe Umlaufbahn, Bahnneigung von 69° (16. Februar 1978), noch funktionsfähig, ermöglichte zum erstenmal die Aufzeichnung kritischer Radiofrequenzen in der Ionosphäre und von Ursprüngen atmosphärischer Geräusche, welche Kurzwellenverbindungen stören.

N-2 – Von der amerikanischen Delta 2914 abgeleitet. Dreistufig. 1. und 2. Stufe mit Flüssigkeitstriebwerken (LOX/Kerosin RJ-1). Die 2. Stufe ist in Japan mit dem japanischen Triebwerk LE-3 entwickelt

worden. Im Vergleich zu der N-1-Serie haben diese Raketen längere Tanks, und die 2. Stufe kann während des Fluges wieder gezündet werden. Die vergrößerte 3. Stufe verwendet feste Treibstoffe. Die Starthilfsraketen Castor 2 sind von drei auf neun erhöht worden. Trägheitslenksystem. Höhe: 37,50 m; Durchmesser: 2,44 m am Heck und 79 cm an der Spitze; Startmasse: 135 t; Schubkraft: 301,5 t (2954,7 kN); Nutzlastkapazität: 1996 kg für niedrige, 350 kg für geostationäre Umlaufbahn. Erster Start erfolgte am 11. Februar 1981. Bis Ende 1984 insgesamt acht Starts.

Nutzlasten: Zweiter japanischer Wettersatellit in eine geostationäre Umlaufbahn, der erste, der eine japanische Trägerrakete benutzte: Himawari-2, Sonnenblume (GMS-2), Masse: 290 kg; Bahnneigung 140° (11. August 1981). Der erste Direktfernsehsatellit der Welt, BS-2a, Masse: 350 kg in eine geostationäre Umlaufbahn (23. Januar 1984).

H-1A – In der Entwicklung seit 1981, einsatzbereit 1986 für schwerste Anwendungssatelliten in geostationäre Umlaufbahnen. Dreistufig. Die 1. Stufe, die 3. Stufe und die neun Castor-2-Starthilfsraketen wurden von der N-2 übernommen; die zweite durch eine von den Japanern entwickelte kryogene Stufe ersetzt. Als Treibstoff dienen 8,65 t Flüssigsauerstoff und Flüssigwasserstoff. Durch die dabei verwendete fortschrittliche Technologie gehörte nun auch Japan zu den großen Raumfahrtnationen. Das wiederzündbare LE-5-Triebwerk entwickelt einen Vakuumschub von 10,5 t (103 kN) mit einem spezifischen Impuls von 449,5 s (Shuttle SSME 455 s, Ariane HM-60 431,7 s, Centaur 444 s). Gesamthöhe: 41,83 m; Durchmesser am Heck 2,44 m, an der Spitze 94 cm,; Startmasse: 137,5 t; Gesamtschubkraft: 305,3 t (2992 kN); Nutzlastkapazität: 320 kg für eine niedrige Umlaufbahn, Bahnneigung 31° und 500 kg für geostationäre Transferbahn. Der erste Versuchsstart (nur 1. und 2. Stufe) soll 1986 mit dem ersten japanischen Erdvermessungssatelliten EGP (675 kg) und dem Amateurfunksatelliten JAS-1 stattfinden. Der erste dreistufige H-1-Start soll im Sommer 1987 mit der geostationären Nutzlast, dem Technologieerprobungssatelliten ETS-5, durchgeführt werden. Ab 1988 folgen der Fernmeldesatellit für feste Funkdienste CS-3 und der Direktfernsehsatellit BS-3 in geostationäre Umlaufbahnen.

H-2 – In der Entwicklung befindliches erstes rein japanisches Trägerraketensystem. Mit der Mehrfachstartmöglichkeit wird die H-2 mit der Ariane 4 konkurrieren können. Dreistufig; die untere Stufe mit zwei Starthilfsraketen, jede enthält 50 t Feststofftreibsätze und kann 130 t (1274 kN) Schub erzeugen. Höhe: 22,00 m; Durchmesser: 1,80 m. Die zentrale untere Stufe (2. Stufe) verfügt über das neue kryogene Hochleistungstriebwerk LE-7, das von Flüssigsauerstoff und Flüssigwasserstoff gespeist wird und einen Schub in Meereshöhe von 92,8 t (910 kN) und einen Vakuumschub von 120,3 t (1180 kN) erzielt. Die 3. Stufe benutzt wieder das LE-5-Trieb-

H-2

Trägerraketen

werk der H-1, jedoch mit vergrößerter Treibstoffkapazität.

Die H-2 ist zirka 58 m hoch, 12 m entfallen auf die Nutzlastverkleidung, der Durchmesser beträgt 4 m. Startmasse: 240 t; Startschub (1×LE-7, 2×Booster) 353 t (3459,4 kN). Die Nutzlastkapazität einschließlich des Treibstoffs für den Apogäummotor beträgt 3,8 t für eine geostationäre Übergangsbahn oder 9,6 t für eine niedrige 400 km hohe Umlaufbahn. Der erste Versuchsstart ist für Anfang 1992 geplant, ihm folgt im gleichen Jahr ein weiterer mit einem ETS-Technologieerprobungssatelliten; 1995 sollen sich dann Starts in geostationäre Umlaufbahnen mit dem Nachrichtensatelliten CS-4 und dem Direktfernsehsatelliten BS-4 an die Erprobungsphase anschließen sowie die ersten Versuche mit dem Mini-Shuttle HIMES (Highly Manoeuvrable Experimental Space Vehicle).

China

Der Anfang dieses Raumfahrtprogramms (der erste Satellit wurde am 24. April 1970 gestartet) war auf die Technologie der 60er Jahre angewiesen. Die Trägerraketen waren entweder vollständig oder teilweise von sowjetischen Trägerraketen abgeleitet. Sie wurden für die Starts von 14 der 16 von den Chinesen in die Umlaufbahn gebrachten Satelliten eingesetzt (bis 1985). Die restlichen zwei, deren Start 1984 erfolgte, verwendeten ebenfalls eine sowjetische Trägerrakete, aber mit kryogener Oberstufe. Das war die CZ-3, die von den Chinesen die Bezeichnung »Langer Marsch 3«, und von den USA die Bezeichnung CSL-X-3 (Chinese Spacecraft Launcher) erhalten hatte. Bei einem der beiden Starts wurde der erste geostationäre chinesische Satellit in seine Umlaufbahn geschossen. Damit ist China ein Mitglied der großen Raumfahrtnationen der Welt geworden. Die CZ-3-Starts sind bereits von dem neuen Startgelände Chengdu erfolgt. Die Chinesen haben auch ihren eigenen Apogäum-Motor für ihren ersten geostationären Satelliten gebaut.

CSL-1 oder **Langer Marsch 1** – Dreistufig. Die erste war die CSS-2, eine ballistische Mittelstrecken-Flüssigkeitsrakete. Höhe: 30,75 m; größter Durchmesser: 2,40 m; nicht mehr im Einsatz.
Nutzlasten: Der erste und zweite chinesische Satellit.

FB-1 oder **CSL-2** – Zweistufig, mit herkömmlichen Flüssigkeitstriebwerken, 1974 von der ballistischen CSS-4-Rakete abgeleitet. Die 1. Stufe ist 20,80 m hoch und verfügt über vier Triebwerke, die einen Gesamtschub von 280 t (2744 kN) erzeugen. 2. Stufe, Höhe: 11,90 m; Schub: 69,9 t (6850,2 kN). Gesamthöhe: 32,80 m; größter Durchmesser: 3,32 m; Startmasse: 190,5 t; Gesamtschubkraft: 349,9 t (3429,9 kN); Startkapazität von 2 t in eine niedrige 200 km hohe Umlaufbahn. Wurde von dem dritten Satelliten an für alle Starts eingesetzt, mit Ausnahme von Nr. 14 und Nr. 15; noch im Einsatz.
Nutzlasten: China 3, Masse 3500 kg; Orbit 186×464 km (26. Juli 1975). China 9, das Programm bestand aus drei wissenschaftlichen Satelliten für Raumphysik; nähere Angaben nicht bekannt (19. September 1981).

CZ-3 oder **Langer Marsch** oder **CSL-X-3** – Dreistufig. Für Satelliten in geostationäre oder für schwere Nutzlasten in niedrige Umlaufbahnen. Wurde von Langer Marsch 2 abgeleitet und erhielt eine dritte Hochenergie-Stufe. Westliche Beobachter vergleichen sie mit der US Titan II. 1. und 2. Stufe verbrennen Stickstofftetroxid und unsymmetrisches Dimethyl-Hydrazin; Startmasse: 200 t. Schubkraft 1. Stufe mit vier Triebwerken: 305,7 t (2995,8 kN); 2. Stufe 76,4 t (748,7 kN). Einzelheiten der kryogenen 3. Stufe sind nicht bekannt. Die Nutzlastkapazität beträgt vermutlich 800 kg für eine geostationäre Umlaufbahn. Die Versuchsstarts begannen mit China 14, einem 900 kg schweren Versuchsnachrichtensatelliten in eine 287×468 km hohe Umlaufbahn (29. Januar 1984). Im Einsatz seit 8. April 1984 mit China 15.
Nutzlasten: Erster chinesischer Satellit in eine geostationäre Umlaufbahn sowie der erste operationelle Nachrichten- und Fernsehsatellit China 15 (8. April 1984).

Indien

Indien ist die sechste Nation der Welt, die eigene Satelliten mit eigenen Trägerraketen starten kann, und die erste Nation der Dritten Welt, die dazu in der Lage ist. Von den insgesamt zehn indischen Satelliten, die bis 1985 gestartet wurden, haben vier die indische SLV-3 (Space Launch Vehicle)-Rakete, mit drei erfolgreichen Flügen, verwendet.

SLV-3 – Vierstufig, alles Feststofftreibsätze. Die 1. Stufe ist 9,00 m hoch und hat einen Durchmesser von 1,00 m. Die 91 t Treibstoff verbrennen in 53 s und ergeben einen Schub von 43 t (421,4 kN). Die 2. Stufe erzeugt 20 t (196 kN) Schub. Gesamthöhe der Rakete: 22,70 m; Startmasse: 17,8 t; Nutzlastkapazität von 50 kg für eine niedrige 308×986-km-Umlaufbahn mit 44,7°-Neigung. Startkomplex: Sriharikota, 100 km nördlich von Madras. Von vier Starts waren drei erfolgreich. Die Rakete ist noch im Einsatz.
Nutzlasten: Erfolgreiche Wiederholung des Starts des Technologiesatelliten Rohini RS-1, Masse 40 kg, dem ersten indischen Satelliten, der mit einer indischen Trägerrakete in die Umlaufbahn gebracht wurde (18. Juli 1980). Fernerkundungssatellit Rohini 2, Masse 38 kg, in eine 187×418-km-Umlaufbahn, mit 46,3°-Neigung. Der Satellit verglühte nach acht Tagen in der Erdatmosphäre (31. Mai 1981). Wettersatellit Rohini D-2, Masse 41,5 kg (17. April 1983).

ASLV (Augmented Space Launch Vehicle) – Vierstufig, in der Entwicklung, vorgesehene Einsatzfähigkeit ab 1985. Die ASLV ist eine SLV-3 mit einer leistungsgesteigerten 4. Stufe und zwei Zusatzfeststoff-Starthilfsraketen. Startmasse: 35 t. Nutzlastkapazität: 150 kg in eine niedrige Umlaufbahn.

PSLV (Polar Satellite Launch Vehicle) – Im Entwicklungsstadium, erster Start Ende der 80er Jahre möglich. Vierstufig. Die 1. 3. und 4. Stufe verwenden Feststofftreibsätze; in der 2. Stufe soll das Flüssigkeitstriebwerk Vikas, das auf dem Viking-Triebwerk der Ariane basiert, verwendet werden. Startmasse: 137 t; Nutzlastkapazität: 1400 kg für einen niedrigen Kreisorbit und 550 bis 600 kg für eine polare Umlaufbahn. Man beschäftigt sich auch mit der Entwicklung einer SPSLV mit zwei Zusatzraketen. Startmasse: 370 t. Nutzlastkapazität: 3500 kg für eine niedrige Umlaufbahn.

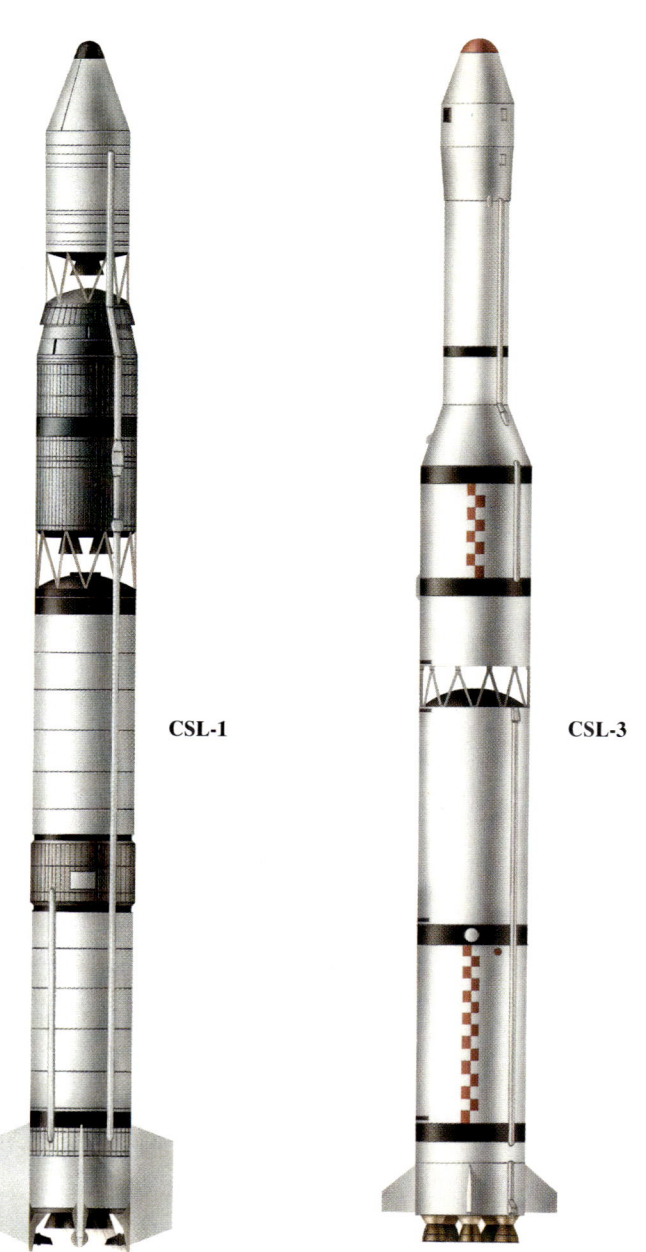

CSL-1   CSL-3

Entwicklung bei den Sonden und Satelliten für die Wissenschaft und kommerzielle Anwendungen

Guglielmo Mariani

Die Erforschung des Weltraums mit Satelliten und Sonden ist nicht nur der Bereich, der die menschliche Phantasie am meisten anregt, sondern von allen derjenige, der zum Ausgangspunkt künftiger industrieller Produktion werden könnte. Das Potential für naturwissenschaftliche und industrielle Entwicklungen auf diesem Gebiet ist tatsächlich sehr hoch. Außerdem erwarten wir das Entstehen einer Nachfrage für Dienstleistungen durch Länder, die noch nicht die Fähigkeiten besitzen, Satelliten, Raumsonden und Raumplattformen auf ihre Bahn zu befördern und zu betreiben. Wissenschaftliche, Fernmelde- und Fernerkundungssatelliten werden von solchen Ländern in den Erdumlauf befördert, die über die erforderlichen Mittel verfügen, wenngleich diese Satelliten Funktionen und Dienstleistungen übernehmen, die allgemein auch von Ländern benutzt werden, die selbst diese Satelliten nicht starten und betreiben können.

Wissenschaftliche Sonden und Satelliten

Der sehr schnelle Fortschritt bei den verschiedenen Raumfahrttechniken und -technologien spielte sich in der Anfangsphase in steigendem Maße bei den wissenschaftlichen Missionen ab, ermöglichte es den Wissenschaftlern, ausgewöhnliche Fortschritte zu erzielen und hat entscheidend die traditionellen Bahnen der Astronomie und Geophysik beeinflußt. Heute sind Beobachtungen aus dem Weltraum die Grundlage stellarer und extragalaktischer Astronomie.

Unsere heutige Kenntnis des Sonnensystems und die revolutionären Änderungen in unserem Verhältnis der Sonne selbst, basieren auf planetarischen Sonden. Die Satelliten im Erdumlauf wurden zum mächtigsten Werkzeug zur Beobachtung der natürlichen Umwelt: der Erdatmosphäre für Meteorologie, der Ozeane und der polaren Eiskappen für Klimatologie und der Erdkruste selbst für Geodäsie und Geologie.

Heute ist die Weltraumforschung mit der Verwendung von Sonden und Satelliten aus der innovativen Anfangsphase herausgetreten. Sie befindet sich in einer Periode der Reife, in der jede neue Mission eine Investition darstellt, zu deren Planung Jahre benötigt werden. Für die nähere Zukunft fördern wissenschaftlich orientierte Weltraummissionen den Fortschritt bei den Methoden der Datenverarbeitung, der kohärenten und nichtkohärenten Optik sowie der genauen Navigation von Raumfahrzeugen und vieler ihrer elektronischen Komponenten. Langfristig gesehen zeichnen sich bei der Astronautik mit oder ohne ständiger Anwesenheit von Astronauten und Wissenschaftlern in Raumstationen grenzenlose Möglichkeiten für die Erforschung des Universums und für Experimente unter Weltraumbedingungen bei Gewichtslosigkeit ab. Die heutigen Sonden und Satelliten und die künftigen Raumstationen werden es den Wissenschaftlern ermöglichen, Lösungen für grundlegende biologische und physiologische Fragen zu finden, die mit dem Einfluß der Mikrogravitation zu tun haben und sie werden industrielle Verfahren entwickeln, die für die Herstellung neuer Werkstoffe erforderlich sind und deren Synthese in der Erdatmosphäre nicht möglich wäre.

Astronomische Satelliten

Mit dem Herannahen des Raumzeitalters werden die Auswirkungen der Absorption durch die Erdatmosphäre auf die Meßergebnisse eliminiert, und die Gesamtheit des elektromagnetischen Spektrums wird der astronomischen Betrachtung zugänglich, und zwar von den Photonen mit langen Wellenlängen bis zu den Gammastrahlen. Das Energiespektrum läßt sich nun in fünfzehn Größenordnungen analysieren. Dies führte zur Entdeckung einer großen Zahl völlig neuer kosmischer Phänomene und Objekte mit ganz unterschiedlichen Merkmalen. Diese Entdeckungen haben alle bestehenden Begriffe unseres Universums radikal verändert, und zwar von der Entstehung der uns am nächsten befindlichen Sterne bis zur den physikalischen Eigenschaften und der Struktur des Universums. In vielen Fällen erforderte der Fortschritt der heutigen Astronomie und Astrophysik multispektrale Untersuchungen, wobei die Korrelation zwischen den beobachteten Phänomenen bei den sehr unterschiedlichen Wellenlängen der Schlüssel zum Verständnis der gesamten physikalischen Eigenschaften ist. Seitdem uns die Beobachtung aus dem Weltraum erlaubt, alle diese Wellenlängen zu erfassen, stellt die Weltraum-Astronomie ganz klar das Hauptwerkzeug moderner astronomischer Forschung dar. So ist z. B. die Untersuchung der kosmischen Strahlung ein wichtiges Forschungsgebiet, das eng mit der Teilchen-Physik verbunden ist. Eine Analyse der Zusammensetzung der kosmischen Strahlung kann Informationen über die Elementarprozesse liefern, aufgrund derer der Naturwissenschaftler ihren Ursprung zurückverfolgen kann. In ähnlicher Weise bietet die Beobachtung der Röntgenstrahlung das beste Mittel, um die Eigenschaften der Materie auf der Oberfläche der Sterne zu untersuchen und um ihre Wärmeeigenschaften zu bestimmen. Eine solche Analyse liefert uns aber auch ein einmaliges Mittel zur Untersuchung der Eigenschaften der hyperdichten Materie innerhalb extrem starker Magnetfelder, um auf diese Weise – so hofft man – die Mittel zur Bestätigung der theoretischen Voraussagen zu erhalten, die auf physikalischer Extrapolation im Laboratorium beruhen.

Darüber hinaus kann eine Untersuchung der unterschiedlichen Körper des Sonnensystems zu einer besseren Analyse von dessen Entstehung führen. Das Spektrum dieser Himmelskörper reicht von solchen, die sich seit ihrer Entstehung am wenigsten verändert haben (Kometen, Asteroiden und den entferntesten Planeten) bis zu den viel weiter fortgeschrittenen näheren Planeten. Letztere bieten dem Beobachter eine große Anzahl und Verschiedenheit physikalischer Prozesse und Eigenschaften bezüglich ihrer Zusammensetzung, ihrer Oberflächchen, ihrer Atmosphären und ihrer einhüllenden Plasmen. Das Ziel der Planetenforschung ist es, dieses komplexe Datenmosaik – nicht nur zum Zwecke tieferen Eindringens in alle Aspekte dieser Himmelskörper, ihres Ursprungs und der Evolution des Sonnensystems – zu untersuchen, sondern um auch einige grundlegende Erkenntnisse über die außergewöhnliche Rolle des Planeten Erde zu gewinnen, der Erde als des Ortes, der Leben beherbergt.

Fernmeldesatelliten

Beim ersten Fernmeldesatelliten – Early Bird, der Teil des Intelsat-Programms war – standen nur 240 Übertragungskanäle zur Verfügung. Die heutigen Satelliten der Serie Intelsat V bieten 12 000 Telefonkanäle und in nicht allzuferner Zeit 100 000 Telefonverbindungen sowie Fernsehkanäle durch denselben Satelliten. Diese überwältigende Kapazitätssteigerung und die Erhöhung der Zahl der Funktionen veranlaßte viele Länder, diese Technik zum Aufbau eines Fernmeldenetzes zu wählen. Die Möglichkeit, sehr schnell Fernmeldesysteme mit weltweiter Abdeckung aufzubauen, ist eine Erklärung für die schnelle Entwicklung dieses Anwendungssektors. Mit der Entwicklung der elektronischen Techniken und der Verfügbarkeit immer stärkerer Trägerraketen ermöglichen Fernmeldesatelliten den Aufbau kompletter Telefonnetze in Ländern, die kaum eine oder überhaupt keine verkehrliche Infrastruktur verfügen. Außerdem entstanden neue Datennetze mit hohen numerischen Datenraten auch in technisch entwickelten Ländern, die bereits durch traditionelle Fernmeldenetze versorgt sind.

Auf technischem Gebiet hat sich die anfängliche Situation von Satelliten, die mit Signalverstärkern niedriger Leistung und kleinen Antennen ausgestattet waren und die somit die große Erdestationen mit großen Antennen erforderten, dahingehend geändert, daß die Satelliten jetzt auch Schalt- und Rechenfunktionen besitzen und somit wie eine Telefonvermittlung im Weltraum fungieren. Da die Satellitenantennen jetzt so groß gemacht werden können, läßt sich auch die abgestrahlte Leistung stärker bündeln. Die Erdeantennen können somit viel kleiner werden und lassen sich direkt auf den Dächern von Häusern installieren, in denen der Telefonverkehr besonders dicht ist.

Gegenwärtige Voraussagen rechnen mit einem beeindruckenden Anstieg des Telefonverkehrs und einen Anstieg beim Datenverkehr und Fernsehen über Satellit. Dies wird zu einer Überlastung der verfügbaren Frequenzen führen, und aus diesem Grund ist es notwenig, immer höhere Frequenzen zu verwenden und dieselben Kanäle mehrfach zu nutzen. Das Italsat-Programm – der italienische Experimental-Satellit, der 1988 gestartet werden soll – ist so ausgelegt, daß dies berücksichtigt wird. Er arbeitet im 20–30 GHz-Bereich und verwendet ausschließlich digitale Techniken. Zusätzlich zu den öffentlichen Netzen werden Fernmeldeverbindungen über Satellit immer wichtiger für die Entwicklung neuer Dienstleistungen mit hoher Wertschöpfung im Bereich des Verkehrs von Firma zu Firma. In den 90er Jahren wird jedes Satellitensystem außer den Telefondiensten auch noch andere Dienste zu bieten haben wie Direktfernsehen,

Schulfernsehen und Datenbankzugriff, Hochgeschwindigkeits-Datenübertragung mit Anschluß an und zwischen Rechnern; Flugbetriebsunterstützung, Navigations- und allgemeine Verkehrsmeldungen; Überwachung des Territoriums.

Diese zusätzlichen Anwendungen im sozialen und kommerziellen Sektor verlangen ein Planungskonzept, in dem die betreffenden Kapazitäten richtig bemessen sind und die auch neue Technologien für erdgebundene Systeme, wie beispielsweise die Faseroptik, enthalten.

Wenn man sich ein künftiges integriertes Netz aus Satelliten und fiberoptischen Komponenten vorstellt, gewinnt man einen Eindruck über die sich entwickelnden Trend bei den Fernmeldesystemen, der zu einer drastischen Verminderung von Zwischengeräten, wie Verstärkern, und deren Ersatz durch Teilnehmerendgeräte und die wichtigsten Vermittlungsknoten führen wird. Die tatsächliche Entwicklung der Netze wird weltweit zu einem einzigen integrierten Netz mit den entsprechenden Techniken und Dienstleistungen führen.

Im Hinblick auf die Ausweitung der Dienstleistungen und der Integration übernimmt der Satellit eine Aufgabe hoher Komplexität. Daher wird es nötig sein, die Definition des satelliten- und des erdgebundenen Systems aufeinander abzustimmen, damit letzteres die Funktionen des Satelliten ergänzen kann. Dieses Konzept sieht die Planung von Raumplattformen vor, in anderen Worten von riesigen Satelliten, die dank ihrer gewaltigen Kapazität eine Unmenge von Diensten liefern und so die Schaffung eines verzweigten Netzes mit noch weiter verzweigtem Zugang zum Nutzer ermöglichen. Eine Alternative zum Plattformkonzept könnten Gruppen von Satelliten sein, die so miteinander vernetzt sind, daß ein gegenseitiger Signalaustausch und eine gegenseitige Regelung der Entfernung möglich ist.

Elektromagnetische Verbindungen würden folglich eine optimale Ausnutzung der geostationären Umlaufbahn gewährleisten, so daß es möglich ist, diese Satelliten als einen Haufen zu betrachten, der in Wirklichkeit eine Einzelstruktur darstellt. Von nun an können wir endgültig in den Kategorien mechanischer oder elektromagnetischer geostationärer »Inseln« denken, deren mechanische oder elektromagnetische Art davon abhängt, ob sie Plattformen oder Haufen von Satelliten sind.

Satelliten für die Erderkundung

Das wichtigste Produkt des Raumzeitalters ist der Fernmelde-Satellit, während es bezüglich des Anwendungspotentials wohl der Satellit für die Fernerkundung ist. Diese Satellitenart, mit Sensoren gespickt, die immer wieder gleichmäßig verteilte

Meßwerte aufnehmen und an die Erdstationen übermitteln, stellt so bezüglich der Datenverarbeitung das komplizierteste Gerät dar.

Diese Satelliten können als spezielle Kategorie der Fernmeldesatelliten beschrieben werden, weil sie zusätzlich zu den Übertragungsfunktionen auch noch die Datenaufbereitung und -sammlung sowie die Datenübermittlung übernehmen, die dann nach der Datenverarbeitung in den Hauptsammelstationen an die Benutzerzentren und nationalen Bedarfsträger übermittelt werden. Das Management und die Überwachung der Schätze der Erde und speziell der sich erneuernden Ressourcen der Erde: Diese neue Methode liegt in der greifbarsten Form bei den Umweltdatensystemen vor, deren Entwicklung sowohl von der Evolution der Weltraum-Beobachtungstechniken als auch von der Optimierung der integrierten Strukturen für die Datenverwertung in den Erdstationen bestimmt wird. Zu den Entwicklungsbereichen für solche Satelliten zählen folgende Möglichkeiten: Man wird das elektromagnetische Spektrum durch Verwendung der sichtbaren, IR- und Mikrowellenbänder in breiterem Maße ausnutzen zur Verbesserung der Wetterunabhängigkeit und Unterscheidungsgenauigkeit; im sichtbaren und IR-Bereich werden Sensoren mit besseren Leistungen hergestellt, speziell mit besserem Auflösungsvermögen, die in mehreren Spektralbändern arbeiten. Die Systeme werden systematisch auf den Einsatz weiterer Satelliten ausgeweitet, und zwar solcher auf polarer Umlaufbahn, um die Häufigkeit der Erfassungszyklen zu erhöhen und der geostationären, um ständig gewisse Gebiete zu überwachen; es wird auch eine bessere Koordination bei der Verwendung von sonnensynchronen Bahnen geben, um die günstigste Wiederholung zu ermöglichen und sicherzustellen; die geostationäre Umlaufbahn wird in zunehmendem Maß für die Beobachtung der Erdoberfläche auf Grund der Fortschritte in der Sensortechnologie eingesetzt. Wirksamere Anwendungsmodelle werden entwickelt, um die von den Satelliten gesammelten Daten zu Verarbeitungsdaten umzuformen.

Meteorologische, Navigations- und Rettungssatelliten

Der Meteorologe ist heute in der Lage, das zu sehen, was er früher nur durch die Zusammenstellung spärlicher Meßwerte schätzen konnte. Das Ergebnis waren früher unzuverlässige Wettervorhersagen. Die wichtigsten Wettersysteme gesamter Kontinente werden heute fotografiert und sind unter ständiger Überwachung. Ihre Bildung und Umformung liefert so häufigere, speziellere und genauere Wettervorhersagen sowohl weltweit als auch national. Gewaltige Gebiete der Erde sind von

Wetterballons, Flugzeugen und Bojen aus nicht zu erfassen. Dies gilt nicht für Satelliten, die ein vollständiges und zuverlässiges Bild der meteorologischen Verhältnisse aufzeichnen und so den Meteorologen in die Lage versetzen, genaue Wettervorhersagen zu erstellen. Die Zusammenstellung der von Satelliten und der auf konventionelle Weise gesammelten Daten und deren Auswertung hat es im Lauf der letzten 20 Jahre möglich gemacht, alle wichtigen Hurrikane und Taifune in allen Teilen der Welt, Heuschreckenwanderungen (dabei ließen sich wiederkehrende Hungersnöte vermeiden) und die Bewegungen des Treibeises in den polaren Seegebieten für die Schiffahrt zu überwachen. Die wirtschaftlichen Auswirkungen dieser Voraussagen sind grundlegender Teil einer allgemeinen Programmstruktur, denn sie schließen Bereiche der Landwirtschaft, der Energiewirtschaft, des Verkehrs und des Fremdenverkehrs mit ein.

Die Navigations-, Rettungs- und Wettersatelliten stehen in enger Beziehung zu den wissenschaftlichen Satelliten bezüglich der Sammlung von Meßwerten über die Sonnenaktivitäten und deren Auswirkungen auf das Magnetfeld der Erde.

Militärische Satelliten

Auf Grund von Erfahrungen auf anderen Gebieten ist es nicht schwer vorauszusagen, daß neue moderne Techniken zur wirtschaftlichen Verbesserung von Geräten und Verfahren, die man ursprünglich im wesentlichen für die militärische Verteidigung entwickelt hatte, auch analoge Anwendungen im zivilen Bereich finden werden. In dieser Hinsicht werden qualitative und quantitative Sprünge erfolgen, die zur Verwirklichung von großen Weltraumsystemen führen, um Energie zu erzeugen und auf die Erde zu übertragen und zwar in den verschiedensten Arten und für einen weiten Anwendungsbereich, für die Verbesserung und den Schutz der menschlichen Umwelt und zur Beschleunigung des Fortschritts und der Lebensqualität auf der Erde.

Die Rolle der Weltraumforschung beim naturwissenschaftlichen Fortschritt

Die genaue Erforschung des Universums, vom Sonnensystem einschließlich der Erde bis zu den entferntesten Sternen, ist absolut gesehen eines der fesselndsten Unterfangen der Menschheit. Die letzten 20 Jahre führten zu außerordentlichen Änderungen der menschlichen Vorstellung des Universums und seiner Einzelelemente. Kurz gesagt, es gab eine vollständige und ständige Revolution, deren Auswirkungen sowohl im philosophischen als auch im wissenschaftlichen Zusammenhang erst

noch zu verarbeiten sind. Wir müssen die Tatsache anerkennen, daß diese Öffnung neuer Horizonte in solch einer kurzen Zeitspanne ein solch außergewöhnliches Ereignis in der Geschichte der menschlichen Erkenntnis ist, wie sie nur mit den Entwicklungen zur Zeit Galileis verglichen werden kann.

Der Anstoß, den Galilei gab, war das Ergebnis der Verwendung eines neuen optischen Instruments, des Fernrohrs. Dieses Gerät trug zu dem gewaltigen Fortschritt der Technik in jenen Tagen bei. In ähnlicher Weise bildete die Entwicklung der verschiedenen Raumfahrttechniken die Grundlage für die Entdeckung einer ganzen Serie von Phänomenen, die unser Verständnis solcher Fragen, wie die Bildung und Entwicklung der Milchstraßen, die Entstehung der Sterne und des Sonnensystems und die Entwicklung des Universums, radikal geändert haben.

Im Fortschritt der menschlichen Erkenntnis hat die Weltraumforschung eine entscheidende Rolle gespielt, und zwar nicht nur bei der direkten Erforschung des Sonnensystems, sondern auch durch erdumrundende Satelliten, die so instrumentiert sind, daß sie eine systematische Untersuchung des Universums in solchen Teilen des elektromagnetischen Spektrums gestatteten (wie Infrarot, Ultraviolett, Röntgenstrahlen und Gammastrahlung), die durch die Erdatmosphäre ausgefiltert sind. Die Eröffnung dieser neuen Beobachtungsfenster hat ein äußerst reiches Panorama eröffnet und hat wichtige Meßwerte für das Verständnis der grundlegenden Probleme der Astronomie und Astrophysik herbeigeführt. Das Ergebnis war ein unerwartetes Bild des Universums, das von Katastrophen und Explosionen beherrscht wird, bei denen gewaltige Energiemengen beteiligt sind. Das Universum ist nicht mehr so ruhig und klar, wie es Aristoteles sah, bevölkert von unveränderlichen Objekten in all ihrer Perfektion und Harmonie, sondern ein unaufhörliches Pulsieren von Energie, die in ein echtes und scheinbares Chaos umgeformt wird, weil es in der Wirklichkeit von übergeordneten und genauen Gesetzen beherrscht wird, die jetzt durch Beobachtungen des Weltraums enthüllt werden. Heute ist die Wissenschaft vom Weltraum ein wesentliches Element der Entwicklung der Naturwissenschaften im allgemeinen. Ihr Einfluß geht über die Grenzen der Astronomie und des Sonnensystems hinaus und bietet verwirrende und überwältigende Enthüllungen in den Bereichen der Grundlagenphysik, der Plasmaphysik, der Kernphysik und der Erdwissenschaften.

Das Universum liefert uns ein natürliches Laboratorium, in dem wir hoffen, unsere physikalischen Theorien bestätigen zu können. Im Gegensatz hierzu hat die Anwendung dieser Theorien aus dem Ursprung des Universums zu theoretischen Projek-

ten und Methoden geführt, die möglicherweise eine natürliche, wenn auch sehr komplexe Erklärung der grundlegenden kosmologischen Eigenschaften liefern, wie die Trennung von Materie und Anti-Materie, die Entropie des Universums und ihr hoher Grad der Isotropie (d. h. die Darstellung einer ganzen Reihe von Eigenschaften). Über die bisher erreichten Leistungen hinaus können wir Fragen bezüglich der langfristigen friedlichen Nutzung des Weltraums stellen. Seine Möglichkeiten und sein Anwendungspotential sind gewaltig: Herstellung von Werkstoffen im Weltraum; bessere Nutzung der Sonnenenergie oder Suche nach Minerallagerstätten auf verschiedenen Himmelskörpern des Sonnensystems. Ganz gleich, ob diese Unternehmungen mittels des bemannten Raumfluges oder durch Sonden, Satelliten oder durch von der Erde gesteuerte Roboter geschehen, steht doch fest, daß der Mensch in den kommenden Dekaden eine aktive Rolle im Weltraum spielen wird, um noch ehrgeizigere wissenschaftliche Unternehmungen durchzuführen. Bezüglich der normalen, sozusagen täglichen Aktivitäten werden die Weltraumunternehmungen wertvolle Dienste leisten und die Verbesserung des Standes der Technik erlauben, deren volles Potential von den Wissenschaftlern vielleicht noch nicht erkannt ist, und zwar in den Bereichen Meteorologie, Erd- und Ozeanbeobachtung, Fernmeldewesen, der Fernvermessung, des Fernsehens usw. Die Entwicklung dieser Techniken ist nicht nur für die entwickelteren Länder von Bedeutung, sondern vor allem für solche, die noch nicht über die klassische verkehrliche Infrastruktur verfügen. Es ist sogar noch wichtiger, daß diese Entwicklungen im Interesse der Menschheit richtig gelenkt und in die richtige Richtung kanalisiert werden.

Die Untersuchung des Weltraums und dessen mögliche Verwertung einschließlich der erforderlichen Technologien und dem hohen Grad der Komplexität, dazu der relative und ständige Prozeß der Erneuerung, der enorme Anstrengungen beim Austausch intellektueller Ressourcen und Energien erfordert, können die Erkenntnisse liefern, mit denen der Mensch auf Erden seine Bestimmung besser erkennen kann. Es handelt sich daher um eine sehr fordernde Wissenschaft, denn ihre einzige Grenze ist die Wahrheit. Sie kann aber diejenigen reich belohnen, die sich ihr in Demut und Bescheidenheit nähern. Auf der einen Seite wurden die Grenzen des Menschen erweitert, andererseits aber innerhalb so enger Grenzen eingeschränkt, daß man neue Generationen von Naturwissenschaftlern, Politikern und Industriellen mit der Fähigkeit benötigt, Entwicklung und Forschung in eine neue Beziehung zwischen Wissenschaft und Gesellschaft und zwischen naturwissenschaftlichem Denken und der Menschheit zu lenken.

Satelliten und Sonden

Wissenschaftssatelliten

Als die Amerikaner mit dem ersten Satelliten in der Geschichte der Menschheit, der von der Sowjetunion gestartet wurde, konfrontiert wurden, war ihre Bestürzung total. Es traf sie tief ins Herz, weil sie überzeugt waren, daß man den USA das Recht geraubt hatte, das Zeitalter der Weltraumforschung einzuleiten – eine nur zu natürliche Annahme für die führende Weltmacht auf den Gebieten der Naturwissenschaften, der Technik, der Wirtschaft, der Industrie und des Militärs. Die Amerikaner erinnerten sich der Worte Präsident Eisenhowers, der am 15. Juli 1955 erklärt hatte, daß die USA einen von Menschenhand gefertigten Satelliten innerhalb des Internationalen Geophysikalischen Jahres vom 1. Juli 1957 bis zum 31. Dezember 1958 in den Erdumlauf bringen würden.
Der Start des Sputnik sollte eigentlich kei-

ne Überraschung gewesen sein, denn die UdSSR hatte angekündigt, daß sie während des Geophysikalischen Jahres Satelliten starten würde. Die amerikanischen Forscher kannten die vielen sowjetischen Äußerungen über die Entwicklung künstlicher Satelliten bis zur Erklärung am 10. Juni 1957 an die Zentralorganisation des Geophysikalischen Jahres in Belgien, daß »ihr Programm fertig sei«. Am 3. August 1957 berichtete Reuter aus Moskau, daß der neue Leiter des Satellitenprogramms, Professor Ewghenij Fjedorew geäußert habe, der Start würde in den frühen Morgenstunden des Tages erfolgen, und der Satellit sollte die Erde in 90 Minuten umrunden. Er täuschte sich um 6 Minuten und 17 Sekunden. Niemand hatte seine Ankündigung ernstgenommen und niemand hatte die Vorstellungskraft besessen, interkontinentale ballistische Raketen mit Satelliten in Verbindung zu bringen. Am Ende des Tages waren die Amerikaner nicht einmal zweiter Sieger. Sie mußten sich mit dem dritten Platz zufriedengeben. Sputnik 2 bedeutete einen sensationellen Schritt

nach vorn: eine Nutzlast von 508,3 kg und eine Kabine mit lebendem Passagier, dem Hund Laika. Für die amerikanische Moral war es nur ein schwacher Trost, daß die wissenschaftlichen Ergebnisse der amerikanischen Satelliten die der sowjetischen bei weitem übertrafen, nämlich mit der Entdeckung der Van-Allen-Strahlungsgürtel 800 km über der Erde und der Bestätigung der birnenförmigen Gestalt der Erde.

Die ersten Satelliten: Sputnik 1 und 2

Sputnik 1, in aller Welt gleichbedeutend mit dem Wort Satellit, wurde am 4. Oktober 1957 durch die Sowjetunion vom Startplatz Tjuratam-Baikonur mit einer Trägerrakete (A, dreistufige Wostok) gestartet, die lange Zeit geheimgehalten wurde. Der Träger war der erste sowjetische Interkontinentalflugkörper, die SS-6 mit der NATO-Bezeichnung SAPWOOD oder R-7. Auf russisch bedeutet Sputnik »Wandergeselle«. Die kugelige Außenhaut des Sputnik bestand aus glänzendem Aluminium, damit man ihn im Erdumlauf bei Beleuchtung durch das Sonnenlicht besser sehen konnte. Mit dem Satelliten ging auch die Drittstufe in den Erdumlauf, so daß sich eine Gesamtmasse von 4 Tonnen ergab. Der Satellit gehörte zur Kategorie der Wissenschaftssatelliten, mit denen man Dichte, Temperatur und Atmosphäre, die Elektronendichte der Ionosphäre und die Ausbreitung der elektrischen Wellen messen wollte. Die Übermittlung der Daten erfolgte über die Frequenzen 20,005 und 40,002 MHz, wobei die Batterien eine Leistung von 1 Watt abgaben.
Einige Tage lang gaben die Sowjets die Umlaufdaten nicht bekannt, obwohl sie im Westen durch Funkamateure und durch Fernrohrbeobachtungen ebenso wie durch die militärischen Radarnetze ermittelt wurden. Diese Gruppen in allen Teilen der Welt waren vom 1. Juli 1957, dem Beginn des Geophysikalischen Jahres, vorgewarnt, doch hatte sich niemand einen so schnellen Fortschritt vorstellen können, viel weniger noch, daß ein solcher Satellit ein sowjetischer sein könnte. Mit einer Geschwindigkeit von 28 000 km/h hatte der Sputnik eine Anfangsbahn mit einem Perigäum (erdnächster Punkt) von 228 km und einem Apogäum (erdfernster Punkt) von 947 km, die sich später auf 200 km verminderten. Die Inklination betrug 65,1° und die Umlaufzeit 96 Minuten und 17 Sekunden. Sputnik 1 sendete 21 Tage lang und trat nach 92 Tagen, am 4. Januar 1958, wieder in die Erdatmosphäre ein.

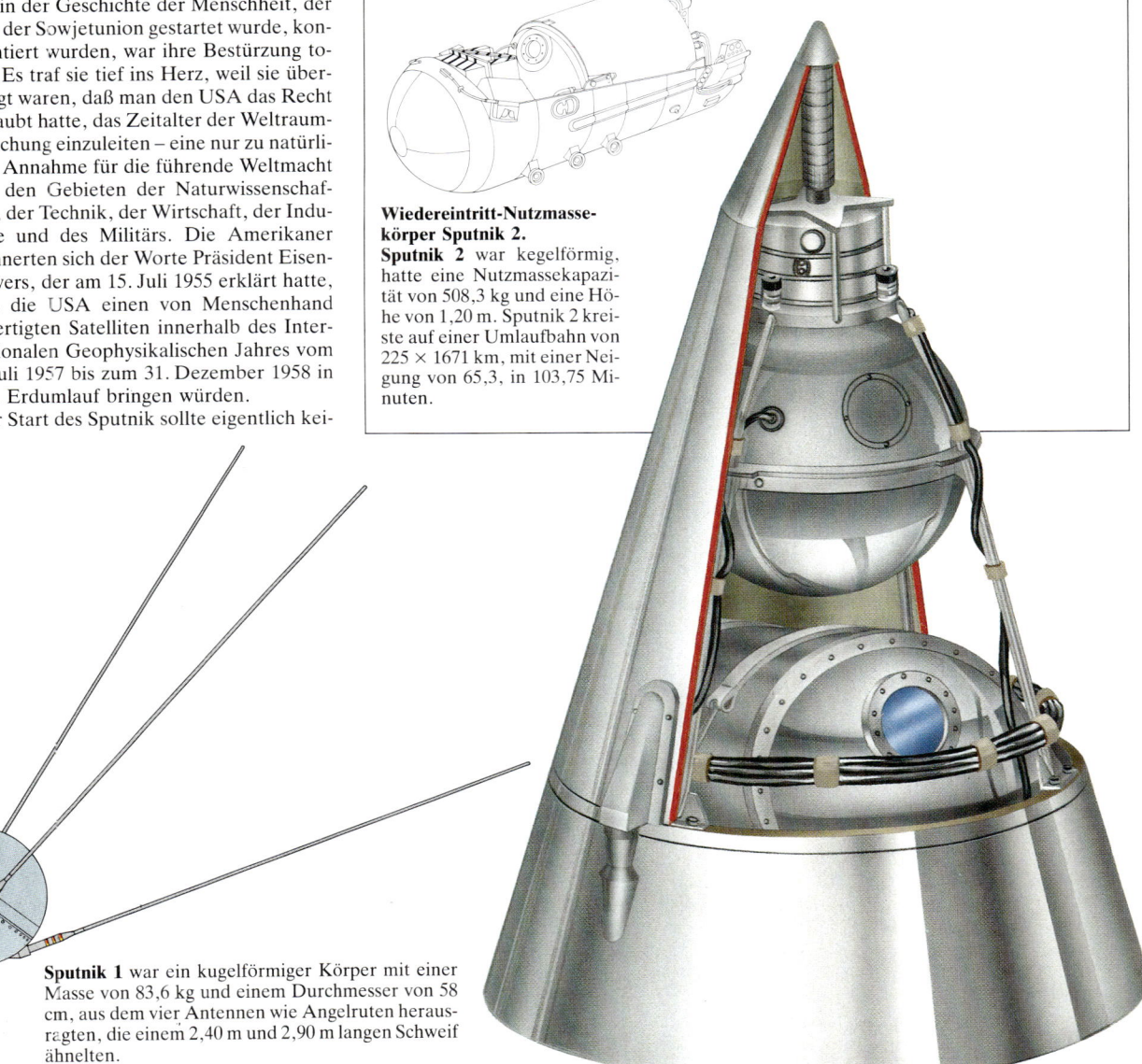

Wiedereintritt-Nutzmassekörper Sputnik 2.
Sputnik 2 war kegelförmig, hatte eine Nutzmassekapazität von 508,3 kg und eine Höhe von 1,20 m. Sputnik 2 kreiste auf einer Umlaufbahn von 225 × 1671 km, mit einer Neigung von 65,3, in 103,75 Minuten.

Sputnik 1 war ein kugelförmiger Körper mit einer Masse von 83,6 kg und einem Durchmesser von 58 cm, aus dem vier Antennen wie Angelruten herausragten, die einem 2,40 m und 2,90 m langen Schweif ähnelten.

Vanguard 3. Am 18. September 1959 gestartet, besaß dieser Satellit bei einer Höhe von 117 cm einen Durchmesser von 50,8 cm. Seine Gesamtmasse betrug 45,36 kg.

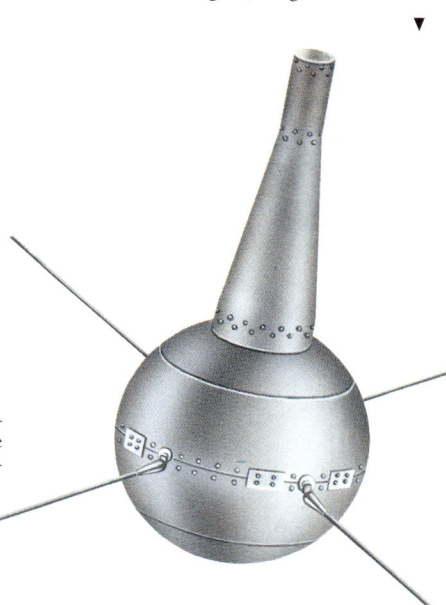

Vanguard 1 wurde am 17. März 1958 gestartet. Sein Durchmesser von 16,2 cm brachte ihm den Spitznamen Pampelmuse (Grapefruit) ein. Die Masse betrug 22,7 kg.

Sputnik 3. Dieser am 15. März 1958 gestartete Satellit war 3,57 m lang und wog 1327 kg, von denen 968 kg auf die wissenschaftlichen Instrumente entfielen.

Die UdSSR startete Sputnik 2 am 3. November 1957. Die Aufgaben waren wissenschaftlich: Untersuchung der Ultraviolett- und Röntgenstrahlung der Sonne, der kosmischen Strahlung und Klärung medizinisch-biologischer Fragen. Startplatz und Trägerrakete waren dieselben wie bei Sputnik 1, der Satellit war jedoch ganz anders. Er war in drei Räume unterteilt; der obere enthielt die Batterien, Sender und die Telemetrie; der mittlere zylindrische Teil die wissenschaftlichen Geräte, und der dritte abgedichtete Raum enthielt eine Kabine für das erste Lebewesen im Weltraum, den Hund Laika, dessen Name heute noch bekannter ist als der des ersten Menschen, der den Mond betrat. Von Laika wurden Meßwerte über Herzschlag, Atmungsgeschwindigkeit und andere biologische Funktionen über Elektroden, die mit Saugnäpfen am Körper befestigt waren, abgenommen. Das gleiche System wurde später

bei menschlichen Astronauten verwendet. Die Daten wurden sieben Tage lang übermittelt. Laika starb, bevor alle Experimente beendet waren. Der allgemeine Eindruck war jedoch, daß die Raumfahrt einen weiten Schritt nach vorn gemacht habe. Sputnik 2 verbrannte in der Erdatmosphäre am 14. April 1958.

Die ersten amerikanischen Satelliten: Vanguard, Explorer und Pioneer

Auf dem Startplatz in Cape Canaveral brannte am 16. Dezember 1957 der erste amerikanische Satellit des Projektes Vanguard – ein ziviler Satellit, aber von der US Navy betrieben – aus. Er wog 1540 g und hatte einen Durchmesser von nur 15,3 cm. Er fiel in ein Flammenmeer, als der Raketenmotor der ersten Stufe versagte. Dies geschah als echtes Fernseh-Spektakel vor den Augen von Millionen Amerikanern.

Explorer 1 war 203 cm lang, der größte Durchmesser betrug 15,3 cm und die Masse 13,97 kg. Er bestand aus der 4. Stufe der Jupiter-Rakete und dem eigentlichen Satelliten, einem 75 × 15,3 cm langen und 8,3 kg schweren Zylinder mit kleinen Antennen.

Die NASA, die damals noch nicht bestand, rechnete später aus, daß der erdfernste Punkt, den Vanguard erreicht hatte, 60 cm betrug. Am 31. Januar 1958 beförderte eine von Wernher von Braun aus Heeresraketen zusammengesetzte Jupiter C den Explorer 1 in den Erdumlauf. Die Bahn war mit 360 × 2532 km viel höher als die von Sputnik, und die Inklination betrug 33,3° und die Umlaufzeit 114 Minuten und 7 Sekunden. Der Versuchszweck war das Erreichen einer Umlaufbahn, die mehrere Wochen stabil bleiben sollte. Nach ersten Beobachtungen wurde die Lebensdauer auf 3 bis 4 Jahre im Maximum geschätzt, doch blieb Explorer 12 Jahre lang, bis zum 31. März 1970 im Umlauf. Die letzten Bahnen vor dem Wiedereintritt in die Atmosphäre lagen bei 145 × 209 km.
Explorer verfügte über zwei abtastende Sensoren zur Messung der Intensität der kosmischen Strahlung und ein Meßgerät für Mikrometeoriten, das von James van Allen, einem 43jährigen Professor der University of Iowa entwickelt worden war. Explorer sendete bis zum 23. Mai 1958 Meßwerte, und eine Auswertung ermöglichte es van Allen und seiner Arbeitsgruppe, oberhalb von 800 km eine hohe Dichte energie-geladener Partikel festzustellen, die ständig im äußeren Magnetfeld der Erde eingefangen waren. So viel hatte niemand vermutet. Eine Bestätigung wurde benötigt.
Am 5. Februar 1958 schlug der Start einer zweiten Vanguard fehl und ebenso der des 2. Explorer am 5. März. Am 17. März erreichte Vanguard 1 mit einer Masse von nur 1470 g eine Bahn mit den Daten 652 × 3965 km. Er war nur mit Temperaturmeßfühlern ausgerüstet, konnte aber neue Eigenschaften des Magnetfeldes der Erde feststellen, die bereits bei den Flügen von Sputnik 1 und 2 vermutet wurden, wie beispielsweise die birnenförmige Gestalt der Erde. Am 26. März erreichte Explorer 3 seine Bahn (195 × 2810 km). Er wog zwar nur 14,1 kg, war aber mit Instrumenten zur Erfor-

schung interplanetarischer Partikel bestückt. Am 1. Mai konnte van Allen die Entdeckung von zwei Gürteln intensiver Strahlung bekanntgeben, die halbmondförmig den magnetischen Äquator der Erde umgeben. Explorer 4 (am 26. Juli 1958 gestartet) vervollständigte die Kenntnisse über diesen Gürtel. Pioneer 3 (gestartet am 6. Dezember 1958) entdeckte zwei weitere äußere Gürtel. Pioneer 3 (Mase 5,85 kg) war im Grund eine fehlgeschossene Mondsonde, die eine Maximalentfernung von 107 000 km über der Erde erreichte und so die Möglichkeit bot, den neuen Gürtel sowohl beim Hin- wie auch beim Rückflug zu vermessen. Die Form der beiden Gürtelpaare änderte sich ständig unter dem Einfluß der unterschiedlichen Intensität des Sonnenwindes, doch glaubte man, daß ihre erdfernsten Punkte etwa 50 000 km von der Erdoberfläche entfernt liegen. Die Gürtel wurden dann nach van Allen benannt, und den Bereich des Raumes, in dem sie liegen, nannte man anschließend die Magnetosphäre.
Dies war die erste wissenschaftliche Entdeckung, die aus dem Weltraum gewonnen wurde und eine der wichtigsten für das Verständnis der Beziehung zwischen Erde und Sonne. Es sind diese Gürtel, die die hochenergetischen Protonen und Elektronen des Sonnenwindes am Eindringen in die Magnetosphäre hindern.
Vanguard 1, mit dem als erstem die echte Form der Erde festgestellt wurde, nämlich nicht als perfekter Geoid mit an allen Punkten identischen Schwerkraftwerten, sondern von birnenförmiger Gestalt, zeigte auch, daß die Abflachung an den Polen auf Grund der Zentrifugalkraft (und einer leichten Verdickung am Äquator) nicht symmetrisch ist: die Entfernung vom Erdmittelpunkt zum Südpol ist kürzer als vom Erdmittelpunkt zum Nordpol. Dieser Unterschied wurde nach jahrelangen Untersuchungen bestätigt. Der Nordpol liegt 18,9 m höher als die perfekte Kugel, der Südpol 25,8 m niedriger.

Explorer 6 wurde am 7. August 1959 gestartet, seine Masse auf Umlaufbahn betrug 64,4 kg. Der kugelförmige Körperteil hatte einen Durchmesser von 66 cm. Explorer 6 übertrug die ersten klaren Bilder von Wolkenformationen und führte auch andere wissenschaftliche Messungen durch.

Lageos 1. Kugelförmiger Aluminiumkörper mit einem Durchmesser von 60 cm und einer Masse von 441 kg, ohne Instrumente. Der Satellit besitzt einen Messingkern und an der Oberfläche 426 dreidimensionale Reflexionsprismen (422 davon aus Quarz, die widerstandsfähig gegenüber Mikrometeoriten und Strahlungen sind, und vier aus Germanium).

GEOS (ESA). Der mittlere Körper mit einem Durchmesser von 162 cm war 110 cm hoch. Seine Masse betrug auf Umlaufbahn 180 kg, davon waren 31 kg wissenschaftliche Geräte.

Satelliten zur Beobachtung der Verschiebung der Erdkruste

Unter den 60 oder mehr wissenschaftlichen Explorer-Satelliten, die von der NASA für die verschiedensten Aufgaben gestartet wurden, befinden sich auch jene zur Untersuchung von Form und Größe der Erde, die am 6. November 1965 und am 11. Januar 1968 als 29. und 36. gestartet wurden. Am 24. Juni 1966 startete man Pageos (Passive Geodesic Earth-Orbiting Satellite), einen aluminiumbeschichteten Kunststoffballon mit einem Durchmesser von 41 m. Unter Beleuchtung der Sonne wandelte sich Pageos zum Polarstern und bildete fast zehn Jahre lang einen Bezugspunkt für Dreiecksberechnungen über Entfernungen von 5000 km mit einem maximalen Fehler von 10 m – eine unglaubliche Leistung. Diese Satelliten zeigten, daß die meisten unserer genauesten Landkarten Fehler von Kilometergröße aufweisen. GEOS 3 (Geodynamic Experimental Ocean Satellite), der am 9. April 1975 in den Erdumlauf ging, sammelte mehr geodätische und geophysikalische Meßwerte über die Ozeane, als alle Meßwerte, die in der Vergangenheit von ozeonographischen Forschungsschiffen ermittelt wurden. Um über einen Zeitraum von 50 Jahren die kleinen Verschiebungen der größten tektonischen Platten zu messen, wurde am 4. Mai 1976 Lageos 1 (Laser Geodynamic Satellite) in eine sehr hohe und stabile Bahn von 5000 km befördert, wo er 10 Millionen Jahre die Erde umrunden soll. Die Bahnneigung über dem Äquator beträgt 110°.

Die Prismen (Retroreflektoren) an der Oberfläche werfen die Laserstrahlen zurück, die von 14 Stationen (feste und mobile – zu den festen Stationen gehört auch Wetzell im Bayerischen Wald) ausgesendet werden. Aufgrund der Laufzeiten lassen sich die Entfernungen zu den verschiedenen Stationen bestimmen, und aus den Änderungen ergibt sich die Verschiebung der Landmassen der Erde. Wenngleich diese Verschiebungen im Jahr nur 2 cm ausmachen, entziehen sie sich nicht der Messung. Allein vier Jahre benötigte man zur genauen Bahnbestimmung von Lageos 1 und der erforderlichen Software.

Die Erdbewegungen sind begleitet von Erdbeben, vulkanischen Eruptionen, der Entstehung von Kohlenwasserstoffen, Gasen, Kohle und Mineralien im Verlauf von Millionen Jahren, mit der Bildung von Gebirgszügen und Kontinenten. Eines der Hauptziele des Programms ist das bessere Verständnis des Mechanismus der Erdbeben. Daher steht die San-Andreas-Spalte in Kalifornien unter ständiger Überwachung von Lageos. Eine der ersten Erkenntnisse, die mit Hilfe des Satelliten gewonnen wurden, ist die Entdeckung, daß

die Bewegungen entlang der Spalte 50% schneller als der Durchschnitt solcher Bewegungen geschehen. Dies könnte ein Hinweis darauf sein, daß die Spannungen schneller ansteigen, als man angenommen hatte.

Auch andere Gegenden der Welt werden sorgfältig überwacht. Italien und der Mittelmeerraum sollen von Lageos 2 (Kopie von Lageos 1) überwacht werden, der 1987 gestartet wird. Lageos 2 wird in Italien (Generalunternehmer wird Aeritalia) gebaut und soll vom Space Shuttle ausgesetzt und von einem neuen in Italien entwickelten Raketentriebwerk in eine Höhe von 6000 km befördert werden. Dieses Triebwerk mit der Bezeichnung IRIS wird bei diesem Start erstmalig eingesetzt. Die Laserstation in Matera (Telespazio) wird vom Consiglio Nazionale delle Ricerche betrieben.

Noch vor Lageos wurde am 6. Februar 1975 ein wenn auch kleiner französischer Satellit Starlette gestartet. Die Kugel von 24 cm Durchmesser und 47 kg Masse besteht aus Uran 238, deren Außenhaut mit 60 Retroreflektoren bestückt ist.

Auch Japan stellt Satelliten für geodätische Zwecke her. Der EGP (Experimental Geodetic Payload) wiegt 700 kg und ist von kugeliger Gestalt. Der Start soll 1986 erfolgen. Die European Space Agence gab Dornier den Auftrag, die Möglichkeit eines geodätischen Satelliten mit niedrigen Betriebskosten zu untersuchen. Die Entfernungsmessung geschieht nicht durch Laser, sondern durch Mikrowellen. Auch besitzt der Satellit keine Lageregelung. Das Projekt trägt die Bezeichnung POPSAT (Precise Orbit Positioning Satellite). Er soll in 7000 km die Erde umrunden, ist von oktagonal-zylindrischer Form und trägt eine 6 m lange Stange zur Stabilisierung durch den Schwerkraftgradienten.

Wissenschaftliche Ergebnisse

Wenngleich sie nur klein waren und mit ihrem Namen nur wenige Experimente verbunden sind, verwendete die NASA zwischen 1958 und 1975 Explorer-Satelliten zur Erforschung des erdnahen Raumes, der Atmosphäre, der Magnetosphäre und zur Klärung der für die Erde wichtigen Beziehungen zur Sonne. Es folgt nun eine Zusammenstellung einiger Ergebnisse: Die dünne Schicht der oberen Atmosphäre ist nicht, wie man früher annahm, stabil und ruhend, sie dehnt sich bei Tage aus und zieht sich nachts zusammen. Volumen und Dichte erhöhen und vermindern sich unter dem Einfluß der Sonnenaktivitäten, also etwa der heftigen Eruptionen an ihrer Oberfläche, ihrer Umdrehungsgeschwindigkeit (27 Tage) und dem Elfjahreszyklus. Die Thermosphäre wird von Winden durchblasen, die 10mal stärker sind als diejenigen, die normalerweise auf der Erdoberfläche festzustellen sind. Die Van-Allen-Gürtel bilden ein zusammenhängendes System geladener Teilchen und nicht mehrere unterschiedliche Gürtel. Eine Zone niedrigenergetischer Elektronen umgibt den hochenergetischen Van-Allen-Gürtel. Das Magnetfeld der Erde hat eine abgeschlossene Kante, die sich über den Mond

ISEE-B (International Sun-Earth Explorer).
Die Europäische Raumfahrtbehörde hat einen der drei ISEE-Satelliten gebaut, um Untersuchungen der Magnetosphärenstruktur durchzuführen. Dieser vom STAR-Konsortium unter Führung von Dornier System gebaute ISEE-2 (oder B) hat eine Masse auf Umlaufbahn von 160 kg. Der Start erfolgte am 22. Oktober 1977 mit einer Thor-Delta-Trägerrakete in eine elliptische Umlaufbahn mit einem Perigäum von 280 km und einem Apogäum von 138 317 km.

hinaus erstreckt. Der Sonnenwind, der von ionisierten Protonen und Elektronen gebildet wird und der durch das Sonnensystem mit einer Geschwindigkeit von 500 bis 800 km/s bläst, drückt das Magnetfeld der Erde an der sonnenzugewandten Seite zusammen und weitet es an der abgewandten Seite aus. Dadurch erhält das Magnetfeld der Erde die Form eines Wassertropfens. Vor dem Magnetfeld befindet sich eine dynamische Stoßwelle, die durch das Aufprallen des Sonnenwindes auf das Erdmagnetfeld hervorgerufen wird.
Der am 30. Oktober 1979 gestartete Magsat (Magnetic Field Satellite) entdeckte eine abnehmende Tendenz des Erdmagnetfeldes. Dies könnte eine Umkehrung des Magnetfeldes in weniger als 1200 Jahren bedeuten.

Die beiden modernsten Satelliten zur Erforschung der Magnetosphäre der Erde und deren Wechselwirkung mit dem Sonnenwind befinden sich in der Konstruktionsphase bei der European Space Agency. Es handelt sich hier um Cluster, gebildet aus vier kleinen Sonden, die zusammen gestartet werden, um die Änderungen des Magnetfeldes mit sich selbst und einem zweiten Satelliten Soho (Solar Heliospheric Observatory) zu vergleichen, der seine Messungen um die Sonne herum, auf deren Oberfläche in der Corona und im Sonnenwind vornehmen wird. Die geplanten Startdaten (entweder mit Ariane oder dem Space Shuttle) liegen 1992 für Soho und 1993 für Cluster.

Astronomische Satelliten

Ebenso wie die Wissenschaftler in die Lage versetzt sind, unseren Planeten von einem bisher nicht vorstellbaren Aussichtspunkt aus zu beobachten, enthüllten Satelliten auch den Astronomen und Astrophysikern ein Universum, das viel größer, viel verschiedenartiger, viel dynamischer und gewalttätiger ist, als man es früher geglaubt hatte. Bis 1946 waren die Fenster des elektromagnetischen Spektrums, durch die man die verschiedenen Phänomene des Universum wahrnehmen konnte, nur der schmale Spalt des sogenannten sichtbaren Lichts mit seiner Ausbreitung im nahen Ultraviolett und nahen Infrarot mit nur wenigen Segmenten im entfernten Infrarot. Bei den Radiowellen konnte man keine Frequenzen unterhalb 20 000 Hz empfangen. Ab 1946 hatten die Raketen, die über die Atmosphäre hinausgeschossen wurden, in diesen Höhen nur eine Lebensdauer von wenigen Minuten, trotzdem lieferten sie die ersten Beweise für die Emissionen von Röntgenstrahlung durch die Sonne. Dies war eine enttäuschende Bestätigung, denn die Röntgenstrahlen erreichten nur ein Millionstel der Emissionen des sichtbaren Lichts. Im Jahr 1962 entdeckte ein Team amerikanischer Forscher unter der Leitung von Riccardo Giacconi den historischen Sco X-1, ein Objekt im Sternbild des Krebses (Scorpio), der 1000mal mehr Röntgenstrahlung emittierte als sichtbares Licht.
Raketen, Satelliten und Instrumenten, die nur ein paar Minuten in Betrieb sind, sowie Observatorien mit jahrelangen Beobachtungszeiten sind die Mittel, mit denen Wissenschaftler entdeckt haben, daß die meisten vom Weltall ausgehenden Strahlungen nicht im sichtbaren Teil des Spektrums liegen und daß das Universum nicht einfach ein ruhiger Ort ist, der sich im Zustand einer fortschreitenden Evolution befindet, wie man es durch optische Fernrohre und Radioteleskope sehen kann, sondern ein Universum, durchlöchert von Zusammenbrüchen, Explosionen und Katastrophen. Speziell die Röntgenstrahlen enthüllen diese Ereignisse, die Orte der Auslösung mit hohen Temperaturen, gewaltigen Umschichtungen der Energie, die typisch für die Neutronen-Sterne sind, mögliche Kandidaten für »Schwarze Löcher«, Explosionen von Supernovas und Quasaren usw. Andere Ereignisse wie Geburt und Tod von Sternen und Verdichtungen von Planetensystemen lassen sich am besten im Infrarotbereich beobachten. Nach Uhuru (Röntgenstrahlen), Copernicus (UV- und Röntgenstrahlen), IUE (Ultraviolett), SAS-2 und COS-B (Gammastrahlen) und

Einstein (Röntgenstrahlen) wird das wichtigste wissenschaftliche Instrument, das je in den Weltraum befördert wurde, das Space Telescope sein, für Beobachtungen im UV- und sichtbaren Spektrum. Die Erwartungen auf das, was gefunden werden soll, sind sehr hoch angesetzt, wir wissen jedoch bereits, daß die so erzielten Erkenntnisse wieder neue Fragen aufwerfen werden. Auf diese Weise ernährt die Naturwissenschaft die Naturwissenschaft. Allerdings lenkt die nur allzumenschliche und wissenschaftliche Hast, immer leistungsfähigere, genauere und teurere Instrumente zu verwenden, von der Auswertung der Masse der von früheren Satelliten gesammelten Meßwerte ab, die immer noch in Form kilometerlanger Bänder vorliegen und die durchaus noch Überraschungen enthalten könnten, sowie genaue Anzeichen, wonach weiter geforscht werden sollte.

Satelliten zur Beobachtung kosmischer Röntgenstrahlen

Die erste Quelle kosmischer Röntgenstrahlen (in anderen Worten von solchen, die nicht von der Sonne erzeugt werden) entdeckte man im Juli 1962 mittels einer Höhenforschungsrakete, mit deren Start nachgewiesen werden sollte, daß von der Sonne emittierte Röntgenstrahlen vom Mond reflektiert werden. Diese Strahlungsquelle liegt im Sternbild des Krebses und wurde daher Sco X-1 genannt. Eine andere Quelle wurde im Krabben-Nebel entdeckt. Bis zum 12. Dezember 1970 konnte man mittels Höhenforschungsraketen rund 40 Quellen von Röntgenstrahlung feststellen. Wegen des kurzen Beobachtungszeitraumes und der unvollkommenen Instrumentierung war es jedoch nicht möglich, eine genaue Ortsbestimmung der Strahlungsquellen vorzunehmen. An diesem Tage erreichte Explorer 42 der NASA den Erdumlauf, der erste einer neuen Klasse speziell astronomischer Satelliten, der Small Astronomy Satellites (SAS). An einem einzigen Tage entdeckte SAS-1 mehr Strahlungsquellen als alle Höhenforschungsraketen in neun Jahren. Seine Aufgabe war die Kartographierung des gesamten Firmaments nach Röntgenstrahlern, die sogar neue Strahlungsquellen von 1/10 000stel der Intensität von Sco X-1 aufzeichnen sollte. Schließlich enthielt die im Jahre 1978 veröffentlichte Liste 339 Strahler (die schwächsten dabei von außerhalb der Milchstraße), von denen nur 100 in anderen Bändern des Spektrums beobachtet wurden. Die von SAS-1 gelieferten Daten führten zu der Annahme, daß die Super-Ansammlungen in der Milchstraße möglicherweise von dünnen Gasen zusammengehalten werden, deren Gesamtmasse größer ist als die beobachtete Milchstraße im sichtbaren Spektrum. SAS-1 führte die erste direkte Messung der Masse eines Neutronen-Sterns durch, der das ein- bis zweifache der Sonnenmasse hatte.
Die Erkenntnisse, die mit SAS-1 gewonnen wurden, einem der historischen Astronomie-Satelliten, haben auch eine Verbindung mit Italien. Dieser Satellit war der erste, für den die NASA ein anderes Land mit dem Start betraute. Der Start erfolgte

von der schwimmenden Plattform San Marco vor der Küste Kenias. Startdirektor war Professor Luigi Broglio.

SAS-1 wird auch als Uhuru (bedeutet Frieden auf Kisuaheli) bezeichnet, in Erinnerung an den Unabhängigkeitstag, an dem der Satellit gestartet wurde.

SAS-1 war die Schöpfung des italienischen Physikers Riccardo Giacconi, einem Propheten der Röntgen-Astronomie. Die NASA startete Uhuru auf Giacconis Vorschlag. Und die Leute, die hinter dem Höhenforschungsraketenprogramm standen, bei dem Sco X-1 im Jahr 1962 entdeckt wurde, gehörten auch zu den Forschern, die an diesem Programm seit 1959 gearbeitet hatten. Nach SAS-1 startete die NASA das Orbiting Astronomical Observatory OAO-3 am 21. August 1982 von Cape Canaveral. Die Bahndaten waren 770 × 780 km. Ausgerüstet war der Satellit mit einem 80-cm-Fernrohr und drei kleineren Röntgenstrahlen-Fernrohren. Man wählte den Namen Copernicus in Erinnerung an den 500sten Geburtstag des deutschen Astronomen. Die Wahrscheinlichkeit, daß Cygnus X-1, der erste Röntgenstrahler, der von Uhuru im Sternbild des Cygnus entdeckt wurde, ein Schwarzes Loch sein könnte, basiert auf diesen Beobachtungen. Die Astronomen konnten Cygnus X-1 untersuchen, weil es sich um einen Teil eines binären Sterns (eines Doppelsterns) handelt, dessen Partner Strahlungen im sichtbaren Licht emittierte.

Nach SAS-1 folgte SAS-2 zur Untersuchung der Gammastrahlung, und diesem folgte SAS-3 zur Erforschung der Röntgenstrahlung. Neben vielen neuen Strahlungsquellen entdeckte SAS-3 auch den Quasar, der, wenn auch 783 000 Lichtjahre entfernt, dem Sonnensystem am nächsten liegt.

Mit dem HEAO (High Energy Astronomical Observatory – hochenergetischen astronomischen Labor) weitete die NASA ihr Forschungsprogramm aus. Der am 21. August 1977 gestartete HEAO-1 mit einer Masse von 2720 kg entdeckte möglicherweise ein viertes Schwarzes Loch in der Nähe des Sternbildes des Krebses. Etwa 6000 Lichtjahre von der Erde entfernt, in der Mitte des Sternbildes Cygnus (Schwan) identifizierte HEAO-1 eine »Super-Blase« heißen Gases mit einem Durchmesser von 1200 Lichtjahren. Der Gasgehalt reicht zur Schaffung von 10 000 Sonnen aus. In der Zwischenzeit verlängerte sich die Liste der Röntgensterne von 350 auf 1500. Die Instrumentenausrüstung hatte

Exosat wurde am 26. Mai 1983 von Cape Canaveral mit einer Delta 3914 gestartet. Von der ESA (Hauptauftragnehmer MBB) zur

Untersuchung kosmischer Röntgenstrahlen (im Bereich von 0,1 bis 50 keV) gebaut und in eine hochexzentrische Umlaufbahn mit einem Perigäum von 340 km und einem Apogäum von 192 000 km gebracht. Exosat ist dreiachsenstabilisiert und hat auf Umlaufbahn eine Masse von 510 kg.

man verbessert, und nunmehr war es möglich, die Richtung zur Strahlungsquelle in einem bestimmten Gebiet des Himmels festzulegen. Die Untersuchungen beschränkten sich auf die hellsten Strahler in unserem Milchstraßensystem sowie auf die nächsten und energiereichsten außergalaktischen Strahler. Alle diese Einschränkungen galten nicht mehr für HEAO-2 Einstein, das erste Weltraumteleskop mit einem neuen Fernrohr mit einem Durchmesser von 58 cm unter Anwendung des Prinzips der Gleitenden Reflexion, das auch Aufnahmen von Röntgenstrahlern machen konnte.

Nun einige Ergebnisse von Einstein:
Es wurden über 3000 Bereiche des Himmels beobachtet, wobei in jedem mindestens ein Röntgenstern entdeckt wurde. Die meisten von diesen waren bis dato unbekannt. Über 80 fand man in einer einzigen Milchstraße des großen Andromedanebels. Normale Sterne emittieren eine viel stärkere Röntgenstrahlung als man es bisher angenommen hatte. Einen beachtlichen Anstieg in der Zahl der binären Systeme mit einem Massenübergang von einem großen Stern an einen »ultradichten« Stern (Neutronenstern oder Schwarzes Loch), die Entdeckung des Quasar OQ 172 mit der größten bekannten spektralen Rotverschiebung, einem Anzei-

chen, daß die Geschwindigkeit, mit der sich der Körper von unserer Milchstraße weg bewegt, sich auf 90% der Lichtgeschwindigkeit beläuft und daß somit die Quasare die entferntesten Objekte sind, die man je beobachtet hat. Die erste Aufnahme einer Röntgenstrahlexplosion, die anscheinend im Zentrum der kugelförmigen Masse Terzan 2 stattfand. Einstein lieferte uns auch das Röntgenstrahlspektrum der Überreste einer Supernova. Nach der Meinung einiger Astronomen würde dies die Theorie unterstützen, daß unser Sonnensystem aus den Fragmenten einer alten Supernovas besteht.

Einstein endete am 25. März 1982 durch Verglühen in der Erdatmosphäre. Am 26. Mai 1983 wurde Exosat (510 kg) gestartet. Dies war der erste Röntgen-Satellit der ESA. Erwähnenswert ist die Tatsache, daß er die Anwesenheit hoch-ionisierten Eisens in der galaktischen Masse fand.

Rosat

Der Röntgen-Satellit Rosat wird das erste von Deutschland unter Beteiligung der Vereinigten Staaten und Großbritanniens entwickelte Weltraumlaboratorium für die Untersuchung der Röntgenstrahlung sein. Der Hauptzweck ist die Erstellung des ersten Atlas von Röntgenstrahlungsquel-

len durch eine langsame und systematische Abtastung des Firmaments und die Richtungsbestimmung der verschiedenen Strahler mit großer Genauigkeit (von etwa einer Bogenminute). Forschungsgegenstand ist die Entdeckung von über 100 000 extragalaktischen Strahlern. Dazu zählen galaktische Massen, Quasare, Seyfert- und BL-Galaxien, normale Milchstraßen und eine Unzahl galaktischer Strahler niedriger Helligkeit. Rosat wird dann die Untersuchung solcher Strahler fortsetzen, die auf Grund ihrer Struktur, ihres Spektrums und ihrer zeitlichen Änderung ausgewählt werden. Teil des Rosat-Programms soll auch die erste Untersuchung des gesamten Firmaments in einem bisher zum größten Teil noch unerforschten Energieband sein, dem extremen Ultraviolett zwischen 60 und 300 Angström. Rosat erhält zwei Fernrohre: Das erste ist ein Teleskop vom Typ Wolter mit vier Spiegeln, einer Öffnung von 83 cm und einer Brennweite von 2,40 m, das gegenüber sogenannten weichen Röntgenstrahlen empfindlich ist, die den Wellenbereich von 6 bis 120 Angström einschließen. In der Brennebene des Fernrohres befinden sich drei Röntgenbildwandler, die erstmalig Bilder des Himmels in vier Energiebändern im Röntgenstrahlbereich aufzeichnen werden. Einen hochauflösenden Bildwandler wird die NASA beistellen, der bereits im Satelliten Einstein erprobt wurde. Das zweite, kleinere Fernrohr mit einer Öffnung von 58 cm ist eine Weitwinkelkamera, die im extremen Ultraviolett arbeitet.

Die zwei Teleskope sind parallel ausgerichtet, um die Beobachtungen in den beiden Frequenzbändern vergleichen zu können. Der Satellit wird Eigentum der DFVLR (Deutsche Forschungs- und Versuchsanstalt für Luft- und Raumfahrt). Hauptauftragnehmer ist Dornier-System. Zu den Unterauftragnehmern gehören ERNO/MBB und Carl Zeiß für das Spiegelsystem des Röntgen-Teleskops.

XTE

XTE (X-Ray Timing Explorer – Röntgenstrahl Zeitfolgen-Entdecker) ist ein Zeitablauf-Laboratorium für Röntgenstrahlen. Es gehört zum NASA-Programm zur Untersuchung der Veränderlichkeit von kompakten Röntgenstrahlern. Dazu zählen Neutronensterne, mögliche Schwarze Löcher und Doppelsterne. Um auch Änderungen registrieren zu können, die schneller als in 1/1000 Sekunde ablaufen – was für solche Objekte typisch ist –, erhält XTE einen Proportionalzähler (Gas-Szintillationszähler) von 1 m² Fläche, den größten bisher. XTE soll auch eine bisher nie erreichte Empfindlichkeit besitzen; so sollen Röntgenstrahler identifiziert werden können, deren Intensität unter 5/1000 des Krabben-Nebels liegt. Dies sind die Überreste einer Supernova, die im Jahre 1054 explodierte, und zwar mit solcher Gewalt, daß die Katastrophe mit bloßem Auge sichtbar war. Dieses Ereignis wurde so zum historischen Bezugspunkt und zur Wiege der großen Entdeckungen in der Astrophysik wie der Neutronensterne, der Pulsare u. ä.

Zur weiteren Instrumentierung gehören ein Proportionalzähler (der anstelle eines Gases die Reaktion von Photonen auf einen Kristall ausnutzt) von erheblicher Größe (2000 cm²) und zwei Weitwinkel-Röntgenbildwandler, die auf zwei Drehzapfen angebracht sind und so den ganzen Himmel erfassen. Sie können Strahler einer Intensität von 5/100 des Krabben-Nebels registrieren. Der überwachte Energiebereich reicht von 2 bis 200 keV. Die Arbeiten an XTE sollen 1987 beginnen, und der Start von einem Shuttle ist für 1990–91 vorgesehen. XTE ist auch mit einem Hydrazin-Raketensystem ausgerüstet, um den Satelliten von einer niedrigen Umlaufbahn (Shuttle-Bahn) nach dem Aussetzen auf eine 400-km-Bahn zu transportieren. Der Satellit soll mindestens zwei Jahre lang arbeiten.

AXAF

AXAF steht für Advanced X-Ray Astrophysics Facility, was roh übersetzt Astrophysikalische Röntgenstrahlen-Einrichtung bedeutet.
Es ist dies das neueste amerikanische wissenschaftliche Instrument, um die im Dezember 1970 durch Uhuru begonnene und mit HEAO-2 Einstein fortgesetzte Generation von Röntgensatelliten abzuschließen. Mit einer Empfindlichkeit, die 100mal größer ist, soll AXAF versuchen, eine Antwort auf die Frage zu finden, die Einstein bei seiner außergewöhnlich erfolgreichen Tätigkeit offengelassen hat. Die Auflösung im Mittelpunkt des Feldes soll 0,5 Bogensekunden betragen.
Die Aufnahmefläche des Spiegels wird viermal größer als bei Einstein sein. AXAF soll Energiebereiche bis zu 10 keV untersuchen, also den Bereich, in dem ionisiertes Eisen zu finden ist, ein Element, das für das Verständnis der physikalischen Zusammensetzung und der Entstehung des Universums von großer Wichtigkeit ist. AXAF wird als internationales Labor arbeiten. Man will detaillierte Beobachtungen der Röntgenstrahler von den nächsten Sternen bis zu den entferntesten Objekten am Ende des bekannten Universums (Quasare) durchführen. AXAF gehört der NASA, und das Management wird in den Händen des Marshall Space Flight Centers liegen.

XMM

XMM steht für X-Ray Multiple Mirror Observatory, also Observatorium zur Untersuchung von Röntgenstrahlen mit vielen Spiegeln. Mit XMM soll die Röntgenstrahlung im Energiespektrum von 0,1 bis 20 keV (100 bis 0,5 Angström) untersucht werden. Die Benennung leitet sich aus der Tatsache ab, daß 19 (oder 27) Teleskope mit 50 und 60 cm Durchmesser zu einer Batterie zusammengefaßt sind. Es ist ein Projekt der European Space Agency, bei der es für eine eventuelle Entwicklung bewertet wird. Der Start ist für die Mitte der 90er Jahre geplant. Die Empfindlichkeit soll noch 100mal größer sein als bei Einstein und den bereits gestarteten Exosat-Satelliten und des künftigen Rosat. XMM ist als Ergänzung des AXAF-Obser-

ROSAT (Röntgensatellit). ROSAT besitzt die Form eines flachen Achtecks, das aus drei starren Solarzellenpaneelen besteht (12 m²), an denen der Satellitenkörper befestigt ist. Die Abmessungen betragen 2,15 × 4,57 m und die Masse auf Umlaufbahn 1430 kg. ROSAT soll 1987 vom Space Shuttle in eine Kreisumlaufbahn von 475 km Höhe, mit einer Neigung von 57° befördert werden. Die vorgesehene Einsatzzeit soll 2½ bis 3 Jahre betragen.

AXAF (Advanced X-ray Astrophysics Facility). Zylinderförmig; Länge der Gesamtstruktur: 13,10 m; Durchmesser: 4,27 m; Startmasse: zirka 10 t. Das eigentliche Teleskop hat einen Durchmesser von 1,20 m, eine Brennweite von 10 m und wiegt ungefähr 907 kg. AXAF soll 1992/93 vom Space Shuttle in eine kreisförmige Umlaufbahn von 515 km Höhe befördert werden. Seine Einsatzdauer soll mindestens 15 Jahre betragen.

vatoriums gedacht. Die wichtigste Aufgabe von XMM wird die schnelle Beobachtung verschiedener Arten und Kategorien von Himmelskörpern bei hohem Meßwerteanfall sein. Er ist ideal für die eingehendere Untersuchung galaktischer und extragalaktischer Objekte von einigen Bogenminuten und verfügt über eine Empfindlichkeit, die es gestattet 100mal schwächere Strahler als Einstein festzustellen. Forschungszweck ist auch das Auffinden und die detaillierte Untersuchung von Quasaren und aktiven galaktischen Kernen am Rand des Universums sowie die Analyse von Emissionen aus den Koronas der schwächsten Sterne unserer Milchstraße. Die Winkelauflösung beträgt 10 Bogensekunden bei 2 keV und 30 Sekunden bei 7 keV. Von den vielen Teleskopen haben sieben eine Brennweite von 8 Metern und eine Auflösung von 30 Sekunden für hochenergetische Photonen; zwölf besitzen eine Brennweite von 4 m und eine Auflösung von 10 Sekunden für niedrigenergetische Photonen. Die Zahl der Fernrohre hängt von der gewählten Startart ab: beim Absetzen aus dem Shuttle werden es mehr sein als bei Ariane 4.
Die Form des XMM ist mit Doppelflügeln und den Solargeneratoren zylindrisch. Ausgefahren ist der Schutzschild für die Teleskope 10 m lang. Der Durchmesser des Satelliten beträgt 3,60 m. Beim Start beträgt die Masse 4166 kg, wovon 2514 kg auf die wissenschaftliche Nutzlast entfallen.
Die Umlaufbahn ist eine niedrig-äquatoriale unter 600 km, aber mit einer bordeigenen Steuerung, um XMM rund 10 Jahre lang über 500 km zu halten. XMM soll Beobachtungen über die großräumige Struktur des Universums machen, über galaktische Massen mit den reichen Röntgenstrahlemissionen, die von den Gasen in diesen Massen hervorgerufen werden. Außerdem soll er Beobachtungen über die galaktischen Kerne, die normalen Gala-

xien und die Koronas der Sterne liefern. Auftraggeber und Manager ist die European Space Agency, wenngleich das Observatorium Wissenschaftlern in der ganzen Welt zur Verfügung stehen soll.

Hipparcos. Seine wissenschaftliche Aufgabe besteht in der genauen Vermessung der trigonometrischen Parallaxen, Bewegungen und Positionen von über 100 000 ausgesuchten Sternen (Genauigkeit 1 bis 2 Tausendstel Sekunde). Hipparcos (High Precision Parallax Collecting Satellit) soll im Frühjahr 1988 bei einem Doppelstart von ARIANE 3 in eine geostationäre Transferbahn gebracht werden. Die Orbitmasse beträgt 480 kg, die Einsatzdauer ist für 2½ Jahre geplant. 1 – Abschirmung des Himmelsobservatoriums; 2 – Antenne (mit herzförmiger Strahlungscharakteristik); 3 – Stützstreben; 4 – Sonnensensor; 5 – Gerätebehälter; 6 – Solarzellenpaneele; 7 – Erde/Sonne-Infrarotsensor; 8 – Lageregelungsdüsen; 9 – Triebwerk; 10 – Sonnensensor; 11 – Stützstreben (Schnittstelle zwischen Satellit und Gerätesektion); 12 – Elektronik der Geräte.

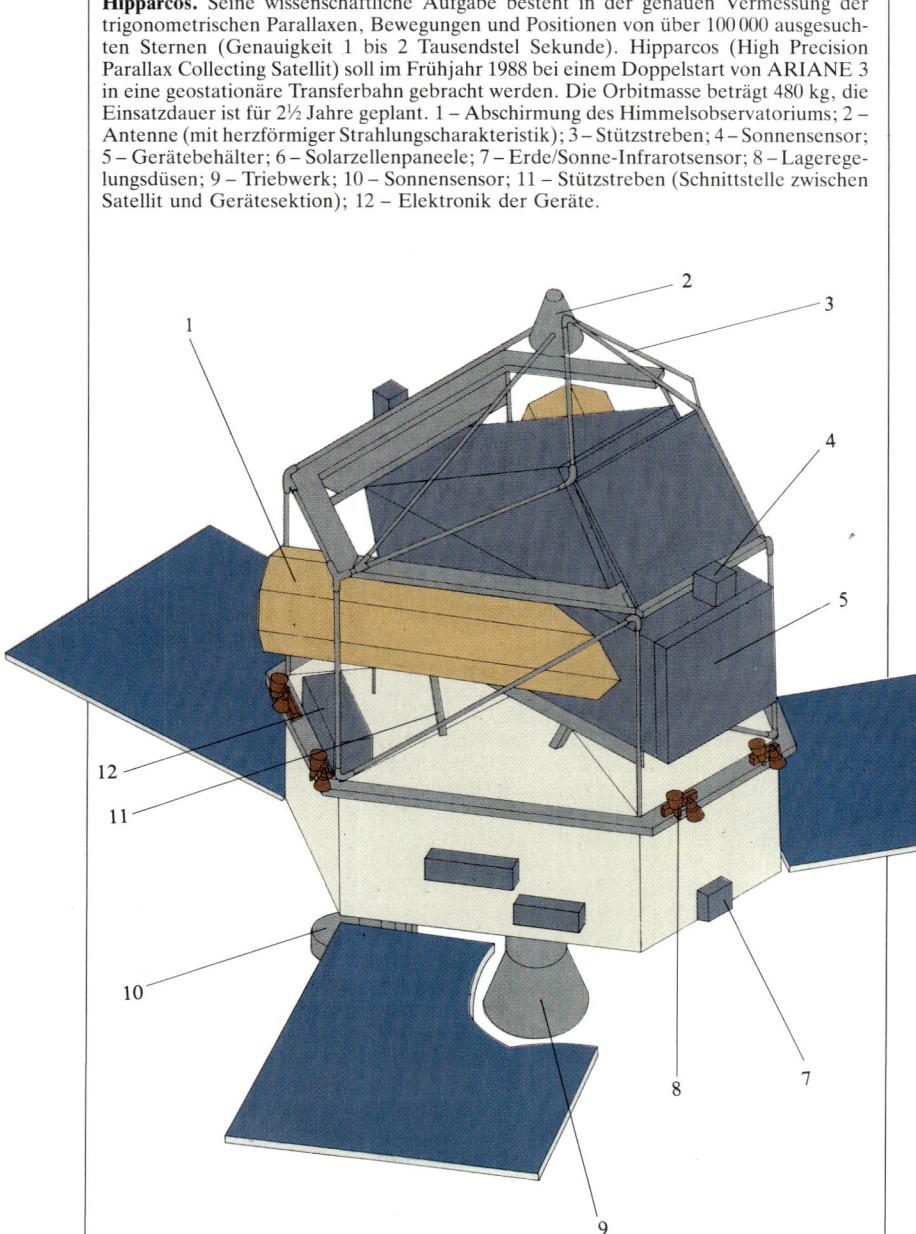

SAX (Astronomischer Röntgensatellit). Die Form ist sechseckig. Die Höhe mit eingeklappten Solarzellenpaneelen beträgt 2,20 m, mit geöffneten 6,60 m; der Durchmesser 1,90 m. Die Startmasse liegt bei 900 kg, wovon 320 kg auf die Experimentalausrüstung entfallen.

Vom Space Shuttle soll der Satellit auf eine niedrige Umlaufbahn (296 km Höhe) abgesetzt werden. Das Einschießen in eine 600 km hohe Umlaufbahn soll dann mit dem italienischen Raketentriebwerk IRIS erfolgen und dabei die Neigung von 28,8° auf 11° verändern. Anschließend soll durch das Apogäumstriebwerk des Satelliten die Umlaufbahn in eine kreisrunde übergehen. Der Einsatz war für Oktober 1989 vorgesehen. Die Umlaufbahn, die dann 96,6 Minuten erfordert, liegt dem Äquator am nächsten und ermöglicht einmal die Ausnutzung des Erdmagnetfeldes als Schutz vor kosmischen Strahlen und zum anderen die Benutzung einer italienischen Bodenstation in Kenia.

Japan: Astro C

Japan ist kein Neuling in der Röntgenastronomie. Das Land hat die Satelliten Hakucho (Februar 1979, Masse 96 kg) und Tenma oder Astro 8 (Februar 1983, Masse 218 kg) gestartet. Für den Februar 1987 ist der Start von Astro C (Masse 430 kg) in eine kreisförmige Umlaufbahn von 550 km vorgesehen. Das wichtigste Forschungsziel: zeitliche Änderungen der Intensität galaktischer und extragalaktischer Strahler mittels eines Proportionalrechners mit einer Oberfläche von 5000 cm². Astro C ist speziell für die Untersuchung der Struktur der Sterne, die das Ende ihrer Lebenszeit erreicht haben, ausgelegt. Es handelt sich hier um ein Kooperationsprogramm des japanischen Instituts für Raumfahrt und astronomische Wissenschaften ISAS in Tokio und dem Rutherford-Appleton-Laboratorium der britischen Universität Leicester. Astro C besitzt auch einen abtastenden Sensor für die Gammastrahlung im 2- bis 200-keV-Band (hergestellt von den Isas und dem amerikanischen Los Alamos National Laboratory) sowie einen Sensor, der die gesamte Kugel des Firmaments abtastet.

Das sowjetische Programm

Auch die Sowjetunion befaßt sich mit einem Röntgenstrahlen-Forschungsprogramm. Als Teil einer internationalen Zusammenarbeit werden vier Instrumente mit einer Sojus-Kapsel an die Station Salut 7 angedockt. Die Instrumentierung ist für Beobachtungen im Energiebereich von 2 bis 800 keV von kompakten galaktischen und extragalaktischen Objekten ausgelegt. Dazu gehört eine Weitwinkelkamera (2–25 keV) des Niederländischen Weltraum-Forschungs-Laboratoriums in Utrecht und der britischen Universität von Birmingham (u. a. Untersuchungen der zeitlichen Veränderung der Intensität von 1/1000 Sekunden bis zu mehreren Monaten), ein Proportionalzähler unter Verwendung eines szintillierenden Gassystems (3–100 keV) der ESA (ESTEK in Nordwijk), eines zweiten Proportionalzählers (15–250 keV) mit einer Fläche von 800 cm² aus der Bundesrepublik Deutschland und einen dritten Proportionalzähler (30–800 keV) mit einer Fläche von 800 cm² des Weltraumforschungs-Instituts Iki in Moskau.

Der SAX aus Italien

Der SAX-Satellit (Satellit für Röntgen-Astronomie) ist der erste italienische Wissenschaftssatellit für die Erforschung von Röntgenstrahlen der »harten« Art, d. h. von galaktischen und extragalaktischen Strahlern im Energieband von 0,1 bis 200 keV mit niederländischer Beteiligung (wissenschaftlich und industriell mit 15% der Kosten) und in Zusammenarbeit mit der Esa (wissenschaftlich). Dieser Satellit hat das Projekt X-80 der Esa ersetzt. SAX wird in der Lage sein, die Emission von Strahlern aus dem Weltraum und ihre zeitlichen Veränderungen in einem sehr breiten Band zu untersuchen. Mit seiner Hilfe können Karten sehr hoher Winkelauflösung hergestellt werden. Mit anderen Worten, er kann Emissionsunterschiede zwischen zwei Punkten im Bildwandler bis zu 10 keV feststellen, und das ist die Energiegrenze für Röntgenstrahl-Teleskope. Soweit keine Punktquellen betrachtet werden, kann er im Detail die Energie im Bereich um 7 keV untersuchen, je nach der Intensität der Emission oder der Adsorption durch ionisierte Eisenatome.

Im Hinblick auf die anderen internationalen Programme für die Röntgen-Astronomie (Rosat, AXAF, Astro C und XTE) hängt der Wert der SAX-Mission, da er die genannten ergänzen soll, vom Startdatum ab, das nicht später als Anfang 1990 liegen darf. SAX ist das Ergebnis einer Initiative eines Konsortiums von 10 italienischen und ausländischen Instituten und Gruppen. SAX wird über einen Speicher von 300 Mbits verfügen, in dem die Beobachtungsdaten eines Erdumlaufs gespeichert werden und die innerhalb von 5 Minuten mit einer Datenrate von 50 kbits/s an die italienische äquatoriale Bodenstation in Kenia übermittelt werden können. Von dort werden die Daten dann über Intelsat-Satellit an die Telespazio-Station in Italien gesendet. Die industrielle Organisation zur Herstellung des Satelliten leitet die Aeritalia unter Mitwirkung von Selenia Spazio, Laben, Fiar, Snia BPD, Fokker und Telespazio.

Satelliten-Observatorium im Ultraviolett-Bereich

Im Jahre 1955 entdeckte eine Höhenforschungsrakete im Bereich der Puppis-Vela

IUE (International Ultraviolet Explorer) wurde am 26. Januar 1978 mit einer Delta-Trägerrakete gestartet. Masse auf Umlaufbahn 382 kg; Gesamthöhe 4,30 m, mit dem Durchmesser des mittleren, wie ein achteckiges Prisma geformten Körpers, von 1,30 m. Die anfängliche Umlaufbahn hatte ein Perigäum von 25 669 km, ein Apogäum von 45 888 km und eine Neigung von 28,63°. 1 – Blendentubusöffnung des zentralen Teleskops; 2 – Struktur, die den Haupt- (Primär-)Spiegel und den Gegen-(Sekundär-)Spiegel enthält, den Nachführmechanismus und das UV-Spektrometer (Auflösung von 0,01 nm); 3 – Trägheitssystem; 4 – Befestigungspunkte der Solarzellenflügel im eingeklappten Zustand; 5 – Radiatoren; 6 – Lagereferenz-Panoramascanner; 7 – Solarzellenflügel; 8 – Elektronik der Fernsehkamera; 9 – Hauptplattform der wissenschaftlichen Geräte; 10 – Obere kegelförmige Struktur; 11 – Apogäumstriebwerk; 12 – Untere kegelförmige Struktur; 13 – Lageregelungstriebwerkkomplex; 14 – Tanks der Lageregelungstriebwerke.

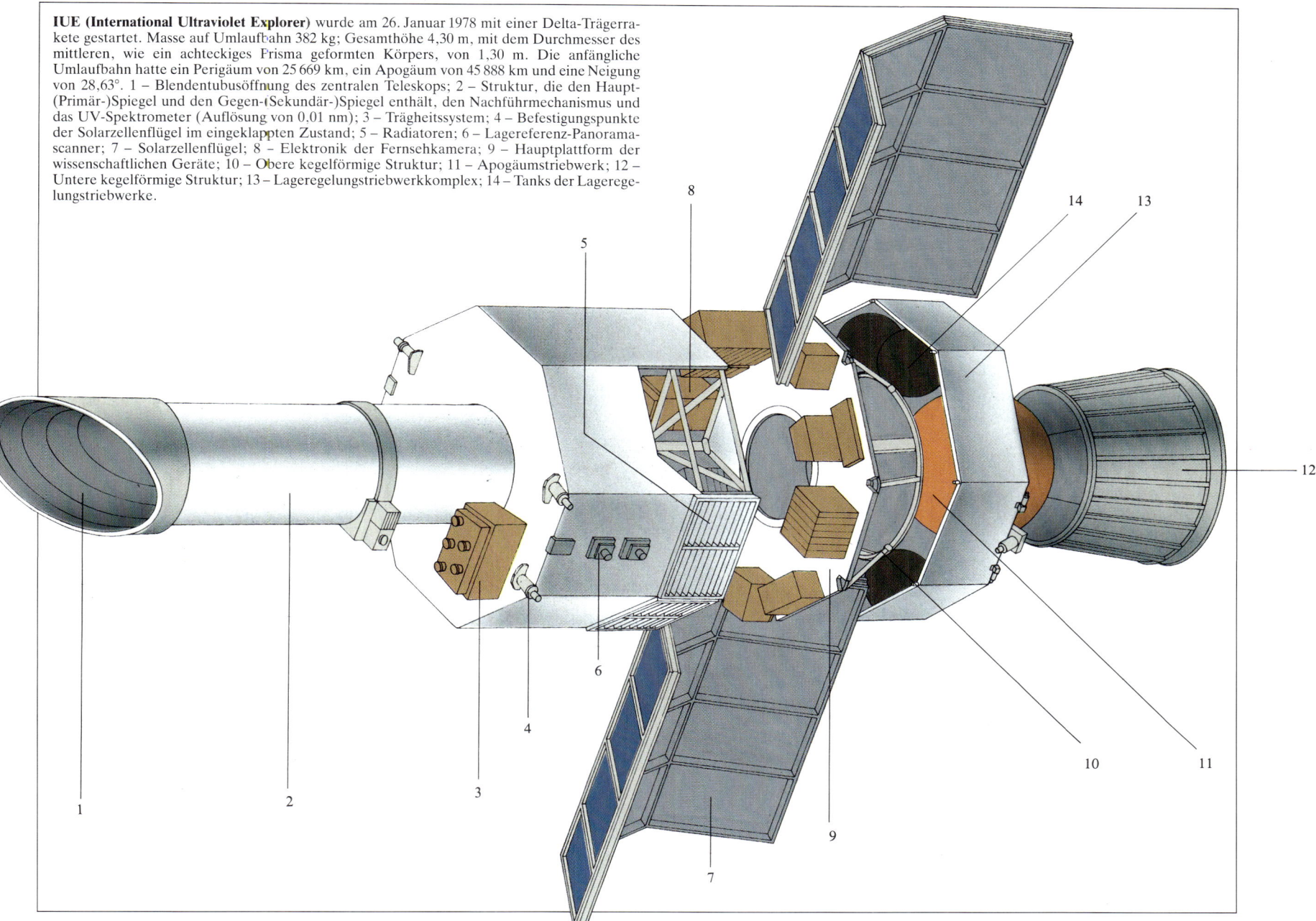

den ersten intensiven Strahler von Ultraviolettstrahlung mit Wellenlängen von 4/100 000 bis 1/1 000 000 cm. Dieser Entdeckung folgte 1960 die Entdeckung des ersten Ultraviolett-Spektrums von rund 30 Sternen, und am 7. Dezember 1968 startete die NASA den ersten Satelliten – OAO-2 (Orbiting Astronomical Observer – die Erde umrundender astronomischer Beobachter) mit dem Namen »Stargazer« (Sternengucker). Im ersten Monat im Erdumlauf übermittelte der Satellit 20mal mehr Daten, als man in der Vergangenheit mit Höhenforschungsraketen erhalten hatte. Diese Meßwerte machten es möglich festzustellen, daß Sterne, deren Masse ein Mehrfaches der Sonne beträgt, heißer als diese sind und Wasserstoff, einen Kernbrennstoff, schneller verbrennen, als man es aus Erdbeobachtungen angenommen hatte. Wasserstoff ist eines der Hauptelemente von Kometen. Stargazer entdeckte eine Wolke von Wasserstoff von der Größe

der Sonne rund um den Tago-Sato-Kosaka-Kometen.

Die wichtigsten Entdeckungen wurden jedoch von OAO-3 gemacht, der unter dem Namen Copernicus von der NASA am 21. August 1972 für die Röntgenstrahlenforschung gestartet wurde, sowie von IUE (International Ultraviolet Explorer – Internationaler UV-Entdecker), der am 26. Januar 1978 seine Umlaufbahn erreichte. Copernicus fand, daß interstellare Gase arm an Eisen, Silizium und Aluminium sind, die heißen Super-Riesensterne, die mehr als 25 000mal heller als die Sonne sind, verlieren ständig Material aufgrund stellarer Winde, die mit Geschwindigkeiten von Hunderttausenden km/s blasen. Am höchsten Punkt erreichen diese Verluste ein Hunderttausendstel der Sonnenmasse. Copernicus maß die Beziehung zwischen Wasserstoff und seinem Isotop Deuterium im interstellaren Raum. Da Deuterium nicht durch Kernverschmelzung hergestellt wer-

den kann, könnte das im Urzustand gefundene Isotop ein Überbleibsel des »großen Urknalls« sein. Copernicus fand auch, daß sich das Verhältnis von Wasserstoff und Deuterium in den verschiedenen Richtungen der Milchstraße stark ändert. Die Gründe hierfür sind noch unbekannt. IUE (das Ergebnis einer internationalen Zusammenarbeit von NASA, ESA und dem British Research Council) entdeckte mit seinem 45-cm-Fernrohr auch zwei mögliche Schwarze Löcher: eines mit einer Masse, die dem 1000fachen des Sonnensystems entspricht, im Zentrum der Milchstraße, und das andere mit einer Masse von dem 50- bis 100 000fachen der Sonne im Herzen einer Milchstraße namens NGC 4151, die 50 000 000 Lichtjahre von unserer Milchstraße entfernt liegt. Dieses zweite Objekt ist anscheinend im Weltraum ähnlich eingebunden wie unser Sonnensystem. Entsprechend den verschiedenen Theorien über Schwarze Löcher variiert die Leucht-

kraft der Gaswolken, die um den zentralen Kern von NGC 4151 kreisen, periodisch. Dies ist ein Zeichen unverbrauchbarer Aktivität, die zur Zerstörung hin tendiert. Hiermit haben wir ein Anzeichen, daß die Materie um das Schwarze Loch herum zu Lasten des äußeren Gases anschwillt, bis sie in das Schwarze Loch eingesaugt wird, wo sie verschwindet. Diese Beobachtungen wurden von der ESA-Station Villafranca nördlich von Madrid gemacht. Zu den letzten Entdeckungen von IUE (bestätigt durch solche von IRAS im Infrarotbereich) zählt die Identifizierung einer variablen Gaswolke um den Stern Beta im Sternbild der Staffelei auf der südlichen Halbkugel. Viele Astronomen sind der Auffassung, daß Beta der Kern eines Sonnen-Proto-Systems ist, das sich in der Phase der Kondensation aus Wolken und stellarem Staub und Gas befindet.

Diese Annahme und viele andere Überzeugungen, Zweifel und Fragezeichen über die »Ultraviolette Region« soll eingehend durch das Space Telescope untersucht werden. Durch Unterdrückung des Hintergrundrauschens kann das Space Telescope Strahler untersuchen, die 50mal schwächer sind als diejenigen, die man mit dem Fernrohr von Mount Palomar betrachten kann.

EUVE

EUVE (Extreme Ultraviolet Explorer – extremer UV-Erforscher) ist ein NASA-Satellit, der in Konkurrenz zum deutschen Rosat-Satellit gebaut wird, um die erste Himmelskarte im extremen Ultraviolett (100 bis 912 Angström) aufzuzeichnen. Für die Kartographierung ist EUVE mit vier Teleskopen ausgerüstet, von denen jedes einen Durchmesser von 40 cm hat, sowie ein Spektrometer zur Einzelbetrachtung bestimmter Strahler, beispielsweise der ersten direkten Untersuchungen der Sternstrahlung und der Koronas (der heißen äußeren Atmosphäre) der Sterne, einschließlich unserer Sonne. Er wird auch die »Weißen Zwerge« untersuchen, die nach Erschöpfung ihres Kernbrennstoffs nach der Abkühlung im extremen Ultraviolett strahlen. Ein weiteres Ziel sind die interstellaren Gaswolken.

Die Fernrohre und Spektrometer (mit einer Gesamtmasse von 499 kg) werden von der Berkeley University in Kalifornien geliefert und in deren Labor für Weltraumwissenschaften gebaut. Der Flug wird vom Jet Propulsion Laboratory kontrolliert.

Der Start soll 1988 aus einem Shuttle erfolgen. Die Lebensdauer von EUVE ist auf mindestens 13 Monate berechnet. Für einen Nachfolger gibt es bereits Pläne: FUVS (Far-Ultraviolet Spectrograph in Space – Weltraumspektroskop für das äußere Ultraviolett).

Space-Telescope

Das Hubble Space Telescope wird das erste permanente optische Observatorium oberhalb der Erdatmosphäre. Permanent bedeutet in diesem Zusammenhang, daß seine Betriebszeit (15 oder möglicherweise 20 Jahre) und seine Funktionen bei weitem diejenigen früherer astronomischer Satelliten übertreffen dank der Instandhaltungsarbeiten, die von Astronauten im Erdumlauf durchgeführt werden sollen.

Das Teleskop trägt den Namen von Edwin P. Hubble, einem amerikanischen Rechtsanwalt und astrophysikalischen Genie, der

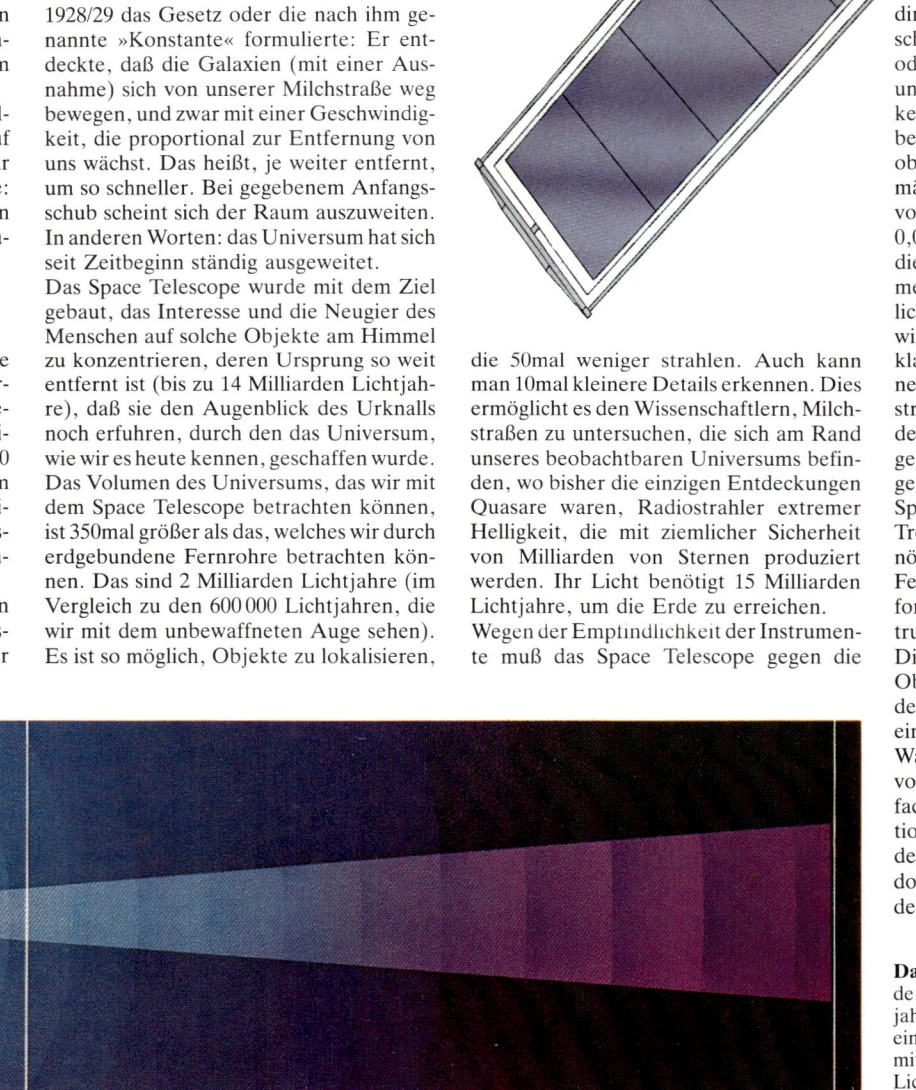

1928/29 das Gesetz oder die nach ihm genannte »Konstante« formulierte: Er entdeckte, daß die Galaxien (mit einer Ausnahme) sich von unserer Milchstraße weg bewegen, und zwar mit einer Geschwindigkeit, die proportional zur Entfernung von uns wächst. Das heißt, je weiter entfernt, um so schneller. Bei gegebenem Anfangsschub scheint sich der Raum auszuweiten. In anderen Worten: das Universum hat sich seit Zeitbeginn ständig ausgeweitet.

Das Space Telescope wurde mit dem Ziel gebaut, das Interesse und die Neugier des Menschen auf solche Objekte am Himmel zu konzentrieren, deren Ursprung so weit entfernt ist (bis zu 14 Milliarden Lichtjahre), daß sie den Augenblick des Urknalls noch erfuhren, durch den das Universum, wie wir es heute kennen, geschaffen wurde. Das Volumen des Universums, das wir mit dem Space Telescope betrachten können, ist 350mal größer als das, welches wir durch erdgebundene Fernrohre betrachten können. Das sind 2 Milliarden Lichtjahre (im Vergleich zu den 600 000 Lichtjahren, die wir mit dem unbewaffneten Auge sehen). Es ist so möglich, Objekte zu lokalisieren,

die 50mal weniger strahlen. Auch kann man 10mal kleinere Details erkennen. Dies ermöglicht es den Wissenschaftlern, Milchstraßen zu untersuchen, die sich am Rand unseres beobachtbaren Universums befinden, wo bisher die einzigen Entdeckungen Quasare waren, Radiostrahler extremer Helligkeit, die mit ziemlicher Sicherheit von Milliarden von Sternen produziert werden. Ihr Licht benötigt 15 Milliarden Lichtjahre, um die Erde zu erreichen.

Wegen der Empfindlichkeit der Instrumente muß das Space Telescope gegen die

direkten, aggressiven Lichtemissionen geschützt werden, wie sie von der Sonne, oder vor den indirekten, wie sie von Mond und Erde ausgesandt werden. Da der Winkelabstand von der Sonne mindestens 50° betragen muß, kann der Merkur nicht beobachtet werden. Die Krümmung des primären Spiegels ermöglicht die Abbildung von Objekten eines Durchmessers von nur 0,05 Sekunden. Es sind klare Bilder, wie die von einer Voyager-Sonde aufgenommenen Aufnahmen des Mondes vom ziemlich nächsten Punkt der Flugbahn aus, sowie Bilder von Milchstraßen, die 20mal klarer sind als von der Erde aufgenommene. Heute können die entferntesten Milchstraßen als Lichtfleck wahrgenommen werden. Wissenschaftler spekulieren, ob die gegenwärtigen Modelle des Universums gegenüber den künftigen Ergebnissen des Space Telscope Bestand haben werden.

Trotz der spekulativen Möglichkeiten benötigt das Space Telescope erdgebundene Fernrohre zur Ermittlung detaillierter Informationen über das sichtbare Lichtspektrum.

Die Richtgenauigkeit zu den beobachteten Objekten beträgt weniger als 0,007 Sekunden. Das entspricht etwa der Beleuchtung einer kleinen Münze auf der Spitze des Washington-Obelisks aus einer Entfernung von 322 km während 24 Stunden. Ein dreifaches Rechnersystem steuert die Informationen für die verschiedenen Bewegungen des Space Telescope. Viele der Kommandos werden übermittelt, registriert und von den Rechnern selbst durchgeführt.

Das wahrnehmbare Universum. Von der Erde (A) mit dem bloßen Auge; 600 000 Lichtjahre (1); von einem Observatorium mit einem Teleskop; 2 Milliarden Lichtjahre (2); mit dem Weltraumteleskop; 14 Milliarden Lichtjahre (3).

Explosionszeichnung des Weltraumteleskops. 1 – Heckverkleidung mit integrierten Empfangsantennen; 2 – Axialangeordnete wissenschaftliche Instrumente; 3 – Struktur der Brennpunktebene; 4 – Feinausrichtungssensor; 5 – Sonnensensorsystem mit Beschleunigungsmeßeinheit; 6 – Radialförmig angeordnete wissenschaftliche Instrumente; 7 – Hauptspiegel (mit Cassegrain-Bohrung); 8 – Zentraler Blendentubus; 9 – Hauptblendentubus; 10 – Struktur aus Kohlefaserverbundwerkstoff; 11 – Blendentubus für den Sekundärspiegel; 12 – Sekundärspiegel (Gegenspiegel); 13 – Gerätesektion; 14 – Stützpunkt für den Manipulatorarm des Space Shuttle; 15 – Lagestabilisierungssystem; 16 – Gerätesektion; 17 – Parabolspiegelantenne; 18 – Solarzellenflügel; 19 – Verschlußdeckel des Blendentubus; 20 – Blendentubus; 21 – Vordere Struktur.

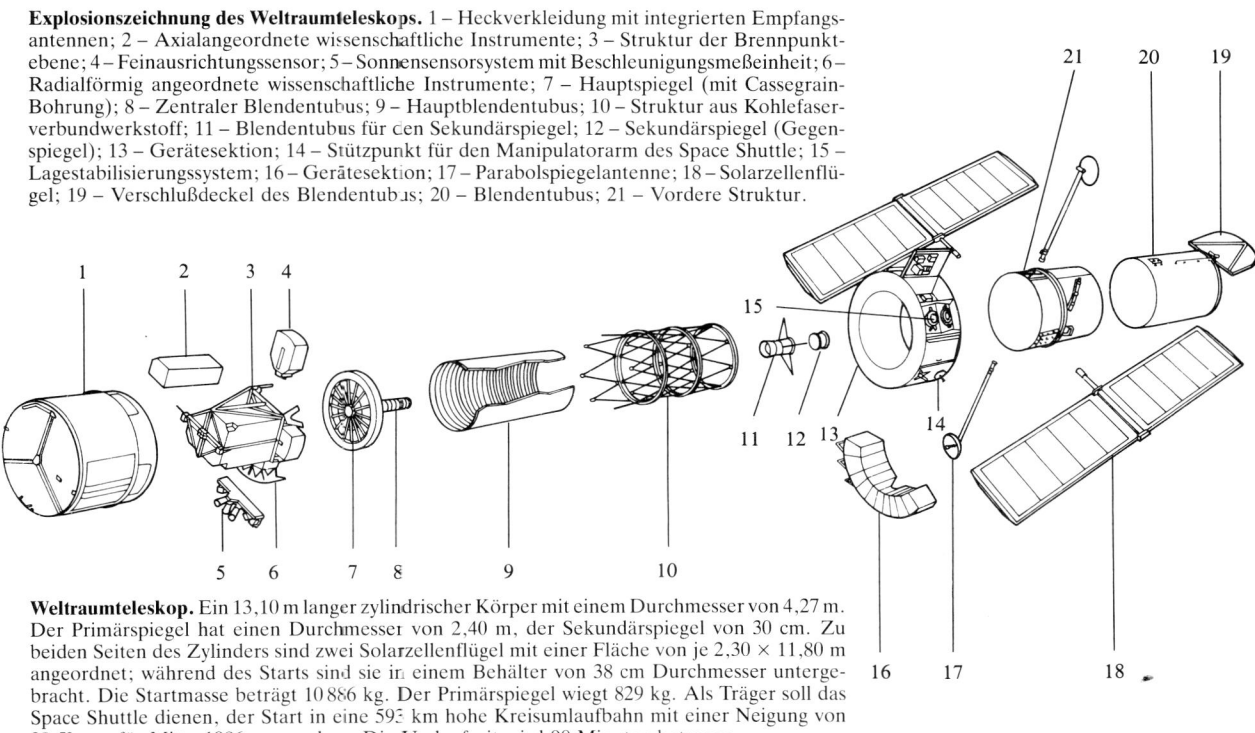

Weltraumteleskop. Ein 13,10 m langer zylindrischer Körper mit einem Durchmesser von 4,27 m. Der Primärspiegel hat einen Durchmesser von 2,40 m, der Sekundärspiegel von 30 cm. Zu beiden Seiten des Zylinders sind zwei Solarzellenflügel mit einer Fläche von je 2,30 × 11,80 m angeordnet; während des Starts sind sie in einem Behälter von 38 cm Durchmesser untergebracht. Die Startmasse beträgt 10 886 kg. Der Primärspiegel wiegt 829 kg. Als Träger soll das Space Shuttle dienen, der Start in eine 593 km hohe Kreisumlaufbahn mit einer Neigung von 28,5° war für Mitte 1986 vorgesehen. Die Umlaufzeit wird 90 Minuten betragen.

Das Space Telescope deckt den Wellenbereich vom mittleren Ultraviolett (1200 Angström) über das sichtbare Band bis in das nahe Infrarot (12 000 Angström) ab. Die ersten fünf Instrumente haben ihr Betriebsoptimum im Ultraviolett- und sichtbaren Spektralbereich. Das Space Telescope kann von jedem Himmelsobjekt fünf unterschiedliche Aufnahmen machen dank der fünf Instrumentengruppen, die in der Brennebene angeordnet sind: eine planetarische Weitwinkelkamera (WF/PC, Wide Field-of-View/Planetary Camera) arbeitet wie ein einfaches Weitwinkelobjektiv, das eine große Fläche des Himmels abbildet und kleinere Flächen mit entsprechend größerer Tiefe; einen Spektrographen für schwach strahlende Objekte (FOC oder Faint Object Camera) zur Untersuchung von Objekten im sichtbaren und Ultraviolett-Bereich; einen HAS oder hochauflösenden Spektrographen zur Untersuchung des Ultraviolettbereichs mit hoher Auflösungsleistung; ein Hochgeschwindigkeitsphotometer (HSP), das Lichtschwankungen mit einer Geschwindigkeit von 1/100 000 Sekunden aufnehmen kann; und eine Faint Object Camera (FOC), eine Kamera zur Aufnahme schwach leuchtender Lichtquellen, die noch welche identifizieren kann, die 20 000mal schwächer leuchten als solche, die mit dem unbewaffneten Auge zu sehen sind.

Zu den spannendsten Untersuchungen, die mit dem Space Telescope möglich werden, zählen: die Untersuchung von 10 sonnenähnlichen Sternen, die bis zu 10 Lichtjahre von unserem Sonnensystem entfernt sind, und von den anderen 100 bis 500 nahen Sternen, um herauszufinden, ob sie ähnlich dem unseren sind; die genaue Messung des Alters des Universums und die Berechnung (mit Entfernungen, die weit über

unserer Vorstellungskraft liegen) der Hubbleschen Konstante, d. h. der Geschwindigkeit, mit der sich die Milchstraße von uns weg bewegt; die Bestätigung der verschiedenen Modelle des Weltalls, ob es sich um ein offenes oder geschlossenes System handelt; der Nachweis der Existenz der Schwarzen Löcher; die Erforschung runder Anhäufungen von »Schwärmen« bestehend aus 200 000 bis 1 000 000 Sternen: es wird vermutet, daß das Innere dieser Massen oder Schwärme zusammenstürzt; eine Berechnung des Heliums in Quasaren, das voraussetzt, daß man weiß, wieviel Helium bei der Entstehung des Universums vorhanden war; schließlich eine Großaufnahme des Sonnensystems, in dem wir leben.

Alle Daten der Beobachtungen des Space Telescope werden dem Space Telescope Science Institute in Baltimore auf einem langen Weg, der ein kritischer Punkt des Systems ist, übermittelt. Vom Space Telescope werden die Daten zum geostationären TDRS-Satelliten gefunkt und von dort an die dafür bestimmte Station auf dem Erprobungsplatz White Sands in Neu Mexiko. Von dort schickt man sie über einen amerikanischen kommerziellen Nachrichtensatelliten an das Goddard Space Center in Maryland und schließlich über Kabel zum Space Telescope Science Institute nach Baltimore, Maryland. Das Gesamtprojekt untersteht der NASA, wobei die Organisation bezüglich der Forschungsziele, des Sammelns und der ersten Meßwertauswertung sowie der Verteilung bei Space Telescope Science Institute liegt, das extra für diesen Zweck von der NASA im Jahre 1981 an der John Hopkins University in Baltimore eingerichtet wurde. Riccardo Giacconi ist der Direktor des Instituts. Das Management des Instituts liegt in den Händen einer Vereinigung von 17 amerikani-

schen Universitäten und Instituten, die sich mit der astronomischen Forschung befassen. Alle Meßwerte des Space Telescope werden im Institut abgelegt und Wissenschaftlern in aller Welt zur Verfügung gestellt. Unterstützend bei der Einrichtung und beim Management wirkt auch die European Space Agency, die für mindestens 15% des Forschungsprogramms zuständig ist.

Der für die Struktur und die Systeme des Space Telescope zuständige industrielle Auftragnehmer ist Lockheed Missiles & Space und für den optischen Teil des Teleskops Perkin-Elmer. Die ESA liefert zwei Systeme: die Faint Object Camera (FOC) (Abmessungen 2 × 1 × 1 m, Masse 300 kg) von Dornier und Matra und die Solargeneratoren von British Aerospace und Fokker.

Satelliten für die Beobachtung von Gammastrahlen

Der erste Spezialsatellit für die Beobachtung von Gammastrahlen (das sind Strahlen mit Wellenlängen von einem Milliardstel Zentimeter) war SAS-2 (Small Astronomy Satellite – der kleine Astronomie-Satellit) oder Explorer 48, der für die NASA am 15. November 1972 von der Plattform San Marco gestartet wurde. Auf Grund dieser Beobachtungen war es möglich, die Theorie aufrechtzuerhalten, daß das Weltall aus Bereichen von Materie und Antimaterie besteht.

Die Gammstrahlen-Untersuchung war auch die Aufgabe von COS-B, dem am 9. August 1976 mit einer Delta-Rakete gestarteten ersten Satelliten (Masse 275 kg) der European Space Agency. Startplatz war Vandenberg. Wenngleich die errechnete Lebensdauer nur zwei Jahre betrug, arbeitete COS-B 6 Jahre und 8 Monate lang (bis zum 26. April 1982) und schloß

eine Untersuchung unserer gesamten Milchstraße ab. Im Sternbild der Zwillinge (Gemini) entdeckte COS-B einen Doppel-Pulsar, der zunächst Geminga (Gemini-Gamma) und dann Gheminga genannt wurde. Diese Entdeckung weckte große Hoffnungen, hier die erste Quelle von Gravitationswellen gefunden zu haben, die die Vibrationen der Oberfläche der Sonne verursachen.

Der dritte Gamma-Satellit war das HEAO (High Energy Astronomical Observatory – das hochenergetische astronomische Observatorium), der am 20. September 1979 in den Erdumlauf ging. Dieser Satellit beobachtete, daß die Gammastrahlung im zentralen Teil der Milchstraße anscheinend von einer Elektronenzerstörung stammt und von deren Äquivalent, der Antimaterie, den Positronen. Der Satellit entdeckte auch ein 15 000 Lichtjahre von der Erde entferntes Objekt, das Gammastrahlen emittiert, und zwar mit der 50 000fachen Energieabstrahlung der Sonne. Doch ist dies nur eine Winzigkeit gegenüber dem, was im Großen in den Quasaren passiert.

GRO

Das Gamma Ray Observatory (GRO – Gammastrahlen-Observatorium) wird als erstes Observatorium in der Lage sein, das ganze Energiespektrum der Gammastrahlung von 100 keV bis 100 MeV zu erfassen. Die NASA betrachtet GRO als Nachfolger von HEAO. Einige Daten: Länge 7,6 m; Breite 3,8 m; Masse beim Start 10 430 kg. Der Satellit soll 1988 vom Shuttle abgesetzt werden, und zwar in einer kreisförmigen Umlaufbahn in 400 km Höhe mit einer Inklination von 28,5°. Die geplante Betriebszeit wird mit zwei Jahren angegeben. GRO wird den Gamma-Bereich des elektromagnetischen Spektrums untersuchen und dabei die von HEAO-3 und COS-B entdeckten Strahler und Objekte im einzelnen betrachten. Außerdem soll der Satellit die Theorie über die Entstehung der schweren Elemente im Weltall einschließlich derer, die die Erde bilden, überprüfen.

Gamma und Sigma

Die Sowjetunion befaßt sich auch mit der Gammastrahlen-Astronomie durch zwei Spezialsatelliten Gamma 1 und einem Satelliten, der sowohl Gamma- als auch Röntgenstrahlmessungen vornehmen kann (Sigma).

Gamma 1 ist eine Variante des unbemannten Raumtransporters Progress, der für die Versorgung der Salut-Stationen ausgelegt ist. Dieser Transporter wurde geändert, um ihm wie einem astronomischen Observatorium Steuerbarkeit und Richtgenauigkeit zu verleihen und dabei die im Erdumlauf wurde so auf über ein Jahr verlängert. Die Instrumentenlast hat eine Masse von 1500 kg. Das betreffende Energieband liegt bei über 50 keV.

Der Start ist für 1986 vorgesehen. Der Sternensensor, der die Richtung zu der zu beobachtenden Zone des Himmels angibt, sollte aus Italien geliefert werden. Damit wäre zum erstenmal ein italienisches Gerät in einem sowjetischen Satelliten in den

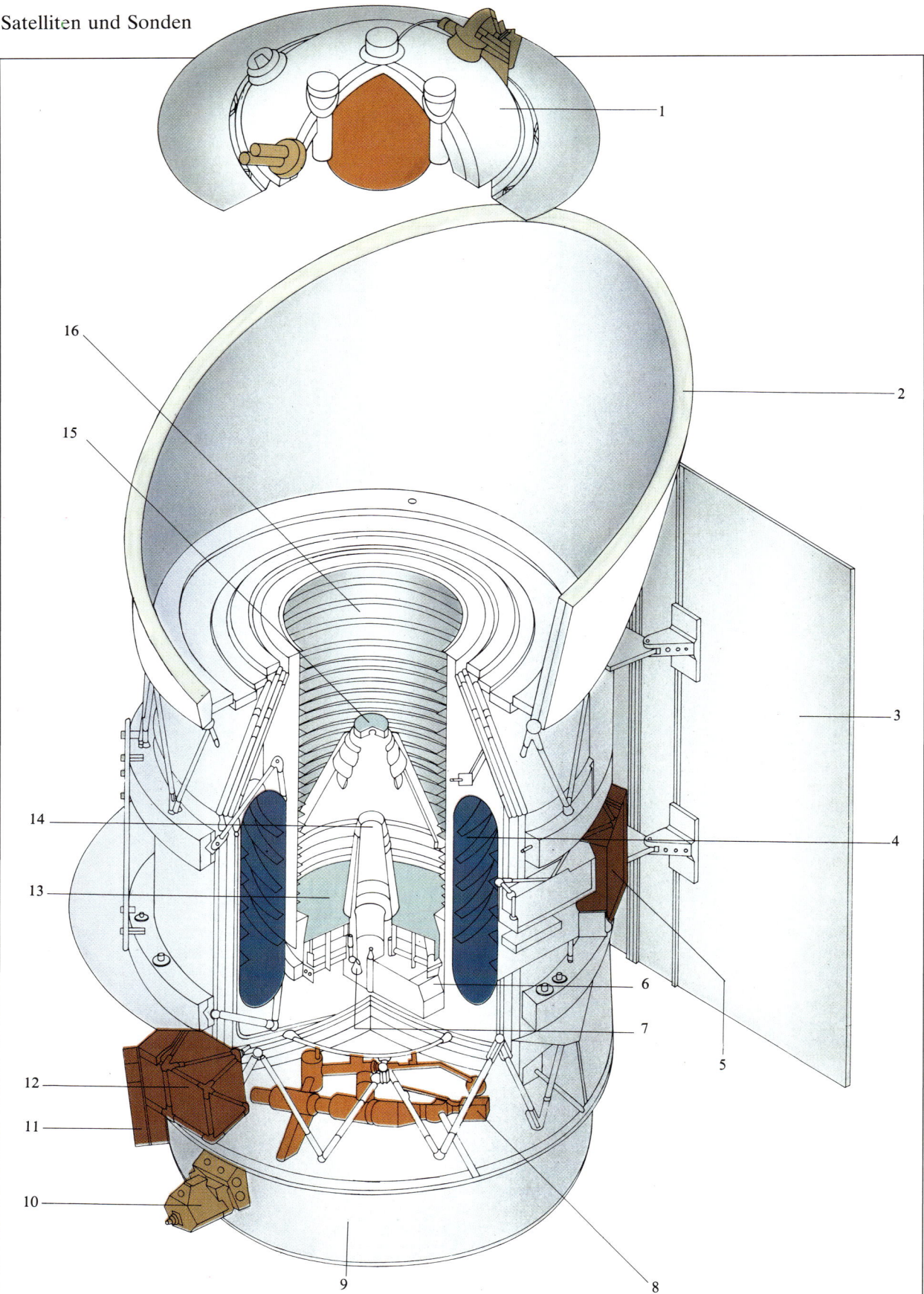

Erdumlauf gekommen. Die Lieferung des Sensors war zunächst genehmigt, wurde dann aber aus »strategischen Gründen« blockiert. In ähnlicher Weise ist auch der Sigma-Satellit für die Gamma- und Röntgenstrahlungs-Messung die modifizierte Variante eines existierenden Systems, nämlich einer Venus-Sonde, die in Astron umbenannt wurde. Die Masse beim Start beträgt 3500 kg. Das Gammastrahlen-Fernrohr kommt aus Frankreich. Der Start ist für 1987 geplant.

Satelliten für die Infrarot-Beobachtung

Die neuesten Entdeckungen mittels umlaufenden Satelliten erfolgten bei der Himmelsbetrachtung im Infrarotbereich. Satelliten, die in diesem Bandbereich von 1/10 bis 8/100 000 eines Zentimeters arbeiten, sind technisch viel komplizierter als Satelliten in anderen Bändern. Um die typischen Beobachtungen kalter Objekte (unter 1000°C) zu ermöglichen, liegt die einzige Lösung in der Verwendung extrem niedriger Temperaturen. Der erste IR-Satellit IRAS (Infrared Astronomy Satellite) wurde am 25. Januar 1983 auf dem Raumfahrtzentrum Vandenberg gestartet. Am Programm beteiligt waren die NASA (Jet Propulsion Laboratory), die niederländische Behörde für Luft- und Raumfahrtprogramme und das British Science and Engineering Research Council. Die beiden wichtigsten Ergebnisse von IRAS waren: die Erstellung der ersten IR-Karte des Firmaments und die Enthüllung von einmaligen und speziellen Objekten, die später einmal näher untersucht werden sollen. Im Katalog aufgeführt sind nunmehr etwa 130 000 Sterne, 20 000 Milchstraßen oder Galaxien, 50 000 dichte Objekte innerhalb der »Cirrus-Wolke« (bestehend aus Staub und Gas), 40 000 Objekte aller Art innerhalb unserer Milchstraße und 245 839 Punktstrahler mit den entsprechenden Daten, um sie zu lokalisieren und deren IR-Merkmale festzustellen. Um Vega herum (den hellsten Stern im Sternbild der Harfe [Lyra], der 50mal heller strahlt als die Sonne und dessen Masse 2,5mal so groß ist) entdeckte IRAS einen Ring fester Teilchen. Wissenschaftler sind der Meinung, daß es sich bei diesem Ring um die Vorgeburt eines Planetensystems in der Kondensationsphase handelt. Im Oktober 1984 wurde ein zweites mögliches Sonnensystem im Bereich des Beta-Stern im Sternbild der Staffelei fotografiert.

IRAS konnte fünf Kometen identifizieren: IRAS-Araki-Alcok, 1983F, 1983K, 1983J und 1983O.

IRAS lieferte auch eine überzeugende Antwort auf die Fragen des Zodiakallichts, des durch Staubpartikel reflektierten Sonnenlichts im inneren Teil des Sonnensystems, in dem es wegen der Sonnentätigkeit so etwas nicht geben sollte. In einer Entfernung von über 360 Millionen km, im Innern des Asteroiden-Gürtels, zwischen den Bahnen von Mars und Jupiter entdeckte IRAS einen Staubring. Dieser könnte durch den Zusammenstoß eines Kometen mit den Asteroiden oder vielleicht durch einen Zusammenstoß zwischen Asteroiden

IRAS (Infrared Astronomy Satellit). Der zylindrische Körper ist 3,58 m hoch, der Durchmesser beträgt 2,16 m und bei geöffneten Solarzellenflügeln 3,20 m. Die Startmasse ist 1077 kg, das Teleskop mit einer effektiven Öffnung von 57 cm wiegt allein 810 kg. Mit Hilfe der 475 Liter flüssigen Heliums wird das Teleskop in einer Temperatur von −263°C gehalten und die 62 Sensoren bei −271°C, genau zwei Grad über dem absoluten Nullpunkt. 1 – Teleskopschutzdeckel, wird im Orbit abgesprengt; 2 – Sonnenblende; 3 – Solarzellenflügel; 4 – 475 Liter Flüssighelium Behälter, Flüssigkeit zur Teleskopkühlung; 5 – Elektronik; 6 – Holländisches Zusatzexperiment DAX (Dutch Experimentation); 7 – Brennebene mit den 62 rechteckigen, mosaikförmig aufgebauten Detektoren; 8 – Kältemittelventile; 9 – Behälter des Telemeters und Führungsmoduls; 10 – Horizontsucher (60° Öffnungswinkel); 11 – Nickel-Kadmium-Batterien; 12 – DAX-Elektronik; 13 – Konkaver Primärspiegel aus Beryllium; 14 – Optische Struktur; 15 – Konvexer Sekundärspiegel; 16 – Zylindrischer Faltenbalg.

entstanden sein. Unter den Meßwerten, die IRAS sammelte, sind womöglich Anzeichen eines zehnten Planeten unseres Sonnensystems, hinter der Bahn des Pluto zu finden. Iras hat 95% des Himmels abgetastet. Unter vielen Strahlern entdeckte er sechs Infrarot-Milchstraßen (2 bis 3 Millionen Lichtjahre, die aber das 100- bis 500-fache an Energie abstrahlen. Die stärkste dieser IR-Milchstraßen hat einen Energieausstoß vom 5000-Milliardenfachen unserer Sonne.

SIRTF, ISO, FIRST und SMIT

SIRTF (Space Infrared Telescope Facility – Infrarote Weltraum-Teleskop-Anlage) ist ein Gerät, das ein Infrarot-Fernrohr enthält. Die NASA beabsichtigt, damit noch Strahler zu finden, die 1000mal schwächer strahlen als die von IRAS beobachteten. Auch soll die spektrale Auflösung (die genaue Möglichkeit die Farbe der Emissionen bestimmten Wellenlängen im Spektrum zuzuordnen) 100 000mal besser sein. Der Arbeitsbereich der Infrarot-Wellenlängen von der oberen bis zur unteren Grenze ist 10mal größer als bei IRAS. Zwischen diesen beiden Extremen liegen die unterschiedlichsten Objekte: vom Staub des Sonnensystems um die nahen Sterne herum bis zu den in Entstehung befindlichen Milchstraßen am Rand des Weltalls. Die Linsen des Teleskops und die Sensoren werden auf −237° C durch flüssiges Helium gekühlt. Man hat noch nicht entschieden, ob SIRTF in eine hohe Umlaufbahn geschossen oder nach 1994 in der Raumstation untergebracht werden soll.
ISO (Infrared Space Observatory – das IR-Weltraum-Observatorium) ist der erste astronomische Satellit der ESA für das entfernte IR-Gebiet, d. h. den Bereich von 0,8 bis 200 µm. Er wird Nachfolger von IRAS und Space Telescope.
Das wichtigste Instrument ist ein Fernrohr mit einem Durchmesser von 60 cm, das mittels eines doppelten Gefriersystems unter Verwendung von Flüssigwasserstoff und flüssigem Helium bei extrem tiefen

Temperaturen gehalten wird. Seine Empfindlichkeit ist 100- bis 10 000mal größer als von erdgebundenen Teleskopen mit einem Spiegeldurchmesser von 4 m. Aufgabe von ISO ist die Suche auf dem ganzen Firmament nach Infrarotstrahlern und die Durchführung eingehender Beobachtungen. Dies erfordert eine sehr genaue Richtungs- und Scharfeinstellung. Aus diesem Grund wird ISO mit einem Sternsensor ausgestattet, um in Echtzeit die genaue Richtung und Schärfe einzustellen. ISO soll 1992 gestartet werden, doch ist die ESA bereits bei Vorarbeiten für ein zweites Observatorium im entfernten Infrarotband, mit dem das letzte große Fenster im elektromagnetischen Spektrum beherrscht werden soll – die Wellenlängen unterhalb von 1 mm. Dieses Projekt heißt FIRST (Far Infrared and Submillimeter Space Telescope – Weltraumteleskop für das entfernte IR und die Sub-Millimeterwellen). Ein Teilbereich hat sich bereits als erfolgreich erwiesen: eine Antenne mit 8 m

Durchmesser, die beim Start als Nutzlast einer Ariane zusammengefaltet war, wurde im Erdumlauf aufgespannt. FIRST arbeitet im Wellenbereich von 1 bis 0,1 mm bei der Beobachtung von galaktischen und extra-galaktischen Objekten mit Temperaturen von 10 bis 3000 K (Wolkenteile, Staub-Strahlung). Weitere Angaben zu FIRST: Winkelauflösung 32 Sekunden bis 0,1 mm; Genauigkeit der Scharfeinstellung 1 Sekunde mit Schärfe/Richtungs-Stabilität von 0,5 Sekunden. In Untersuchung befindet sich auch eine abgemagerte FIRST-Version das SMIT (Submillimeter-Telescope).

ISO. Die äußere Form gleicht sehr der von IRAS mit der charakteristischen abgeschrägten Sonnenblende. Um den Satelliten vor der Sonnenhitze zu schützen, erhielt er ein zusätzliches, leicht abgewinkeltes Schutzschild. Die Solarzellenflügel sind am unteren Teil befestigt. Die Startmasse beträgt 1800 kg. Als Träger ist Ariane 2 von Kourou aus vorgesehen; die elliptische 1000 × 39 400 km äquatoriale Umlaufbahn, mit einer Neigung von 5,3°, wird pro Umlauf 12 Stunden betragen.

Nachrichtensatelliten

Seit dem 18. Dezember 1958, als die USA »Score« in den Erdumlauf brachten – den ersten Verstärker der menschlichen Stimme im Weltraum –, wurden mehr als 500 Nachrichtensatelliten gestartet, einige waren dabei Versuchssatelliten, einige Prototypen und andere Betriebssatelliten, einige zivile und andere militärische. Der Nachtenbereich ist die zahlenmäßig umfangreichste Kategorie, und zwar nicht nur bei den Anwendungssatelliten, sondern bei allen Satellitenarten.
Der Ausdruck »Nachrichten- oder Fernmelde-Satelliten« bedeutet Satelliten in geostationären Umlaufbahnen, wobei die Bahnpositionen, die die besten Ergebnisse garantieren, ebenso wie die traditionellen Wellenbereiche nur beschränkt zur Verfügung stehen. Ein geostationärer Satellit wurde so zum nationalen Statussymbol.
Bis zum 28. Juni 1965 (Early Bird) waren Nachrichtenverbindungen über weite Strecken nur auf drei Arten möglich: über transatlantisches Kabel, über Funk und über Mikrowellen. Transatlantikkabel sind in der Zahl der Kanäle beschränkt (nur wenige Dutzend), wenngleich ein Draht für Tausende von Gesprächen gleichzeitig benutzt werden kann.
Kurzwellen (HF) in dem Frequenzband von 3 bis 30 MHz werden zwischen Ionosphäre und Erde hin- und hergeworfen und können so überall auf der Welt empfangen werden. Das Signal neigt jedoch zum Fading (Schwund) und unterliegt Störungen in der Ionosphäre. Mikrowellen (über 30 MHz hinaus) werden nicht von der Ionosphäre reflektiert, sondern pflanzen sich geradlinig fort, wobei die maximale Reichweite zwischen 50 und 80 km liegt. Sie brauchen Verstärker, die jeweils in Sichtweite liegen. Die Regionen, die nicht von Mikrowellen erreicht werden, benötigen »Funk-Brücken«, das sind Relais mit vielen Verstärkern zwischen den beiden Endstellen. Solche Funk-Brücken sind kompliziert und daher auch teuer, weil die Installationen aus Gründen der Ausfallsicherheit dupliziert werden müssen, und außerdem unterliegen die Signale Störungen und Verzerrungen bei der Verstärkung. Über See oder zur Überbrückung von Ozeanen sind Funk-Brücken nicht zu verwenden. Um die Küsten des Atlantik miteinander zu verbinden, müßte die Verstärkerstation in 760 km Höhe liegen, und ein Verstärker zwischen Italien und der amerikanischen Ostküste benötigte sogar 2000 km. Es ist daher einfacher, den Verstärker in einen Satelliten zu setzen, wobei die richtige Höhe durch die geostationäre Umlaufbahn von 36 000 km gegeben ist. In dieser Höhe sind Umlaufgeschwindigkeit des Satelliten und Erddrehung gleich. Der Satellit steht also von

einem Beobachter auf der Erdoberfläche aus gesehen immer an derselben Stelle und immer im Sichtbereich des Senders. Damit die Antennen des Satelliten ständig in Richtung Sender zeigen, wird der Satellit durch Rotation um seine Hauptachse stabilisiert und so senkrecht zur Bahnebene gehalten. Durch eine Drehung im entgegengesetzten Sinn bleiben die Antennen immer auf die Erde gerichtet. Der Satellit kann auch in den drei Hauptachsen (Längs-, Quer- und Hochachse) stabilisiert werden. Dann benötigen die Antennen keine Gegenrotation, weil sie dank der Stabilisierung des Satelliten immer zur Erde gerichtet sind.

Der Satellit, der jedoch den Triumph der geostationären Satellitenbahn für Nachrichtensatelliten ankündigte, war Intelsat I oder Early Bird (Frühaufsteher). Nach dem Start von Cape Canaveral am 5. April 1965 war es der erste Satellit, der kommerziell genutzt wurde, und zwar vom 28. Juni 1965 über dem Atlantik 27,8° West.

Der Kommunikations-Satellit besteht in der Fernmeldesektion aus Empfängern, Sendern und Antennen, speziell einer Empfangsantenne, einem System von Vorverstärkern mit niedrigem Rauschverhältnis, einem Steuerverstärker und einem System von Leistungsverstärkern sowie einer Sendeantenne.

Diese Antenne kann fast eine Erdhälfte abdecken oder aber nur bestimmte Regionen (selbst Kontinente, in jedem Fall gibt es geographische Einschränkungen, die sich aus der räumlichen Trigonometrie und dem Abstrahlwinkel der Antenne ergeben).

Der Transponder

Die Fernmeldekapazität eines Satelliten hängt davon ab, wieviel Transponder an Bord untergebracht werden können. Der Transponder ist ein Gerät mit drei Funktionen: man verwendet ihn für die Fernsteuerung, die Fernmessung und als »Behälter« für die Fernmeldeleitungen. Bei den ersten beiden Funktionen handelt es sich um einen Empfänger mit Sender, der auf ein Abfragesignal hin reagiert. Er schaltet die verschiedenen Systeme an oder ab. Er steuert auch die Transponder für die verschiedenen Leitungskanäle. In diesem Fall wirkt er als ein elektronisches Gerät, das ein Funksignal erhält, es verstärkt, die Frequenz ändert, um es sofort und automatisch wieder zurückzusenden.

Ein Transponder vom Typ Intelsat und mit einer Frequenzbreite von 80 MHz versorgt 600 Duplex-Telefonleitungen bei Verwendung der Analog-Technik (Darstellung der Schallwellen in elektrischer Form als Audio-Signale derselben Frequenz wie der Schallwellen). Andererseits können unter Anwendung der Digitaltechnik 3000 Gespräche gleichzeitig übermittelt werden (Sprachkodierung digitaler Art). Sie findet heute die meiste Verwendung.

Fernmeldeverbindung über Satellit

Die International Telecommunications Union (ITU), zu der 158 Länder gehören, formuliert Programme, gibt Normen her-

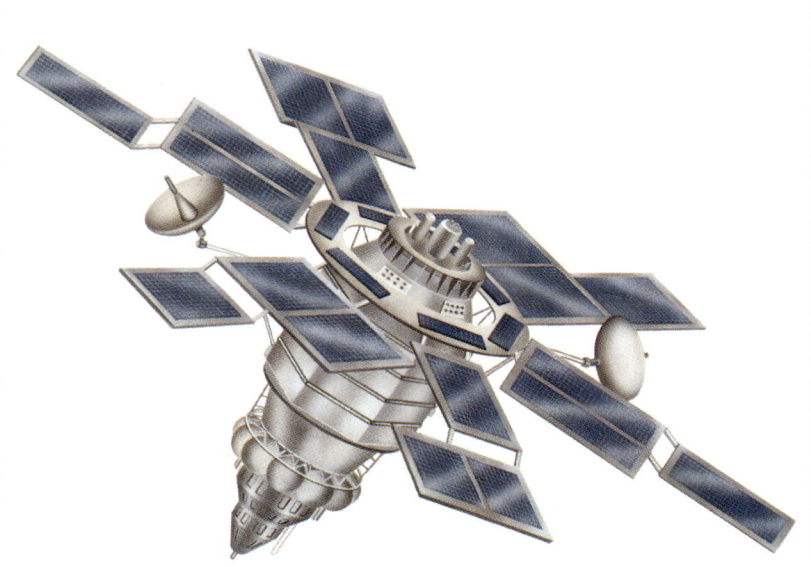

Molnija. Diese von 1965 an gestarteten sowjetischen Nachrichtensatelliten haben eine Höhe von 3,45 m und einen Durchmesser des mittleren Körpers von 1,58 m. Die Startmasse beträgt 1000 kg. Die Molnija-Satelliten sind auf eine subsynchrone, elliptische Umlaufbahn gebracht worden mit einem Perigäum von 500 km und einem Apogäum von 40 000 km. Dadurch kann ein Molnija-Satellit während seines 12stündigen Erdumlaufs einen 8stündigen Fernmeldebetrieb ermöglichen.

Telstar I. Nach dem Start am 10. Juli 1962 von Cape Canaveral, wurde Telstar I der AT & T in eine elliptische, 48,8° geneigte Umlaufbahn befördert, mit einem Perigäum von 964 km und einem Apogäum von 5643 km. Telstar I sah aus wie eine facettierte Kugel, ihr Durchmesser betrug 86 cm und die Masse 77 kg. Er bot die Wahl zwischen 600 ein- oder 300 zweiseitigen Sprechverbindungen oder einem Fernsehkanal. Der Satellit leitete die erste interkontinentale Verbindung zwischen Europa und den USA ein.

aus und koordiniert die Entwicklung des Fernmeldewesens in jeder Hinsicht. Ihr unterstehen drei technische Organisationen: das International Radio Consultative Committee (der internationale Funk-Beratungs-Ausschuß), das International Telegraph and Telephone Committee (der internationale Telegraf- und Telefon-Ausschuß) und das International Frequency Registration Board (der internationale Frequenz-Zuteilungs-Rat). Diese Büros sind sozusagen Treuhänder für die einschlägigen Gesetze, Vorschriften und Verordnungen. Der Markt »über Satellit« und der Markt für Satelliten, die gewöhnliche administrative und kommerzielle Dienste leisten, wird durch die Programme und den Bedarf internationaler Konsortien und Organisationen sowie von nationalen Fernmeldebetreibern geregelt.

Zu den ersten beiden Gruppierungen gehören Intelsat und Eurosat sowie Inmersat für die Fernmeldedienste auf See, Arabsat, der den 22 Ländern der Arabischen Liga gehört und die European Space Agency, wenn auch nur als Betreiber des Betriebsversuchssatelliten Olympus. Intelsputnik spielt unter den Konsortien eine herausragende Rolle, denn ihm gehören nur Länder des Kommunistischen Blocks oder solche mit engen Verbindungen zur Sowjetunion an, weil nur sowjetische Satelliten verwendet werden, die man sonst auf dem Markt nicht anbietet. Eine ähnliche Rolle spielt das sowjetische Netz Orbita, das erste und größte Netz »über Satellit«, das am 23. April 1965 mit dem Start des ersten Molnija-1-Satelliten in eine elliptische Umlaufbahn tätig wurde. Drei Molnija-Serien wurden gestartet, zu denen noch die Raduga, Ekran und Horizont-Satelliten, alle auf geostationären Bahnen, und die ähnliche Kosmos-Familie hinzuzufügen sind. Die Zahl der gestarteten Satelliten übersteigt die Zahl 147.

Intelsat (International Telecommunications Satellite Consortium)

Intelsat ist das mächtigste internationale Konsortium, das sicherstellt, daß 65% der den Ozean überspannenden Fernmeldedienste und fast alle internationalen Fernseh-Verbindungen funktionieren. Es werden auch Leitungen vermietet, die die nationalen Systeme von 23 Ländern einschließen.

Der Hauptzweck von Intelsat, wie es in der Grundvereinbarung festgelegt ist, besteht darin, »jede Region der Welt auf kommerzieller Basis und ohne Vorurteil und Diskriminierung mit dem weltraumgestützten Segment zu versorgen, das für das Funktionieren internationaler öffentlicher Nachrichtendienste notwendig ist«. Zu diesen Diensten gehören Telefon, Telegramm, Telex, Faksimile, Datenübermittlung und das weltraumgestützte Segment für die Übermittlung von Funk- und Fernsehprogrammen zwischen erdgebundenen Stationen. Das weltraumgebundene Segment ist der aus Satelliten gebildete Anteil, bestehend aus Erdstationen sowie Kontrollstationen für die Telemetrie, die Fernsteuerung und die Satelliten-Kontrolle.

Das Konsortium wurde am 20. August

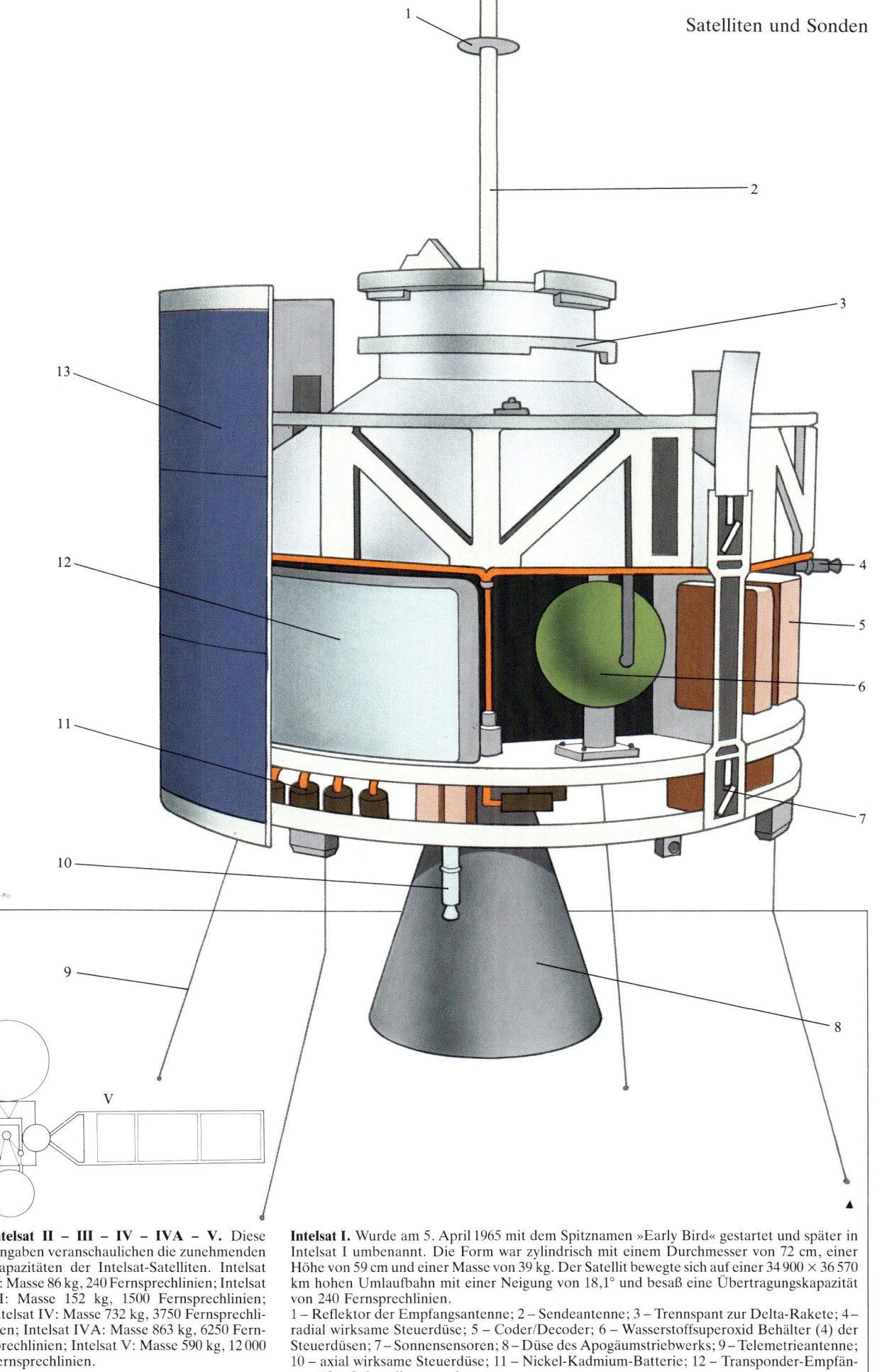

1964 in Washington unter der Teilnahme von 11 Ländern gegründet. Das endgültige Abkommen trat am 22. Februar 1973 in Kraft. Heute sind es 110 Mitgliedsländer. Zu ihnen gehört die Sowjetunion noch nicht. Sie könnte jedoch bis 1990 wegen Mängeln im Intersputnik-System beitreten. Den größten Anteil mit 24,35% halten die USA, entsprechend dem Benutzeranteil. Der amerikanische Anteil am System heißt Comsat oder Communications Satellite Corporation. Im Anfang betrug die Zahl der entweder direkt oder indirekt bedienten Länder 15. Heute ist diese Zahl auf 165 mit 827 Antennen gestiegen. Je mehr Intelsat wächst, um so niedriger werden die Gebühren. So betrug 1965 die Jahresmiete für eine Telefonleitung 64 000 Dollar. Im Jahre 1965 war dieser Betrag auf 9360 Dollar gefallen. Im selben Zeitraum fiel die Miete für eine Stunde Fernsehkanal von 22 000 auf unter 200 Dollar. Intelsat besitzt und betreibt eine Kette von 17 Satelliten, die in geostationären Umlaufbahnen über den drei Weltmeeren stehen. Der erste Satellit – Intelsat 1 oder Early Bird – wurde am 5. April 1965 gestartet. In den 20 Jahren bis zum 29. Juni 1985 hatte man insgesamt 38 Satelliten in den Umlauf gebracht. Neun der gestarteten Satelliten (einer davon versagte) gehörten zu den Intelsat IVA und V-A-Serien (letzter von Ford Aerospace gebaut), und fünf weitere sollen bis 1986 in den Erdumlauf gehen. Dies sind die leistungsfähigsten zivilen Fernmeldesatelliten der Welt: 33 000 Ferngespräche gleichzeitig. Das sind doppelt soviel wie Intelsat V-A. Dazu kommen noch vier Farbfernsehkanäle, was weiteren 4000 Telefonkanälen entspricht. Die wichtigste Neuerung bei Intelsat VI ist die Anwendung der Technik Time Division Multiple Access, bei der die Schaltung im Satelliten geschieht. Man nennt dies auch SS-TDMA oder Satellite Switched-Time Division Multiple Access. Dieses Verfahren wird zum allererstenmal bei Intelsat VI

Intelsat II – III – IV – IVA – V. Diese Angaben veranschaulichen die zunehmenden Kapazitäten der Intelsat-Satelliten. Intelsat II: Masse 86 kg, 240 Fernsprechlinien; Intelsat III: Masse 152 kg, 1500 Fernsprechlinien; Intelsat IV: Masse 732 kg, 3750 Fernsprechlinien; Intelsat IVA: Masse 863 kg, 6250 Fernsprechlinien; Intelsat V: Masse 590 kg, 12 000 Fernsprechlinien.

Intelsat I. Wurde am 5. April 1965 mit dem Spitznamen »Early Bird« gestartet und später in Intelsat I umbenannt. Die Form war zylindrisch mit einem Durchmesser von 72 cm, einer Höhe von 59 cm und einer Masse von 39 kg. Der Satellit bewegte sich auf einer 34 900 × 36 570 km hohen Umlaufbahn mit einer Neigung von 18,1° und besaß eine Übertragungskapazität von 240 Fernsprechlinien.
1 – Reflektor der Empfangsantenne; 2 – Sendeantenne; 3 – Trennspant zur Delta-Rakete; 4 – radial wirksame Steuerdüse; 5 – Coder/Decoder; 6 – Wasserstoffsuperoxid Behälter (4) der Steuerdüsen; 7 – Sonnensensoren; 8 – Düse des Apogäumstriebwerks; 9 – Telemetrieantenne; 10 – axial wirksame Steuerdüse; 11 – Nickel-Kadmium-Batterie; 12 – Transponder-Empfänger; 13 – Solarzellenpaneel.

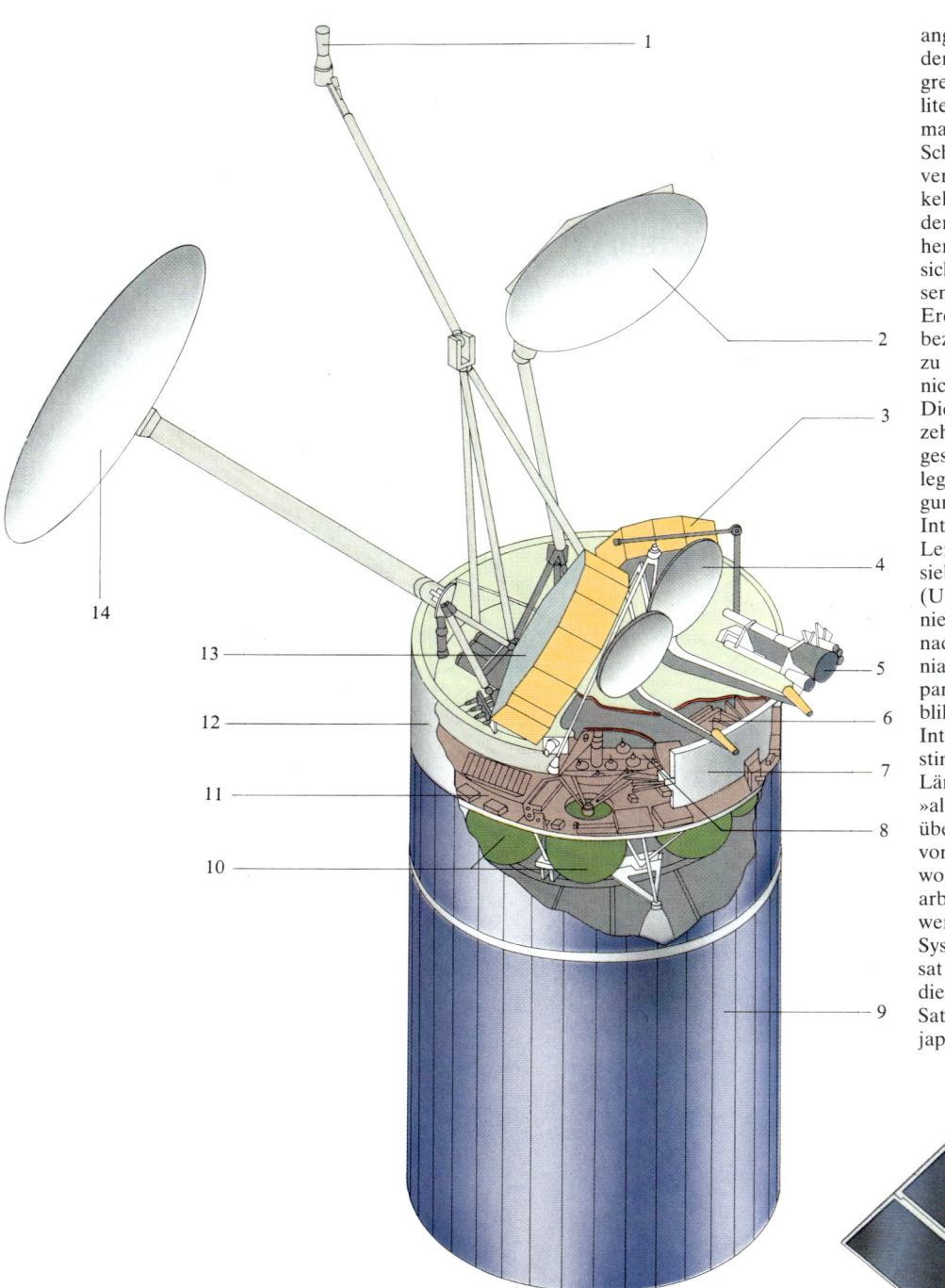

angewendet. Es bedeutet, daß alle vorhandenen Stationen – theoretisch einer unbegrenzten Zahl – gleichzeitig mit dem Satelliten verbunden werden können, ohne daß man das Frequenzband erweitern muß. Schließlich sind die Kanäle miteinander verbunden, und der Satellit kann den Verkehr von einem Freuqenzband auf ein anderes umleiten, auf dem weniger Verkehr herrscht. An Bord von Intelsat VI befindet sich auch ein Mikrorechner, mit Hilfe dessen es möglich ist, den Satelliten von der Erde aus für die nächsten sieben Tage bezüglich der Bahn und der Orientierung zu programmieren, so daß diese Aufgabe nicht in Echtzeit befohlen werden muß.

Die Betriebszeit von Intelsat VI ist auf zehn Jahre veranschlagt. Er bedient den gesamten Transozeanverkehr: Telefon, Telegraf, Telex, Faksimile, Datenübertragung und Fernsehen.

Intelsat VI wird von Hughes Aircraft als Leitfirma von neun anderen Firmen in sieben Ländern gebaut: Hughes Aircraft (USA), British Aerospace (Großbritannien), Spar Aerospace und Comdev (Kanada), Thomson-CSF (Frankreich), Selenia Spazio (Italien), Nippon Electric (Japan) sowie MBB und AEG (Bundesrepublik Deutschland). Zwanzig Jahre besaß Intelsat ein Monopol. Im Oktober 1983 stimmten Regierungsvertreter von 109 Ländern einer Resolution zu, die Intelsat »als einziges globales Fernmeldesystem über Satellit« bestätigte. Mit der Gründung von Eutelsat kam es zu einem Kompromiß, wonach Eutelsat in Europa bis 1988 weiterarbeiten darf und dieser Termin verlängert werden kann. Eutelsat ist nicht das einzige System, das die Monopolstellung von Intelsat bedroht, seit neuestem sind dies auch die Orion Satellite und die International Satellite in den USA sowie britische und japanische Gruppierungen.

Das Tracking Data Relay Satellite System TDRSS

TDRSS ist das größte und leistungsfähigste je produzierte Fernmelde-Satellitensystem, das drei Satelliten im geostationären Umlauf umfaßt. Es ermöglicht eine Sprechverbindung zwischen dem auf einer niedrigen Umlaufbahn befindlichen Space Shuttle, 40 Raumfahrzeugen (26 gleichzeitig) und erdgebundenen Kontrollzentren. Die fernmeldemäßige Abdeckung liegt zwischen 85 und 100% der Umlaufbahn eines möglichen Nutzers, abhängig von dessen Flughöhe.

Vor TDRSS konnten wegen der niedrigen Umlaufbahn des Space Shuttle nur 20% der Umlaufzeit zwischen Erde und Shuttle kommuniziert werden. Auf ähnliche Weise sind auch die erste Spacelab-Mission und der Erdbeobachtungssatellit Landsat 5 von TDRSS im Hinblick auf die Echtzeit-Datenübertragung abhängig.

Das Space Telescope und künftige im Erdumlauf befindliche Plattformen werden ihren Verkehr über TDRSS leiten.

Der erste TDRS, genannt East, wurde am 5. April 1983 gestartet. Wegen eines Versagens der Antriebsrakete erreichte er eine falsche elliptische Umlaufbahn. Im Verlauf einer 58tägigen Rettungsaktion wurde er in den stationären Umlauf zurückgeführt. Der zweite TDRS (West) sollte im März 1985 gestartet werden, als man feststellte, daß die Zeitsteuerungsschaltung für die verschiedenen Betriebsphasen das Fernmeldesteuersystem unterbrechen könnte. Der Start soll nun ein Jahr später erfolgen. Der dritte TDRS ist fertig, ein vierter wird in Reserve gehalten. Die Betriebszeit soll 10 Jahre in der Überwachungsfunktion betragen und 15 Jahre als Relais. Diese lange Zeit bedeutet, daß man viele Erdestationen schließen könnte.

TDRS. Mit den weit ausgelegten Solarzellenflügeln beträgt die Breite 17,40 m; die beiden Parabolantennen haben jede einen Durchmesser von 4,90 m; ihre Masse am Boden beträgt 2000 kg, und die Gesamtstartmasse 2268 kg. Trägerrakete ist das Space Shuttle mit zusätzlicher IUS-Oberstufe von Boeing.
▼

Intelsat VI. Der zylindrische Satelliten-Körper ist rundum mit Solarzellen bedeckt; eigentlich sind im Augenblick des Starts zwei Körper vorhanden, einer innerhalb des anderen. Der Durchmesser beträgt 3,60 m und die Länge mit eingezogenen Antennauslegern 5,30 m, mit ausgefahrenen, einschließlich der überragenden Antennen, 11,80 m. Die Startmasse ist unterschiedlich und beträgt für die Ariane-Trägerrakete 3920 kg und für das Space Shuttle 4026 kg. Außer sechs Kommunikations-Antennen (flache und trommelförmige) sind fünf Rundstrahlantennen für Fernvermessung, Fernsteuerung und Ortung vorhanden. Intelsat VI wird wie sein Vorgänger eine globale sowie eine östliche und westliche Erdteil- und Zonenüberdeckung im C-Band (4–6 GHz) erlauben, wobei darüber hinaus mit Hilfe von östlich und westlich gerichteten Punktstrahlern die Gebiete mit maximalen Verkehrsaufkommen (Europa- US Ost- und Westküste) im Ku-Band (11–14 GHz) erfaßt werden. 38 Transponder sind für das C-Band und 10 für das Ku-Band vorhanden.
1 – Telemetrie- und Kommando-Antenne; 2 – westlich gerichtete C-Band Parabolantenne (Erdteil); 3 – westlich gerichtete C-Band Dipolantenne (Zone); 4 – Ku-Band Punktstrahlantennenpaar (Spot); 5 – Hornantenne der globalen Überdeckung; 6 – Kommunikationsgeräte; 7 – Wellenlängen-Verstärker; 8 – Nickel-Wasserstoff-Batterie; 9 – Solarzellengeneratoren; 10 – Antriebssystem für die Lageregelung im Orbit; 11 – Drallstabilisierungssystem und Satelliten-Avionik; 12 – Radiator; 13 – östlich gerichtete C-Band Dipolantenne (Zone); 14 – östlich gerichtete C-Band Parabolantenne (Erdteil).

Die Satelliten gehören der Space Communication (Continental Telephone & Fairchild), die das System für zehn Jahre an die NASA vermietet hat. Die NASA wird Ende 1992 das System übernehmen. Hersteller ist die TWR Defence and Space Systems Group in Kalifornien.

ATS: Fernmelde-Experimental-Satelliten

Mit der Serie der ATS-Satelliten (Applications Technology Satellites – Anwendungstechnische Satellite) führte die NASA Versuche bezüglich der Techniken und Dienstleistungen durch, die zur Anwendung in operationellen Fernmelde- und Wettersatelliten führen sollen. Insgesamt waren es sechs zwischen 1966 und 1974 gestartete Satelliten sowie der CTS 1 (Communications Technology Satellite – Fernmeldetechnik-Satellit) zur ständigen Beobachtung der Wetterlage. Auch sammelte er von unbemannten Stationen in unzugänglichen Regionen Meßwerte über die Niederschlagsintensität und die Wasserstände von Flüssen. Bei der Überschwemmung in Alaska 1967 stellte er die Nachrichtenverbindung zwischen abgeschnittenen Gegenden und Rettungszentren her. Im Jahr 1969 wurden die Bilder des Wirbelsturms Camilla durch ATS 3 (Start am 5. November 1967) übermittelt, die eine Evakuierung der Küstenregion des Mississippi im voraus ermöglichten, so daß Hunderte von Menschenleben gerettet werden konnten. Von 1971 an verband ATS 1 abgelegene Dörfer in Alaska mit medizinischen Versorgungszentren in Anchorage und Fairbanks. Man benutzt ihn auch für Schulprogramme mit 12 Inseln im Pazifik. Er blieb bis März 1985 in Betrieb. Beim Ausbruch des Mount St. Helens im Staate Washington diente ATS 3 als Relaisstation für einen im Katastrophengebiet befindlichen Jeep. Die wichtigsten Warnungen gab der modernste und leistungsfähigste ATS-6, der am 30. Mai 1974 gestartet wurde und der bis zum 30. Juni 1979 in Betrieb war. Er besaß eine kreisförmige Antenne von 9,15 m Durchmesser, die mit einer Genauigkeit von 0,1° gerichtet werden konnte. ATS-6 ermöglichte auch die ersten direkten Fernsehverbindungen mit Privathäusern, die kleine Antennen besaßen und die vom Benutzer gesteuert wurden. Er begann mit der Übermittlung von Erziehungs- und Gesundheitsprogrammen in abgelegenen Orten in den Appalachen, den Rocky Mountains und in Alaska. ATS 6 wurde dann auf eine andere Bahn über Indien verlegt, wo er etwa 5000 Dörfern dieselben Dienste leistete. Zusammen mit ATS 5 experimentierte ATS 6 bei der Ortsbestimmung und der Sicherstellung ständiger Fernmeldeverbindungen zwischen Schiffen, Flugzeugen und Erdestationen. Das Ergebnis findet man heute in Form der Inmarsat-Satelliten.

Die Betriebszeit von ATS 6 endete 400 km von seinem geostationären Bahnpunkt entfernt, wohin er nach dem Ausfall einer der drei Lagesteuerdüsen geführt wurde.

Seine Experimente wurden anschließend mit den CTS-Satelliten weiterentwickelt, der nicht nur mit einer großen Antenne,

sondern auch mit einem 10–20mal stärkeren Sender ausgerüstet war. Beim Fortschritt gibt es kein Bremsen. Jetzt wird ein verbesserter ACTS (Advanced Communications Technology Satellite – Moderner Fernmelde-Technologie-Satellit) konstruiert, der 200 Millionen Dollar kosten und im September 1989 vom Space Shuttle aus gestartet werden soll. Er wird die Techniken und Technologien der 90er Jahre demonstrieren: Super-Hochfrequenzen von 20–30 GHz, bordgestütztes Schalten und Datenverarbeiten, multipler Zugriff und Richtfunk mit drei zweistrahligen multiplen Richtantennen, deren Abdeckbereich am Boden 280 km Durchmesser hat. Was sind die Auswirkungen? Breitere Frequenzbänder mit einer größeren Zahl an Bordtranspondern und kleineren Erdantennen. Zum Richtfunk zählt auch ein Synchronisationssystem zur Abspeicherung und Wiederabstrahlung von Meldungen. Um die Dämpfung durch Regen auszuschalten, was bei den superhohen Frequenzen ein typischer Nachteil ist, wird der Satellit eine Fehlerkorrekturanlage zur Wiederherstellung der Nachrichten erhalten sowie einen Verstärker für empfangene Meldungen. Auch Frankreich arbeitet an einem Satelliten (Athos), um mit Frequenzen von 20–30 GHz zu experimentieren. Der Start ist für Ende 1987 mit Ariane 4 vorgesehen. Den Bau übernehmen Matra und Thomson-CSF, wobei die letztgenannte Firma für den Fernmeldeteil zuständig ist.

Experimente mit den neuen Superhochfrequenzen werden auch von der Sowjetunion mit Molnija 3 (30 GHz) – von dieser Serie wurde der erste Satellit im November 1974 gestartet – von Japan mit den CS- und BS-Satelliten (1977–78) und der European Space Agency (1978) mit dem OTS (Orbital Test Satellite – orbitaler Erprobungssatellit) durchgeführt.

Sirio

Italien spielte mit dem Sirio-Satelliten eine nicht unwesentliche Rolle. Sirio steht für Satellite Italiano Ricerca Industriale Orientata (italienischer industriell ausgerichteter Forschungssatellit). Seine Aufgabe war durchaus eine führende im internationalen Konzert. Er wurde 1967–68 von Professor Francesco Carassa vom Mailänder Polytechnikum vorgeschlagen. Sirio besaß eine Experimental-Nutzlast für Versuche im Frequenzbereich 12–18 GHz. Das Projekt wurde von CIPE, dem Interministeriellen Ausschuß für Wirtschaftliche Planung am 23. Januar 1969 genehmigt. Die Mittelzuweisung erfolgte im März 1971, und der Vertrag konnte am 3. Oktober 1974 zwischen dem Nationalen Forschungsrat und folgenden Firmen unterzeichnet werden: CIA (Compagnia Industriali Aerospaziale) und in der Reihenfolge der Beteiligung: Selenia Spazio, Snia BPD, Montedison (Laben, Galileo, Ote), Aeritalia, OTO-Melara und Fiar. Sirio wurde in Cape Canaveral mit einer Thor Delta am 25. August 1977 – acht Jahre und sieben Monate nach Genehmigung des Projekts – gestartet.

Die Lebensdauer wurde auf zwei Jahre

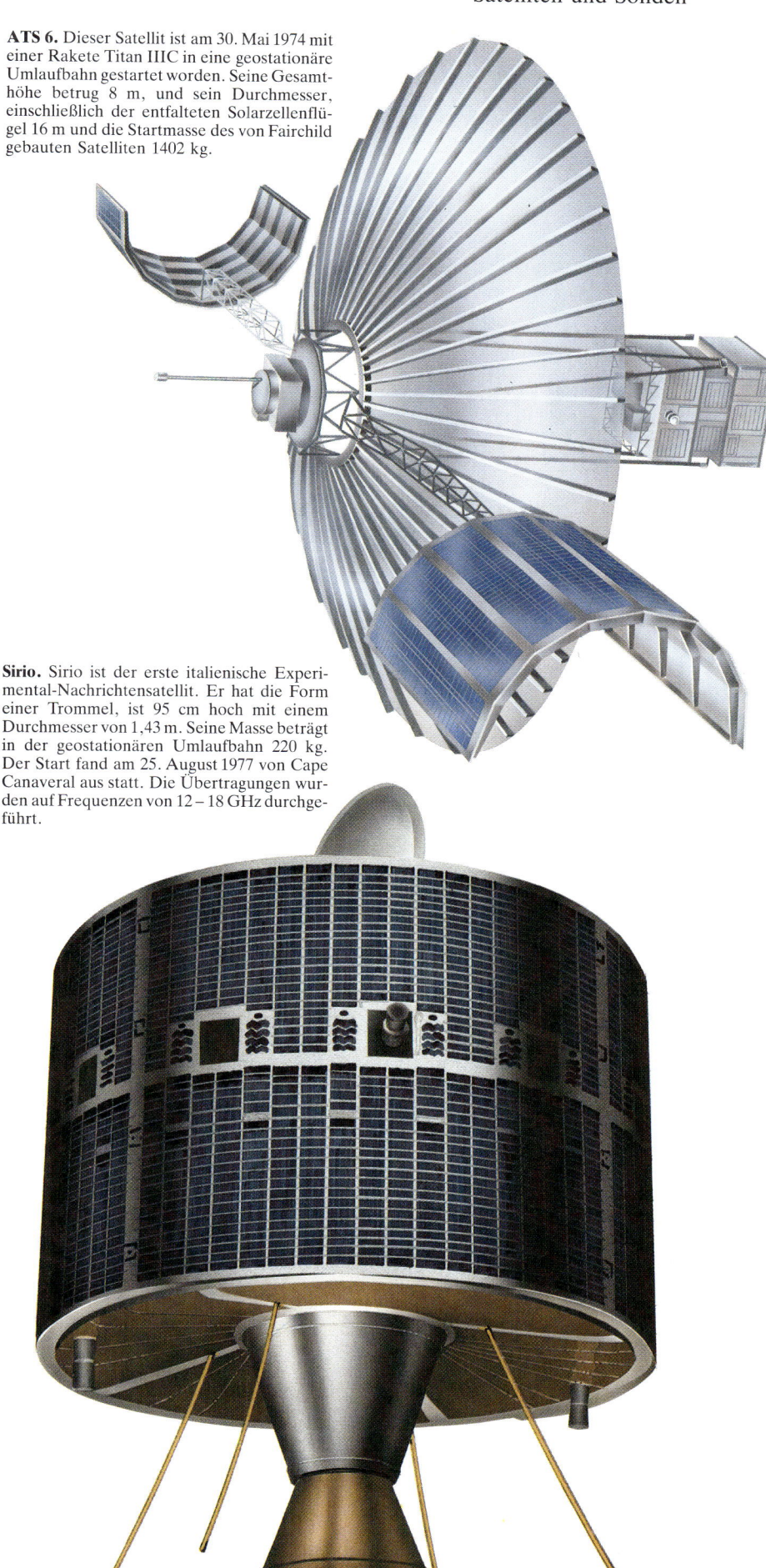

ATS 6. Dieser Satellit ist am 30. Mai 1974 mit einer Rakete Titan IIIC in eine geostationäre Umlaufbahn gestartet worden. Seine Gesamthöhe betrug 8 m, und sein Durchmesser, einschließlich der entfalteten Solarzellenflügel 16 m und die Startmasse des von Fairchild gebauten Satelliten 1402 kg.

Sirio. Sirio ist der erste italienische Experimental-Nachrichtensatellit. Er hat die Form einer Trommel, ist 95 cm hoch mit einem Durchmesser von 1,43 m. Seine Masse beträgt in der geostationären Umlaufbahn 220 kg. Der Start fand am 25. August 1977 von Cape Canaveral aus statt. Die Übertragungen wurden auf Frequenzen von 12 – 18 GHz durchgeführt.

geplant, doch blieb Sirio bis Ende 1985 in Betrieb – also acht Jahre seit dem Start. Nachdem er europäischen Interessenten mit vielen Experimenten gedient hatte (dazu gehörten auch Gruppen aus den USA und Kanada), wurde Sirio nach Osten verschoben (am 7. Juni 1983), wo er noch über ein Jahr lang in China experimentell genutzt wurde.

Olympus, der größte europäische Satellit

Olympus (oder L-Sat – Large Satellite) ist ein europäischer Vorserien-Satellit, der den Weg zu den leistungsfähigsten Fernmeldesatelliten eröffnen soll, die gegen Ende der 90er Jahre den Betrieb aufnehmen werden. Olympus hat die Kapazität von zwei Fernseh-Direktkanälen, von denen einer fünf Jahre exklusiv für die italienische Rundfunk- und Fernsehgesellschaft und der zweite für mittel- und nordeuropäische Länder vorgesehen ist. Außerdem soll er noch folgenden Zwecken dienen: spezielle kommerzielle Dienste wie Video-Konferenzen, Schreibtisch-zu-Schreibtisch-Televideo, Computer-Verbund und Datenübermittlung (Datendienste über ganz Europa, wobei die Teilnehmerendstellen Antennen von nur 3 m Durchmesser benötigen), Ferngespräche und Videokonferenzen im 20–30-GHz-Band, Dämpfungsmessungen bei diesen Frequenzen bei Regen.

Ohne die Abmessungen des zentralen Satellitenkörpers zu ändern, wird untersucht, ob Olympus auch in zwei noch leistungsfähigere Varianten modifiziert werden kann: mit konstanter Leistung von 3500 bis 4000 Watt für den Mobilfunk bis zum Maximum von 7700 Watt oder in anderen Worten mit einer Leistung, die 5–6mal größer ist als die der größten in der Mitte der 80er Jahre im Umlauf befindlichen Satelliten. In der leistungsstärksten Variante kann er zwölf Direkt-Fernsehkanäle an Antennen von nur 1 m Durchmesser abstrahlen. Die Startmasse steigt von 2300 auf 3700 kg, und die Nutzlast verdoppelt sich in etwa von 334 auf 600 kg, wobei auch die Spannweite der Sonnenpaddel von 25,7 auf 60 m erhöht wird. Olympus ist der erste europäische Satellit mit Flüssigkeitsantrieb sowohl für die Transferstufe, die den Satelliten in den geostationären Umlauf hebt, wie auch für die Lageregelung im Umlauf.

Olympus erhält neun Antennen, von denen fünf Richtantennen sind. Zwei davon für Fernmeldezwecke im 20–30-GHz-Bereich, fünf für Sonderdienste, von denen jede ein Gebiet abdeckt, das in seiner Fläche der Iberischen Halbinsel entspricht (die fünf Antennen können als Gruppe gerichtet werden). Schließlich sind zwei Antennen für das Direktfernsehen da; die für Italien deckt die ganze Halbinsel ab sowie Teile von Tunesien, Jugoslawien und Frankreich, ja sogar Luxemburg und Westdeutschland; die andere Antenne deckt den Rest Europas ab.

Es handelt sich um ein Projekt der ESA, die es besitzt und betreibt. Für die Produktion sind zuständig: British Aerospace und Selenia Spazio. Die drei wichtigsten Unterauftragnehmer sind Aeritalia in Italien, Fokker in den Niederlanden und Spar Aerospace in Kanada. Das Antriebssystem fertigt Snia BPD (Italien). Das Programm umfaßt auch die Teile zum Bau eines zweiten Olympus-Satelliten.

Eutelsat (European Telecommunications Satellite Organisation)

Dies ist die europäische Organisation für die Fernmeldedienste via Satellit in Europa. Sie wurde am 30. Juni 1977 provisorisch von der Europäischen Konferenz für die Post- und Fernmeldeverwaltung CEPT ins Leben gerufen. Das ständige Konsortium wurde 1985 gebildet und umfaßt 20 Mitgliedsländer; Sitz ist Paris. Die Aufgabe besteht in dem Angebot eines Netzes zur Verbindung der öffentlichen Fernmeldedienste sowohl der fest installierten als auch der mobilen (Telefon, Telex, Faksimile, Datenverbund und Fernsehen). Es gibt drei ECS-Satelliten (European Communications Satellites), die von der ESA bereitgestellt wurden, mit je 12 Transpondern. Der erste im Umlauf befindliche ECS heißt Eutelsat 1 und gehört dem Konsortium, das auch den Betrieb übernahm. Zwei ECS wurden bisher gestartet.

Um das Eutelsat-Netz bis 1990 zu betreiben, wird das Konsortium fünf Satelliten bauen (Gesamtbudget 200 Millionen französische Franc). Auf dem Zeichenbrett befindet sich eine weitere Serie von drei Satelliten (plus zwei Optionen) mit größerer Kapazität (16 Transponder statt 12–14), von denen der erste 1989 in Betrieb gehen soll. Die zweite Serie trägt die Bezeichnung ECS-A, die als Zwischenstufe gilt, bis eine zweite Generation für die 90er Jahre den Betrieb aufnehmen kann. Inzwischen hat Intelsat jedoch bekannt gemacht, daß man sich einer Fortsetzung von Eutelsat über das Jahr 1988 hinaus widersetzen werde, da dies der festgelegte Zeitpunkt sei, wie er im vereinbarten Kompromiß festgelegt ist. Dann wird Intelsat auch Satelliten im Umlauf haben, die genügend Kapazität aufweisen, um die europäischen Dienste zu übernehmen, wie es in den Satzungen festgelegt ist. Außerdem ist man bei Intelsat nicht glücklich darüber, daß mehrere ihrer Mitglieder auch am Eutelsat-Programm beteiligt sind.

Inmarsat (International Maritime Satellite Organisation)

Inmarsat ist die internationale Organisation für maritime Fernmeldedienste über Satellit und verwendet auch die Dienste der Marisat-Satelliten des amerikanischen Comsat-Systems. Die Erdstationen sind

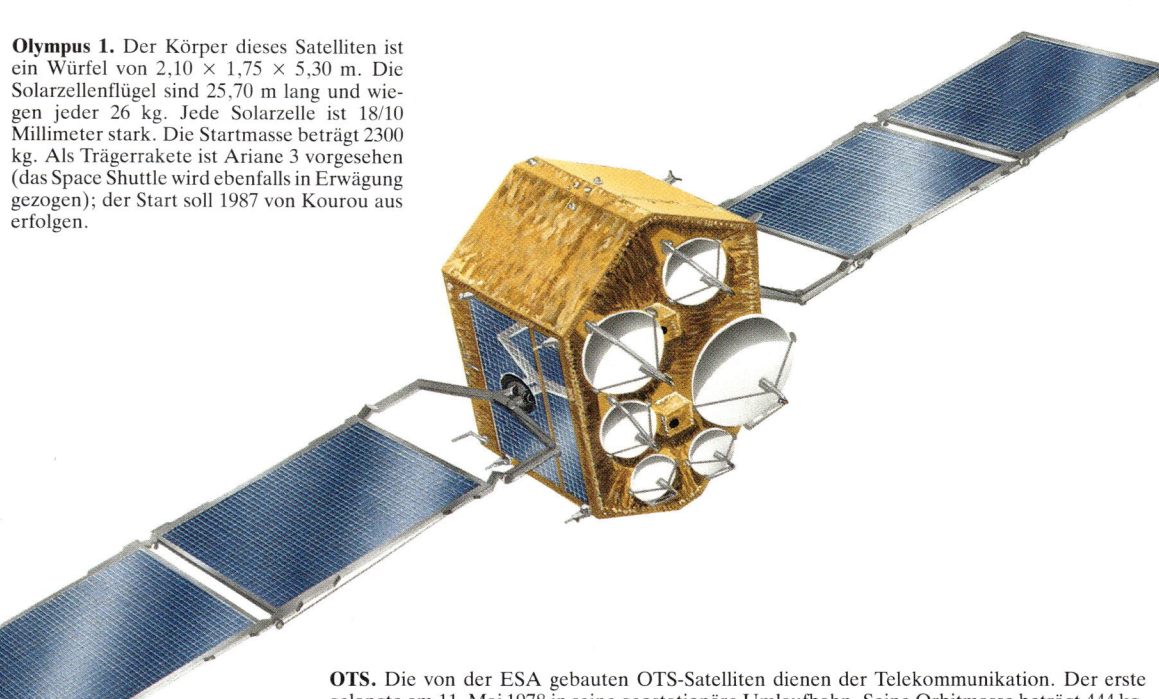

Olympus 1. Der Körper dieses Satelliten ist ein Würfel von 2,10 × 1,75 × 5,30 m. Die Solarzellenflügel sind 25,70 m lang und wiegen jeder 26 kg. Jede Solarzelle ist 18/10 Millimeter stark. Die Startmasse beträgt 2300 kg. Als Trägerrakete ist Ariane 3 vorgesehen (das Space Shuttle wird ebenfalls in Erwägung gezogen); der Start soll 1987 von Kourou aus erfolgen.

OTS. Die von der ESA gebauten OTS-Satelliten dienen der Telekommunikation. Der erste gelangte am 11. Mai 1978 in seine geostationäre Umlaufbahn. Seine Orbitmasse beträgt 444 kg. Der Körper ist 1,68 m breit, 2,13 m lang und insgesamt 2,39 m hoch.

mit Antennen von 1,22 m Durchmesser ausgerüstet. Untersucht wird auch der Funkverkehr mit Flugzeugen. Inmarsat wurde am 16. Juli 1979 in London gegründet. Es gibt (1985) 43 Mitgliedsländer. Die Hauptanteilseigner sind entsprechend der Nutzung die USA (22,95%) und Großbritannien (14,55%).

Der Betrieb wurde am 1. Februar 1982 mit 1000 Teilnehmern (Kunden) aufgenommen. Heute werden Telefon-, Telex-, Faksimile- und Datendienste für über 3200 Schiffe aller Art, für Ölplattformen (und verschiedene Stationen an Land) in über 60 Ländern geleistet.

Das Satelliten-Betriebsnetz besteht aus drei Marisat-Satelliten (von Comsat gemietet, deren erster im Februar 1976 gestartet wurde); zwei Marecs (gemietet von der ESA) und vier Intelsat V (von Comsat gemietet), letztere mit Gerät für den Seefunk. Die Satelliten stehen in geostationären Bahnen über dem Atlantik, dem Indischen Ozean und dem Pazifik.

Es gibt 13 Küstenstationen, und zwar in Goonhilly Downs (Großbritannien), Fucino (Italien), zwei in Odessa (UdSSR), Pleureur Bodou (Frankreich), Southbury und Santa Paula (USA), Tangua (Brasilien), Umm-al-aish (Kuwait), Eik (Norwegen), Yamaguchi und Ibaraki (Japan) und Singapur.

Inmarsat hat sich entschlossen, das Netz mit Satelliten der zweiten Generation weiterzuentwickeln, zu Inmarsat 2, von denen jeder eine Kapazität von 400 Duplex-Kanälen im Vergleich zu 50 bei Marecs und eine verlängerte Betriebszeit von 7 auf 10 Jahre hat. Sie sollen auch mit Kapazitäten für die Flugsicherung sowie für den Flug- und Wetterdaten-Funk ausgestattet werden, wahrscheinlich mit telexartigen Diensten. Man will sie auch für die Übermittlung von SOS-Signalen von Schiffen in Seenot verwenden und mit dem internationalen SARSAT-KOSPAS-Netz zusammenschalten, das bereits in Betrieb ist. Inmarsat hat das Versuchsprogramm Prosat entwickelt, um die Dienste auch auf Flugzeuge und Boote von knapp über 100 Tonnen (davon gibt es auf der Welt rund 80 000), den Langstrecken-Güterkraftverkehr und Siedlungen in abgelegenen und unzugänglichen Gebieten auszudehnen. Ziel ist es, mit Stationen zu kommunizieren, deren Antennen nur 1,22 m Durchmesser haben und die daher weniger kosten. Die Qualität der Sprechfunk- und Telex-Dienste wird nicht so gut sein, dem

steht jedoch eine Ersparnis an Platz und Geld gegenüber.

Die Organisation wird zunächst drei Satelliten kaufen und eine Option auf weitere sechs geben. Der Vertrag mit British Aerospace wurde unterzeichnet. Diese Firma ist Konsortialführer für Hughes Aircraft, Matra, Fokker und Satcom International. Der Start des ersten Inmarsat 2 ist für Mitte 1988 geplant. Zum erstenmal erscheint die sowjetische Proton D als mögliche Trägerrakete auf der Liste.

Das Intersputnik-Netz

Intersputnik ist die Internationale Weltraum-Fernmelde-Organisation der UdSSR und ihrer Verbündeten. Verwendet werden sowjetische Satelliten, und dies hat indirekte Auswirkungen auf den internationalen Satellitenmarkt. Es erweitert den Markt keineswegs, aber entnimmt ihm mögliche Kunden. Intersputnik wurde 1971 gegründet und wird von 14 Ländern unterstützt: Afghanistan, Bulgarien, DDR, Kuba, Laos, Mongolei, Polen, Rumänien, Syrien, Tschechoslowakei, UdSSR, Ungarn, Vietnam und Süd Jemen. Verwaltungssitz ist Moskau.

Verwendet werden die Gorizont (Horizont)-Satelliten des Stationar-Satelliten-Netzes für den Telefon-, Telegrafen- und als wichtigstes, den Fernsehdienst. Zwischen Dezember 1978 und 1985 wurden zwölf Satelliten auf geostationäre Bahnen gebracht. Intersputnik arbeitete mit Intelsat bei der Übertragung der Olympischen Spiele in Moskau zusammen.

Satelliten für die arabische Welt

Arabsat (Arab Satellite Communications Organisation – Arabische Fernmelde-Satelliten-Organisation) ist ein Konsortium, bestehend aus den 22 Nationen der Arabischen Liga. Es wurde 1976 gegründet und hat seinen Sitz in Riad in Saudi-Arabien. Aufgabe ist der Punkt-zu-Punkt-Fernmeldeverkehr und die direkte Fernsehverbindung speziell auf erzieherischem und kulturellem Gebiet mit kleinen abgelegenen Siedlungen. Der Antennendurchmesser der Erdestationen beträgt 3 m. Im Mai 1981 wurden drei Satelliten bei Aerospatiale in Frankreich bestellt. Der erste wurde am 8. Februar 1985 gestartet, wobei der Termin sich wegen politischer Probleme (ein US-Veto, das später zurückgenommen wurde) und technischer Schwierigkeiten

um über ein Jahr verzögert hatte. Der zweite Versuch fand am 18. Juli 1985 aus einem Space Shuttle statt. Bei dieser Gelegenheit ging auch der erste Araber in den Erdumlauf. Es war Sultan Salman Abdelazize Al-Saud, ein saudi-arabischer Nutzlastspezialist. Saudi-Arabien hält den größten Anteil an der Arabsat. Der dritte Satellit befindet sich am Boden in Reserve.

Die Arabsat-Satelliten befinden sich in geostationärem Umlauf. Damit sie nicht von Ländern, die nicht der Arabischen Liga angehören, zu stören sind, werden die Kommando- und Steuersignale verschlüsselt. Die Entschlüsselung geschieht an Bord des Satelliten im Kommandosystem. Um politische Komplikationen zwischen den einzelnen arabischen Ländern zu vermeiden, sind auch Untersuchungen im Gange, die Fernsehprogramme für die abgelegenen Gemeinden zu kodieren. Zu den Mitgliedern des Konsortiums gehören: Ägypten, Libyen und Jordanien; Syrien und der Libanon; beide Jemen; Saudi-Arabien und die PLO, Irak, Marokko, usw. Einige Mitgliedsländer der Arabsat-Organisation mögen durchaus nicht, daß Programme, die von einem Land abgestrahlt werden, auch von allen anderen empfangen werden können. Um dies zu vermeiden, sind die Sende- und Empfangs-

ECS. Die ECS-Satelliten werden von der europäischen Eutelsat-Organisation gestartet. Die Satelliten haben eine Orbitmasse von 605 kg, ihre Bauhöhe beträgt 2,40 m und der Durchmesser der mittleren Struktur 2,20 m. Die Gesamtspannweite der beiden Solarzellenflügel erreicht 13,80 m. Die Kapazitäten der ECS umfassen 10 500 Fernsprechlinien, die Lebensdauer ist für 7 Jahre geplant.

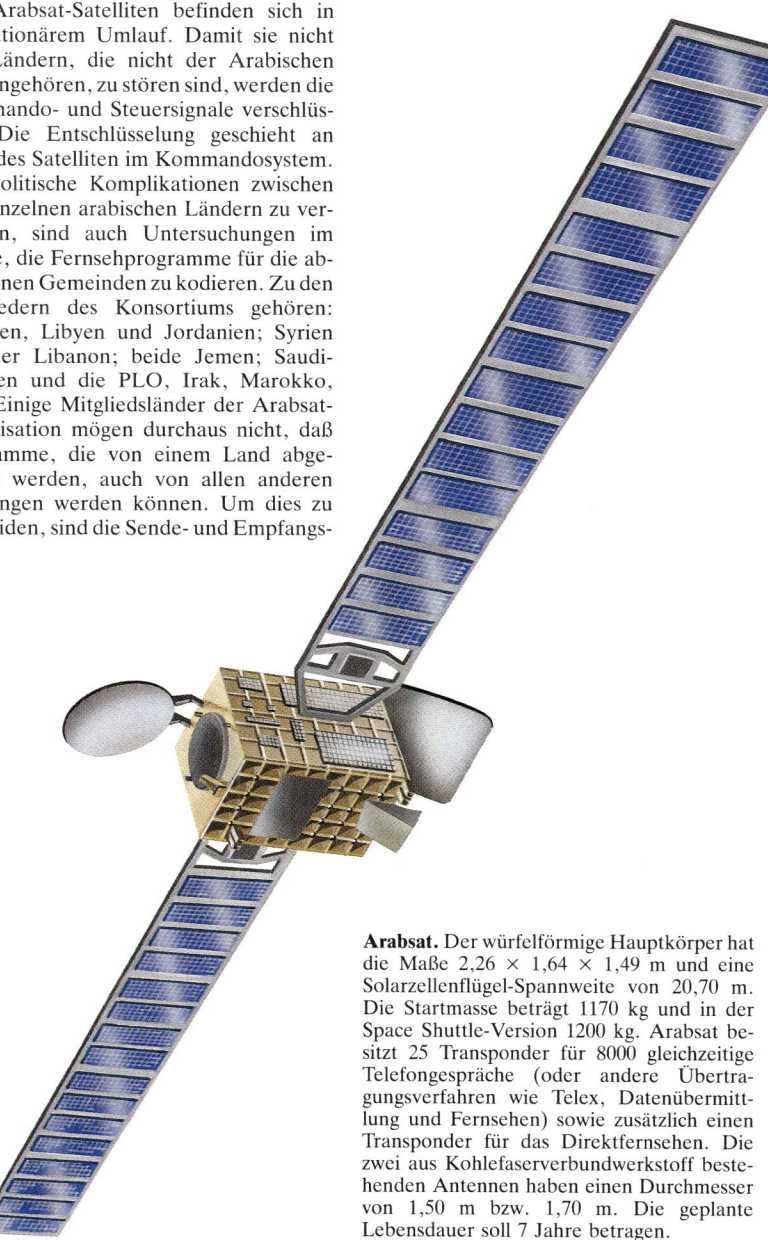

Arabsat. Der würfelförmige Hauptkörper hat die Maße 2,26 × 1,64 × 1,49 m und eine Solarzellenflügel-Spannweite von 20,70 m. Die Startmasse beträgt 1170 kg und in der Space Shuttle-Version 1200 kg. Arabsat besitzt 25 Transponder für 8000 gleichzeitige Telefongespräche (oder andere Übertragungsverfahren wie Telex, Datenübermittlung und Fernsehen) sowie zusätzlich einen Transponder für das Direktfernsehen. Die zwei aus Kohlefaserverbundwerkstoff bestehenden Antennen haben einen Durchmesser von 1,50 m bzw. 1,70 m. Die geplante Lebensdauer soll 7 Jahre betragen.

stationen mit Schlüsselgerät ausgestattet. Arabsat hat auch zu erheblichen Differenzen mit Israel geführt, das fürchtet, die eigenen Fernmeldeverbindungen könnten abgehört und die Luft mit arabischer Propaganda überflutet werden.

Arabsat ist der erste Satellit, der von einer nicht-amerikanischen Firma geliefert wurde. Unter der Leitung von Aérospatiale umfaßt das Konsortium Ford Aerospace and Communications, Selenia Spazio (Funkantennen und Kommando-Transponder), MBB, AEG und Bertin. Die Zusatzrakete, um den Satelliten aus der niedrigen Shuttle-Bahn in die geostationäre zu transferieren, ist die von McDonnell Douglas gebaute PAM-D.

Oscars für Funkamateure

Der erste Funkamateursatellit Oscar 1 war, absolut gesehen, der vierte Fernmeldesatellit. Er arbeitete 18 Tage. Der Start erfolgte durch das amerikanische Verteidigungsministerium zusammen mit dem Wissenschafts-Satelliten Discoverer 36 mit einer Thor-Delta am 12. Oktober 1961. Die 22 Satelliten für Funkamateure, die Oscar, Radio und Iskra, waren meist »Mitflieger« von wichtigeren Satelliten, bemannten Raumkapseln und risikobehafteten Versuchsstarts. Die seriösen zivilen und militärischen Organisationen haben die Funkamateurfamilie mit über 2 Millionen über die ganze Welt verstreuten Mitgliedern stets mit Wohlwollen angesehen. Noch bevor sie ihren eigenen Oscar (Orbiting Satellite Carrying Amateur-Radio) hatten, lieferten Funkamateure die einzigen – und das in Massen – Informationen über den ersten Satelliten der Geschichte – zur Überraschung der nicht sehr mitteilsamen Russen. Bei Sputnik 1 fanden sie die Bahndaten und die Sendefrequenzen und setzten dies mit anderen sowjetischen und amerikanischen Satelliten fort.

Es gibt insgesamt elf Oscars. Der letzte wurde am 1. März 1984 gestartet. Sie sind für die unbeschränkte Verwendung durch Funkamateure in aller Welt ausgelegt.

Die Oscar-Satelliten werden in mehreren Ländern gebaut: den USA, Australien (Oscar 5), Großbritannien, Bundesrepublik Deutschland (Oscar 10), oder von internationalen Funkamateur-Gruppen unter der Anleitung von Amsat, dem »Verein« der Satelliten-Funkamateure mit Sitz in Washington. Die zwei aus Großbritannien stammenden Oscar trugen die Bezeichnung UOSAT 1 und 2 für University of Surrey Satellite, deren Studenten diese Satelliten gebaut hatten.

Zu Beginn mit einer Startmasse von 6,8 kg und einer Stromversorgung durch Batterien, die zwischen zwei Monaten und einem Jahr arbeiteten, dienten die Oscar als Ziele für die Ausbildung von Funkamateuren in der Kunst, Objekte im Weltraum zu entdecken. Es war nicht mehr als eine modische Freizeitbeschäftigung. Sie gestaltete sich im Laufe der Zeit komplexer, die Satellitenmassen stiegen auf 60 kg und die Lebensdauer auf 2 bis 5 Jahre. Die Ausrüstung umfaßte schließlich Aufzeichnungsgeräte, Sprachsynthesizer, Instrumente zur

Untersuchung des Verhaltens verschiedener Wellenarten und eine kleine Fernsehkamera, die Bilder der Erde auf Bildschirme in Privathäuser und Schulen übertrug. Oscar 10, der am 16. Juli 1983 gestartet wurde, leistete auch Nachrichtendienste in Notsituationen und übermittelte Schulprogramme direkt an Schulen.

Die anderen elf Satelliten wurden in der UdSSR gebaut und gestartet. Acht davon sind Funksatelliten (Masse 40 kg), die in zwei Schwärmen gestartet wurden: 1 und 2 mit Kosmos 1045 am 26. Oktober 1978 und 3 bis 8 am 17. Dezember 1981. Die letzteren sind die einzigen mit einer eigenen Bahn. Ihre Verweildauer im Erdumlauf wird mit 15 Jahren angegeben. Während die Funksatelliten für die weltweite Nutzung sind, dienen die drei Iskra-Satelliten (Masse 28 kg) nur Funkamateuren in den Comecon-Staaten. Iskra 2 und 3 wurden von Hand durch die Kosmonauten von Salut 7/Sojus T-5 am 17. Mai bzw. 18. November 1982 ausgesetzt. Die Amsat-Organisation untersucht gegenwärtig ein Drei-Satelliten-System mit der Bezeichnung Syncart (Synchronus Amateur Radio Transponder – Synchroner Funkamateur-Transponder); der ehrgeizigste von ihnen wird sich an den Asteroiden versuchen. Das Experiment soll an Bord von Arsène durchgeführt werden, dem ersten Satelliten für Funkamateure in Frankreich. Dies soll der erste Start mit einer Ariane werden.

Wettersatelliten

Satelliten ermöglichen es den Meteorologen, das zu sehen und schnell zu verstehen, was sie in früheren Jahren nur unvollkommen und in harter Arbeit rekonstruieren konnten. Auf einmal erschienen in einem Bild die wichtigsten Wettersysteme eines gesamten Kontinents auf dem Bildschirm, und mit drei Bildern wird die ganze Erde abgedeckt. Diese Systeme werden fotografiert und während ihrer Bildung und Umbildung beobachtet. Alle 30 Minuten erscheint ein anderes Bild in Schwarz-weiß oder in Farbe, so daß die Wettervorhersage ständig berichtigt werden kann. Die Meteosat-Satelliten können über einen Rechner so viele Bilder zusammensetzen, daß sich das Wetter der letzten 16 Stunden rekonstruieren läßt. Man kann auch von der allgemeinen Lage auf Einzelbilder von 4×4 km Fläche umschalten.

Bei diesen Satelliten wird keine Region

ausgelassen – von den sandigen Wüsten bis zum Treibeis, von denen Messungen auf traditionelle Weise nur schlecht oder überhaupt nicht zu bewerkstelligen waren. Außerdem können diese Satelliten Meßwerte und Informationen von Tausenden unbemannter Beobachtungsstellen, wie von Bojen, aufnehmen und sie an Stationen funken, die sie dann den Wetterdiensten oder privaten Kunden zur Verfügung stellen. Der größte Beitrag, den Satelliten den Wetterdiensten geleistet haben, besteht in der Fähigkeit, weltweite und regionale Informationen zusammen mit Informationen von Stationen auf der Erde, von Wetterballons, Flugzeugen und Bojen zu liefern, so daß ein vollständiges Bild über die Verhältnisse über und um die gefragte Zone herum entsteht. Für weite Bereiche auf unserem Planeten ist der Satellit die einzige Quelle von Meßwerten, die dem Meteorologen zur Verfügung steht, um seine Vorhersagen auszuarbeiten und seine Voraussagen zu untermauern.

Der Kampf gegen Naturkatastrophen, die Fischfangindustrie und das Transportgewerbe sind Nutznießer der meist wirtschaftlichen Vorteile, die vom Wetterbericht abgeleitet und dann auch Teil der allgemeinen Planung werden, denn sie haben ihre Auswirkungen auf die Wasserversorgung (von der Landwirtschaft bis zur Energie), den Fremdenverkehr und den Verkehr.

Satelliten leisten auch einen mehr verborgenen Beitrag, der auch wieder von strategischer Bedeutung ist. Dies hat mit den Mechanismen zu tun, die wiederum das Wetter schaffen: die Kenntnis der Sonnenaktivitäten und deren Auswirkung auf das Magnetfeld der Erde und damit auf die Meteorologie und das Klima. Die Verbundrechner der Satelliten müssen immer komplexere mathematische Modelle der Atmosphäre entwickeln. Einer von ihnen ist Aphrodite des Wetterdienstes der italienischen Luftstreitkräfte. Der Satellit/Rechner-Verbund verwandelt die Meteorologie in eine immer zuverlässiger werdende Wissenschaft und eine, die sich immer weiter von der reinen Spekulation entfernt.

Von Tiros zu Kosmos

Am 1. April 1960 starteten die USA den ersten experimentellen Wettersatelliten, Tiros 1 (Television and Infrared Observation Satellite – Fernseh- und Infrarot-Beobachtungssatellit) in den Erdumlauf. Er konnte nur bei Tage Fotos in Zonen mäßiger geografischer Breite aufnehmen, übermittelte aber in 78 Tagen immerhin 19 389 brauchbare Bilder an die Erde zurück. Die ersten Erdbewohner, die erkannten, daß sich etwas Neues über den Himmel bewegte, waren die Einwohner von Brisbane in Australien. Zehn Tage nach dem Start meldete Tiros 1 die Bildung eines Wirbelsturms 1500 km über dem Ozean in einem Gebiet ohne normale Wetterbeobachtung. Brisbane war so in der Lage, vorsorgende Maßnahmen gegen den Wirbelsturm zu treffen, der sonst die Stadt unvorbereitet getroffen hätte.

Tiros 2 (gestartet am 23. November 1960)

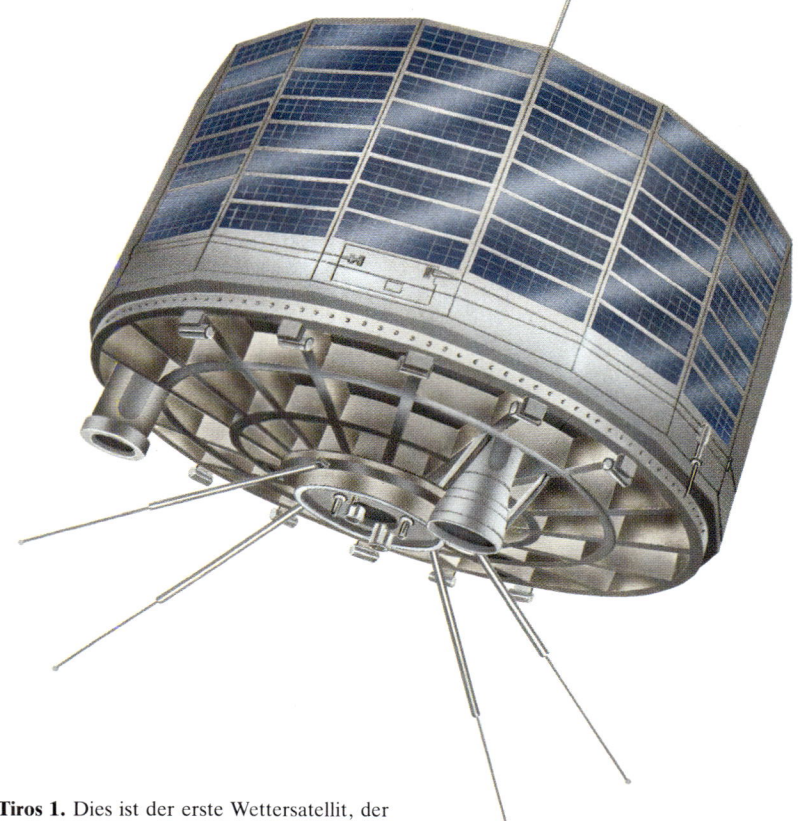

Tiros 1. Dies ist der erste Wettersatellit, der im April 1960 von der NASA gestartet wurde. Tiros 1 sieht aus wie ein Prisma mit 18 Facetten und ist rundum mit Solarzellen bedeckt. Der Durchmesser beträgt 1,06 m, die Höhe 48 cm und die Masse 122,5 kg. Seine Umlaufbahn, mit einer Neigung von 48°, hat ein Perigäum von 690 km und ein Apogäum von 750 km.

verfügte über Infrarot-Sensoren, die auch Nachtaufnahmen ermöglichten. Der letzte der zehn Tiros-Satelliten (am 2. Juli 1965 gestartet), verfügte über ein automatisches Bildübertragungssystem. Die Wetterdienste konnten so Bilder mit relativ billiger Ausrüstung empfangen. Von 1966 bis 1970 gab es bei den Tiros-Satelliten zwei Namensänderungen. Sie wurden in ESSA umbenannt (Environmental Science Services Administration) nach dem Namen einer neuen Organisation für die Umweltwissenschaften und dann in NOAA (National Oceanic and Atmospheric Administration), der Organisation für die Ozeane und die Atmosphäre, die später die ESSA in sich aufnahm. Sie wurden auch als Tiros-N (von der NOAA) bezeichnet. Aber die wichtigsten Änderungen bezogen sich auf ihre Zuverlässigkeit und die Dienstleistungen, die jetzt als unverzichtbar gelten. Seit 1960 ist kein Taifun oder Tornado den wachsamen Augen dieser Satelliten entgangen, deren Beobachtungen diejenigen von Flugzeugen ergänzen. Der Beitrag in der Rettung von Leben und Eigentum durch diese Satelliten ist nicht abschätzbar. Sie haben auch Heuschreckenschwärme verfolgt, die in armen und ärmsten Gegenden der Welt Katastrophen biblischen Ausmaßes verursachen. Treibeis und Packeis in den Meeren der Arktis und Antarktis können jetzt beobachtet werden Wertvolle Dienste leisteten auch die sowjetischen Kosmos-Satelliten von 4 Tonnen Masse, die samt ihren Schätzen an Bildern zur Erde zurückgeführt werden.

Polare und geostationäre Satelliten

Die jeweiligen wirtschaftlichen Vorteile der Wettervorhersage, die ständig genauer wird, haben Satelliten auf polaren und geostationären Bahnen in Verbindung gebracht. Wegen der unterschiedlichen Merkmale ihrer Bahnen bieten die beiden Satellitenarten Vorteile, die sich gegenseitig ergänzen. Die polaren Satelliten haben Umlaufbahnen in Höhen von 800 bis 1000 km, wobei die Bahnen senkrecht auf der Äquatorebene stehen. Aus diesem Grund überqueren sie auch die Pole. Ihre Umlaufzeit beträgt rund 100 Minuten. Sie beobachten somit einen gegebenen Punkt auf der Erdoberfläche zweimal am Tage (mindestens) dank ihrer Sensoren, deren Beobachtungswinkel eine überlappende Betrachtung gestattet. Somit ergibt sich alle 12 Stunden ein vollständiges Bild der Erde. Die geostationären Satelliten befinden sich in einer Höhe von 36 000 km über dem Äquator. Sie beobachten dabei ständig ein kreisförmiges Gebiet der Erdoberfläche von 18 000 km Durchmesser, etwa einem Viertel der Erdoberfläche, von denen mehr als 12 000 km mehr als ausreichende Beobachtungsverhältnisse bieten. Der einzige Nachteil ist die Höhe der Umlaufbahn, so daß sie nicht das hohe Auflösungsvermögen der Polarsatelliten haben.
Ein Projekt, an dem sich gemeinsam die USA, die UdSSR, Japan und Europa beteiligen, war das erste Global Atmospheric Research Programme oder GARP, das Anfang der 60er Jahre von der Weltwetterorganisation auf Anregung der UNO-Voll-

Météosat. Sein Hauptkörper ist zylindrisch, der von einem kleineren Zylinder und der Antenne überragt wird. Durchmesser: 2,10; Gesamthöhe: 4,18 m und Startmasse: 702 kg. Die Orbitmasse beträgt anfangs 348 kg und später 300 kg. Als Trägerrakete ist Ariane 3 oder 4 vorgesehen, das Startdatum für Météosat P2, dem dritten und letzten Versuchssatelliten, ist auf Mitte 1986 festgesetzt. Für die drei operationellen Satelliten mit der Bezeichnung MTO bzw. MOP (Météosat Operational) sind als Startdaten Mitte 1987, Mitte 1988 und November 1990, alle von Kourou aus, vorgesehen.

versammlung in Angriff genommen wurde. Das Netz polarer und geostationärer Satelliten nahm 1979 den Betrieb auf. Zu ihm gehörten zwei Polarsatelliten Tiros-N (oder NOAA) der USA und zwei sowjetische Wettersatelliten Meteor 2. Die Bahnen der Tiros-N standen senkrecht aufeinander, so daß jeder Punkt der Erde in Perioden von 5–8 Stunden beobachtet werden konnte. Pro Tag machten sie 14 Umläufe. Sie arbeiten im sichtbaren und im Infrarot-Bereich, fotografieren die Wolkenbedeckung mit einem Radiometer, wobei die kleinste unterscheidbare Objektgröße 1 km beträgt. Die Tiros-N-Satelliten führen auch senkrechte Entfernungsmessungen der Atmosphäre nach unten aus, überwachen die Sonnentätigkeit und sammeln und übermitteln Meßwerte von Bojen und anderen unbemannten Stationen. Die Satelliten Meteor 2 machen Bilder im sichtbaren Spektrum mit einer Auflösung von 2 km und im Infrarotbereich von 8 km. Die geostationären Satelliten sind die Goes

1 (im Oktober 1975 gestartet – er arbeitet nur im sichtbaren Bereich, da das IR-Radiometer beschädigt wurde) und Goes 6 (Startdatum 28. April 1983). Die Satelliten Goes 1 und 6 bezeichnet man auch als Goes Ost und West. Sie überwachen das Wetter über Nordamerika und dem Nordatlantik, dem Westen der USA, Kanada und dem Ostpazifik. Sie liefern alle 30 Minuten ein Bild mit Auflösungen von 1 km im sichtbaren und 8 km im Infrarot-Spektrum. Die zwei Goes-Satelliten (4 und 5) wurden im November 1982 bzw. Juli 1984 nach nur 2 und 3 Jahren im Umlauf beschädigt. Goes 7 soll 1986 in Betrieb gehen.
Das Netz wird durch Meteosat 2 der ESA (Start am 19. Juni 1981) sowie durch den japanischen (wenn auch von Hughes in den USA gebauten) GMS 3 (Geostationary Meterological Satellite), der am 23. August 1984 gestartet wurde, ergänzt. Die Sowjetunion wird auch einen geostationären Satelliten beisteuern, den GOMS.
Die European Space Agency ihrerseits

wird Meteosat P 2 – immer noch einen Vorserien-Satelliten – 1986 in den Erdumlauf bringen. Ihm werden dann drei Meteosat-Betriebssatelliten folgen. Die Wettersatelliten bedienen sich zweier unterschiedlicher Sensoren: für das sichtbare Licht, z. B. dem von Wolken, Land, Wasser, Schnee und Eis reflektierten Sonnenlicht, und dem Infrarot, das heißt der Strahlung, die von den zu beobachtenden Sachen selbst abgestrahlt wird. Die wichtigsten Instrumente sind Strahlungsmesser für das sichtbare Licht und das Infrarot.

Ozon-Verteilung

Der am 28. August 1964 von der US Navy gestartete Versuchssatellit Nimbus war mit einem Gerät versehen, um die Verteilung des Ozons (O_3) in der Atmosphäre zu messen, eines Gases, das den überschüssige und gefährliche Ultraviolettstrahlung aus dem Sonnenlicht ausfiltert. Bei Nimbus 4 (gestartet am 8. April 1970) gab es eine Überraschung: zwischen 1970 und 1972 war die Ozonmenge nur halb so groß wie man es vorher angenommen hatte. Dieser Abfall war beunruhigend, denn weniger Ozon heißt auch mehr Ultraviolettstrahlung und damit eine erhöhte Gefahr des Hautkrebses. Hohe Ozongehalte sind für Menschen, die sich in der Luft befinden, wie Piloten und Passagiere, nicht zu empfehlen. Der am 24. Oktober 1978 gestartete Nimus 7 half bei der Erstellung von Karten über die Ozonverteilung.
Die Ozonverteilung war nicht die einzige Überraschung. Die Strahlungsenergiemenge, die von der Sonne die Erde erreicht, spielt eine wichtige Rolle; aber, um es einfach auszudrücken, man wußte zwar, daß sie sich ändert, nahm sie aber als konstant an. Nimbus 7 zeigte, daß diese »Sonnenkonstante« sich nicht nur kurzfristig in der Größenordnung von ein oder zwei Zehntelprozent ändert, sondern, daß sie auch dazu neigt, um zwei bis vier Hundertstel pro Jahr abzunehmen.

Die europäischen Meteosat

Meteosat ist die erste Baureihe europäischer Wettersatelliten. Sie bilden Europas Beitrag zum »Weltwetternetz« und GARP. Meteosat überwacht nicht nur Europa mit Ausnahme der Polargebietes, sondern ganz Afrika, den Nahen Osten und den Westen Südamerikas. Das heißt, er kann von über 100 Ländern genutzt werden. Die zwei Vorbetriebs-Meteosat wurden am 23. November 1977 und am 19. Juni 1981 gestartet. An Bord von Meteosat 1 versagte im November 1979 das Radiometer, das die Bilder aufnimmt, doch der Empfang der Meßwerte von Bojen, Höhenballons, abgelegenen Stationen, Schiffen und deren Übermittlung an die Erdestation in Darmstadt wurde fortgesetzt.
Genau das Gegenteil geschah mit Meteosat 2. Daraufhin verließ Meteosat 1 seine Bahn und wurde durch einen amerikanischen Goes-Satelliten ersetzt.
Um das weltweite Forschungsprogramm abzuschließen sowie den Ausfall der zwei Goes-Satelliten auszugleichen, entschied

61

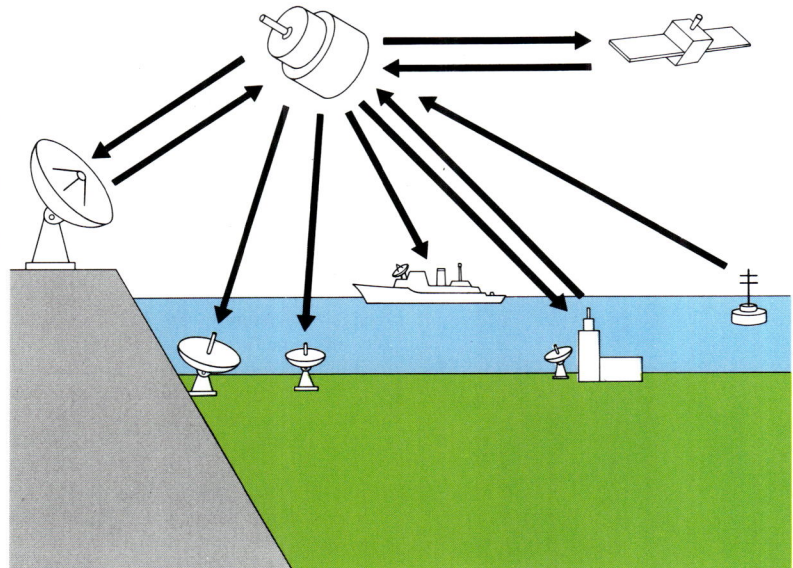

Die im Infrarot- und im sichtbaren Lichtbereich von Météosat aufgenommenen Wolkenbilder werden zur Erde an eine zentrale Bodenstation übermittelt, hier aufbereitet und ergänzt und wieder an den Satelliten zurückgesendet, der sie nun an meteorologische Stationen auf der ganzen Welt wiederausstrahlt. Météosat empfängt auch Wetterdaten von Schiffen, automatischen Land/See-Wetterstationen, Wetterballons und von Satelliten in niedriger Umlaufbahn zur Wiederausstrahlung an die zentrale Bodenstation, nationale Wetterämter und andere kleinere Endabnehmer.

die ESA einen dritten Vorbetriebs-Meteosat (P2) zu starten und im Hinblick auf einen der drei Modelle, die sich in der Vorbereitungsphase befanden, im Weltraum in Funktion zu bringen. Dieser P2 war mit einem italienischen Experiment ausgestattet, um die Atomuhren auf eine Milliardstel Sekunde genau zu synchronisieren, die an Bord des europäischen Sirio 2 verlorengegangen waren, als der Start von Ariane am 10. September 1982 fehlschlug. Das Experiment trug die Bezeichnung LASSO (Laser Synchronization from Synchronous Orbit – Laser-Synchronisierung aus der synchronen Bahn). Dieser hohe Synchronisationsgrad ist für geodynamische Experimente erforderlich. Für den Betrieb von Meteosat P2, den Start und den Betrieb der drei Einsatzsatelliten, wurde am 24. Mai 1983 in Paris die Eumetsat, die Europäische Organisation für die Meteorologie über Satelliten gegründet. Vierzehn Länder unterzeichneten die Vereinbarung (Belgien, Dänemark, die Bundesrepublik Deutschland, Finnland, Frankreich, Großbritannien, Italien, Norwegen, die Niederlande, Portugal, Spanien, Schweden, die Schweiz und die Türkei). Zu ihren Aufgaben gehört die Verteilung meteorologischer Informationen an Länder Afrikas und des Nahen Ostens, die nicht über zeitgemäße Wetterdienste verfügen.

Die Meteosat-Baureihe hat drei Aufgaben: Ein Strahlungsmesser, der im wesentlichen aus einem Fernrohr von 40 cm Durchmesser besteht, nimmt alle 30 Minuten ein Bild auf und zwar im sichtbaren Spektrum mit einer Auflösung von 2,5 km und im Infrarotband mit einer Auflösung von 5 km; dabei kommt auch ein Wasserdampfabsorptionssystem zum Einsatz. Aus den Infrarotwerten werden die Temperaturen auf der Erdoberfläche und an der Oberseite der Wolken (helle weiße Flächen) berechnet mit einem Maximalfehler von 1° C. Die Höhe der Wolken kann man ableiten. Die Bewegungen kleiner Wolken geben einen Hinweis auf die Windgeschwindigkeit mit einer Genauigkeit von 3 m/s über tropischen Gebieten. Bilder des Wasserdampfs liefern Informationen über die mittlere Luftfeuchtigkeit in Höhen zwischen 5 und 10 km: die feuchten Zonen besitzen relativ helle Töne, während die Trockenregionen viel dunklere Flächen ergeben.

Die zweite Aufgabe betrifft die Übermittlung von brauchbaren Rohbildern an die Erdstationen von Kunden mit 5 m Antennendurchmessern und die Bildübermittlung an die Zentralstation, wo die verschiedenen Fehler und Verzerrungen korrigiert und die Bilder dann an den Satelliten zur Weiterleitung an Benutzerstationen mit Antennendurchmessern von 5 bis 3 m rückgesendet werden. Die Bilder werden in Simileform empfangen (Wefax oder Wetter-Faksimile) oder in hochauflösender digitaler Form. Sie werden dann von einem Rechner aufbereitet und in analoger interpretierbarer Form dargestellt.

Die dritte Aufgabe ist die Sammlung von Wetterdaten von Stationen, Bojen, Wetterballons und von Satelliten im niedrigen, polaren Orbit und deren Übermittlung an die Zentralstation und an kleine Benutzerstationen.

Die ESA verfügt über drei vor-operationelle Meteosat-Satelliten und betreibt zwei davon. Eumetsat betreibt den dritten vor-operationellen Meteosat und besitzt und betreibt die drei Einssatzsatelliten. Aérospatiale ist verantwortlich für die Integration und den Zusammenbau.

Rettungssatelliten

Irgendwo gibt es immer einen Satelliten, der irgend jemandem, wo immer es auch sei, Hilfe leisten kann, sei es ein Schiff in Seenot, ein notgelandetes Flugzeug oder irgend jemand anderes, der sich außerhalb der Reichweite der Rettungsdienste befindet. Die Statistik zeigt, daß im Laufe von zwei Jahren (vom 10. September 1982 bis zum 10. Oktober 1984) Rettungssatelliten 114 Notsignale empfangen und bei der Rettung der Leben von 288 Menschen geholfen haben. In 72 dieser Fälle kamen die Notsignale von Flugzeugen, in 40 Fällen von Schiffen und in zwei Fällen von Weitwanderern. Diese Ergebnisse sind Beweis für den Erfolg dieser Methode. Die Erprobungsphase (Februar 1983 bis Dezember 1984) ist jetzt vorüber, und Mitte 1985 begann der Normalbetrieb. Die am Programm teilnehmenden Länder haben entschieden, vier Satelliten in arbeitsfähigem Zustand mindestens bis 1990 zu betreiben, von denen jeder gleichzeitig die Signale von 90 Notfunkfeuern empfangen kann oder anders ausgedrückt von maximal 2000 Notsituationen pro Erdumlauf.

Die von der ICAO, der Unterorganisation der UNO für die Zivilluftfahrt, festgelegten Notfrequenzen sind 121,5 und 234 MHz. Während der Erprobungsphase gelang die Ortsbestimmung mit einer Genauigkeit von 15–20 km, was eine Rettungsaktion innerhalb von zwei Stunden nach Absendung des Notsignals ermöglichte.

Die Frequenz von 406 MHz ist nur für den Versuchsbetrieb freigegeben. Man erprobt über 200 Funkfeuer auf dieser Frequenz, die eine Ortsbestimmungsgenauigkeit von 5 km ermöglicht. So läßt sich eine Situation viel schneller klären, und Fehlalarme werden vermieden. Mit der traditionellen Methode der Frequenzüberwachung man man den Ort des Notfalls nur mit einer Genauigkeit von 200 km festlegen, und die Entdeckung des Signals ist auf Zonen häufigen Luftverkehrs begrenzt.

Durch die Verwendung von Satelliten läßt sich die Ungenauigkeit auf 2 km vermindern (schon in der Demonstrationsphase des SARSAT-KOSPAS-Systems wurden 15–20 km erreicht), so daß innerhalb von zwei bis zweieinhalb Stunden die Rettungsaktion anlaufen kann.

Warum experimentiert man dann überhaupt mit 406 MHz? Um eine Ortung bei 121,5 MHz durchführen zu können, müssen Satellit, Notfunkfeuer und Empfangsstation mehrere Minuten lang in Sichtkontakt sein. Dies beschränkt die abgedeckte Zone auf einen Radius von 2500 m um die Station. Das Notsignal 406 MHz ist dagegen so kodiert, daß es das Schiff, Flugzeug, oder was auch immer es sei, identifiziert und auch Informationen über die Art des Vorfalls gibt. Nachdem die Meldung vom Satelliten verarbeitet ist, gibt es zwei Möglichkeiten; entweder wird sie sofort gesendet, wenn sich eine Bodenstation im Sichtbereich des Satelliten befindet, und die nötigen Maßnahmen werden eingeleitet, oder sie wird an Bord eines Satelliten aufgezeichnet und dann gesendet, wenn eine Bodenstation in den Sichtbereich eintritt. Auf diese Weise bietet die Frequenz 406 MHz eine weltweite Abdeckung. Beim heutigen System und dem heutigen Netz beträgt die Zeitspanne zur Ortung einer Notsituation auf der Frequenz 406 MHz weniger als zwei Stunden, falls die Notsituation in Äquatornähe passiert oder eine Stunde bei einem Notfall in Westeuropa, den USA und Kanada.

Das Programm für die Such- und Rettungsdienste trägt die amerikanisch-sowjetische Doppelbezeichnung SARSAT-KOSPAS, wobei das erste Halbwort für Search- and Rescue Satellite-Aided Tracking und das zweite für dasselbe in russisch steht. Seit 1979 hat das Programm folgende nationalen Behörden zum Träger: NOAA in den USA, die kanadischen Verteidigungs- und Fernmeldeministerien, das französische Nationale Zentrum für Weltraumforschung CNES und das Ministerium für die Handelsmarine Morflot der UdSSR. Letzteres hatte auf eigene Rechnung das KOSPAS-System gestartet, und dann stellte sich heraus, daß es mit den westlichen Systemen kompatibel ist. Zu den vier oben genannten Gründungsmitgliedern gesellten sich Norwegen, Schweden, Großbritannien, Finnland und Bulgarien zu. Zweck des Programms ist es, die satellitengestützte Technologie zu nutzen, um die Genauigkeit von Such- und Rettungsoperationen mit den vorhandenen Notfunkgeräten zu verbessern und die Vorteile der neuen Funkbaken im 406-MHz-Band auszuprobieren.

Das SARSAT-KOSPAS Netz

Es besteht heute aus drei Satelliten (von vier geplanten) in fast polaren Umlaufbahnen und zehn Stationen. Zwei sind Kosmos-Satelliten, und zwar Kosmos 1383-KOSPAS 1 (die Bahn von 1004 × 1041 km mit einer Inklination von 83° hat eine Umlaufzeit von 105 Minuten) und Kosmos 1446 – KOSPAS 2 (Bahn 975 × 1025 km mit einer Inklination von 83° und einer Umlaufzeit von 104 Minuten). Der dritte Satellit ist ein verbesserter Wettersatellit der Tiros-N-Serie: NOAA 9-SARSAT 2, gestartet am 2. Dezember 1984 auf eine 865-km-Bahn mit einer Inklination von 98,86°. Vorher war am 28. März 1983 der NOAA 8-SARSAT 1 gestartet worden, der bis zum 30. Juni 1984 arbeitete, bis er wegen eines Versagens der Lageregelung außer Kontrolle geriet.

Die zehn Stationen sind folgende: drei in den USA (Kodiak, Alaska; Point Reyes, Kalifornien; und Scott Air Force Base, Illinois); eine in Kanada (bei Ottawa); eine in Großbritannien (Lasham); eine in Frankreich (Toulouse); eine in Norwegen

(Tromsö); drei in der UdSSR (Archangelsk, Moskau und Nachodka bei Wladiwostok). In jenem dieser Länder befindet sich auch ein Einsatzkontrollzentrum, das die eigenen Stationen verbindet und die Kommunikation zwischen den Rettungskoordinationszentren, die für die Rettungsaktionen zuständig sind, sicherstellt. Die Notfunkgeräte sind kleine längliche Kästen oder Kugeln mit kurzen Stabantennen. Ihre Farbe ist orange. Es gibt zwei Arten: Die ELT oder Emergency Locator Transmitter (Notsender für die Ortung) und die EPIRB (Emergency Position Indicating Radio Beacon – Notfunkbake zur Positionsanzeige).

Der ELT wiegt 1 kg und wird hauptsächlich in Flugzeugen und Landfahrzeugen verwendet. Der EPIRB wiegt 3 bis 5 kg und wird vornehmlich auf Schiffen, kleinen Booten und Bojen eingesetzt. Diese Funkbaken werden entweder automatisch oder von Hand eingeschaltet. Sie lassen sich auch durch Aufschlag (beim Flugzeug) oder durch Eintauchen (bei den Schiffsausführungen) in Funktion setzen. Manche bleiben bis zu 50 Stunden in Betrieb. Man macht auch Versuche mit Notfunkgeräten, die in extremen Klimabedingungen wie an den Polen und in Wüsten eingesetzt werden sollen. Auch hier wird der Doppler-Effekt genutzt (der österreichische Physiker Christian Doppler entdeckte ihn), d. h. die Frequenzverschiebung durch die Relativgeschwindigkeit zwischen Sender und Empfänger. Hier handelt es sich also um die Geschwindigkeit des Satelliten, der sich über den feststehenden Notsender hinweg bewegt. Wenn sich der Satellit nähert, wird die Frequenz höher, im Wechselpunkt ist sie gleichbleibend, und wenn er sich entfernt, wird die Frequenz tiefer. Die Berechnung und Verarbeitung der Signaländerungen entlang der Sichtlinie von Notsender und Satelliten und die Kenntnis des Ortes des Satelliten macht die Ortung des

Notsenders möglich. An Bord des Satelliten findet eine vorläufige Signalaufbereitung statt. Die Ergebnisse werden an die Stationen und diejenigen Einsatzkontrollzentren gefunkt, die sich für den Empfang in der richtigen Position befinden. Dort wird die Signalaufbereitung fortgesetzt und abgeschlossen, um das Sendegebiet des Signals zu bestimmen. Der Einsatzbefehl ergeht dann vom Kontrollzentrum an den entsprechenden Rettungsdienst.

Navigationssatelliten

Transit

Die US Navy startete Transit 1A am 17. September 1959. Wegen eines Ausfalls der dritten Stufe der Thor-Delta-Trägerrakete erreichte er nicht seine Umlaufbahn. In der an sich ergebnislosen 25minütigen Flugdauer begann Transit jedoch zu arbeiten und zeigte, daß der Doppler-Effekt als Navigationshilfe verwendet werden kann. Die US Navy benutzte Transit-Satelliten, um mit einer Genauigkeit von maximal 150 m die Position der mit Polaris-Flugkörpern bestückten U-Boote überall auf der Welt zu bestimmen. Das Programm war ein voller Erfolg. Mit der Masse von 60 bis 120 kg wurden bis 1978 20 von RCA gebaute Transit-Satelliten gestartet, und auch jetzt finden noch Starts statt. Sie wurden in polare Bahnen befördert, die zunehmend

kreisförmiger und höher wurden: von 373 × 745 bis 895 × 1149 km. Es befinden sich jeweils sechs Satelliten im Umlauf auf unterschiedlichen Ebenen, so daß immer einer für die Ortung in Sicht ist. Um die Einsatzzeit von Transit 4A zu verlängern (Start am 29. Juni 1961) wurde er nicht nur mit Batterien, sondern auch mit Sonnenzellen bestückt, aber auch mit dem ersten Kernenergie-Versorgungsteil, der in einem Raumfahrzeug zum Einsatz kam: SNAP-3 (System of Nuclear Auxiliary Power – System nuklearer Hilfsstromversorgung) mit einer Patrone, die ein Radioisotop enthielt. Bis etwa 1967 blieb das Navy Navigation Satellite System ein streng gehütetes Geheimnis. Von da an konnte es aber auch die Handelsmarine verwenden. Warum eigentlich nur Schiffe, zivile und militärische? Mit sechs Satelliten kann die Peilung alle 30 bis 90 Minuten, je nach der Position des Nutzers, erfolgen. Dabei beträgt die Genauigkeit rund 500 m. Zwei einschränkende Faktoren schließen die Benutzung durch Flugzeuge aus: die hohe Geschwindigkeit und die Notwendigkeit, die eigene Position zu jeder Zeit zu kennen.

Das Transit-System basiert auf Frequenzverschiebungen zwischen dem Satelliten und der ersten Empfangsstation. Die Signale liegen auf zwei Frequenzen und korrigieren so automatisch Störungen durch die ionisierten Schichten der Atmosphäre,

die den Doppler-Effekt beeinflussen können. Die korrigierten Daten werden dann in ein Verarbeitungszentrum geleitet, das die Bahncharakteristiken bestimmt, und von da zu einer zweiten Station, die im Speicher des Satelliten die jetzt veralteten Bahndaten löscht und neue eingibt. Beides, die Löschung und die Eingabe werden mindestens zweimal am Tage durchgeführt. Die Satelliten senden ständig geografische Länge und Breite des Nutzerortes.

Die üblichen erdgebundenen Verfahren weisen erhebliche Ablagen oder Lagefehler auf. Sie reichen von 180 m bei Loran zu 400 m bei Tacan, zu 1500 m beim Trägheitsnavigationssystem (nach einer Stunde Flugzeit ohne Stützung) und zu 2200 m bei Omega. Bei jeder Methode unterliegt diese Abschätzung unterschiedlichen Einschränkungen, wie die Brauchbarkeit in nur bestimmten Gegenden, einer abnehmenden Genauigkeit mit Flugzeit und Entfernung vom Sender und dem Fehlen einer Geschwindigkeitsanzeige.

Navstar GPS: die erste Konstellation künstlicher Sterne.

Die US Air Force hat ein Satellitensystem für ihren eigenen Bedarf untersucht. So entstand 1975 Navstar GPS (Navigation

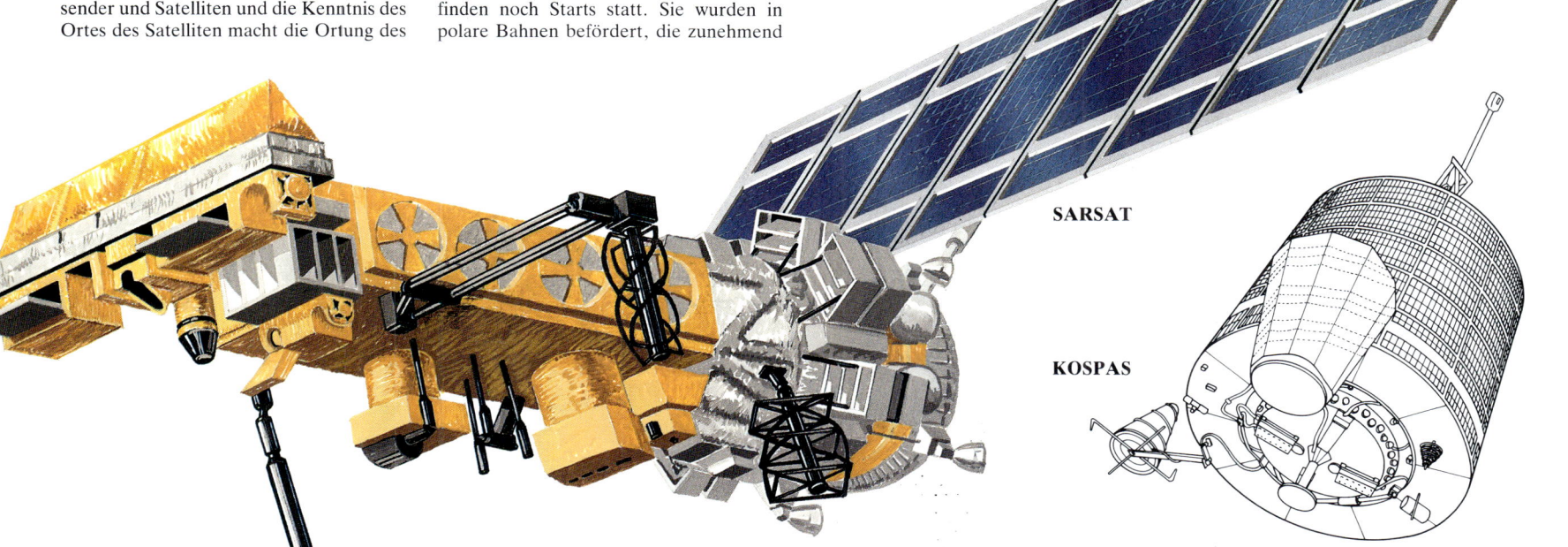

SARSAT

KOSPAS

SARSAT-KOSPAS. Dieses Satelliten-System für den Such- und Rettungsdienst wird von amerikanischen NOAA- und sowjetischen Kosmos-Satelliten gebildet. Die Kosmos-Satelliten (z. Z.: drei) umkreisen die Erde auf polnahen 800 bis 1000 km hohen Kreisumlaufbahnen und sind mit Geräten zu Empfang und Weiterleitung der Notsignale auf der Frequenz 121,5 MHz sowie für den 406 MHz Prozessor-Kreis ausgerüstet. Die NOAA(TIROS-N)-Satelliten (z. Z.: einer) kreisen in einem 865 km hohen polnahen Kreisorbit um die Erde und sind mit Geräten für die Frequenzen 121,5 – 406 – 243 MHz ausgestattet.

Navstar GPS. Zwei Serien von Satelliten. Die erste, genannt Block 1, sind Entwicklungssatelliten der Erprobungsphase zur Leistungsbeurteilung des Systems; sie haben eine Startmasse von 770 kg. Die Satelliten des Block 2, der operationellen Serie, haben eine Startmasse von 1715 kg. Trägerrakete für die Serie Block 1 ist die Atlas F, für die Serie Block 2 das Space Shuttle mit zusätzlicher PAM-D2-Oberstufe zur Beförderung aus der niedrigen Umlaufbahn in eine von 20 000 km Höhe. Zehn Satelliten der Serie Block 1 sind zwischen dem 22. Februar 1978 und September 1984 von Vandenberg aus gestartet worden. Ein Block-1-Satellit ging beim Start verloren, ein weiterer fiel in der Umlaufbahn aus. Der Start des ersten operationellen GPS 13 ist mit dem Space Shuttle geplant. Kreisorbit in 20 000 km Höhe, Neigung 55°, Einsatzdauer 7 ½ Jahre. Genauigkeit des Standortbestimmungssystems: 16 m in drei Dimensionen.

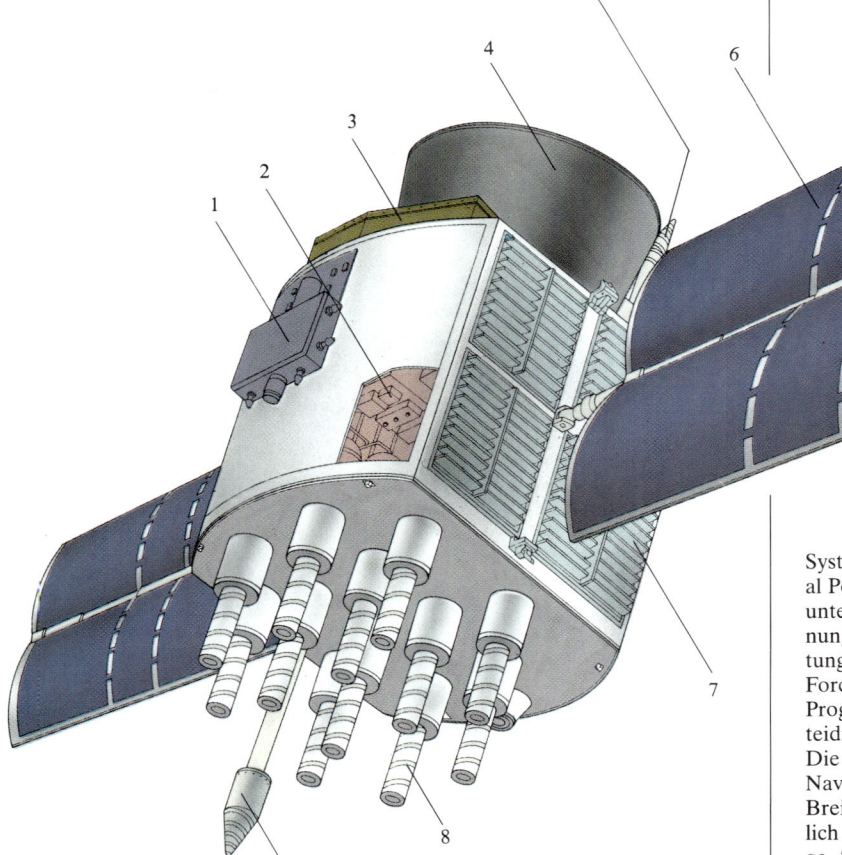

1 – Steuerdüsen; 2 – Lagekontrollsystem; 3 – Nickel-Kadmium-Batterien zur Stromversorgung während der Dunkelflugphase; 4 – Apogäumstriebwerk, Schubstärke 3000 kp (29,4 kN); 5 – S-Band-Rundstrahlantenne; Selbstausrichtende Solarzellenflügel; 7 – Wärmejalousien; 8 – (Navigations-)Wendelantennen; 9 – S-Band-Rundstrahlantenne.

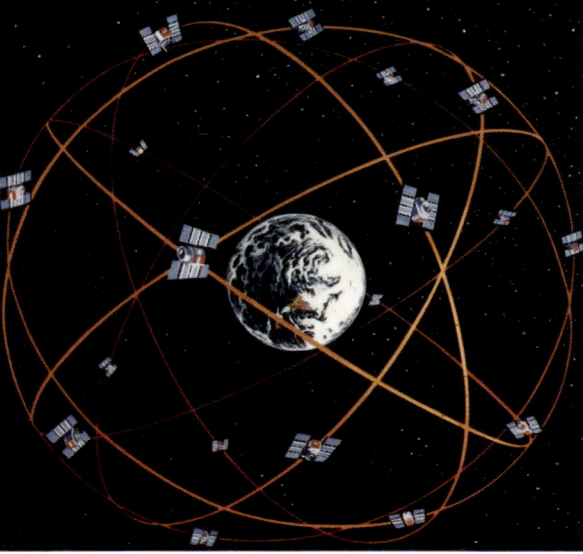

So sollen sich ab 1988 die 18 GPS-Satelliten auf sechs verschiedenen Umlaufebenen bewegen.

System Using Timing and Ranging – Global Positioning System – Navigationssystem unter Verwendung der Zeit- und Entfernungsmessung – weltumspannendes Ortungssystem). Beim GPS sind die US-Air Force (621B) und die Navy (Timation) Programme unter einem Schirm des Verteidigungsministeriums zusammengefaßt. Die Entwicklung erfolgt in zwei Phasen. Navstar liefert geografische Länge und Breite, Geschwindigkeit, Zeit und schließlich auch die Flughöhe unstetig an Flugzeuge, Schiffe oder U-Boote, Fahrzeuge, einzelne Menschen, die sich bewegen oder in Ruhe sind, an Land, im Wasser, in der Luft oder im Weltraum. Und all dies fast ohne oder mit nur unendlich kleinem Zeitverzug, ohne irgendwelche Beschränkungen auf bestimmte Gebiete oder durch das Wetter. Es dient dem Militär wie den zivilen Nutzern; ja, es gibt sogar schon tragbare Geräte. Navstar GPS wird die erste echte Konstellation künstlicher Sterne von Menschenhand im Erdumlauf sein. Die Navstar-Satelliten sind auch für andere Gebiete von Nutzen, bei denen es auf genaue Ortsbestimmung und genaue Zeiten ankommt, also für die Geophysik, die Geodynamik, die Geodäsie, die Geologie und die Kartografie.

Auch die Sowjets haben – uneingeladen – die Möglichkeit, Navstar GPS zu nutzen. Sie erhalten allerdings keinen Zugang zu den höchst genauen Meßwerten, wie sie für Raketeneinsatz und Bombenwurf erforderlich sind. GPS liefert zwei Arten von Hauptdaten entsprechend der Zahl der im Umlauf befindlichen Satelliten, von denen einige bereits gestartet sind. Von 1987 an wird es mit 12 Satelliten möglich sein, geographische Länge und Breite des Nutzerortes sowie Geschwindigkeit und Zeit zu bestimmen. Von 1989 an werden 18

Satelliten mit drei Reservesatelliten im Erdumlauf sein. Das System wird dann zusätzlich noch die Flughöhe liefern. Von 1986 an hat Navstar GPS noch eine Zweitaufgabe: die Entdeckung und die Ortung von Kernexplosionen in der Erdatmosphäre. GPS gehört dem Verteidigungsministerium, Rockwell produziert die Satelliten. Die Lage des Nutzers wird mit einer Genauigkeit von 15 m infolge der Kugelgestalt der Erde bestimmt, und zwar 18,1 m in der Horizontalen und 29,7 m in der Vertikalen. Geschwindigkeit und Zeit werden mit einer Genauigkeit von 0,1 m/s und einer Hundertmilliardstel Sekunde angezeigt. Alle diese Werte werden kodiert an die zugelassenen Benutzer übermittelt. Für den Zivilbereich sind die Lagegenauigkeiten aus Gründen der Erdkrümmung 60 m, und zwar 100 m in der Horizontalen und 162 m in der Vertikalen. Diese Werte lassen sich jedoch verbessern. Jeder Navstar-Satellit sendet ständig Navigationssignale auf zwei Frequenzen im L-Band.

Die Navstar-Daten sind nötig, um die geographische Länge und geographische Breite und die Flughöhe des Benutzers zu bestimmen sowie die (unvermeidliche) Zeitdifferenz, die von der Uhr im Satelliten und von der des Benutzers angezeigt wird. Weitere Verfahren sind nicht notwendig. Die Erdestationen schalten sich nur ein, wenn der Satellit vergessen sollte wo er ist und wie spät es ist. Die Stationen korrigieren dann die Lage und die Zeit der Atomuhren.

Erderkundungssatelliten

Im Zeitalter der Raumfahrt fällt dem Fernmeldesatelliten die Hauptaufgabe in der Nutzung zu. Die vielversprechendste Aufgabe haben jedoch die Satelliten, die eine Erweiterung unserer Kenntnisse über die Umwelt der Erde (sowohl der Weltmeere als auch des Festlandes) versprechen. Und so entgeht nicht ein einziges Merkmal unserer natürlichen Umwelt den Sensoren dieser Satellitenart, die auch Fernerkundungssatelliten genannt werden. Sie dienen: Landwirtschaft und Forstwirtschaft (von der Ernteschätzung bis zum Gesundheitszustand der Vegetation bis zur Überwachung von Weidegebieten und der Entdeckung von Waldbränden), der Kartographie (von der Berichtigung und Nachbesserung von Landkarten bis zur Lagefeststellung von Straßen, Eisenbahnen, Inseln, Riffs bis zu ersten großmaßstäblichen Karten von Asien, Afrika, Südamerika und den USA); Nutzbarmachung des Landes (von der Vermessung menschlicher Siedlungen bis zu Industrieanlagen, von der Ernte bis zur Umweltverschmutzung, den Folgen von Überschwemmungen, Vulkanausbrüchen oder Taifuns in Japan mit Tornados in den USA); der Geologie (von Brüchen in der Erdoberfläche durch seismische Ereignisse bis zu Strukturen, die Lagerstätten von Mineralien, Erdöl, Erdgas und Kohle verraten); der Gewässerkunde (von der Verwendung von Flußwasser bis zu Staudämmen und der Schneebedeckung der Berge); der Meereskunde (Phänomene auf See und in der Atmosphäre sowie deren Beziehung zu Klima, Strömungen und der Küstenerosion, Temperatur der Wassermassen und Fischzüge – verschiedene Fischarten bevorzugen bestimmte Wassertemperaturen, Wellenhöhen und topographische Verhältnisse des Meeresbodens. Die Beobachtungen der Satelliten sind periodisch und zeigen so alle Veränderungen auf. Sie werden nicht von Hindernissen beeinträchtigt. Sie geben nicht nur Einzelheiten wieder, sondern liefern auch eine Übersicht; sie zeigen die Merkmale, die man nur im großen Maßstab feststellen kann und die niedrig fliegenden Flugzeugen verborgen bleiben. Diese Daten werden fast in Echtzeit übertragen, und im Verhältnis zur beobachteten Fläche sind die laufenden Kosten auch geringer.

Der Überflug eines einzelnen Satelliten deckt Streifen von 185 × 185 km Größe ab. Für dasselbe Gebiet benötigt man 100 Luftaufnahmen, die zusammengesetzt und interpretiert werden müssen. Fernerkundungssatelliten verwenden die Erkenntnis, daß alles, was auf der Welt existiert (Lebewesen, Pflanzen und Mineralien), Energie in Form von elektromagnetischer Strahlung absorbiert oder abstrahlt. Der Prozentsatz der reflektierten Energie wird durch die geometrische Struktur der Oberfläche gegeben sowie durch die Art und die Zusammensetzung der betrachteten Körpers. So hat jedes Ding seine bestimmte »Signatur« oder seinen »Fingerabdruck«, der im Spektrum in bestimmten Graden definiert ist.

In anderen Worten, er nimmt einen Teil des elektromagnetischen Spektrums ein. Die verschiedenen Teile werden durch eine bestimmte Wellenlänge ausgedrückt. Die Beobachtungsinstrumente oder Sensoren der Satelliten machen keine fotografischen Aufnahmen: das heißt, die elektromagnetische Energie setzt keinen chemischen Prozeß auf einem Film in Bewegung.

Die Sensoren nehmen die elektrischen Signale in den einzelnen Wellenlängen auf, die durch die reflektierten Energieniveaus einer bestimmten oder gegebenen Oberfläche ausgedrückt werden. Die Signale werden in numerische Werte umgesetzt und zu einer Erdstation übertragen, die automatisch mittels Computers alle Abweichungen korrigiert. Die Bilder, die in digitaler Form gesendet werden, können Falschfarben unterschiedlichen Bereichs aufweisen. Von ihnen werden durch Rechner die verschiedenen Komponenten extrahiert, wie: Vegetation, Wasser, Siedlungsgebiete, Straßen und Wege, Industriekomplexe, Ernten usw.

Das amerikanische LACIE-Programm

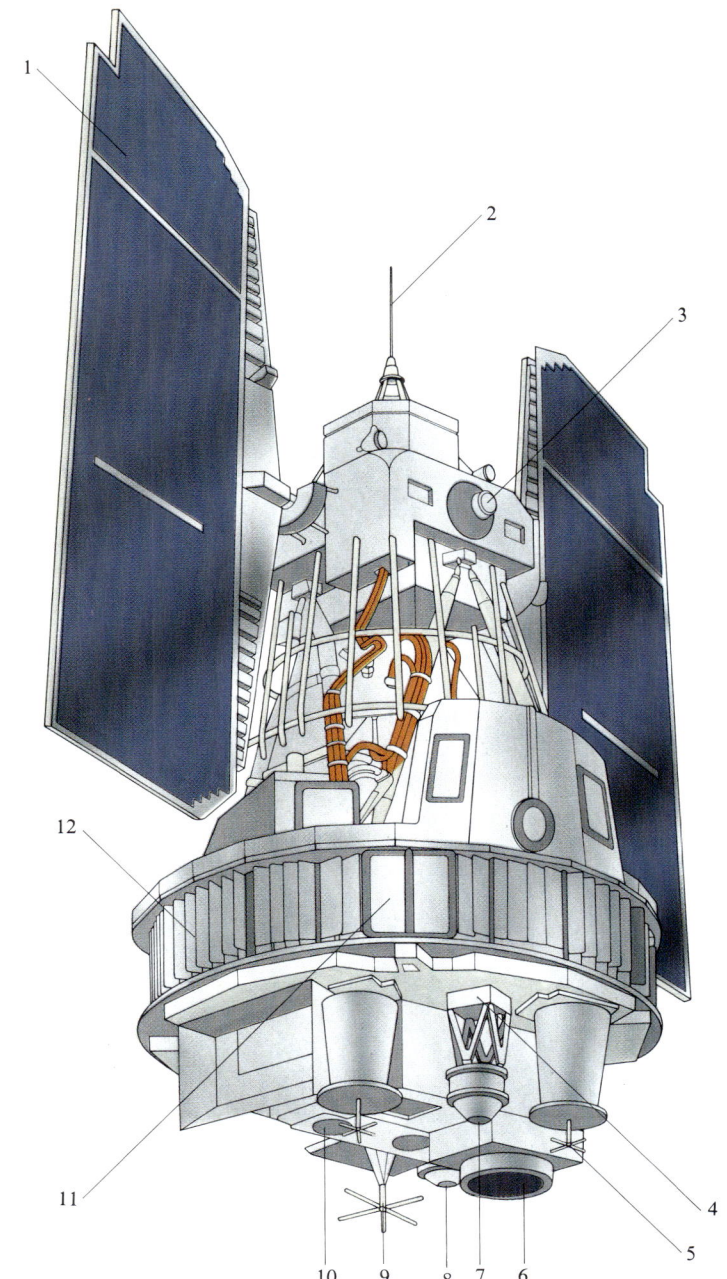

Landsat. Erster Erderkundungssatellit zur Erforschung der Land-, Forst- und Wasserwirtschaft sowie der Erkundung der Bodennutzung und Rohstoffvorräte der Erde. 1 – Solarzellenflügel zur Energieversorgung; 2 – Kommando-Antenne; 3 – Horizontsucher; 4 – ERTS-Untersysteme; 5 – Breitband-Antenne; 6 – Multispektralscanner (MSS-Taster); 7 – S-Band-Antenne; 8 – Lagekontrollsensor; 9 – Daten-Übertragungsantenne; 10 – RBV(Return-Beam Vidicon)-Fernsehkamera; 11 – Richtantenne (4 Stck.) für Ortung und Telemetrie; 12 – Temperaturstabilisierungssystem.

Andere Erdressourcen-Satelliten

Die Amerikaner haben die HCMM (Heat Capacity Mapping Mission – Wärmekapazitäts-Kartenzeichnungsmission) für Landkarten gestartet, die Felsen, Bodenverhältnisse, Wärmeemission und Schneebedeckung unterscheidet.
Im Jahre 1974 startete die Sowjetunion die Meteor-Priroda-Satelliten, eine Serie von meteorologischen Raumfahrzeugen, die in der Lage waren, Erdressourcen zu erkennen.
Indien und China haben auch Fernerkundungssatelliten gestartet. Indien (mit russischen Trägerraketen) hat zwei Bhaskara-Satelliten (Juni 1979 und November 1981) in den Erdumlauf gebracht. Sie werden dieses Programm 1986 durch IRS ergänzen. Spezialsatelliten zur Beobachtung der Erde werden auch von anderen Ländern oder internationalen Organisationen gestartet: ab Ende 1986 den japanischen MOS-1 für die Ozean-Beobachtung; nach 1990 den kanadischen Radarsat zur Aufzeichnung des Treibeises auf See; von 1991 an Japan mit dem JERS-1 und von Anfang der 90er Jahre den brasilianischen Brasil-1. Zu diesen treten noch amerikanische Projekte wie Mapsat zur Kartenaufzeichnung im Maßstab 1 : 50 000 und Höhendifferenzen von 20 m; Stereosat für geologische und topografische Karten (Maßstab 1 : 100 000) mit Konturständen von 100 m und Reliefdarstellung; die ozeanografischen NROSS der US Navy und das private Projekt der Space America Company AEROS. Holland und Indonesien haben auch ein Projekt TERS speziell für die Meteorologie und die Vegetation im Äquatorgebiet. Und schließlich erwägt die ESA die Weiterentwicklung von ERS-1, den AERS.

(Large Area Crop Inventory Experiment – Großflächiges Ernte-Kataster-Experiment), das 1978 nach drei Jahren abgeschlossen wurde, befaßte sich mit Untersuchungen über die Getreideproduktion in Argentinien, Australien, Brasilien, Kanada, China, Indien, der UdSSR und den USA. Es zeigte, daß die weltweiten Produktionsvorhersagen durch Satelliten schneller und wirksamer erarbeitet werden können als auf traditionelle Weise durch Probeentnahme vor Ort. Diese Methoden kann man nicht einfach aufgeben, denn sie können zur Kontrolle der Zuverlässigkeit der Satellitendaten verwendet werden. Die für diese Bestätigung benötigte Zahl der Proben läßt sich aber von 5000 auf 1200 vermindern. Ende 1985 schlossen die Amerikaner ein Experiment namens AGRI-STARS (Agricultural and Resource Survey Through Aerospace Remote Sensing – Landwirtschaftliche und Lagerstätten-Ermittlung durch Fernerkundung aus dem Luft/Weltraum) ab. Das Programm lief sechs Jahre und umfaßte Experimente mit Satelliten zur Verbesserung oder zum Einsatz landgebundener und luftgestützter Techniken zur Inventarisierung landwirtschaftlicher Ressourcen und von Naturschätzen ganz allgemein. Italien führt mit Bildern der Landsat-Satelliten ein Experiment zur Vorhersage von Weizen- und Maisernten durch. Begonnen wurde es in den Provinzen Vicenza und Ancona. Jetzt wird es über andere Regionen des Landes ausgedehnt.

Die Landsat Familie

Landsat-D-Prime (Landsat 5 im Umlauf) gehört zur ersten Satelliten-Familie für die Ermittlung von Ressourcen auf dem Festland, den Landsat-Satelliten, deren erster von den USA am 23. Juli 1972 gestartet wurde. Landsat 5 ist identisch mit Landsat 4 (gestartet am 16. Juli 1982), nachdem er als Reserve-Satellit des letztgenannten gedient hatte. Er besaß ein geändertes Stromversorgungssystem und war mit einem X-Band-Sender ausgerüstet, um die Nachteile zu vermeiden, die früher die Sendungen von Landsat knapp sechs Monate nach dem Start unterbrochen hatten. Landsat 4 soll im Erdumlauf durch ein Shuttle repariert werden.

Mit der Hochleistungsantenne zur Verbindung mit dem TDRS-Relais-Satelliten und den ausgefahrenen Sonnensegeln hat Landsat eine Höhe von 4 m und eine Spannweite von 2 m. Seine Masse beträgt beim Start 1941 kg. Der Start erfolgte am 1. März 1984 mit der Delta-Trägerrakete 3920 auf dem Militärstartplatz Vandenberg. Die polare Bahn hat eine Höhe von 705 km und eine Inklination von 98,2° zum Äquator. Die Betriebslebensdauer beträgt mindestens drei Jahre.

Er beobachtet eine Erdfläche von 185 × 185 km und fliegt alle 16 Tage über denselben Ort bei identischer Beleuchtung. Die Landsat-Satelliten dienen der Fernerkundungsforschung und -anwendung für die Landwirtschaft, Forstwirtschaft, Geologie, der Landvermessung und dem Wassermanagement. Dazu werden folgende Sensoren benötigt: ein Multispectral Scanner System (MSS – multi-spektrales Abtastsystem), das im sichtbaren Licht und nahen Infrarot arbeitet (4 Bänder) und Einzelheiten von 83 m Größe erkennen läßt; ein Thematic Mapper (TM – ein kartographisches Aufnahmegerät), der in 7 Bändern des sichtbaren und nahen IR-Spektrums arbeitet mit einer Auflösung von 30 m in 6 Bändern. Wegen der Absorption durch Wasserdampf in der Atmosphäre verwendet man im elektromagnetischen Spektrum enge Bänder, die genauere Messungen der Reflexionseigenschaften der grünen Vegetation gestatten. Man mißt so die verminderte Reflexion durch Chlorophyll genauer.

Dieses Methoden werden angewendet, um die Arten der Feldfrüchte besser unterscheiden zu können (Weizen und Sojabohnen), aber auch um Mineralien- und Kohlenwasserstoff-Lagerstätten festzustellen. Ein neues Band, das die Sonnenlichtreflexion im Blau/Grün (0,45 bis 0,52 Mikron) mißt, gestattet eine bessere Beobachtung des Planktons dank der Absorption von Chlorophyll sowie eine genauere Aufnahme des Meeresbodens, weil die Strahlen tiefer eindringen. Mit diesem Band erzielt man Abbildungen in unverfälschten Farbtönen, so wie sie das unbewaffnete Auge sehen würde. Die neuen Bänder im nahen Infrarot reagieren empfindlich auf den Wassergehalt des Blattwerks von Pflanzen: dies hilft, die verschiedenen Pflanzenpopulationen zu unterscheiden. Wenn man annimmt, daß dieser Teil des Spektrums der Schnellabsorption entspricht, wird man dank der neuen Bänder Schnee von Wolken unterscheiden können. Die IR-Wärmebänder messen die Oberflächentemperatur. Durch Temperaturmessung der Pflanzen kann man ihren Zustand und die verschiedenen Arten abschätzen. Durch Wärmemessungen kann man die Absorptionskapazitäten der Oberfläche erkennen, was bei der Suche nach Mineralien und Kohlenwasserstoffen erforderlich ist. Die Bilder werden in Echtzeit an den TDRS-Relais-Satelliten und von dort an die Station White Sands in Neu Mexiko übertragen. Die Daten des Thematic Mapper werden aufgezeichnet und über einen kommerziellen Satelliten an das Goddard Space Flight Center in Grennbelt, Maryland, übermittelt. Die Daten des Multispectral Scanners können in White Sands aufgezeichnet oder in Echtzeit nach Goddard zur Interpretation übertragen werden. Die erste Empfangsstation für Daten von Landsat außerhalb der USA war die Station Fucino von Telespazio. Im Jahr 1977 entschied die ESA den Bau eines europäischen Earthnet-Verteilungsnetzes für die Landsat-Bilder und -Daten von Fucino aus. Landsat gehört der National Oceanic and Atsmospheric Administration (NOAA), die eine Oberbehörde des Handelsministeriums ist. Im Januar 1985 wurde die Programmkontrolle von der NASA auf die NOAA übertragen. Die US-Regierung will die Nutzung der Landsat-Satelliten an Privatfirmen abgeben trotz einer gegenteiligen Abstimmungsentscheidung des Repräsentantenhauses. Eine Firma (Eosat) wurde von Hughes und RCA gegründet. Sie plant den Start von vier

weiteren Landsat-Satelliten in der Dekade von 1985 bis 1995. Hergestellt werden die Satelliten von General Electric. Hughes Aircraft ist für den Multispectral Scanner und den Thematic Mapper verantwortlich.

Die Ozeanographie-Satelliten Seasat und Topex

Der erste Satellit in der Welt für die Untersuchung der Ozeane war Seasat-A, der nur 105 Tage statt geplanter 3 Jahre in Betrieb war. Er lieferte Daten und Informationen, die die Analytiker über 1½ Jahre beschäftigt haben und zwar aus Sektoren, aus denen Informationen bis dahin nur selten zu erhalten waren. Zudem waren sie unzuverlässig. Viele Karten der Wasserschichten wurden daher berichtigt. Er lieferte Einzelinformationen über die Tiefe und die geologischen Formationen gewaltiger Ozeanbereiche. Seasat bewies, daß man aus dem Weltraum in globalem Umfang sowohl ozeanographische Ereignisse als auch Merkmale der Erdoberfläche untersuchen kann. Er lieferte frische Meßwerte an Wissenschaftler, die Ereignisse in der Atmosphäre und in den Seegebieten und deren Einwirkung aufeinander erforschten. Die Meßwerte von Seasat halfen auch denen, die das Meer auf kommerzieller Basis ausnutzen, wie beispielsweise Seeleuten und Fischern. Seasat wurde berichtigt, nachdem die Meßwerte aus dem Weltraum vor Ort durch niedrig fliegende Flugzeuge, durch Schiffe oder unbemannte Bojen überprüft waren. Seasat besteht aus einem »Bus« (dem eigentlichen Raumfahrzeug oder Träger mit Lageregelung, zwei Sonnensegeln, der Batterie, der Lenkmechanik sowie den Entfernungsmeß- und Fernsteuergeräten) und einem Modul, das die fünf Beobachtungsinstrumente enthält. Der »Bus« bestand aus einer modifizierten

Agena-Rakete, der Zweitstufe der Atlas F-Agena Trägerrakete, die Seasat in den Erdumlauf brachte (Gesamtlänge 12 m, max. Durchmesser 1,50 m; Masse beim Start 1800 kg und der Radar-Antenne von 2,1 × 10,7 m). Der Start erfolgte am 26. Juni 1978 von der Militärbasis Vandenberg in Kalifornien aus in eine 769 × 799 km Bahn von fast polarer (Inklination 108°) Charakteristik. Alle 36 Stunden überwachte Seasat 95% der Gesamtfläche der Weltmeere in 14 Umläufen am Tag. Am 9. Oktober wurde der Kontakt zu Seasat verloren. Es hatte den Anschein, daß die Batterien wegen eines Kurzschlusses in einem Schleifring der Sonnenpaddel leer waren. So ging eine Investition von mindestens 30 Millionen Dollar wegen eines kleinen Teils, das nur ein paar Dollar wert ist, verloren. Ausgerüstet war der Satellit mit vier Mikrowellen-Sensoren und einem Strahlungsmesser, der aus Gründen der Allwetterfähigkeit im sichtbaren und IR-Spektrum arbeitete, und das bei Tag und Nacht. Im einzelnen gehörten zu den Sensoren ein Mehrkanal-Mikrowellen-Strahlungsmesser, der die Temperatur der Ozeanoberfläche mit einer Genauigkeit von 1,5 bis 2°C und die Windgeschwindigkeit bis zu 50 m/s mißt und der Wasser in der Atmosphäre sowohl in Form von Wasserdampf als auch von Tröpfchen entdeckt; ein Radar-Scatte-

ERS-1. Seine Abmessungen sind: Gesamthöhe 11,80 m; Gesamtlänge: 11,70 m; die Körper-Abmessungen wurden vom SPOT-Satelliten abgeleitet: 1,90 × 1,90 × 3,00 m; die Maße des Solarzellenflügels: 11,70 × 2,40 m; Antenne des Radars mit synthetischer Strahlöffnung (SAR): 10,00 × 1,00 m; Antenne des Scatterometers: 3,60 × 0,30 m; Startmasse: 2160 kg. Soll 1988 von Kourou aus in eine 777 km hohe, polnahe, sonnensynchrone Kreisumlaufbahn mit 98,52° Neigung befördert werden. Umlaufzeit: 100 Minuten.

rometer, das durch Messung der Wellung der Meeresoberfläche Windgeschwindigkeit und -richtung ableitet; ein Radar mit synthetischer Strahlöffnung (SAR), das Bilder mit einer Auflösung von 25 m in 100 km breiten Streifen liefert von Ozeanwellen, Treibeis, Eisbergen, Brüchen im Eis (die schiffbare Kanäle bilden), Küstenlinien und der Erde; sowie ein Radarhöhenmesser, der die Wellenhöhen und die Höhe des Satelliten über der Seeoberfläche (mit einer Genauigkeit von 10 cm) bestimmt. Dies ermöglicht die Messung der charakteristischen Oberflächenformen der Seeoberfläche durch Gezeiten, die Mittelpunkte von Wirbelstürmen und Strömungen. Das fünfte Instrument, ein Strahlungsmesser, maß die Temperatur der Seeoberfläche bei schönem Wetter und nahm Bilder der Wolkenbedeckung und der Küste auf. Die Auflösung im sichtbaren Bereich betrug 2 km und im IR-Bereich 4 km.

Die Herstellung erfolgte durch Lockheed Missiles and Space für das zur NASA gehörende Jet Propulsion Laboratory in Pasadena, das dieses Programm für das Bureau of Space and Earth Applications betrieb. Nachfolger von Seasat wird Topex (Ocean Topography Experiment). Zweck ist die Gewinnung eines weltweiten Überblicks über die »Umwelt Ozean«, die Strömungen, Wellenhöhen mit einer Genauigkeit von 12 cm (zweimal so genau wie Seasat), Brüche und Erhebungen am Meeresboden. Möglicherweise kommt es zu einer Zusammenarbeit zwischen Franzosen und Amerikanern beim Topex-Poseidon-Projekt.

Die Abmessungen und das Gewicht werden von der Grundstruktur oder dem Bus-Modell abhängig. Drei Firmen bewerben sich um den Produktionsvertrag: Fairchild, RCA Astro Electronics und Rockwell. Der

Start ist für Februar 1989 vorgesehen. Die Bahn soll kreisförmig in 1300 km Höhe – also mindestens 500 km höher als Seasat – verlaufen und zwar mit einer Inklination von 65° am Äquator. Er wird dasselbe Gebiet alle zehn Tage überfliegen und eine Betriebslebensdauer von drei bis fünf Jahren haben.

Der erste europäische Fernerkundungs-Satellit

ERS-1 wird der erste derartige Satellit der ESA sein. Ausgelegt wird er für die Untersuchung der Meere und Küstenregionen. Er wird Vorreiter eines Satelliten-Systems, das Anfang der 90er Jahre den Betrieb aufnehmen soll. Das Programm schließt auch ERS-2 und ERS-3 ein. ERS-2 wird der ersten Version gleichen, wobei jedoch möglicherweise der IR-Strahlungsmesser durch ein Gerät ersetzt wird, das die Farbe der Weltmeere aufnehmen kann. ERS-3 wird eine Variante von ERS-1 zur Untersuchung des Festlandes. ERS-1 soll wissenschaftlichen und kommerziellen Zwecken dienen. Zu den wissenschaftlichen Aufgaben gehören: Kenntnis der ozeanographischen Vorgänge und Tiefen; geodätische und geodynamische Untersuchungen; die Zirkulation der Wassermassen; Merkmale, die mit Küsten, Ozeanboden, der Seeoberfläche zu tun haben, die Topographie des Unterwasserraumes; die wechselseitigen Beziehungen der verschiedenen ozeanographischen und klimatologischen Erscheinungen und ihre Auswirkungen auf die Änderungen des Klimas oder der Wetterbedingungen der Welt.

Zu den kommerziellen Zielen gehören: die Verbesserung der kurz- und mittelfristigen Modelle für die Wettervorhersage, die Verhältnisse auf den Ozeanen und die Ausdehnung des Treibeises. ERS sammelt Geschwindigkeits- und Richtungswerte über die Luftbewegungen an der Oberfläche, Oberflächentemperaturen des Meeres und den Wasserdampfgehalt. Dies wird Auswirkungen auf die Planung und den Zeitablauf von Unterwasser-Bohrungen, auf die Schiffahrtsrouten in Küstennähe und auf dem offenen Meer und auf die Ausbeutung der Schätze des Meeres haben.

Man verwendet bei den Experimenten Abbildungen der Erde, die von dem Synthetic Aperture Radar aufgenommen wurden und die für die geologischen, landwirtschaftlichen, hydrologischen und forstwirtschaftlichen Sektoren von Interesse sind. Man wird auch Meßwerte über den Gesundheitszustand der Vegetation auf der Erde erhalten. Bei der Instrumentierung liegt der Schwerpunkt bei den drei Mikrowellen-Radars für die Beobachtung der Wellenhöhen und der Winde, die in Seehöhe über den Ozean blasen. Im einzelnen sind dies: ein Wind-Scatterometer, das Windgeschwindigkeiten von 4 bis 24 m/s mit einer Genauigkeit von 2 m/s mißt und die Windrichtung rundum mit einer Genauigkeit von 20°. Ein Radarhöhenmesser zur Messung der bemerkenswerten Wellenhöhen (20 m) und der Karten des Treibeises und der wichtigsten Meeresströmungen zeichnet, aber auch die Topographie der Treibeisoberfläche, die Art des Eises

und die Grenzen zwischen Eis und Wasser beschreibt. Ein SAR nimmt die Oberfläche der Weltmeere in 80 km breiten Bändern mit einer Auflösung von 100×100 m oder 30×30 m auf.

Das SAR beobachtet auch das Verhalten der Meereswellen. Der ERS wird auch vier weitere Instrumente an Bord haben: einen Laser-Retroreflektor, der die Laserstrahlen reflektiert, die von der Erde ausgesandt werden, wodurch die Höhenmeßgenauigkeit des Radarhöhenmessers verbessert wird; ein IR-Strahlungsmesser, der die Oberflächentemperatur der Ozeane in 50 km breiten Streifen mit einer Genauigkeit von 0,5° mißt, sowie die Maximaltemperatur von Wolken und Wolkenbedeckung; zusammen mit dem Strahlungsmesser bildet er ein drittes Instrument zur Bestimmung des gesamten Dampfgehaltes in der Atmosphäre und der Regengebiete; schließlich ein Entfernungsmesser PRARE, der auch die Geschwindigkeit der Satelliten bestimmt (PRARE steht für Precise Range and Range Rate Equipment – genaues Entfernungs- und Entfernungsänderungsmeßgerät) zur Steigerung der Genauigkeit der Höhenmessung des ERS (die Genauigkeit liegt bei 10 cm). Um Geld zu sparen, wurde ein AMI-Radar (Active Microwave Instrument – aktives Mikrowellen-Instrument) entwickelt. Dies ist ein aktives Hochfrequenzmeßgerät mit drei unterschiedlichen Funktionen: Scatterometer, SAR für Küstengebiete und Land und SAR für Ozeanwellen. Hersteller ist Dornier als Projektleiter. Die Hauptunterauftragnehmer sind: Fokker (Niederlande), Laben, Fira und Selenia Spazio (Italien), Marconi (Großbritannien), Matra (Frankreich), MBB/ERNO (Deutschland) und MDA (Kanada).

Die französischen Spot-Satelliten

Spot 1 (Satellite Probatoire d'Observation de la Terre – Erderkundungssatellit) wird der erste französische Satellit (in Zusammenarbeit mit Belgien und Schweden) für die Untersuchung der Schätze der Erde (Landwirtschaft und Mineralien), des Landverbrauchs und der Entwicklung der Umwelt sowie der Kartographie sein. Für diesen Zweck wurde eine kommerzielle Firma unter dem Namen Spot Image gegründet, die aus öffentlichen Körperschaften und Privatfirmen der drei beteiligten Länder finanziert wird. Sie wird weltweit Meßwerte, schwarz/weiße und Farbbilder in Konkurrenz zu denen des amerikanischen Landsat-Satelliten verkaufen.

Das Einsatzzentrum wird in Aussaguel-Issus bei Toulouse gebaut. Es gibt schon Pläne für einen Spot 2 (Start 1988), der Spot 1 gleichen wird, aber zusätzlich noch mit dem genauen Ortungssystem Boris ausgerüstet wird und für einen Spot 3 (Start 1990) mit erheblichen Änderungen (IR-Sensoren mit einem besseren Auflösungsvermögen von 10–20 m, einem Enertec Aufzeichnungsgerät und einer verlängerten Betriebszeit von 2–5 Jahren).

Spot 1 soll für Untersuchungen auf dem Gebiet des Landverbrauchs und der Umweltveränderungen verwendet werden; der Bewertung der erneuerbaren Ressourcen der Erde wie Land- und Forstwirtschaft; Suche nach mineralischen Lagerstätten;

Kartographie im mittleren Maßstab (1:100 000) neuer Kartenarten und öftere Berichtigung der Karten 1:50 000. Ausgerüstet wird er mit zwei identischen Instrumenten – HRV-Sensoren (High Resolution Visible – hochauflösend sichtbar) mit einem Fernrohr einer Brennweite von 1 m, das im sichtbaren Spektrum Schwarzweißbilder liefert mit einer Auflösung von 10 m und im nahen IR-Bereich auf drei Bändern (in Farbe) mit einer Auflösung von 20 m. Dies ermöglicht eine Betrachtung von sehr kleinen Geländeflächen. Die zwei Bänder sind 60 km breit und überlappen sich 3 km. Die Anordnung der Instrumente ermöglicht eine gesamte Abdeckung der Erde. Spot wird auch Zonen beobachten können, die sich nicht in der Vertikalebene des Satelliten befinden. Dies geschieht über einen ferngesteuerten Schwenkspiegel. Das Zentrum Aussaguel erhält die Daten und Bilder des Satelliten übertragen, wenn sich dieser in einem Sichtkreis von 2600 km Durchmesser befindet. Jeder Durchflug durch dieses Gebiet dauert 13 Minuten 20 Sekunden. Die Station in Toulouse erhält die verzögerten, weil aufgezeichneten Daten, die jedesmal übermittelt werden, wenn der Satellit die Station überfliegt.

Spot 1 sollte den Anstoß geben für SAMRO (Satellite Militaire de Reconnaissance et Observation), den ersten europäischen Aufklärungssatelliten, der in deutsch-französischer Zusamenarbeit gebaut werden sollte. Das Projekt scheiterte Anfang 1986.

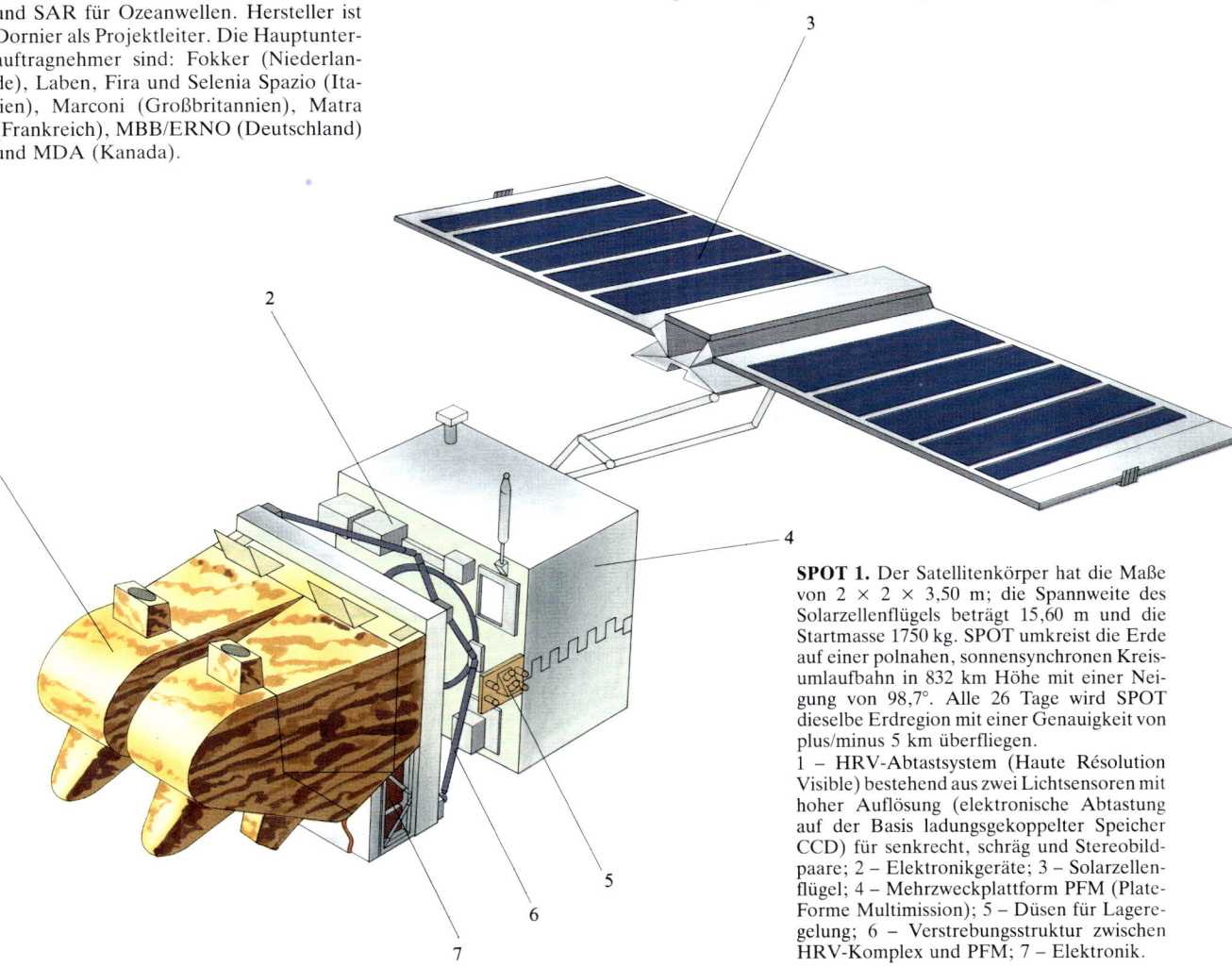

SPOT 1. Der Satellitenkörper hat die Maße von $2 \times 2 \times 3,50$ m; die Spannweite des Solarzellenflügels beträgt 15,60 m und die Startmasse 1750 kg. SPOT umkreist die Erde auf einer polnahen, sonnensynchronen Kreisumlaufbahn in 832 km Höhe mit einer Neigung von 98,7°. Alle 26 Tage wird SPOT dieselbe Erdregion mit einer Genauigkeit von plus/minus 5 km überfliegen.
1 – HRV-Abtastsystem (Haute Résolution Visible) bestehend aus zwei Lichtsensoren mit hoher Auflösung (elektronische Abtastung auf der Basis ladungsgekoppelter Speicher CCD) für senkrecht, schräg und Stereobildpaare; 2 – Elektronikgeräte; 3 – Solarzellenflügel; 4 – Mehrzweckplattform PFM (Plate-Forme Multimission); 5 – Düsen für Lageregelung; 6 – Verstrebungsstruktur zwischen HRV-Komplex und PFM; 7 – Elektronik.

Militärische Satelliten

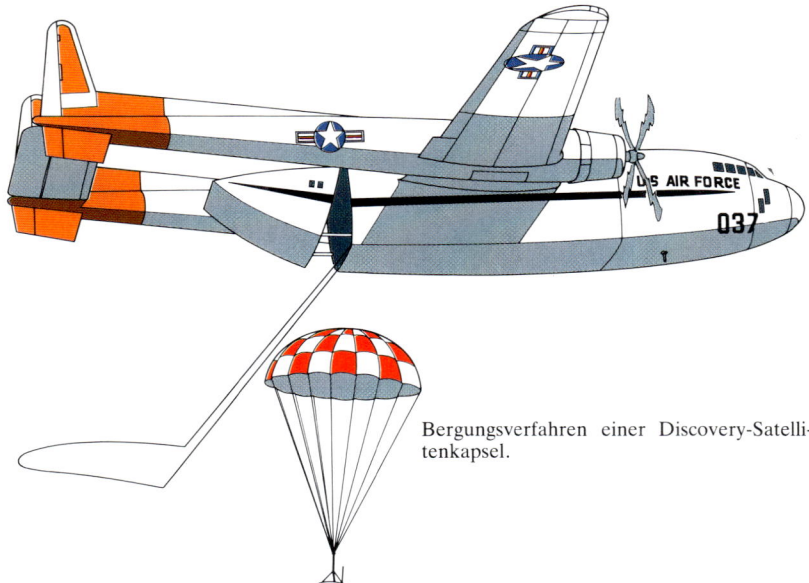

Bergungsverfahren einer Discovery-Satellitenkapsel.

Jeder, der sich heute über die Entwicklung der militärischen Raumfahrtsysteme überrascht zeigt – vom Krieg der Sterne bis zu den Anti-Satelliten-Waffen – sollte sich daran erinnern, daß der Kosmos nichts weiter ist, als eine »natürliche« Ausweitung des Luftraums und somit ein Gefechtsfeld, ebenso wie das Festland und die Meere. Die militärischen Anwendungen aller dieser Raumfahrtunternehmungen waren von Anfang an dabei und zwar in Form der Aufklärungs- und Fernmeldesatelliten. Heute reservieren die USA etwa ⅓ aller Raumfahrtmissionen für militärische Belange. Demselben Zweck ordnet die Sowjetunion 85% ihrer Missionen zu. Ein Gesichtspunkt wurde dabei immer wieder hervorgehoben, die stabilisierende Funktion besonders der sogenannten Spionage-Satelliten zu Zeiten internationaler Spannungen. Mittels dieser »Augen« aus dem Weltraum weiß jede Supermacht alles über die andere und beobachtet alle Entwicklungen auf dem Gebiet der konventionellen oder Weltraum-Bewaffnung und deren Dislozierung. Die in den Erdumlauf beförderten Satelliten für militärische Zwecke kann man in verschiedene Kategorien einteilen: Aufklärung, Navigation, Funk-Abhören, elektronische Aufklärung (passiv) und Anti-Satelliten- oder Killer-Satelliten-Systeme (aktive Verteidigung).

Aufklärung und Spionage

Diese Programme begannen in den USA mit dem Start des Foto-Satelliten Discoverer 13 am 10. August 1960. Die UdSSR antwortete am 26. April 1962 mit Kosmos 4. Die modernsten US-Spionagesatelliten lassen sich zwei Kategorien zuordnen: »Big Bird« der CIA und »Key Hole« der US Air Force.
Der erste Big Bird wurde im Jahre 1971 gestartet. Er ist 15,25 m lang und 3,05 m breit. Er fliegt auf einer niedrigen Bahn (160 km) und kann 180 Tage in Betrieb bleiben. Key Hole KH-11 arbeitet in höheren Bahnen und hat eine Betriebszeit von mehr als drei Jahren. Die sowjetischen Spionage-Satelliten bleiben etwas über 50 Tage im Umlauf. Ihre Technik ist nicht so zuverlässig wie die amerikanische und muß daher durch eine erhöhte Startfrequenz und die größere Flexibilität im Einsatz ausgeglichen werden. Wenn eine verstärkte Aufklärung erforderlich ist, können die Sowjets so in zwei oder drei Tagen weitere Satelliten hochsenden. Außerdem haben die Sowjets noch einen Rückhalt in den Salut-Raumstationen, die für Aufklärung und Spionage ausgerüstet sind.

Fernmeldesatelliten

Von den zivilen Fernmeldesatelliten unterscheiden sie sich nur bezüglich der Leistung in der Empfangs- und Sendekapazität kodierter Nachrichten.
Die Amerikaner verwenden Satelliten der DSCS-Serien (Defence Satellite Communication System – Satelliten-Fernmeldesysteme für die Verteidigung) für die strategischen Dienste, während die Fltsatcom-Satelliten für die taktische Verbindung von Navy und Air Force verwendet werden. Ergänzt werden können sie durch die SDS (Satellite Data System – Satelliten Datensystem) der US Air Force mit deutlich elliptischen und stark geneigten Bahnen. Sie dienen als Brücke zwischen den alten geostationären Satelliten, den Key-Hole-Satelliten und der Erde oder dem Flugzeugen des Strategischen Luftwaffen-Kommandos (SAC). Die UdSSR verwendet Satelliten der Molnija-Klasse in sehr elliptischen Bahnen. Die NATO verfügt über Satelliten der NATO-Klasse, Großbritannien verwendet Skynet und Frankreich einen Teil der Télécom-Satelliten-Klasse. Italien untersucht das Sicral-Programm mit eingeschränkter Fernmeldefähigkeit und als Nothilfsdienst bei Naturkatastrophen.

Navigation

Die modernste Generation amerikanischer Navigationssatelliten sind die Modelle Navstar GPS, die eine dreidimensionale Ortsbestimmung ermöglichen von allem was sich bewegt, in der Luft, auf Land, auf See bis zum einzelnen Soldaten. Das sowjetische Gegenstück heißt Glonass.

Elint

Elint (Electronic Intelligence – elektronische Aufklärung) bezeichnet den elektronischen Empfang von Funk-, Fernmeß- und Radarsignalen ebenso wie von Unterwasser-Signalen, die von gegnerischen Ländern emittiert werden. Die USA verwenden die geostationären Rhyolite-Satelliten und Geräte, die an Big Bird installiert sind. Die Sowjetunion benutzt hierfür verschiedene Typen der Kosmos-Serie (1176, 1311 und kürzlich mit 6800 kg Masse 1603) in niedrigen Umlaufbahnen (160–500 km). Bei einer Gelegenheit wurden zwei Kosmos-Satelliten nur wenige Minuten getrennt auf dieselbe Bahn transportiert.

Andere Länder

BELGIEN

Hauptsächliche Beteiligungen: Intelsat, Eutelsat, Eumetsat.

ARGENTINIEN

Organisation: CNIE (Comisiòn Nacional de Investigaciones Espaciales).
Satelliten: In Entwicklung SAC 1 (Satélite de Aplicaciones Cientificas), der erste einer Reihe nationaler Satelliten für wissenschaftliche Forschung, Meteorologie und Fernerkundung. Im Programm zwei Argensat, die vom Ausland für Fernmeldeverbindungen gekauft werden sollen. Sie werden 300 Bodenstationen für Telefon- und Fernsehübermittlungen sowie medizinische Notfälle bedienen.

AUSTRALIEN

Organisation: CSIRO, die große nationale Forschungsorganisation.
Hauptsächliche Beteiligungen: Intelsat, Inmarsat.
Satelliten: Der militärische Wresat mit polarem Orbit, gestartet am 29. 11. 1967 mit der Trägerrakete Sparta, einer modifizierten Redstone der USA. Oscar 5 für Radioamateure, gestartet am 23. 1. 1970 von Vandenberg. Drei Satelliten Aussat für Fernmelde- und Direktfernsehverbindungen, gebaut von der Firma Hughes.

BRASILIEN

Organisationen: INPE (Instituto Nacional de Pesquisas Espaciais) für die Forschung und IAE (Instituto Atividades Espaciais) für die Trägerraketen. Embratel (Empresa Brasileira De Telecomunicaçoes), die indirekt vom Ministerium für Fernmeldewesen kontrolliert wird.
Hauptsächliche Beteiligungen: Inmarsat, Intelsat.
Satelliten: Brasilsat 1 oder SBTS 1 (Sistema Brasileiro de Telecomunicaçoes por Satellite), gestartet am 8. 2. 1985 mit einer Ariane, und STBS 2 oder Brasilsat 2 für nationale Fernmeldeverbindungen, gebaut von der kanadischen Firma Spar Aerospace. Projektiert sind brasilianische Satelliten für Fernmeldeverbindungen und Fernerkundung. Ein Projekt sieht die nationale Verbreitung von Schulfernsehprogrammen via Satellit vor.

KANADA

Organisationen: Spar Aerospace der öffentlichen Hand; National Research Council, die nationale Forschungsgemeinschaft; Telesat Canada, eine Gesellschaft für Fernmeldeverbindungen via Satellit; Canada Center for Remote Sensing (CCRS) zur Fernerkundung.
Hauptsächliche Beteiligungen: Europäische Weltraumorganisation, Inmarsat, Intelsat, SARSAT-KOSPAS, eine Hilfseinrichtung für Flugzeuge und Schiffe in Notsituationen. Seit 1985 vertreibt Kanada Bilder und Daten des französischen Satelliten Spot über Ressourcen der Erde.
Satelliten: Alouette 1 (29. 9. 1962) für Forschungen über die Ionosphäre, ebenso Alouette 2 (29. 11. 1965), der das kanadisch-amerikanische Programm ISIS (International Satellites for Ionospheric Studies) mit zwei weiteren Satelliten (ISIS 1 und 2) begründete.
Anik oder Telesat, geostationäre Fernmeldesatelliten. CTS (Hermes), Communications Technology Satellite, gestartet am 17. 1. 1976, der leistungsstärkste jener Zeit und der erste, der im 12–14 GHz Band übermitteln konnte. Zwei Satelliten Radarsat zur Herstellung von Karten der Lagerstätten sowie der wald- und ackerbaulichen Ressourcen; sie enthalten ein Radargerät mit synthetischer Apertur für kleinere Einzelheiten; Start vorgesehen mit dem Space Shuttle im Jahr 1990, in einen polaren Orbit. MSAT, ein Satellit für Fernmeldeverbindungen mit beweglichen Fahrzeugen (zu Wasser, zu Lande und in der Luft), mit verhältnismäßig kleinen und billigen Antennen. Ein Programm in Zusammenarbeit mit der NASA, das auf der Struktur des europäischen Satelliten Olympus (L-SAT) beruht; es wird in den 90er Jahren funktionsfähig sein.

CHINA

Organisationen: Die gesamten Raumaktivitäten werden von den Streitkräften geleitet. Es arbeiten daran zusammen die Akademie der Wissenschaften, die Chinese Communication Sattelite Corporation und das Cen-

Die Entdeckung von Kernexplosionen

In den 60er Jahren begannen die USA mit dem Vela-Programm, das dann in den Tätigkeiten der News-Satelliten aufging.

Frühwarn-Satelliten

Frühwarnsatelliten dienen zur Entdeckung gegnerischer Flugkörper. Die USA verwenden drei Mews-Satelliten (Missile Early Warning Satellite), die sich auf geostationären Bahnen über dem Indischen Ozean und dem Pazifik befinden. Die UdSSR hat 1984 nicht weniger als sieben Frühwarnsatelliten in den Erdumlauf gebracht.

Anti-Satelliten-Waffen

In den 60er Jahren schon begannen die USA und die UdSSR mit Systemen zu experimentieren, die die Zerstörung gegnerischer Satelliten zum Ziele haben. Anschließend gaben die USA das Programm auf, das dann Mitte der 70er Jahre mit der Entwicklung des ASAT-Systems (Anti-Satellite) wieder aufgenommen wurde.
Im Juni 1985 befand es sich immer noch im Versuchsstadium. ASAT basiert auf einer Zweistufenrakete, die von einem F-15-Abfangjäger im Unterschallbereich abgefeuert wird. Der Flugkörper wird dann in Richtung der Bahn des abzufangenden Satelliten gesteuert. Dieser wird von einem IR-Sensor mit acht kleinen Fernrohren aufgefaßt, die in einem zylinderförmigen Körper mit der Bezeichnung Miniature Vehicle an der Spitze des Flugkörpers untergebracht sind. Beim Erreichen des gegnerischen Satelliten wird dieser durch Aufschlag zerstört. Der erste Flugversuch, jedoch ohne ein Ziel (Abgangsversuch), fand am 13. November 1984 statt, 1985 wurde ASAT erstmals mit Erfolg gegen einen ausgedienten US-Satelliten eingesetzt.
Die sowjetische Satelliten-Abwehr-Waffe ist andererseits bereits seit 1971 im Einsatz.

Ihre Grundlage bilden Killer-Satelliten, die vom Startplatz Tjuratam gestartet und gegen die Zielsatelliten gelenkt werden. Diese können im ersten oder zweiten Erdumlauf abgefangen werden. Der Killer-Satellit nähert sich dem Ziel in einer etwas niedrigeren konzentrischen Bahn. Dann stößt er eine Wolke von Geschossen aus, die den gegnerischen Satelliten oder lebenswichtige Teile von ihm treffen sollen. Der erste geglückte sowjetische Interzeptionsversuch gegen echte Ziele fand am 19. Oktober 1968 zwischen Kosmos 248 und 249 statt. Seit 1975 (Kosmos 886) sind die Killer-Satelliten mit IR-Sensoren ausgestattet.

Der Weltraum-Schirm

Die amerikanische defensiv-offensive Schirm-Strategie wurde am 23. März 1983 von Präsident Reagan in seiner sogenannten »Sternenkriegsrede« angekündigt. Die Strategie basiert auf erdumlaufenden Systemen, die gegnerische Atomraketen oder Satelliten zerstören können. Diese Systeme werden anfänglich aus Spiegeln bestehen, die auf ihre Ziele extrem hochleistungsfähige Laserstrahlen richten, die entweder auf der Erde oder in einem Flugzeug erzeugt werden. Am 1. Juni 1981 begannen Versuche mit einem in einer Boeing NKC-135 angebrachten Laser (das ganze trägt die Bezeichnung ALL für Airborne Laser Laboratory, also luftgestütztes Laser-Laboratorium). Am 21. Juni 1985 wurde das erste erfolgreiche Experiment durchgeführt, wobei ein von der Erde ausgesandter Laserstrahl von einem Spiegel im Shuttle reflektiert wurde. Parallel zu den USA erwägt man auch in Europa ein technisches Forschungsprogramm, das der französische Präsident François Mitterand unter dem Namen EUREKA anregte. Im Rahmen dieses Programms könnten Meßwerte für die Verwendung im Weltraum-Verteidigungssystem gewonnen werden.

Frühwarnsatellit. Satellit der US Air Force. Seine Gesamthöhe beträgt 6,60 m, ausgerüstet mit einem Infrarotteleskop von 4,00 m Länge, zum Aufspüren von sowjetischen Raketenstarts. Der von der TRW-Gruppe gebaute Satellit ist von Cape Canaveral mit einer Titan 34D Trägerrakete in eine geostationäre Umlaufbahn gestartet worden.

---

tral Meteorological Bureau. Die Forschung findet im wesentlichen im Institut für Aeronautik und Astronautik der Universität Peking/Beijing statt.
Hauptsächliche Beteiligungen: Inmarsat, Intelsat. China hat am 10. 3. 1984 mit Italien eine Vereinbarung über die Entwicklung von Technologien und Kenntnissen im Hinblick auf Fernmeldesatelliten abgeschlossen. Der Start von Sirio 1 (Sirius 1) wurde deswegen verschoben, um einjährige gemeinsame Forschungen betreiben zu können.
Satelliten: Der 173 kg schwere kugelförmige China 1 (Tung-Fang-Hung), gestartet am 24. 4. 1970, in elliptischem Orbit von 439 × 2384 km. China 2, der erste mit Solarzellenpaneelen (3. 3. 1971). China 4 (26. 11. 1975), der erste Satellit, der in einem vorgesehenen Gebiet zur Erde zurückkehrt China 9, 10 und 11 für physikalische Studien: erster Mehrfachstart am 19. 9. 1981. China 12, erster Satellit zur Fernerkundung und wahrscheinlich für militärische Zwecke (9. 9. 1982). China 14 (29. 1. 1984), mißlungener Versuch, eine geostationäre Umlaufbahn zu erreichen. Dies gelang mit China 15 (8. 4. 1984), dem ersten Satelliten für Experimente auf dem Gebiet der Fernmeldetechnik und des Fernsehens. Drei CBSC-

Satelliten (China broadcasting satellite) oder Chinasat für ein nationales Fernseh- und Rundfunknetz, im Westen gekauft. Die Satelliten haben eine Kapazität für einen Farbfernsehkanal und zwei Audiokanäle. Vorgesehen auch ein erster meteorologischer Satellit Windy Cloud 1 in sonnensynchronem, polarem Orbit.

LUXEMBURG

Organisation: SES (Société Européenne de Satellites), mit privater und Regierungsbeteiligung, gegründet am 1. März 1985.
Internationale Beteiligungen: Intelsat, Eutelsat.
Satelliten: GDL (Grand Duché du Luxembourg) für Direktfernsehverbindungen nach Mitteleuropa.

MEXIKO

Satelliten: Morelos (früher Illhuica) 1 und 2 für nationale Fernmeldeverbindungen, gebaut von der Firma Hughes.

NORWEGEN

Organisation: NTNF (Königlich Norwegischer Rat für Wissenschaftliche und Industrielle Forschung).
Hauptsächliche Beteiligungen: Intelsat, Eu-

telsat (2,5%), Eumetsat, Inmarsat (8%). Assoziierter Status bei der ESA.

NIEDERLANDE

Organisationen: NLR und NIUR.
Hauptsächliche Beteiligungen: Intelsat, Eumetsat, Eutelsat, ESA. Zusammenarbeit mit der NASA seit 1971.
Satelliten: ANS 1 (Astronomical Netherlands Satellite) für Forschungen über ultraviolette und kosmische Röntgenstrahlung, gestartet am 30. 8. 1974. IRAS (Infrared Astronomical Satellite), ein Infrarot-Teleskop in Zusammenarbeit mit den USA und Großbritannien, gestartet am 25. 1. 1983. 11,8% Beteiligung an Olympus. Vorgesehen für den Beginn der 90er Jahre ist der Start eines Satelliten TERS (Tropical Earth Ressources Satellite) für die Untersuchung der Ressourcen tropischer Länder. Programm mit Indonesien.

SPANIEN

Hauptsächliche Beteiligungen: Intelsat, Eumetsat, Eutelsat, ESA. Station für Fernmessung und Fernbedienung in Villafranca für die Stelliten Marecs (Inmarsat).
Satelliten: Intasat 1 (15. 11. 1984), Masse 24,5 kg; Radiosignale für Forschungen über

die Ionosphäre, gestartet von Vandenberg zusammen mit NOAA 4 und OSCAR 7 mit einer Delta-Rakete; heute nicht mehr in Betrieb.

SCHWEDEN

Organisationen: Swedish Board for Space Activities und Swedish Space Corp., Staatsunternehmen: das erstgenannte für die Ausarbeitung von Projekten, das zweite für die Realisierung.
Hauptsächliche Beteiligungen: Intelsat, Inmarsat, Eutelsat, Eumetsat, ESA. Zusammenarbeit mit Frankreich für das Programm Spot.
Satelliten: Viking (Startmasse 550 kg) für das Studium über die Magnetosphäre und das Nordlicht, gebaut von Saab-Scania und Boeing (Struktur). Tele-X für Fernmeldeverbindungen und Direktfernsehempfang, Übermittlung mit mobilen Stationen; Programm mit Norwegen und Finnland.

SCHWEIZ

Hauptsächliche Beteiligungen: Intelsat, Eutelsat, Eumetsat, ESA. Mitarbeit bei den Apollo- und Skylab-Programmen für die Lieferung wissenschaftlicher Apparaturen.
Satelliten: Tele-Sat für Direktfernsehempfang.

Merkur

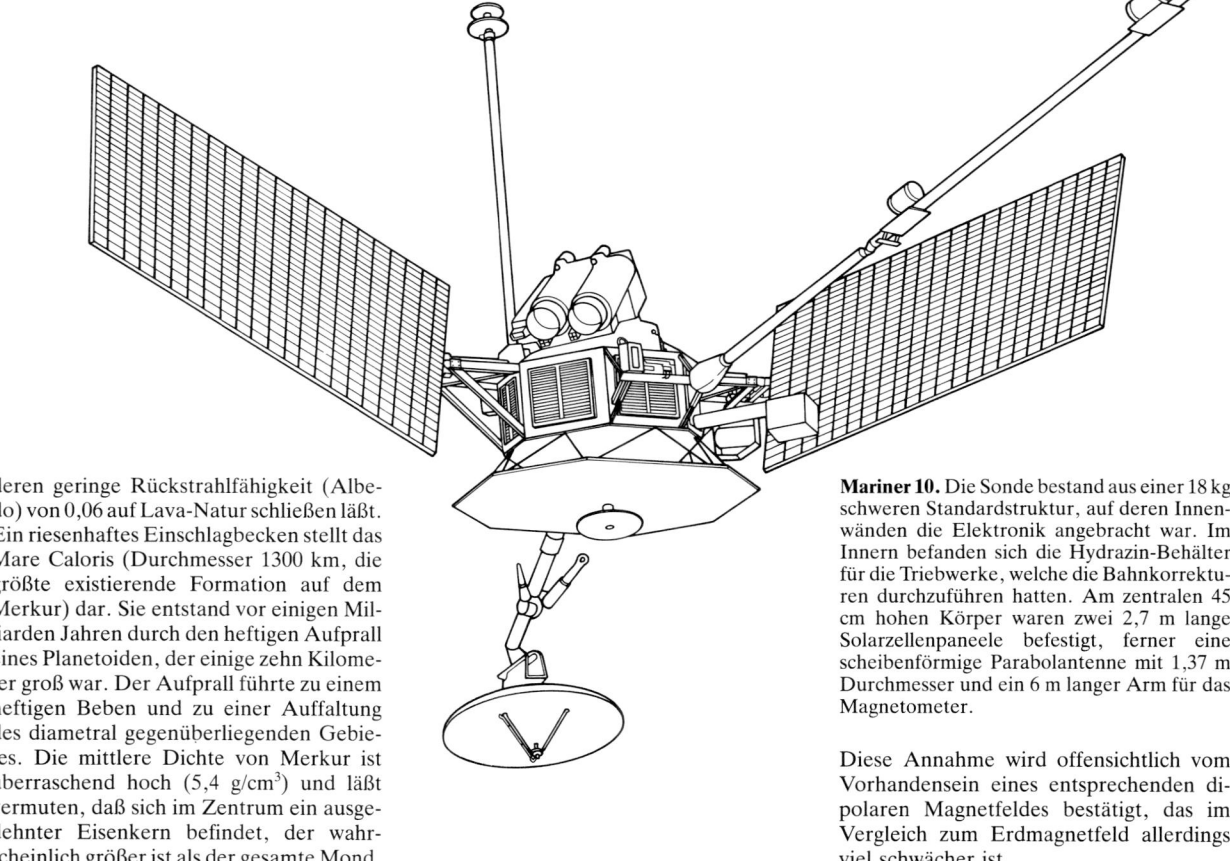

Merkur ist der sonnennächste und gleichzeitig der kleinste Planet unseres Systems. Er weist nicht einmal einen Durchmesser von 5000 km auf, und seine Masse beträgt nur 5% der Erdmasse. Die mittlere Entfernung von der Sonne beträgt 57,9 Millionen km. Seine Umlaufbahn um die Sonne ist mit Ausnahme von Pluto die exzentrischste (0,206) und unter allen Planeten die am stärksten geneigte (7°). Das Merkurjahr dauert 88 Tage, die Rotationsperiode 59 Tage. Diese äußerst langsame Drehung führt mit der Sonnennähe dazu, daß die Temperatur der subsolaren Gebiete mit Leichtigkeit 350° C erreicht. Der Planet weist keine Spur einer Atmosphäre auf, und seine feste Kruste erscheint in morphologischer Hinsicht ähnlich wie die des Mondes. Äußerst zahlreiche und übereinanderliegende Einschlagskrater bedecken die nackte Merkuroberfläche. Auf ihr erkennen wir auch wüstenartige Depressionen,

deren geringe Rückstrahlfähigkeit (Albedo) von 0,06 auf Lava-Natur schließen läßt. Ein riesenhaftes Einschlagbecken stellt das Mare Caloris (Durchmesser 1300 km, die größte existierende Formation auf dem Merkur) dar. Sie entstand vor einigen Milliarden Jahren durch den heftigen Aufprall eines Planetoiden, der einige zehn Kilometer groß war. Der Aufprall führte zu einem heftigen Beben und zu einer Auffaltung des diametral gegenüberliegenden Gebietes. Die mittlere Dichte von Merkur ist überraschend hoch (5,4 g/cm³) und läßt vermuten, daß sich im Zentrum ein ausgedehnter Eisenkern befindet, der wahrscheinlich größer ist als der gesamte Mond.

Mariner 10. Die Sonde bestand aus einer 18 kg schweren Standardstruktur, auf deren Innenwänden die Elektronik angebracht war. Im Innern befanden sich die Hydrazin-Behälter für die Triebwerke, welche die Bahnkorrekturen durchzuführen hatten. Am zentralen 45 cm hohen Körper waren zwei 2,7 m lange Solarzellenpaneele befestigt, ferner eine scheibenförmige Parabolantenne mit 1,37 m Durchmesser und ein 6 m langer Arm für das Magnetometer.

Diese Annahme wird offensichtlich vom Vorhandensein eines entsprechenden dipolaren Magnetfeldes bestätigt, das im Vergleich zum Erdmagnetfeld allerdings viel schwächer ist.

	Sonde	Land	Masse (kg)	Start	Begegnung mit dem Planeten	Minimalabstand vom Planeten (km)	Automatische Erforschung des Merkur
1	Mariner 10	USA	503	3.11.73	29.3.1974 21.9.1974 16.3.1975	271 48000 319	Auf dem Weg zur Venus (siehe dort). Erste Merkur-Fotos: kraterübersäte Oberfläche, mondähnlich. Flugbahn mit dreimaligem Vorbeiflug am Planeten. Gefunden einen Einschlagkrater (Durchmesser 1300 km) eines Asteroiden sowie lange »Riffe«, die offensichtlich durch Kompression der Kruste entstanden sind. Bestätigung, daß das innere Magnetfeld des Planeten geringer als das der Erde ist; keine Atmosphäre. Trägerrakete Atlas-Centaur.
	Mercury Orbiter	Europa	–	–	–	–	Idee der ESA. Ziele: Vergleich solarer und interplanetarer Phänomene aufgrund optischer Messung und der Erfassung von Partikeln nahe der Sonne mit höherer Empfindlichkeit und mit einem bisher in der Astronomie unerreichten Auflösungsvermögen; Untersuchung Merkurs und dessen nächster Umgebung. Dazu ist notwendig ein Vorbeiflug an Venus, um die Flugbahn zu verändern und den Flug zu beschleunigen. Ionenantrieb unerläßlich. Instrumentennutzlast 62 kg.

Venus

Dieser Planet unterscheidet sich von allen anderen durch seine hohe Albedo, wodurch er den höchsten Prozentsatz der eingestrahlten Sonnenenergie (61%) zurückwirft. Der Grund dafür liegt im Vorhandensein dichter Wolkenbänke aus Dampf. Sie erscheinen innerhalb der Atmosphäre, welche die Venus umgibt, in verschiedenen Höhen geschichtet. Gleichzeitig verdecken sie vollständig den Blick auf die feste Oberfläche. Die Atmosphäre besteht zu einem deutlich überwiegenden Teil aus Kohlendioxid; dazu kommen Kohlenmonoxid, Sauerstoff sowie Spuren von Wasser-

dampf, Helium, Wasserstoff, Schwefel und Kohlenstoff. Die helle Farbe der obersten Wolkenschichten (100 km Höhe) beruht auf dem Vorhandensein feiner Schwefelsäuretröpfchen. Weitere hochkorrosive Säuren (Flußsäure, Salzsäure usw.) wurden in niedrigeren Wolkenschichten, in 80, 75 bzw. 50 km Höhe, gefunden. Der Druck, den diese Atmosphäre erzeugt, ist enorm und beträgt 90 Atmosphären. Eine Wärmeabstrahlung wird fast völlig vom Kohlendioxid in der Atmosphäre verhindert, und das hat einen »Treibhauseffekt« planetarischen Ausmaßes bewirkt, so daß die Temperaturen auf dem Boden nahe 500° C liegen. Der Hitzeverlust ist hingegen in der Höhe ziemlich ausgeprägt, wo die Temperaturunterschiede zwischen der Tag- und der Nachtseite und die warmen vom Boden aufsteigenden Konvektionsströme eine heftige komplexe Sturmtätigkeit in Gang setzen. Am Äquator treibt sie die Wolken mit Geschwindigkeiten nahe 400 km/h vor sich her. Um beide Polkalotten herum zirkulieren ziemlich stabile ringförmige Strömungen, von denen in vollkommener Symmetrie Wolkenströme schräg zum Äquatorgebiet abzweigen.

Mehrere sowjetische Sonden haben die für das Auge undurchdringliche Wolkenschicht der Venus durchbrochen und Bilder von der Landestelle übermittelt: trockene kahle Flächen, bedeckt von Felsmassen und Bruchstücken, die von der Hitze und dem sauren Regen erodiert sind. Eine allgemeine Erforschung der festen Oberfläche der Venus geschah mit Hilfe des Radars, und zwar mit den Radioteleskopen von Arecibo und Goldstone mit dem Orbiter Radar (ORAD) auf der amerikanischen Pioneer Venus und mit den Radareinrichtungen der Sonden Venera 15 und 16. Die Oberfläche der Venus stellt eine riesige Ebene dar, auf der man häufig Kraterformationen finden kann, die von Einschlägen herrühren. Aus dieser eintönigen Landschaft ragen allerdings einzelne isolierte Berggebiete hervor. Mit Ausnahme des nördlichen Ischtar-Lands (gekennzeichnet durch das bis 10 000 m hohe Vulkanmassiv Maxwell-Berge) scheinen diese Berggebiete eher den Charakter von »Inseln« als von »Kontinenten« zu haben. In diesem Zusammenhang sind erwähnenswert das Aphrodite-Gebirge (5000 m Höhe), die Beta-Region (3000 m) und die Alpha-Re-

gion (2500 m). Sie alle haben sich als Formationen vulkanischen Ursprungs erwiesen, und ihr Durchmesser schwankt von 2000–9000 km. Ein Grabensystem mit erheblichen Ausmaßen (1400 km lang, 150 km breit und 2 km tief) durchzieht die Venusoberfläche östlich von Aphrodite Terra. Um die Erhebungen herum wurden deutliche elektrische Aktivitäten gemessen. Sie bestehen in Entladungen, welche die Atmosphäre zum Leuchten bringen. Auch dieser Umstand deutet darauf hin, daß im Innern des Planeten noch Tätigkeit herrscht. Man nimmt an, daß die Venus wie die Erde aus einer dünnen Erdkruste, einem ziemlich dicken Mantel und schließlich einem Kern aus schweren Materialien wie Eisen, Nickel und Kobalt besteht. Da aber ein entsprechend starkes Magnetfeld fehlt, wird dieser Kern wohl nicht in flüssigem Zustand vorliegen. Die äußere Form der Venus ist mit der Erde zu vergleichen, sowohl im Hinblick auf die Größenverhältnisse (12 104 km Durchmesser) als auch, was die Anziehungskraft (0,88 g) und die Masse (0,815 Erdmasse) anbelangt. Von der Venus sind bis heute keine Monde bekannt geworden.

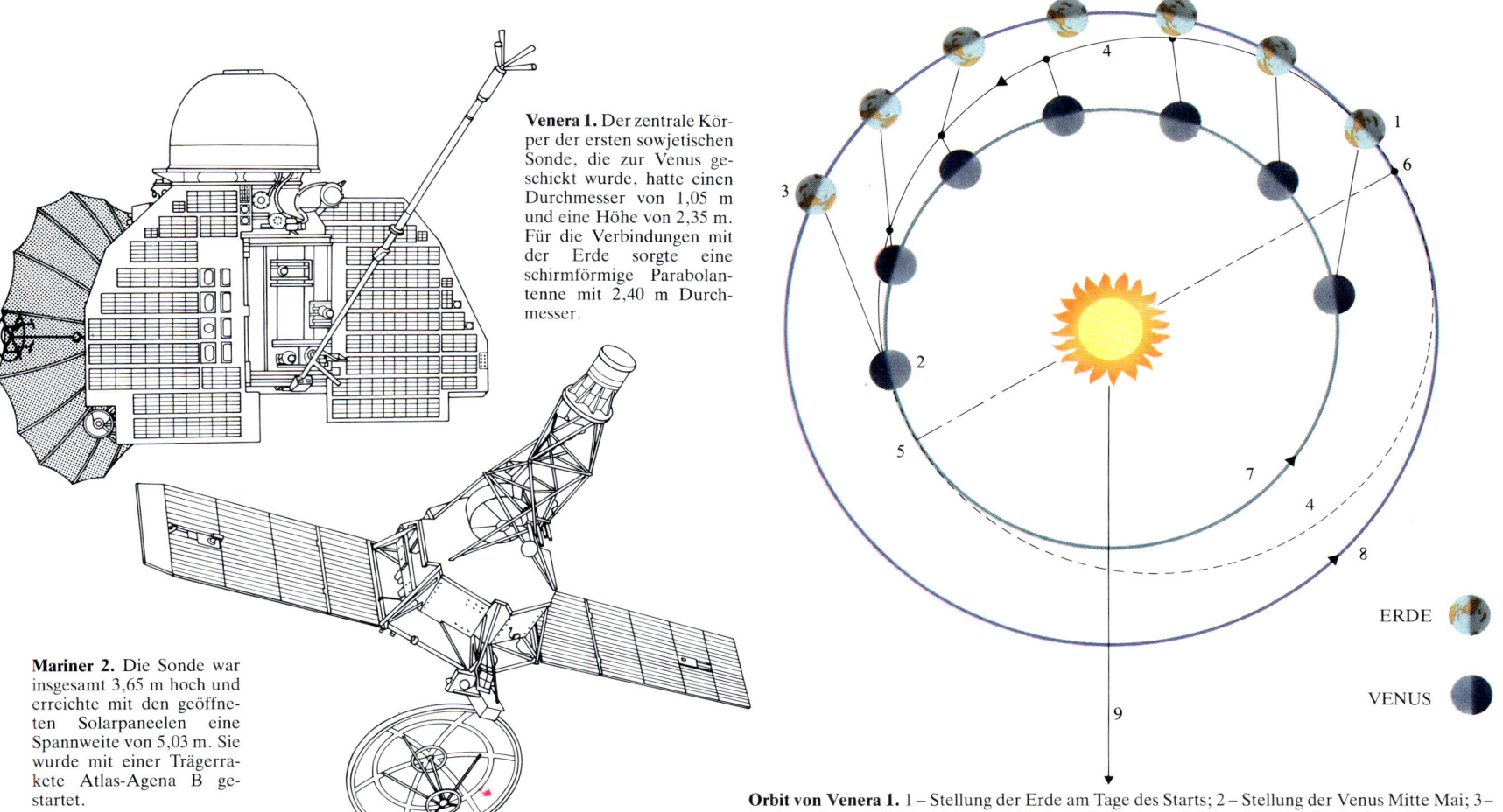

Venera 1. Der zentrale Körper der ersten sowjetischen Sonde, die zur Venus geschickt wurde, hatte einen Durchmesser von 1,05 m und eine Höhe von 2,35 m. Für die Verbindungen mit der Erde sorgte eine schirmförmige Parabolantenne mit 2,40 m Durchmesser.

Mariner 2. Die Sonde war insgesamt 3,65 m hoch und erreichte mit den geöffneten Solarpaneelen eine Spannweite von 5,03 m. Sie wurde mit einer Trägerrakete Atlas-Agena B gestartet.

ERDE

VENUS

Orbit von Venera 1. 1 – Stellung der Erde am Tage des Starts; 2 – Stellung der Venus Mitte Mai; 3 – Stellung der Erde Mitte Mai; 4 – Orbit der AIS (Automatic Interplanetary Station); 5 – Perihel des Orbits von AIS; 6 – Aphel; 7 – Bahn der Venus; 8 – Bahn der Erde; 9 – Richtung zum Frühlingspunkt.

	Sonde	Land	Masse (kg)	Start	Begegnung mit dem Planeten	Minimalabstand vom Planeten (km)	Automatische Erforschung der Venus
1	Sputnik 7	UdSSR	6483	4.2.1961	–	–	Versuch des Starts einer Sonde von einer Plattform im Erdorbit. Der Internationalen Fernmelde-Union (UIT) zufolge Erprobung von Startsystemen und Kontrolle der Flugbahn.
2	Venera 1 (Venus)	UdSSR	643,5	12.2.1961	–	100000	Vorbeiflug. Kontaktabbruch am 27. 2. Trägerrakete A-2-e.
3	Mariner 1	USA	–	22.7.1962	–	–	Aus Sicherheitsgründen in Höhe von 161 km Höhe zerstört. Trägerrakete Atlas-Agena B.
4	U-3	UdSSR	–	25.8.1962	–	–	Mißerfolg. Bleibt in Erdorbit. Verglüht am 28.8. in der Atmosphäre. Trägerrakete A-2-e.
5	Mariner 2	USA	202	27.8.1962	14.12.1962	34766	Erster interplanetarer Flug. Findet kein Magnetfeld. Temperaturmessung an der Oberfläche 427° C. Kontakt verloren am 3. 1. 1963, in 87 390 000 km von der Erde. Trägerrakete Atlas-Agena B.
6	U-4	UdSSR	–	1.9.1962	–	–	Mißerfolg. Bleibt in Erdorbit. Verglüht am 6.9.
7	U-5	UdSSR	–	12.9.1962	–	–	Mißerfolg. Bleibt in Erdorbit. Verglüht am 14.9.
8	Kosmos 21	UdSSR	–	11.11.1963	–	–	Erprobung der Bordsysteme. Bleibt in Erdorbit. Verglüht am 14.11.
9	Kosmos 27	UdSSR	–	27.3.1964	–	–	Mißerfolg. Bleibt in Erdorbit.
10	Zond 1	UdSSR	–	2.4.1964	–	100000	Kontaktverlust nach dem 14. 5. Schwenkt in einen Sonnenorbit ein.
11	Venera 2	UdSSR	963	12.11.1965	27.2.1966	23797	Verlust der Funkkontakte.
12	Venera 3	UdSSR	960	16.11.1965	1.3.1966	–	Erste Sonde, die auf der Venus auftrifft, zuvor aber Verlust der Kontakte.
13	Kosmos 96	UdSSR	–	23.11.1965	–	–	Mißerfolg. Bleibt in Erdorbit. Verglüht am 9.12.
14	Venera 4	UdSSR	1106	12.6.1967	18.10.1967	–	Erste Daten von der Venus-Atmosphäre. Entläßt eine Kapsel, die während des 94minütigen Abstiegs am Fallschirm Daten übermittelt. Venera trifft am 18. 10. auf dem Planeten auf.
15	Mariner 5	USA	425	14.6.1967	19.10.1967	3991	Entdeckt eine mächtige Wasserstoffcorona, vergleichbar der der Erde, und eine Atmosphäre mit 72–87% Kohlendioxid, wahrscheinlich auch mit Stickstoff und Sauerstoff.
16	Kosmos 167	UdSSR	–	17.6.1967	–	–	Mißerfolg. Erprobung wissenschaftlicher Apparaturen. Verglüht in der Erdatmosphäre am 25.6.
17	Venera 5	UdSSR	1130	5.1.1969	16.5.1969	–	Entläßt auf der Nachtseite der Venus eine Kapsel (404,5 kg), die während des Abstieges Daten über die chemische Zusammensetzung, Druck, Dichte und Temperatur der Atmosphäre übermittelt.
18	Venera 6	UdSSR	1130	10.1.1969	17.5.1969	–	Erfolgreiche Wiederholung der Mission Venera 5.
19	Venera 7	UdSSR	1180	17.8.1970	15.12.1970	–	Wiederholung der Mission Venera 5, überdies 23 Minuten lang Datenübermittlung von der Oberfläche.
20	Kosmos 359	UdSSR	–	22.8.1970	–	–	Mißerfolg. UIT zufolge Erprobung wissenschaftlicher Apparate. Bleibt im Erdorbit. Verglüht 6. 11.
21	Venera 8	UdSSR	1180	27.3.1972	22.7.1972	–	Datenübermittlung von der Atmosphäre und 50 Minuten lang auch von der Oberfläche, trotz Temperaturen über 400° C und 90fachem Atmosphärendruck.
22	Kosmos 482	UdSSR	–	31.3.1972	–	–	Mißerfolg. Verläßt der UIT zufolge nicht den Erdorbit.
23	Mariner 10	USA	503	3.11.1973	5.2.1974	5800	Führt Messungen der Umwelt, der Atmosphäre und der Oberfläche durch. Versuche zur Nutzung der Schwerkraft der Planeten zur Veränderung und Beschleunigung der Flugbahn. Übermittelt 3712 Venus-Fotos mit 100 m großen Einzelheiten (Auflösung 7000mal besser als Teleskopbilder von der Erde). Fliegt weiter zum Merkur.

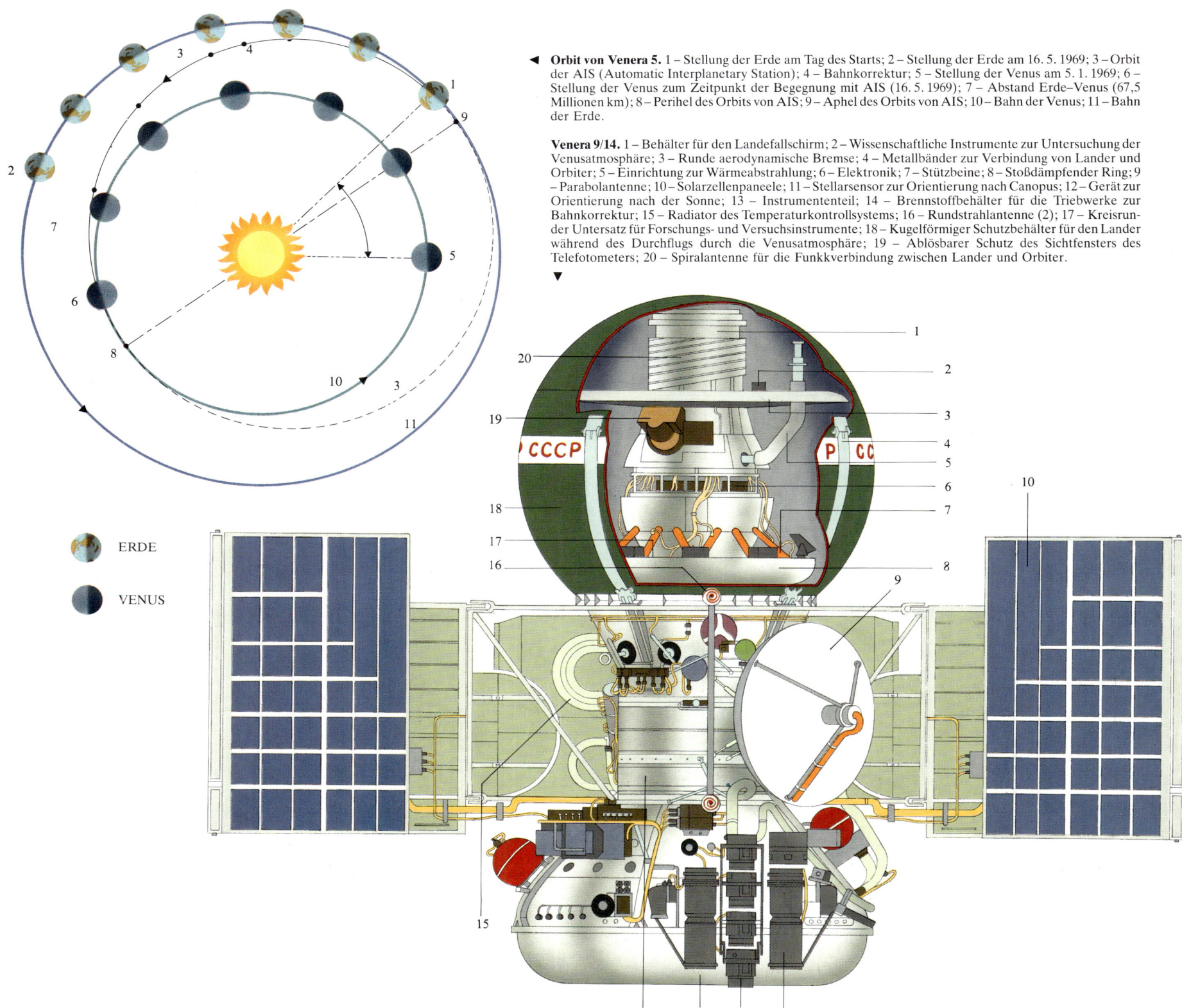

Orbit von Venera 5. 1 – Stellung der Erde am Tag des Starts; 2 – Stellung der Erde am 16. 5. 1969; 3 – Orbit der AIS (Automatic Interplanetary Station); 4 – Bahnkorrektur; 5 – Stellung der Venus am 5. 1. 1969; 6 – Stellung der Venus zum Zeitpunkt der Begegnung mit AIS (16. 5. 1969); 7 – Abstand Erde–Venus (67,5 Millionen km); 8 – Perihel des Orbits von AIS; 9 – Aphel des Orbits von AIS; 10 – Bahn der Venus; 11 – Bahn der Erde.

Venera 9/14. 1 – Behälter für den Landefallschirm; 2 – Wissenschaftliche Instrumente zur Untersuchung der Venusatmosphäre; 3 – Runde aerodynamische Bremse; 4 – Metallbänder zur Verbindung von Lander und Orbiter; 5 – Einrichtung zur Wärmeabstrahlung; 6 – Elektronik; 7 – Stützbeine; 8 – Stoßdämpfender Ring; 9 – Parabolantenne; 10 – Solarzellenpaneele; 11 – Stellarsensor zur Orientierung nach Canopus; 12 – Gerät zur Orientierung nach der Sonne; 13 – Instrumententeil; 14 – Brennstoffbehälter für die Triebwerke zur Bahnkorrektur; 15 – Radiator des Temperaturkontrollsystems; 16 – Rundstrahlantenne (2); 17 – Kreisrunder Untersatz für Forschungs- und Versuchsinstrumente; 18 – Kugelförmiger Schutzbehälter für den Lander während des Durchflugs durch die Venusatmosphäre; 19 – Ablösbarer Schutz des Sichtfensters des Telefotometers; 20 – Spiralantenne für die Funkkverbindung zwischen Lander und Orbiter.

ERDE

VENUS

	Sonde	Land	Masse (kg)	Start	Begegnung mit dem Planeten	Minimalab-stand vom Planeten (km)	Automatische Erforschung der Venus
24	Venera 9 orbiter Venera 9 lander	UdSSR	3376 \n\n 1560	8.6.1975	22.10.1975	–	Erste Sonde, die um den Planeten in einen Orbit einschwenkt. Entläßt eine Kapsel, die weich auf der Oberfläche landet, das erste Bild von der Venusoberfläche sendet und noch 53 Minuten funktioniert. Trägerrakete D-1-E.
25	Venera 10 orbiter Venera 10 lander	UdSSR	3493 \n\n 1560	14.6.1975	25.10.1975	– \n\n –	Erfolgreiche Wiederholung der Mission Venera 9.
26	Pioneer Venus 1 (Pioneer 12)	USA	582	20.5.1978	4.12.1978	150	Erstellt aus dem Orbit (150 × 66 000 km) eine Radarkarte von 93% der Oberfläche, ferner Kartographie der Schwerkraft. Untersucht die Wechselbeziehung zwischen Venus-Atmosphäre und Sonnenwind. Trägerrakete Atlas-Centaur.

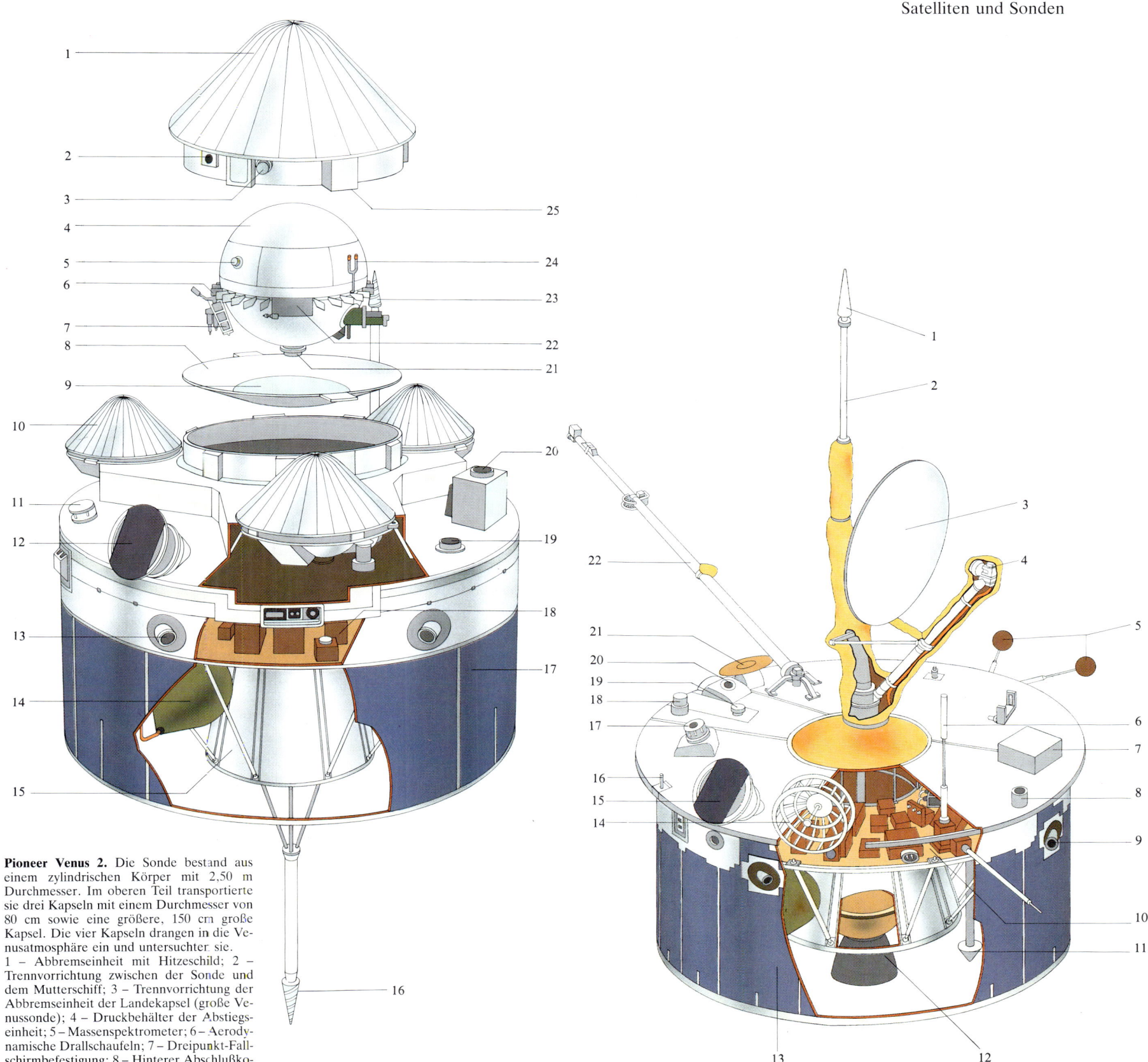

Pioneer Venus 2. Die Sonde bestand aus einem zylindrischen Körper mit 2,50 m Durchmesser. Im oberen Teil transportierte sie drei Kapseln mit einem Durchmesser von 80 cm sowie eine größere, 150 cm große Kapsel. Die vier Kapseln drangen in die Venusatmosphäre ein und untersuchten sie. 1 – Abbremseinheit mit Hitzeschild; 2 – Trennvorrichtung zwischen der Sonde und dem Mutterschiff; 3 – Trennvorrichtung der Abbremseinheit der Landekapsel (große Venussonde); 4 – Druckbehälter der Abstiegseinheit; 5 – Massenspektrometer; 6 – Aerodynamische Drallschaufeln; 7 – Dreipunkt-Fallschirmbefestigung; 8 – Hinterer Abschlußkonus; 9 – Strahlendurchlässiges Fenster (Antennenabdeckung); 10 – Kleine Sonde (Landekapsel); 11 – Spektrometer; 12 – Solarsensor; 13 – Radiale Steuerdüsen; 14 – Druckgasbehälter; 15 – Abdeckung des Haupttriebwerks; 16 – Rundstrahl-Spiralantenne; 17 – Solarzellen; 18 – Instrumententeil; 19 – Axiale Steuerdüsen; 20 – Massenspektrometer; 21 – Antenne; 22 – Drucksensoren; 23 – Rundstrahl-Spiralantenne; 24 – Sprengbolzen; 25 – Behälter des Sensors für die Venus-Atmosphärentemperatur-Messungen.

Pioneer Venus 1. Diese Sonde (Orbiter) kreiste um die Venus und hatte eine zylindrische Form mit einem Durchmesser von 2,50 m. Die Parameter des Orbits wurden je nach den Bedürfnissen verändert. 1 – Rundstrahlantenne; 2 – Dipolantenne (Reserveantenne); 3 – Parabolspiegelantenne; 4 – Hornstrahler; 5 – Elektronenfeldantennen; 6 – Elektronentemperatursonde; 7 – Plasmaanalysegerät; 8 – Axiale Lagekontrolldüse; 9 – Radiale Lagekontrolldüse; 10 – Wissenschaftliche Geräteausrüstung; 11 – Rundstrahlantenne; 12 – Bremstriebwerk für den Übergang in die Venusumlaufbahn; 13 – Solarzellen; 14 – Radarantenne für die ›Reflexionskarte‹; 15 – Sonnensensor; 16 – Ionenmassenspektrometer; 17 – Wolkenfotopolarimeter; 18 – Neutralmassenspektrometer; 19 – IR-Radiometer; 20 – UV-Spektrometer; 21 – Potentialanalysegerät; 22 – Magnetometerausleger und -sensor.

	Sonde	Land	Masse (kg)	Start	Begegnung mit dem Planeten	Minimalab-stand vom Planeten (km)	Automatische Erforschung der Venus
27	Pioneer Venus 2 (Pioneer 13)	USA	904	8.8.1978	9.12.1978	–	Entläßt vier Kapseln in die Atmosphäre. Präzisiert deren Zusammensetzung. Stellt Erhöhung des Schwefeldioxidgehalts in 70 km Höhe fest: möglicherweise eine Eruption, stärker als die gesamte vulkanische Aktivität der Erde. Spurenanalyse von Edelgasen (im Vergleich zur Erde und zum Mars verschiedene Konzentrationen) und von schwerem Wasserstoff, 100mal mehr als auf der Erde. Pioneer sendet vom Orbit weitere Daten. Flugbahn 1984 verändert zur Beobachtung des Kometen Encke (s.d.).
28	Venera 11 orbiter Venera 11 lander	UdSSR	4500	9.9.1978	25.12.1978	35000	Der Lander nimmt Blitze und Donnerschläge in der Atmosphäre wahr. Spurenanalyse von Edelgasen (insbesondere von Krypton) in ähnlichen Konzentrationen wie auf der Erde und Mars.
29	Venera 12 orbiter Venera 12 lander	UdSSR	4500	14.9.1978	21.12.1978	35000	Vorbeiflug und Landung; erfolgreiche Wiederholung der Mission Venera 11, allerdings mit anderer Flugbahn.
30	Venera 13 orbiter Venera 13 lander	UdSSR	5000	30.10.1981	3.3.1982	–	Erstes Farbbild von der Venusoberfläche. Der Lander analysiert auch Bodenproben. Findet dabei einen Basalttyp, der auf der Erde eher selten auftritt (bekannt von einigen Vulkangebieten Italiens). Der Lander funktionierte 57 Minuten lang trotz einer Temperatur von 457° C und einem Druck von 89 Atmosphären.
31	Venera 14 orbiter Venera 14 lander	UdSSR	5000 4000	4.11.1981	5.3.1982	–	Erfolgreiche Wiederholung der Mission Venera 13 in einem Gebiet, das allerdings 950 km weiter südlich liegt. Hält 57 Minuten auf der Venusoberfläche durch.
32	Venera 15	UdSSR	4000*	2.6.1983	10.10.1983	–	Daten über das Fehlen eines Magnetfeldes auf der Venus. Übermittelt Bilder zur Vervollständigung der Radarkarte. Radarantenne (8,50 m) nimmt 1–2 m große Einzelheiten wahr.
33	Venera 16	UdSSR	4000*	7.6.1983	16.10.1983	–	Wiederholung der Mission Venera 15 mit unterschiedlicher Flugbahn.
34	Vega 1 (Venera Galley oder Venera Gallea)	UdSSR	3500	15.12.1984	9.6.1985	39000	Vega 1 fliegt an Venus vorbei und wirft eine Kapsel mit einem Gasballon ab. Dieser schwebt frei in 54 km Höhe und liefert Daten über Temperatur, Druck und Winde. Die Kapsel landet ein automatisches Modul auf der Oberfläche; dieses überlebt 21 Minuten lang bei Temperaturen über 400° C und einem Druck von 86 Atmosphären. Vega fliegt weiter zum Kometen Halley (siehe dort).
35	Vega 2	UdSSR	3500	21.12.1984	3.6.1985	24500	Wiederholung der Mission Vega 1 mit unterschiedlicher Flugbahn. Loslösung einer Kapsel, die auf der Oberfläche landet und den Boden analysiert. Begegnung mit dem Halleyschen Kometen am 9.3.1986.
	Venus Radar Mapper	USA	–	1988	1988	300	Orbit 300 × 8000 km. Ziele: Radarkartographie von 90% der Venusoberfläche im Maßstab 1:5 000 000; topographische Karte Maßstab 1:25 000 000 mit räumlichem Auflösungsvermögen unter 50 km und vertikalem Auflösungsvermögen von 100 m; Einzelheiten von 225–300 m; Kartographie der Schwerkraft-verhältnisse von 76% der Oberfläche. Abschluß der Radarkartographie erste Hälfte 1989.
	Venera 17*	UdSSR	–	1991	–	–	Projekt mit französischer Beteiligung. Auf dem Weg zu einer Begegnung mit dem Asteroiden Vesta (siehe dort), Sonde entläßt zwei Kapseln, die auf der Venus landen sollen.
	Venus atmospheric probe	USA	–	–	–	–	Vorschlag. Die Sonde im Orbit entläßt in die Venus-Atmosphäre eine Kapsel, die direkt zur Erde geochemische, geophysikalische und geologische Daten übermittelt. Die Kapsel könnte während einer Mission mit mehrfachem Vorbeiflug am Merkur entlassen werden; die Venus würde dann die Flugbahn der Sonde verändern und beschleunigen.
	Hadley	Europa	56	–	–	–	Vorschlag der Europäischen Weltraumorganisation. Ziele: Untersuchung der allgemeinen Zirkulation der Venus-Atmosphäre und der Mechanismen zur Aufrechterhaltung jenes Klimas. Trägerrakete Ariane 3 oder 4. Startplatz Kourou.

Mars

Der »rote Planet« ist im Mittel 227,9 Millionen km von der Sonne entfernt und dreht sich innerhalb von 687 Tagen einmal um sie. Er dreht sich innerhalb von $24^h 37^m 23^s$ einmal um seine Achse und erzeugt damit einen Tag-Nacht-Rhythmus. Der Mars ist eine winzige Welt. Der Durchmesser am Äquator beträgt 6787 km. Der Mars enthält gerade 11% der Erdmasse. Folglich liegt auch die Anziehungskraft deutlich niedriger, bei 0,38 g. Der Marsboden ist wegen der Winde und der starken Temperaturausschläge (am Äquator schwanken die Temperaturen von +10° bis −70°C), stark erodiert und von Sedimenten bedeckt. Es gibt zahlreiche große sanddünenartige Gebiete, aber im allgemeinen besteht der Boden aus vulkanischen Brekzien und alluvionalen Ablagerungen aus längst vergangenen Zeiten, da der Planet noch biologisch aktiv war. Die Gesteine enthalten viel Limonit, ein Eisenoxid, das zur charakteristischen rötlichen Färbung des Planeten beiträgt. Die beiden Marshemisphären unterscheiden sich deutlich vom orographischen Gesichtspunkt: Die südliche Hälfte ist von wüstenartigen Hochebenen mit zahlreichen Kratern gekennzeichnet. Zwischen ihnen erstrecken sich umfangreiche Becken voll sandiger Sedimente – sie sind möglicherweise durch Einschlag entstanden: Hellas, Ausonia, Argyre, usw.). Die nördliche Hälfte ist im Gegensatz dazu weniger hoch und zeigt weniger Krater. Wahrscheinlich verschwand hier im Laufe der geologischen Entwicklung die alte Marskruste im Inneren, und geschmolzene Gesteinsmassen dehnten sich über weite Flächen aus. Vulkanische Bildungen finden wir im ausgedehnten Tharsis-Gebirge am Äquator (wo sich der mächtige Olympus Mons sowie die bedeutenden Schildvulkane und Calderen der Montes Pavonis, Ascraeus, Arsia und Ceraunius erheben) sowie im nördlicher gelegenen Elysium-Gebirge (mit den ebenfalls erloschenen Vulkanen Elysium und Hectes). Die bedeutendsten dieser Berge erreichen Höhen zwischen 15 000 und 26 000 m. Charakteristisch ist ein verworrenes System von Verwerfungen und Canyons, die sich Tausende von Kilometer weit östlich des Tharsis-Gebirges erstrecken. Daran schließen sich das Labyrinthus Noctis, das mächtige Tithonius Chasma und die unendlichen Vaales Marineris an. Es handelt sich hier nicht um Bergstrukturen, die durch Erosion entstanden sind, sondern um in früher Zeit eingesunkene Stellen. Durch Permafrost-Erscheinungen, die übrigens auf dem ganzen Mars zu beobachten sind, wurde hier der Boden weich und krümelig. Der Planet ist von einer dünnen Atmosphäre umgeben, die zur Hauptsache aus Kohlendioxid besteht, doch sind auch Spuren von Stickstoff und Argon nachzuweisen. Auch wenn der Druck am Boden kaum 6 Millibar beträgt, so erreichen jahreszeitliche Marsstürme doch Geschwindigkeiten von weit über 100 km/h. Sie wirbeln dabei unglaubliche Mengen des äußerst feinen Marsstaubes auf. Unter einer derart dünnen Atmosphäre und unter den unwirtlichen thermischen Bedingungen kommt auf der Marsoberfläche kein flüssiges Wasser vor. Als Eis bildet es dünne Schichten an den Polkappen; darüber lagern sich je nach Jahreszeit reichliche Schichten von Trockeneis (Kohlendioxid) ab. Rauhreif und Nebelbildung treten in gebirgigen Gegenden auf, die gerade auf die Tagseite gelangen. Um den Mars herum, in einem Abstand von 9300 bzw. 23 200 km von dessen Zentrum entfernt, kreisen die beiden kleinen Monde Phobos (Umlaufzeit $7^h 39^m$) und Deimos ($30^h 18^m$). Es handelt sich um zwei unregelmäßig geformte Asteroiden mit zahlreichen Kratern. Die Länge dieser Gebilde beträgt 18 bzw. 13 km.

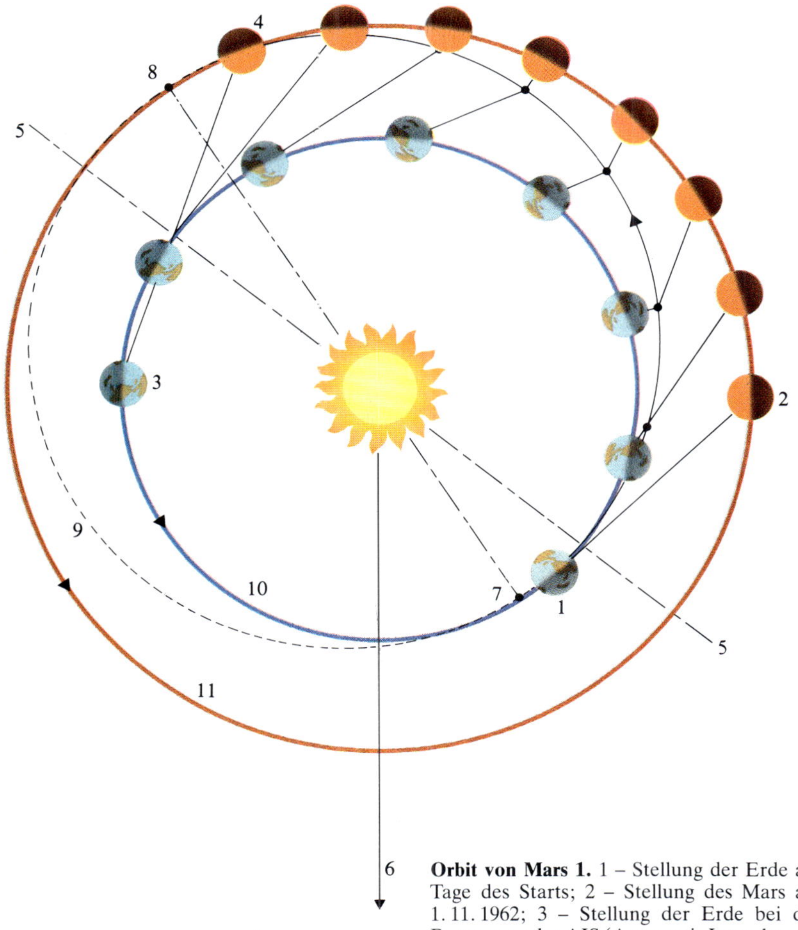

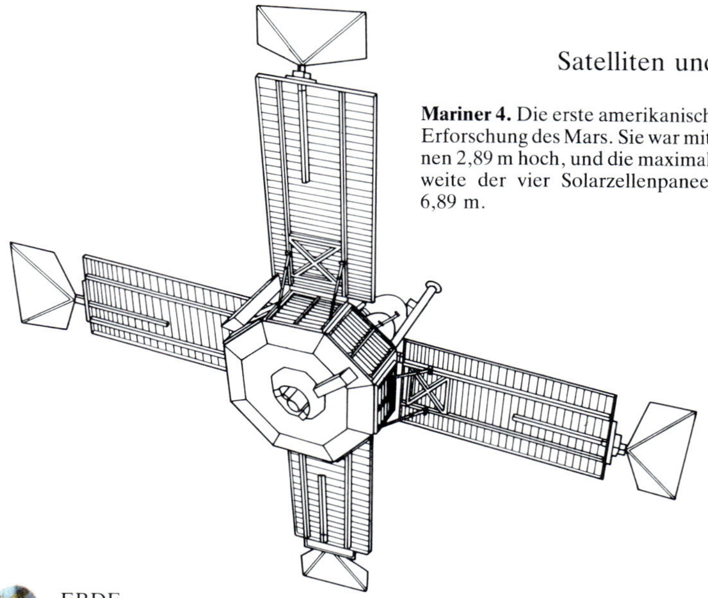

Mariner 4. Die erste amerikanische Sonde zur Erforschung des Mars. Sie war mit den Antennen 2,89 m hoch, und die maximale Öffnungsweite der vier Solarzellenpaneele erreichte 6,89 m.

Orbit von Mariner 4. 1 – Stellung der Erde am Tag des Starts; 2 – Stellung des Mars am 28. 11. 1964; 3 – Stellung der Erde im Augenblick der Begegnung des AIS (Automatic Interplanetary Station) mit dem Mars (14. 7. 1965); 4 – Stellung des Mars am 14. 7. 1965; 5 – Orbit des AIS; 6 – Bahn der Erde; 7 – Bahn des Mars; 8 – Aphel des Orbits von AIS; 9 – Perihel.

ERDE

MARS

Orbit von Mars 1. 1 – Stellung der Erde am Tage des Starts; 2 – Stellung des Mars am 1. 11. 1962; 3 – Stellung der Erde bei der Begegnung des AIS (Automatic Interplanetary Station) mit Mars; 4 – Stellung des Mars im Augenblick der Begegnung mit AIS; 5 – Schnittgerade der Ebenen der Bahnen von Mars und Erde; 6 – Richtung zum Frühlingspunkt; 7 – Perihel des Orbits von AIS; 8 – Aphel; 9 – Bahn von AIS; 10 – Bahn der Erde; 11 – Bahn des Mars.

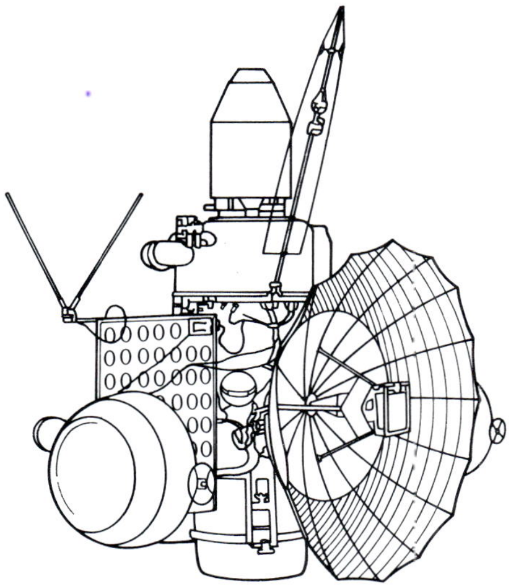

Mars 1. Die Sonde war 3,30 m hoch, und die Spannweite der Solarpaneele erreichte 4 m. Mars 1 bestand aus zwei autonomen Teilen, einem Orbiter und einem Lander. Dieser enthielt Instrumente für die Erforschung des Planeten, darunter auch ein Fernsehsystem.

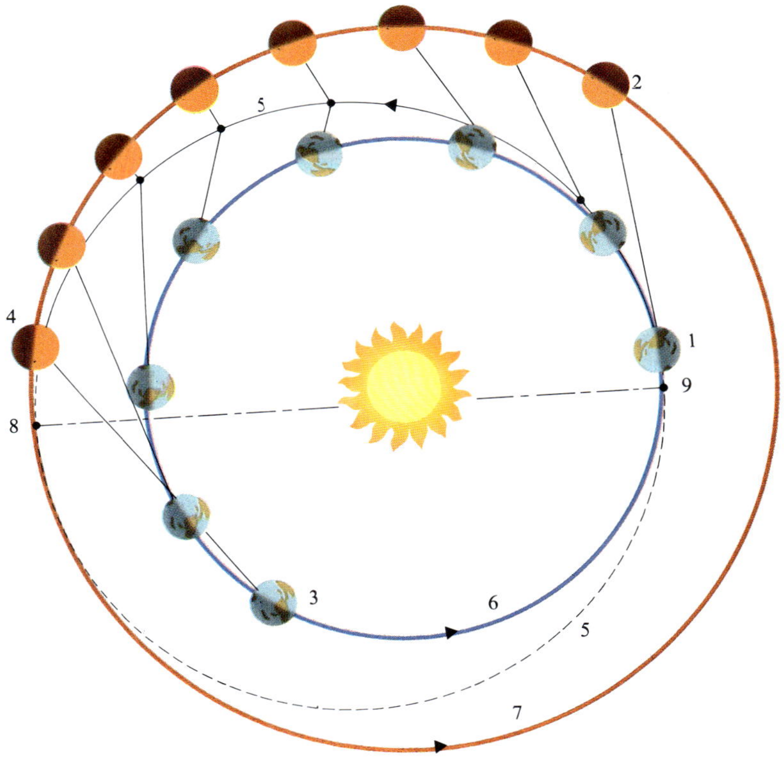

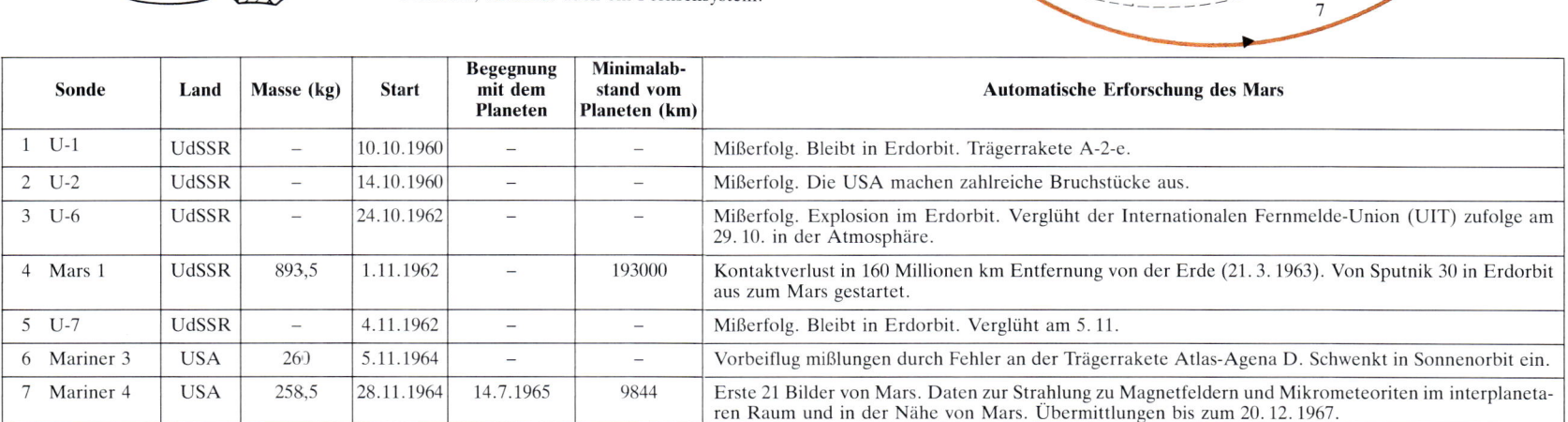

	Sonde	Land	Masse (kg)	Start	Begegnung mit dem Planeten	Minimalabstand vom Planeten (km)	Automatische Erforschung des Mars
1	U-1	UdSSR	–	10.10.1960	–	–	Mißerfolg. Bleibt in Erdorbit. Trägerrakete A-2-e.
2	U-2	UdSSR	–	14.10.1960	–	–	Mißerfolg. Die USA machen zahlreiche Bruchstücke aus.
3	U-6	UdSSR	–	24.10.1962	–	–	Mißerfolg. Explosion im Erdorbit. Verglüht der Internationalen Fernmelde-Union (UIT) zufolge am 29. 10. in der Atmosphäre.
4	Mars 1	UdSSR	893,5	1.11.1962	–	193000	Kontaktverlust in 160 Millionen km Entfernung von der Erde (21. 3. 1963). Von Sputnik 30 in Erdorbit aus zum Mars gestartet.
5	U-7	UdSSR	–	4.11.1962	–	–	Mißerfolg. Bleibt in Erdorbit. Verglüht am 5. 11.
6	Mariner 3	USA	260	5.11.1964	–	–	Vorbeiflug mißlungen durch Fehler an der Trägerrakete Atlas-Agena D. Schwenkt in Sonnenorbit ein.
7	Mariner 4	USA	258,5	28.11.1964	14.7.1965	9844	Erste 21 Bilder von Mars. Daten zur Strahlung zu Magnetfeldern und Mikrometeoriten im interplanetaren Raum und in der Nähe von Mars. Übermittlungen bis zum 20. 12. 1967.

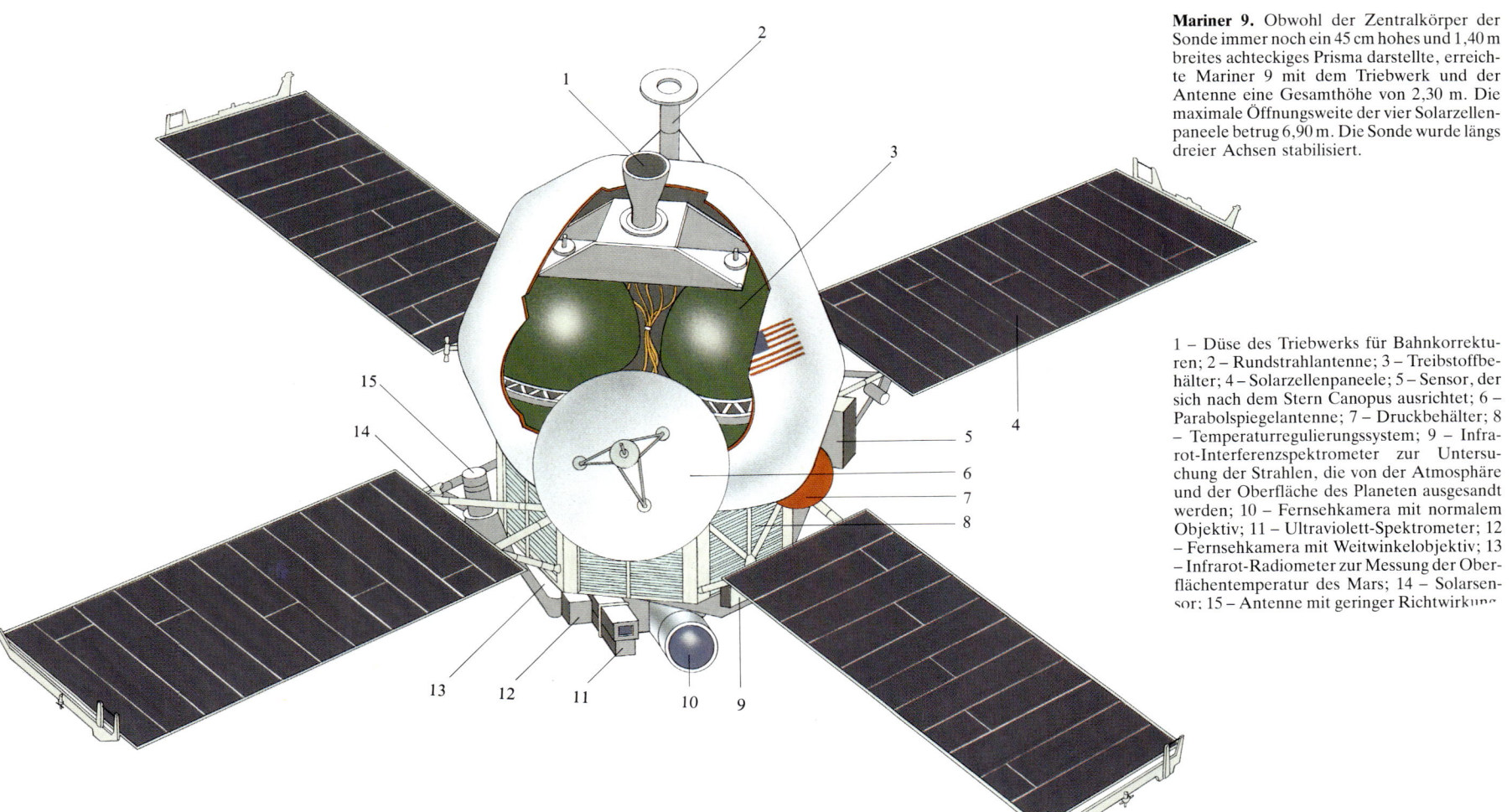

Mariner 9. Obwohl der Zentralkörper der Sonde immer noch ein 45 cm hohes und 1,40 m breites achteckiges Prisma darstellte, erreichte Mariner 9 mit dem Triebwerk und der Antenne eine Gesamthöhe von 2,30 m. Die maximale Öffnungsweite der vier Solarzellenpaneele betrug 6,90 m. Die Sonde wurde längs dreier Achsen stabilisiert.

1 – Düse des Triebwerks für Bahnkorrekturen; 2 – Rundstrahlantenne; 3 – Treibstoffbehälter; 4 – Solarzellenpaneele; 5 – Sensor, der sich nach dem Stern Canopus ausrichtet; 6 – Parabolspiegelantenne; 7 – Druckbehälter; 8 – Temperaturregulierungssystem; 9 – Infrarot-Interferenzspektrometer zur Untersuchung der Strahlen, die von der Atmosphäre und der Oberfläche des Planeten ausgesandt werden; 10 – Fernsehkamera mit normalem Objektiv; 11 – Ultraviolett-Spektrometer; 12 – Fernsehkamera mit Weitwinkelobjektiv; 13 – Infrarot-Radiometer zur Messung der Oberflächentemperatur des Mars; 14 – Solarsensor; 15 – Antenne mit geringer Richtwirkung

	Sonde	Land	Masse (kg)	Start	Begegnung mit dem Planeten	Minimalabstand vom Planeten (km)	Automatische Erforschung des Mars
8	Zond 2	UdSSR	960	30.11.1964	–	1500	Verlust der Funkkontakte im Mai 1965. Erfolgreiche Erprobung (8.–18. 12. 1964) von sechs Plasmatriebwerken zur Lageregelung.
9	Zond 3	UdSSR	960	18.7.1965	–	–	Erprobung der Bordsysteme für interplanetare Sonden. Fotografiert die erdabgewandte Mondseite.
10	Mariner 6	USA	413	25.2.1969	31.7.1969	3400	Erste 75 nahe Bilder des Planeten und dessen Oberfläche (2 Fernsehkameras). Spektrometer im Infrarot- und Ultraviolettbereich.
11	Mariner 7	USA	413	27.3.1969	5.8.1969	3518	Erfolgreiche Wiederholung der Mission Mariner 6. Übermittelt 126 Bilder.
12	Mariner 8	USA	1000	8.5.1971	–	–	Mißerfolg wegen Havarie der Atlas-Centaur-Trägerrakete.
13	Kosmos 419	UdSSR	4650	10.5.1971	–	–	Mißerfolg. Die Sonde löst sich nicht von der Raketenstufe. Verglüht am 12. 5.
14	Mars 2 orbiter Mars 2 lander	UdSSR	4650	19.5.1971	27.11.1971	1380	Übermittelt vom Orbit (1380 × 25 000 km) Daten über die Zusammensetzung der Marsatmosphäre (9/10 Kohlendioxid, fast kein Stickstoff, geringe Spuren von Wasserdampf) und Bilder von einem staubsturmeingehüllten Planeten. Der Lander zerschellt am Boden. Er transportiert »Hammer und Sichel«, das Symbol der UdSSR. Trägerrakete D-1-E.
15	Mars 3 orbiter Mars 3 lander	UdSSR	4650	28.5.1971	2.12.1971	1500	Entläßt im Orbit (1500 × 200 000 km) eine Kapsel, die erstmals weich auf dem Marsboden landet: 90 Sekunden später sendet sie dem Orbiter, der als Relais dient, ein 20 Sekunden langes Videosignal.
16	Mariner 9	USA	1000	30.5.1971	13.11.1971	1350	Erste Sonde im Orbit eines anderen Planeten (1350 × 17 700 km). Gehorcht erfolgreich 38 000 Kommandos, nimmt 6900 Fotos von der Marsoberfläche (70% der Oberfläche kartographiert) und der Trabanten auf und sendet sie zur Erde. Findet einen 5000 km langen Canyon. Sammelt Daten über Atmosphäre, Topographie, Zusammensetzung, Bodentemperatur (+ 27° C am Äquator; − 87° C an den Polen). Ende der Mission am 27. 10. 1972. Gewicht der Sonde ohne Treibstoffe 448 kg.
17	Mars 4	UdSSR	4650	21.7.1973	10.2.1974	2200	Mißerfolg. Schwenkt nicht in den Marsorbit ein.
18	Mars 5	UdSSR	4650	25.7.1973	2.2.1974	–	Wenige Tage lang im Orbit. Sammelt Daten und Fotos über die Atmosphäre und die Oberfläche.
19	Mars 6 orbiter Mars 6 lander	UdSSR	4650	5.8.1973	12.3.1974	–	Die Kapsel übermittelt während des Abstiegs Daten über die Atmosphäre, aber nur 2½ Minuten lang; dann stürzt sie wahrscheinlich auf den Boden.
20	Mars 7 orbiter Mars 7 lander	UdSSR	4650	9.8.1973	9.3.1974	1300	Schwenkt nicht in eine Marsumlaufbahn ein. Die Kapsel trennt sich ab, passiert aber 1300 km von der Oberfläche entfernt.

Landekapsel von Mars 3 Die Landekapsel (Eintauchsonde) wog 350 kg und zeigte eine konische Struktur, die als aerodynamische Bremse wirkte und gleichzeitig die in der Kapsel (Durchmesser 120 cm) eingeschlossenen Apparaturen beschützte. 30 m vom Boden entfernt zündete eine Rakete, die den Fall der Kapsel verlangsamte.

Flugverlauf der Sonde Mars 3 von der Erde zum Mars.

Mars 3. Dies war die erste sowjetische interplanetarische Sonde, die eine Kapsel zur Untersuchung der Umwelt auf der Marsoberfläche landen ließ. Mars 3 erreichte den Planeten fünf Tage nach Mars 2. Beide wurden mit einer Trägerrakete Proton D-1-E gestartet. 1 – Aerodynamischer Schutzkonus mit Hitzeschild; 2 – Automatische Forschungsstation; 3 – Sekundärfallschirm; 4 – Behälter für den Hauptfallschirm; 5 – Instrumente für die automatische Flugkontrolle; 6 – Elektronik; 7 – Trenntriebwerk der Kapsel; 8 – Antenne des Höhenmeßradars; 9 – Lage der Kapsel an Bord des AIS; 10 – Antenne der wissenschaftlichen Apparatur »Stereo«; 11 – Parabolantenne mit hoher Richtwirkung; 12 – Solarzellenpaneele; 13 – Instrumententeil und Triebwerkbehälter für die Bahnkorrekturen; 14 – Optische Sensoren des Orientierungssystems nach den Sternen; 15 – Sensor des automatischen Navigationssystems; 16 – Brennstoffbehälter; 17 – Radiator des Temperaturkontrollsystems.

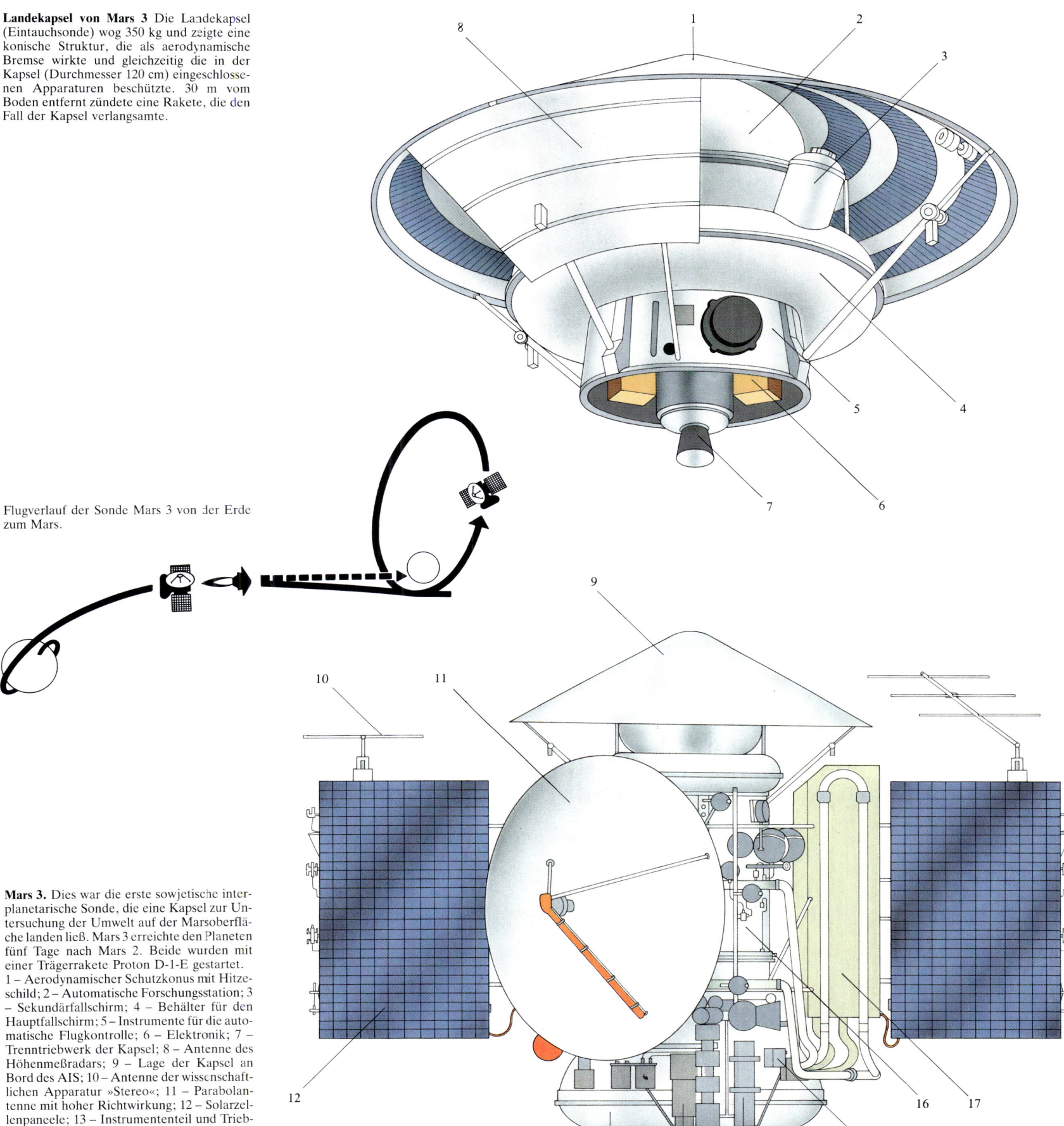

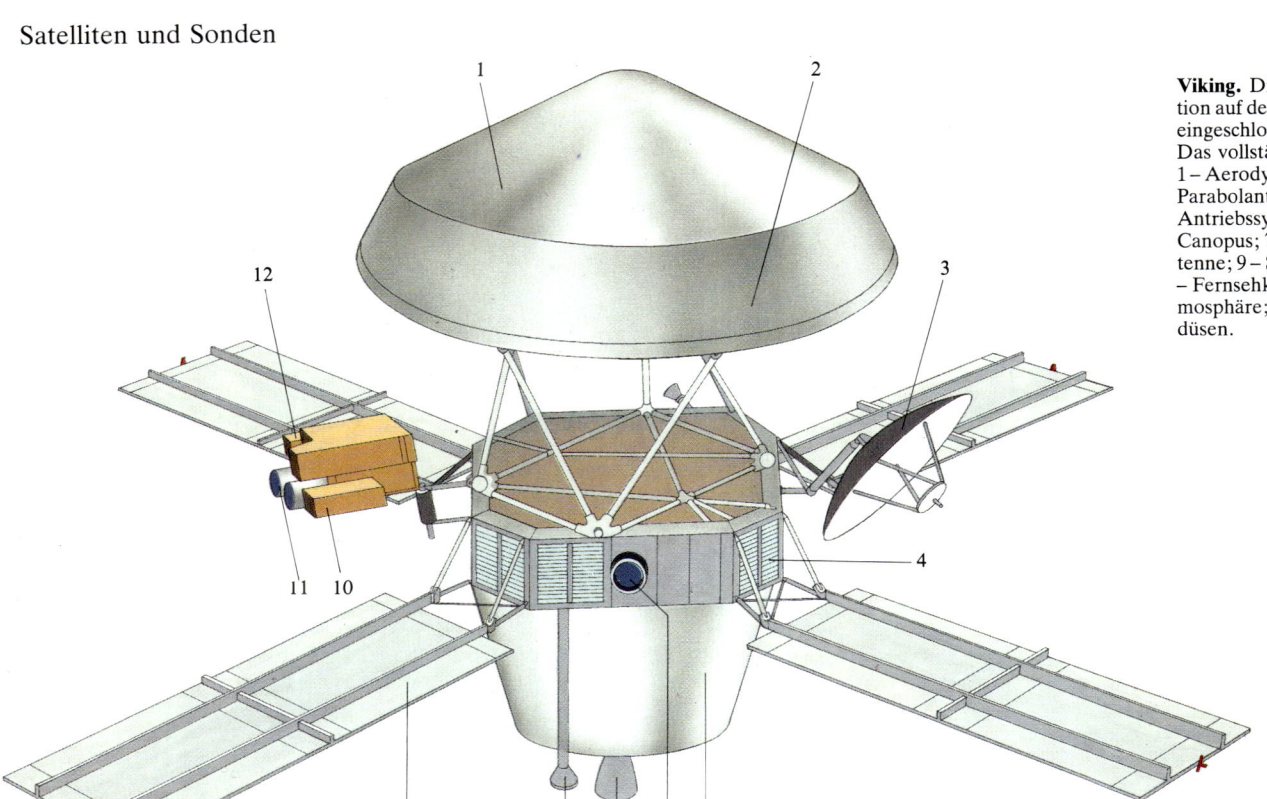

Viking. Die amerikanische Sonde in ihrer Flugkonfiguration auf der Reise zum Mars. Im oberen Teil war der Lander eingeschlossen, der auf dem Planeten weich landen sollte. Das vollständige Raumschiff war 4,90 m hoch.
1 – Aerodynamischer Schild; 2 – Kapsel mit dem Lander; 3 – Parabolantenne; 4 – Temperaturregulierungssystem; 5 – Antriebssystem; 6 – Sensor zur Ausrichtung nach dem Stern Canopus; 7 – Raketentriebwerk; 8 – S-Band Rundstrahlantenne; 9 – Solarzellenpaneele; 10 – Infrarot-Radiometer; 11 – Fernsehkamera; 12 – Detektor für Wasser in der Marsatmosphäre; 13 – Mit Kohlendioxid betriebene Lagekontrolldüsen.

	Sonde	Land	Masse (kg)	Start	Begegnung mit dem Planeten	Minimalabstand vom Planeten (km)	Automatische Erforschung des Mars
21	Viking 1 orbiter Viking 1 lander	USA	2325 1067	20.8.1975	20.7.1976	1514	Orbit mit den Maßen 1514 × 32 800 km. Erstmals landet eine amerikanische Kapsel weich auf der Oberfläche und führt eine erste chemische Analyse im Becken Chryse Planitia (20.7.) durch. Erstes Farbbild von der Marsoberfläche (rotockerfarbenes Steinfeld auf sandigem Grund unter rosafarbenem Himmel). Die Kapsel übermittelt meteorologische Daten bis zum 19.11.1982, die Sonde bis zum 7.8.1980. Trägerrakete Titan 3E-Centaur.
22	Viking 2 orbiter Viking 2 lander	USA	2325 1067	9.9.1975	7.8.1976	–	Erfolgreiche Wiederholung der Mission Viking 1. Weiche Landung in der Ebene Utopia (3.9.). Die beiden Orbiter übermitteln über 40 000 Bilder mit Einzelheiten bis 10 m. Viking-Orbiter 2 fotografiert den größten erloschenen Vulkan des Sonnensystems, den Mons Olympus (über 26 km Höhe). Kein sicherer Beweis für biologische Aktivität im Marsboden trotz ungewöhnlicher chemischer Reaktionen. Bestätigung der allgemeinen Relativitätstheorie von Einstein. Messung der Entfernung Mars–Erde (321 Millionen km) mit einem Fehler von 1,5 m. Messung der Bodentemperatur (84° C nachts, –29° C am Nachmittag). Viking 2-Orbiter funkt bis 7.7.1981, der Lander bis April 1980.
	Phobos orbiter Phobos lander	UdSSR	4650* 30	1988	1989 1989	9400	Mehrere Tonnen schwere Sonde mit 27 Experimenten (362 kg). Zunächst elliptischer, dann kreisrunder Orbit, Untersuchungen der Oberfläche, der Atmosphäre, Ionosphäre und Magnetosphäre (Zusammensetzung, Dichte, Temperatur, Dynamik), der Sonne und des interplanetaren Raumes (Sonnenwind, kosmische Strahlen). Nach vier Monaten verändert die Sonde ihre Flugbahn und soll im Abstand von 50 m am Marsmond Phobos (Durchmesser 18 km) vorbeifliegen. Zwei Laser- und Ionen-»Kanonen« bombardieren die Oberfläche von Phobos und bringen für eine erste chemische Analyse an Ort und Stelle Material zum Verdampfen. Lander für Beobachtungen von der Oberfläche aus, auch Erbohrung von Bodenproben aus der Tiefe. Dauer der Beobachtungen des Landers ein Erdjahr. Gesamtdauer der Mission 460 Tage. Trägerrakete D-1-E. Startplatz Tjuratam-Bajkonur.
	Deimos	UdSSR	–	–	–	–	Projekt zur Wiederholung der Mission Phobos mit dem anderen Marsmond Deimos.
	Mars observer	USA	2100	1990	1991	320	Niedriger, fast polarer Orbit (320 × 380 km). Hauptziele: Untersuchungen zum Vorhandensein von Wasser und dessen Rolle im Marsklima (Atmosphäre und jahreszeitliche Veränderungen); Bestimmung der Elemente und mineralogischer Daten der Marsoberfläche, Topographie, Messung der Schwerkraft und der Magnetfelder. Dauer der Mission ein Marsjahr. Trägerrakete Space Shuttle mit TOS-Stufe.
	Kepler	Europa	812	1992	–	150	Projekt der ESA. Orbit 150 × 7000 km. Ziele: Daten über die Zusammensetzung des Innern, Geophysik, Geologie, Klimatologie, Atmosphärenphysik, Physik der hohen Atmosphäre, Marspartikel.
	Mars network	USA	–	neunziger Jahre	–	–	Projekt NASA. Im Orbit, beschleunigter Abstieg. Ziel: Netz von 3–6 Stationen für Seismologie, Meteorologie, Geochemie und Geophysik. Es handelt sich um Eindring-Raketenkapseln (sog Penetratoren), die von der sich nähernden Sonde mit hoher Geschwindigkeit gestartet werden. Sie dringen senkrecht in unterschiedliche Tiefen ein und belassen an der Oberfläche einen Teil der Kapsel und eine Antenne, die Daten an die Sonde im Orbit übermittelt. Abstand der Stationen 1000 km.
	Mars, surface, probe	USA	–	neunziger Jahre	–	–	Projekt der NASA. Im Orbit; beschleunigter Abstieg. Hauptziel: Untersuchung der chemischen Zusammensetzung »aufs Geratewohl« mit Hilfe von Penetratoren.
	Mars rover	USA Europa	–	neunziger Jahre	–	–	Projekt von NASA und ESA. Im Orbit; gebremster Abstieg. Hauptziel: Bodenanalyse. Verschiedene Lösungen: von der Erde ferngesteuerter beweglicher Roboter; Penetratoren; Sonde, die Proben des Marsbodens zur Erde zurückbringt.

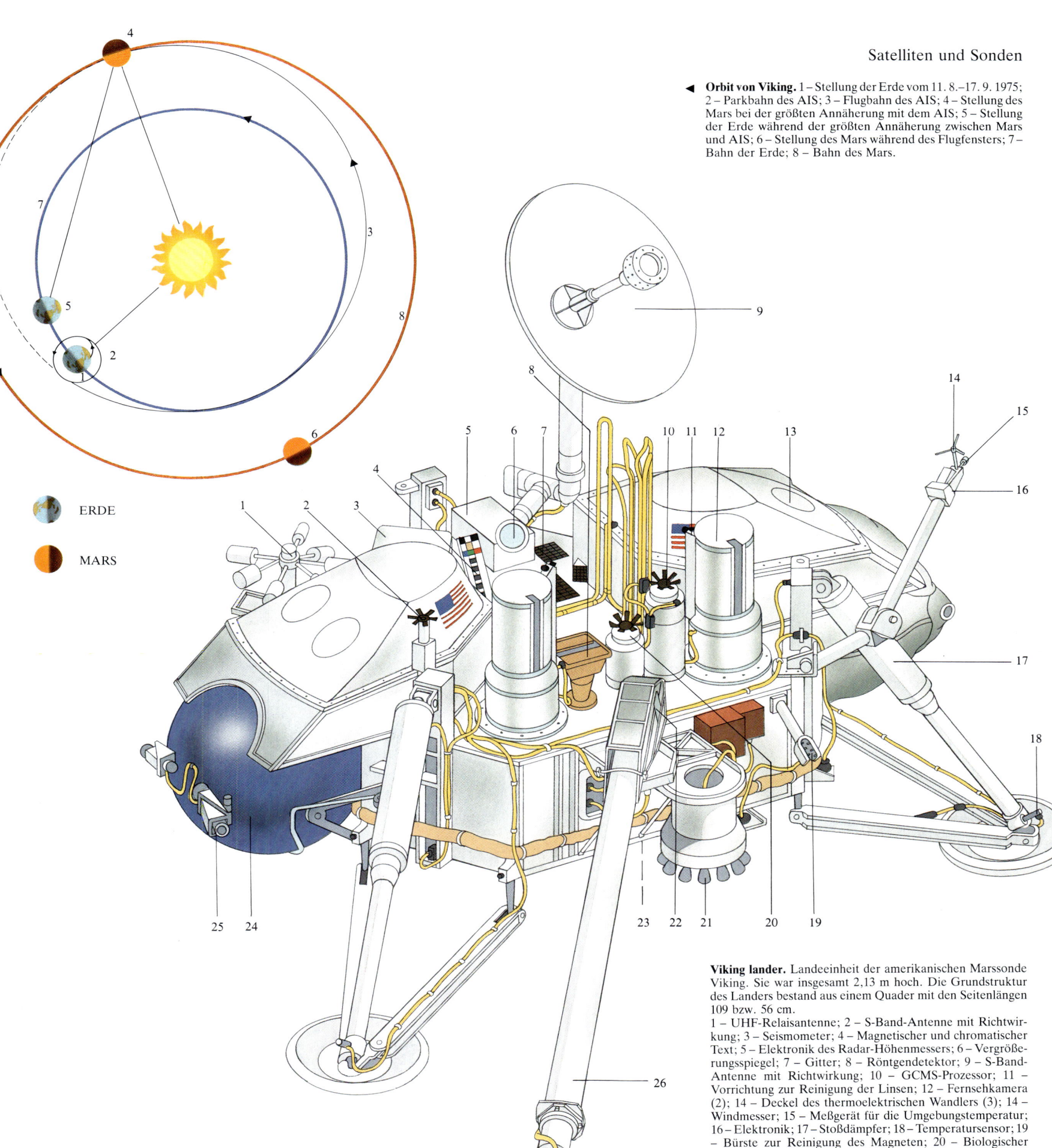

Orbit von Viking. 1 – Stellung der Erde vom 11. 8.–17. 9. 1975; 2 – Parkbahn des AIS; 3 – Flugbahn des AIS; 4 – Stellung des Mars bei der größten Annäherung mit dem AIS; 5 – Stellung der Erde während der größten Annäherung zwischen Mars und AIS; 6 – Stellung des Mars während des Flugfensters; 7 – Bahn der Erde; 8 – Bahn des Mars.

ERDE

MARS

Viking lander. Landeeinheit der amerikanischen Marssonde Viking. Sie war insgesamt 2,13 m hoch. Die Grundstruktur des Landers bestand aus einem Quader mit den Seitenlängen 109 bzw. 56 cm.

1 – UHF-Relaisantenne; 2 – S-Band-Antenne mit Richtwirkung; 3 – Seismometer; 4 – Magnetischer und chromatischer Text; 5 – Elektronik des Radar-Höhenmessers; 6 – Vergrößerungsspiegel; 7 – Gitter; 8 – Röntgendetektor; 9 – S-Band-Antenne mit Richtwirkung; 10 – GCMS-Prozessor; 11 – Vorrichtung zur Reinigung der Linsen; 12 – Fernsehkamera (2); 14 – Deckel des thermoelektrischen Wandlers (3); 14 – Windmesser; 15 – Meßgerät für die Umgebungstemperatur; 16 – Elektronik; 17 – Stoßdämpfer; 18 – Temperatursensor; 19 – Bürste zur Reinigung des Magneten; 20 – Biologischer Prozessor; 21 – Raketentriebwerk für den Abstieg (drei Gruppen zu je 18); 22 – Spiegel; 23 – Radar-Höhenmesser; 24 – Treibstoffbehälter für die Landetriebwerke; 25 – Triebwerke zur Lageregelung; 26 – Greifarm für Bodenproben; 27 – Thermoelement; 28 – Kopf des Schürfgeräts; 29 – Magnet.

Asteroiden

Als Asteroiden oder Planetoiden bezeichnen wir jene kleinen Planeten, die hauptsächlich zwischen den Bahnen von Jupiter und Mars anzutreffen sind. Den ersten Asteroiden entdeckte in der Neujahrsnacht zwischen 1800 und 1801 der Astronom G. Piazzi. Es handelt sich um einen kleinen Himmelskörper mit 740 km Durchmesser. Er wurde Ceres genannt. Pallas, Juno und Vesta wurden bald darauf entdeckt und zeigen ähnliche Ausmaße. Die meisten Asteroiden – bis heute sind über 7000 bekannt – bestehen aus festen ziemlich unregelmäßig und vielfältig geformten Körpern; ihre Größe sinkt bis zu der eines Kieselsteins. Von ihrem Gesteinsaufbau her erinnern sie an die Steinmeteoriten. Die Asteroiden entstanden durch die Kondensation jenes Nebelmaterials, dem es nicht gelang, sich zu den größeren Planeten zu vereinigen. Man unterscheidet mehrere Gruppen von Asteroiden: Trojaner, Griechen, Apollo, Hilda, Thule, usw. Die einzelnen Mitglieder einer solchen Gruppe zeichnen sich durch ähnliche Bahnen aus.

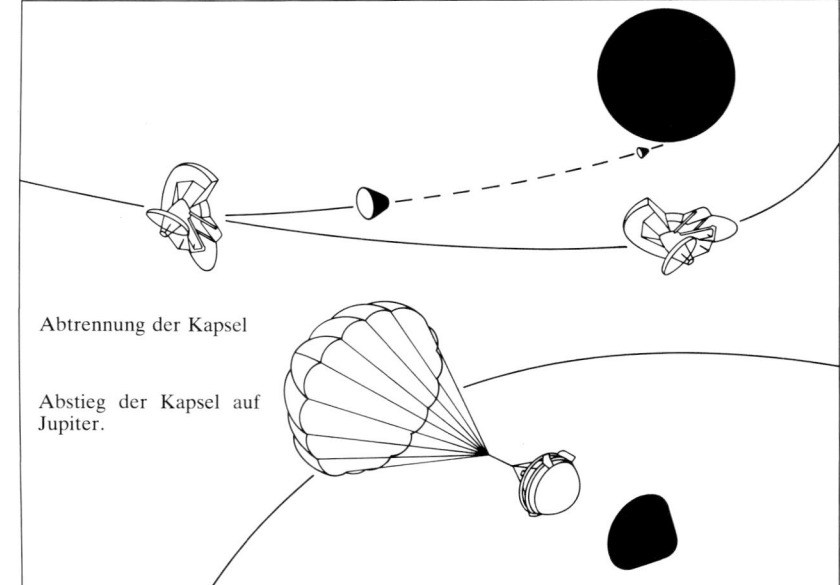

Abtrennung der Kapsel

Abstieg der Kapsel auf Jupiter.

Vorhergehende Doppelseite: So stellt sich ein Weltraumkünstler die Begegnung der Sonde Galileo mit einer Asteroidengruppe vor.

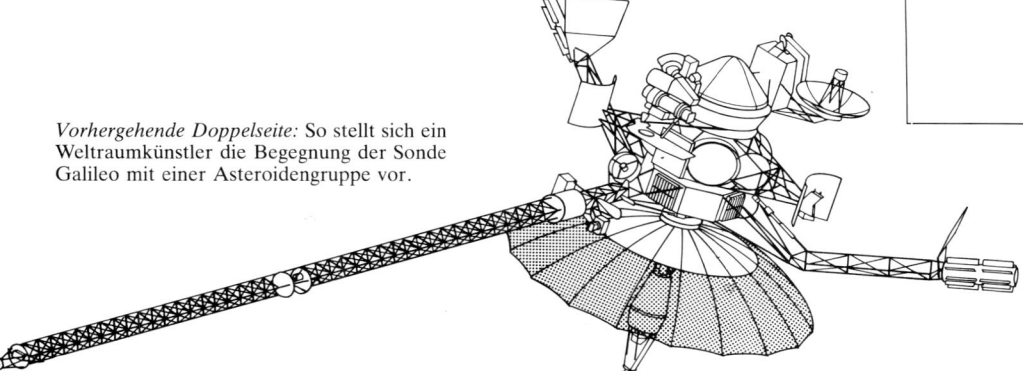

Galileo. Die amerikanische interplanetare Sonde Galileo wird in eine Umlaufbahn um Jupiter einschwenken. Die Parabolantenne für die Funkverbindung mit der Erde hat einen Durchmesser von 4,80 m. Nach dem Eintritt in den Orbit wird Galileo in die Atmosphärenschichten des Riesenplaneten eine Kapsel entlassen, die an einem Fallschirm hängt. Die Kapsel enthält Apparaturen zur Untersuchung der Atmosphäre. Im Bild oben sind die beiden Phasen der langen Reise von Galileo dargestellt.

Sonde	Land	Masse (kg)	Start	Begegnung mit dem Planeten	Minimalabstand vom Planeten (km)	Automatische Erforschung der Asteroiden
Galileo	USA	2269	1988*	1988	10000-20000	Auf dem Flug zum Jupiter (siehe dort). Möglicherweise erster Vorbeiflug an einem Asteroiden, nämlich am n. 29 Amphitrite, Durchmesser ungefähr 200 km, einem der größten. Die Entscheidung über den Versuch oder Nichtversuch wird nach dem Start getrofffen, um nicht die Hauptmission zum Jupiter hin in Frage zu stellen. Messung der Größe, Form, Masse, Dichte, Morphologie und Mineralzusammensetzung. Daten zur Überprüfung, ob viele Meteoriten, die auf die Erde fallen, von Asteroiden stammen.
Venera 17*	UdSSR	–	1991	–	–	Kommt von der Venus (siehe dort). Begegnung mit dem Asteroiden Vesta (Durchmesser 550 km).

* Von der NASA infolge des Space Shuttle Unglücks von 1986 auf 1988 verlegt.

Jupiter

Der größte Planet des Sonnensystems hat einen Äquatordurchmesser von 142 800 km; seine Masse beträgt das 318fache der Erdmasse. Der mittlere Abstand zur Sonne liegt bei 778,3 Millionen km. Ein Jupiterjahr dauert 11 Jahre und 10 Monate. Jupiter dreht sich um eine eigene Achse, allerdings mit unterschiedlicher Geschwindigkeit: Die Äquatorzone (System I) dreht sich in $9^h\ 50^m\ 30^s$, während die Rotationsdauer in höheren Breiten (System II) $9^h\ 55^m\ 40^s$ beträgt. In Beziehung zu dieser schnellen Drehung steht auch die deutliche polare Abplattung des Kometen, die 5% beträgt. Die chemische Zusammensetzung von Jupiter ähnelt sehr der der Sonne; Es überwiegen Wasserstoff und Helium, in den oberen Wolkenschichten vermischt mit verschiedenen wasserstoffhaltigen Verbindungen (Hydride, Kohlenwasserstoffe, Stickstoff- und Schwefelverbindungen usw.). Die mittlere Dichte ist ziemlich gering (1,33 g/cm³) und deutet auf die Existenz eines festen Kerns wahrscheinlich aus Eisensilikaten. Über ihm liegt in einer Dicke von mindestens 40 000 km ein supraleitender Mantel aus atomarem Wasserstoff, der in flüssigem Zustand vorliegt. Die Temperaturen schwanken hier um 11 000° C, die Drücke um 3 Millionen Atmosphären. Diese Bedingungen mildern sich gegen die Oberfläche hin, so daß die darauffolgenden Schichten aus einem zweiten, 24 000 km dicken Mantel bestehen. Er ist aus Wasserstoff und Helium bereits in molekularem Aufbau, aber noch im flüssigen Zustand zusammengesetzt. Darüber liegt die freie Gasatmosphäre des Planeten in mehreren Schichten. Diese enthalten nacheinander Wassertröpfchen, Eis- und Ammoniakkristalle, kondensiertes Methan und kondensierte Schwefelwasserstoffverbindungen. In den höchsten Schichten liegen die Temperaturen bei −170° C und die Drücke unter 0,1 Atmosphäre. Dort wird das Ammoniak durch photolytische Wirkung des Sonnenlichtes dissoziiert und bildet eine Art Ionosphäre.

Die schnelle Drehung des Planeten und die Konvektionsströme in den Atmosphärenschichten führen zu einem recht komplexen Wettergeschehen: Die hellen Streifen sind im wesentlichen Hochdruckgebiete, wo die Gase aufsteigen, während diese in den dunklen Tiefdruckgebieten absteigen. Hier werden auch die Kondensationsprozesse der Schwefelwasserstoffverbindungen und des Methans begünstigt. Diese Zirkulation bestimmt das Aussehen des Planeten mit seinen charakteristischen Systemen aus Wolkenbändern, die wie die Breitengrade angeordnet sind. Ferner sieht man auf Bildern des Jupiter eine große Vielfalt von Störungen. Daraus gehen helle Wirbelbildungen mit turbulenten Strömungen hervor, die mehrere tausend km/h schnell sind. Bisweilen reißen sie die Regelhaftigkeit der Wolkenbänke auf und zerstören sie. Die auffallendste Störungszone auf Jupiter ist der bekannte Große Rote Fleck, ein gigantisches permanentes Zyklongebiet mit länglicher Form. Es ist ungefähr 40 000 km lang, und in seinem Inneren entstehen wahrscheinlich aufgrund der niedrigen Temperaturen polymere Schwefelverbindungen. Die radiometrischen Untersuchungen jener Sonden, die knapp am Planeten vorbeigezogen sind, haben gezeigt, daß Jupiter dreimal soviel Wärme abstrahlt, wie eigentlich durch die Sonnenstrahlung gerechtfertigt würde. Dies läßt vermuten, daß die gasartige Planetenmasse aus einer langsamen Kontraktion und Verdichtung Energie gewinnt. Auch das Magnetfeld ist sehr stark (ungefähr das 4000fache der Erde), und die Magnetosphäre reicht unter dem Druck des Sonnenwindes bis zur Saturnbahn. Dies soll in Zusammenhang stehen mit dem dicken flüssigen Mantel, in dem Wasserstoff in atomarer Form vorliegt. Er umgibt den Kern des Planeten und dient als flüssiger Leiter. Intensive Lichterscheinungen wurden in den oberen Schichten der Jupiteratmosphäre festgestellt. Sie sind überwiegend elektromagnetischer Natur, ähnlich wie das Polarlicht auf der Erde. Plötzliche Funkstörungen aufgrund elektrischer Entladungen kommen häufig in der Ionosphäre und der Magnetosphäre des Jupiter vor. Sie stehen vor allem in Zusammenhang mit einigen besonderen Stellungen des innersten Jupitermondes Io. Die Erforschung von Jupiter durch die automatischen Sonden hat das Vorhandensein eines ringartigen Gürtels aus festen

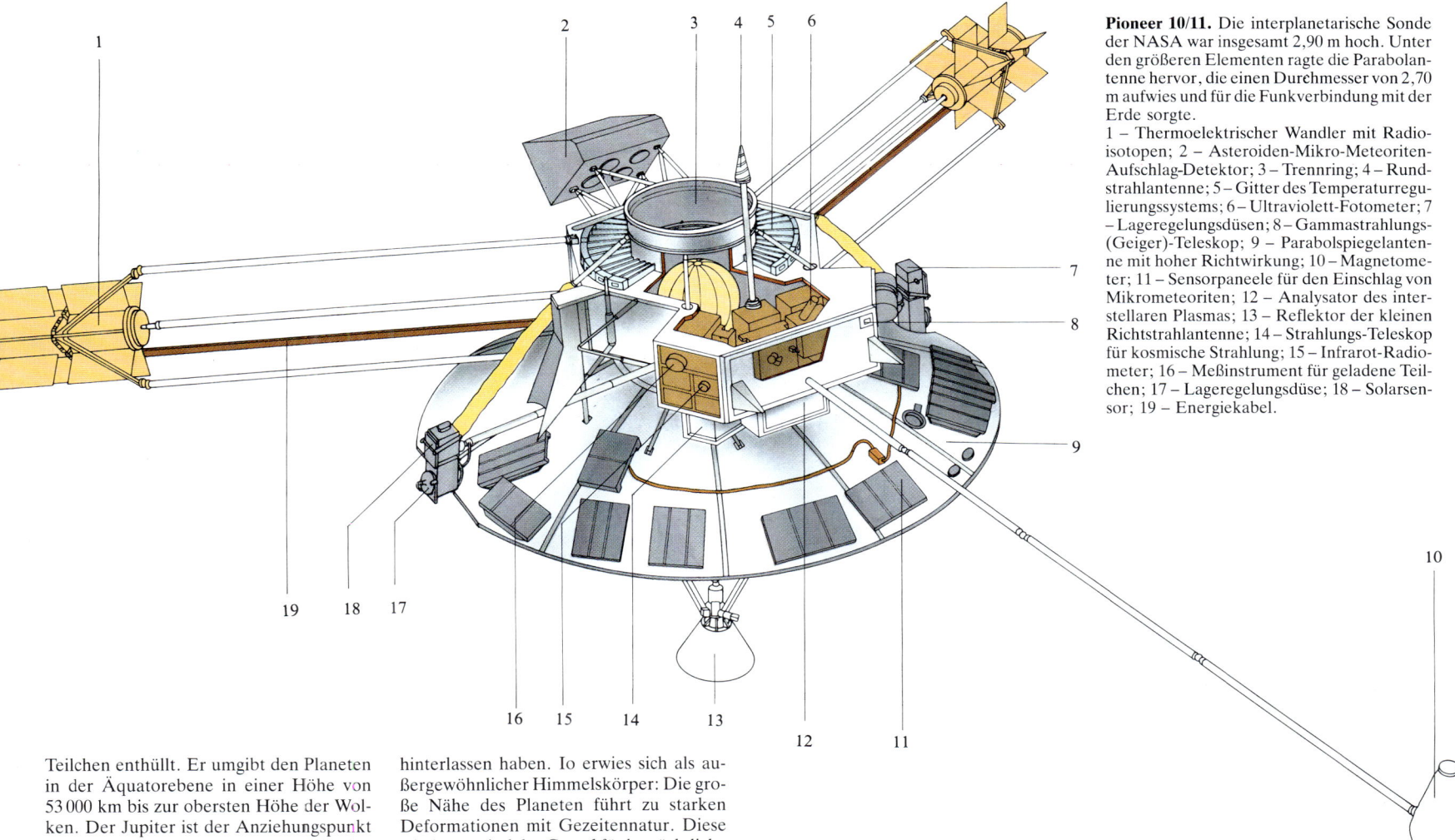

Pioneer 10/11. Die interplanetarische Sonde der NASA war insgesamt 2,90 m hoch. Unter den größeren Elementen ragte die Parabolantenne hervor, die einen Durchmesser von 2,70 m aufwies und für die Funkverbindung mit der Erde sorgte.
1 – Thermoelektrischer Wandler mit Radioisotopen; 2 – Asteroiden-Mikro-Meteoriten-Aufschlag-Detektor; 3 – Trennring; 4 – Rundstrahlantenne; 5 – Gitter des Temperaturregulierungssystems; 6 – Ultraviolett-Fotometer; 7 – Lageregelungsdüsen; 8 – Gammastrahlungs-(Geiger)-Teleskop; 9 – Parabolspiegelantenne mit hoher Richtwirkung; 10 – Magnetometer; 11 – Sensorpaneele für den Einschlag von Mikrometeoriten; 12 – Analysator des interstellaren Plasmas; 13 – Reflektor der kleinen Richtstrahlantenne; 14 – Strahlungs-Teleskop für kosmische Strahlung; 15 – Infrarot-Radiometer; 16 – Meßinstrument für geladene Teilchen; 17 – Lageregelungsdüse; 18 – Solarsensor; 19 – Energiekabel.

Teilchen enthüllt. Er umgibt den Planeten in der Äquatorebene in einer Höhe von 53 000 km bis zur obersten Höhe der Wolken. Der Jupiter ist der Anziehungspunkt für 16 kleinere Himmelskörper. Die vier wichtigsten Monde wurden bereits von Galilei entdeckt, nämlich Io, Europa, Ganymed und Kallisto. Ihre Durchmesser schwanken von 3300 km bei Io bis zu 5600 km bei Ganymed. Mit Ausnahme von Io sind diese Monde von dicken Eiskrusten umgeben, auf denen Boliden und andere Meteoriten zahlreiche Einschlagskrater

hinterlassen haben. Io erwies sich als außergewöhnlicher Himmelskörper: Die große Nähe des Planeten führt zu starken Deformationen mit Gezeitennatur. Diese wiederum sind der Grund für beträchtliche und dauernde vulkanische Aktivitäten. Die Oberfläche von Io ist von unterschiedlichem vulkanischem Auswurf bedeckt, dem Grund für die besondere Färbung dieses Mondes. Ströme aus Wasserstoff und Natriumdampf werden dauernd von diesem Mond abgestrahlt und begleiten ihn auf seiner Bahn wie ein Kometenschweif.

Folgende Doppelseite: Der Vorbeiflug von Pioneer 11 an Jupiter im Dezember 1974. Es sind zu sehen die Monde Io, vor dem Planeten, und Europa.

	Sonde	Land	Masse (kg)	Start	Begegnung mit dem Planeten	Minimalabstand vom Planeten (km)	Automatische Erforschung des Jupiter
1	Pioneer 10	USA	260	3.3.1972	3.12.1973	130329	Schnellstes Objekt, das von der Erde gestartet wurde (52 143 km/h). Durchquert als erste Sonde unbeschädigt den Asteroiden- und Strahlungsgürtel von Jupiter, 10 000mal intensiver als der der Erde. Erste nahe Fotos von Jupiter, vom Großen Roten Fleck und von den Jupitermonden. Bestätigt, daß der Kern von Jupiter zum großen Teil aus flüssigem Wasserstoff besteht, keine klare feste Oberfläche. Die Heliosphäre, bestehend aus dem Sonnenwind, reicht entgegen den Erwartungen über Jupiter hinaus. Pioneer 10 kreuzt am 13.6.1983 die Neptunbahn. Trägerrakete Altas-Centaur.
2	Pioneer 11	USA	260	5.4.1973	3.12.1974	–	Wiederholung der Mission von Pioneer 10 auf unterschiedlicher Flugbahn in Richtung auf einen Saturn-Vorbeiflug (siehe dort). Passiert unter dem Südpol von Jupiter in geringer Entfernung: Die Schwerkraft und das eigene Triebwerk beschleunigen die Sonde auf die höchste Geschwindigkeit, die ein Erdobjekt jemals erreicht hat (171 000 km/h). Untersucht die Jupitermonde und entdeckt auf Callisto die Vereisung des Südpols. Übermittelt 130 Bilder.
3 4	Voyager 2 Voyager 1	USA USA	824 824	20.8.1977 5.9.1977	9.7.1979 5.3.1979	646560 278000	Zwillingssonden mit unterschiedlichen Flugbahnen in Richtung auf einen Saturn-Vorbeiflug (siehe dort). Voyager 2 fliegt zu Uranus und Neptun weiter (siehe dort). Voyager 1 bestätigt die Existenz eines schmalen Rings um Jupiter, präzisiert das Vorhandensein vier weiterer Monde und entdeckt auf Io mindestens 12 aktive Vulkane. Messung der Magnetosphäre von Jupiter, der größten des Sonnensystems. Imponierend wertvolle Daten und Bildsammlung (fast 30 000) über Jupiter, den Großen Roten Fleck (ein 40 000 km großes Sturmgebiet) und die Trabanten. Trägerrakete Titan 3E-Centaur.
	Galileo orbiter Galileo probe	USA	2269	1988	1990	320000	Erste Mission im Orbit (320 000 × 19,5 Millionen km) und erster Abstieg einer Kapsel in die Jupiteratmosphäre. Möglicher erster Vorbeiflug an einen Asteroiden, Amphitrite (siehe dort). Messungen der chemisch-physikalischen Zusammensetzung von Atmosphäre und Wolken. Bilder von Io und dessen Vulkanen, aufgenommen in einer Entfernung von weniger als 965 km, mit 30–50 m großen Einzelheiten. Erwartet werden ungefähr 50 000 Bilder von Jupiter und seinen Monden. Dauer der Mission 20 Monate. Trägerrakete Shuttle auf Stufe Centaur G Prime.

Uranus

Der Planet Uranus wurde durch Zufall im Jahre 1781 von W. Herschel entdeckt. Er zeigte sich ihm als grünliches leuchtendes Scheibchen. Die mittlere Entfernung von der Sonne beträgt 2870 Millionen km, die mittlere Umlaufzeit liegt bei 84 Erdjahren. In Wirklichkeit stellt Uranus wie auch Neptun eine riesenhafte Gaskugel mit einem Durchmesser von 51 800 km dar. Spektroskopische Untersuchungen haben deutlich gezeigt, daß dort sehr viel Methan anzutreffen ist. Dieser einfachste Kohlenwasserstoff absorbiert rote und infrarote Strahlung, was zur deutlich grünlichen Färbung des Planeten führt. Das plausibelste physikalische Modell zur Beschreibung von Ura-

nus und Neptun geht davon aus, daß viel mehr Ammoniak als Wasserstoff und Helium vorhanden ist. Ein dichter Ammoniakmantel, der wegen des enormen Innendrucks in flüssiger Form liegt, soll die Hauptmasse des Planeten darstellen. In der äußeren Gashülle aus Methan und Ammoniak, vermischt mit Neon und Wassertröpfchen, haben die Wettererscheinungen ihren Sitz. Sie zeigen sich ähnlich wie bei Jupiter und Saturn in Form von Wolkenbändern, die parallel zum Äquator verlaufen. Die Rotationsachse von Uranus liegt praktisch in der Bahnebene, so daß der Beobachter auf der Erde einmal die eine und dann die andere Hemisphäre zu Gesicht bekommt. In den 80er Jahren ist die nördliche Hemisphäre zur Erde gerichtet. Uranus ist von fünf sehr schmalen und dünnen Ringen umgeben, die aus winzigen Graphitteilchen bestehen. Die Ringe liegen vom Zentrum des Planeten in einem Abstand zwischen 44 200 und 50 300 km, und man bezeichnet sie mit den griechischen Buchstaben α, β, γ, δ und ε. Uranus hat fünf Monde; in zunehmender Entfernung sind dies Miranda, Ariel, Umbriel, Titania und Oberon.

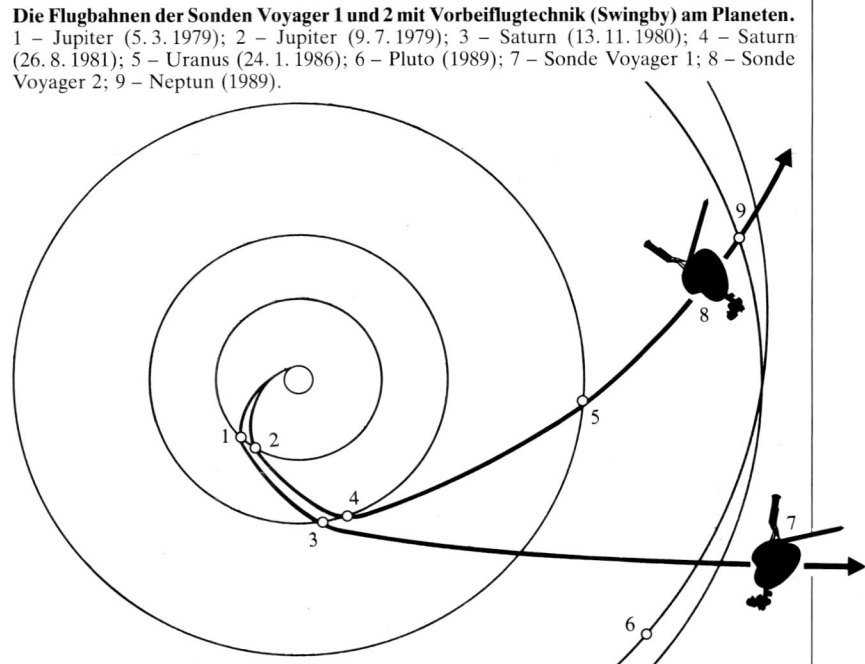

Die Flugbahnen der Sonden Voyager 1 und 2 mit Vorbeiflugtechnik (Swingby) am Planeten. 1 – Jupiter (5. 3. 1979); 2 – Jupiter (9. 7. 1979); 3 – Saturn (13. 11. 1980); 4 – Saturn (26. 8. 1981); 5 – Uranus (24. 1. 1986); 6 – Pluto (1989); 7 – Sonde Voyager 1; 8 – Sonde Voyager 2; 9 – Neptun (1989).

	Sonde	Land	Masse (kg)	Start	Begegnung mit dem Planeten	Minimalabstand vom Planeten (km)	Automatische Erforschung des Uranus
1	Voyager 2	USA	824	20.8.1977	1986	–	Sonde kommt von Jupiter und Saturn her (siehe dort). Es werden Bilder auch von den Ringen erwartet, die aus dunkelgrauen Partikeln bestehen. Weiterflug zu Neptun (siehe dort).
	Uranus probe	USA	–	–	(1)	–	Projekt der NASA. Erste Erforschung an Ort und Stelle der chemischen Zusammensetzung und der physikalischen Bedingungen der Uranusatmosphäre. Vergleich mit Jupiter und Saturn. Die Sonde ist das Grundmodell von Mariner Mark 2 mit Lander. Trägerrakete Shuttle-Centaur.

(1) Sechs bis sieben Jahre nach dem Start

Neptun

Die Existenz dieses Planeten, der eine mittlere Entfernung von 4496 Millionen km von der Sonne aufweist, wurde vom französischen Astronomen U. Le Verrier und vom Engländer J. C. Adams 1846 vorausgesagt. Anlaß dafür boten die Bahnstörungen, die Uranus über die Wechselwirkung mit Neptun aufweist. Im Teleskop

erscheint der Planet wie ein winziges bläulichgrünes Scheibchen, das von bandartigen Wolkenstrukturen durchzogen ist. Die spektroskopische Analyse hat größere Mengen gasförmigen Methans nachgewiesen. In der dichten Atmosphärenhülle überwiegen überdies Helium und Wasserstoff. Die Temperatur in den höchsten

Wolken liegt um $-220°$ C. Der Durchmesser des Planeten beträgt 44 600 km, und einen Umlauf um die Sonne vollendet er in 164 Jahren und 10 Monaten. Die Rotationsdauer hingegen liegt bei 16 Stunden. Neptun hat 2 Monde, Triton mit 4000 km Durchmesser und Nereide mit 300 km.

	Sonde	Land	Masse (kg)	Start	Begegnung mit dem Planeten	Minimalabstand vom Planeten (km)	Automatische Erforschung des Uranus
1	Voyager 2	USA	824	20.8.1977	1989	–	Sonde kommt von Jupiter, Saturn und Uranus (siehe dort). Soll 1990 unser Sonnensystem verlassen. Trägt wie Voyager 1 eine vergoldete Scheibe mit Nachrichten über das Leben und die Natur der Erde und die menschliche Zivilisation.

Saturn

Der »Ringplanet« ist der zweitgrößte der gasförmigen Planeten. Die Planetenmasse besteht zunächst aus einem kleinen metallischen Kern in flüssigem Zustand; er ist

ungefähr so groß wie die Erde. Darum liegt ein Mantel in drei Schichten, die erste eine Mischung aus Wasser, Ammoniak und Methan, die zweite ein Gemisch aus Wasserstoff und Helium in metallischem, superfluidem Zustand, die dritte periphere Schicht aus molekularem Wasserstoff, der infolge des Druckes der darüberliegenden Atmosphärenschichten flüssig ist. Die Atmosphärenschichten bestehen überwiegend aus Wasserstoff und Helium. Konvektionsströme durchmischen diese Masse und transportieren Ammoniakkristalle und Methantröpfchen in größere Höhe. Die schnelle Rotation des Planeten (Rotationszeit am Äquator $10^h 2^m$, jenseits des

57. Breitengrades über 11 Stunden) führt dazu, daß sich diese Kristalle und Tröpfchen in charakteristischen zu den Längengraden parallelen Wolkenbändern anordnen. Das Wettergeschehen in den sichtbaren Atmosphärenschichten des Planeten ist beträchtlich (es wurden Strömungen bis 2000 km/h beobachtet) und führt zur Bildung mehr oder minder kurzfristiger Sturmgebiete. Saturn weist einige Besonderheiten auf: eine klare Abplattung in den Polgegenden (der Polardurchmesser ist ungefähr um 10% kürzer als die äquatoriale); das Vorhandensein eines dreifachen Ringsystems, das aus winzigen Eisfragmenten besteht; und schließlich eine große Zahl

von Trabanten. Ihre Oberflächen wurden zu einem großen Teil von den Pionier- und Voyagersonden untersucht. Am interessantesten ist sicher Titan, der fast so groß wie der Mars ist und von einer dichten Gashülle aus Stickstoff mit Kohlenwasserstofftröpfchen umgeben ist. Saturn hat am Äquator einen Durchmesser von 120 000 km. Er weist die 95fache Erdmasse auf, doch wegen der geringen Dichte (0,7 g/cm³) ist die Anziehungskraft in der Höhe der Wolkenbildung nur um wenig größer als auf der Erde.

Voyager 2. Die amerikanische Sonde Voyager 2 flog an Jupiter und Saturn vorbei und fliegt nun gegen Uranus, später in Richtung Neptun. Die Parabolantenne weist einen Durchmesser von 3,70 m auf. An Bord der Sonde befinden sich 105 kg wissenschaftliche Apparaturen
1 – Ultraviolett-Spektrometer; 2 – Infrarot-Spektrometer und Radiometer; 3 – Photopolarimeter; 4 – Detektor für Niederenergiepartikel; 5 – Lageregelungsdüsen; 6 – Abteil für die Elektronik; 7 – Paneel für die Eichung der Instrumente und die Wärmeabstrahlung; 8 – Treibstoffbehälter für die Triebwerke; 9 – Antenne; 10 – Thermoelektrischer Wandler mit Radioisotopen; 11 – Antenne; 12 – Trägerarm mit Instrumenten in ausgefahrenem Zustand; 13 – Magnetometer; 14 – Parabolantenne; 15 – Radiatoren/Wärmeabstrahler; 16 – Detektor für kosmische Strahlung; 17 – Detektor für interplanetares Plasma; 18 – Fernsehkamera mit Weitwinkelobjektiv; 19 – Fernsehkamera mit Teleobjektiv.

Folgende Doppelseite: Der Vorbeiflug von Voyager 1 nahe an Saturn. Der Mond im Vordergrund ist Dione; er verdeckt teilweise die Ringe des Planeten, der 400 000 km weit entfernt ist.

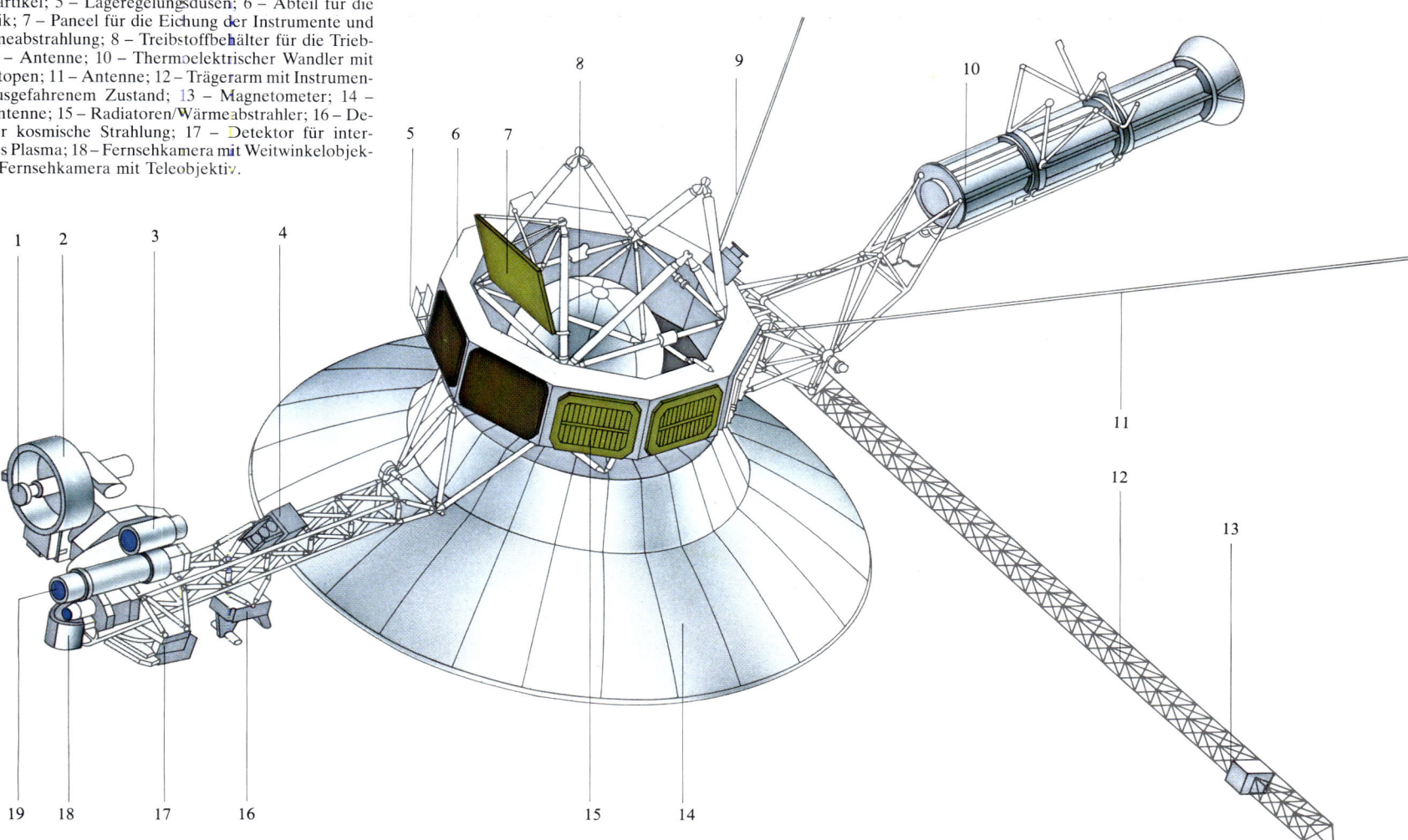

	Sonde	Land	Masse (kg)	Start	Begegnung mit dem Planeten	Minimalabstand vom Planeten (km)	Automatische Erforschung des Saturn
1	Pioneer 11	USA	260	5.4.1973	1.9.1979	21400	Kommt von Jupiter (siehe dort) her und übermittelt die ersten nahen Bilder von Saturn.
2	Voyager 2	USA	824	20.8.1977	26.8.1981	100000	Zwillingssonden mit unterschiedlichen Flugbahnen, kommen von Jupiter (siehe dort) her. Bestimmung der Rotationsperiode des Saturn. Genauere Bestimmung der Atmosphäre und des Magnetfelds. Messung der Windgeschwindigkeiten, des Titan-Durchmessers (5150 km) und der Oberflächentemperatur ($-175°$ C). Am 19.12.1980 hören die Fernsehkameras von Voyager 1 wahrscheinlich für immer auf zu arbeiten, nachdem sie 17000 Bilder übermittelt hatten (beide Sonden insgesamt über 30000 Bilder). Voyager 2 in Richtung Vorbeiflug an Uranus und Neptun (siehe dort). Voyager 1 auf der Reise zum Ende des Sonnensystems, wird 1990 in den interstellaren Raum gelangen.
3	Voyager 1	USA	824	5.9.1977	13.11.1980	124200	
	Cassini (Saturn orbiter Titan probe)	USA Europa	136 (95) (41)	1993–94	1999–2001	–	Projekt. Eine Saturn-Sonde entläßt eine Kapsel in die Atmosphäre von Titan, des größten Trabanten. Hauptziele: Daten über den inneren Aufbau des Planeten; Struktur und Dynamik der Ringe; Morphologie und oberflächliche Vorgänge auf den Eistrabanten; Zusammensetzung des Bodens und der Atmosphäre von Titan (die ersten Untersuchungen auf diesem Himmelskörper); physikalisch-chemische Vorgänge in der Titan-Atmosphäre (Stickstoff, Methan, organische Verbindungen), die eine günstige Umwelt für präbiotische Moleküle bilden und die vor der Entwicklung des Lebens auch in die Erdatmosphäre gelangt sein könnten. In Diskussion eine Zusammenarbeit zwischen NASA und ESA (Kapsel) zu je 50%, Einziehung des amerikanischen Projekts »Saturn orbiter Titan probe«.
	Titan probe radar mapper	USA	–	–	(1)	–	Projekt der NASA mit erster Priorität. Ziele: Erste Radarkarte der Oberfläche von Titan und erste Messungen an Ort und Stelle. Trägerrakete Space Shuttle Centaur.
	Saturn orbiter	USA	–	–	(1)	–	Projekt der NASA. Längste Beobachtung (2 Jahre im Orbit) des Saturnsystems. Trägerrakete Space Shuttle Centaur.
	Saturn probe	USA	–	–	(2)	–	Projekt der NASA. Erste Messungen von Saturn an der Oberfläche des Planeten. Grundmodell Mariner Mark 2 mit Abtrennung einer Kapsel. Trägerrakete Space Shuttle Centaur.

(1) Vier Jahre nach dem Start   (2) Weniger als vier Jahre nach dem Start

Kometen

Daß die jahrhundertealten irrationalen Vorurteile im Hinblick auf Kometenerscheinungen endlich eine Niederlage erlitten, ist das Verdienst des Engländers Edmund Halley. Er bewies im Jahre 1682, daß der Komet jenes Jahres derselbe war, der bereits 1456, 1531 und 1607 erschienen war. Seit jener Zeit gelten die Kometen als Himmelskörper, die der Schwerkraft der Sonne gehorchen, genau gleich, wie es auch die Planeten tun. Kometenbahnen zeigen im allgemeinen eine längliche Form und können leicht durch zufällige Annäherung größerer Himmelskörper im Sonnensystem verändert werden. Aus diesem Grund kennt man Kometenfamilien, die mit Jupiter, Saturn, Uranus und Neptun vergesellschaftet sind, d.h., in der Nähe dieser Planeten haben viele unter ihnen ihr Aphel, ihren sonnenfernsten Punkt. Angaben über die chemische Zusammensetzung und die physikalischen Eigenschaften der Kometen sind heute noch widersprüchlich. In morphologischer Hinsicht unterscheidet man einen Kern, eine Koma und einen Schweif. Der Kern stellt die feste Masse des Kometen dar, und man nimmt an, daß es sich um ein Aggregat aus Eis und verschiedenen Mineralien handelt. Dieser »schmutzige Schneeball« wird nicht größer als einige zehn Kilometer. Die Koma besteht aus einer Gaswolke, in der viele Kohlenwasserstoffverbindungen anzutreffen sind. Die Koma erstreckt sich im typischen Fall über einige zehntausend Kilometer und entsteht durch Erwärmung und Verdunstung bei der Annäherung an die Sonne. Der Schweif bildet sich, wenn der Kometenkern die Bahn des Planeten Mars bereits überschritten hat. Er wird bisweilen viele Millionen Kilometer lang und besteht aus Gasteilchen, die der Sonnenwind aus der Koma und dem Kern wegdrückt. Oft kann man beim Schweif eine gasförmige und eine korpuskuläre feste Komponente unterscheiden.

	Komet	Raum-fahrzeug	Land	Masse (kg)	Start	Beobachtung des Kometen	Automatische Erforschung der Kometen
1	Bennett	OGO (Orbiting Geophysical Observatory)	USA	611	4.3.1968	4.1970	Mißt um den Kometen (Orbit 282 × 146 868 km) eine Wasserstoffwolke, die zehnmal so groß wie die Sonne und insgesamt 12 Millionen km breit ist.
2	Tago-Sato-Kosaka	OAO-2 (Orbiting Astronomical Observatory)	USA	2012	7.12.1968	1.1970	Entdeckt um den Kometen (Orbit 766 × 777 km) eine Wasserstoffwolke so groß wie die Sonne. Bestätigung dafür, daß der Wasserstoff, der wegen der Atmosphäre von der Erde aus nicht auszumachen ist, einen der hauptsächlichen Bestandteile der Kometen darstellt.
3	Kohoutek	Skylab 4	USA	30803	16.11.1973	15.1.1974	Erste längere Beobachtungen eines Kometen im Raum (Orbit 422 × 437 km). Foto.
4	Encke	Pioneer Venus 2 (Pioneer 13)	USA	904	8.8.1978	1984	Mit Hilfe eines Triebwerks wurde die Sonde von ihrem Orbit um die Venus (siehe dort) abgelenkt. Entdeckt, daß das Wasser des Kometen dreimal so schnell verdampft wie angenommen. Man vermutet im Kern Eis und Schichten aus Staub.
5	Giacobini-Zinner	ICE (International Cometary Explorer)	USA Europa	469	12.8.1978	11.9.1985	Neue Bezeichnung von ISEE-3, Veränderung der Orbitalflugbahn (22.12.1983), die an einer Stelle 1,6 Millionen km weit von der Erde entfernt ist. Nach einigen Bahnkorrekturen ist das Einschwenken in einen Sonnenorbit vorgesehen, der durch den Schweif des Kometen (15 000 km Abstand vom Kern) führt. Erste Erfahrungen in dieser Hinsicht. Kurz nach der Begegnung mit Giacobini-Zinner überflog ICE den Halleyschen Kometen am 31.10.1985 in 138 Millionen km Entfernung. Fünf Monate später (28.3.1986) betrug die Entfernung ungefähr 31 Millionen km. Im Programm Forschungen über die Wechselwirkung zwischen Sonnenwind und der Atmosphäre der beiden Kometen.
6	Halley					1985/1986	
7	IRAS-Araki-Alcock	IRAS (Infrared Astronomy Satellite)	USA NL GB	1077	25.1.1983	25.4.1983	Erster von einem Satelliten (Orbit 900 km) entdeckter Komet, gleichzeitig allerdings mit den Liebhaberastronomen Araki und Alcock. Dieser Komet flog in den vergangenen 200 Jahren am nächsten an der Erde vorbei (6,5 Millionen km).
8	Halley	Vega 1 (Venera Galley oder Venera Gallea)	UdSSR	3500	15.12.1984	6.3.1986	Zwillingssonden von der Venus (siehe dort) her mit unterschiedlichen Flugbahnen. Die Begegnung mit dem Halleyschen Kometen (Eintauchen in die Koma bei ungefähr 10 000 km Entfernung vom Kern) geschieht in 173 536 000 bzw. 163 064 000 km Entfernung von der Erde. Die Instrumentenausrüstung stammt von Frankreich und osteuropäischen Ländern.
9	Halley	Vega 2	UdSSR	3500	21.12.1984	9.3.1986	
10	Halley	MS-T5 »Sarigake«	Japan	140	8.1.1985	8.3.1986	Erste japanische interplanetarische Sonde, kommt von der Venus her. Begegnung mit dem Kometen in 14 960 000 km Entfernung. Test für die Bestimmung und Korrektur des Planetenorbits der Sonde Planet A. Beobachtungen über Plasmawellen und interplanetares Magnetfeld. Hat auch einen Detektor für Sonnenwindpartikel an Bord. Nationale Trägerrakete Mu-3SII.
11	Halley	Giotto	Europa	750	2.7.1985	13.3.1986	Sonde der ESA. Fliegt 500 km am Kern vorbei. Hauptziel: Erstmals Farbfotografien eines Kometenkerns. Sendet Giotto Bilder in Echtzeit. Weitere Ziele: Bestimmung der chemischen Zusammensetzung und Isotopenzusammensetzung der neutralen Komponenten und Staubteilchen des Kometen sowie der Moleküle des Kerns.
	Halley	Planet A »Tenma«	Japan	140	14.8.1985	8.3.1986	Kommt von der Venus her und fotografiert die Koma des Kometen in einem Abstand von 100 000 km vom Kern. 10 kg Instrumente an Bord. Entfernung von der Erde 179 520 000 km.
	Halley	Shuttle-Mission 51-L	USA	–	28.1.1986	–	Plattform Spartan Halley, die mit Challenger im Orbit kreisen sollte. Spektroskopisches Experiment im Ultraviolettbereich und Beobachtungen von niedrigem Erdorbit waren vorgesehen, konnten jedoch nicht durchgeführt werden, wegen Explosion des Space Shuttle nach dem Start.
	Halley	Shuttle-Mission 61-E	USA	–	6.3.1986	6.3.1986	Komplex ASTRO-1: Drei Teleskope für den Ultraviolettbereich und zwei komplementäre Teleskope mit weitem Gesichtsfeld. Beobachtungen von niedrigem Erdorbit aus. Wurde nicht mehr durchgeführt (siehe Shuttle Mission 51-L).
	Kopff oder Wild-2	CRAF (Cometary Rendezvous Asteroid Fly by)	USA BRD	–	1991	1992	Projekt. Vielmonatiger Formationsflug mit dem Kometen. Begegnung weit vor dem Perihel des Kometen und bevor der Sonnenwind Staubteilchen aus dessen Oberfläche aufwirbeln kann. Abschuß eines Penetrators auf den Kometen, um Daten über die geologischen Eigenschaften zu sammeln.
	Kurzperiodischer Komet	Giotto 2	USA Europa	–	1988-1996	–	Projekt der NASA und ESA. Unter den Zielen befinden sich die Kometen Giacobini-Zinner und Encke. Trägerrakete Space Shuttle und zusätzliche Stufe vom Typ IRIS.

Anmerkungen: **1.** In den Tabellen wurden auch Projekte und Studien aufgenommen, sofern sie von den entsprechenden Weltraumorganisationen veröffentlicht wurden, gleichgültig, in welcher Ausarbeitungsphase sie sich befinden. Trägerraketen und Startplätze wurden nur genannt, wenn sie von Bedeutung sind. Für die USA immer Cape Canaveral. **2.** Die englische Bezeichnung Orbiter, Lander und Probe wurde beibehalten. Unter einem Orbiter versteht man die ganze oder einen Teil der Sonde, die in einen Orbit einschwenkt oder an einem Planeten vorbeifliegt und dann in einen Sonnenorbit gelangt. Der Lander ist eine Kapsel, die der Orbiter freigibt und der in gebremsten Flug auf die Planetenoberfläche absteigt – in dieser Zeit seine Arbeit verrichtet – oder dort weich landet, um dann noch weitere Forschungen durchzuführen. Als Probe bezeichnen wir eine ähnliche vom Orbiter losgelöste Kapsel, die im allgemeinen nur während des Abstiegs Forschungen über die entsprechende Umwelt durchführt. **3.** Für sowjetische Sonden sind die Daten oft geschätzt.

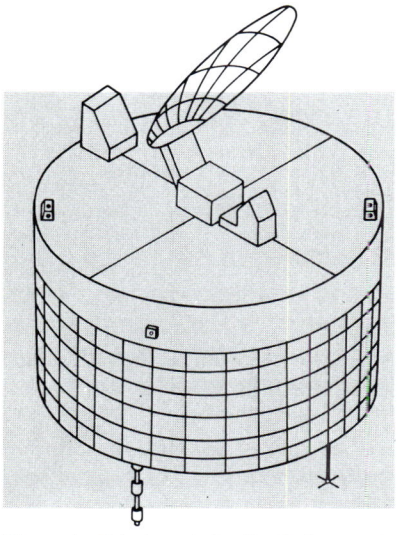

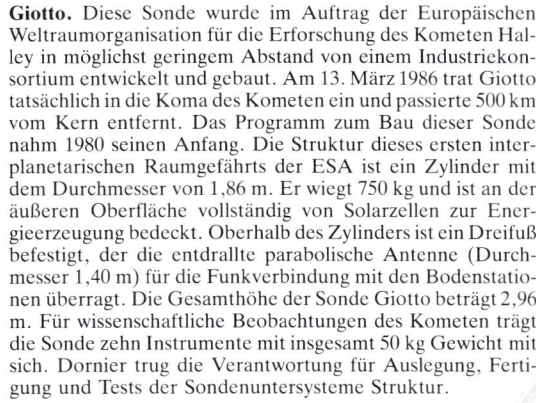

Giotto. Diese Sonde wurde im Auftrag der Europäischen Weltraumorganisation für die Erforschung des Kometen Halley in möglichst geringem Abstand von einem Industriekonsortium entwickelt und gebaut. Am 13. März 1986 trat Giotto tatsächlich in die Koma des Kometen ein und passierte 500 km vom Kern entfernt. Das Programm zum Bau dieser Sonde nahm 1980 seinen Anfang. Die Struktur dieses ersten interplanetarischen Raumgefährts der ESA ist ein Zylinder mit dem Durchmesser von 1,86 m. Er wiegt 750 kg und ist an der äußeren Oberfläche vollständig von Solarzellen zur Energieerzeugung bedeckt. Oberhalb des Zylinders ist ein Dreifuß befestigt, der die entdrallte parabolische Antenne (Durchmesser 1,40 m) für die Funkverbindung mit den Bodenstationen überragt. Die Gesamthöhe der Sonde Giotto beträgt 2,96 m. Für wissenschaftliche Beobachtungen des Kometen trägt die Sonde zehn Instrumente mit insgesamt 50 kg Gewicht mit sich. Dornier trug die Verantwortung für Auslegung, Fertigung und Tests der Sondenuntersysteme Struktur.

Planet A: Die japanische Sonde begegnete dem Halleyschen Kometen am 7. März 1986 und flog in einer Entfernung von 100 000 km vom Kometenkern entfernt. Der Durchmesser der Sonde beträgt 140 cm.

Die Flugbahn der Sonde Vega 1. 1 – Bahn der Erde; 2 – Orbit von Vega; 3 – Flugbahn von Vega; 4 – Stellung der Venus am 9. 6. 1985; 5 – Stellung der Erde am 9. 6. 1985; 6 – Stellung des Kometen Halley und der Sonde am 6. 3. 1986; 7 – Stellung der Erde am 5. 3. 1986; 8 – Flugbahn des Kometen.

Folgende Doppelseite: So stellte sich der Weltraumkünstler die Begegnung der Sonde Giotto mit dem Halleyschen Kometen vor.

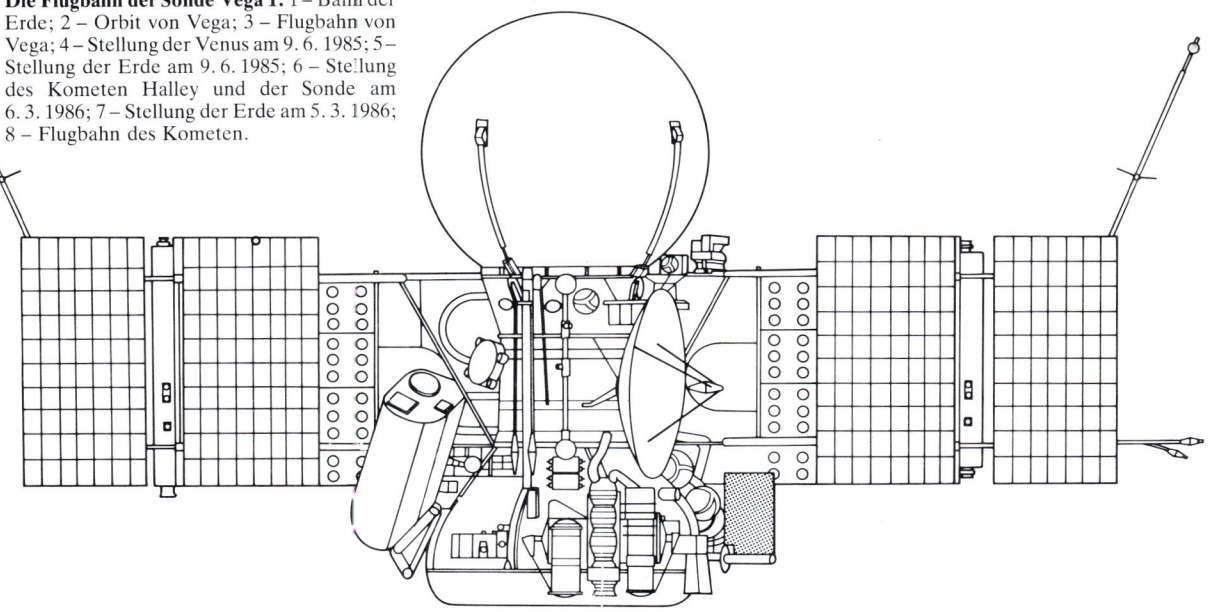

Vega. Die beiden Sonden Vega 1 und 2 begegneten am 6. bzw. 9. März 1986 dem Halleyschen Kometen; in der Nähe dieses Weltraumkörpers hatten sie eine Masse von ungefähr 1 t. Die Stabilisierung des Raumschiffes längs der Flugbahn geschah längs dreier Achsen. Die Vega-Sonden flogen in 10 000 bzw. 3000 km Entfernung am Kometenkern vorbei. Eine Gruppe von zwölf Instrumenten führte wissenschaftliche Untersuchungen durch.

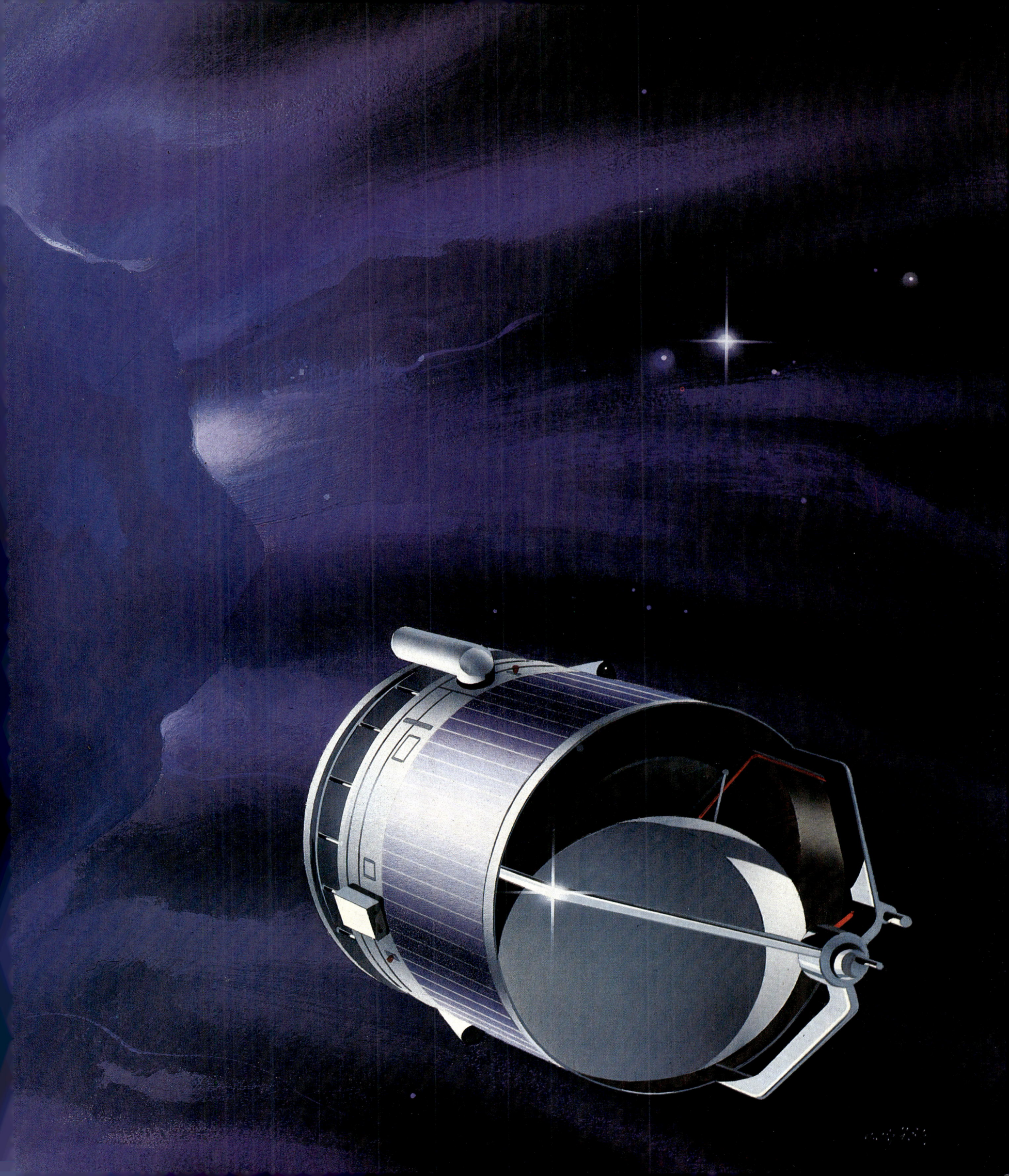

Die Nutzung des Weltraums

Luigi G. Napolitano

Wenn das amerikanische Space Shuttle sozusagen die Art und Weise veränderte, mit der der Mensch die Herausforderung des Weltraums annahm, so stellt die erste Mission des Spacelab den ersten, aber grundlegenden Schritt des Menschen zu einer »Revolution« in der Eroberung des Weltraums dar. Sie will am Ende zu einer friedlichen Besiedlung des letzten der vier großen »Lebensräume« des Menschen (nach der Geosphäre, der Hydrosphäre und der Atmosphäre) führen: des Weltraums.

Die Mission der Europäischen Weltraumorganisation hat einen überzeugenden Beweis für die verschiedenen möglichen Nutzanwendungen der Weltraumtechnologie geliefert. Die über 70 Experimente betrafen die unterschiedlichsten Gebiete der Naturwissenschaften. Zwar spielte die Wissenschaft von den Feststoffen und Flüssigkeiten mit ungefähr 50 % der Experimente (über Kristallwachstum, Entwicklung neuer Legierungen, metallurgische Techniken, Verifizierung theoretischer Voraussagen, den Marangoni-Effekt, die Hydrostatik der Grenzflächen zwischen Flüssigkeiten und Gasen usw.) die wichtigste Rolle. Doch eine kurze Aufzählung beweist das weite Spektrum der übrigen naturwissenschaftlichen Versuche: Physik der Atmosphäre, Plasmaphysik, Physik der Sonne, Astronomie, Biologie. Die Mission erzielte nicht wenige herausragende Forschungsergebnisse, zum Beispiel – und nur um einige zu nennen – züchtete man einen Kristall, der tausendmal größer ausfiel, als es auf der Erde möglich ist. Man entwickelte eine neue Legierung, die sich auf der Erde nicht realisieren läßt, weil die Dichten ihrer Komponenten zu große Unterschiede aufweisen. Man mußte die bisherigen Vorstellungen von der Funktion des Vestibularapparats des Menschen revidieren, und jener Physiologe, der die Erklärung dafür lieferte, erhielt schließlich den Nobelpreis. Ohne jeden Zweifel werden diese Experimente und Untersuchungen vielfältige und weitreichende Auswirkungen auch für den technischen Fortschritt im Alltag haben. Daß unter den Mitgliedern der Crew sich Forscher befanden, die aus Wissenschaftlern der ganzen Welt ausgewählt wurden, die aber selbst nicht Berufsastronauten waren, unterstreicht noch einmal den innovativen Charakter der neuen Weltraumphilosophie.

Im Hinblick auf die Zukunft wird die Bedeutung des Spacelab völlig klar: Es stellt das natürliche Verbindungsglied zwischen der Vergangenheit mit ihren zukunftsweisenden Pioniertaten und der Zukunft mit Routineflügen zu wahren Raumstationen dar. Es ist kein Zufall, daß das Projekt Columbus, die von Italien und der Bundesrepublik Deutschland vorgeschlagene erste europäische Raumstation, auf das Spacelab zurückgeht, im Hinblick auf die Logik sowohl der Entwicklung wie der Konstruktion. Die Bedeutung des Spacelab erschöpft sich aber nicht mit dem technologischen und auch nicht mit dem politischen Aspekt. Es setzt vielmehr, wie bereits gesagt, den Markstein für eine neue Phase in der Geschichte der Eroberung des Weltraums: der Nutzung dieses vierten »Lebensraumes« des Menschen, im Hinblick auf die Forschung, die Naturwissenschaften, aber auch die Technik und die Industrialisierung. Mit anderen Worten, Spacelab hat uns klargemacht, daß der Weltraum dem Gemeinwohl dient und somit entsprechend behandelt werden muß.

Es scheint mir hier nützlich, das Konzept des Weltraums als vierten »Lebensraum« des Menschen noch in weiteren Einzelheiten zu diskutieren.

Das Verhältnis von Mensch und Weltraum läßt sich mit verschiedenen »Momenten« (Gesichtspunkten) kennzeichnen, von denen jedem eine mehr oder minder große Bedeutung zukommt im Hinblick auf die Geschichte des Menschen, seine Evolution, die Probleme des Zusammenlebens, die Erhaltung des Lebensraumes usw. Die vier »Momente« sind: Zugang, Aufenthalt, (friedliche) Nutzung, Management.

Die erste Phase der Annäherung des Menschen an den Weltraum bestand im Übergang von den drei gewohnten Lebensräumen zum vierten. Hierfür braucht man die nötigen Mittel und Kenntnisse (Zugang), und dazu dienen die verschiedenen Systeme des Weltraumtransports. Die Raumfähre Space Shuttle spielt hier sicher eine Protagonistenrolle, doch dürfen wir die klassischen Trägerraketen nicht vergessen, weil sich mit ihnen eine ganze Reihe von Problemen mit geringeren Kosten lösen lassen.

Was kann man andererseits über zukünftige Transportsysteme aussagen? Mit Sicherheit werden sie Weiterentwicklungen des Space Shuttles darstellen. Wenn die Weltraumstationen aber einmal gebaut sind, werden die Shuttles die einzigen Transporter darstellen – oder wird es merkwürdige Raumschiffe geben, wie sie uns von der Science-fiction her vertraut sind?

Ist das Problem einmal gelöst, wie wir in den vierten Lebensraum eindringen, so zeigt sich schon das nächste: Wie können wir uns dort aufhalten? Der wichtigste Aspekt stellt natürlich die Möglichkeit eines langfristigen Aufenthalts im Weltraum dar. Während man über dieses Problem schon seit langem diskutiert, haben die Sowjetrussen die bedeutsamsten Forschungsarbeiten in dieser Hinsicht durchgeführt. Doch über sie ist der westlichen Welt wenig oder nichts bekannt. Die Entwicklung neuer Transportsysteme und die neuen »Behausungen« werden neue tiefergehende Untersuchungen über die Anpassungsfähigkeit des Menschen an die neuen Lebensbedingungen erlauben; werden sie zu einer physischen und genetischen Umformung des Menschengeschlechts führen?

Die Suche nach der Antwort auf diese Fragen kann den menschlichen Geist aber nicht völlig in Beschlag nehmen, schon weil wir gezwungen sein werden, alle erreichbaren Reichtümer des Weltraums zu nutzen.

Diese Nutzung ist eigentlich nichts Neues. Für einige Anwendungsgebiete ist sie schon zu ganz normaler Routine geworden. Wie ich schon anderswo ausführte, können wir mehrere Generationen von Nutzungsmöglichkeiten des Weltraums unterscheiden: Nachrichtentechnik und Fernerkundung der übrigen drei Lebensräume, die bereits gereifte Techniken und damit Dienstleistungen darstellen; die Produktion im Weltraum, ein gerade aufkommender Zweig, der die »Güter« herstellt, welche der Mensch aus der Weltraumnutzung erhält oder erhalten wird; Energieproduktion und Rohstoffgewinnung, ein Nutzungszweig künftiger Generationen, heute nur im frühesten Entwicklungsstadium, doch in der Zukunft mit Aussicht auf neue Ressourcen.

Um die Gemeinschaft der Wissenschaftler zu organisieren und um sie besser auf die Nutzung der Eigenschaften des Weltraums hinzuweisen, wurde 1979 die Europäische Gesellschaft zur Erforschung der Schwerelosigkeit (ELGRA, European Low Gravity Research Association) gegründet. Sie vereinigt Wissenschaftler aller europäischen Länder und sieht auch die Mitarbeit außereuropäischer Forscher aus Amerika und Japan vor. Sie will einer Gemeinschaft Stimme verschaffen, die immer mehr an Bedeutung gewinnt.

Die Realisierung der nächsten Weltraumprogramme läßt immer stärker die Bedeutung des Weltraummanagements hervortreten. Tatsächlich wird die Industrialisierung und die zunehmende Überfüllung des Weltraums früher oder später zu dessen Zivilisierung führen. Welches sind und werden nun die juristischen Probleme und die sozialen und ökonomischen Rückwirkungen des Managements dieses neuen gemeinsamen Gutes sein? Es empfiehlt sich, diese Probleme frühzeitig zu diskutieren und schon jetzt die Lösung auf Fragen zu suchen, die uns in einer bereits nicht mehr fernen Zukunft bedrängen werden.

Gerade unter diesem Gesichtspunkt wurde kürzlich in der Umgebung von Neapel das Instituto di Scienza e Cultura dello Spazio (ISCS) gegründet. Es umfaßt mit Physikern und Chemikern auch Juristen, Soziologen und Wirtschaftswissenschaftler. Sie haben die Aufgabe, die großen Probleme des Weltraummanagements anzugehen.

Bemannte Missionen in der Erdumlaufbahn

Der erste bemannte Raumflug um die Erde am 12. April 1961 – Kosmonaut war der sowjetische Fliegermajor Juri Gagarin – bedeutete für die USA eine zweite tiefe Demütigung, wenn auch keine so große Überraschung wie beim Sputnik 1. Seit dem Mai 1960 hatte die UdSSR Prototypen der Wostok-Kapseln mit Hunden, Ratten und Mäusen in Erdumlaufbahnen gebracht. Im Februar 1961 erklärte Staatsoberhaupt Nikita Chruschtschow, »der Moment sei nahe, um den ersten Menschen in den Weltraum zu schicken«.

Der propagandistische Erfolg für die Sowjetunion war enorm und wurde noch durch die menschlichen Qualitäten von Gagarin vergrößert, dem Sohn eines Tischlers und einer Bäuerin. Gagarin erschien als das Produkt eines persönlichen Willens, der sich die höchsten Ziele ausersehen hatte, und eines Gesellschaftssystems, das in seiner Auswahl auch brutal sein kann. Doch er war nicht jener »Übermensch«, wie alle befürchtet hatten. Er verwirklichte den Traum des Menschen, die Erde zu verlassen und wieder zu ihr zurückzukehren, und damit betraf dieses Geschehen auch die ganze Erde.

Sein Flug war die Frucht eines Programms, das Schnelligkeit in der Entscheidung, perfekte Ausführung und Mut in sich vereinigte. In Rekordzeit hatten die Sowjets ihren Interkontinentalraketen SS-6 oder R-7 eine weitere Stufe hinzugefügt und die ersten drei Sputniks in eine Erdumlaufbahn gebracht. Sie hatten sechs Kosmonauten ausgebildet und die einsitzige Raumkapsel Wostok entwickelt.

Hinter dem Erfolg der Wostok wie auch der Sputniks und der Sojus-Kapseln wie aller wichtiger Weltraumprogramme mit Ausnahme der Salut-Stationen stand ein Mann, der erst postum als Chefkonstrukteur hingestellt wurde: Sergej Koroljow. Sein Prestige als Antriebskraft und Designer der Programme, die Klarheit seiner Ideen und seine Überzeugungskraft waren so groß, daß er die Forderungen der Wissenschaftler und Techniker bei den sowjetischen Politikern und Militärs durchsetzen konnte.

40 Tage nach Gagarins Flug und 20 Tage nach dem ersten 15minütigen suborbitalen Flug des Amerikaners Alan Shepard stellten die USA sich selbst (und damit auch die UdSSR) vor die bedeutsamste wissenschaftliche, technologische, industrielle und ideelle Herausforderung unserer modernen Epoche. In einer Botschaft an den Kongreß verkündete Präsident John F. Kennedy am 25. Mai 1961, die USA würden vor dem Ende der 60er Jahre einen

Menschen auf den Mond bringen und heil und ganz wieder auf die Erde zurücktransportieren. Die Programme Mercury mit Einmannkapseln, Gemini mit Zweimannkapseln, Apollo mit Dreimannkapseln wurden – bildlich gesprochen – zu den Sprossen dieser Leiter, die auf den Mond führte. Dazu wurde auch die stärkste Rakete aller Zeiten geschaffen, Saturn V. Es ging dabei nicht darum, die UdSSR, die den ersten Sputnik und den ersten Menschen ins All befördert hatte, einfach einzuholen, sondern sie völlig hinter sich zu lassen. Das Programm richtete sich vielmehr auf das einzige Ziel außerhalb der Erde, das in der Reichweite der Technologie lag. Die US-Wissenschaftler und Techniker ließen sich dieses Mal nicht von den spektakulären Erstflügen der Sowjetunion beeindrucken, etwa den Woschod-Kapseln mit drei Kosmonauten an Bord, die vor den Zweimannkapseln des Gemini-Programmes flogen, oder dem ersten Weltraumspaziergang von Alexei Leonow.

Das Akademiemitglied Leonid Sedow, die größte wissenschaftliche Autorität der sowjetischen Raumfahrtforschung, erklärte in der Prawda, »alle Pläne, einen Menschen auf dem Mond landen zu lassen, stünden in engem Zusammenhang mit der Möglichkeit, daß Kosmonauten sich frei im Weltraum bewegen können«. Die Sowjets behaupteten, sie hätten nicht den Mond, sondern die dauernde Raumstation als Ziel ins Auge gefaßt. Die erste Salut-Orbitalstation sei für den April 1971 zu erwarten. Diese Entscheidung der Sowjets wird für alle Zeiten mit dem Zweifel behaftet sein, daß sie vom Fehlen einer Mondrakete, des Gegenstücks der Saturn V, diktiert wurde. Die Flüge in der Erdumlaufbahn könnten wegen der hohen Kosten und Investitionen sehr wohl heftige Kritik hervorrufen, man hätte das Geld und die Talente für andere Zwecke einsetzen sollen. Es muß aber jedermann zugeben, daß dieses höchst risikoreiche und eigentlich unnatürliche Unterfangen den höchsten Grad an Sicherheit erreicht und eine verhältnismäßig geringe Zahl von Opfern gefordert hat.

Bei Missionen in der Erdumlaufbahn verloren die Sowjets im April 1967 den Kosmonauten Wladimir Komarow und im Juli 1971 die drei Kosmonauten Georgi Dobrowolski, Wladislaw Wolkow und Viktor Pazajew. Bei einem Versuch auf der Erde in Cape Kennedy (wie es damals hieß) verbrannten im Januar 1967 in der Mondkapsel Apollo die drei Astronauten Virgil Grissom, Edward White und Roger Chaffee. Die Fehlerquelle für das Unglück im Januar 1967 war die Atmosphäre im Innern

der Kapsel. Sie bestand aus reinem Sauerstoff, der natürlich den Brand begünstigte. Man hatte diese Atmosphäre einer Sauerstoff-Stickstoff-Mischung vorgezogen, weil sie eine Druckreduktion erlaubte, so daß die Druckkabine nicht verstärkt zu werden brauchte. Dies alles äußerte sich in einer Verringerung des Gewichts. Nach der Tragödie von Cape Kennedy hätte der Übergang zum Sauerstoff-Stickstoff-Gemisch mit Normaldruck bedeutet, daß das gesamte Apollo-Projekt von April 1967 an, als die Ergebnisse der Untersuchung bekannt wurden, hätte neu projektiert werden müssen. Dies wiederum hätte zur Folge gehabt, daß die Mondlandung später als im Juli 1969 erfolgt wäre – und das gerade hatten die Amerikaner sich öffentlich und vor aller Welt als Ehrensache zum Ziel gesetzt. So beschloß man, mit einem kalkulierten, aber doch aufs Minimum reduzierten Risiko weiterzumachen. Die bisher größte amerikanische Raumfahrt-Katastrophe ereignete sich am 28. Januar 1986 bei der 25. Space Shuttle Mission (51L), als 72 Sekunden nach dem Start der Raumtransporter »Challenger« explodierte und die sieben Besatzungsmitglieder Dick Scobee, Mike Smith, Judy Resnik, Ron McNair, El Onizuka, Greg Jarvis und Christa McAuliffe ums Leben kamen.

Wostok

Der Wostok-Raumflugkörper bestand aus zwei Hauptkomponenten: einer kugelförmigen Raumkapsel mit drei großen Luken, die den Kosmonauten beherbergte, und einem daran anschließenden Versorgungsteil in Form eines Doppelkegels.

Die Kapsel hatte einen Durchmesser von 2,30 m und war 2400 kg schwer. Sie erhielt den Spitznamen »Charik«, was »Kleine Kugel« bedeutet. Im Inneren der Kapsel gab es nur wenige Instrumente. Der Kosmonaut saß auf einem kleinen Schleudersitz vor einem Panoramafenster; ein Instru-

ment gab ihm die Position der Kapsel in der Erdumlaufbahn an. Der Schleudersitz löste sich automatisch in einer Höhe von 7000 m aus, und der Kosmonaut glitt neben der Kapsel an einem Fallschirm zu Boden. Er konnte es sich auch aussuchen, mit der ganzen Kapsel niederzugehen, doch als einziger hatte dies Gagarin riskiert. Die übrigen Kosmonauten wurden anderen Sinnes, als sie von den schlechten Erfahrungen Gagarins erfuhren. Die Atmosphäre im Inneren der Kapsel hatte eine Zusammensetzung wie auf der Erde. Die Steuerung des Fluges erfolgte automatisch von der Erde aus mit Kommandos an die Druckgasdüsen für die Lageregelung und den Rückeintritt. Für den Notfall gab es eine Handsteuerung; sie wurde in den Wostok- und Woschod-Raumfahrzeugen nur je einmal verwendet. Die Kapsel selbst konnte nicht selber manövrieren. Am Versorgungsteil der Kapsel befand sich eine ringförmige Anordnung von kugelförmigen Druckgasbehältern, für das Klimasystem und die Fluglageregelung, die mit Sauerstoff und Stickstoff gefüllt waren. Ferner befanden sich dort die Anlage zur Energieversorgung, die Steuerungssysteme, das Lageregelungssystem, die Funkgeräte und das Bremstriebwerk. 20 Minuten vor der Landung wurde dieses Versorgungsteil abgetrennt. Wostok hatte für 10 Tage genügend Sauerstoff, Energie, Lebensmittel, Wasser, sonstige Hilfsmittel zur Aufrechterhaltung der Umweltbedingungen an Bord. Das Gesamtgewicht von Wostok 1 lag bei 4725 kg, mit der dritten Raketenstufe bei 6170 kg.

Die Wostok-Missionen

Am 15. Mai 1960 wurde Sputnik 4 (oder Korabl Sputnik) gestartet; er war ein unbemannter Prototyp der Wostok-Kapsel. Der Wiedereintritt gelang nicht, doch das beträchtliche Gewicht in der Umlaufbahn (4700 kg) stellte einen wichtigen Meilenstein dar. Bis zum 25. März 1961 folgten weitere fünf Wostok-Flüge, die als Sputniks getarnt waren, mit Hunden, Ratten, Mäusen, Fliegen, Pilzen und Algen: Bei dreien gelang die Bergung, eine mißlang, und bei einem wurde ein neues Trägersystem ausprobiert.

Mit dieser recht ermutigenden Bilanz im Rücken stieg am 12. April 1961, einem Mittwoch, um 9.07 Uhr Moskauer Zeit, ein Mensch in die Kapsel. Es war Juri Alexejewitsch Gagarin, Major und Pilot der sowjetischen Luftstreitkräfte.

Er hatte einen Monat zuvor das

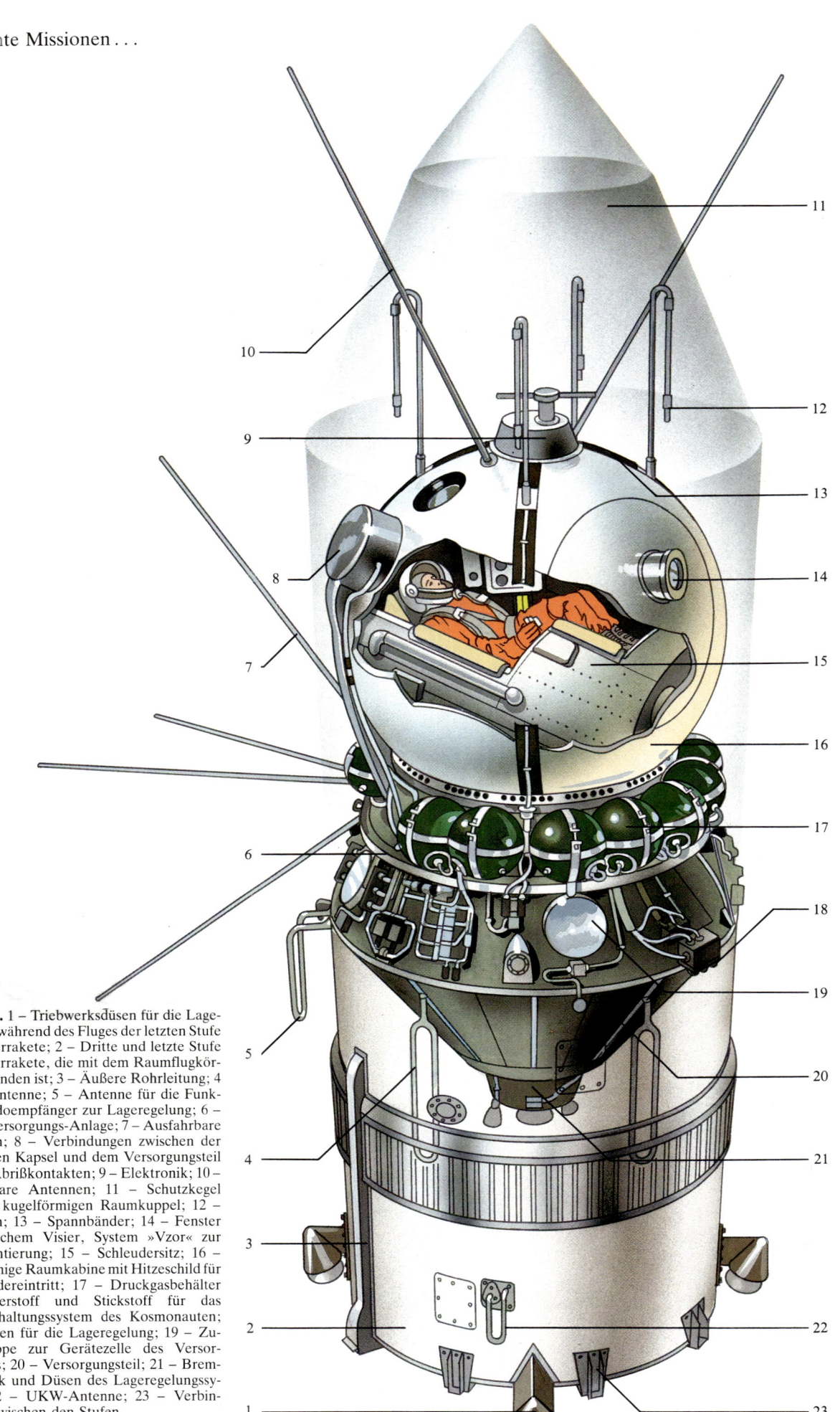

27. Lebensjahr vollendet (Geburtsdatum 09. 03. 1934). Gagarin war kräftig gebaut, aber nicht groß, er hatte himmelblaue helle Augen. Er war verheiratet und hatte eine zweijährige Tochter. Er hatte seiner Frau nicht gesagt, daß er in den Weltraum fliegen würde, weil er es selbst bis zum Zeitpunkt nicht wußte, da er um 5.30 Uhr im Kosmodrom von Tjuratam-Baikonur geweckt wurde. Dieser Startplatz liegt ungefähr 300 km nördlich vom Aralsee in Kasachstan. Tatsächlich standen drei Männer zur Verfügung, und unter ihnen wurde im letzten Augenblick die Wahl getroffen. Warum gerade Gagarin?

Eine Antwort darauf gab seine Frau. In ihrem Buch »108 Minuten und ein ganzes Leben« zählt sie Eigenschaften von Juri auf; und sie wurden von Ewghenij Karpow, dem ersten Direktor des Ausbildungszentrums, und vom Chefkonstrukteur Sergej Koroljow noch aufgewertet: »Grenzenloser Patriotismus, absoluter Glaube an den Erfolg der Mission, hervorragende Gesundheit, unerschütterlicher Optimismus, anpassungsfähige und von Neugier getragene Intelligenz, Mut und Entscheidungskraft, Genauigkeit, Erfindungsreichtum, Selbstbeherrschung, Einfachheit, Bescheidenheit, große menschliche Wärme und Achtung vor den anderen.«

Die Wostok-Kapsel, die »kleine Kugel« oder »Kanonenkugel«, befand sich in 38 m Höhe an der Spitze der Rakete A 1 (V), hinter einem Schutzkegel. Die Kabine war äußerst einfach, mit wenigen Instrumenten. Gagarin lag darin in einem orangefarbenen Raumanzug, hermetisch eingeschlossen wie in einer zweiten Kapsel, angeschnallt auf einem Schleudersitz. Vor ihm befand sich ein Panoramafenster mit hitzebeständiger Jalousie. Ein Instrument von der Form eines Globus mit einer schwarzen Linie und einem Pfeil zeigte ihm, ob seine Stellung in der Erdumlaufbahn richtig sei. Die letzten Kontrollen zogen sich 90 Minuten lang hin. Beim Start wurde Gagarin von den 8 g der Beschleunigung stark beansprucht, und sein Gesicht verformte sich unter der Anstrengung. Während des Trainings hatte er noch höhere Beschleunigungskräfte ausgehalten; jetzt befand er sich zum erstenmal im Weltraum.

Die Geschwindigkeit der Kapsel betrug in der Umlaufbahn 28 000 km/h. Der erdnächste Punkt lag in einer Entfernung von 181 km, der erdfernste bei 327 km. Die Neigung der Bahn zum Äquator betrug 65°.

Gagarin schrieb in seinem Buch über den Flug: »Die Erde ist wunderschön. Ich sehe sie von einem blauen Schimmer überzogen. Wenn mein Blick von der Erde zum Himmel schweifte, sah ich erst Hellblau, dann Blau, dann Türkis, Violett und schließlich die schwarze Nacht.«

Radio Moskau unterbrach voller Erwartung die Programme und verkündete, ein Raumschiff mit einem Menschen an Bord kreise um die Erde, und dieser erste Raumfahrer sei ein Bürger der Sowjetunion. Wer ihn hören wollte, konnte sich die Frequenzen suchen, welche mitgeteilt wurden. Innerhalb von zehn Minuten war die Welt von dieser Nachricht wie elektrisiert.

Wostok 1. 1 – Triebwerksdüsen für die Lageregelung während des Fluges der letzten Stufe der Trägerrakete; 2 – Dritte und letzte Stufe der Trägerrakete, die mit dem Raumflugkörper verbunden ist; 3 – Äußere Rohrleitung; 4 – Sendeantenne; 5 – Antenne für die Funkkommandoempfänger zur Lageregelung; 6 – Energieversorgungs-Anlage; 7 – Ausfahrbare Antennen; 8 – Verbindungen zwischen der bemannten Kapsel und dem Versorgungsteil mit den Abrißkontakten; 9 – Elektronik; 10 – Ausfahrbare Antennen; 11 – Schutzkegel über der kugelförmigen Raumkuppel; 12 – Antennen; 13 – Spannbänder; 14 – Fenster mit optischem Visier, System »Vzor« zur Sichtorientierung; 15 – Schleudersitz; 16 – kugelförmige Raumkabine mit Hitzeschild für den Wiedereintritt; 17 – Druckgasbehälter mit Sauerstoff und Stickstoff für das Lebenserhaltungssystem des Kosmonauten; 18 – Düsen für die Lageregelung; 19 – Zugangsklappe zur Gerätezelle des Versorgungsteils; 20 – Versorgungsteil; 21 – Bremstriebwerk und Düsen des Lageregelungssystems; 22 – UKW-Antenne; 23 – Verbindungen zwischen den Stufen

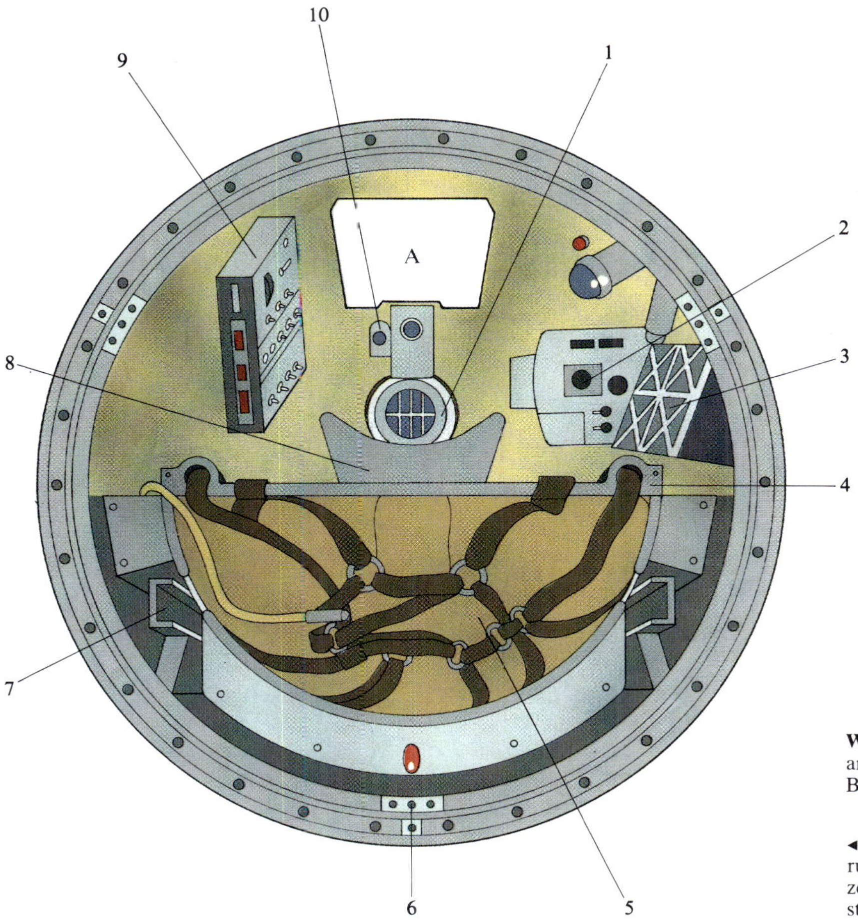

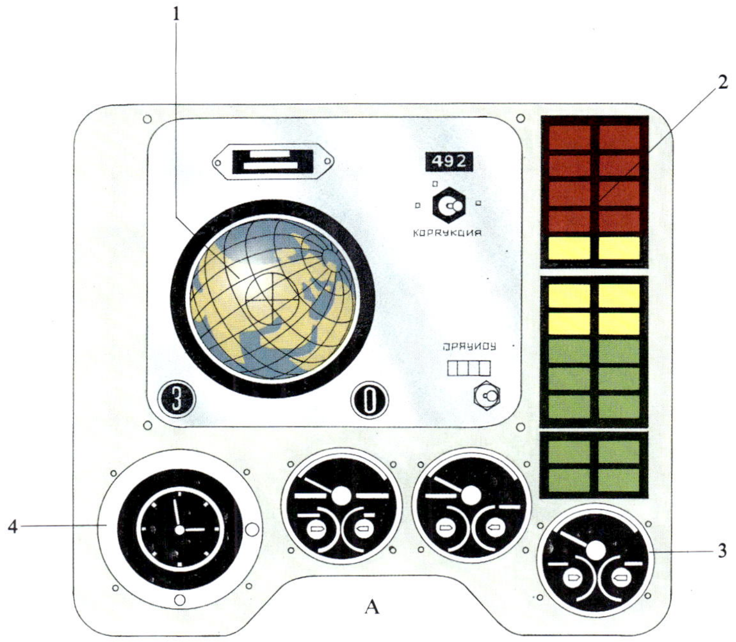

Wostok-Instrumentenbrett. 1 – Erdkugel, auf der die jeweilige Position des Raumschiffes angezeigt wird (Kreiselplattform; 2 – Reihe von Leuchtanzeigen für die Kontrolle der Bordapparaturen; 3 – Meßinstrumente für die verschiedenen Druckanzeigen; 4 – Uhr.

◄ **Wostok-Kabine.** 1 – Gerät »Vzor« für die Sichtorientierung; 2 – Hebel für die Handsteuerung; 3 – Nahrungsbehälter; 4 – Fallschirm-Befestigung; 5 – Fallschirmhülle; 6 – Sprengbolzen zur Öffnung der Außenluke; 7 – Doppelte Schleudersitz-Führungsschiene; 8 – Kopfstütze; 9 – Schalttafel; 10 – Fernsehkamera.

Das Wostok-Programm

Einmannkapsel. Erstes Raumfahrtprogramm der Sowjetunion und der ganzen Welt für bemannte Flüge in Erdumlaufbahn.

Ziele (alle erreicht). Erste Untersuchungen zum Verhalten des Menschen im All unter Schwerelosigkeit, bei hoher Beschleunigung und Verzögerung (8 und 10 g); automatische Kontrolle des Fluges von der Erde aus; Entwicklung von Raumflugtechniken; astronomische und geophysikalische Beobachtungen.

Startplatz. Tjuratam-Baikonur. Rückkehr zur Erde auf sowjetischem Territorium.

Trägerrakete. A 1 (V), auch Wostok genannt.

Missionen. Sechs (zwischen dem 15. März 1960 und dem 25. März 1961) mit Wostok-Prototypen, die als Sputniks getarnt waren, mit Hunden und anderen Tieren, Insekten, Pflanzen (zwei Bergungen mißglückt), darin inbegriffen der Flug von Sputnik 2, dem zweiten Satelliten überhaupt, mit der Hündin Laika an Bord, deren Bergung nicht versucht wurde (3. 11. 57). Sechs bemannte Missionen (alle erfolgreich) zwischen dem 12. April 1961 und dem 16. Juni 1963.

Rekorde. Erster Mensch in einer Erdumlaufbahn: Juri Alexejewitsch Gagarin (12. April 1961, Wostok 1). Erste Mission in einer Erdumlaufbahn, die mehr als einen Tag dauerte: German Titow (.–7. August 1961, Wostok 2). Erster Gruppenflug: ähnliche und nahe nebeneinander verlaufende Erdumlaufbahnen, jedoch ohne eigene Manöver der Raumschiffe; erste Fernsehübertragung aus dem Raum (Wostok 3 und 4, vom 11.–15. August 1962). Erste Frau im Weltraum: Walentina Tereschkowa (16.–19. Juni 1963, Wostok 6, letzte Mission).

Probleme. Keine bedeutenden oder keine bekannt.

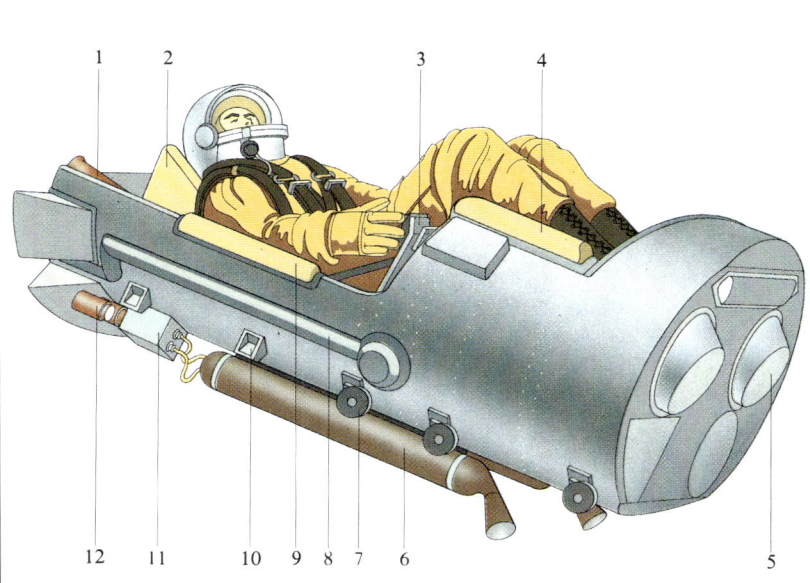

Wostok – Schleudersitz. 1 – Hintere Schleudersitzplatte; 2 – Kopfschutz; 3 – Hebel zur Lösung des Gurtwerks des Kosmonauten; 4 – Beinschutz; 5 – Dämpfungspuffer; 6 – Schleudersitzraketen; 7 – Rollen zur Sitzführung beim Katapultiervorgang; 8 – Kabelbündelabdeckung; 9 – Armschutz; 10 – Gleitschienen; 11 – Not-Sendegerät; 12 – Druckmesser (Barostat)

Beim Augenblick der Rückkehr stand der Flug immer noch unter der automatischen Kontrolle der Computer an Bord und auf der Erde. Das Kontrollzentrum fragte Gagarin, ob er den Wiedereintritt selber steuern wolle, doch der Kosmonaut wählte die Automatik, wie es auch in den Plänen vorgesehen war. So wurden die Brems-

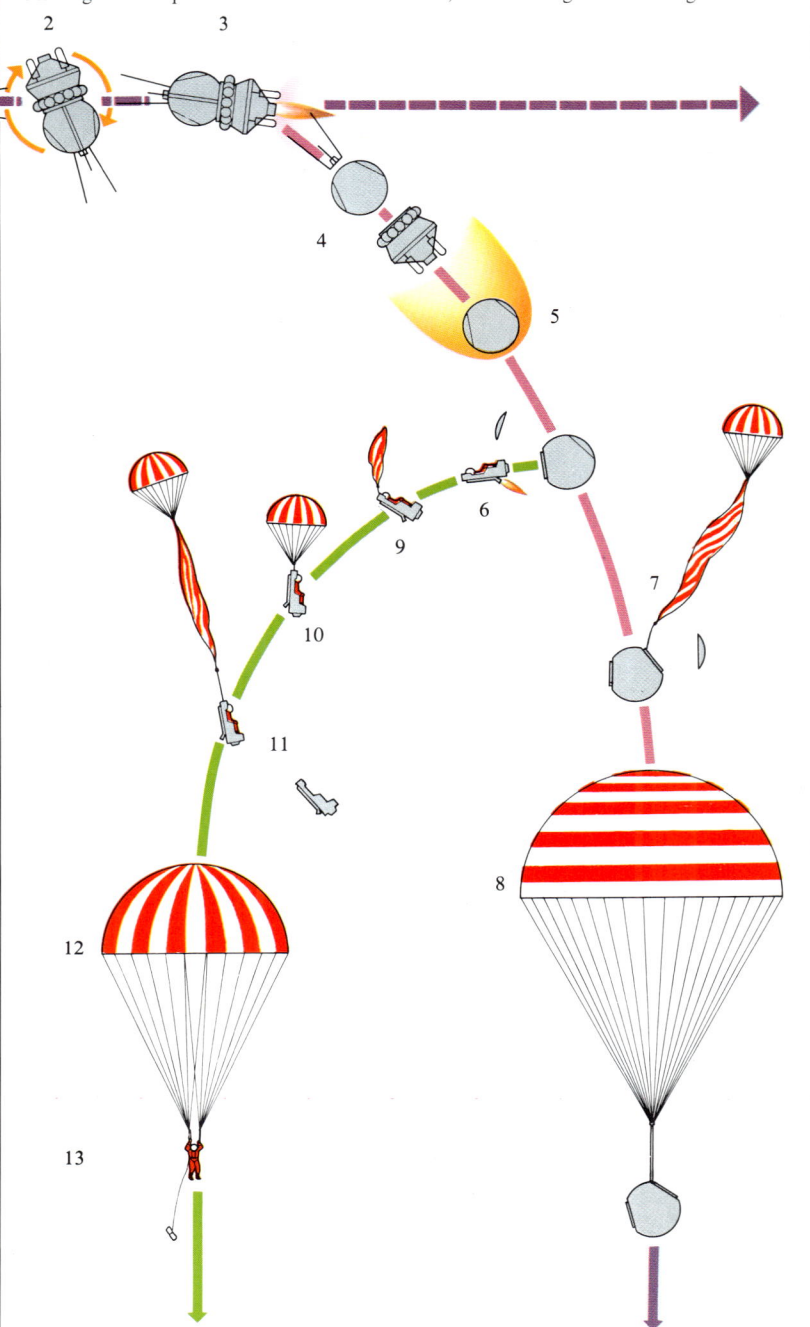

Rückkehr von Wostok. 1 – Raumschiff in der Erdumlaufbahn; 2 – Ausrichtung durch Drehung; 3 – Zündung der Bremsraketen; 4 – Trennung des Versorgungsteils von der Kapsel; 5 – Abtragung des Hitzeschilds beim Wiedereintritt in die Atmosphäre; 6 – Öffnen der Ausstiegsluke und Herauskatapultieren des Schleudersitzes; 7 – Öffnung des Fallschirms der Raumkapsel; 8 – Niederschweben der Raumkapsel am Fallschirm zur Erde; 9 – Auslösung des Steuerschirms des Schleudersitzes; 10 – Öffnen des Steuerschirms, Abbremsung und Stabilisierung des Schleudersitzes; 11 – Abtrennung des Schleudersitzes; 12 – Öffnung des Hauptfallschirms des Kosmonauten; 13 – Abstieg und Landung.

triebwerke gezündet. Die Verzögerungskräfte in Höhe von 10 g drückten Gagarin zusammen. Er sah im Fenster die Flammen, welche durch die Überhitzung der Kapsel beim Wiedereintritt in die dichten atmosphärischen Schichten auftraten. Wostok begann dann um die eigene Achse zu rotieren. Auf den Alarmruf Gagarins hin stabilisierte das Kontrollzentrum das Gefährt, indem es Lageregelungstriebwerke zündete. Das war der einzige unvorhergesehene Zwischenfall, der den Kosmonauten beeindruckte.

Da der Wiedereintritt völlig normal erfolgt war, zog Gagarin es vor, mit der ganzen Kapsel zu landen. Die »Kanonenkugel« landete unsanft in der Umgebung des Dorfes Smelowka, 800 km südöstlich von Moskau, auf einem Feld, das noch Schneeflekken trug. Vom Start bis zur Landung waren 108 Minuten vergangen, darunter 89,1 in der Umlaufbahn.

Am 14. April war Gagarin in Moskau, wo ihn Menschenmassen feierten. Es war ein Fest, das man mit der Feier des Sieges über den Nazismus verglich, und die Freude darüber konnte die ganze Welt teilen. Eine halbe Million Menschen zog an Gagarin vorbei, der in der Mitte einer Tribüne an Lenins Mausoleum stand. Gagarin bereiste danach ungefähr dreißig Länder und wurde von den Mächtigen und vom einfachen Volk als einer empfangen, der einen Traum aller verwirklicht hatte. Er war bereits »Geschichte« geworden, und als eine solche Persönlichkeit wurde er auch behandelt, obwohl es sein großer Wunsch war, in den Weltraum zurückzukehren. Er fuhr mit dem Training fort. Er war der Ersatzmann für Wladimir Komarow, den Kommandanten des ersten Woschod-Fluges mit drei Kosmonauten, dann wurde er für den Flug von Sojus 3 bestimmt.

Am 27. März 1968 stieg Gagarin mit einer alten zweisitzigen MiG-15 zu einem einfachen Trainingsflug auf. Mit ihm war Wladimir S. Serjogin, der 46jährige Direktor des Trainingszentrums für Kosmonauten. Das Triebwerk fiel aus, und die MiG stürzte ab. Die beiden Piloten hätten sich mit dem Schleudersitz retten können, aber die Häuser eines Dorfes waren zu nah, und so zogen sie es vor, bis zuletzt auf eine Wiese zuzuhalten, um ein Unglück zu vermeiden, und kamen ums Leben.

Wostok 2 (6.–7. August 1961). Kaum vier Monate nach Gagarins Raumflug verbringt German Titow mehr als einen Tag in der Erdumlaufbahn. Die einzigen Schattenseiten: das Gefühl einer tiefen Desorientierung während des Fluges und Gleich-

gewichtsprobleme danach. Titow startete nie mehr in den Weltraum.

Wostok 3 und 4 (11.–12. August 1962). Auf ihrer Jagd nach spektakulären Rekorden startet die UdSSR den ersten Gruppenflug. Die Kosmonauten sehen sich in einem Abstand von 5 km in ihren Kabinen, können aber selber keine Manöver durchführen. Es findet die erste Fernsehübertragung aus dem All statt.

Wostok 5 und 6 (14.–19. und 16.–19. Juni 1963). Eine ähnliche Mission findet mit den beiden darauffolgenden Wostok-Kapseln statt, allerdings mit zwei Neuerungen: Waleri Bykowski bleibt in Wostok 5 fast fünf Tage in der Erdumlaufbahn (dieser Rekord hielt bis zum August 1965); der Pilot von Wostok 6 ist eine Frau, die erste im All, Walentina Tereschkowa (26 Jahre), die beweist, daß Männer und Frauen gleichermaßen an Raumfahrerkrankheit leiden.

Woschod

Die Woschod-Kapsel entsprach praktisch der Wostok; es handelte sich um eine kugelförmige hermetische Kabine mit einem Durchmesser von 2,2 m. Sie befand sich an der Spitze der Versorgungseinheit mit allen Instrumenten, den Bremsraketen und der Energieversorgung, und wurde sofort nach dem Beginn des Wiedereintrittmanövers abgetrennt. Die Woschod-Kapsel bot als erste Platz für drei Besatzungsmitglieder, wobei das Innere der Kabine im Vergleich zur Wostok verändert wurde.

Das Gewicht der Kapsel überstieg die 2400 kg des entsprechenden Wostok-Teils, weil darin zwei Kosmonauten mehr (ohne Schutzanzüge) oder ein Kosmonaut mehr mit Schutzanzug für den Weltraumspaziergang Platz fanden. Im Gegensatz zu Wostok gab es keine Schleudersitze. Woschod 2 war mit einer aufblasbaren Dekompressionskammer ausgerüstet. Sie erlaubte es dem Weltraumspaziergänger Leonow, sich vor seinem Ausflug an die Luftleere im All und danach wieder an die Atmosphäre in der Kapsel zu gewöhnen. Die Anordnung im Inneren wurde verändert, und die Kosmonauten trugen keine Schutzanzüge, weil diese zu schwer und zu umfangreich gewesen wären. Bis auf den heutigen Tag hat die UdSSR keine Bilder von Woschod-Raumschiffen veröffentlicht, aus denen die Unterschiede zu Wostok hervorgehen. Das Woschod-Programm war das letzte, das Sergej Koroljow leitete.

Die Woschod-Missionen

Woschod 1 (12.–13. Oktober 1964). Das war die erste Mission mit drei Personen an Bord (darunter erstmals ein Arzt); die Kosmonauten trugen wegen des beschränkten Raumes keine Schutzanzüge. Wladimir Komarow war Kommandant, die weiteren Teilnehmer waren Konstantin Feoktistow, Konstrukteur von Raumfahrzeugen, und Boris Jegorow, der Arzt.

Woschod 2 (18.–19. März 1965). Während dieser Mission unternimmt Alexei Leonow den ersten Weltraumspaziergang. Er findet während des zweiten Erdumlaufs, in der größten bisher erreichten Höhe (173 × 495 km) bei einer Geschwindigkeit von 28 000 km/h statt. Der Kommandant von Wostok 2, Oberst Pawel Beljajew, hilft Leonow in den Raumanzug. Dieser begibt sich in eine Dekompressionskammer, die in der Erdumlaufbahn an der Seite von Woschod aufgeblasen wurde, und bleibt dort zehn

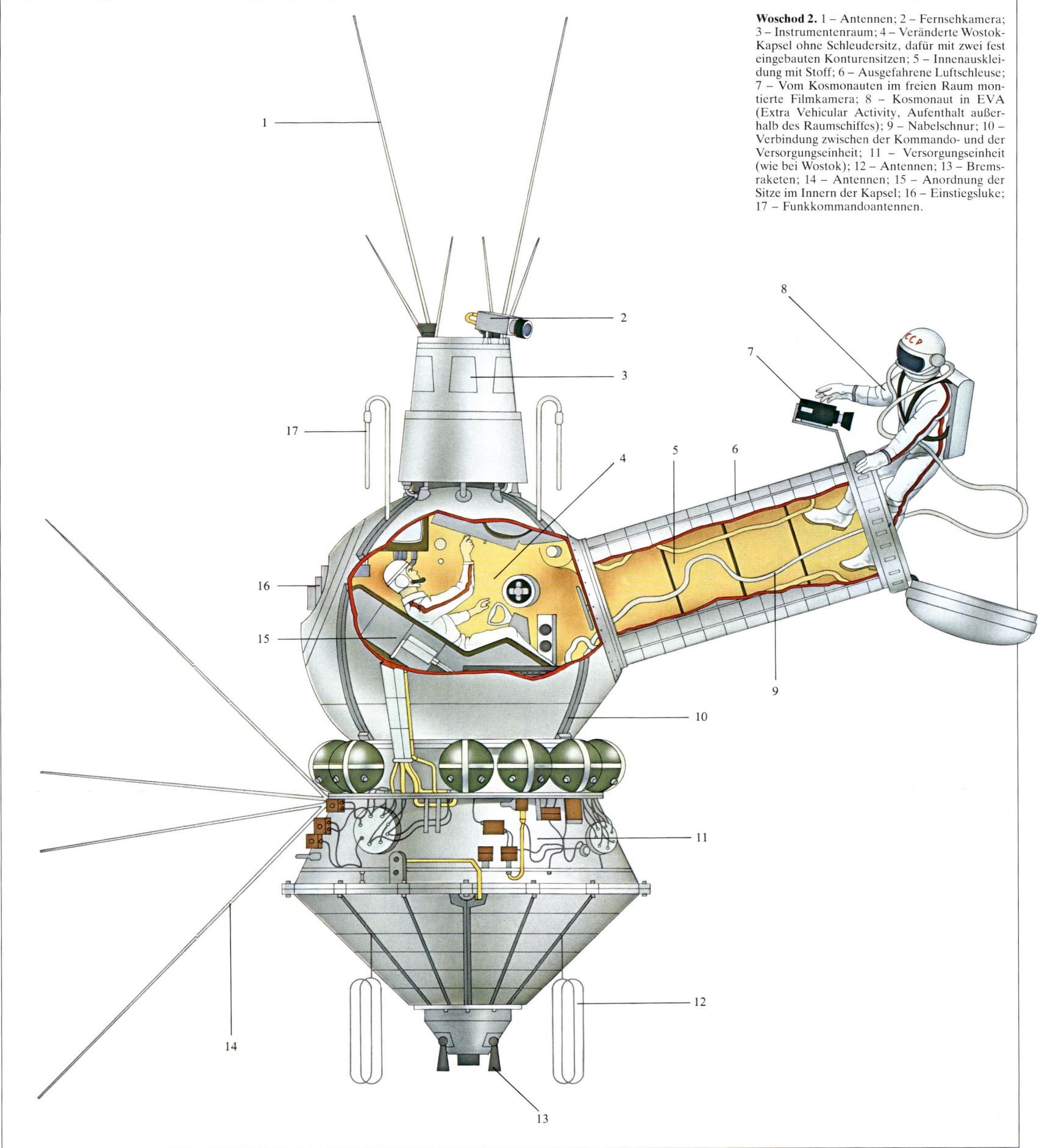

Woschod 2. 1 – Antennen; 2 – Fernsehkamera; 3 – Instrumentenraum; 4 – Veränderte Wostok-Kapsel ohne Schleudersitz, dafür mit zwei fest eingebauten Konturensitzen; 5 – Innenauskleidung mit Stoff; 6 – Ausgefahrene Luftschleuse; 7 – Vom Kosmonauten im freien Raum montierte Filmkamera; 8 – Kosmonaut in EVA (Extra Vehicular Activity, Aufenthalt außerhalb des Raumschiffes); 9 – Nabelschnur; 10 – Verbindung zwischen der Kommando- und der Versorgungseinheit; 11 – Versorgungseinheit (wie bei Wostok); 12 – Antennen; 13 – Bremsraketen; 14 – Antennen; 15 – Anordnung der Sitze im Innern der Kapsel; 16 – Einstiegsluke; 17 – Funkkommandoantennen.

Bemannte Missionen...

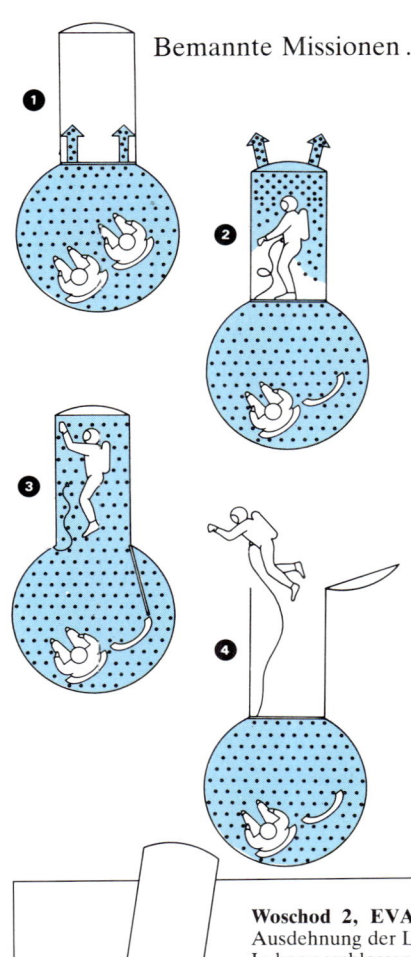

Minuten lang, um sich an die Bedingungen draußen zu gewöhnen. Für seinen 10-Minuten-Spaziergang bleibt Leonow mit der Kapsel über eine Nabelschnur verbunden. Die Rückkehr zur Erde gestaltet sich schwieriger. Gegen Ende des Fluges kreuzen die beiden Kosmonauten in kurzer Entfernung die Bahn eines künstlichen Satelliten. Im Augenblick des Wiedereintritts, bei der 16. Erdumkreisung, funktioniert ein Lageregelungssensor nicht und blockiert die automatische Rückkehr. Das wirft die ganzen Pläne über den Haufen. Da man nicht 24 Stunden bis zur ursprünglich programmierten Erdumlaufbahn warten kann, tritt Woschod bei der 17. Erdumkreisung ein, allerdings in einem Winkel, der sie dem längsten Hitzebad in der Atmosphäre aussetzt, das eine Kapsel bisher durchgemacht hat. Woschod geht glühend daraus hervor, hat aber sonst keine Probleme. Sie fällt in einen Wald im Gebiet von Perm im Uralgebirge; das sind 2000 oder mehr Kilometer entfernt vom ursprünglichen Landeplatz. Während des Wiedereintritts wird eine Antenne beschädigt. Woschod bleibt deswegen ohne Verbindung nach außen, und die Kosmonauten müssen die Nacht im Innern der Kapsel verbringen.

Woschod 2, EVA (Extra Vehicular Activity). 1 – Nach der Ausdehnung der Luftschleuse wird Luft in diese hineingepumpt, Luken geschlossen; 2 – Nach Ausgleich des Luftdrucks öffnet sich die Verbindungsluke und der Kosmonaut begibt sich im Raumanzug in die Luftschleuse; 3 – Die Luke wird geschlossen und die Luft aus der Luftschleuse abgelassen; 4 – Nach dem Druckabfall in der Luftschleuse wird die Ausstiegsluke geöffnet, und der Kosmonaut begibt sich in den Weltraum; 5 – Der Kosmonaut begibt sich in die Luftschleuse zurück, und das Ganze findet in umgekehrter Reihenfolge statt, bis der Kosmonaut wieder in der Kabine ist. Kurz vor dem Wiedereintritt in die Atmosphäre wird die Luftschleuse abgetrennt.

Das Woschod-Programm

Dreimannkapsel.

Ziele (alle erreicht). Sammeln von Daten über mehrköpfige Besatzungen, über das Verhalten des Menschen außerhalb einer Kapsel und die Gefahren, die dabei lauern.

Startplatz. Tjuratam-Baikonur.

Trägerrakete. A 2 Version V.

Missionen. Zwei bemannte (gelungen). Nach Meinung westlicher Forscher wurden eine dritte oder mehr Missionen gestrichen, weil sich die Woschod nicht mehr weiterentwickeln ließ. Zwei Missionen ohne Besatzung (gelungen): Kosmos 47 und 57.

Rekorde. Erster Flug mit drei Männern im All, unter ihnen der erste Arzt. Erster Raumflug von Männern ohne Raumanzug (Woschod 1, 12.–13. Oktober 1964). Erster 10minütiger Weltraumspaziergang mit 5 m langer Nabelschnur (Alexei Leonow, Woschod 2, 18. März 1965). Höchste Umlaufbahn (173 × 495 km, Woschod 2).

Probleme. Woschod 2: Leonow tut sich schwer, nach dem Weltraumspaziergang wieder in die Luftschleuse zu gelangen, weil sich sein Raumanzug ausdehnt. Havarie des Lageregelungssensors; deswegen konnte das automatische Rückkehrsystem nicht verwendet werden; manuelle Steuerung durch Beljajew und Landung 2000 km vom Zielort entfernt.

Sojus
Sojus T

Das Sojus-Programm umfaßt bemannte Raumkapseln, die hauptsächlich zum Andocken an andere Raumfahrzeuge gedacht sind (»Sojus« bedeutet »Union«). Sie sind 10,36 m lang, 6000 kg schwer, und ihr Durchmesser schwankt zwischen 2,29 und 2,97 m. Sojus besteht aus drei Einheiten, einer konischen für den Aufenthalt und die Arbeit im All, ein zylindrischer für die Triebwerke und die Instrumente und einer ovoidalen für die Rückkehr auf die Erde.

Die ersten beiden Einheiten werden dabei abgetrennt.

In den Kapseln finden drei Besatzungsmitglieder Platz, und mit der Variante T ist die Sojus das grundlegende Raumschiff der UdSSR.

Der erste unbemannte Flug fand am 30. Oktober 1967 statt. Während dieser Mission unternahmen die Sowjets auch das erste automatische Andockmanöver in der Erdumlaufbahn mit den Satelliten Kosmos 186 und 188. Die Sojus-Kapseln waren ursprünglich für Drei-Mann-Besatzung konzipiert, doch nach der tragischen Rückkehr von Sojus 11, bei der die drei Kosmonauten starben, wurde die Besatzung auf zwei Mann reduziert, um mehr Platz für die Druckanzüge zur Verfügung zu haben, welche die Kosmonauten anfänglich nicht trugen. 1979 wurden die Sojus von einem neuen Modell verdrängt: Sojus T, das drei Kosmonauten transportieren konnte. Erster unbemannter Start am 16. Dezember 1979 mit geglücktem Andockmanöver an die Raumstation Salut 6. Erster bemannter Flug: Sojus T-2 am 5. Juni 1980. Die Hauptveränderungen im Raumschiff betreffen die Instrumentierung, die nunmehr von der Mikroelektronik Gebrauch macht. An Bord befindet sich ein Computer, der

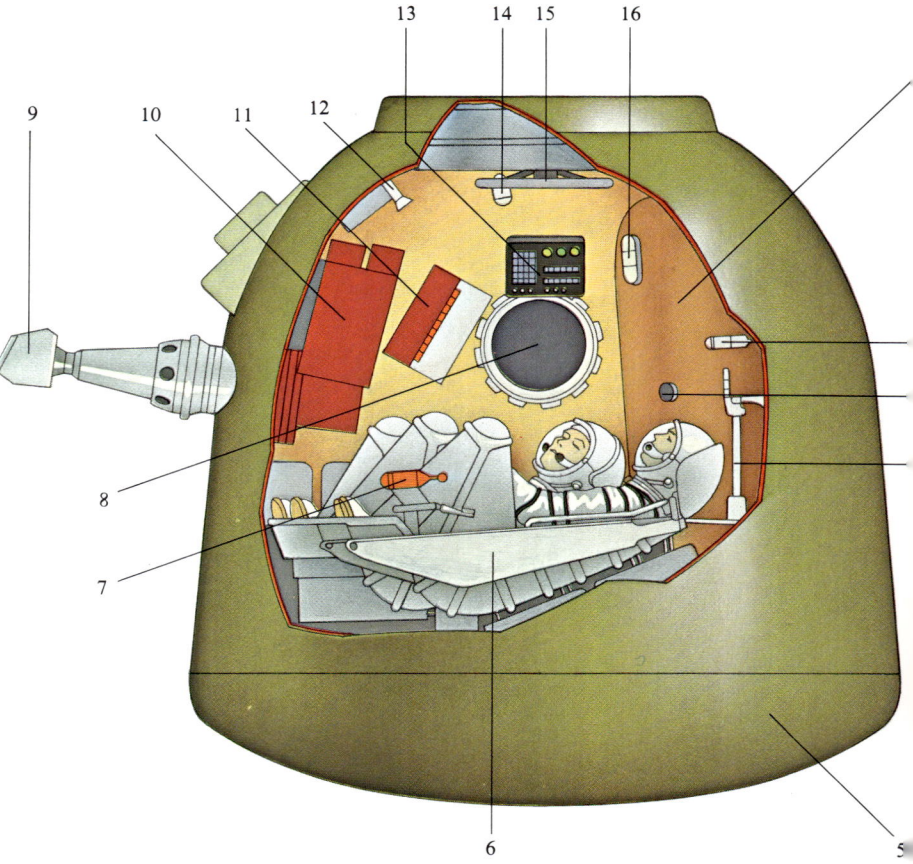

Sojus-Kommando- und Wiedereintrittskapsel. 1 – Fallschirmbehälter; 2 – Handscheinwerfer; 3 – Lautsprecher; 4 – Stoßdämpfer der Kosmonautensitze; 5 – Hitzeschild; 6 – Konturensitze für drei Kosmonauten; 7 – Steuerknüppel; 8 – Fenster; 9 – Periskop; 10 – Instrumentenkonsole (Schnitt); 11 – Kommandokonsole (Schnitt); 12 – Fernsehkamera; 13 – Bediengerät für UKW-Sender/Empfänger; 14 – Beleuchtung; 15 – Verschlußrad für den Lukendeckel; 16 – Arbeitsbeleuchtung.

bei der Navigation hilft, auch wenn er im Hinblick auf die Datenmengen nicht sehr leistungsfähig ist. Auch die Menge an Reservetreibstoff wird erhöht.

Die Sojus-Missionen

Sojus 1 (23.–24. April 1967). Vor dem ersten bemannten Flug wurde das neue sowjetische Raumschiff im Weltall geprüft; es arbeitete ohne Probleme und zufriedenstellend. Dabei fand das erste Andocken

Sojus. 1 – Antenne für die Funkverbindung mit Apollo (für Sojus 19); 2 – Optische Einrichtung für das Rendezvous; 3 – Funkmeßantenne zur Flugführung; 4 – wie unter Ziffer 3; 5 – Signallampe; 6 – Solarzellenflächen; 7 – Steuerbordpositionsleuchte (grün); 8 – Antenne für die Boden-Bord-Verbindung; 9 – Weißes Rücklicht; 10 – Heck mit Düsen des Fluglageregulierungssystems; 11 – Weißes Rücklicht; 12 – Entfernungsmeßantenne; 13 – Backbordpositionsleuchte (rot); 14 – Solarsensor; 15 – Wiedereintrittskapsel; 16 – Funk- und Fernsehantenne; 17 – UKW-Antenne; 18 – Kopplungsvorrichtung für das Rendezvous mit Apollo/Sojus 19 (Apollo-Sojus-Test-Programm ASTP)

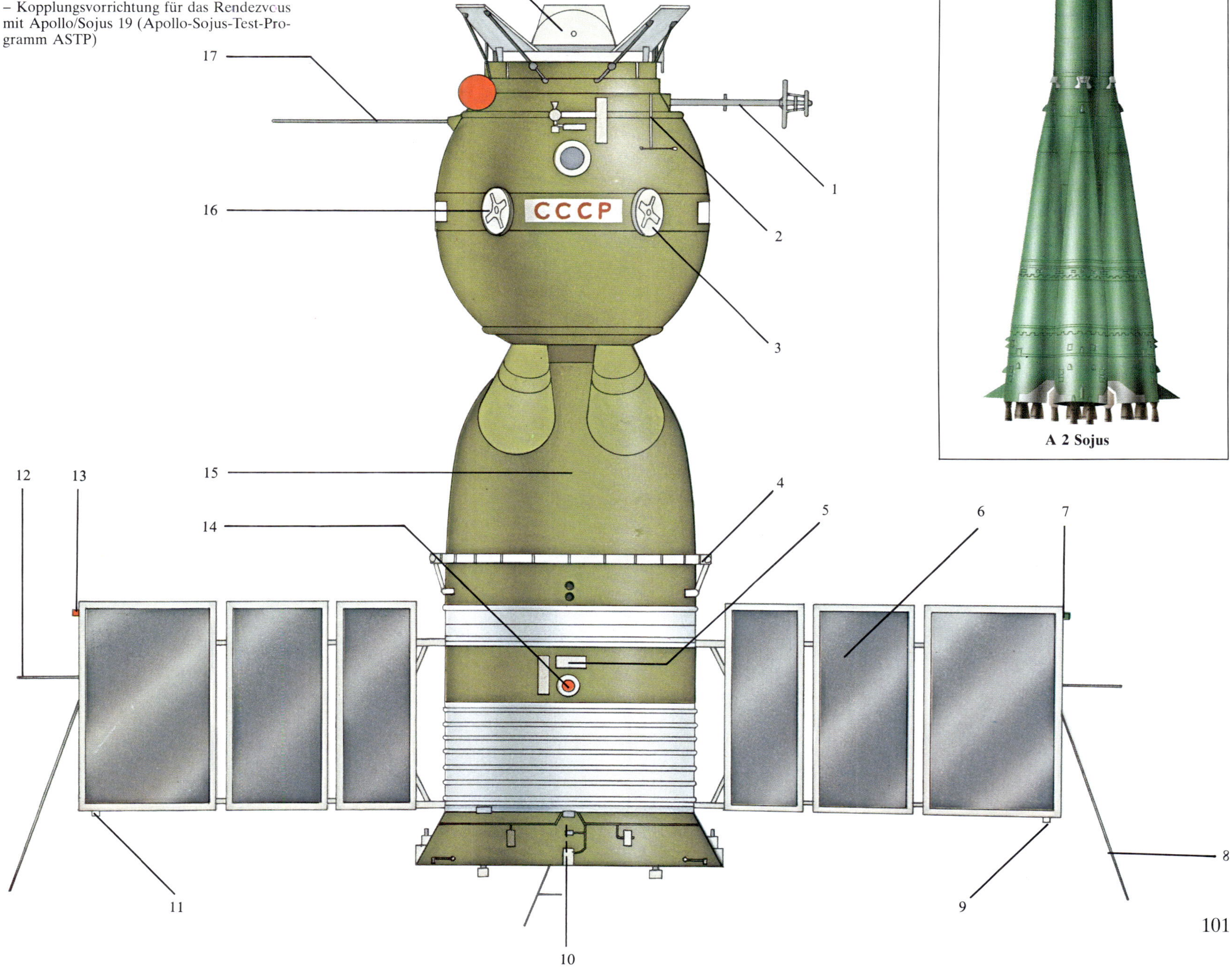

einer Sojus-Kapsel an die Satelliten Kosmos 186 und Kosmos 188 (30. Oktober 1967) statt. Bei der Rückkehr nach 17 Erdumkreisungen verheddern sich die Leinen des Hauptfallschirms von Sojus 1, und Wladimir Komarow überlebt den harten Aufprall nicht. Er war das erste Opfer einer Orbitalmission, die 26. in sechs Jahren nach dem Flug von Gagarin.

Sojus 2 und 3 (25.–28. und 26.–30. Oktober 1968). Man brauchte ein Jahr, um die Sojus technisch umzurüsten. Sojus 2 war unbemannt.

Sojus 4 und 5 (14.–17. und 15.–18. Januar 1969). Es fand das erste Koppelungs-Ren-

dezvous zwischen Raumflugkörpern in der bemannten Raumfahrt statt. Nachdem Wladimir Schatalow, allein auf Sojus 4, an Sojus 5 (16. Januar 1969) angedockt hat, begeben sich Jewgeni Chrunow und Alexej Jelissejew ins All. Sie halten sich an einem Handlauf fest und schlüpfen in die Sojus 4-Kapsel, mit der sie zur Erde zurückkehren. Es ist die Generalprobe für die Rettung in einer Erdumlaufbahn; bis heute blieb es bei der Probe. Sojus 5 kehrt dann mit seinem Kommandanten Boris Wolynow zurück.

Sojus 6, 7 und 8 (11.–16., 12.–17. und 13.–18. Oktober 1969). Zum erstenmal unternehmen drei bemannte Kapseln einen

A 2 Sojus

Gruppenflug. Ihr Abstand beträgt einen halben bis mehrere Kilometer (15. Oktober 1969). In Sojus 6 unternehmen die Kosmonauten die ersten Schweißversuche im Hochvakuum.

Sojus 9 (01.–19. Juni 1970). Andrian Nikolajew und Witali Sewastjanow stellen einen neuen Aufenthaltsrekord in der Erdumlaufbahn auf: 17 Tage und 17 Stunden; sie übertreffen damit die 13 Tage und 18 Stunden von Borman und Lovell auf Gemini 7. Der Rekord bleibt nicht folgenlos: Die Kosmonauten brauchen mehr als eine Woche, um sich von den Auswirkungen der Schwerelosigkeit zu erholen.

Sojus 10 (23.–24. April 1971). Versucht die erste Koppelung an eine Orbitalstation.

Nach dem perfekten Andockmanöver an Salut 1 gelingt es den drei Kosmonauten nicht, in den Verbindungstunnel zu gelangen, weil sie die Trenntür nicht öffnen können.

Sojus 11 (06.–30. Juni 1971). Die UdSSR feiert die Inbetriebnahme einer Orbitalstation mit einem neuen Rekord: 23 Tage und 18 Stunden. Bei der Rückkehr stirbt die ganze Besatzung (Georgi Dobrowolski, Wladislaw Wolkow und Victor Pazajew) an einer Embolie (Druckabfall durch ein Ventil, das beim Abheben von der Salut-Station offen blieb).

Die übrigen Sojus-Missionen dienen dem Andocken an die Raumstation Salut (siehe dort).

Das Sojus-Programm

Dreimannkapsel.

Ziele (alle erreicht). Transport von Besatzungsmitgliedern und Besuchern der Salut-Orbitalstationen, mit mehr oder minder langem Aufenthalt im All. Veränderungen der Erdumlaufbahn. Koppelung an Kapseln und Salut-Orbitalstation. Wissenschaftliche Beobachtungen. Erste technologische Experimente.

Startplatz. Tjuratam-Baikonur.

Trägerrakete. A 2 Version S, von den Vereinigten Staaten auch als Sojus-Rakete oder SL-4 bezeichnet.

Missionen. Vom April 1967 bis *Juni 1985* 55 Sojus-Missionen, darunter 14 Sojus T und 4 unbemannte (eine T). Letzte Mission des ersten Modells: Sojus 40 (14.–22. Mai 1981). Neun Missionen mißlungen, alle bemannt, das entspricht 17,6 %: zwei Starts, fünf Koppelungsmanöver und zwei Besatzungen mit insgesamt vier Kosmonauten verloren. Automatisches Koppelungsmanöver mit den Satelliten Kosmos 186 und Kosmos 188 (31. Oktober 1967); Kosmos 212 mit 213 (16. April 1968), Tests offensichtlich gelungen. 13. 3. 1986 Start von Sojus T-15 zur neuen Raumstation Mir (Frieden).

Rekorde. Erste Koppelung von bemannten Kapseln und erster Transfer zweier Kosmonauten von einer Kapsel zur andern im Weltall (Sojus 4 und 5, 16. Januar 1969). Erster Gruppenflug dreier bemannter Kapseln (Sojus 7 und 8 im Abstand von einigen hundert Metern, Sojus 6 mehrere Kilometer entfernt, 15. Oktober 1969). Erste Schweißversuche im Hochvakuum (Sojus 6, 11.–16. Oktober 1969). Erste Inbetriebnahme einer Orbitalstation (Sojus 11 – Salut 1, 7. Juni 1971). Erstes doppeltes Ankoppelungsmanöver an die Orbitalstation und erster Tausch des Raumfahrzeugs in der Erdumlaufbahn (Sojus 27 – Salut 6 – Sojus 26, 10. und 16. Januar 1978). Erste Nachschublieferung in Erdumlaufbahn (Sojus 27 – Salut 6 – Progress 1, 22. Januar 1978). Erste internationale Mannschaft: Alexej Gubarew mit dem Tschechoslowaken Vladimir Remek (Sojus 28, 2.–10. März 1978).

Probleme. Erstes Opfer im Weltall: Wladimir Komarow (24. 4. 1967). Georgi Dobrowolski, Wladislaw Wolkow und Victor Pazajew sterben in Sojus 11 (30. 06. 1971).

Schwierigkeiten. Erste Wasserung einer bemannten sowjetischen Kapsel (Sojus 23, 16. Oktober 1976).

Atlas-Mercury

Mercury

Die Mercury war eine einsitzige Kapsel mit Druckkabine, vorne glockenförmig, hinten zylindrisch bis konisch geformt. Diese Form stellte einen Kompromiß für den Wiedereintritt dar, sei es im Hinblick auf die Wärmeverteilung während des Eintritts in die Atmosphäre, sei es wegen der Stabilität beim Flug. An der Basis betrug der Durchmesser 1,89 m, die Höhe 2,90 m. Der Astronaut hatte einen Innenraum von 1,56 m³ zur Verfügung. Das Gewicht für das Basismodell, d. h. die »Friendship 7« von Glenn, lag bei 1935 kg beim Start, bei 1355 kg auf der Erdumlaufbahn und bei 1099 kg bei der Landung.

An der Spitze der Mercury-Kapsel befand sich ein Rettungsturm, der die Kapsel bei einem Notfall während des Starts von der Atlas-Rakete wegreißen sollte. Er maß bis zur Spitze 5,15 m und besaß kleine Feststofftriebwerke, die in einer Sekunde einen Schub von 23 587 kp (231 kN) erreichten. Als man sicher war, daß man diesen Turm nicht mehr benötigte, entfernte ihn eine kleine Rakete mit 363 kp (3,5 kN) Schubkraft innerhalb von 1½ Sekunden.

Beim Wiedereintritt erwärmte sich der Hitzeschild an der Basis der glockenförmigen Kapsel auf 2560° C, fast so heiß wie die Oberfläche der Sonne. Die Luft färbte sich orangerot. Die Kapsel selbst wurde 1648° C, hinten zwischen 316 und 538° C warm. Um zu verhindern, daß sie zu einem Ofen wurde, trug der Boden einen Hitzeschild aus glasfaserverstärktem Kunstharz. Das Harz kochte, verdampfte und diente als Kühlmittel, während die Glasfasern an Ort und Stelle blieben. Der Hitzeschild stellte keinen integrierenden Teil der Kapsel dar, sondern wurde mit einer Reihe von Haken befestigt. Zwischen dem Hitzeschild und dem Boden der Kapsel befand sich der Belag für die Wasserung (aus Gummi mit glasfaserverstärktem Kunstharz), der einen Durchmesser von 1,20 m erreichte. Wenn der Hitzeschild seine Aufgabe erfüllt hatte, entfaltete sich der Balg. Er war voller Löcher und wurde in den Endstadien der Rückkehr mit Luft gefüllt und funktionierte wie ein dämpfendes Kissen, indem es die »g« von 45 auf 15 reduzierte. Der Balg füllte sich dann mit Wasser und diente der treibenden Mercury-Kapsel als Schwimmkörper. In der Mitte des Hitzeschildes befand sich ein Bündel aus drei Bremsraketen (zwei reichten für die Bremsung der Kapsel und für den Austritt aus der Umlaufbahn) und aus drei Beschleunigungsraketen, um die Mercury von der Atlas zu trennen. Bei allen sechs handelte es sich um Feststoffraketen, die bei der Rückkehr abgetrennt wurden. Das Raketenbündel war mit dem Boden der Kapsel über drei Spannbänder befestigt.

Das Innere der Kapsel war eine Druckkabine mit zu 100 % reinem Sauerstoff; dieselbe Atmosphäre befand sich auch im Raumanzug der Astronauten. Während des Fluges stand der Raumanzug normalerweise nicht unter Druck. Für alle Fälle mußte der Astronaut aber nur das Helmvisier herunterklappen, um das System in Gang zu bringen. Die Innenwand der Kapsel bestand aus Titan mit einer Stärke von 0,25 mm, aus einer isolierenden Keramik und einer äußeren 0,4 mm starken Wand aus einer Nickellegierung. Der hintere zylindrisch-konische Teil der Kapsel wurde

von Streifen aus 1,1 mm dickem Beryllium und 0,81 mm dicker Nickellegierung geschützt. In diesem Teil der Kapsel befanden sich die Funkantennen, der Stabilisierungsfallschirm, der in 6400 m Höhe den Fall der Kapsel verlangsamte, und die beiden Infrarot-Horizontsucher zur Messung der Neigung und der Rollbewegung. Weiter unten lag der Hauptfallschirm (und der Reservefallschirm) mit einem Durchmesser von 19,20 m, der von 3000 m Höhe an die Fallgeschwindigkeit auf 9,15 m/s reduzierte. Beim Start, bei der Zündung der Bremsraketen und beim Wiedereintritt lag der Astronaut auf dem Rücken in einem eigens für ihn geformten Sitz, der allerdings nicht weggeschleudert werden konnte. Diese Lage wurde gewählt, damit sich die Belastung bei der Beschleunigung und der Verzögerung auf den ganzen Körper verteilen konnte.

Zur Orientierung hatte der Astronaut oberhalb des Kopfes ein kleines Fenster, das ihm den Horizont anzeigte, den Schirm eines Periskops, das auf die Erde gerichtet war, sowie die Instrumententafel mit den Flugdaten. Rechts davon befand sich die Einstiegsluke, unter den Füßen eine Notluke. Der Astronaut konnte, mit einigen Schwierigkeiten allerdings, auch nach oben aussteigen, indem er einen Teil der Instrumententafel, die vordere Drucktür und den Reserve- und Hauptfallschirm verschob.

Die Lage der Mercury wurde von vier Systemen kontrolliert, einem automatischen und drei handgesteuerten. Alle Systeme konnten einzeln oder zusammen arbeiten.

Gier-, Nick- und Rollbewegungen erhielt der Astronaut mit Hilfe von 18 Düsen, die überhitzten Dampf aus der Zersetzung von Wasserstoffsuperoxid ausstießen.

Mercury. 1 – Feststoff-Bremsraketen; 2 – Feststoff-Trennrakete; 3 – Hitzeschild; 4 – Pilotensitz; 5 – Fenster; 6 Hauptfallschirmbehälter; 7 – Druckgasdüsen zur Lagestabilisierung; 8 – Schutzhaube; 9 – Zugfallschirm für Hauptfallschirm; 10 – Rettungsturm; 11 – Notrakete; 12 – Aerodynamische Spitze; 13 – Düsen der Notrakete; 14 – Horizontsucher; 15 – Periskop; 16 – Fluginstrumentenbrett; 17 – Einstiegsluke; 18 – Druckgasdüsen zur Lagestabilisierung; 19 – Druckgas-Behälter für die Fluglageregelung

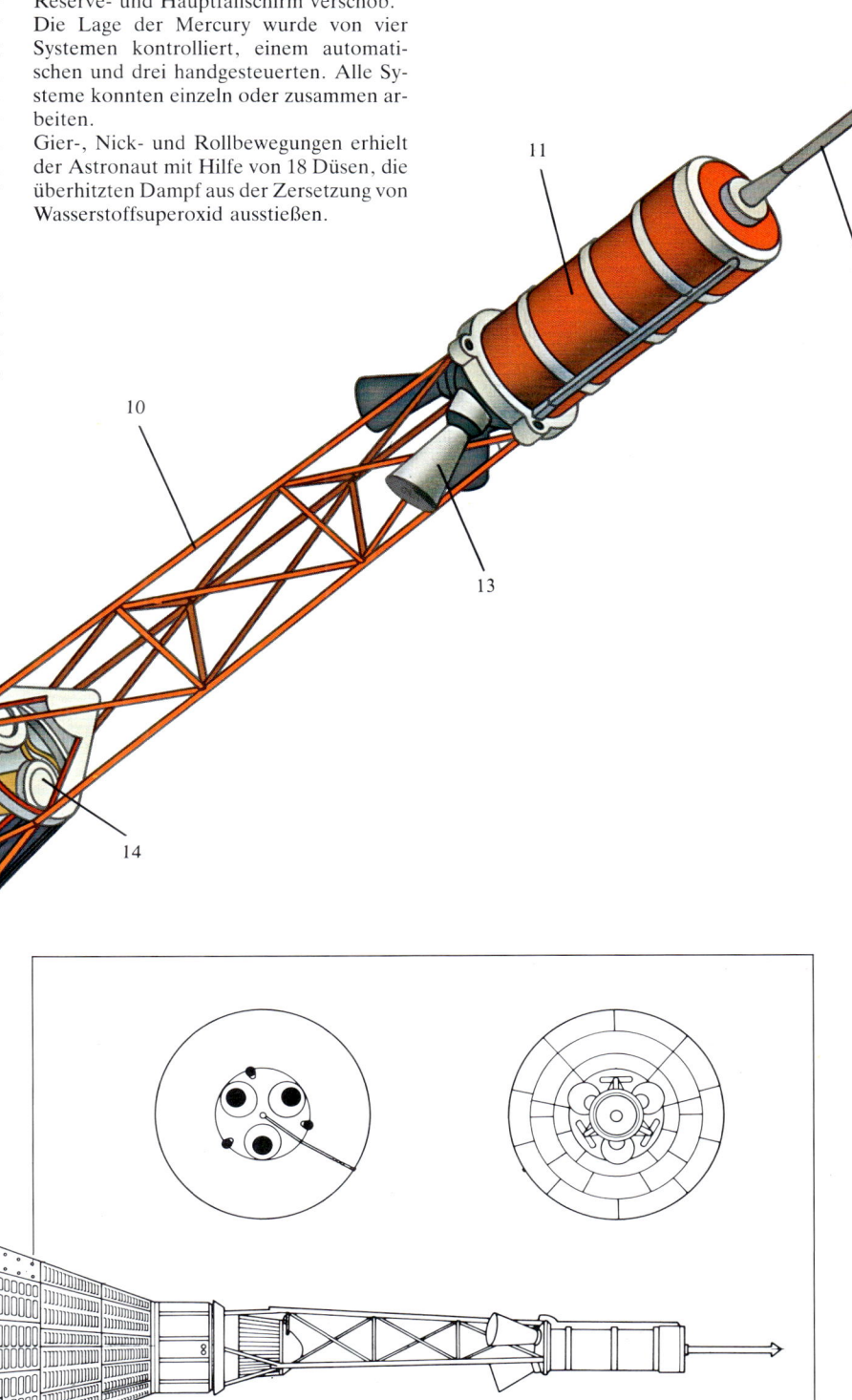

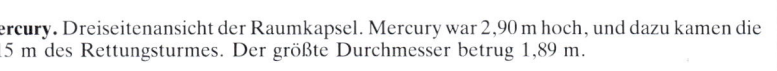

Mercury. Dreiseitenansicht der Raumkapsel. Mercury war 2,90 m hoch, und dazu kamen die 5,15 m des Rettungsturmes. Der größte Durchmesser betrug 1,89 m.

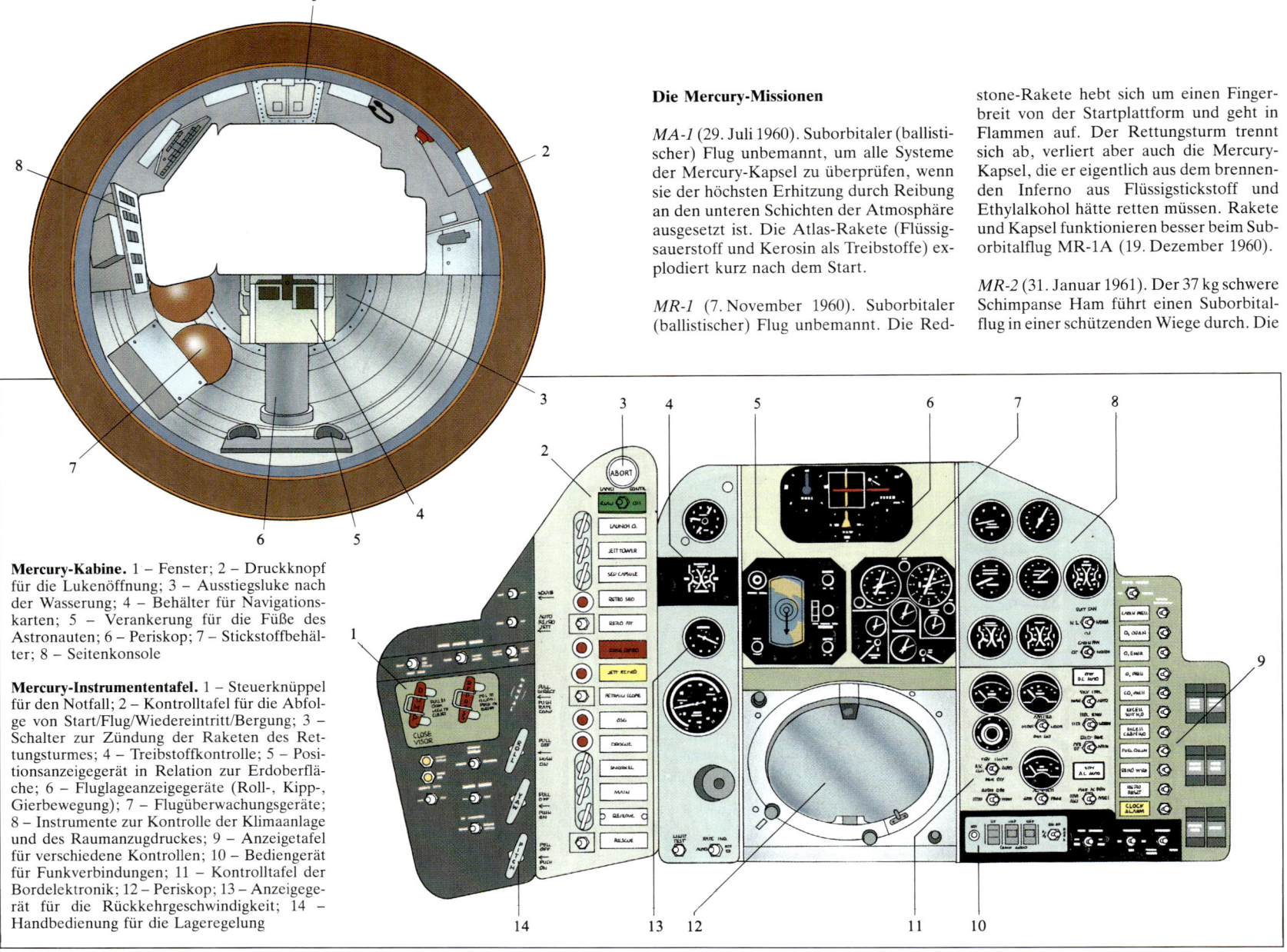

Mercury-Kabine. 1 – Fenster; 2 – Druckknopf für die Lukenöffnung; 3 – Ausstiegsluke nach der Wasserung; 4 – Behälter für Navigationskarten; 5 – Verankerung für die Füße des Astronauten; 6 – Periskop; 7 – Stickstoffbehälter; 8 – Seitenkonsole

Mercury-Instrumententafel. 1 – Steuerknüppel für den Notfall; 2 – Kontrolltafel für die Abfolge von Start/Flug/Wiedereintritt/Bergung; 3 – Schalter zur Zündung der Raketen des Rettungsturmes; 4 – Treibstoffkontrolle; 5 – Positionsanzeigegerät in Relation zur Erdoberfläche; 6 – Fluglageanzeigegeräte (Roll-, Kipp-, Gierbewegung); 7 – Flugüberwachungsgeräte; 8 – Instrumente zur Kontrolle der Klimaanlage und des Raumanzugdruckes; 9 – Anzeigetafel für verschiedene Kontrollen; 10 – Bediengerät für Funkverbindungen; 11 – Kontrolltafel der Bordelektronik; 12 – Periskop; 13 – Anzeigegerät für die Rückkehrgeschwindigkeit; 14 – Handbedienung für die Lageregelung

Die Mercury-Missionen

MA-1 (29. Juli 1960). Suborbitaler (ballistischer) Flug unbemannt, um alle Systeme der Mercury-Kapsel zu überprüfen, wenn sie der höchsten Erhitzung durch Reibung an den unteren Schichten der Atmosphäre ausgesetzt ist. Die Atlas-Rakete (Flüssigsauerstoff und Kerosin als Treibstoffe) explodiert kurz nach dem Start.

MR-1 (7. November 1960). Suborbitaler (ballistischer) Flug unbemannt. Die Redstone-Rakete hebt sich um einen Fingerbreit von der Startplattform und geht in Flammen auf. Der Rettungsturm trennt sich ab, verliert aber auch die Mercury-Kapsel, die er eigentlich aus dem brennenden Inferno aus Flüssigstickstoff und Ethylalkohol hätte retten müssen. Rakete und Kapsel funktionieren besser beim Suborbitalflug MR-1A (19. Dezember 1960).

MR-2 (31. Januar 1961). Der 37 kg schwere Schimpanse Ham führt einen Suborbitalflug in einer schützenden Wiege durch. Die

---

Das Mercury-Programm

Einmannkabine. Erstes amerikanisches Programm für einen bemannten Flug in Erdumlaufbahn.

Dauer. 4 Jahre und 8 Monate. Für den ersten bemannten Flug in einer Erdumlaufbahn 3 Jahre und 4 Monate. Beginn 7. Oktober 1958. Starts vom 9. September 1959 bis 16. Mai 1963, darin eingeschlossen die Probestarts der ganzen oder eines Teils der Kapsel.

Ziele (alle erreicht). Den ersten Amerikaner in eine Erdumlaufbahn schießen und ihn mit seiner Kapsel wieder bergen; Aufenthaltsdauer von mehr als einem Tag in der Erdumlaufbahn; Untersuchungen über die Reaktionen des Menschen im Orbit und über die Möglichkeit, daß ein Pilot die Kapsel steuert.

Startplatz. Cape Canaveral, Florida, mit Ausnahme von zwei Probeflügen von Wallops Island, Virginia.

Trägerraketen. Juno für die Probeflüge; Redstone für die Suborbitalflüge; Atlas für die Orbitalflüge.

Missionen. Fünf Suborbitalflüge: zwei mißlungen, einer gelungen mit einem Schimpansen, zwei gelungen mit Piloten. Zwei Suborbitalflüge annulliert, da unnötig. Fünf gelungene Orbitalflüge: 4 Astronauten (den Schimpansen Enos lassen wir hier in der Betrachtung weg) im Orbit, insgesamt 53 Stunden und 24 Minuten. Sechster Orbitalflug annulliert, da unnötig. Erster Orbitalflug mit Piloten: John Glenn (MA-6), 20. Februar 1962, 10 Monate und 8 Tage nach dem absolut ersten Raumflug (12. April 1961) von Juri A. Gagarin und 6 Monate und 15 Tage nach dem zweiten Flug von German Titow (6.–7. August 1961).

Verzögerungen. Sechs Monate bei der Ablieferung der ersten Mercury gegenüber dem Zeitplan, 22 Monate für den Start einer Kapsel mit dem ersten Amerikaner (vorgesehen für April 1960, ausgeführt am 20. Februar 1962).

Probleme. Ausfall des automatischen Stabilisierungssystems und des Kapselkontrollsystems. Schwierigkeiten beim Entfernungsmeßsystem (falsche Anzeigen) und beim Klimatisierungssystem des Raumanzugs (zu kalt oder zu heiß).

Rekord. Längster Flug des Programms: 34 Stunden, 19 Minuten, 49 Sekunden, bei der letzten Mission MA-9 mit Gordon Cooper, 15.–16. Mai 1963.

Kosten des Programms. 392 600 000 Dollar (für die Kapsel 135 300 000 Dollar), für die Trägerraketen 82 900 000 Dollar.

Arbeitskräfte. In der intensivsten Periode 2 020 528 Personen, davon 1360 bei der NASA, 2 000 000 in der Industrie (11 Hauptzulieferer, 75 Nebenzulieferer, 7200 Lieferanten) und 18 000 beim Verteidigungsministerium (Bergungsflotte).

Raumflotte und Astronauten. Vier bemannte Mercury-Kapseln mit verschiedenen Namen, aber stets mit der Nummer »7«. Sie soll an die ersten sieben Astronauten erinnern, welche die NASA am 9. April 1959 auswählte. Es sind dies: Malcom Scott Carpenter, L. Gordon Cooper, John H. Glenn Jr., Virgil I. Grissom, Walter M. Schirra Jr., Alan B. Shepard Jr., Donald K. Slayton.

Produktion. McDonnell-Douglas (Mercury), Army Ballistic Missile Agency (Redstone), General Dynamics (Atlas).

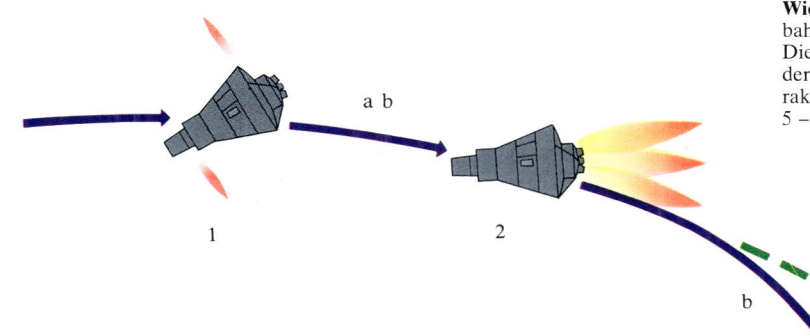

Redstone-Rakete schaltet 5 Sekunden vor dem vorgesehenen Brennschluß ab. Zur rechten Zeit zünden die Raketen des Rettungsturmes und schießen die Mercury 74 km weiter in die Höhe als vorgesehen (287 km) und bei der Landung um 240 km weiter im Atlantik (778 km). Ein Helikopter kommt erst nach drei Stunden an, und die Helfer bieten Ham, der eine Geschwindigkeit von 8045 km/h (1287 km/h mehr als vorgesehen) und 16 g anstelle von 12 g ausgehalten hat, einen Apfel an. Um Stromstöße zu vermeiden, mußte Ham während des Fluges dauernd gewisse Hebel betätigen. Damit bewies der Schimpanse der Bodenmannschaft, daß er unter jenen Bedingungen imstande war zu denken: Er tat es zuverlässig, trotz der unvorhergesehenen Vorfälle und der 4½ Minuten Schwerelosigkeit. Ham starb 1983 in einem Zoo. Später folgen drei Probeflüge: ein Erfolg, ein halber Erfolg und ein unterbrochener Flug, wobei allerdings das Rettungssystem funktioniert.

MR-3 »Freedom 7« (5. Mai 1961). Alan B. Shepard, ein 38jähriger Fregattenkapitän, fliegt in das Vorzimmer des Weltalls. Es handelt sich noch um einen Suborbitalflug, aber er ist immerhin der erste Amerikaner, der derartige Höhen erreicht, nämlich 187,5 km mit einer Maximalentfernung von 487,6 km. Die Startbeschleunigung beträgt 6 g, die Verzögerung beim Wiedereintritt 11 g, die Maximalgeschwindigkeit 8262 km/h. Dauer des Fluges 15 Minuten und 22 Sekunden, darunter 5 Minuten in Schwerelosigkeit.

MR-4 »Liberty Bell 7« (21. Juli 1961). Wiederholung des Suborbitalfluges mit dem Piloten und Astronauten Virgil »Gus« Grissom, 35 Jahre, Major der USAF. Die Mercury wurde leicht verändert. Es kam eine seitliche Ausstiegsluke mit Sprengbolzen dazu, um Bergungen zu erleichtern. Alles verläuft gut bis zum Rückflug über dem Atlantik. Beim Warten auf den Hubschrauber springt die neue Luke unvermutet auf, und Wasser dringt in die Kapsel. Grissom verläßt sie schnell, klettert an ihr hoch und stürzt sich dann ins Wasser. Die Mercury versinkt 5500 m tief in den Atlantik. Grissom wird von einem Hubschrauber aufgefischt; er ist trotz der Gefahr in hervorragender geistiger Verfassung.

MA-4 (13. September 1961). Erste Mercury im Orbit (159 × 228 km, 1 Stunde und 48 Minuten in Erdumlaufbahn), unbemannt. Ein fast vollständiger Erfolg, Kapsel geborgen.

MA-5 (29. November 1961). Der Schimpanse Enos geht vor dem Menschen in die Erdumlaufbahn. Anstatt der drei vorgesehenen Umkreisungen führt er nur zwei durch (160 × 237 km, 3 Stunden und 21 Minuten), weil die Lageregelung der Kapsel nicht gut funktioniert. Enos erhält dauernd Stromstöße, obwohl er die trainierten Bewegungen genau ausführt. Fast vollständiger Erfolg.

MA-6 »Friendship 7« (20. Februar 1962). Der erste Amerikaner in einer Erdumlauf-

bahn: Der Oberstleutnant der Marines John Glenn, 41 Jahre alt, wird nach Lindbergh der berühmteste Pilot Amerikas. Als Ersatzmann von Shepard und Grissom gelangt er endlich ins Weltall, und er bleibt vier Stunden, 55 Minuten und 23 Sekunden und umrundet die Erde dreimal zu je 88 Minuten und 29 Sekunden. Der erdnächste Punkt ist 161 km, der erdfernste 261 km weit weg. Höchstgeschwindigkeit 28 240 km/h. Beschleunigung 7,7 g beim Start wie beim Wiedereintritt. Als vorläufiges Datum für den Start war der 20. Dezember 1961 vorgesehen. Am 6. Dezember wurde er wegen technischer Probleme auf den 16. Januar 1962 verschoben. Am 3. Januar erfolgt noch einmal eine Verschiebung bis zum 20. Februar. Glenn ist fest verschlossen in seiner Kapsel. Der Countdown wird mehrere Male unterbrochen. Um 8.30 Uhr entfernt man den Startturm von der Abschußplattform 14. Glenn ist isoliert an der Spitze der Atlas-Rakete, in 23 m Höhe. Die Bodenstation der Bermudas hat fünf Minuten lang ein Problem mit einem Computer. Um 9,49 Uhr der Start, mit 2 Stunden und 19 Minuten Verspätung. Nach 5 Minuten und 12 Sekunden tritt Glenn in die Erdumlaufbahn ein.
Plötzlich ist die Mercury-Kapsel von Tau-

senden kleiner leuchtender umherwirbelnder Partikel umgeben, die sich langsam entfernen. Glenn vermutet, daß die Kapsel ihre Lage verändert hat und daß er nur Sterne sehen kann; er kann sie aber nicht bestimmen. Auch die Bodenstation weiß keinen Rat. Erst nach der Mission findet man die plausibelste Erklärung: Es waren Lackpartikel der Kapsel. Am Ende der ersten Erdumkreisung funktioniert etwas nicht. Eine der Düsen, erst links, dann rechts, für die Kontrolle von Gierbewegungen gibt nicht den ganzen Schub ab. Glenn muß während der zweiten und der dritten und letzten Erdumkreisung die Lage von Hand regeln. Er ist nicht sehr besorgt, und es mißfällt ihm auch nicht, denn so kann er zeigen, wie nützlich ein trainierter Pilot im Weltall ist. Auch das Instrumentensystem zur Lageregelung macht für alle Achsen ungenaue Angaben. Glenn geht es bestens. Bewegungen des Kopfes und der Augen, die er öfter wiederholt, führen nicht zu Übelkeit. Er fühlt sich weiterhin gut. Verschiedene vorgesehene Experimente fallen jedoch aus, zum Beispiel meteorologische und astronomische Beobachtungen, Sehtests, das Trinken, Glenn ist anderweitig beschäftigt, und die Anzeigen zu den nicht funktionierenden Düsen füllen den größ-

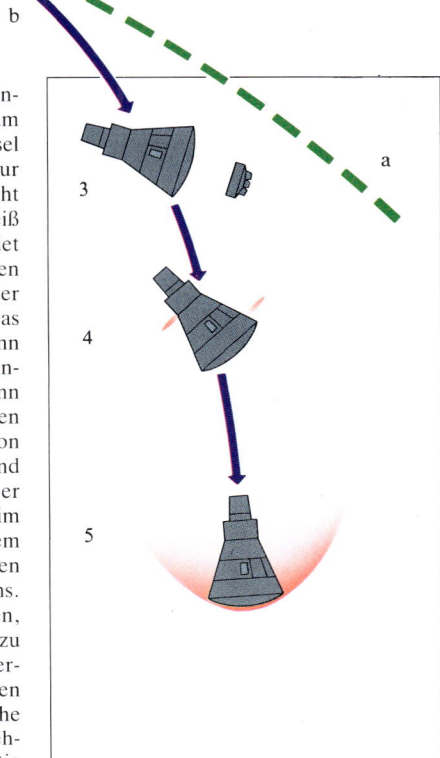

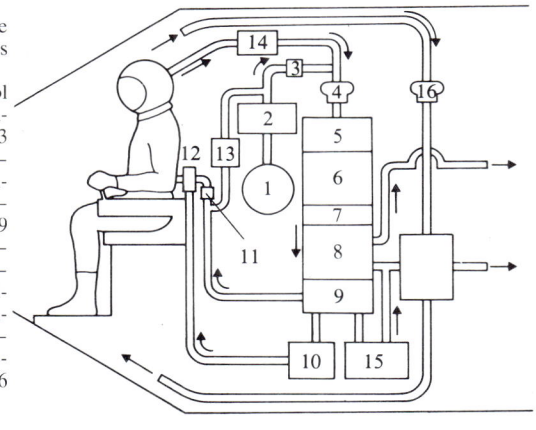

Raumschiff Mercury. Die verschiedenen Elemente des Lebenserhaltungssystems ECS (Environmental Control System). 1 – Sauerstoffbehälter; 2 – Druckverminderer; 3 – Regler; 4 – Ventilator; 5 – Geruchsabsorber; 6 – Kohlendioxid(CO_2)-Filter); 7 – Filter; 8 – Wärmetauscher; 9 – Wasserabscheider; 10 – Kondenswasserbehälter; 11 – Sensor für den Kohlendioxidgehalt; 12 – Kondensationsfilter; 13 – Notversorgung; 14 – Schwebstoff-Filter; 15 – Behälter für Kühlflüssigkeit; 16 – Ventilator.

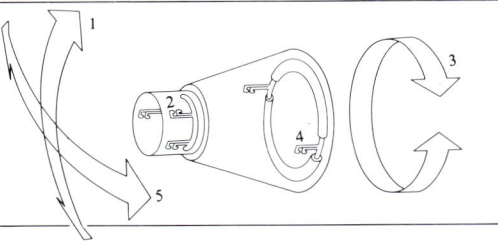

Mercury-Lageregelung. 1 – Nickbewegung; 2 – Düsen zur Kontrolle der Nick- und Gierbewegungen; 3 – Rollbewegung; 4 – Düsen zur Kontrolle der Rollbewegung; 5 – Gierbewegung

ten Teil der Konversation mit dem Kontrollpersonal aus. Glenn nimmt an, daß die Düsen zur Kontrolle der Nick- und Gierbewegungen verstopft sind. Da erreicht ihn von der Erde eine Nachricht: »Wir haben einen Hinweis darauf, daß der Wasserungsbalg offen ist. Wir vermuten, daß es sich um ein falsches Signal handelt. Kontrolliere.« Das entsprechende Instrument in der Mercury zeigt an, daß der Balg in Ordnung ist. Wenn der Balg offen ist, bedeutet das, daß sich der Hitzeschild am Boden der Mercury-Kapsel gelöst hat. Dieser Schild muß abschmelzen, um die Reibungstemperaturen beim Durchtritt durch die dichteren Schichten der Atmosphäre niedrig zu halten. Der Hitzeschild, der als Deckel über dem Balg liegt, ist nicht mehr da, und der Balg hat sich ausgedehnt. Wahr oder unwahr? Ist es wichtig, daß der Pilot in der Kapsel das weiß? Glenn muß die Erdumlaufbahn verlassen, die Mission geht zu Ende. Kurz bevor über Kalifornien die Bremsraketen zünden, wird auf der Erde die Entscheidung getroffen, daß Glenn sie erst beim Überflug über Texas abtrennen darf. Das Bündel der Bremsraketen befindet sich in der Mitte des Hitzeschildes und ist mit der Kapsel durch drei Spannbänder verbunden.

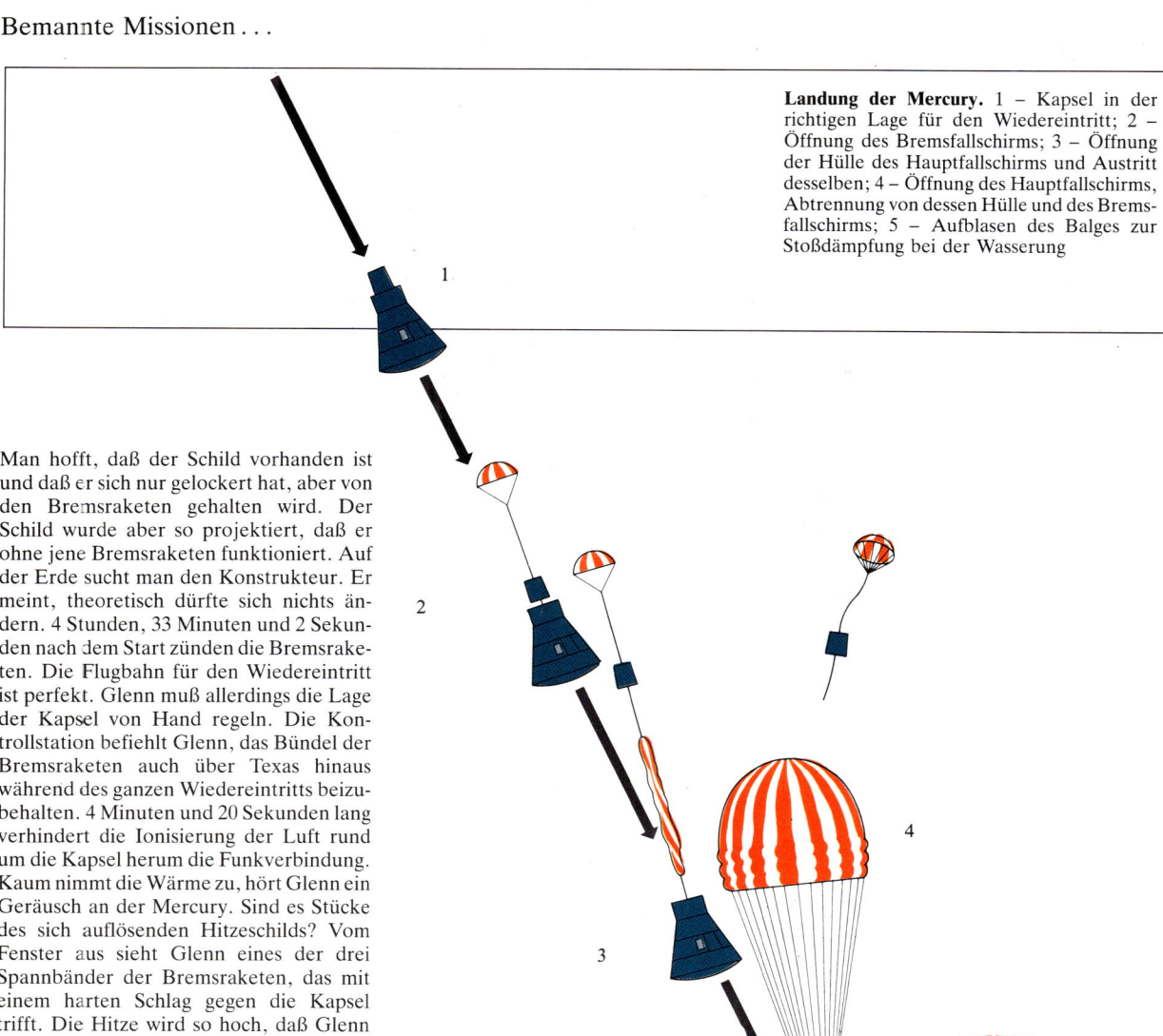

Landung der Mercury. 1 – Kapsel in der richtigen Lage für den Wiedereintritt; 2 – Öffnung des Bremsfallschirms; 3 – Öffnung der Hülle des Hauptfallschirms und Austritt desselben; 4 – Öffnung des Hauptfallschirms, Abtrennung von dessen Hülle und des Bremsfallschirms; 5 – Aufblasen des Balges bei der Wasserung

Man hofft, daß der Schild vorhanden ist und daß er sich nur gelockert hat, aber von den Bremsraketen gehalten wird. Der Schild wurde aber so projektiert, daß er ohne jene Bremsraketen funktioniert. Auf der Erde sucht man den Konstrukteur. Er meint, theoretisch dürfte sich nichts ändern. 4 Stunden, 33 Minuten und 2 Sekunden nach dem Start zünden die Bremsraketen. Die Flugbahn für den Wiedereintritt ist perfekt. Glenn muß allerdings die Lage der Kapsel von Hand regeln. Die Kontrollstation befiehlt Glenn, das Bündel der Bremsraketen auch über Texas hinaus während des ganzen Wiedereintritts beizubehalten. 4 Minuten und 20 Sekunden lang verhindert die Ionisierung der Luft rund um die Kapsel herum die Funkverbindung. Kaum nimmt die Wärme zu, hört Glenn ein Geräusch an der Mercury. Sind es Stücke des sich auflösenden Hitzeschilds? Vom Fenster aus sieht Glenn eines der drei Spannbänder der Bremsraketen, das mit einem harten Schlag gegen die Kapsel trifft. Die Hitze wird so hoch, daß Glenn durch das Fenster einen orangefarbenen Schimmer sieht. »Das ist ein richtiger Feuerball«, sagt er mehrmals. Er sieht glühende Fragmente vorbeiziehen: Es sind die Stücke der Bremsraketen, die sich auflösen. Keine Nachricht vom Hitzeschild. Nach einiger Zeit nimmt die Wärme in der Mercury zu. Die Hitze ist bis 23 000 oder 24 000 m Höhe erträglich. Von da an bis zur Landung leidet Glenn unter der Hitze und schwitzt, obwohl der Druckanzug ventiliert ist.

Die Beschleunigungskräfte erreichen 7,7 g, ähnlich wie in den Experimenten auf der Erde. Glenn korrigiert von Hand die Lagebewegungen der Kapsel, die langsam zunehmen. Er löst alle Verbindungsstellen des Raumanzugs, um schnell aussteigen zu können. 4 Stunden, 55 Minuten, 20 Sekunden nach dem Start erfolgt die Wasserung im Atlantik. Sie wird vom Wasserungsbalg und vom großen Hauptfallschirm gebremst. Es geschieht nichts Unvorhergesehenes, nur die Hitze ist unerträglich. Glenn verhält sich ruhig, um sie nicht noch zu vergrößern. Nach ungefähr 17 Minuten nimmt der Zerstörer »Noah« die Mercury an den Haken und hebt sie auf Deck. Beim Seegang schlägt die Kapsel gegen den Schiffsrumpf. Das ist wohl der härteste Schlag, den Glenn während seiner ganzen Mission einstecken muß, aber nun ist er auf Deck.

MA-7 »Aurora 7« (24. Mai 1962). Zweiter amerikanischer Orbitalflug mit Malcom

Scott Carpenter, 37 Jahre, Kapitän der Navy. Er umkreist in 4 Stunden, 56 Minuten und 4 Sekunden die Erde dreimal (160,9 × 268,5 km). Zeit für eine Erdumkreisung 88,32 Minuten. Höchstgeschwindigkeit 28 241 km/h. Beschleunigung beim Start 7,8 g, bei der Rückkehr 7,5 g. Gewicht der Mercury 1925 kg beim Start, 1349 kg in der Erdumlaufbahn, 1125 kg beim Wiedereintritt. Verzögerung der Mission: ungefähr 40 Tage für die Veränderung und

den Einbau neuer Instrumente und weil die Bergungsflotte nicht zur Verfügung steht. Verzögerung beim Countdown: insgesamt 45 Minuten, wegen des Nebels auf Cape Canaveral. Der Flug verläuft gut. Carpenter schießt Fotos von der Erde. Kurz vor der Zündung der Bremsraketen merkt Carpenter, daß die Mercury im Hinblick auf die Nickachse eine andere Lage einnimmt, als es das entsprechende Instrument anzeigt. Er kann nichts anderes tun, als die

Handsteuerung zu übernehmen und die Luke und den Horizont als Referenz zu verwenden. Die Zündung der Bremsraketen geschieht deswegen 3 Sekunden später. Die Mercury ist stärker geneigt, und die Raketen können nicht ihre gesamte Kraft entfalten. Folge: Die Kapsel geht in einer Entfernung von 463 km von der vorgesehenen Zone nieder. Carpenter verbringt 3 Stunden schaukelnd im Atlantik, umgeben von Froschmännern, und wird dann unversehrt geborgen. Die Mercury folgt nach 6 Stunden. Den Grund für das schlechte Funktionieren findet man nie heraus, weil beim Wiedereintritt ein Stück verlorengeht, das hätte Aufschluß liefern können.

MA-8 »Sigma 7« (3. Oktober 1962). Dritter Flug in einer Erdumlaufbahn mit Walter M. Schirra jr., 39 Jahre, Fregattenkapitän. Sechs Erdumkreisungen (161,1 × 262,9 km), Dauer 9 Stunden, 13 Minuten, 11 Sekunden. Zeit für eine Erdumkreisung 88,55 Minuten. Höchstgeschwindigkeit 28 254 km/h. Beschleunigung beim Start 8,1 g, bei der Rückkehr 7,6 g. Gewicht der Mercury: 1962 kg beim Start, 1374 kg im Orbit, 1110 kg bei der Rückkehr. Verzögerung um über einen Monat gegenüber dem vorgesehenen Startdatum. Das Kühlsystem des Druckanzuges funktioniert so schlecht, daß das Bodenpersonal in Erwägung zieht, den Flug sofort nach der ersten Umkreisung abzubrechen. Der Flug kann über längere Perioden nicht kontrolliert werden. Ein völliger Erfolg, vom Start bis zur Landung, die zum erstenmal im Pazifik erfolgt. Schirra geht in 7,4 km Entfernung also sehr nahe am vorgesehenen Schiff nieder. Innerhalb von 40 Minuten sind Astronaut und Kapsel an Bord.

MA-9 »Faith 7« (15.–16. Mai 1963). Erster Flug der USA mit mehr als einem Tag im Orbit, Pilot L. Gordon Cooper, 36 Jahre alt, Major der USAF. Insgesamt 22 Erdumkreisungen (161 × 266,9 km), Dauer 34 Stunden, 19 Minuten, 49 Sekunden. Dauer einer Umkreisung 88,74 Minuten. Höchstgeschwindigkeit 28 237 km/h. Gewicht der Mercury 1814 kg beim Start, 1360 kg im Orbit, 1116 kg bei der Rückkehr. Verzögerung der Mission: 4 Monate. Verzögerung des Countdowns um 1 Tag, wegen des Radars einer Bodenstation. Bei der dritten Erdumkreisung entließ Cooper einen kugelförmigen Subsatelliten mit 15 cm Durchmesser und einem Blinklicht ins All. Er kann ihn während der darauffolgenden Erdumkreisungen wieder sehen. Cooper kann nur während einer von den vorgesehenen 7 Stunden schlafen. Die restliche Zeit döst er, weil ihn die zu große Hitze oder Kälte im Druckanzug stört. Abgesehen davon geht alles gut bis zur 19. Erdrundung. Dann erfolgt der bereits schon übliche Ausfall des automatischen Lageregelungssystems. Cooper zündet die Bremsraketen von Hand, während ihm Glenn von der Erde aus den Countdown aufzählt. Präzise Landung, wiederum im Pazifik, 7,4 km vom Bergungsschiff entfernt. Aus Furcht davor, eine derart lange Mission vorzeitig unterbrechen zu müssen, wurden 28 Schiffe, 171 Flugzeuge und 18 000 Männer mobilisiert.

Gemini

Das Gemini-Programm bringt den Übergang von der einsitzigen Mercury zum ersten zweisitzigen Raumschiff der USA. Die Glockenform ist dieselbe geblieben, allerdings mit vier Unterschieden auf wichtigen Gebieten: der Größe, dem Gewicht, dem inneren Aufbau und den abzutrennenden Teilen. Die Basis mißt 2,35 m (1,89 m bei der Mercury), die Höhe beträgt 3,35 m (2,90 m bei der Mercury). Der bewohnbare Innenraum erhöht sich von 1,56 auf 2,26 m³, doch der Bewegungsraum für jeden einzelnen Astronauten geht von 1,56 auf 1,13 m³ zurück.

Das Gesamtgewicht liegt bei 3700 kg (Erhöhung um 172 %). Die Kommandoeinheit wiegt 2700 kg, die Versorgungseinheit 1000 kg.

Während sich in der Mercury alle Systeme in der Druckkabine in nächster Nähe zum Astronauten befanden, befindet sich in der Gemini-Kapsel all das, was keinen Druck benötigt, außerhalb der Titanhülle, welche den Kabinenraum der Astronauten darstellt.

Der Gemini-Raumflug-Körper war unterteilt in eine Einheit für den Wiedereintritt und in eine Versorgungseinheit, welche die Verbindung zwischen Kapsel und Titanrakete darstellte. Die Kommandoeinheit bestand aus drei Abteilungen: einer zylindrischen Nase für die Rendezvous-Manöver

im All; dem Lageregelungssystem mit 16 Düsen in zwei voneinander unabhängigen Systemen; der glockenförmigen Kapsel, d. h. der Druckkabine mit zu 100 % reinem Sauerstoff, in der die Astronauten nebeneinander saßen. Die Schleudersitze waren eine Neuheit; sie wurden hier zum ersten und einzigen Mal in amerikanischen Kapseln angewandt und ersetzten den Rettungsturm. Das Raumschiff wurde von einem Hitzeschild verschlossen, der ähnlich wie bei der Mercury aufgebaut war. Die Versorgungseinheit bestand ihrerseits aus zwei Teilen. Im ersten Teil befanden sich die vier Bremsraketen, die den Austritt aus der Erdumlaufbahn bewerkstellig-

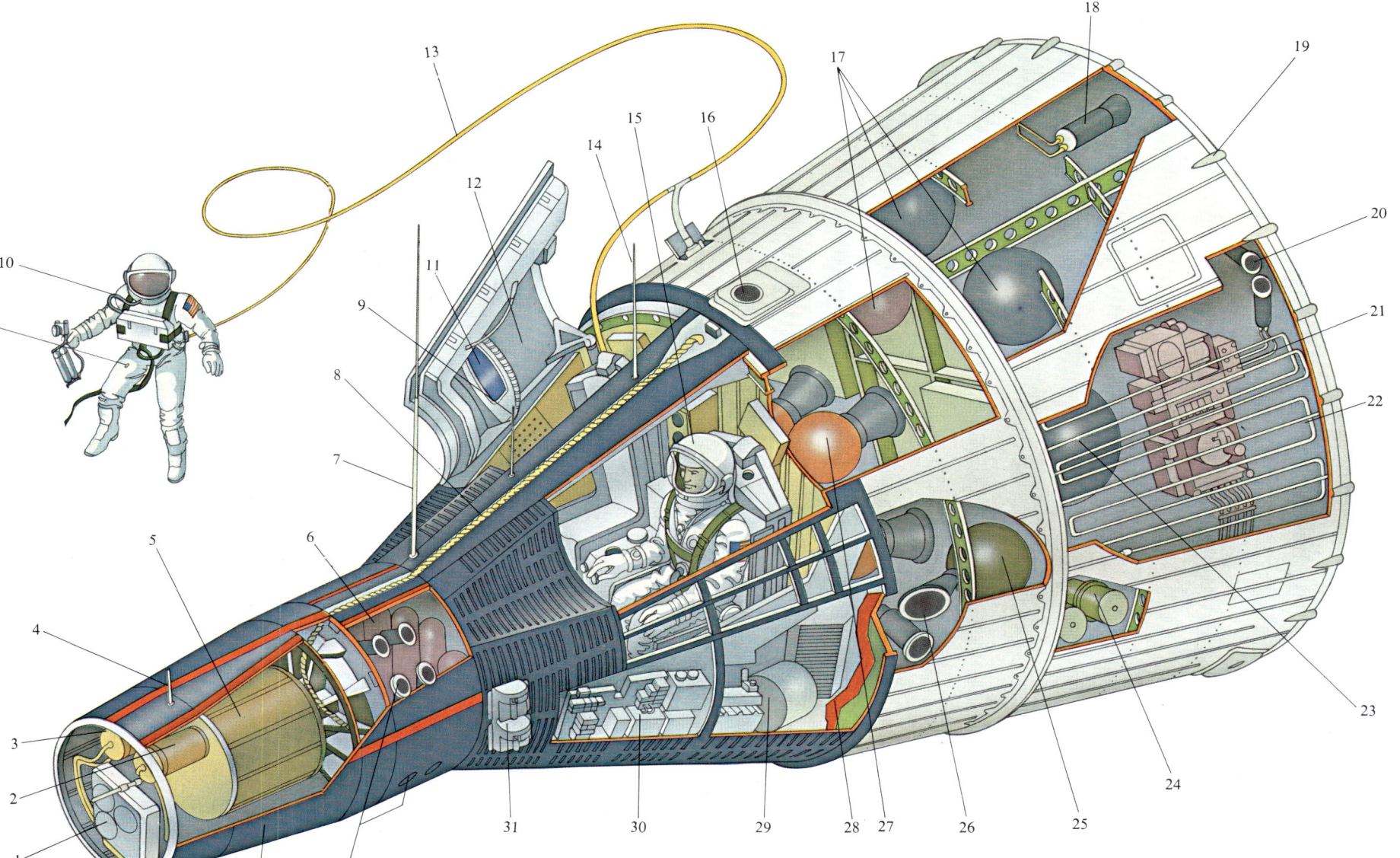

Gemini. 1 – Rendezvous-Radar; 2 – Stabilisierungsfallschirm; 3 – Fallschirm zum Herausziehen des Hauptfallschirms; 4 – Peilstab für Rendezvousmanöver; 5 – Hauptfallschirm; 6 – Treibstoffbehälter für die vorderen Stabilisierungstriebwerke; 7 – Kurzwellenantenne; 8 – Stabilisierungskabel für die Landung am Fallschirm; 9 – Antenne für Funksprechverkehr beim Abstieg; 10 – EVA, Tätigkeit außerhalb des Raumschiffs, 2. Astronaut; 11 – Fenster; 12 – Luke; 13 – Nabelschnur; 14 – Antenne für Notfunkgerät nach Wasserung; 15 – Kommandant; 16 – Düse für Lagestabilisierung; 17 – Treibstoffbehälter für hintere Lagestabilisierungstriebwerke; 18 – Triebwerke für Bahnkorrektur; 19 – Verbindung zwischen Gemini-Raumflugkörper und der zweiten Stufe von Titan 2; 20 – Düsen zur Kontrolle der Rollbewegung; 21 – Kühlsystem (Pumpe usw.); 22 – Röhren des Kühlsystems; 23 – Behälter für Flüssigsauerstoff; 24 – Behälter für Trinkwasser; 25 – Wasserbehälter; 26 – Triebwerke für Manöver und Lageregelung; 27 – Bremsraketen; 28 – Hitzeschild; 29 – Trägheitsplattform; 30 – Elektronikgeräte; 31 – Horizontsucher; 32 – Triebwerke für die Lagekontrolle; 33 – Absprengbares Fallschirmschutzschild

Das Gemini-Programm

Zweimannkapsel.

Dauer. Starts innerhalb von zwei Jahren und 7 Monaten, vom 8. April 1964 bis zum 15. November 1966.

Ziele (alle erreicht). Zwei Hauptziele. Nachweis des Verhaltens der Mannschaft und der Kapsel bei einem 14-tägigen Aufenthalt im Orbit, also viel länger, als man für eine Reise Erde-Mond-Erde mit flüchtiger Erforschung unseres natürlichen Satelliten benötigt. Übung der Rendezvous- und Andockmanöver in der Erdumlaufbahn zwischen Gemini-Kapseln und der Zielrakete Agena; diese Manöver bilden die Grundlage für die Mondmissionen von Apollo. Nebenziele: Manöver von angekoppelten Gemini und Agena, wobei Motoren und Treibstoff von Agena verwendet werden. Computerüberwachter Wiedereintritt unter geringster Hilfestellung von der Erde. Aktivität der Astronauten außerhalb der Gemini-Kapsel. Wissenschaftliche Experimente.

Startplatz. Cape Canaveral.

Trägerraketen. Titan 2 für Gemini. Atlas-Agena für die Zielrakete Agena.

Missionen. 12 Gemini, davon 2 unbemannt (eine im Suborbitalflug). 7 Agena. Alle geglückt mit Ausnahme einer Gemini (der 8.) und zweier Agena. 20 Astronauten in Erdumlaufbahn mit 10 Kapseln, Gesamtaufenthaltsdauer 40 Tage, 9 Stunden, 51 Minuten, Mann-Zeit 80 Tage, 19 Stunden, 42 Minuten. Erster Flug der USA mit zwei Menschen: Virgil I. Grissom und John W. Young (Gemini 3) am 23. März 1965, ungefähr 5½ Monate nach dem ersten sowjetischen Flug dreier Astronauten (Woschod 1). Erster Weltraumspaziergang der USA, ausgeführt von Edward White (3. Juni 1965), ungefähr 2 Monate nach dem absolut ersten Weltraumspaziergang von Leonow.

Verzögerungen. 51 Tage für den Start von Gemini 6A aufgrund von Problemen mit der Zielrakete und der Trägerrakete; 19 Tage für Gemini 9A.

Probleme. Rückkehr von Gemini 8 in Notlage, weil die Lagestabilisierung infolge eines Kurzschlusses bei einer Rakete außer Kontrolle geriet. Mißlungenes Andockmanöver von Gemini 9A. Raumanzüge bewältigten die Transpiration der Astronauten nicht.

Rekorde. Aufenthaltsdauer in der Erdumlaufbahn (13 Tage, 18 Stunden, 35 Minuten) von Frank Borman und James Lovell mit Gemini 7. Entfernung von der Erde (1372 km) von »Pete« Conrad und Richard Gordon mit Gemini 11. Erste richtige Manöver und Rendezvous in Erdumlaufbahn (Gemini 6A und 7). Erste Koppelung in Erdumlaufbahn (Gemini 8). Blitz-Andockung an Agena-Zielkörper nach erstem Umlauf (Gemini 11). EVA (5 Stunden, 30 Minuten) von Edwin Aldrin mit Gemini 12. Erste automatische Rückkehr (Gemini 11). Erstes Gerät, um sich in der Erdumlaufbahn außerhalb der Kapsel zu bewegen: Druckgas-Rückstoßpistole von Edward White (Gemini 4). Erste Brennstoffzellen anstelle von Akkumulatoren auf einem bemannten Raumschiff (Gemini 5). Erste Kabelverbindung zwischen zwei Raumschiffen im Orbit (Gemini 10). Erste künstliche Schwerkraft im Orbit (Gemini 11). Erste Bilder aus dem Raum von einer Sonnenfinsternis (Gemini 12).

Kosten des Programms. 1 283 400 000 Dollar, davon 797,4 Millionen für die Kapseln und 409,8 Millionen für die Trägerraketen.

Raumflotte und Astronauten. 10 Gemini mit Mannschaft. Ihre Mitglieder wurden zusätzlich aus der zweiten und dritten Gruppe von 9 bzw. 14 Astronauten (Auswahl im September 1962 und Oktober 1963) zusammengesetzt.
Zweite Gruppe: Neil Armstrong, Frank Borman, Charles »Pete« Conrad Jr., James A. McDivitt, James A. Lovell Jr., Elliot M. See Jr. (mit dem Kollegen Basset bei Flugzeugabsturz während eines Übungsfluges ums Leben gekommen), Thomas B. Stafford, Edward H. White (verunglückt beim Brand von Apollo 204), John B. Young. Alles Militärs mit Ausnahme von Armstrong, einem Professor für Ingenieurwesen. Alles Versuchspiloten.
Dritte Gruppe: Edwin E. Aldrin Jr., William E. Anders, Charles A. Bassett (ums Leben gekommen bei einem Flugzeugunglück zusammen mit See), Alan L. Bean, Eugene A. Cernan, Roger B. Chaffee (verunglückt beim Brand von Apollo 204), Michael Collins, Walter Cunningham, Theodore C. Freeman (ums Leben gekommen bei einem Flugzeugunglück: sein Übungsjet kollidierte bei der Landung mit einer Gans), Richard F. Gordon Jr., Russel L. Schweickart, David R. Scott, Clifton C. Williams Jr. (ums Leben gekommen bei einem Flugzeugunglück während eines Übungsfluges). Alles Piloten. Zunahme der Zivilisten (Anders, Collins, Cunningham, Schweickart).

Produktion. McDonnell-Douglas (Gemini); Martin Marietta (Titan 2); General Dynamics (Atlas); Lockheed (Agena).

Gemini-Steuerung. 1 – Vier Gruppen zu je vier Düsen mit je 11 kp (0,1 kN) Schubkraft zur Lagekontrolle während der Wiedereintrittsphase; 2 – Behälter für Treibstoff der beiden Hilfsdüsensysteme, Oxidator und Druckgas; 3 – Zwei OAMS-Düsen (Orbit Attitude and Manoeuvring System) zu 38,5 kp (0,37 kN) Schubkraft für die Vorwärtsbewegung im Orbit; 4 – Vier Gruppen mit je zwei OAMS-Düsen zu 11 kp (0,1 kN) Schubkraft für die Lagekontrolle (Nick-, Gier- und Rollbewegung); 5 – Zwei OAMS-Düsen zu 45 kp (0,44 kN) Schubkraft für Bahnkorrekturmanöver; 6 – Vier OAMS-Düsen mit 38,5 kp (0,37 kN) Schubkraft für Manöver im Orbit.

Komponenten von Gemini. 1 – Ausrüstungsteil (hinterer Adapter); 2 – Bremsraketenteil (Adapterring); 3 – Kommandoteil; 4 – Lagekorrektursystem während der Wiedereintrittsphase; 5 – Bergungsteil (mit Fallschirm).

ten. Im zweiten Teil befanden sich Brennstoffbehälter für die Triebwerke, das Kontrollsystem für die Lageregelung und die Manöver im Orbit und die neuen Brennstoffzellen, die zusammen mit herkömmlichen Batterien Energie (und Trinkwasser) lieferten. Die ersten wurden in die Gemini 5 eingebaut.
Die Versorgungseinheit wurde von einem Glasfasergeflecht vor Strahlen geschützt; es war zur besseren Reflexion mit Gold überzogen.
Beim Wiedereintritt trennte sich die Gemini-Kapsel von der Ausrüstungseinheit (unmittelbar vor der Zündung der Bremsraketen) und kurz vor dem Wiedereintritt in die Atmosphäre auch vom Bremsraketenteil. Eine gebrauchte Gemini wurde am 3. 11. 1966 für den einzigen Probeflug des MOL (Manned Orbiting Laboratory) ver-

wendet. Dieses bemannte Weltraumlabor hätte eigentlich die Raumstation der US-Luftstreitkräfte darstellen sollen, doch wurde das Projekt im August 1969 gestrichen.
Die Gemini-Kapsel wurde als Pilotenkabine des MOL ausersehen und von einer Titan-3C-Rakete in die Umlaufbahn gebracht. Nach 2 bis 4 Wochen Aufenthalt, die wissenschaftlichen und militärischen Experimenten dienten, sollte die Gemini-Kapsel wieder auf die Erde zurückkehren. Das MOL war als Zylinder mit einem Durchmesser von 3 m und einer Länge von 8–12 m vorgesehen und sollte monatelang die Erde umkreisen. Eine 61 cm weite Schleuse im Hitzeschild der Gemini erlaubte den Übertritt von der Kapsel zum eigentlichen Labor. Eine andere Lösung sah einen Zugang vom Weltraum her vor.

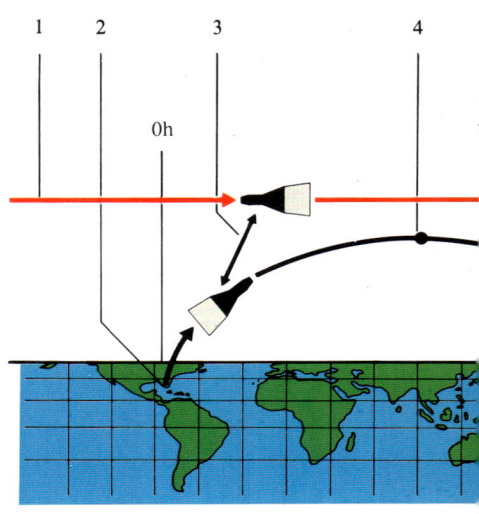

Rendezvous Gemini 6A-Gemini 7. 1 – Orbit von Gemini 7 in 343 km Höhe; 2 – Start von Gemini 6A am 15. 12. 1965 um 8:37:26 h; 3 – Gemini 6A schwenkt in die Erdumlaufbahn ein, während Gemini 7 sich 2272 km entfernt befindet; 4 Apogäum von Gemini 6A in 298 km Höhe; 5 – Beim Perigäum in 185 km Höhe zünden die Düsen von Gemini 6A, die bis zum darauffolgenden Apogäum 14,8 km gewinnt; Gemini 7 befindet sich in 1350 km Abstand; 6 – Apogäum von Gemini 6A in 313 km Höhe. Durch die Düsentätigkeit gewinnt Gemini 6A bis zum folgenden Perigäum 72 km Höhe; Gemini 7 ist 908 km entfernt; 7 – Perigäum von Gemini 6A in 257,5 km Höhe; 8 – Radarkontakt zwischen Gemini 6A und Gemini 7 in 533 km Abstand; 9 – Sichtkontakt im Abstand von 92,6 km; 10 – Gemini 6A fädelt sich in die Umlaufbahn von Gemini 7 ein, Annäherung und Kontakt nach 5 Stunden und 56 Minuten vom Start von Gemini 6A.

Bei jenem einzigen Flug brachte die Titan-Rakete mit einer zusätzlichen Stufe, die zweimal gezündet wurde, einen alten Treibstoffbehälter mit der Gemini-Kapsel an der Spitze in eine Höhe von 298 km in die Erdumlaufbahn. Die Rakete hatte keine Probleme, auch wenn die Fracht 15 m lang war. Die Kapsel trennte sich in der Höhe von 204 km, wurde im Meer wieder aufgefischt und als »theoretisch wiederverwendbar« eingestuft.

Die Gemini-Missionen

Gemini GT 1 (8.–12. April 1964). Orbitalflug unbemannt zur Überprüfung der Leistung der Trägerrakete Titan 2 und der Fähigkeit der Rakete und der Kapsel, den Start zu überstehen. Die Abkürzung GT bedeutet Gemini-Titan.

Gemini GT 2 (19. Januar 1965). Unbemannter Suborbitalflug. Überprüfung des Hitzeschilds bei der höchsten Erwärmung während des Wiedereintritts sowie der gesamten Gemini-Kapsel. Dreimal verschoben, wegen Hurricans, eines Blitzschlages, der die Kapsel traf, und des ungenügenden Funktionierens des Fehlersuchsystems, das die Triebwerke im Augenblick des Abhebens abgeschaltet hatte.

Gemini GT 3 (23. März 1965, drei Erdumkreisungen in 4 Stunden, 53 Minuten). Erster Orbitalflug der USA mit zwei Mannschaftsmitgliedern: Virgil Ivan Grissom, der als erster das zweitemal in den Weltraum gelangte, und John W. Young, 35 Jahre alt.
Die Gemini »Molly Brown«, wie Grissom sie taufte, vollführt die ersten handgesteuerten Manöver. Dank dem ersten Computer im Weltraum regelt Grissom die Schubkraft der Raketen und verändert die Form und die Ebene der Umlaufbahn. Erst waren sie in einem Orbit von 162 × 228 km, später in einem Orbit von 156 × 169 km. »Molly Brown« kehrt mit Handsteuerung zurück. Sie verfehlt das vorgesehene Landegebiet im Atlantik um 110 km, weil die Form der Kapsel weniger Auftrieb erzeugt als vorgesehen.

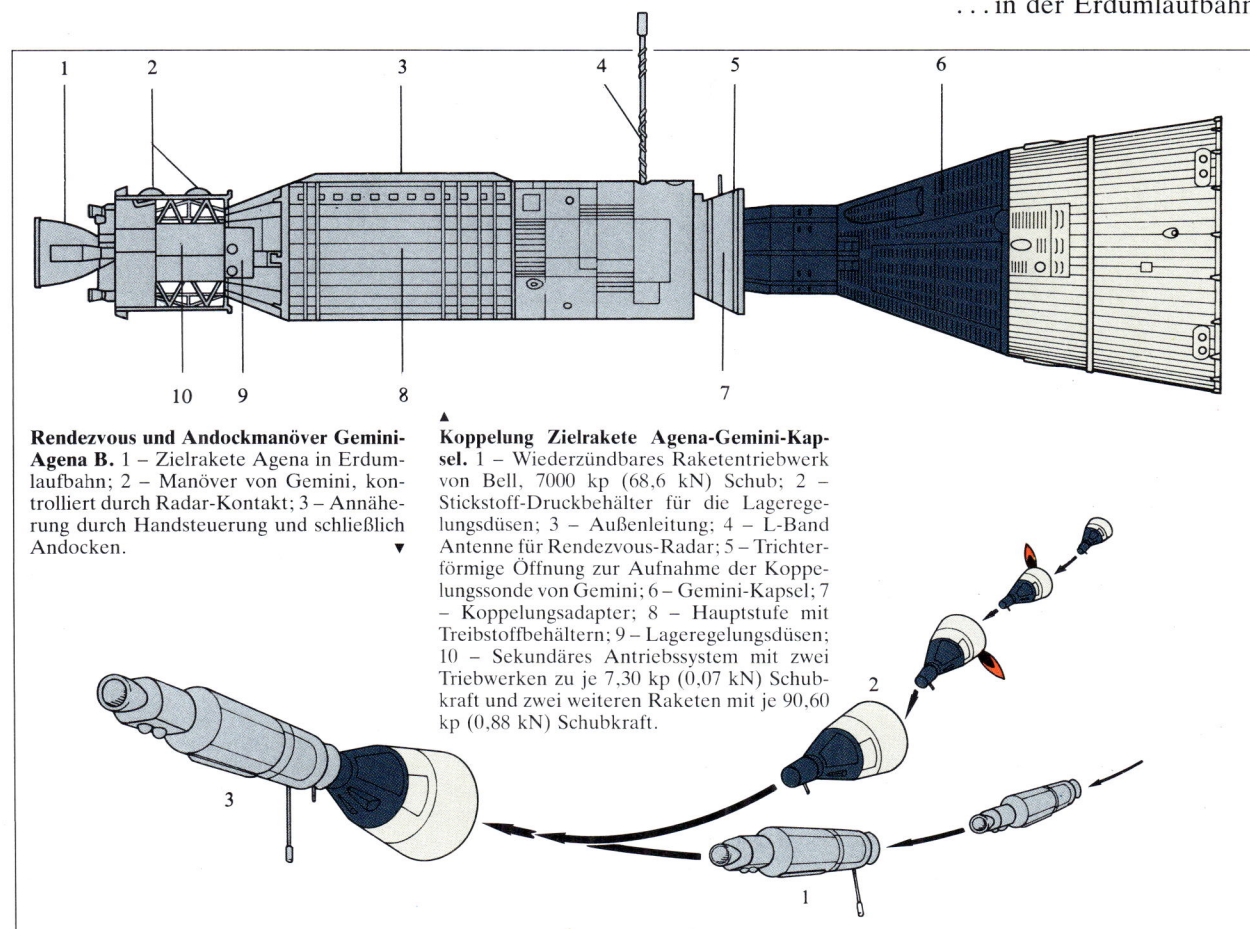

Rendezvous und Andockmanöver Gemini-Agena B. 1 – Zielrakete Agena in Erdumlaufbahn; 2 – Manöver von Gemini, kontrolliert durch Radar-Kontakt; 3 – Annäherung durch Handsteuerung und schließlich Andocken.

Koppelung Zielrakete Agena-Gemini-Kapsel. 1 – Wiederzündbares Raketentriebwerk von Bell, 7000 kp (68,6 kN) Schub; 2 – Stickstoff-Druckbehälter für die Lageregelungsdüsen; 3 – Außenleitung; 4 – L-Band Antenne für Rendezvous-Radar; 5 – Trichterförmige Öffnung zur Aufnahme der Koppelungssonde von Gemini; 6 – Gemini-Kapsel; 7 – Koppelungsadapter; 8 – Hauptstufe mit Treibstoffbehältern; 9 – Lageregelungsdüsen; 10 – Sekundäres Antriebssystem mit zwei Triebwerken zu je 7,30 kp (0,07 kN) Schubkraft und zwei weiteren Raketen mit je 90,60 kp (0,88 kN) Schubkraft.

Gemini GT 4 (3.–7. Juni 1965; 62 Erdumkreisungen in 4 Tagen, 1 Stunde, 48 Minuten; Raumspaziergang von 23 Minuten Dauer). Erste EVA: erste Tätigkeit eines Amerikaners außerhalb des Raumschiffs, erster Raumspaziergang überhaupt mit einem Druckgas-Rückstoßgerät. Es handelt sich überhaupt mehr um ein Schwimmen denn um ein Gehen, um ein Schweben im Raum, stets mit dem Raumschiff über eine 7,72 m lange Nabelschnur (Sauerstoffversorgung, Sprechverbindung, Sicherheitskabel) verbunden. Der Spaziergang wird ausgeführt von Edward White, 35 Jahre, Oberstleutnant der USAF, am 3. Juni, in 216 km Höhe über der Erde.

White bleibt 23 Minuten im All, 11 Minuten mehr als vorgesehen. Bei der Rückkehr in die Kapsel funktioniert das Trägheitsnavigationssystem nicht. Weil der Kommandant James McDivitt die Bremsraketen eine Sekunde zu spät zündet, verfehlt Gemini das vorgesehene Landegebiet um 64,4 km.

Gemini GT 5 (21.–29. August 1965; 120 Erdumkreisungen in 7 Tagen, 22 Stunden, 56 Minuten). Rekord im Hinblick auf die Aufenthaltsdauer im All: Den früheren Rekord hielt Waleri Bykowski mit etwas weniger als 5 Tagen und 81 Erdumkreisungen. L. Gordon Cooper, 38 Jahre alt (der

erste Astronaut, der sich zum zweitenmal in einer Erdumlaufbahn befindet) und Charles Pete Conrad, 35 Jahre, Kapitän der Navy, halten die lange Zeit der Schwerelosigkeit gut aus. Die Dauer entspricht einer Reise Erde-Mond-Erde mit einer kurzen Erforschung unseres natürlichen Satelliten. Die Mission wurde vollständig durchgeführt, obwohl elektrische Energie infolge eines Versagens der Heizung des Sauerstoffs in den Brennstoffzellen am ersten Tag nur in beschränkter Menge zur Verfügung steht. Aus dem Programm wird gestrichen ein Rendezvous mit einem Satelliten (REP-Flugkörper = Rendezvous Evaluation Pod), den Gemini 5 abstößt.

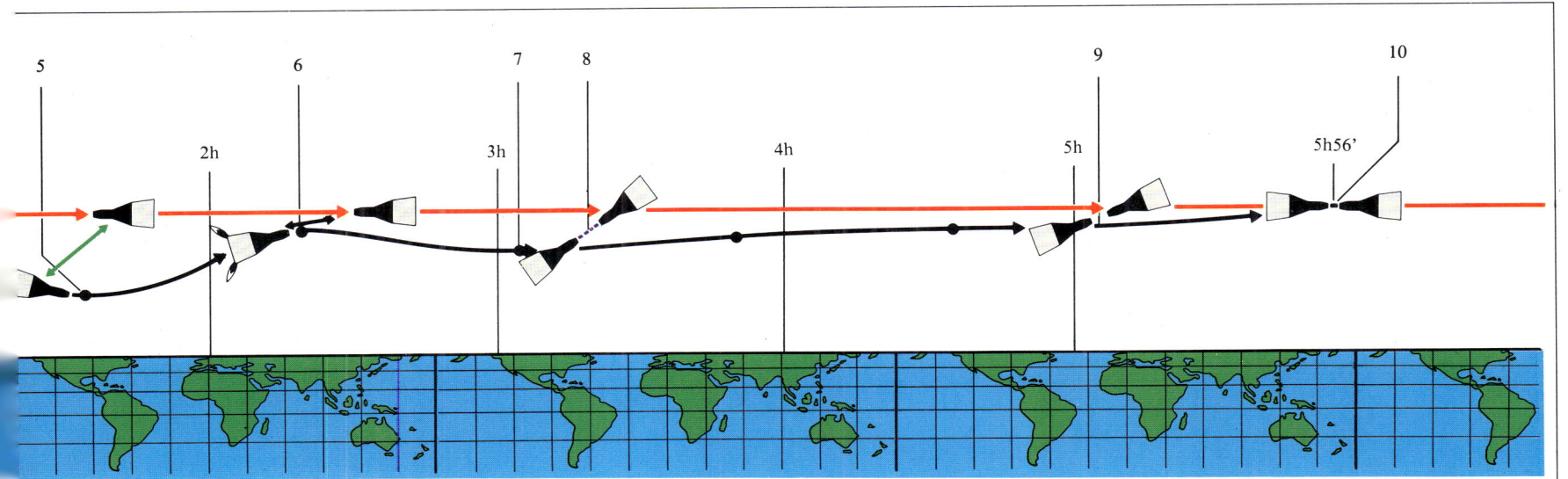

Wasserung im Atlantik ungefähr 170 km vom Ziel entfernt, weil falsche Daten in den Bordcomputer eingegeben wurden.

Gemini GT 7 (4.–18. Dezember 1965; 206 Erdumkreisungen in 13 Tagen, 18 Stunden, 35 Minuten). Neue Rekordzeit von Frank Borman, 37 Jahre, Oberst der USAF, und James Lovell, 37 Jahre, Kapitän der Navy. Der Rekord hält 4½ Jahre, bis zum 19. Juni 1970 (17 Tage, 17 Stunden von Nikolajew Sewastjanow mit Sojus 9). Gemini 7 dient als Ziel für das erste Rendezvous in einer Erdumlaufbahn; erster Gruppenflug im Raum mit Gemini 6A in einem Abstand von 31 cm. Die lange Schwerelosigkeit hindert die Astronauten nicht daran, ein ehrgeiziges Programm von 20 Experimenten durchzuführen, darunter alle medizinischen Untersuchungen, zum Beispiel zur Sehschärfe; ferner ein Experiment zur Laserverbindung mit einer Bodenstation. In der Kapsel können sich die Astronauten ohne Raumanzug aufhalten. Weiterhin Probleme mit den Brennstoffzellen. Rückkehr von der Erde aus kontrolliert, Wasserung im Atlantik, 11,8 km vom vorgesehenen Bergungsschiff entfernt.

Gemini GT 6A (15.–16. Dezember 1965; 17 Erdumkreisungen an einem Tag, 1 Stunde, 52 Minuten). Walter Schirra und Thomas Stafford (35 Jahre, Generalmajor der USAF) führen das erste Rendezvous-Manöver der Geschichte im Orbit durch, ein Schlüsselexperiment des amerikanischen Mondprogramms und jeder Aktivität im Weltraum überhaupt. Schirra-Stafford werden in eine elliptische Umlaufbahn von 160 × 267 km geschossen. Mit den Bordraketen verändern sie die Höhe, den Abstand und die Geschwindigkeit. Sie verändern mehrmals die Erdumlaufbahn und schließen nach 5 Stunden und 4 Minuten nach dem Start zu Gemini 7 in einer kreisrunden Erdumlaufbahn in 300 km Höhe auf. Die beiden Gemini-Kapseln stehen sich mit den Nasen gegenüber, entfernen sich und nähern sich wieder einander, am Ende bis auf 31 cm. Die Astronauten winken sich durch die Fenster zu. Schirra-Stafford umkreisen einmal ihre Kollegen und fliegen mit ihnen 4 Stunden lang in Formation. Das Unternehmen hatte seine Schwierigkeiten am Anfang. Gemini 6 startet erst beim dritten Versuch. Beim ersten, am 25. Oktober, wird die Mission 42 Minuten vor dem Start abgeblasen, weil die Atlas-Agena-Rakete, die das Zielobjekt in den Orbit bringen sollte, explodierte. Gemini 7 tritt dann an deren Stelle. Beim zweiten Versuch (12. Dezember) wird der Start im letzten Augenblick, 2,2 Sekunden vor dem Ende des Contdowns, abgeblasen, weil sich ein Verbindungsbolzen am Heck der Titan 2-Rakete zu früh löste.

Titan 2-Gemini. 1 – Leitsystem für das Rendezvous und die Bergung; 2 – Wiedereintrittskapsel; 3 – Adapter; 4 – Trennring; 5 – Behälter für Oxidator der 2. Stufe; 6 – Versorgungseinheit; 7 – Brennstoffbehälter für die 2. Stufe; 8 – Raketentriebwerk der zweiten Stufe; 9 – Behälter für den Oxidator der 1. Stufe; 10 – Behälter für den Brennstoff der 1. Stufe; 11 – Schubgerüst; 12 – Triebwerke der 1. Raketenstufe.

Gemini GTA 8 (16. März 1966; 7½ Erdumkreisungen in 10 Stunden, 42 Minuten). Eine dramatische Mission, in Notlage abgebrochen, Neil A. Armstrong, 36 Jahre alt, der erste zivile Astronaut im Weltall, und David L. Scott, 34 Jahre alt, Oberst der USAF, vollenden das erste Andockmanöver in der Erdumlaufbahn. Sie fügen die Nase der Gemini-Kapsel in die Agena-Rakete (obere Stufe der Atlas-Agena-Rakete) ein, die 100 Minuten vor ihnen in Orbit gebracht wurde. Das auf diese Weise gebildete Raumschiff führt einige Manöver durch, beginnt aber plötzlich in unkontrollierter Weise um die eigene Achse zu drehen. Ein Kurzschluß in der Gemini-Kapsel öffnete den Schalter einer Lageregelungsdüse. Kommandant Armstrong entfernt Gemini von Agena, doch die Kapsel rotiert weiter, bis sie unerträglich wird. Die einzige Lösung besteht darin, die Raketen des Kontrollsystems für den Wiedereintritt zur Stabilisierung zu verwenden. Das Manöver gelingt, doch setzt die Havarie dem Unternehmen ein frühzeitiges Ende. Die Wasserung findet nahe eines kreisenden Bergungsflugzeugs statt, das eine Rettungsmannschaft mit Fallschirmen absetzt. Die Bergung erfolgt nach drei Stunden. Gemini 8 stellte eine der beiden Unterbrechungen einer bemannten Mission in Erdumlaufbahn des gesamten Raumfahrtprogramms der USA dar (die andere war Apollo 13). Die Abkürzung GTA geht auf Gemini-Titan-Agena zurück.

Gemini GTA 9A (3.–6. Juni 1966; 48 Erdumkreisungen in 3 Tagen, 22 Minuten; EVA während zweier Stunden, 8 Minuten). Drei Rendezvous in Erdumlaufbahn mit einer Zielrakete (ein Andockmanöver mißlungen) und ein Weltraumspaziergang, der länger als eine Erdumkreisung dauerte, das sind die Ergebnisse, die Thomas Stafford (das zweite Mal im Weltraum) und Eugene Cernan, 32 Jahre, Kapitän der Navy, erreichten. Das Andockmanöver gelingt nicht, weil sich die Verkleidung der Agena-Rakete nicht vollständig ablöste und damit die Andockstelle für die Gemini-Kapsel nicht freigab. Die beiden Schalen der Verkleidung hoben sich nur etwas an. Sie erinnern an die Kiefer eines »gereizten Alligators«, und so werden sie denn auch sofort getauft. Die Mission war für den 15. Mai vorgesehen, doch ein Kurzschluß verhinderte den Start der Agena-Rakete. Sie wurde erst am 1. Juni ins Weltall geschossen. Am selben Tag hätte Gemini nachfolgen sollen. Weniger als 3 Minuten vor der Zündung wurde der Countdown aber unterbrochen, weil das Datenübermittlungssystem nicht gut funktionierte. Cernan blieb während seines Weltraumspaziergangs so lange außerhalb der Kapsel, bis sich das Visier seines Helms mit Kondenswasser beschlug, das vom Klimatisierungssystem nicht weggeschafft werden konnte.

Gemini GTA 10 (18.–21. Juli 1966; 43 Erdumkreisungen in 2 Tagen, 9 Stunden, 47 Minuten; eine halbstündige Tätigkeit mit einem Teil des Körpers außerhalb der Ausstiegsluke). John Young (zum zweitenmal im Weltraum) und Michael Collins, 36 Jah-

re alt, werden in eine Umlaufbahn von 161 × 270 km geschossen. Sie nähern sich der Agena-Rakete, die kurz zuvor eine viel höhere Umlaufbahn erreichte (302 × 320 km). Nach dem Andockmanöver mit der Agena zündet Young das Raketentriebwerk, und die Kopplungsgruppe steigt auf 721 km. Diese Höhe wurde zuvor noch von keiner Kapsel erreicht (19. Juli). Gemini und Agena bleiben 38 Stunden und 47 Minuten angekoppelt und vollführen 6 Manöver, alle erfolgreich und alle mit dem Triebwerk und dem Treibstoff der Rakete. Die Gemini-Kapsel sucht auch die Agena-Rakete von Gemini 8 auf. Collins landet mit Hilfe des Druckgas-Rückstoßgeräts auf der Rakete und birgt eine »Falle« für Mikrometeoriten.

Gemini GTA 11 (12.–15. September 1966; 44 Erdumkreisungen in 2 Tagen, 23 Stunden, 18 Minuten; 2 Stunden und 43 Minuten Weltraumspaziergang bzw. Arbeiten mit offener Luke). Ein neuer Rekord im Hinblick auf die Entfernung zur Erde (1368 km); er wurde später nur von den Mondmissionen unterboten. Die Mannschaft besteht aus Pete Conrad (zum zweitenmal im All) und Richard Gordon, 37 Jahre, Kapitän der Navy. Die Technik ist dieselbe wie bei Gemini 10. Das Andockmanöver geschieht jedoch sehr schnell, bei der ersten Erdumkreisung und nur mit Hilfe von Computer und Radar von Gemini. Gordon verbindet Gemini und Agena mit einem 30 m langen Seil, und Conrad bringt die Kapsel mit ihren eigenen Düsen in eine leichte Drehbewegung um die Rakete herum. Damit will man zum erstenmal im Orbit eine wenn auch geringe künstliche Schwerkraft hervorrufen. Wie die Gemini-Kapsel das Seil freigibt, bleibt dieses dennoch gestreckt. Mit dem Versuch ist bewiesen, daß es möglich ist, Massen im Orbit zusammen- und getrennt zu halten, zum Beispiel im Hinblick auf die Montage von Raumstationen. Die Mission geht mit der ersten völlig automatischen Rückkehr zu Ende. Die Wasserung im Atlantik erfolgt sehr nahe dem vorgesehenen Bergungsschiff (4,6–5,5 km). Schwierigkeiten macht wiederum der Raumanzug, der den Schweiß der Astronauten nicht völlig aufnehmen kann.

Gemini GTA 12 (11.–15. November 1966; 59 Erdumkreisungen in 3 Tagen, 22 Stunden, 34 Minuten; EVA in 5 Stunden, 30 Minuten, ein Rekord). Das abschließende Unternehmen des Gemini-Programms. Der Start wird um zwei Tage verschoben. James Lovell (zum zweitenmal im All) und Edwin »Buzz« Aldrin, 36 Jahre, Oberst der USAF, wiederholen Rendezvous und Andockmanöver mit der eigenen Agena-Rakete. Weil eines ihrer Triebwerke nicht richtig funktioniert, wird der Übergang zu einer höheren Erdumlaufbahn aus dem Programm gestrichen. Aldrin absolviert ein Rekordprogramm aus 20 Experimenten außerhalb der Gemini. Mehrere Male setzt er sich rittlings auf die Gemini. Er spielt den Mechaniker und repariert zwei Düsen des Kontrollsystems. Gemini 12 nimmt auch die ersten Bilder einer Sonnenfinsternis aus dem Weltraum auf.

Die Bedeutung von Forschungsarbeiten im Weltraum

Franco Pacini

Bis vor wenigen Jahrhunderten hatte der Mensch das gesamte Wissen über das Universum, das uns umgibt, einfach dadurch gewonnen, indem er den Himmel mit den eigenen Augen beobachtete. Auf diese Weise konnte er 2000 oder 3000 Sterne zählen. Die meisten nahmen einen festen Platz im Himmelsgewölbe ein, während einige wenige, die Planeten, mehr oder minder regelmäßig ihre Stellung zu verändern schienen. Die Vorstellung, die Sterne um uns seien ferne Welten, der Erde mehr oder minder ähnlich, hatten nur einige Philosophen entwickelt. Spekulationen in dieser Richtung konnten sich auch als gefährlich erweisen, wie uns die Geschichte von Giordano Bruno zeigt. Galilei betrachtete als erster den Himmel mit einem Linsensystem, einem von ihm selbst gebauten Fernrohr. Das brachte gleich zwei große Vorteile. Da die verwendeten Linsen zehnmal größer als die menschliche Pupille waren, konnten sie auch mehr Licht sammeln und sehr viel lichtschwächere Sterne sichtbar machen, die wir mit dem unbewaffneten Auge nicht mehr erkennen. Auf der anderen Seite gestattete der größere Durchmesser der vorderen Linse, des Objektivs, einige verhältnismäßig nahe Himmelskörper wie Sonne, Mond und einige Planeten in Einzelheiten zu untersuchen. Das war – um 1600 – natürlich ein Riesenschritt nach vorne. Er zeigte, daß es im Universum tatsächlich andere Welten gibt, mehr oder minder ähnlich der unsrigen, keineswegs nur bleiche Flämmchen am Himmelsgewölbe. In den darauffolgenden Jahrhunderten machte die Untersuchung des Himmels weitere enorme Fortschritte. Heute wissen wir, daß unsere Sonne einer von den Hunderten von Milliarden von Sternen ist, die unsere Galaxie bilden, und daß es in viel größerer Entfernung Abermilliarden weitere Galaxien gibt. Wir wissen auch, daß die Materie in den verschiedenen Typen der Himmelskörper in unterschiedlichen Zustandsformen vorhanden ist. Im wesentlichen bleibt sie aber stets dieselbe und unterliegt denselben Gesetzen der Physik. Diese Entdeckungen des Geistes und der wissenschaftlichen Kenntnis flößten dem Menschen natürlich den Wunsch ein, die Erde zu verlassen und die ersten Schritte im Weltraum zu tun.

Unsere Generation hat das unglaubliche Privileg genossen, in einer Zeit gelebt zu haben, welche in der Geschichte der Menschheit für immer einen besonderen Platz einnehmen wird, weil in ihr die direkte Erforschung des Weltraums begann. Als die Astronauten Armstrong und Aldrin zwischen dem 19. und 20. Juli 1969 als erste den Fuß auf den Mond setzten, begann ein neues Kapitel. Gewiß, die direkte Erforschung des Mondes und alle weiteren bereits abgeschlossenen Kapitel der noch jungen Wissenschaft enthalten manche zweifelhafte Aspekte und Elemente, welche Polemik geradezu herausfordern. Man kann sich etwa fragen, wieviele Ressourcen die Menschheit und die einzelnen Länder für die Eroberung des Weltraumes zur Verfügung stellen müssen und ob dies tatsächlich ein intellektuelles Bedürfnis des Menschen und nicht nur der Wunsch nach technischem Ruhm und wirtschaftlicher Entwicklung von seiten der Supermächte widerspiegelt.
Diese Probleme lassen sich nicht leugnen, heute ebensowenig wie damals, als die mächtigsten Länder sich auf die Suche nach neuen Kontinenten machten. Einige Projekte, von denen man heute spricht, etwa das Weltall in einen riesenhaften Waffenplatz umzuformen, müssen uns Schrecken einflößen und tragen dazu bei, daß der größte Teil der Menschheit der Eroberung des Weltraums nunmehr skeptisch gegenübersteht. Ich bin jedoch davon überzeugt, daß die direkte Erforschung des Weltalls etwas ganz anderes ist als solche Projekte. Wenn der Mensch den Mond betritt oder Sonden zu einigen Planeten schickt, so erweitert er damit die Grenzen seines Handlungsraumes und den Horizont seiner Kenntnisse.
Was den Mond betrifft, so haben wir heute genauere Vorstellungen von seiner Entstehung. Sie beginnt vor über 4½ Milliarden Jahren. Nach ein paar hundert Millionen Jahren schmolz die Oberfläche bis in eine Tiefe von 100 km, wahrscheinlich aufgrund der inneren Wärme oder durch den Einfall riesenhafter Meteoriten. Vor ungefähr 4 Milliarden Jahren kühlte sich der Mond ab, und seit jener Zeit führte die Bombardierung durch Meteoriten zu einem Großteil der heute sichtbaren Krater, die

dem Mond sein pockennarbiges Aussehen verleihen. Die innere Restwärme gab zu vulkanischen Erscheinungen Anlaß, und Lava bedeckte die Gebiete, die wir heute »Meere« nennen. Vor ungefähr 3 Milliarden Jahren verlor die Vulkantätigkeit an Bedeutung, und von jener Zeit an verlief die geologische Geschichte des Mondes verhältnismäßig ruhig. Gerade diese Tatsache liefert uns einen weiteren Grund für unser Interesse an der Mondgeologie. Auf der Erde nämlich herrscht weiterhin eine lebhafte geologische Tätigkeit, bei der die Erdkruste dauernd neu durchmischt wird. Wenn wir also die Oberfläche des Mondes studieren, haben wir einen direkten Zeugen für die Vorgänge, die in der ersten Jahrmilliarde des Sonnensystems abliefen. Abgesehen von diesen wichtigen Entdeckungen und Möglichkeiten zur Erforschung, gibt es auch weitere Gründe für ein wissenschaftliches Interesse an der Eroberung unseres Satelliten. Der Mond bietet sich in Zukunft in geradezu idealer Weise an, um darauf astronomische Observatorien zu bauen, die nicht von einer Atmosphäre gestört sind. Eines Tages könnten wir auf der erdabgewandten Seite unseres Satelliten sehr viel bessere Teleskope aufbauen, um die Geheimnisse des Kosmos zu ergründen. Dieser Tag liegt gewiß nicht in allzu weiter Ferne, wenn die Weltraumforschung in den nächsten Jahren mit der Geschwindigkeit weitergeht, wie wir sie bisher erlebt haben. Gleichzeitig müssen wir uns jedoch in Erinnerung rufen, daß die erste Erforschung des Mondes und der nächsten Planeten nur die allerersten Schritte darstellen. Damit erreichen wir nur jene Himmelskörper, von denen Galilei mit seinem Fernrohr erste Einzelheiten erkannte. Jenseits dieser Grenzen bleibt dem Menschen ein noch unvergleichlich viel größeres Universum, sofern er sein Interesse und seine Energie auf immer ehrgeizigere, aber friedliche Ziele richten will. Die direkte oder indirekte Erforschung dieses Weltraums würde das Ziel von den unterschiedlichsten Programmen der nächsten Jahrzehnte und Jahrhunderte sein, und sie stünde in einer engen Wechselbeziehung zwischen wirtschaftlichem, technologischem und geistigem Fortschritt der Menschheit.

Aufbruch zum Mond

Die Flüge der ersten zwölf Menschen (amerikanischer Nationalität) auf den Mond werden eine einzigartige wissenschaftliche, technologische, industrielle und auch ideelle Unternehmung unserer Zeit bleiben. Für die Originalität und Einzigartigkeit dieses Projekts gibt es eine Menge vielfältiger Gründe: die Konzentration von Ressourcen (20,5 Milliarden Dollar für das Apollo-Projekt) für ein einziges friedliches Ziel, befohlen von einem einzigen Menschen, dem Präsidenten Kennedy. Eine kollektive und individuelle Mobilisierung des Erfindungsgeistes: Tausende von Industrien, Hunderttausende von Wissenschaftlern und Technikern, sozusagen als stützende Pyramide für einen, zwei oder drei Astronauten mit ihrem Mut und ihrer Angst. Die Eroberung des ersten Himmelskörpers durch den Menschen: seine Entfernung und gleichzeitig seine deutliche tägliche Präsenz am Himmel, seine abweisende Ungastlichkeit, die sich nur mit einer künstlichen, den Erdverhältnissen nachgebildeten Umwelt im Druckanzug begegnen ließ. Das ganze Unternehmen und sein Gelingen empfand die Führungsmacht USA zunächst als ideologischen Wettstreit. Sie wollte damit die Überlegenheit ihres Systems beweisen und mußte deswegen um jeden Preis gewinnen, nachdem sie von der Gegenseite, der UdSSR, schwere Demütigungen hat hinnehmen müssen (Sputnik 1 und Gagarin).

Das alles kann uns aber die objektiven Grenzen der Erforschung eines Himmelskörpers nicht vergessen lassen. Die enormen Mengen an eingesetztem Geld und Talenten konnten leider auch nur beschränkte Mittel zur Verfügung stellen, auch wenn sie die Spitze der Technologie darstellten. Das Mondlandegerät hatte den höchsten Grad an Autonomie erreicht, und das gilt auch für das Verhältnis zwischen der Zeit, die für die Erforschung des Mondes zur Verfügung stand, und der Gesamtaufenthaltsdauer im Raum: Sie stieg von 11,7% bei Apollo 11 bei der ersten Mondlandung auf 29,4% bei der letzten Mondlandung von Apollo 17. Der Mond mußte innerhalb eines bestimmten Zeitraumes, Ende 1969, erreicht werden, und es war weder das Geld noch die Zeit vorhanden, um jene dauernde Basis zu errichten, die Wernher von Braun forderte.

Gewannen die USA das Rennen zum Mond, weil sie als einzige daran teilnahmen? Man kann sich nur sehr schwer vorstellen, die UdSSR habe den USA das Feld geräumt, wenn sie auch nur im geringsten hätte mithalten können. Die Sowjetunion hat nicht nur automatische Sonden entsandt oder versucht, Mondproben auf die Erde zu bringen. Sie hat auch Sonde-

(Zond-)Kapseln, d. h. modifizierte Sojus, die drei Mann aufnehmen konnten, um den Mond geschickt. Und das hätte keinen Sinn ergeben, wenn sie nicht ernsthaft erwogen hätte, auch Menschen dorthin zu entsenden. Aber auch für die UdSSR stellten die Fahrzeuge für die automatische Monderforschung das äußerst Mögliche dar. Innerhalb eines Jahres nach dem Aufruf von Präsident Kennedy zur Eroberung des Mondes (25. Mai 1961) waren die Arbeiten zur Mondrakete Saturn schon im vollen Gang. Wie die Amerikaner die Verwendung einer militärischen Rakete als ziviles Transportsystem unterbanden, aus Angst vor Rückschlägen für ihr Raketenprogramm, so widersetzten sich in der Mitte der 60er Jahre die UdSSR lange Zeit der Entwicklung einer ausschließlich zivilen Superrakete, die mit der Mondrakete Saturn hätte mithalten können. Die Zeit galt noch nicht als reif für eine dauernde Raumstation zu militärischen Zwecken mit zahl-

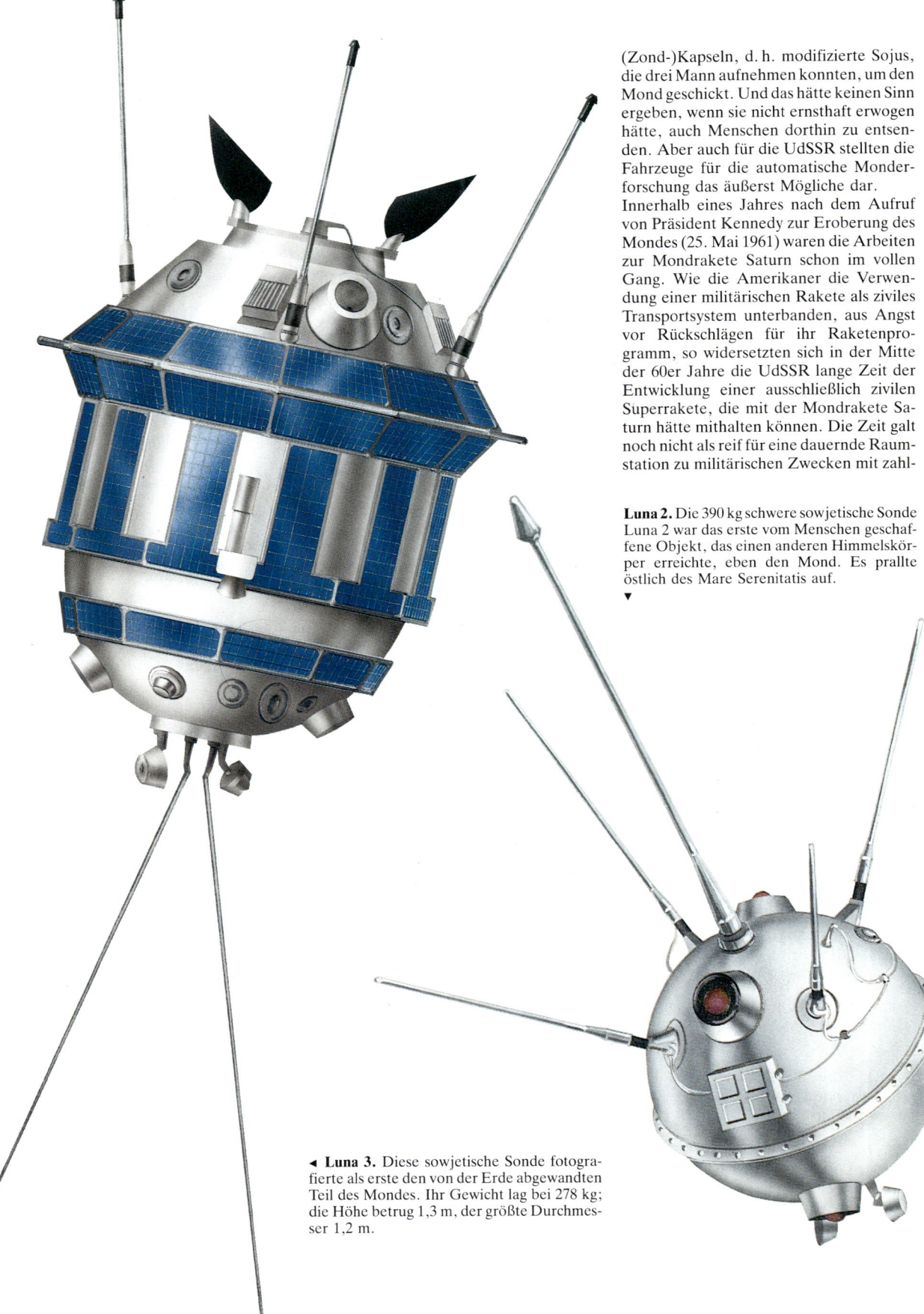

Luna 2. Die 390 kg schwere sowjetische Sonde Luna 2 war das erste vom Menschen geschaffene Objekt, das einen anderen Himmelskörper erreichte, eben den Mond. Es prallte östlich des Mare Serenitatis auf.
▼

◄ **Luna 3.** Diese sowjetische Sonde fotografierte als erste den von der Erde abgewandten Teil des Mondes. Ihr Gewicht lag bei 278 kg; die Höhe betrug 1,3 m, der größte Durchmesser 1,2 m.

reichen Kosmonauten, die monatelang ohne Nachschub in einer Erdumlaufbahn bleiben können.

Heute sieht die Situation ganz anders aus. Die USA haben keine Mondsaturn mehr. Und die UdSSR entwickelt, wenn auch unter Schwierigkeiten, die Superrakete (SLW), die ungefähr 150 t in eine niedrige Erdumlaufbahn transportieren kann. Sie soll auch eine Raumfähre wie das Space Shuttle und eine mittelstarke Rakete als Transportsystem für eine Mission in den tieferen Weltraum in einen Orbit befördern. Heute hat man nur die Qual der Wahl, wenn man Satelliten und Raumstationen neue militärische Aufgaben zuweisen will.

Die Superrakete dient auch als Transportsystem für die erste Weltraumstation in Erdumlaufbahn oder für die erste dauerhafte Basis auf dem Mond. Wahrscheinlich stellt dies das Ziel des nächsten Weltraumwettlaufes dar.

Die sowjetischen Luna-Sonden

Luna (oder Lunik) bezeichnet eine der großen sowjetischen Weltraumdynastien: 24 Sonden oder Satelliten, die (zusammen mit mindestens vier Kosmos und sechs Zond) der Erforschung unseres natürlichen Satelliten galten. Sie wurden zwischen dem 2. Januar 1959 und dem 9. August 1976 gestartet. Die Bezeichnung »Luna« galt sehr verschiedenen Unternehmungen, die sich in fünf Familien gruppieren lassen.

Luna 1, 2, 3, 4, 6. Diese fünf Sonden sind für die Erforschung des erdnahen oder mondnahen Weltraums bestimmt und sollten nahe an unserem Satelliten vorbeifliegen oder auf ihn auftreffen, um Aufnahmen zu machen. Drei Mißerfolge (Luna 1, 4, 6). Zwei Erfolge: Luna 2, die erste Sonde überhaupt, die auf den Mond gelangte (15. September 1959); Luna 3, welche die ersten Bilder von der erdabgewandten Seite des Mondes aufnahm (10. Oktober 1959).

Luna 5, 7, 8, 9, 13. Fünf Sonden zur Erprobung der weichen Mondlandung und zur Erforschung der Konsistenz des Mondbodens. Drei Mißerfolge (Luna 5, 7, 8). Zwei Erfolge. Luna 9 vollführte am 3. Februar 1966 die erste weiche Mondlandung überhaupt und bewies damit, daß unser Satellit zumindest an dieser Landestelle nicht von meterhohen Staubschichten bedeckt ist. Luna 9 übermittelte die ersten Fernsehbilder von der Mondoberfläche.

Luna 13 (Start 21. Dezember 1966) überprüfte als erste die Dichte des Mondbodens mit zwei Bohrstäben.

Luna 10, 11, 12, 14, 19, 22. Sechs Missionen in einer Mondumlaufbahn, wobei diese selbst verändert wurde. Sechs Erfolge. Die Daten von Luna 10 (des ersten Satelliten unseres natürlichen Satelliten, Mond-

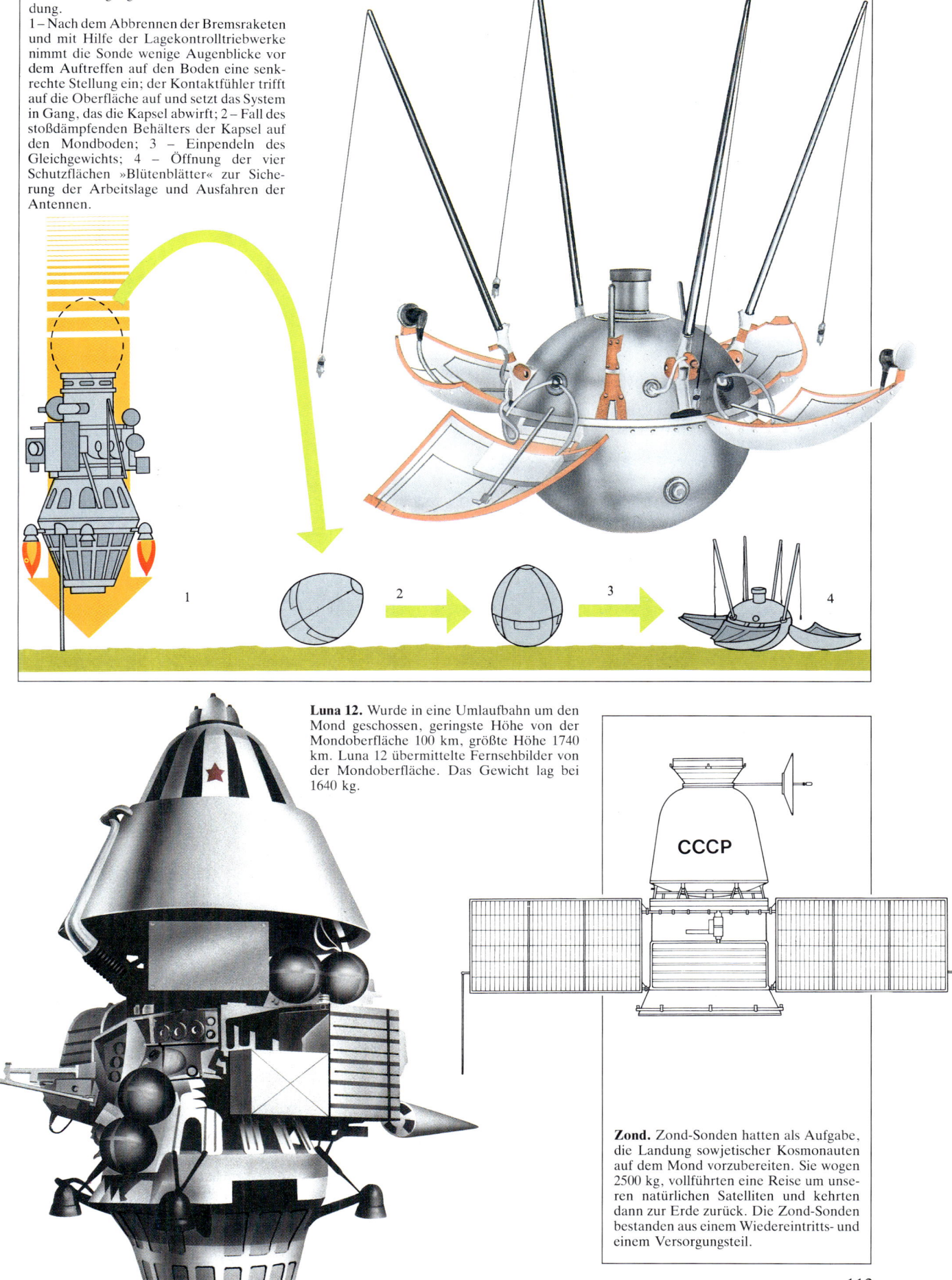

Luna 9. Vorgang einer weichen Mondlandung.
1 – Nach dem Abbrennen der Bremsraketen und mit Hilfe der Lagekontrolltriebwerke nimmt die Sonde wenige Augenblicke vor dem Auftreffen auf den Boden eine senkrechte Stellung ein; der Kontaktfühler trifft auf die Oberfläche auf und setzt das System in Gang, das die Kapsel abwirft; 2 – Fall des stoßdämpfenden Behälters der Kapsel auf den Mondboden; 3 – Einpendeln des Gleichgewichts; 4 – Öffnung der vier Schutzflächen »Blütenblätter« zur Sicherung der Arbeitslage und Ausfahren der Antennen.

Luna 12. Wurde in eine Umlaufbahn um den Mond geschossen, geringste Höhe von der Mondoberfläche 100 km, größte Höhe 1740 km. Luna 12 übermittelte Fernsehbilder von der Mondoberfläche. Das Gewicht lag bei 1640 kg.

Zond. Zond-Sonden hatten als Aufgabe, die Landung sowjetischer Kosmonauten auf dem Mond vorzubereiten. Sie wogen 2500 kg, vollführten eine Reise um unseren natürlichen Satelliten und kehrten dann zur Erde zurück. Die Zond-Sonden bestanden aus einem Wiedereintritts- und einem Versorgungsteil.

Aufbruch zum Mond

umkreisung am 3. April 1966), zeigten, daß der Mond eine stärker ausgeprägte ovale Form aufweist, als man bis dahin dachte.

Luna 15, 16, 18, 20, 23, 24. Sechs Missionen mit der Aufgabe, Mondgestein auf die Erde zu bringen. Diese automatischen Missionen unternahm nur die UdSSR. Drei Mißerfolge: Luna 15 (der demütigendste, weil er während der ersten Mondlandung von Apollo 11 erfolgte), Luna 18 und 23. Drei Erfolge: Luna 16 brachte 105 g Staub und Erde mit, gewonnen in 30 cm Tiefe (Start am 12. September 1970, Rückkehr am 24. September); Luna 20 (Start 14. Februar 1972, Rückkehr 25. Februar); Luna 24 (Start 9. August 1976, Rückkehr 22. August) mit Gesteinsproben, die mit Bohrungen aus 2 m Tiefe gewonnen wurden.

Luna 17, 21. Zwei Missionen, die das ferngesteuerte Mondfahrzeug Lunochod auf die Mondoberfläche bringen sollten. Lunochod hatte die Aufgabe, zu fotografieren und den Boden zu analysieren. Zwei Erfolge (Luna 17 [Lunochod 1], Landung am 17. November 1970); Luna 21 [Lunochod 2]. (Landung am 16. Januar 1973).

Die Luna-Sonden, die Mondproben auf die Erde zurückbrachten, waren 3,81 m hoch und hatten drei Landebeine. Die Spannweite von Landebein zu Landebein betrug 3,96 m. Gewicht 1880 kg (Luna 16 und 20), nach westlichen Hypothesen 4000 kg bei Luna 24. Die Sonden bestanden aus drei Teilen: Landeteil, Wiederaufstiegsteil und Rückkehrkapsel. Die Landestufe hatte die Aufgabe, weich auf dem Mondboden zu landen, und diente dann als Startplattform für den Wiederaufstieg. Der Landeteil war gleich gebaut wie bei Luna 17 und 21, die das Fahrzeug Lunochod auf den Mond brachten. Diese Sonden verfügten über einen Ausleger, der an der Spitze einen 35 cm langen zylindrischen Behälter trug. Es handelte sich um die Umhüllung des Bohrgerätes. Der Bohrer war als hohler Bohrmeißel ausgebildet und drang mit 50 Umdrehungen pro Minute in den Mondboden ein, um so eine 15 cm lange Bodenprobe entnehmen zu können. Der Ausleger reichte 90 cm von der Sonde weg und konnte bis in eine Tiefe von 35 cm schürfen (bei Luna 24 2 m), und zwar durch die unterschiedlichsten Gesteinsarten (Basalte oder Sande). Zehn Minuten brauchte der

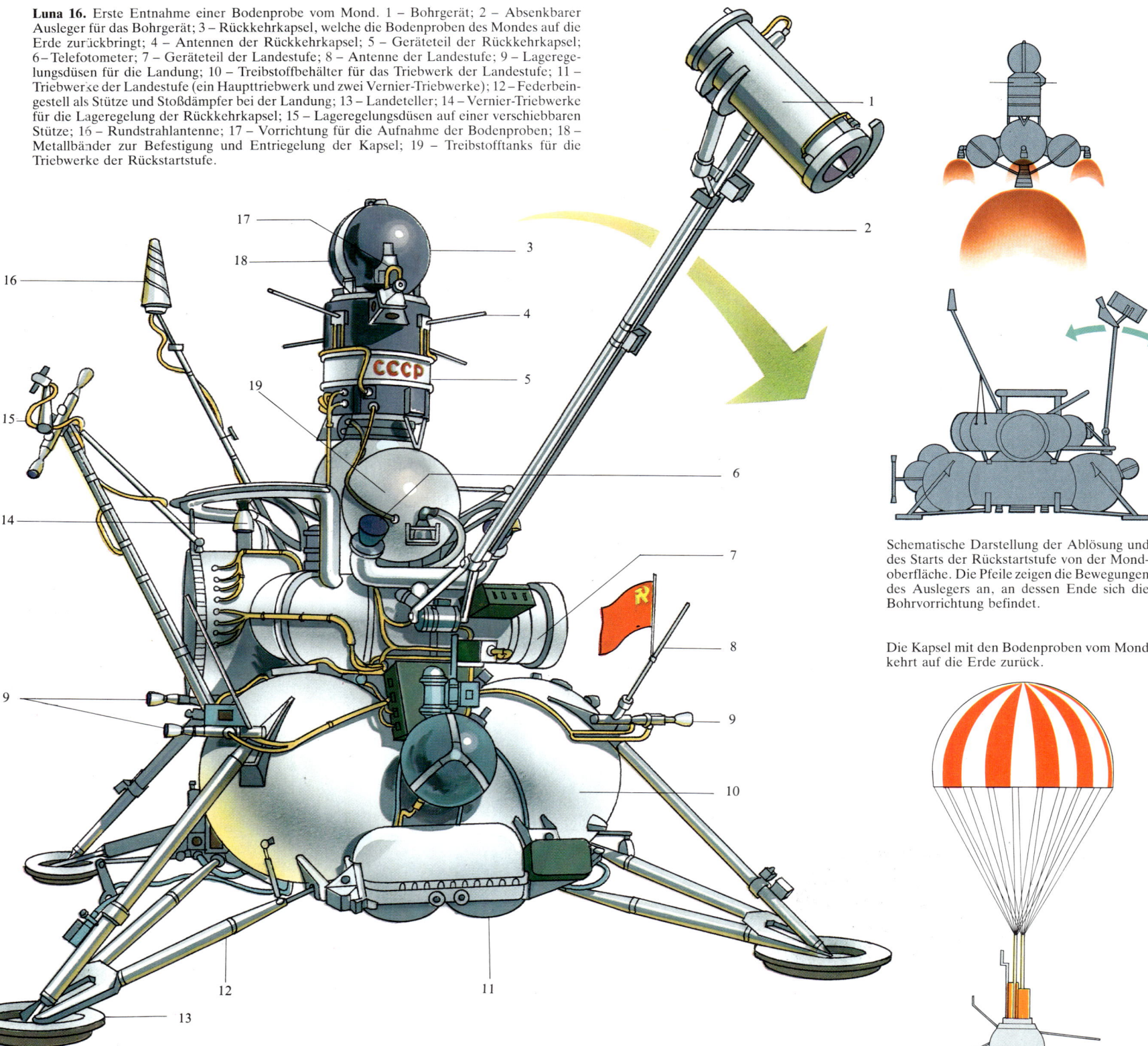

Luna 16. Erste Entnahme einer Bodenprobe vom Mond. 1 – Bohrgerät; 2 – Absenkbarer Ausleger für das Bohrgerät; 3 – Rückkehrkapsel, welche die Bodenproben des Mondes auf die Erde zurückbringt; 4 – Antennen der Rückkehrkapsel; 5 – Geräteteil der Rückkehrkapsel; 6 – Telefotometer; 7 – Geräteteil der Landestufe; 8 – Antenne der Landestufe; 9 – Lageregelungsdüsen für die Landung; 10 – Treibstoffbehälter für das Triebwerk der Landestufe; 11 – Triebwerke der Landestufe (ein Haupttriebwerk und zwei Vernier-Triebwerke); 12 – Federbeingestell als Stütze und Stoßdämpfer bei der Landung; 13 – Landeteller; 14 – Vernier-Triebwerke für die Lageregelung der Rückkehrkapsel; 15 – Lageregelungsdüsen auf einer verschiebbaren Stütze; 16 – Rundstrahlantenne; 17 – Vorrichtung für die Aufnahme der Bodenproben; 18 – Metallbänder zur Befestigung und Entriegelung der Kapsel; 19 – Treibstofftanks für die Triebwerke der Rückstartstufe.

Schematische Darstellung der Ablösung und des Starts der Rückstartstufe von der Mondoberfläche. Die Pfeile zeigen die Bewegungen des Auslegers an, an dessen Ende sich die Bohrvorrichtung befindet.

Die Kapsel mit den Bodenproben vom Mond kehrt auf die Erde zurück.

Arm, um in Arbeitsposition auf dem Boden zu gehen, und eine halbe Stunde, um die Probe zu erbohren (Luna 16 und 20). Die Bodenprobe (ungefähr 200 g) in der Bohrvorrichtung wurde vom Ausleger hochgehoben und über eine Schleuse in einen weiteren versiegelten Behälter des Wiederaufstiegsteils gegeben. Es handelte sich dabei um die kugelige Rückkehrkapsel am oberen Ende der Sonde. Bei der ersten Mission entglitt ungefähr die Hälfte des Materials bei der Übertragung, und nur 105 Gramm kamen auf die Erde.

Alle diese Bewegungen wurden auf der Erde von Operatoren ferngesteuert, die über ein Fernsehbild verfügten. Erst Luna 24 erhielt als erste Sonde einen kleinen Bordcomputer und damit eine gewisse Autonomie.

Die Aufenthaltsdauer auf dem Mond betrug 25½ bis 28 Stunden; dazu kamen drei Tage in immer engerer Mondumlaufbahn, um das zirkumlunare Forschungsprogramm zu absolvieren. Wiederum auf einen ferngesteuerten Befehl hin startete die Rückstartstufe in einem ballistischen Flug gegen die Erde. Drei Stunden vor dem Eintritt in die dichteren Atmosphärenschichten trennte die Rückkehrstufe den Versorgungsteil ab, der der Kapsel als Plattform diente. Die kugelige Kapsel kehrte mit Hilfe zweier Fallschirme zurück und verfügte über Sendeantennen, um sie orten zu können.

Ranger

Die Ranger waren die ersten US-Sonden, die den Mond fotografierten. Die Technik bestand darin, daß man sie in der Abstiegsphase, also 15 bis 20 Minuten vor dem Aufprall auf der Mondoberfläche mit einer Geschwindigkeit von 9654 km/h aufnahm. In jeder Minute konnten die Ranger-Sonden 300 Bilder übermitteln; sie wurden mit sechs Fernsehkameras aufgenommen, davon vier für die Einzelheiten. Das waren die ersten Fotografien fast »in loco« der erdzugewandten Mondhälfte, allerdings nicht die absolut ersten Bilder. Die sowjetische Sonde Luna 3 übermittelte nämlich am 10. Oktober 1959 ungefähr 30 Bilder von der erdabgekehrten Mondseite. Sie befriedigten aber vor allem die Neugier zu wissen, wie die andere Seite aussieht. Die

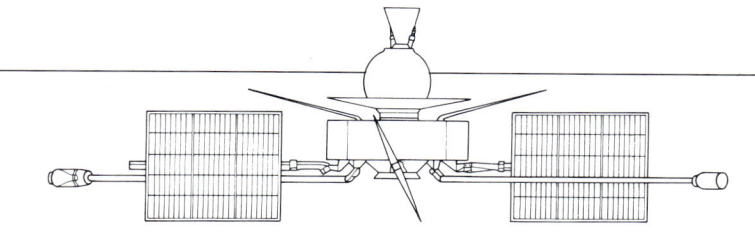

Explorer 35. Amerikanische Sonde in Mondumlaufbahn zur Untersuchung des dortigen Schwerefeldes und der Strahlungsverhältnisse. Gewicht 93 kg, größte Öffnungsweite der Solarzellenflügel 4,11 m, Höhe 1,12 m.

Ranger. 1 – Parabolantenne; 2 – Ausgebreitete Solarzellenflügel; 3 – Elektronik des Lageregelungssystems; 4 – Halterung für die angeklappten Solarzellenflügel; 5 – Fernsehsystem; 6 – Rundstrahlantenne; 7 – Batterie mit sechs Vidikon-Fernsehkameras (Ranger 6, 7, 8 und 9); 8 – Halterung für die angeklappten Solarzellenflügel; 9 – Ausgeklappter Solarzellenflügel; 10 – Batterien; 11 – Druckgasbehälter für das Lageregelungssystem. Der grüne Pfeil gibt die Richtung der Fernsehaufnahmen während des Falles an.

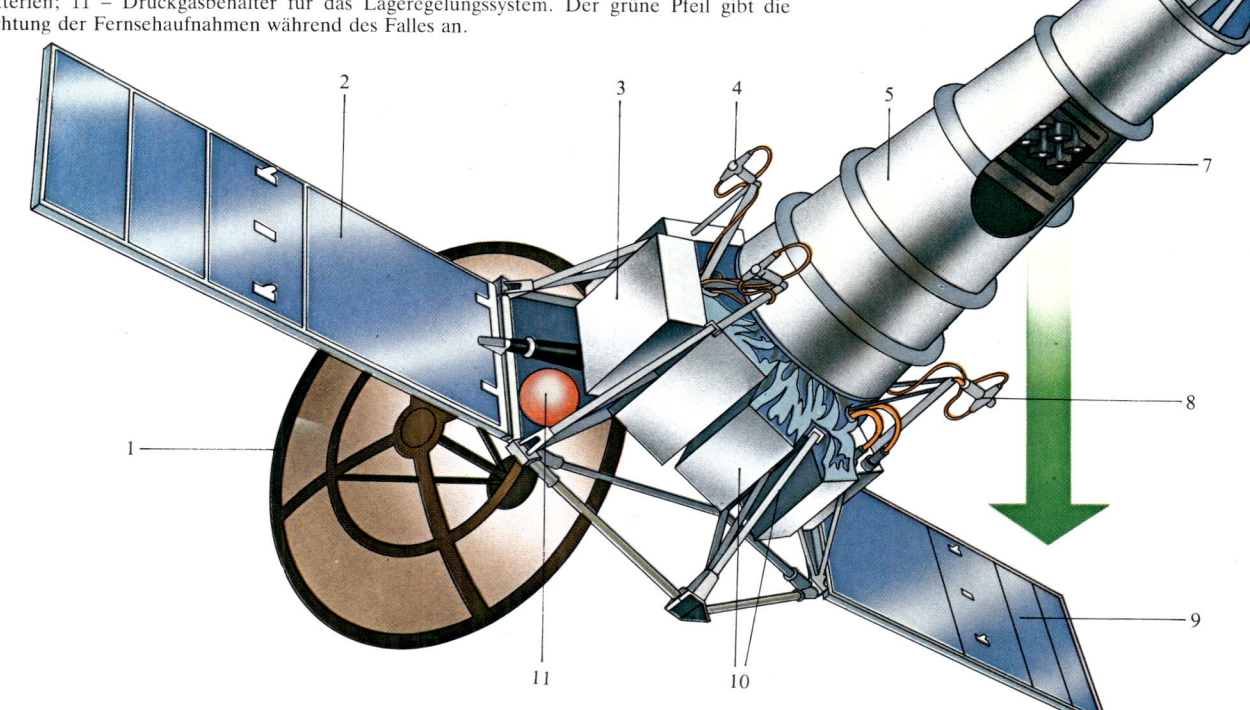

Bilder wurden in der Tat in einem Abstand von 6200 km aufgenommen, und Einzelheiten konnte man darauf bestenfalls erraten.

Die Ranger-Sonden übermittelten insgesamt 17267 Bilder; einige wurden auch aus einer Mindesthöhe von 480 m aufgenommen, einen Augenblick vor dem Aufprall. Die Auflösung war 2000mal besser als bei Bildern, die wir mit Teleskopen von der Erde aus machen können. Man konnte Einzelheiten mit 38 cm Durchmesser ausmachen sowie Tausende von Kratern, die auf Fotos von der Erde aus einfach nicht

erscheinen. Die Bilder zeigten, daß der Mond trotz des Fehlens von Wasser einer Erosion unterliegt, die durch das Bombardement von Mikrometeoriten hervorgerufen wird. Nach den 4316 Fotos, die Ranger 7 über dem Mare Nubium aufnahm, entschied die Internationale Astronomische Union, den Namen in Mare Cognitum, wörtlich übersetzt »Bekanntes Meer«, umzuändern.

Diese Ergebnisse waren der Ausgleich für einen ziemlich mißglückten Programmablauf; dies gilt allerdings nur vom statistischen Gesichtspunkt aus. Zwischen dem 23. August 1961 und dem 21. März 1965 fanden neun Missionen statt. Die ersten beiden waren Probeflüge, welche die Erd-

umlaufbahn nicht verließen. Die vier darauffolgenden mißglückten: drei wegen des Ausfalls der Fernsehkameras, einer, weil die Flugbahn am Mond vorbeiführte. Erst Ranger 7, 8 und 9 führten zu befriedigenden Ergebnissen. Die Ranger-Mission wurde mit einem Gewehrschützen verglichen: Er muß von einem beweglichen Standort (der Erde) ein 38 km weit entferntes Ziel treffen, das allerdings nur einen Durchmesser von 3 cm aufweist. Das entspricht dem Größenverhältnis zwischen dem Monddurchmesser und seiner Entfernung von der Erde (368320 km). Nach dem Ranger-Programm blieben allerdings Zweifel über die Beschaffenheit der Mondoberfläche.

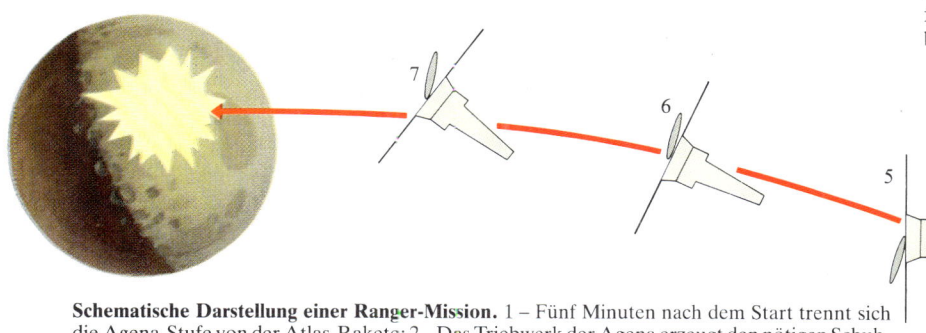

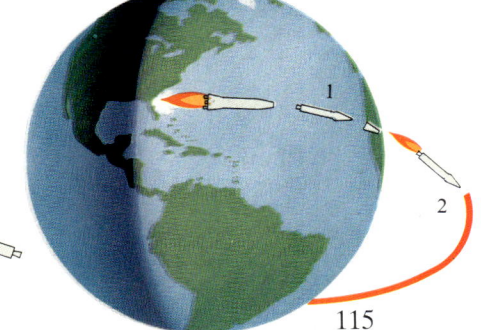

Schematische Darstellung einer Ranger-Mission. 1 – Fünf Minuten nach dem Start trennt sich die Agena-Stufe von der Atlas-Rakete; 2 – Das Triebwerk der Agena erzeugt den nötigen Schub, um die Ranger-Sonde in eine Erdumlaufbahn zu bringen; 3 – 43 Minuten nach dem Start trennt sich Ranger von Agena; 4 – Öffnung der Solarzellenflügel und der Parabolantenne; 5 – Ausrichtung der Solarzellenflügel nach der Sonne und der Antenne nach der Erde; 6 – Lagekorrekturmanöver; 7 – Ausrichtung der Lage für den Abstieg auf den Mond, 68 Stunden nach dem Start; in dieser Phase beginnen die sechs Vidikon-Fernsehkameras Bilder vom Mond auf die Erde zu senden, bis zum harten Auftreffen auf unseren Satelliten.

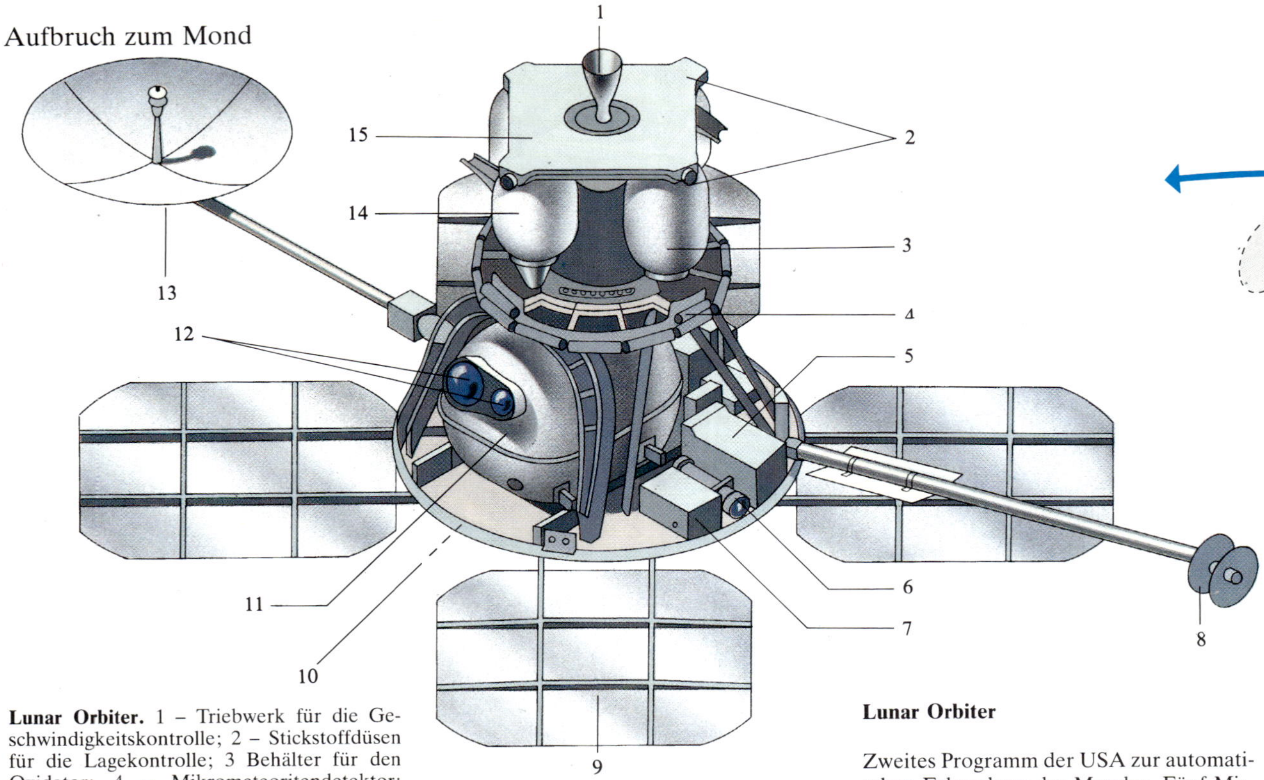

Aufbruch zum Mond

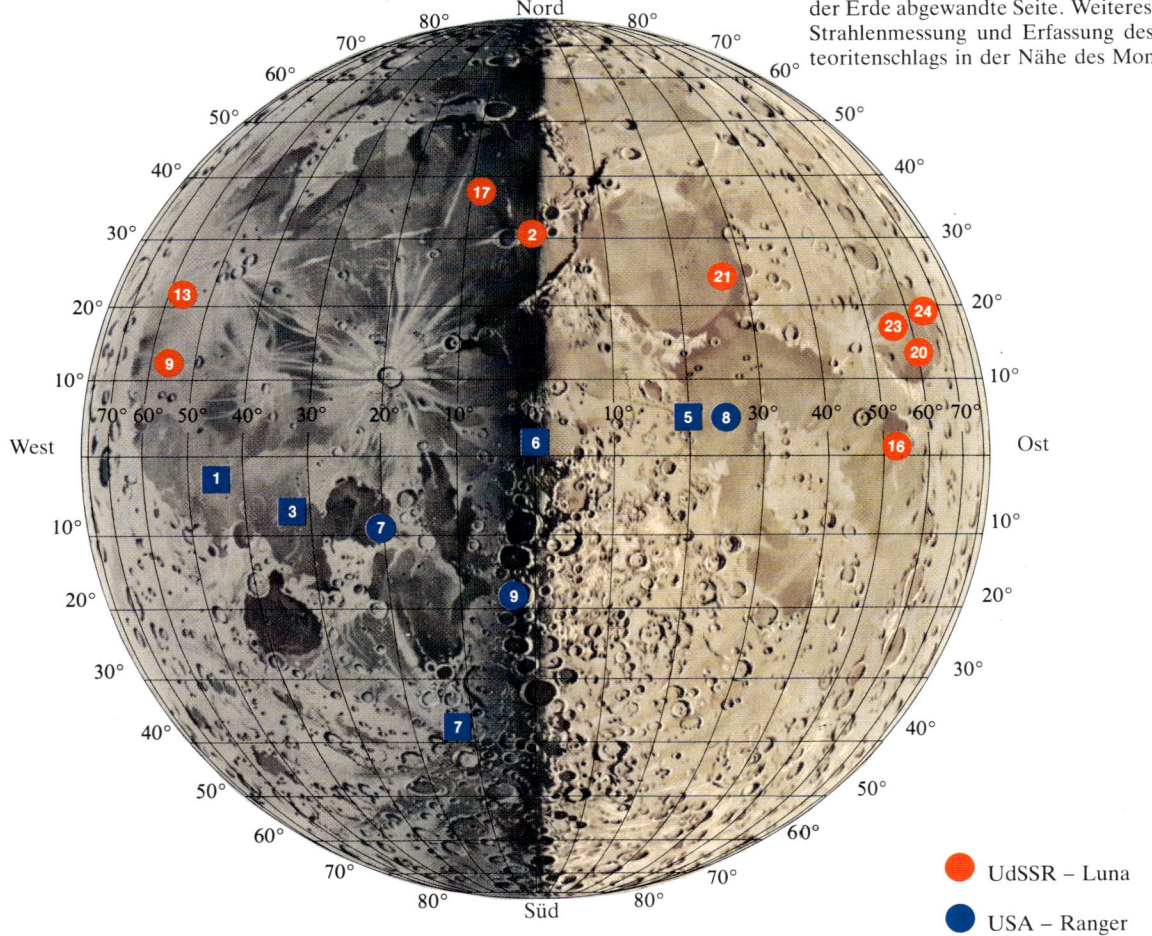

Lunar Orbiter. 1 – Triebwerk für die Geschwindigkeitskontrolle; 2 – Stickstoffdüsen für die Lagekontrolle; 3 Behälter für den Oxidator; 4 – Mikrometeoritendetektor; 5 – Flugprogrammiereinheit; 6 – Sensor für die Orientierung nach dem Stern Canopus; 7 – Trägheitssystem; 8 – Rundstrahlantenne; 9 – Solarzellenflügel; 10 – Sonnensensor (unterhalb der Versorgungseinheit angebracht); 11 – Fotoanlage; 12 – Kameraobjektive; 13 – Richtantenne; 14 – Brennstoffbehälter; 15 – Hitzeschild.

Lunar Orbiter

Zweites Programm der USA zur automatischen Erkundung des Mondes. Fünf Missionen in Mondumlaufbahn, fünf Erfolge innerhalb von 12 Monaten (10. August 1966, 1. August 1967). Hauptziel: die fotografische Erfassung möglicher Landegebiete für die bemannten Mondfähren. Die Oberfläche des Mondes wurde zu 99,5% erfaßt, darin eingeschlossen die stets von der Erde abgewandte Seite. Weiteres Ziel: Strahlenmessung und Erfassung des Meteoritenschlags in der Nähe des Mondes.

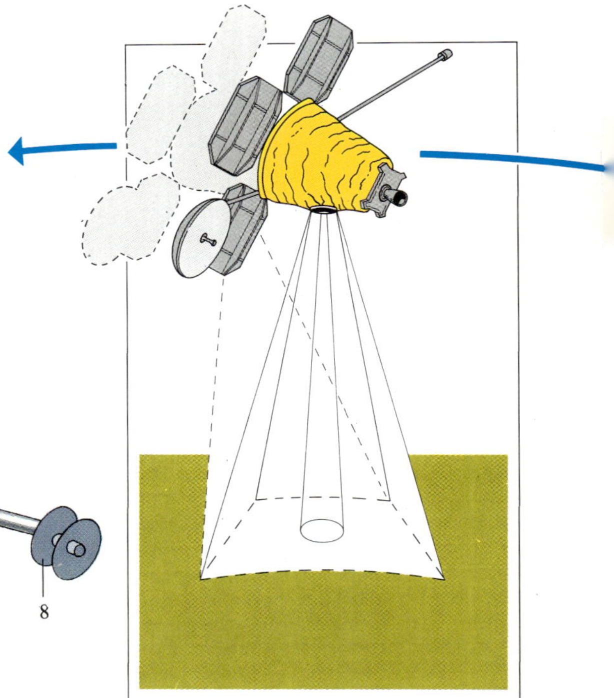

Schema der Arbeitsweise des Lunar Orbiter. Während einer Filmaufnahme bestimmt ein Sensor die Höhe und die Geschwindigkeit und korrigiert die Lage der Sonde, um verwackelte Bilder zu vermeiden. Der Pfeil zeigt die Richtung des Fluges an.

Die Lunar Orbiter waren nicht die ersten Sonden, die in eine Mondumlaufbahn einschwenkten (erstmals bei der sowjetischen Luna 10, am 3. April 1966), doch waren sie die ersten, welche die Mondumlaufbahn auf Kommando von der Erde her mehrfach veränderten und sich bis auf 40 km der Mondoberfläche näherten.

Die Daten der Mondumlaufbahnen von Lunar Orbiter wurden von Paul M. Muller und William L. Sjogren vom Jet Propulsion Laboratory der NASA interpretiert. Sie zeigten eine Charakteristik des Mondes, die für die bemannten Apollo-Flüge von besonderer Bedeutung werden sollte: Die Sonden zeigten über den fünf Meeren und einer sechsten Zone, wahrscheinlich einem alten Meer, Veränderungen der Geschwindigkeit. Diese wurden von unterschiedlichen Massekonzentrationen im Zentrum der Meere hervorgerufen, welche ihrerseits Veränderungen im Schwerefeld des Mondes erzeugten. Daraus ging ein neues Wort hervor: »Mascon« von »mass concentration« (Massekonzentration). Am Ende entdeckte man zwölf Mascons, alle auf der erdzugewandten Seite des Mondes.

Die Orbiter lieferten die ersten Fotos der Erde vom Mond aus, Orbiter 4 die ersten Bilder vom Mondsüdpol. Alle Lunar Orbiter wurden geopfert und prallten auf dem Mond auf, damit es wegen eventuell besetzter Umlaufbahnen keine Probleme mit den darauffolgenden Sonden und den Apollo-Flügen und keine Interferenzen bei den Fernmeldeverbindungen mit dem Surveyor gab.

Das Gewicht der Sonde lag bei 385 bis 390 kg, davon 65,9 kg für das fotografische Labor mit zwei Kameras. Trägerrakete Atlas Agena D. Startplatz Cape Kennedy.

Mond. Die Gebiete, in denen die acht amerikanischen Mondunternehmen (Ranger und Surveyor) und die neun sowjetischen Unternehmen (Luna) niedergegangen sind.

● UdSSR – Luna

● USA – Ranger

■ USA – Surveyor

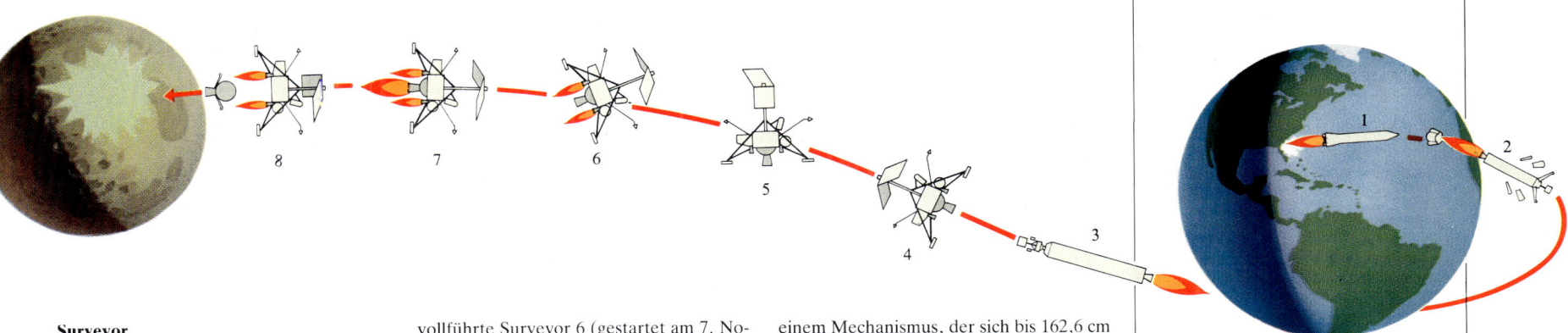

Surveyor

Drittes und abschließendes Programm automatischer Mondsonden der USA zum Fotografieren (TV) für chemische Analysen und zur Entnahme von Bodenproben. Sie alle bereiteten die Erforschung unseres Satelliten vor. Sieben Missionen, fünf erfolgreich, zwischen dem 31. Mai 1966 und dem 17. Januar 1968. Die Surveyor-Sonden probierten die weiche Landung auf dem Mond aus und untersuchten die Beschaffenheit des Bodens. Zum erstenmal (Surveyor 3, gestartet am 17. April 1967) nahm ein ausfahrbarer mechanischer Arm mit einer Baggerschaufel an der Spitze auf ferngesteuerten Befehl von der Erde aus eine Bodenprobe von einem anderen Himmelskörper. Wiederum zum erstenmal

vollführte Surveyor 6 (gestartet am 7. November 1967) einen »Sprung« auf der Mondoberfläche und bewegte sich um 3 m. Dies geschah mit Hilfe der drei kleinen Vernier-Triebwerke, die durch Fernsteuerung gezündet wurden.

Die Surveyor-Sonden hatten einen dreieckigen Rahmen: Höhe 3,00 m, Durchmesser mit den ausgefahrenen Landebeinen 4,30 m. Ein senkrechtes Gestänge in der Mitte trug den Solarzellenausleger mit 3960 Zellen (die auch eine Silber-Zink-Ersatzbatterie speisten) und die hochempfindliche Antenne. Ein Zylinder schützte die Fernsehkamera, die dank einem beweglichen Spiegel den ganzen Horizont absuchen konnte. Die Bilder bestanden aus 200 und 600 Zeilen.

Die kleine Baggerschaufel bestand aus

einem Mechanismus, der sich bis 162,6 cm weit ausstrecken und einen Bogen von 112 Grad, d. h. von 3 m, beschreiben konnte. Die Baggerschaufel konnte bis zu einem Meter gehoben werden und bis zu 15 cm tiefe, schmale Furchen in den Boden ziehen. Was sie ausgrub, legte sie auf einen der runden Landebeinteller, von wo es fotografiert wurde. Der Schwenkarm bedeckte eine Oberfläche von 7 m². Surveyor 5, 6 und 7 führten eine chemische Analyse des Bodens durch. Dazu verwendete man einen Detektor mit einer radioaktiven Pastille aus Curium 242. Sie bombardierte die Bodenoberfläche mit Alphateilchen. Der Detektor wurde mit einem Nylonfaden auf die Probe abgesenkt. Die Alphateilchen drangen nur 0,025 mm tief ein, doch das reichte. Die Elemente der Bodenprobe

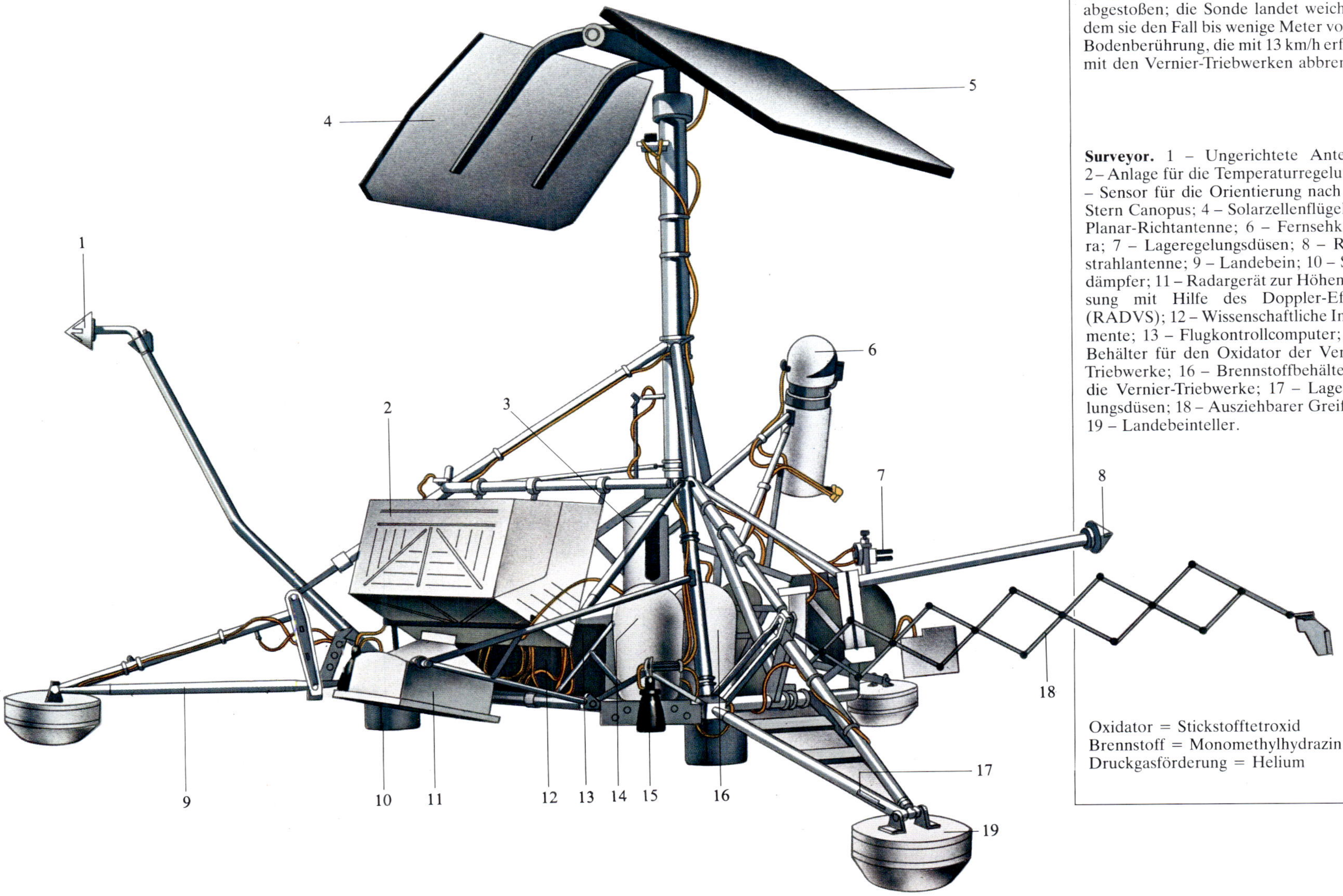

Schematische Darstellung der Reise von Surveyor. 1 – Start der Atlas-Centaur-Rakete auf Cape Canaveral; 2 – Brennschluß der Atlas-Triebwerke; die Isolierpaneele werden in einer Höhe von 98 km abgestoßen; in 121 km Höhe öffnet sich der Schutzkegel der Surveyor; 3 – Die Triebwerke der Centaur bringen die Surveyor-Sonde auf die antriebslose Phase gegen den Mond; 4 – Surveyor richtet das Solarzellenpaneel zur Sonne und die Planar-Antenne zur Erde aus; 5 – Surveyor orientiert sich am Stern Canopus und vollführt mit Hilfe der entsprechenden Düsen einige Lagekorrekturen; 6 – Zu Beginn der Abstiegsphase ca. 30 Minuten vor der Landung verändert die Sonde mit den Vernier-Triebwerken ihre Lage; 7 – Mit Hilfe des Höhenradars wird in 84 km Höhe die Bremsrakete gezündet; 8 – In 12500 m Höhe wird die Bremsrakete abgestoßen; die Sonde landet weich, indem sie den Fall bis wenige Meter vor der Bodenberührung, die mit 13 km/h erfolgt, mit den Vernier-Triebwerken abbremst.

Surveyor. 1 – Ungerichtete Antenne; 2 – Anlage für die Temperaturregelung; 3 – Sensor für die Orientierung nach dem Stern Canopus; 4 – Solarzellenflügel; 5 – Planar-Richtantenne; 6 – Fernsehkamera; 7 – Lageregelungsdüsen; 8 – Rundstrahlantenne; 9 – Landebein; 10 – Stoßdämpfer; 11 – Radargerät zur Höhenmessung mit Hilfe des Doppler-Effekts (RADVS); 12 – Wissenschaftliche Instrumente; 13 – Flugkontrollcomputer; 14 – Behälter für den Oxidator der Vernier-Triebwerke; 16 – Brennstoffbehälter für die Vernier-Triebwerke; 17 – Lageregelungsdüsen; 18 – Ausziehbarer Greifarm; 19 – Landebeinteller.

Oxidator = Stickstofftetroxid
Brennstoff = Monomethylhydrazin
Druckgasförderung = Helium

wurden folgendermaßen bestimmt: Es wurde die Energie der Alphateilchen gemessen, welche die Atome der einzelnen Elemente zurückwarfen, wobei jedes von ihnen ein unterschiedliches Reflexionsvermögen aufweist. Eine weitere Bestimmung geschah durch Messung der Energie der Protonen, die aus den Atomkernen herausgeschossen wurden.

Die Zusammensetzung des Mondbodens zu kennen, bedeutete auch zu erfahren, ob irgendeiner der Meteoriten, die auf die Erde fielen, vom Mond stammte.

Das Startgewicht der Sonden schwankte von einem Minimum von 995 kg (Surveyor 1) über 1 065 kg bei Surveyor 5 bis zu einem Maximum von 1 491 kg bei Surveyor 7. Trägerrakete der ganzen Reihe war die Atlas mit einer Oberstufe Centaur.

Die Surveyor-Sonden gelangten auf den Mond mit einem direkten Schuß ohne Aufenthalt in einer Mondumlaufbahn.

1 609 km vom Mond entfernt hatte die Sonde eine Geschwindigkeit von 7 884 km/h. In 84 km Entfernung zündete das Triebwerk von Surveyor, arbeitete 41 Sekunden und diente als Bremsrakete mit einem negativen Schub von 4 536 kp (44,45 kN). Im Augenblick der Zündung war die Geschwindigkeit der Surveyor aufgrund der Mondanziehung auf 9 493 km/h gestiegen. Die Bremswirkung war aber deutlich spürbar. In 12 500 m Höhe sank die Geschwindigkeit auf 110 km/h. Die abgebrannte Bremsrakete wurde abgestoßen. Bei 305 m war die Geschwindigkeit auf 116 km/h angestiegen. Dann stieg die Surveyor mit Hilfe der kleinen Vernier-Triebwerke und dem Kommando des Höhenmessradars ab. In einer Höhe von 3,66 m (Geschwindigkeit 5,6 km/h) wurden die kleinen Triebwerke abgeschaltet, und die Sonde fiel in freiem Fall auf den Mondboden mit einer Geschwindigkeit von 13 km/h (3,6 m pro Sekunde). Die drei Landebeinteller und die drei dicken wabenförmigen Aluminiumsohlen unter ihnen dienten dabei als Stoßdämpfer.

Apollo

Die Apollo-Kapsel, mit der der Mensch erstmals in unserem Jahrhundert einen anderen Himmelskörper besuchte und wieder darin zurückkehrte, hatte eine konische Form. Die Höhe betrug 3,18 m, der Durchmesser an der Basis 3,90 m. Mit den drei Astronauten an Bord wog sie beim Start 5 534 kg, bei der Landung 5 307 kg. Die konische Form ging auf die Tatsache zurück, daß die Apollo-Kapsel die Spitze der Saturn-Rakete darstellte. Diese mußte beim Durchfliegen der Erdatmosphäre eine ideale aerodynamische Form aufweisen. Die besonders geformte Basis erfüllte während des Wiedereintritts zwei Aufgaben: Sie sollte auf möglichst großer Fläche die durch Reibung an den Luftmolekülen entstandene Wärme abgeben und gleichzeitig einen Auftrieb erzeugen, um den Abstieg zu verlangsamen und um die Flugbahn besser zu kontrollieren.

Die Apollo-Kapsel hatte eine innere Schale, die unter Druck stand, und eine äußere Schale, die durch Glasfasern von der inneren isoliert war. Die innere Schale bestand aus einer Sandwich-Konstruktion mit zwei

Schichten aus Aluminium-Legierung und einem wabenartigen Paneel aus Aluminium dazwischen. Die äußere Verkleidung war ebenfalls in Sandwich-Bauweise erstellt: zwei Schichten aus Stahllegierung und dazwischen ein wabenartiges Paneel aus rostfreiem Stahl. Die Verkleidung war so widerstandsfähig wie eine 2 cm dicke massive Stahlplatte, dabei aber viel leichter. Sie mußte nicht der Reibungswärme widerstehen, die beim Wiedereintritt mit 40 000 km/h in die Atmosphäre entstand und die auf 2 760° anstieg. Dagegen war die Kapsel an der Basis von einem Schild in mehreren Schichten umgeben (einer wabenförmigen Schicht aus rostfreiem Stahl und einer Schicht aus glasfaserverstärkten Epoxyharzen). Die Harze schmolzen und verdampften und absorbierten dadurch einen großen Teil der Wärme, die damit nicht ins Innere der Kapsel eindringen konnte.

Das Apollo-Fahrzeug war in drei Einheiten unterteilt. Im oberen Teil befanden sich die Systeme zum Andocken am LEM oder Mondlandegerät sowie die Öffnung zum Umsteigetunnel in das angedockte LEM. Bis zum Beginn des Fluges zum Mond befand sich das LEM in einem konischen Hangar (Adapter) zwischen der Versorgungseinheit und der dritten Stufe der Saturn-Rakete. Diese Hangar-Verkleidung wurde weggesprengt, das Apollo-Fahrzeug entfernte sich um und dockte mit dem eigenen Koppelungsadapter an LEM an. Beide entfernten sich dann mit Hilfe der dritten Raketenstufe.

Im oberen Teil der Kapsel befanden sich auch die acht Fallschirme für die Rückkehr, zwei der zwölf Triebwerke für die Lagekontrolle sowie die drei Ballons, welche die Kapsel automatisch ins Gleichgewicht bringen sollten, wenn sie ungünstig niederging oder sich während der Wasserung auf den Kopf drehte. Die übrigen Triebwerke zur Lageregelung befanden sich im unteren Teil der Kapsel, und man konnte sie an den doppelten Düsen erkennen. Die Triebwerke waren zu zwei unabhängigen Systemen angeordnet, und jedes von ihnen entwickelte einen Schub von 42 kp (0,41 kN). Das dritte, zentrale und für die Mannschaft vorgesehene Teil bestand aus einer Druckkabine mit kontrollierter Atmosphäre, Temperatur und Feuchtigkeit. Die Atmosphäre bestand während des Raumflugs aus reinem Sauerstoff, mit einem Drittel Atmosphärendruck. Während des Starts bis zum Erreichen der Umlaufbahn und während der Landung bestand die Atmosphäre jedoch aus einer Mischung aus Sauerstoff und Stickstoff, um die Gefahr eines Brandes an Bord weiter zu verringern. Der Sauerstoff wurde auch nach der Tragödie von Apollo 204 verwendet, weil er eine viel einfachere Konstruktion erlaubte und damit viel Gewicht einsparte. Dafür wurden jedoch alle entflammbaren Materialien ausgetauscht. Die Bodenmannschaft konnte die Hauptluke von außen im Notfall mit einem eigenen Instrument aufmachen. Der Notausstieg hatte ursprünglich zwei Verriegelungen, deren Öffnung von innen 90 s beanspruchte. Dann konstruierte man eine einzige Verriegelung, die sich von außen wie

von innen öffnen ließ. Die Temperatur im Innern der Kapsel betrug um 24° C, auch wenn die Temperatur in der Außenwelt von +138° bis —138° C schwankte, je nachdem, ob die Kapsel von der Sonne beschienen wurde oder nicht. Die Astronauten hatten drei Sitze zur Verfügung, die sich in ruhende, sitzende oder aufrechte Stellung bringen ließen. Als Innenraum standen 5,90 m³ zur Verfügung; der Lebensraum für jeden Astronauten betrug demnach 1,97 m³. Die Sitze befanden sich auf der Höhe der Einstiegsluke; unter ihnen befanden sich die Behälter mit den Druckanzügen, die Arbeitswerkzeuge usw. Die Astronauten stiegen mit den Füßen voran zwischen den beiden Stoßdämpfern ein, welche zur Verstärkung der Struktur dienten. Wenn sich die Astronauten hinlegten, hatten sie über dem Gesicht, wie in einer Nische, das Hauptarmaturenbrett vor sich, einen Großteil der 506 Schalter, der 71 Lämpchen und der 40 Zeiger. Aus Sicherheitsgründen wurden die wichtigsten Systeme doppelt, bisweilen auch dreifach redundant angelegt.

Links auf dem Instrumentenbrett befanden sich die Anzeigen für die Position und die Lage im Raum. Eine Kugel mit Längen- und Breitengraden rotierte in einem Quadranten und zeigte dem Piloten, wo er sich jeweils im Vergleich zur Erde und zum Mond befand. Abgesehen von diesem Hauptinstrumentenbrett befanden sich vorne und rechts weitere solche Anzeigen. Wenn man den Mittelsitz zusammenklappte, blieb genügend Raum, damit zwei Astronauten stehen und sich beispielsweise der Navigationskontrolle mit Sextanten und Teleskop widmen konnten. Es gab fünf Fenster, die einen Blick nach außen ermöglichten: eines in der Einstiegsluke, zwei auf der rechten und zwei auf der linken Seite. Zwei davon waren stutzenförmig und dienten zur Sichtkontrolle bei den Rendezvous- und Andockmanövern. Alle Fenster bestanden aus einem Material, das den höchst unwahrscheinlichen Aufprall eines Mikrometeoriten aushalten konnte; sie hielten auch schädliche Strahlungen von den Astronauten fern.

Die Navigation und die Flugüberwachung besorgten an Bord von Apollo zwei Systeme: ein Trägheits- und ein optisches System.

Das Trägheitssystem bestand aus einem Rechner und einer Trägheitsplattform mit drei Kreiseln und brauchte keine Referenzpunkte außerhalb der Kapsel. Es maß die Geschwindigkeits- und Lageveränderungen der Kapsel und gab entsprechende Korrekturkommandos. Mit einem Sextanten und Teleskop, die das optische System darstellten, überprüften die Astronauten die Position und Orientierung der Kapsel im Raum, indem sie sich auf Fixsterne oder gewisse Punkte auf der Erde bezogen. Der mit dem Trägheitssystem verbundene Computer berechnete u. a. die Abweichungen der Flugbahn und der Geschwindigkeit und die Werte für die entsprechenden Korrekturen. Die Kontrollen und Korrekturen wurden automatisch oder von Hand ausgeführt.

Die Kapsel oder das Kommandoteil war mit der zylindrischen Versorgungseinheit

---

Das Apollo-Programm

Dreimannkapsel

Dauer: Starts innerhalb von 11 Jahren und 2 Monaten, vom 27. Oktober 1961 (erste Saturn I) bis zum 19. Dezember 1972 (Rückkehr der letzten Mondmission Apollo 17). Ziele (alle erreicht). Hauptziel: Landung des Menschen auf dem Mond vor 1970 und heile Rückkehr auf die Erde. Wissenschaftliche Erforschung des Mondes von diesem Himmelskörper selbst und von einer Umlaufbahn aus. Beweise dafür, daß sich der Mensch weit von der Erde (im Weltraum und auf einem anderen Himmelskörper) und in einer ihm fremden Welt bewegen und dort arbeiten kann.

Startplatz: Cape Canaveral.

Trägerraketen. Saturn I, Saturn IB, Saturn V.

Missionen. 11 bemannte Missionen in Umlaufbahn: alle geglückt mit Ausnahme von Apollo 13 (Wegfall der Mondmission, Besatzung gerettet). 6 Mondlandungen. 17 Missionen zur technischen Entwicklung, alle geglückt mit Ausnahme von zweien.

Rekorde. Erste Mondumrundung: Frank Borman, James Lovell, William Anders (21.–27. Dezember 1968 mit Apollo 8). Erste Mondmission: Neil Armstrong, Michael Collins, Edwin Aldrin (16.–24. Juli 1969 mit Apollo 11). Erster Mensch auf dem Mond: Armstrong (20. Juli 1969).

verbunden. Mit der Triebwerksdüse war sie 7,55 m lang, hatte einen Durchmesser von 3,90 m und wog etwas mehr als 16 t. Sie enthielt das Haupttriebwerk, das die Bahnkorrekturen auf dem Flug zum Mond durchführte und Apollo aus der Mondumlaufbahn auf den Weg zur Erde katapultierte. Das Triebwerk konnte seine Lage verändern, mehrmals während des Fluges gezündet werden und entwickelte im Weltraum einen Schub von 9300 kp (91,14 kN). Die Versorgungseinheit lieferte der Apollo-Kapsel den größten Teil des Sauerstoffs, des Wassers, der Treibgase und des Wasserstoffs. Sie enthielt drei Brennstoffzellen und vier Triebwerkseinheiten mit je 45,4 kp (0,44 kN) Schub für die Lagestabilisierung längs der drei Achsen. Die Versorgungseinheit überlebte die Missionen nicht. Sie wurde am Ende der Reise abgetrennt und verglühte in der Atmosphäre. In ungefähr 7000 m Höhe begann der eigentliche Bremsvorgang von Apollo. Der Atmosphärendruck betätigte einen Schalter, der die Öffnung der acht Fallschirme auslöste. Die ersten beiden führten zu einer leichten Bremsung und zur Stabilisierung des Abstiegs. Sie wurden in 3000 m Höhe ausgeklinkt, und es öffneten sich drei weitere Fallschirme, die ihrerseits wieder die Öffnung der drei weiß-orangefarbenen Hauptfallschirme mit 24,45 m Durchmesser bewirkten. Die Apollo-Kapsel traf mit einer Geschwindigkeit von ungefähr 35 km/h auf dem Wasser auf.

Die Projektierung, Entwicklung und Produktion von Apollo (darin eingeschlossen die Versorgungseinheiten, die Mondlandegeräte und die erste Mission zum Mond) betrug 6939 Millionen Dollar. Das entspricht 32% der Programmkosten bis Juli 1969. Die Baukosten für die Apollo-Kapsel und die Versorgungseinheit schwankten von 55 Millionen Dollar bei den Flügen 7 bis 14 bis zu 65 Millionen Dollar bei den erweiterten Versionen der drei abschließenden Flüge 15 bis 17.

Die Apollo-Missionen

Vom 27. Oktober 1961 bis zum 4. April 1968 wurden mit unbemannten Flügen, teilweise im Orbit, die Trägerrakete von Apollo und das Raumschiff mit der Kommando- und Versorgungseinheit sowie dem LEM getestet. Die Apollo-Kapsel erträgt gut den Wiedereintritt in die Atmosphäre mit einer Geschwindigkeit von 39903 km/h, die der Rückkehrgeschwindigkeit vom Mond entspricht.

Das Drama geschah, als man es überhaupt nicht erwartete, bei einer Übung am Boden, auf Cape Kennedy. Die Astronauten befinden sich an der Spitze einer Saturn-IB-Rakete bei der Startrampe Nr. 34, während der Countdown für einen simulierten Flug zur Vorbereitung der ersten Apollo-Mission läuft, die für 21. Februar 1967 vorgesehen war. Es ist der 27. Januar 1967, 18.31 Uhr, 04 Sekunden Ortszeit in Florida. Aus dem Innern von Apollo 204, die wie für eine Mondreise fest verschlossen war, dringt ein Notruf und der Schrei: »Feuer«. Nicht einmal die Untersuchungskommission konnte später feststellen, wer hier gesprochen hatte, so undeutlich war

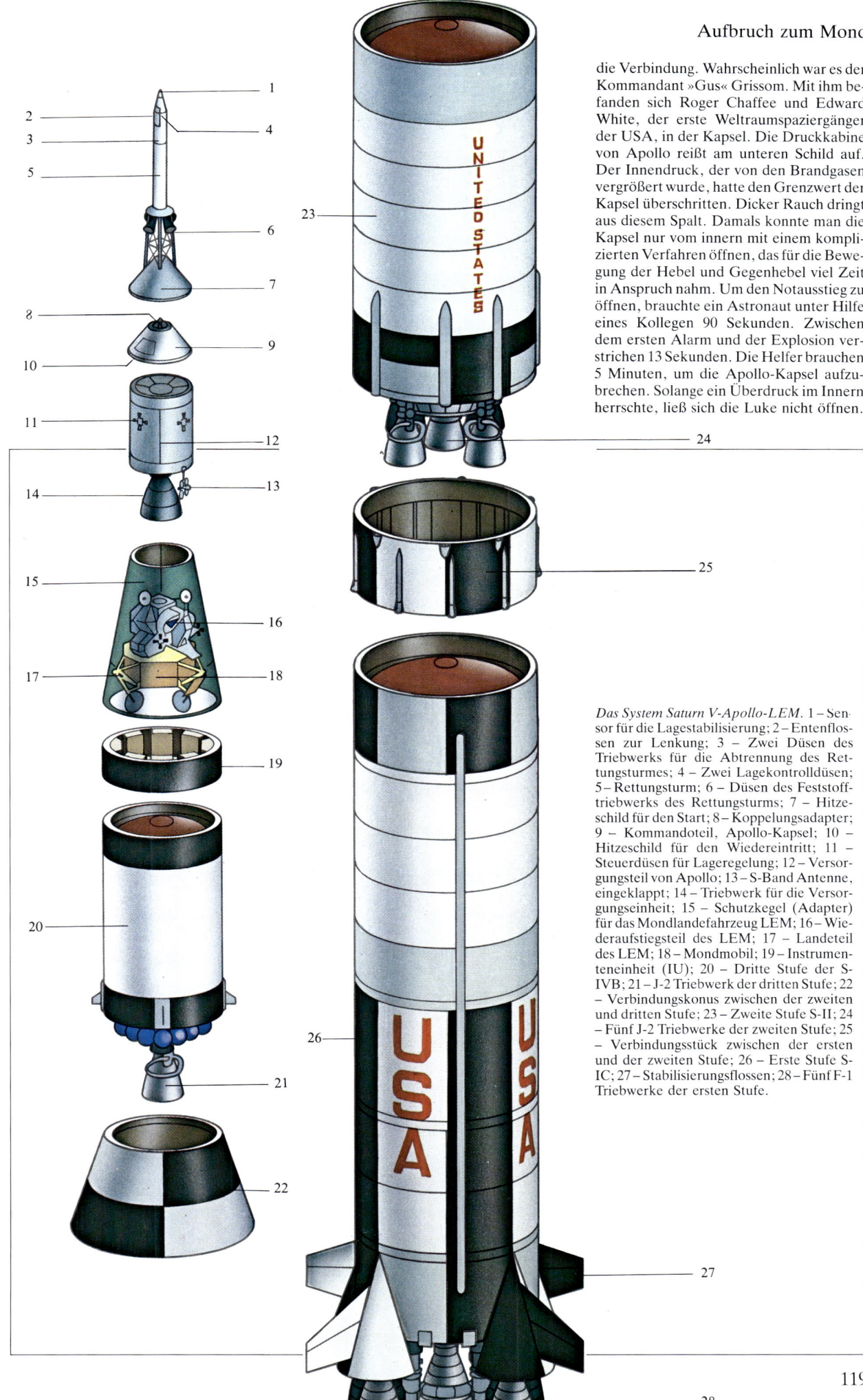

die Verbindung. Wahrscheinlich war es der Kommandant »Gus« Grissom. Mit ihm befanden sich Roger Chaffee und Edward White, der erste Weltraumspaziergänger der USA, in der Kapsel. Die Druckkabine von Apollo reißt am unteren Schild auf. Der Innendruck, der von den Brandgasen vergrößert wurde, hatte den Grenzwert der Kapsel überschritten. Dicker Rauch dringt aus diesem Spalt. Damals konnte man die Kapsel nur vom innern mit einem komplizierten Verfahren öffnen, das für die Bewegung der Hebel und Gegenhebel viel Zeit in Anspruch nahm. Um den Notausstieg zu öffnen, brauchte ein Astronaut unter Hilfe eines Kollegen 90 Sekunden. Zwischen dem ersten Alarm und der Explosion verstrichen 13 Sekunden. Die Helfer brauchen 5 Minuten, um die Apollo-Kapsel aufzubrechen. Solange ein Überdruck im Innern herrschte, ließ sich die Luke nicht öffnen.

Das System Saturn V-Apollo-LEM. 1 – Sensor für die Lagestabilisierung; 2 – Entenflossen zur Lenkung; 3 – Zwei Düsen des Triebwerks für die Abtrennung des Rettungsturmes; 4 – Zwei Lagekontrolldüsen; 5 – Rettungsturm; 6 – Düsen des Feststofftriebwerks des Rettungsturms; 7 – Hitzeschild für den Start; 8 – Koppelungsadapter; 9 – Kommandoteil, Apollo-Kapsel; 10 – Hitzeschild für den Wiedereintritt; 11 – Steuerdüsen für Lageregelung; 12 – Versorgungsteil von Apollo; 13 – S-Band Antenne, eingeklappt; 14 – Triebwerk für die Versorgungseinheit; 15 – Schutzkegel (Adapter) für das Mondlandefahrzeug LEM; 16 – Wiederaufstiegsteil des LEM; 17 – Landeteil des LEM; 18 – Mondmobil; 19 – Instrumenteneinheit (IU); 20 – Dritte Stufe der S-IVB; 21 – J-2 Triebwerk der dritten Stufe; 22 – Verbindungskonus zwischen der zweiten und dritten Stufe; 23 – Zweite Stufe S-II; 24 – Fünf J-2 Triebwerke der zweiten Stufe; 25 – Verbindungsstück zwischen der ersten und der zweiten Stufe; 26 – Erste Stufe S-IC; 27 – Stabilisierungsflossen; 28 – Fünf F-1 Triebwerke der ersten Stufe.

Aufbruch zum Mond

Als dies endlich gelang, war das Innere der Kapsel vom Feuer verzehrt.

Grissom (47 Jahre), White (37 Jahre) und Chaffee (32 Jahre) starben vorher, vor allem durch Verbrennungen und Erstikken. Die Sensoren, die sie festgeheftet auf ihrem Körper trugen, zeigten, daß die drei Astronauten 15 bis 30 Sekunden, nachdem die erste Schicht des Druckanzuges zerstört wurde, das Bewußtsein verloren. Die Untersuchungskommission fand den genauen Grund des Unglücks nicht heraus. Am wahrscheinlichsten waren es Funken eines Kabels, das unter Kurzschluß stand.

Die Atmosphäre aus 100%ig reinem Sauerstoff hatte den Brand natürlich begünstigt und den Innendruck der Kapsel um rund 1,18 kg pro m² erhöht.

Der Untersuchungskommission zufolge führten fünf Faktoren zum Desaster: die vielen entzündbaren Materialien, die bei der Verbrennung giftige Gase freisetzten (Leitungen, Kabel); nicht isolierte elektrische Kabel (viele darunter schlecht geplant, gebaut und installiert); das ungeschützte Röhrensystem mit einer entzündlichen und korrosiven Kühlflüssigkeit; die fehlende Vorbereitung des Notausstiegs für die Mannschaft bei einem Brandfall; und schließlich die Tatsache, daß die Feuerwehrleute sowie Rettungs- und medizinisches Personal nicht einmal Dienst hatten. Man hatte die Gefährlichkeit solcher Erprobungen völlig unterschätzt.

Apollo 7 (11.–22. Oktober 1968; 163 Erdumkreisungen in 10 Tagen, 20 Stunden). Erster Flug der Apollo-Kapsel im Orbit mit drei Mann Besatzung (ohne Mondlandegerät): Walter Schirra (der erste Mensch, der zum drittenmal im Orbit fliegt), Donn Eisele, 38 Jahre, Oberst der Air Force, und Walter Cunningham, 36 Jahre. Erste direkte Fernsehübertragung aus einem bemannten Raumschiff. Achtmal wird das Haupttriebwerk von Apollo (Versorgungseinheit) gezündet. Diese Maßnahme erklärt sich dadurch, daß das Triebwerk die Bahnkorrekturen beim Flug zum Mond und bei der Rückkehr zur Erde durchführen muß.

Apollo 8 (21.–27. Dezember 1968; 10 Mondumkreisungen; Gesamtdauer der Mission 6 Tage, 3 Stunden, 42 Minuten). Erster Flug in einer Mondumlaufbahn. Zum erstenmal sieht der Mensch die von der Erde abgewandte Seite des Mondes. Erste direkte Fernsehübertragungen vom Mond. Die Astronauten sind Frank Borman, James Lovell und William Anders, 35 Jahre, der zum erstenmal in den Weltraum fliegt. Die drei Astronauten überprüfen auch, ob die vorgesehenen Landegebiete auch wirklich geeignet sind. In gerader Linie mißt die größte Entfernung zur Erde 375000 km. Die Astronauten kreisen in einer Höhe von 112 km um unseren natürli-

chen Satelliten. Der Mond sieht grau aus. Die Erde hingegen leuchtet hellblau mit bräunlichen erdigen Tönen. Bei der ersten Umkreisung des Mondes ist das Apollo-Raumschiff nicht vollständig, denn es fehlt das Mondlandegerät. Zum erstenmal wurde ein bemanntes Raumschiff mit der Fluchtgeschwindigkeit von der Erde (38898 km/h) gestartet und kehrt mit 39635 km/h zurück. Dem grandiosen Erfolg der Mondrakete Saturn entsprechen auch ihre Kosten: 185 Millionen Dollar und somit 60% der Gesamtkosten (310 Millionen) der Mission. Das Apollo-Raumschiff kostete 55 Millionen, die gesamten Startvorbereitungen 70 Millionen. Beim Landeanflug hüpft die Kapsel in einer Höhe von 55 km auf den dichteren Schichten der Atmosphäre 64 km weit und fährt erst dann mit dem Abstieg fort.

Apollo 9 (3.–13. März 1969; 151 Erdumkreisungen in 10 Tagen, 1 Stunde, 1 Minute; EVA von 46 Minuten Dauer). Erste Mission des gesamten Raumschiffes Apollo, vorläufig noch in Erdumlaufbahn. Um den Funksprechverkehr zu vereinfachen, wird die Kommando-Versorgungseinheit »Gumdrop« und die Mondlandeeinheit »Spider« genannt; das gilt auch für alle weiteren Missionen. Erstes Andocken an das Mondlandegerät, das oben an der dritten Stufe der Saturn-Rakete befestigt ist und von seiner Verkleidung befreit wird. Erste Tätigkeit außerhalb des Raumschiffes Apollo. Die Mannschaft: James McDivitt, Kommandant, David R. Scott, Pilot von Gumdrop, und Russel L. Schweickart, 34 Jahre, Pilot von Spider. McDivitt und Schweickart begeben sich über den Verbindungstunnel ins Mondlandegerät. Sie entfernen sich bis zu 160 km weit von Apollo, üben Andocken und Rendezvous. Schweickart müßte eigentlich 2 Stunden im Weltraum arbeiten, doch er leidet unter Übelkeit und Erbrechen. 46 Minuten lang hält er sich auf der äußeren Zugangsplattform von Spider auf und prüft, ob die Abstiegsleiter auf den Mondboden kräftig

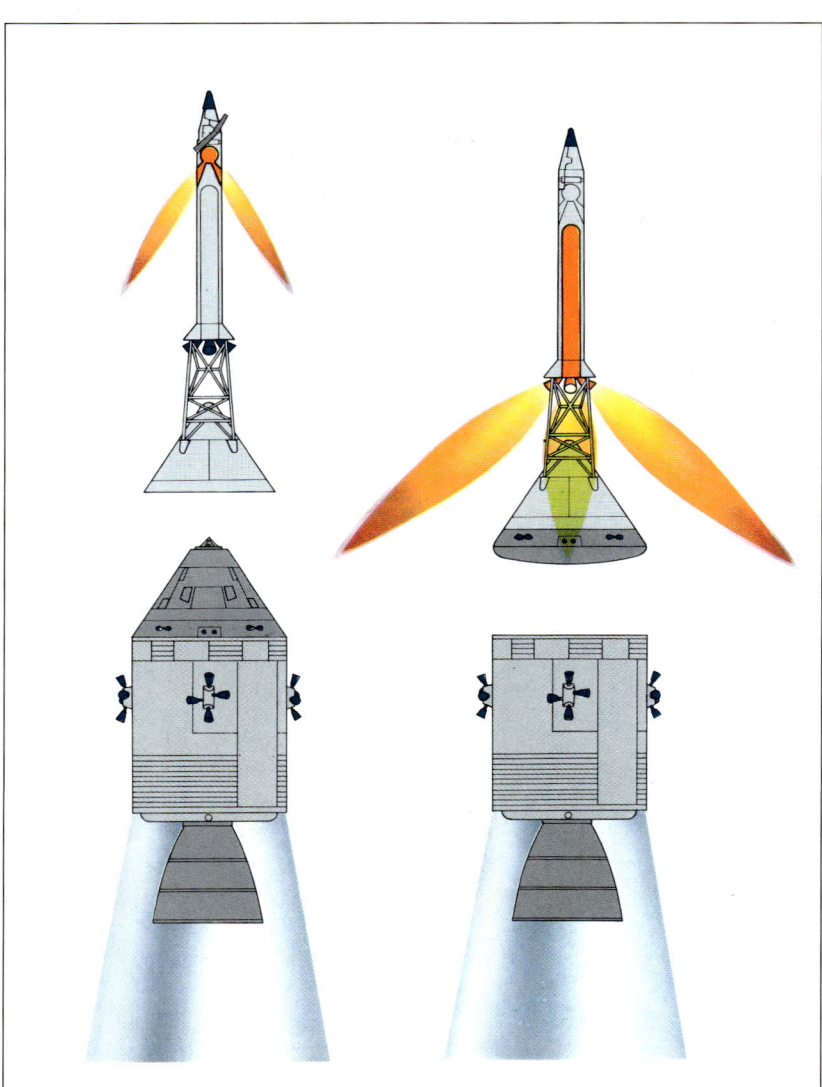

Rettungsturm. Die beiden möglichen Arbeitsweisen des Rettungsturms von Apollo. Links trennt er sich, während das Raumschiff normal zum Mond fliegt. Rechts hingegen tritt er bei einem Notfall in Aktion und reißt die Kommandoeinheit von der Versorgungseinheit an der Spitze der Saturn-V-Rakete weg und bringt die Astronauten in Sicherheit.

Apollo. 1 – Triebwerk der Versorgungseinheit; 2 – Subsatellit für die Erforschung der Mondmascons; 3 – Temperaturkontrollsystem; 4 – Sauerstoffbehälter; 5 – Druckgashauptbehälter; 6 – Verankerung für Tätigkeiten außerhalb des Raumschiffs; 7 – Wasserstoffbehälter; 8 – Brennstoffzellen; 9 – Hitzeschild der Kommandoeinheit; 10 – Düsen für die Lageregelung; 11 – Druckkabine; 12 – Instrumentenbrett; 13 – Bremsfallschirm; 14 – Koppelungsadapter; 15 – Hauptfallschirme; 16 – Kommandoeinheit (Wiedereintrittskapsel); 17 – Verbindung zwischen Versorgungs- und Kommandoeinheit; 18 – Quadrant mit Lageregelungsdüsen; 19 – Kamera mit hoher Auflösung; 20 – Weitwinkelkamera; 21 – Verwahrungsbehälter für die Filme, die bei EVA gewonnen wurden; 22 – S-Band Antenne; 23 – Massenspektrometer; 24 – Fliegendes Labor (SIM-Bucht); 25 – Spektrometer zur Registrierung von Röntgen-, Alpha- und Gammastrahlen.

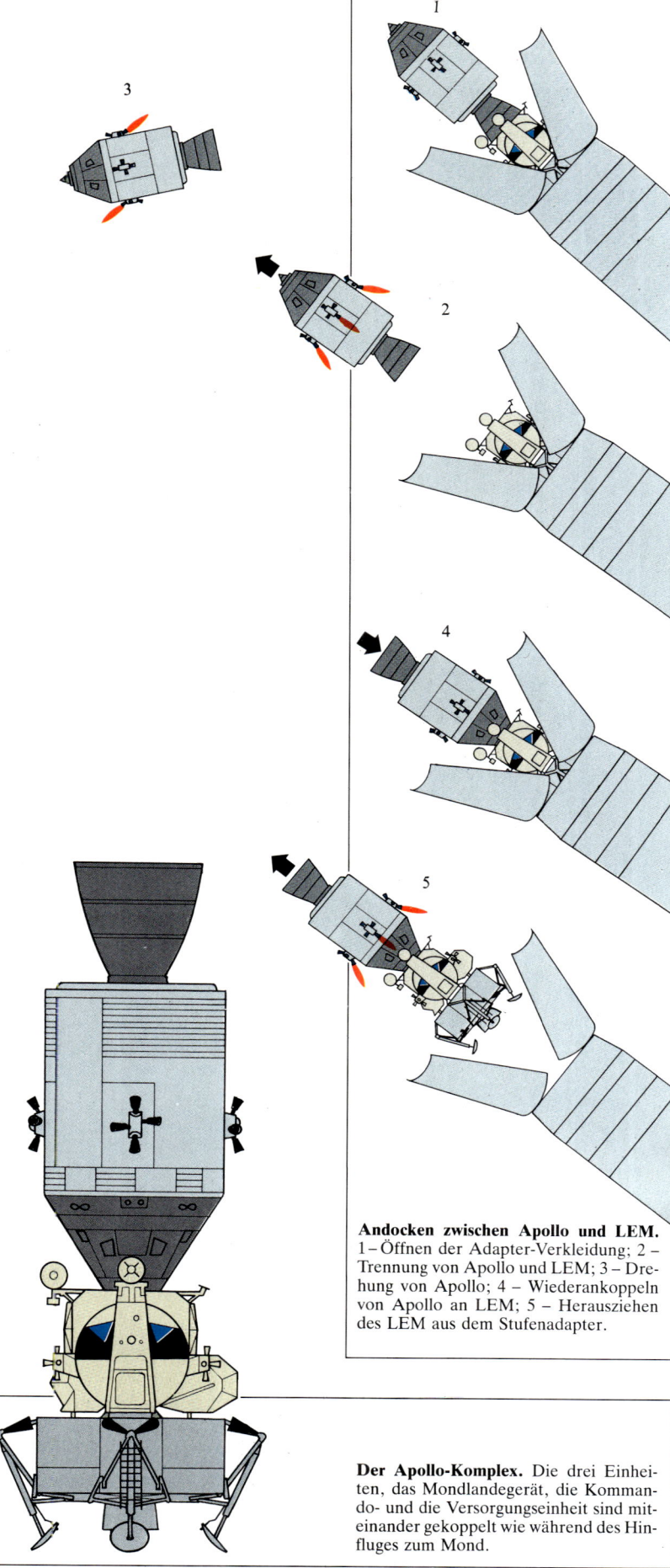

Andocken zwischen Apollo und LEM.
1 – Öffnen der Adapter-Verkleidung; 2 – Trennung von Apollo und LEM; 3 – Drehung von Apollo; 4 – Wiederankoppeln von Apollo an LEM; 5 – Herausziehen des LEM aus dem Stufenadapter.

Der Apollo-Komplex. Die drei Einheiten, das Mondlandegerät, die Kommando- und die Versorgungseinheit sind miteinander gekoppelt wie während des Hinfluges zum Mond.

genug ist. Scott schaut zur Hälfte aus der Apollo-Kapsel (ohne Innendruck) heraus und fotografiert ihn dabei. Kosten der Mission 340 Millionen Dollar. Dazu kommen 40 Millionen Dollar für das Mondlandegerät, dafür liegen die Betriebsausgaben um 10 Millionen niedriger.

Apollo 10 (18.–26. Mai 1969; 31 Mondumkreisungen; Gesamtdauer der Mission 8 Tage, 0 Stunden, 3 Minuten). Hauptprobe für die Mondlandung. Charlie Brown (Kommando-Versorgungseinheit) und Snoopy (Mondlandegerät) besichtigen die Mondlandschaft. Snoopy mit dem Kommandanten Thomas P. Stafford und dem Piloten Eugene Cernan umrunden viermal den Mond. Sie nähern sich der Oberfläche bis auf 14,5 km; das ist die Höhe, bei der zukünftige Astronauten sich entscheiden müssen, ob sie landen oder zu Apollo zurückkehren wollen. In dieser Höhe kann Apollo noch ein Rettungsunternehmen durchführen. Cernan steigt wieder auf, um sich an Charlie Brown mit dem Piloten John Young anzudocken. Der unabsichtlich geöffnete Handsteuerungs-Schalter führt zu einem heftigen Gieren und Schlingern des Mondlandegeräts. Cernan reagiert sofort und verhindert eine Katastrophe. Kosten des Unternehmens 350 Millionen Dollar (die Betriebskosten sind wieder auf 70 Millionen gestiegen).

Apollo 11 (16.–24 Juli 1969). Erster Aufenthalt des Menschen auf dem Mond, Dauer 21 Stunden, 36 Minuten; Erkundung zu Fuß während 2 Stunden, 32 Minuten (11,7% der gesamten Zeit) mit einem größten Entfernungsradius von 60 m von der Landestelle im Mare Tranquillitatis. Sammlung von 22 kg Mondgestein, einige davon aus der Höchsttiefe von 18 cm, mittleres Alter 4 Milliarden Jahre. 77 kg Instrumente zurückgelassen, das ALSEP (Apollo Lunar Surface Experiment Package), eine experimentell-wissenschaftliche Instrumentenstation. Gesamtdauer der Mission 8 Tage, 3 Stunden, 19 Minuten. Kosten 355 Millionen Dollar (5 Millionen für ALSEP).

Diese Mission brachte die beiden ersten Menschen auf einen anderen Himmelskörper: Neil Alden Armstrong, der als erster seinen Fuß auf den Mond setzte, und »Buzz« Aldrin, die mit dem LEM Eagle gelandet waren. In Mondumlaufbahn hielt sich Michael Collins in der Kommandoeinheit Columbia auf. Für die einzige unvorhergesehene Aufregung sorgen die Sowjets mit ihrer Mondsonde Luna 15, die 3 Tage vor Apollo 11 (13. Juli) ohne ein klares Programm (das war aber nicht das erste Mal) gestartet wird. Sie fliegt vom 17. Juli um den Mond; ihr folgt am 19. Juli das Apollo-Raumschiff. Luna 15 hält sich zu Beginn anscheinend in einer Umlaufbahn von 100 × 129 km auf (Neigung 25 Grad). Apollo fliegt anfänglich in einer Bahn von 112 × 314 km, dann von 99,4 × 121,5 km, mit einer Neigung von 78°. Das Kontrollzentrum in Houston befürchtet Interferenzen bei den Radioverbindungen der beiden Missionen. Die Sowjets jedoch versichern, daß keine auftreten werden.
Am 20. Juli setzen die Landeteller des

Mondlandegeräts auf eine feste Oberfläche auf, 6 km vom auserwählten Standort entfernt. Beim Landeanflug, in 150 km Höhe, schaltete Armstrong in das automatische Flugsystem ein, weil es die Eagle in ein unebenes Gebiet gebracht hätte. Im Augenblick des Auftreffens verfügen die Triebwerke nur noch über 2% des Treibstoffvorrats. Armstrong und Aldrin können in 38 m Höhe gerade noch einen einige Meter tiefen und 24 m breiten Krater überfliegen. Sie verbringen 6 Stunden, 39 Minuten in der Eagle und bereiten sich für den Ausstieg vor. Die beiden Astronauten verzichten auf die Ruhezeit.

Die Fernsehkamera des Mondlandegeräts überträgt nicht sehr klare, etwas neblige Bilder in Schwarzweiß, doch die 600 Millionen Zuschauer auf der ganzen Welt sehen sie klar mit ihrer Vorstellungskraft.
Nachdem Armstrong den Druck aus dem Mondlandegerät abgelassen hatte, steigt er in seinem Druckanzug die neun Stufen (3,05 m) auf der Metalleiter hinunter. Er berührt den Mondboden mit dem linken Fuß, hält sich aber weiterhin an der Leiter fest. Sein erster Fußabdruck im Staub wirkt grob wie der eines Skistiefels, doch er wird als ein ewiges Monument während der gesamten Existenz des Mondes weiterbestehen, denn es fehlt ja die Luft, die ihn verwischen könnte. »Es ist ein kleiner Schritt für den Menschen, aber ein riesiger Sprung für die Menschheit«, diesen Satz spricht Armstrong, als er den Mondboden berührt. 18 Minuten lang gehört der Mond ganz ihm. Er beschreibt den äußerst feinen schwarzen Staub auf dem Boden und fotografiert vor allem. Zweimal muß ihn das Kontrollzentrum in Houston daran erinnern, was er als allererstes zu tun hatte. Sobald ihm nämlich klar war, daß er sich auf dem Mond bewegen konnte, sollte er hier einen Stein aufsammeln und sich in die Tasche stecken. Hätte er nämlich aus irgendeinem Grunde sofort wieder abfliegen müssen, so hätte er mindestens dieses Souvenir vom Mond zurückgebracht. Armstrong hingegen fotografiert erst den Film zu Ende und sammelt dann die ersten Proben ein, Staub und Steine.
Dann kommt Aldrin nach. Die beiden haben ihren Spaß daran, trotz ihrer Druckanzüge herumzulaufen und zu hüpfen, weil die Schwerkraft auf dem Mond nur ein Sechstel des Wertes auf der Erde erreicht. Die Staubschicht ist dick und rutschig, die kleinen Felsen instabil. Das Geheimnis liegt darin, daß man mit langen Schritten gehen muß. Die Astronauten bewegen sich im »Känguruh-Gang«, sind aber natürlich sehr aufmerksam bei den wissenschaftlichen Beschreibungen.
Michael Collins bleibt in der Mondumlaufbahn. Bei seinem Flug, der ihn sehr nahe an den Erdtrabanten bringt, gelingt es ihm nicht, seine Mannschaftsmitglieder auf der Oberfläche zu sehen. Jeder Durchgang dauert von Horizont zu Horizont nur 6½ Minuten; davon nimmt das Überfliegen des Landegebiets der Eagle ungefähr 2½ Minuten in Anspruch. Aus 100 km Höhe beschreibt Collins die Farben des Mondes jeweils anders je nach dem Einfallswinkel der Sonnenstrahlen. Er entdeckt, daß der Mond nicht nur eine einzige Farbe auf-

Zeitlicher Ablauf der Mission Apollo 11

Die Zeit ist in Stunden:Minuten Sekunden angegeben.

1 – 00:00:00; Start;

2 – 00:02:41; Abwurf der Stufe S-IC und Zündung der Stufe S-II durch Funkkommando;

3 – 00:03:17,1; Abwurf des Rettungsturms;

4 – 00:09:15,4; Abwurf der Stufe S-II und Zündung der Triebwerke der Stufe S-IVB durch Funkkommando;

5 – 00:11:53; Brennschluß des Triebwerks der Stufe S-IVB und Einschuß in die Parkbahn um die Erde;

6 – 02:44:14,8; Beginn des beschleunigten Fluges zum Mond; das Triebwerk der Stufe S-IVB arbeitet 307 Sekunden lang;

7 – 02:49:26; Beginn des nicht beschleunigten Trägheitsfluges in Richtung Mond;

8 – 03:14:46; Abtrennung der Stufe S-IVB;

9 – 03:25:00/04:39:45; Herausziehen des LEM aus der Stufe S-IVB;

10 – 26:50:26; Bahnkorrektur; das Triebwerk der Versorgungseinheit von Apollo funktioniert 3 Sekunden lang;

11 – 75:54:28; Eintritt in eine elliptische Mondumlaufbahn; das Triebwerk der Versorgungseinheit funktioniert 357,5 Sekunden lang;

12 – 80:09:30; Einschwenken in eine kreisförmige Mondumlaufbahn; das Triebwerk der Versorgungseinheit arbeitet 17 Sekunden lang;

13 – 100:15:00; Abkoppelung des LEM von Apollo;

14 – 101:38:48; Beginn des Abstiegs zum Mond; das Triebwerk für die Lageregelung des LEM arbeitet 29,8 Sekunden lang;

15 – 102:35:11; Abstieg auf den Mond; es wird das Triebwerk der Landestufe des LEM gezündet;

16 – 102:47:03; Landung im Mare Tranquillitatis;

17 – Tätigkeit außerhalb des Mondlandefahrzeugs;

18 – 124:23:21; Start zum Wiederaufstieg; es wird das Triebwerk des Aufstiegsteils des LEM gezündet;

19 – 124:30:44; Eintritt des Aufstiegsteils in eine kreisförmige Umlaufbahn;

20 – 128:00:00; Andockmanöver zwischen der Apollo-Kapsel und dem Aufstiegsteil;

21 – 131:53:00; Apollo trennt sich vom Aufstiegsteil; die Triebwerke von Apollo arbeiten 71 Sekunden lang;

22 – 135:24:34; Beginn des Fluges in Richtung Erde; das Triebwerk der Versorgungseinheit von Apollo arbeitet 151,4 Sekunden lang;

23 – 150:27:00; Bahnkorrektur; die entsprechenden Triebwerke arbeiten 10,8 Sekunden lang;

24 – 195:03:27; Erreichen der Höhe von 120 km und dann Rückkehr zur Erde;

25 – 195:03:45; Unterbrechung der Funkverbindung;

26 – 195:06:51; Wiederherstellung der Funkverbindung;

27 – 195:11:39; Öffnung der Stabilisierungsfallschirme;

28 – 195:12:27; Öffnung der Hauptfallschirme;

29 – 195:19:06; Wasserung.

weist. Wenn das Licht beim Sonnenaufgang oder während der Dämmerung schräg eintrifft, stellt der Mond »wirklich eine graue Welt« dar. Gegen Mittag, wenn die Sonne höher steht, wird der Mond braun. Alle zwei Stunden beobachtete Collins diese Veränderung des Mondes, und zweimal sieht er unter sich auch Luna 15 vorbeiziehen, deren Zweck bis auf den heutigen Tag ungeklärt geblieben ist.

Die beiden Astronauten lassen verschiedene Spuren ihres Aufenthalts auf dem Mond zurück: eine kleine Scheibe mit den Glückwünschen aller Nationen; Medaillen, die sie von den Familien von Juri Gagarin und Wladimir Komarow erhielten; das Siegel der Apollo-Mission als Erinnerung an Grissom, White und Chaffee. Sie entwerten mit einem Stempel das erste Exemplar der neuen 10-Cent-Briefmarke »First Man on the Moon«. Und schließlich lassen sie eine amerikanische Fahne in der Größe von 1 m auf 52 cm zurück, die von einem metallischen Geflecht für alle Zeit entfaltet wird.

Armstrong und Aldrin stellen auch die wissenschaftlichen Apparaturen auf. Die einfachste ist eine äußerst dünne Aluminiumfolie, 1½ m lang und 30 cm breit. Sie dient als Falle für die Partikel des Sonnenwindes, der über den Mond hinwegweht. Diese Folie stellt das einzige Instrument dar, das die Astronauten wieder mitnehmen. Ferner werden aufgebaut: ein Laserreflektor mit hundert Kristallprismen, der sehr genaue Messungen der Entfernung

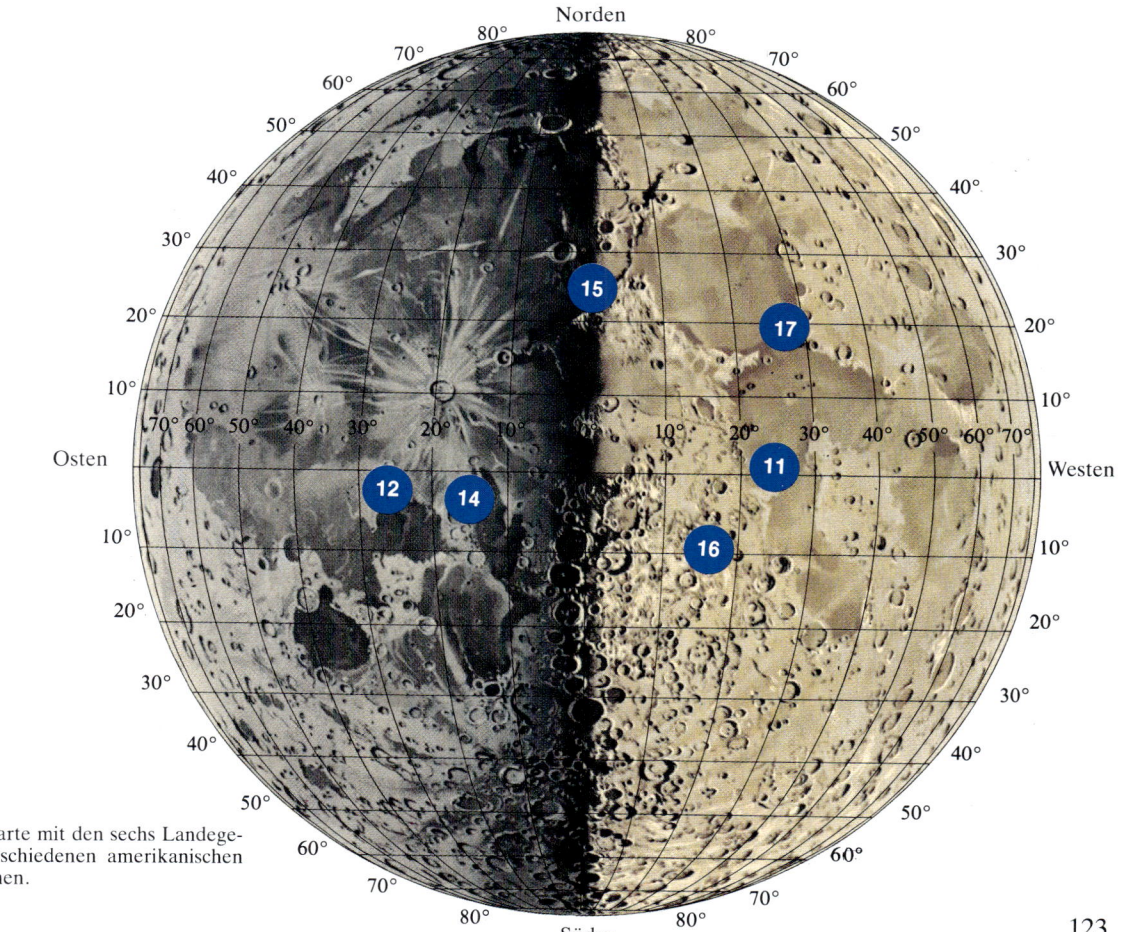

Mond. Mondkarte mit den sechs Landegebieten der verschiedenen amerikanischen Apollo-Missionen.

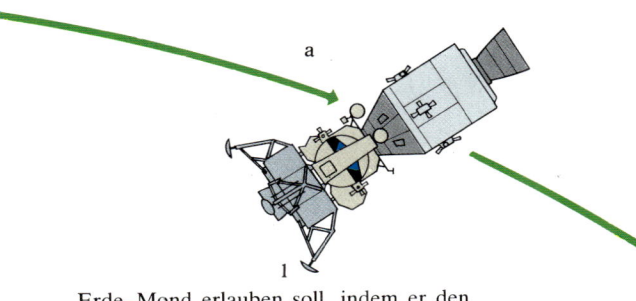

1

Trennung von Apollo und LEM. a – Mondumlaufbahn; b – Flugbahn des LEM für die
Landung auf dem Mond. 1 – Apollo-LEM;
2 – Trennung von Apollo und LEM, Zündung
der Steuertriebwerke; 3 – Lageregelung und
Zündung des Bremstriebwerks für die Mondlandung; 4 – Apollo in der Parkbahn.

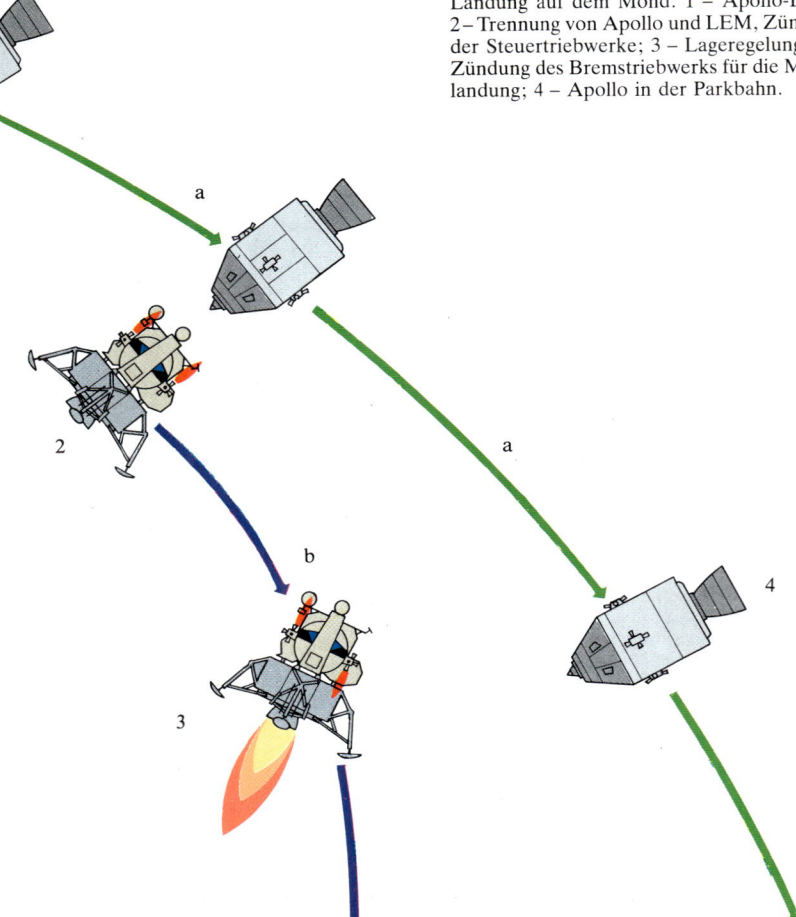

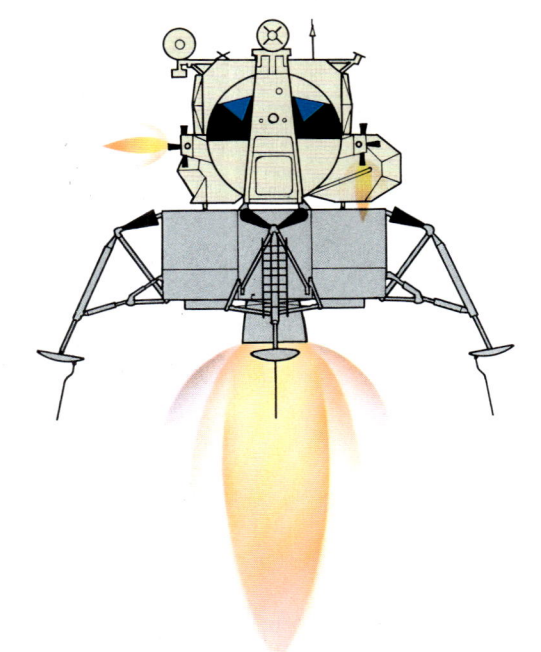

Erde–Mond erlauben soll, indem er den von der Erde entsandten Laserstrahl zurückwirft; ein Seismometer zur Registrierung von Mondbeben und Meteoriteneinschlägen. Das Seismometer ist so empfindlich, daß es die Schritte der Astronauten auf die Erde meldet. Alle diese Instrumente funktionieren mit Kernenergie.

Als erster kehrt Aldrin in das Mondlandegerät zurück. Dann schlafen die Astronauten 4 Stunden und 20 Minuten lang. Plötzlich registriert das Seismometer etwas Unerwartetes. Die sowjetische Sonde Luna 15, die nach 52 Mondumkreisungen und verschiedenen Bahnänderungen mit dem Abstieg begonnen hatte, um ihn mit einer weichen Landung abzuschließen, und anschließend mit Mondproben wieder aufsteigen soll, stürzt mit ihren über 1660 kg Gewicht in das Mare Crisium ab. Das war das erste Mal, daß die Sowjets eine weiche Landung nach mehrfachen Korrekturen der Mondumlaufbahn und nicht nach einer direkten Flugbahn von der Erde her versuchten.

Der Aufstiegsteil von Eagle löst sich vom Mond und dockt sich in 110 km Höhe wieder an Apollo an. Columbia zündet das Haupttriebwerk, unterbricht dabei das dynamische Gleichgewicht der Mondumlaufbahn und entzieht sich der Schwerkraft des Mondes. Nach der langen Rückreise findet die Wasserung im Pazifik statt. Mit biologisch isolierten Anzügen beginnen Armstrong, Aldrin und Collins, in einem für sie eigens hergerichteten »Container« auf dem Flugzeugträger »Hornet« eine, wie sich dann herausstellen sollte, unnötige Quarantäne, um die Erde und ihre Bewohner vor unbekannten Mikroorganismen des Mondes zu schützen.

Apollo 12 (14.–24. November 1969). 49 Mondumkreisungen; zweiter Aufenthalt auf dem Mond, Gesamtdauer 31 Stunden, 31 Minuten; Erforschung des Mondes in 7 Stunden, 45 Minuten (24,6%) während zweier EVA, die beide fast gleich lang dauerten; höchste Entfernung 400 m vom Landepunkt im Oceanus Procellarum. Sammlung von 35 kg Mondgestein und Mondstaub; einige der Proben stammen aus einer Höchstbohrtiefe von 70 cm, Durchschnittsalter 3,5 Milliarden Jahre. Es wurden auch die Fernsehkamera und Teile der Sonde Surveyor 3 geborgen. Die Astronauten ließen 200 kg Instrumente (ALSEP) zurück. Gesamtdauer der Mission: 10 Tage, 4½ Stunden. Kosten 375 Millionen Dollar. Der Wert der Instrumente des ALSEP-Programms erhöhte sich auf 25 Millionen.

Ein Blitz erschüttert das Raumschiff 36 Sekunden nach dem Start von Cape Ken-

nedy. Die ersten beiden Stunden verbringt es in einer Parkbahn um die Erde, um zu kontrollieren, ob die Entladung nicht den Computer beschädigt hat, der die Flug- und Landebahnen auf dem Mond berechnen soll. Die Mannschaft ist folgendermaßen zusammengesetzt: Kommandant Charles Conrad und Alan Bean, 37 Jahre, Fregattenkapitän; beide werden mit dem LEM Intrepid landen, während Richard Gordon im Yankee Clipper in der Mondumlaufbahn auf sie wartet. Das Landegebiet liegt wiederum in Oceanus Procellarum, allerdings an einer anderen Stelle, und wird trotz des Staubes, den die Triebwerke aufwirbeln, auf 30 m genau getroffen. Die Astronauten sind 185 m von Surveyor 3 entfernt. Conrad schlägt als erster Mensch auf dem Mond einen Purzelbaum, ohne Schaden zu nehmen. Dieses Mal bauen die Astronauten eine Batterie mit sechs Instrumenten auf. Sie wird von Kernenergie gespeist und soll ein Jahr lang Daten liefern. Es sind dies ein passives Seismometer, ein Mondstaubdetektor, ein Magnetometer, ein Sonnenwind-Spektrometer, ein Detektor für superthermale Zonen und ein Kaltkathodenionenmeßgerät. Ein Sonnenwindpartikel-Kollektor (die übliche metallische Folie) wird vor dem Start wieder geborgen. Nach dem Andocken in der Mondumlaufbahn wird die Oberstufe von Intrepid voll beschleunigt und auf die Mondoberfläche katapultiert, um ein künstliches Mondbeben hervorzurufen. 51 Minuten lang sind auf dem Mond Erschütterungen nachzuweisen; »Er hallt nach wie eine Glocke«, und das ist eine Überraschung für alle. Eine Hypothese behauptet, diese Resonanzen beruhten auf der unregelmäßigen inneren Verteilung der Massen, jener Mascons, welche die automatischen amerikanischen Mondsonden entdeckten.

Apollo 13 (11.–17. April 1970). Vorbeiflug am Mond und unverzügliche Rückkehr zur Erde. Dauer der Mission 5 Tage, 22 Stunden, 55 Minuten. Die Mondmission mißlingt und endete in einer spannenden, phantastischen Rettungsaktion; die Crew geht unversehrt daraus hervor. Kosten der Mission 375 Millionen Dollar. Einen Tag vor dem Start wird einer der Astronauten, Thomas Mattingly, von John »Jack« Swigert ersetzt, einem 38jährigen Ingenieur. Man befürchtet, Mattingly habe sich die Masern geholt. Ähnliche Befürchtungen für den Kommandanten James Lovell (4. Orbitalflug) und Fred Haise, 36 Jahre alt, Ingenieur, Pilot des Mondlandegeräts Aquarius, bestätigen sich nicht. Swigert bekommt die Aufgabe, in der Mondumlaufbahn im Apollo-Raumschiff Odyssey zu warten.

Die Saturn V-Rakete wiegt dieses Mal fast 12 t mehr als üblich. Sie enthält mehr Treibstoffe zur Erprobung im Hinblick auf schwere Raumfahrzeuge, die zum Mond fliegen sollten. Die Schwierigkeiten beginnen mit dem Haupttriebwerk der zweiten Stufe. Es hört 2 Minuten und 7 Sekunden vor dem vorgesehenen Brennschluß auf zu arbeiten. Auf einen Funkspruch von der Erde hin befehlen die Computer von Saturn den vier äußeren Triebwerken, 34

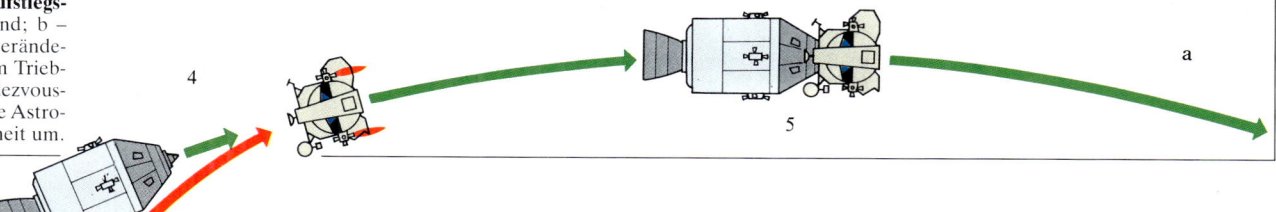

Wiederankoppelung von Apollo mit dem Aufstiegs-teil des LEM. a – Parkbahn um den Mond; b – Flugbahn beim Wiederaufstieg. 1 – Lageverände-rung von Apollo; 2 – LEM mit gezündetem Trieb-werk; 3 – Lageregelung des LEM; 4 – Rendezvous-Manöver zwischen Apollo und LEM; 5 – Die Astro-nauten des LEM steigen in Kommandoeinheit um.

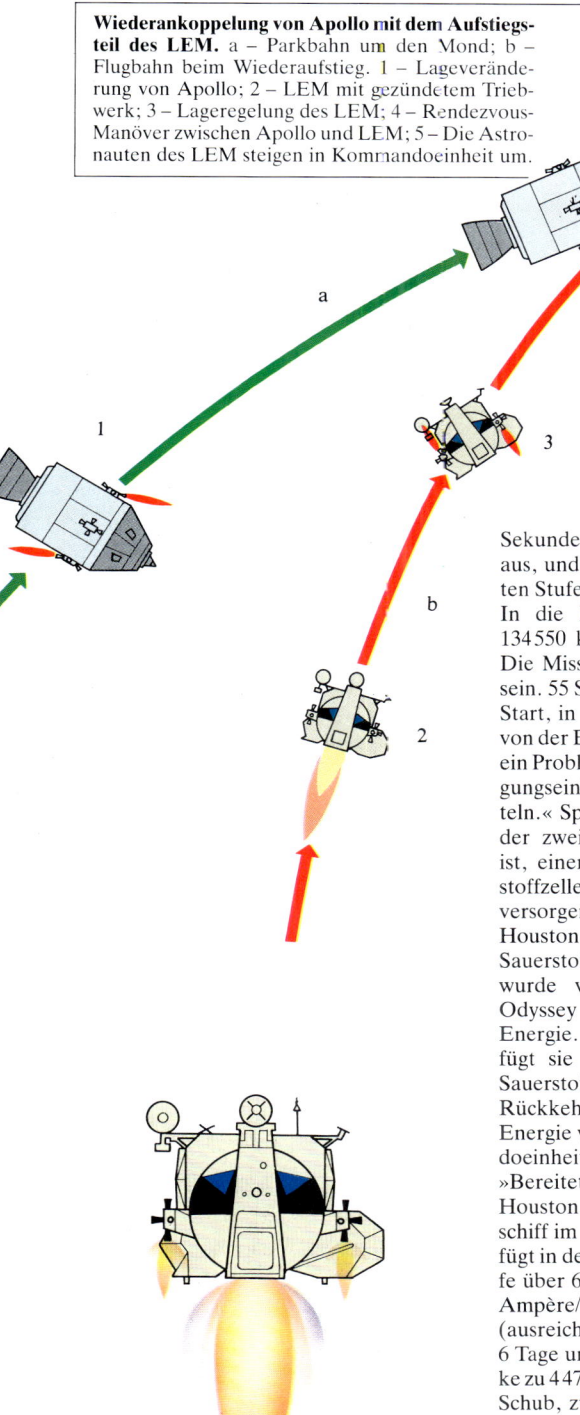

Aufstiegsteil. Nach der Landung bleibt der Landeteil des LEM auf dem Mond. Er dient als Startplattform für den Aufstiegsteil mit den beiden Astronauten an Bord. Sie müssen ihr Gefährt in einer Mondumlaufbahn wieder an die Kommandoeinheit von Apollo ankop-peln.

Sekunden über die vorgesehene Zeit hin-aus, und dem einzigen Triebwerk der drit-ten Stufe, 12 Sekunden länger zu arbeiten. In die Erdenumlaufbahn gelangten damit 134 550 kg, ein absolutes Höchstgewicht. Die Mission scheint nunmehr Routine zu sein. 55 Stunden und 55 Minuten nach dem Start, in einer Entfernung von 329 845 km von der Erde, teilt Swigert mit: »Wir haben ein Problem. Eine Explosion in der Versor-gungseinheit, gefolgt von heftigem Schüt-teln.« Später wird man herausfinden, daß der zweite Sauerstoffbehälter explodiert ist, einer der beiden, welche die Brenn-stoffzellen und die Klimanlage der Odyssey versorgen. Allgemeiner Alarm nachts in Houston. Auch der Druck des ersten Sauerstoffbehälters sinkt langsam auf 0. Er wurde von der Explosion beschädigt. Odyssey hat für 15 Minuten elektrische Energie. Ohne die Versorgungseinheit ver-fügt sie weder über Wasser noch über Sauerstoff noch über Schubkraft für die Rückkehr. Es ist auch nicht genügend Energie vorhanden, um von der Komman-doeinheit das Haupttriebwerk zu zünden. »Bereitet das Mondlandegerät vor«, rät Houston. Aquarius wird zum Rettungs-schiff im Raum. Das Mondlandegerät ver-fügt in der Lande- und Wiederaufstiegsstu-fe über 6 Akkumulatoren (zu 400 und 296 Ampère/Stunde), 24 kg Sauerstoffreserven (ausreichend für 6 Tage), 237 l Wasser (für 6 Tage und 4 Stunden) und zwei Triebwer-ke zu 4477 (43,8 kN) und 1588 kp (15,5 kN) Schub, zusammen mit einer beschränkten Reserve an Treibstoffen.
Die Mondlandung wird gestrichen. Inzwi-schen wird das Triebwerk der Landestufe von Aquarius 31 Sekunden lang gezündet. Das hat zur Folge, daß das Apollo-Raum-schiff von der »hybriden« Flugbahn (die in 111 km Höhe, bei der besten Beleuchtung für die Landung verlaufen sollte) auf eine Flugbahn »mit freier Rückkehr« gehievt wird. Das bedeutet, daß der Mond in 264 km Höhe überflogen wird und daß die Rückkehr zur Erde automatisch erfolgt, ohne weiteren Triebwerkschub. Die Ge-schwindigkeit des Raumschiffes Apollo und das Schwerefeld des Mondes in jener Flughöhe reichen aus, um die Flugbahn entsprechend zu verändern.
Mehrere europäische Länder teilen Wash-ington mit, daß sie in der Endphase des Rückfluges eine Funkstille auf jenen Fre-quenzen beachten werden, die denen des Apollo-Raumschiffes am nächsten liegen, um die Funkprobleme zwischen Raum-schiff und Bodenstation nicht noch zu ver-größern. Dasselbe sichern auch die UdSSR, die Länder Osteuropas, Asiens und Südamerikas zu.
Die Astronauten schlafen in der kalten, nicht klimatisierten Apollo-Kapsel, um elektrische Energie und Sauerstoff zu spa-ren. Nachdem das Raumschiff den Mond umkreist hat, entfernt es sich wieder in Richtung Erde mit einer Geschwindigkeit von ungefähr 7000 km/h. Nach 65 Stunden Flug und 4 Bahnkorrekturen findet Odys-sey den richtigen Wiedereintrittskorridor in 120 km Höhe und bei 39 730 km/h. 3 Minuten und 15 Sekunden ist keine Kom-munikation möglich, weil durch die Hitze des Wiedereintritts das Raumschiff von ionisierter Luft umgeben ist. »Alles in Ord-nung an Bord«, teilt Lovell mit. Apollo 13 landet im Pazifik, 930 km südwestlich der Samoa-Inseln. Die Wasserung findet 600 m vom vorgesehenen Zielpunkt entfernt statt. Ein Hubschrauber bringt die drei Astronauten auf das Trägerschiff »Ivo Ji-ma«. Sie werden medizinisch untersucht. Lovell hat fast 7, Haise und Swigert 4 kg verloren; nur Haise hat eine leichte Ent-zündung der Harnwege.
Und der Grund für das Mißgeschick? Es hatte sich ein Schalter eines Heizgeräts überhitzt und dabei den Behälter beschä-digt. Derselbe Behälter war übrigens von Apollo 10 entfernt worden, weil er Proble-me machte. Er mußte verändert werden und wurde während der Demontage be-schädigt. In diesem Zustand wurde er, wie eine Zeitbombe, in Apollo 13 eingebaut.

Apollo 14 (31. Januar bis 9. Februar 1971). 34 Mondumkreisungen; dritter Aufenthalt auf dem Mond, Dauer 1 Tag, 9 Stunden, 31 Minuten; Exkursionen mit EVA, Dauer 9 Stunden, 17 Minuten (27,7%), größte Ent-fernung von der Landestufe (Fra-Mauro-Hochland) 2190 m. Die Astronauten sam-meln 43,5 kg Gestein und Mondstaub, eini-ge Proben aus einer Höchsttiefe von 80 cm, mittleres Alter der Proben 4,5 Milliarden Jahre. Sie lassen 225 kg Instrumente (AL-SEP) zurück. Gesamtdauer der Mission 9 Tage, 42 Minuten. Kosten 400 Millionen Dollar, die Betriebskosten erhöhen sich auf 95 Millionen Dollar. Das Unternehmen startet mit einer Verzögerung von 4 Mona-ten wegen der durch Apollo 13 erlittenen Rückschläge: Untersuchung und Modifi-zierung der Behälter in der Versorgungs-einheit. Alan Shepard, der wegen eines Trommelfellrisses während des Fluges von Mercury 3 zehn Jahre darauf warten muß-te, steigt im bereits fortgeschrittenen Alter von 48 Jahren in eine Erdumlaufbahn auf. Und er landet auf dem Mond. Mit ihm befindet sich im Mondlandegerät Kitty Hawk auch der 41jährige Edgard Mitchell, Fregattenkapitän der Navy. In der Park-bahn um den Mond verbleibt Stuart Roosa, 38 Jahre, Oberst der Air Force; wie für Shepard wird es auch für Roosa der erste und einzige Raumflug bleiben. Die Mann-schaft besteht damit nur aus »Rekruten«, ein Ausnahmefall im Apollo-Programm. Um Treibstoff zu sparen, trennt sich die Kitty Hawk vom Apollo-Raumschiff in einer sehr geringen Höhe, 15 km über der Oberfläche. Als Zielgebiet ist das Fra-Mauro-Hochland vorgesehen. Um die im-mer zahlreicheren Mondproben zu sam-meln, nehmen Shepard und Mitchell einen gummibereiften Handkarren mit auf den Mond. Sie wählen auch zwei große kiesel-artige Stücke aus, jedes 4½ kg schwer, die größten Mondstücke überhaupt. Abgese-hen von Instrumenten läßt Mitchell auch ein Paket mit der Bibel in Mikrofilm und den ersten Vers der Genesis in 16 Sprachen zurück. Die Mission soll auch Daten sam-meln, die es den Wissenschaftlern erlau-ben, etwas über den inneren Aufbau des Mondes zu erfahren. Sie lassen die Lande-stufe auf den Mond zurückfallen und len-ken auch die dritte Stufe der Saturnrakete auf den Mond. Damit erreichen sie die gleiche Wirkung, wie wenn 11 t Trinitroto-luol (TNT) detonieren. Weiterhin läßt Mit-chell auf der Mondoberfläche 13 Knallpa-tronen los; weitere 8 zünden nicht. Wäh-rend des Rückflugs erwärmen die Astro-nauten ein Reagenzglas, das einen Cocktail nicht mischbarer Stoffe enthält: Paraffin, Wolframkugeln und Natriumacetat. Diese drei Komponenten trennen sich nicht in drei Schichten, wie sie es unter dem Ein-fluß der Schwerkraft auf der Erde getan hätten (Paraffin oben, Natriumacetat in der Mitte, Wolfram auf dem Boden), son-dern bilden eine homogene Mischung.

Apollo 15 (26. Juli bis 7. August 1971). 74 Mondumkreisungen; vierter Aufenthalt auf dem Mond, Dauer 2 Tage, 18 Stunden, 55 Minuten; dreimalige EVA zu Fuß und erstmals mit dem Mondmobil, Gesamtdau-er 18 Stunden, 35 Minuten (27,8%); größte Entfernung vom Landepunkt im Gebiet des Mount Hadley 6 km, insgesamt 27,9 km zurückgelegt. Die Astronauten sammeln über 100 kg Gestein und Mondstaub, eini-ge Proben aus einer Höchsttiefe von 2,36 m; ihr Durchschnittsalter beträgt 4,5 Mil-liarden Jahre. 549 kg Instrumente werden auf dem Mond zurückgelassen. Eine EVA von 38 Minuten Dauer während der Rück-reise. Eine EVA von 33 Minuten Dauer mit

DAS MONDLANDEGERÄT

Es stellt das einzige Gerät dar, das ausschließlich für die Arbeit im luftleeren Raum und auf dem Mond, wo es ja keine Atmosphäre gibt, konzipiert ist. Die Mondlandeeinheit sollte zwei Astronauten aus der Kommandoeinheit von Apollo, die in einer Mondumlaufbahn kreist, auf die Oberfläche unseres Satelliten bringen, während deren Aufenthalt als Basis dienen und schließlich beide wieder zum Rendezvous mit Apollo und seinem Piloten befördern. Da das Mondlandegerät keiner Luftreibung ausgesetzt war, stellte es das zierlichste und gleichzeitig unförmigste aller Raumschiffe dar.

Die Druckkabine bestand aus einer verschweißten Aluminiumlegierung, trug mindestens 8 cm Isoliermaterial und darauf eine dünne Aluminiumfolie. Es mußte viel Gewicht gespart werden, weil 1 kg im Weltraum auf der Erde 70 kg Mehrgewicht für Strukturverstärkung und Treibstoff bedeutet. Da sich keine aerodynamischen Probleme stellten, hatte das Mondlandegerät eine äußere Form voll von Vorsprüngen, Buchten, Ecken und Kanten, gerade wie es die Bedürfnisse eingaben: Blick nach außen,

Position der Lageregelungstriebwerke und der verschiedenen Antennen, Unterteilung in zwei Stufen, von denen die untere der oberen als Startplattform dient.

Das Mondlandegerät hatte verschiedene Namen, offizielle und inoffizielle. Zu Beginn hieß es LEM (Lunar Excursion Module), doch später erschien der Begriff »Exkursion« zu wenig ernsthaft für jemanden, der gerade eine völlig neue Welt erforschte. So wurde daraus einfach LM (Lunar Module). Die beiden Begriffe wurden aber nebeneinander gebraucht, denn LEM tönt im Amerikanischen zumindest besser. Das Mondlandegerät hieß auch Bug (Wanze) und Spider (Spinne) wegen seiner vier langen Beine. Um die Funkverbindung zu erleichtern, erhielten die Kommandoeinheit Apollo und das Mondlandegerät von der 9. Apollo-Mission an offizielle Namen: Gumdrop-Spider, Charlie Brown-Snoopy, Columbia-Eagle usw.

Mit voll ausgefahrenen Beinen war das Mondlandegerät 7,03 m hoch und hatte von einem Bein zum anderen einen Durchmesser von 9,45 m. Das Gesamtgewicht mit dem Treibstoff und den beiden Astronauten lag bei ungefähr 14742 kg, davon allerdings 73,3% Treibstoffe. Bei den

letzten Apollo-Missionen wurde das Gewicht um ungefähr 2 Tonnen erhöht. Dazu kamen das Mondmobil, eine umfangreichere Auswahl wissenschaftlicher Instrumente, größere Reserven an Sauerstoff, Batterien und Wasser, um die Aufenthaltsdauer auf dem Mond zu verlängern. Zunächst hatte das Mondlandegerät von der Trennung der Kommandoeinheit gerechnet eine Autonomie von 48 Stunden, davon 35 Stunden auf dem Mond. Bei der letzten Mission gestattete das Mondlandegerät einen Aufenthalt von 55 Stunden auf dem Mond.

Das Mondlandegerät bestand aus zwei Teilen: einem achteckigen Landeteil (mit einem Haupttriebwerk, das zur Abbremsung diente, denn beim Fehlen der Atmosphäre kann man keine Fallschirme oder andere aerodynamischen Flächen verwenden), und einem Aufstiegsteil, in dem sich die Druckkabine mit den beiden Astronauten befand; es verfügte über ein eigenes Triebwerk. Das Landeteil war 3,07 m hoch und bestand aus einer chemisch bearbeiteten Aluminiumlegierung, um das Gewicht möglichst gering zu halten. Sie enthielt Behälter mit Flüssigbrennstoffen, Sauerstoff, Wasser, Helium, ferner Batterien, das wissenschaftliche Instrumentarium AL-

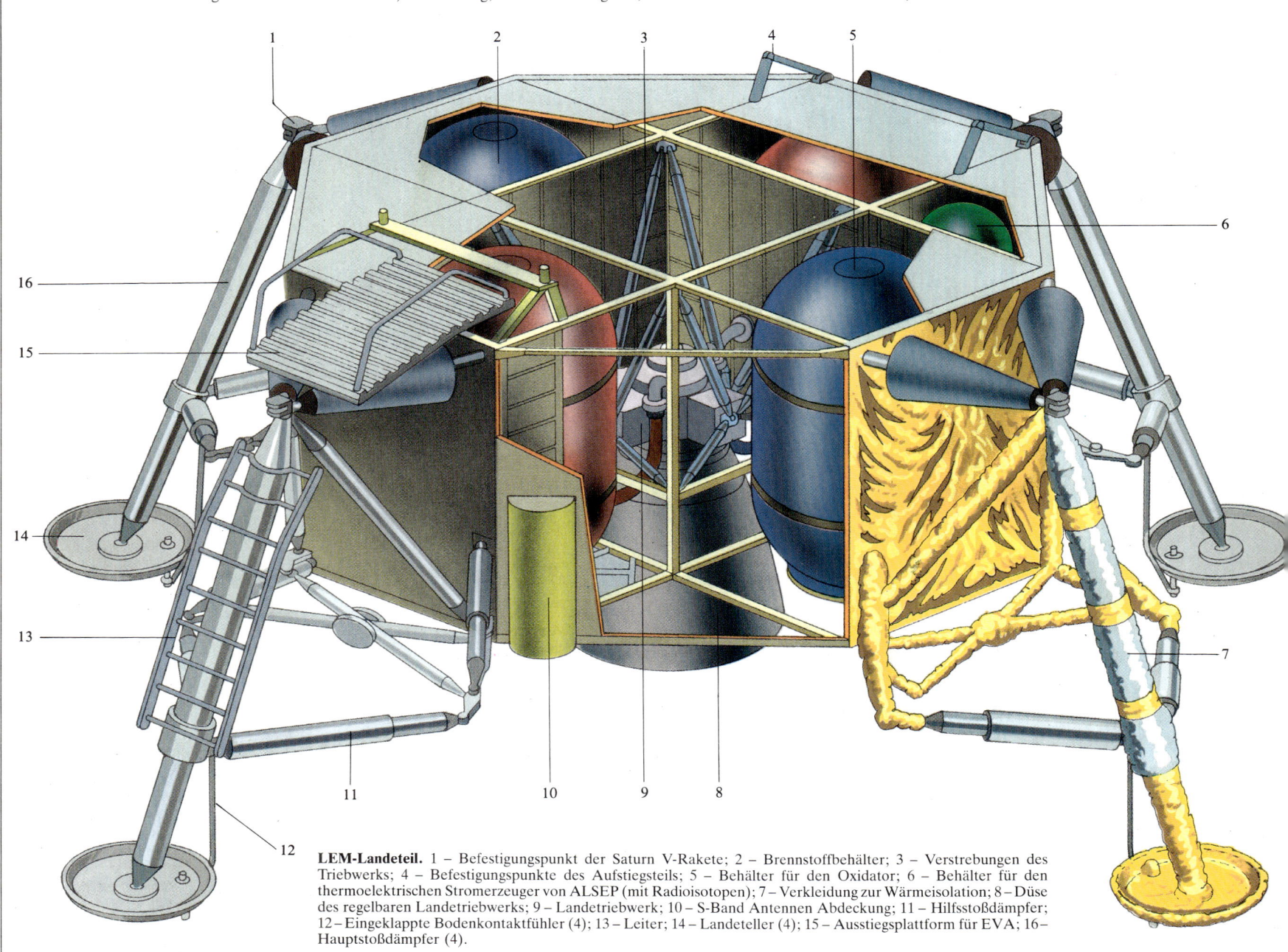

LEM-Landeteil. 1 – Befestigungspunkt der Saturn V-Rakete; 2 – Brennstoffbehälter; 3 – Verstrebungen des Triebwerks; 4 – Befestigungspunkte des Aufstiegsteils; 5 – Behälter für den Oxidator; 6 – Behälter für den thermoelektrischen Stromerzeuger von ALSEP (mit Radioisotopen); 7 – Verkleidung zur Wärmeisolation; 8 – Düse des regelbaren Landetriebwerks; 9 – Landetriebwerk; 10 – S-Band Antennen Abdeckung; 11 – Hilfsstoßdämpfer; 12 – Eingeklappte Bodenkontaktfühler (4); 13 – Leiter; 14 – Landeteller (4); 15 – Ausstiegsplattform für EVA; 16 – Hauptstoßdämpfer (4).

LEM-Aufstiegsteil. 1 – S-Band Richtantenne; 2 – Sichtfenster für das Rendezvous; 3 – Elektronikgeräte; 4 – Umsteigeluke; 5 – Koppelungsadapterkonus; 6 – UKW-Antennen (2); 7 – Optische Kopplungszielmarke; 8 – Antenne für EVA (Extra vehicular activity); 9 – Brennstoffbehälter; 10 – Einheit zur Regelung des Heliumdrucks (elektrische Ventile); 11 – Behälter für den Oxidator; 12 – Lagerregelungsdüsen (4); 13 – Heliumbehälter; 14 – Brennstoffbehälter für das Aufstiegstriebwerk; 15 – Düse des Aufstiegstriebwerks; 16 – Abdeckung des Aufstiegstriebwerks; 17 – Sich selbst regelnde Verankerung der Astronauten mit einem Gurtsystem; 18 – Instrumentenbrett für den Piloten; 19 – Dreiecks-Sichtfenster (2); 20 – Verbindung zum Landeteil des LEM; 21 – Luke für EVA; 22 – Handlauf für EVA; 23 – Ortungslicht für Koppelungsmanöver; 24 – S-Band Antenne; 25 – Klimaanlage; 26 – Optisches Periskop; 27 – Rendezvousradar.
Anmerkung: S-Band = 1550...5200 MHz.

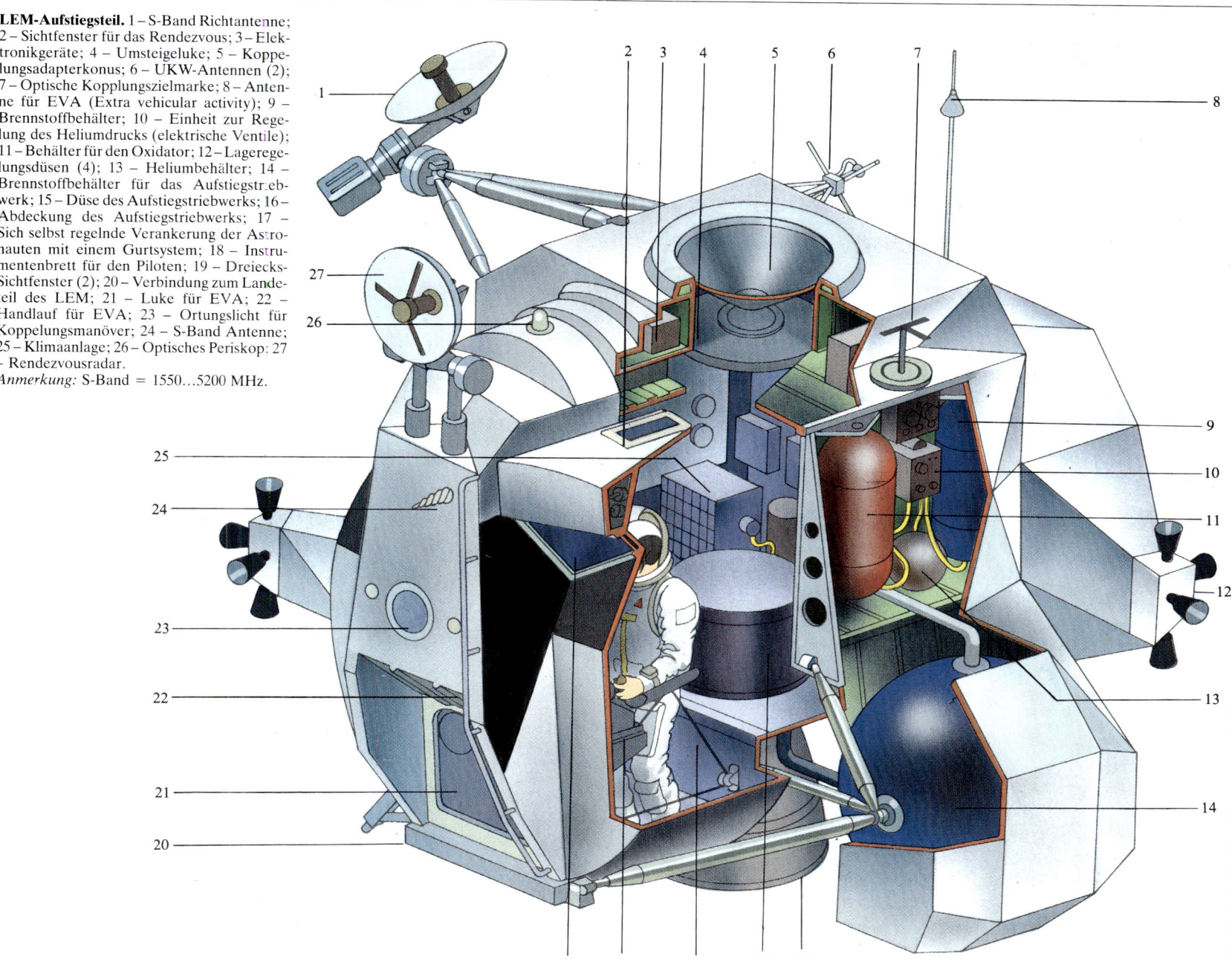

SEP, einen Radar zur Höhenmessung und, in einer Bucht zusammengeklappt, das Mondmobil. Jedes der vier teleskopartig ausziehbaren Landebeine trug einen Landeteller; an einem Bein war die Leiter mit neun Sprossen befestigt. Zur Gewichtsersparnis und unter Ausnutzung der Anziehungskraft des Mondes, die ein Sechstel der Erdanziehung erreicht, trugen die Sprossen gerade 13½ kg: Das sind 80 kg, das Durchschnittsgewicht eines Astronauten, geteilt durch 6, mit einer geringen Sicherheitsmarge. Um den Aufprall auf die Mondoberfläche zu dämpfen (die Landegeschwindigkeit liegt bei 1 m pro Sekunde) trugen die teleskopartig ausziehbaren Landebeine am Ende einen 94 cm weiten Landeteller, der aus einer verformbaren Aluminiumwabe bestand. Drei der vier Landebeine besaßen 173 cm lange, senkrecht herunterhängende Bodenkontaktfühler. Wenn sie das Auftreffen auf der Mondoberfläche meldeten, mußten die Astronauten das Landetriebwerk abstellen.

Um die Abstiegsgeschwindigkeit zu dämpfen, hing alles vom Triebwerk ab. Es ließ sich mehrmals zünden, und der Schub konnte von 476 (4,66 kN) bis 4447 kp (43,87 kN)

verändert werden. Mit 8187 kg Flüssigtreibstoff arbeitete es 14 Minuten und 34 Sekunden lang. 3 Minuten und 29 Sekunden lang konnte das Mondlandegerät sich wie ein Hubschrauber verhalten, über dem Boden schweben und dabei die beste Landestelle suchen. Das Triebwerk ließ sich auch innerhalb gewisser Grenzen kippen, doch wurden seitliche Bewegungen mit den kleinen Helium-Vernier-Düsen der Oberstufe durchgeführt.

Das Landeteil, also die untere Stufe, blieb auf dem Mond. Sie diente dem Aufstiegsteil als Startplattform für den Aufstieg zur Kommandoeinheit. Der obere Teil des Mondlandegeräts war 3,07 m hoch. Seine Druckkabine hatte einen Durchmesser von 2,33 m und umschloß einen Raum von 4,5 m³. Die Atmosphäre bestand aus 100%igem Sauerstoff, die Temperatur war auf 23,8° geregelt. Es gab keine Sitze. Um sich aufrecht zu halten und um mögliche Stöße aufzufangen, steckten die Astronauten ihre Füße in eine Art Steigbügel auf dem Boden, klinkten sich mit den Seiten des Druckanzuges an einem Gurtsystem fest und hatten überdies Armstützen. In Augenhöhe befanden sich zwei rechteckige Sichtfenster

und über dem Kopf des Kommandanten ein Fenster für das Andockmanöver. Ganz oben befand sich die 81 cm weite runde Luke, die den Astronauten den Übergang vom Mondlandegerät zur Apollo-Kapsel erlaubte. Was die Kommandos und die Anzeigeinstrumente anbetrifft, so verfügte das Mondlandegerät über alle wichtigen Systeme von Apollo.

Das Triebwerk hatte eine Schubkraft von 1588 kg (15,56 kN) und arbeitete 7 Minuten und 40 Sekunden lang; es waren 2352 kg Flüssigtreibstoff vorhanden. Das Triebwerk konnte 35mal gezündet und abgestellt werden. Das Aufstiegsteil löste sich durch Sprengbolzen vom Landeteil ab, stieg erst senkrecht und dann schräg, parallel zur Mondoberfläche auf, um zwischen 18,5 und 55 km Höhe in die Parkbahn einzuschwenken und dann an die Kommandoeinheit Apollo anzudocken.

Die Oberstufe des Mondlandegeräts blieb in einer Umlaufbahn, wurde aber in einigen Fällen mit größtem Schub auf den Mond zurückgesandt, um ein Mondbeben auszulösen. Das Mondlandegerät wurde von der Grumman Aircraft Engineering Corporation gebaut.

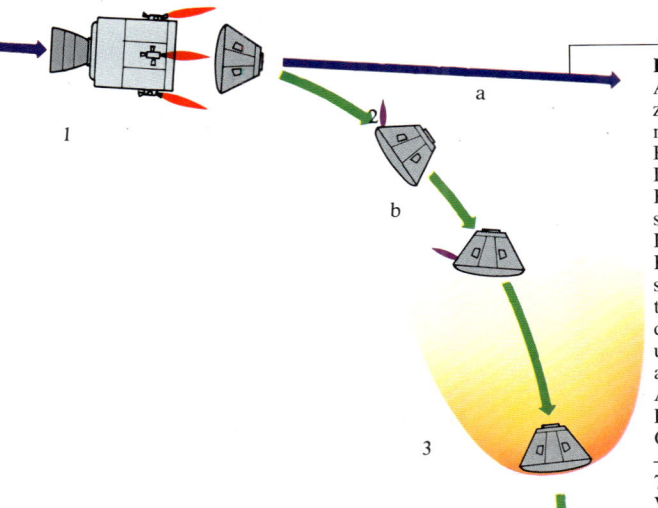

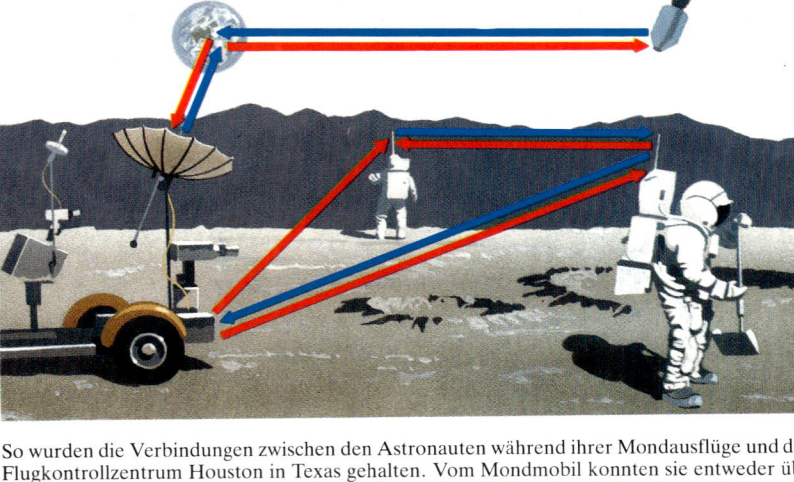

So wurden die Verbindungen zwischen den Astronauten während ihrer Mondausflüge und dem Flugkontrollzentrum Houston in Texas gehalten. Vom Mondmobil konnten sie entweder über die Kommandoeinheit in der Mondumlaufbahn oder direkt mit erdgebundenen Stationen in Verbindung treten.

Rückkehr der Apollo-Kapsel. a – Antriebslose Phase vom Mond zur Erde; b – Flugbahn der Kommandoeinheit; c – Abschnitt mit Funkstille; d – Flugbahn vor der Landung. 1 – Versorgungs- und Kommandoeinheit (Apollo-Kapsel) trennen sich voneinander; 2 – Die Kommandoeinheit (Apollo-Kapsel) dreht sich mit dem Hitzeschild in Flugrichtung; 3 – Auftreffen der Apollo-Kapsel mit dem Hitzeschild in Flugrichtung unter einem Winkel von 6 Grad auf die dichteren Schichten der Atmosphäre; 4 – Ablösen der Fallschirmbehälterabdeckung; 5 – Öffnung der Bremsfallschirme; 6 – Öffnung der Hauptfallschirme; 7 – Abbremsung auf 30 km/h und Wasserung.

den Füßen in der Kommandoeinheit verankert. Gesamtdauer der Mission 12 Tage, 7 Stunden, 12 Minuten. Kosten 445 Millionen Dollar; die Betriebskosten nehmen weiterhin zu (105 Millionen Dollar).

Diese Mission verläuft vor allem in wissenschaftlicher Hinsicht sehr befriedigend. Die Astronauten sind David Scott, Kommandant, dritter Raumflug, James Irwin, 42 Jahre, Oberst der Air Force, Pilot des Mondlandegeräts Falcon, und Alfred Worden, 39 Jahre, ebenfalls Oberst der Air Force, Pilot der Kommandoeinheit Endeauvour.

Die erste motorisierte Erforschung des Mondes mit dem elektrisch betriebenen Mondmobil Lunar Rover, das zusammengeklappt in einer Bucht des Mondlandegerätes Platz findet, verläuft sehr zufriedenstellend. Es kann sich mit einer Durchschnittsgeschwindigkeit von 3–4 km/h (Höchstgeschwindigkeit 14 km/h) bewegen.

Das Mondmobil vervielfacht den Aktionsradius der Astronauten vom Landeplatz aus um den Faktor 3. Zielgebiet ist ein Gebirge (Hadley-Apenninen) mit Bergspitzen bis in 4000 m Höhe und vor allem die 360 m tiefe Hadley-Rille. Wegen des gebirgigen Geländes steht die Falcon etwas schräg da, ein Bein in einem kleinen Krater. Apollo 15 ist das bislang schwerste Raumschiff, das um den Mond kreist: 48549 kg. Die Kommando- und Versorgungseinheiten sowie das Mondlandegerät erlauben einen doppelt so langen Aufenthalt im Orbit und auf dem Mond und vermögen größere Mengen wissenschaftlicher Instrumente zu transportieren. Scott findet ein 10 cm langen ungewöhnlich schimmernden Stein; er wird sogleich »Stein der Genesis« (natürlich des Mondes) getauft. Es handelt sich um eine Brekzie, ein Nebeneinander von Gesteinsfragmenten, die durch große Hitze miteinander verschmolzen. Dank einer Fernsehkamera und einer Antenne auf dem Mondmobil können Scott und Irwin von der Erde aus direkt gesehen werden; auch der Start der Wiederaufstiegsstufe der Falcon ist direkt zu verfolgen.

In der Parkbahn um den Mond verbringt Worden die Rekordzeit von fast drei Tagen, doch hat er sehr viel mit wissenschaftlichen Experimenten zu tun.

Eine weitere Premiere von Apollo 15: Das Raumschiff stößt durch einen Federmechanismus einen kleinen Subsatelliten in eine Mondumlaufbahn.

Über dem Pazifik öffnet sich einer der drei Hauptfallschirme nicht, und die Wasserung ist sehr viel härter als sonst.

Apollo 16 (16.–27. April 1972). 64 Mondumkreisung; fünfter Aufenthalt auf dem Mond, auf dem Cayley-Hochland, neben dem Descartes-Krater, Gesamtdauer 2 Tage, 23 Stunden, 2 Minuten; dreimalige EVA zu Fuß und mit dem Mondmobil, Gesamtdauer 20 Stunden, 14 Minuten (28,5 %); Höchstentfernung von der Landestelle ungefähr 6 km, insgesamt zurückgelegt 27,9 km. Die Astronauten sammeln 96,6 kg Gestein und Mondstaub, einige Proben aus einer Höchsttiefe von 3 m, Durchschnittsalter 4 Milliarden Jahre. Während der Rückreise eine EVA von 1 Stunde, 24 Minuten Dauer. Gesamtdauer der Mission 11 Tage, 1 Stunde, 52 Minuten. Kosten 445 Millionen Dollar.

Die Dauer des Unternehmens wurde wegen einer Reihe von Problemen im Vergleich zum vorgesehenen Programm um 25 Stunden verkürzt. Die Mannschaft bestand aus John W. Young, dem Kommandanten (zum viertenmal im Weltraum, erster Astronaut, der zum zweitenmal um den Mond kreist), Thomas Mattingly, 36 Jahre, Fregattenkapitän der Navy, Pilot der Kommandoeinheit Caspar, und Charles Duke, 37 Jahre, Oberst der Air Force, Pilot des Mondlandegeräts Orion.

Das Mondlandegerät geht mit einer Verzögerung von 6 Stunden im Cayley-Gebirge nahe dem Descartes-Krater nieder. Bei seiner Tätigkeit auf dem Mond zerreißt Young durch Ungeschicklichkeit das Kabel eines von den Wissenschaftlern mit Spannung erwarteten Experiments über den Wärmetransport im Mondinneren.

Die größte Überraschung bereitet aber das Landegebiet. Während die hügelige Landschaftsform auf Vulkan- und Lavagestein schließen läßt, besteht die Hochebene aus Brekzien.

Apollo 17 (7.–19. Dezember 1972). 75 Mondumkreisungen. Sechster und letzter Aufenthalt auf dem Mond (Taurus-Gebirge, Littrow-Krater) des Apollo-Pro-

gramms, Gesamtdauer 3 Tage, 3 Stunden; 3 Eva zu Fuß und mit dem Mondmobil von insgesamt 22 Stunden, 4 Minuten Dauer (29,4 %); größte Entfernung über 6,4 km, insgesamt 35 zurückgelegt. Die Astronauten sammeln 110,2 kg Gestein und Mondstaub, einige Proben stammen aus einer Maximaltiefe von 2,50 m, mittleres Alter 4 bis 3,5 Milliarden Jahre. 560 kg Instrumente werden auf dem Mond zurückgelassen. Während des Rückflugs eine EVA von 1 Stunden, 6 Minuten Dauer. Gesamtdauer der Mission 12 Tage, 13 Stunden, 52 Sekunden. Kosten 450 Millionen Dollar.

Rekordaufenthalte in der Mondumlaufbahn, auf dem Mond selbst, Rekordmenge an zurückgebrachter Mondmaterie. Erster Nachtstart eines bemannten Raumschiffs des USA.

Der Start bei Nacht wird notwendig, um im Landegebiet, einem Tal nördlich des Taurus-Gebirges und des Littrow-Kraters, die beste Beleuchtung zu haben. Dort finden sich hellgefärbte, aluminiumreiche Gesteine, die aus der Urzeit des Mondes stammen könnten, »Aschenhaufen« vulkanischen Ursprungs und in der Umgebung jüngere, dunklere, eisenreiche Gesteine. Der erste Geologe und Astronaut der NASA, Harrison Schmitt, 37 Jahre alt, Pilot des Mondlandegeräts Challenger, soll diese Gesteine suchen. Er ist der einzige Wissenschaftler, der auf den Mond gelangte. Kommandant der Mission ist Eugene Cernan, der mit 40 Jahren seinen Fuß auf den Mond setzt, nachdem er mit Apollo 10 über ihn 14,5 km hinwegflog. Der Pilot der Kommandoeinheit America ist Ronald Evans, 39 Jahre, Kapitän der Navy. Die größte Überraschung besteht darin, daß Schmitt beim Krater Shorty winzige orangefarbene Glaskügelchen findet. Auch für die Wissenschaftler, welche diese Forschungen über die Fernsehkamera des Mondmobils verfolgen, ist damit der Kamin eines Vulkans gefunden. Später erfolgt auf der Erde der Widerruf: Die Kügelchen, die überraschend reich an Blei, Zink und Schwefel sind, stammen zwar aus einem Vulkan, kommen aber aus mindesten 300 km Tiefe aus dem Mondinneren, als der Mantel unseres Satelliten teilweise geschmolzen war.

»DAS GELÄNDEFAHRZEUG«

Der Lunar Rover oder LRV (Lunar Roving Vehicle), auf deutsch meistens Mondmobil genannt, war das einzige nichtautomatische Fahrzeug, das der Mensch bei der Erforschung unseres Satelliten fuhr. Es wurde bei den letzten drei Apollo-Missionen (15, 16, 17) eingesetzt. Dank dem Mondmobil konnten sechs Astronauten insgesamt 90,8 km zurücklegen. Sie entfernten sich dabei bis höchstens 6,4 km vom Mondlandegerät, und dies alles ohne größere Probleme.

Das Lunar Roving Vehicle gelangte eingeklappt wie ein Paket mit den Maßen 90 cm × 1,50 m × 1,70 m in einer Ladebucht der Landestufe auf den Mond. Es bestand aus einem Aluminiumrahmen mit vier Rädern und zwei Sitzen. An Karosserie gab es nur Kotflügel, um zu verhindern, daß Astronauten und Apparate von Mondstaub verschmutzt wurden. Die Dimensionen: Länge 3,10 m, Breite etwas über 1,80 m, Achsabstand 2,30 m, Höhe des Rahmens über dem Boden 35 cm. Die Räder (Durchmesser 81,80 cm, Breite 23 cm) hatten Felgen aus Aluminium und Titan. Die »Reifen« bestanden aus verwobenen Klaviersaiten, verstärkt mit Titanblechen. Jedes Rad verfügte

über einen staubdicht verschlossenen eigenen elektrischen Antrieb. Es reichten zwei Motoren aus, um vorwärtszukommen. Die Energie lieferten zwei Batterien zu 36 Volt (eine Reservebatterie). Trotz des unscheinbaren und wenig vertrauenerweckenden Aussehens ertrug das Mondmobil Temperaturunterschiede von −38 bis +120° C und transportierte mit den Astronauten, den Instrumenten und den Mondproben über das Doppelte des Eigengewichts: 454 kg bei einem Erdgewicht von ungefähr 204 kg. Die vorsichtige Durchschnittsgeschwindigkeit betrug 3–4 km/h, die Maximalgeschwindigkeit 14 km/h. Selbst bei diesen geringen Geschwindigkeiten waren die Astronauten angeschnallt als Sicherheit gegen die unbekannten, aber doch möglichen Auswirkungen der verminderten Schwerkraft auf die Stabilität des Gefährts: Während der Bewegung kam es oft vor, daß die Räder nicht am Boden hafteten. Das Mondmobil hatte einen Aktionsradius von 65 km. Was die Eigenschaften als Geländefahrzeug anbelangt: LRV überwand 30 cm hohe Hindernisse, 70 cm weite Spalten und vollbeladen Hangneigungen bis 21 Grad, selbst wenn die Astronauten in ihren Druckanzügen sich nicht über 12 Grad hinauswagten.

Für die Steuerung hatte der Pilot einen T-förmigen

Steuerknüppel zur Verfügung: nach vorne gekippt für die Vorwärtsfahrt, nach hinten gekippt zum Bremsen, seitlich zum Kurvenfahren. Das Mondmobil hatte einen Wendekreis, der kleiner war als die Gesamtlänge. Um die Kraft des elektrischen Antriebs zu regeln, gab es einen Knopf auf dem Steuerknüppel. Dank einem Navigationssystem wußte der Pilot immer, wo er war und welche Entfernung er zurückgelegt hatte. Wenn er sich außerhalb der Reichweite des Mondlandegeräts befand, trat er über eine hochempfindliche schirmförmige Richtantenne direkt mit dem Kontrollzentrum in Houston in Verbindung. Von der Erde aus konnten Wissenschaftler auch direkt über eine Fernsehverbindung die Forschungen mitverfolgen, allerdings nicht, wenn das Mondmobil in Bewegung war.

Die schirmförmige Richtantenne war die auffälligste Struktur des Mondmobils, doch da gab es noch vieles mehr: eine kleine Richtantenne, kleine Relaisstation für die direkte Funkverbindung mit der Erde, Fernsehkamera, 16-mm-Filmkamera, 70-mm-Fotokamera, Bodenbohrer, Magnetometer, Pinzetten zur Probenahme, Werkzeug und verschiedene Behälter, auch unter den Sitzen. Das Mondmobil wurde von der Firma Boeing zusammen mit Delco Electronics (General Motors) gebaut.

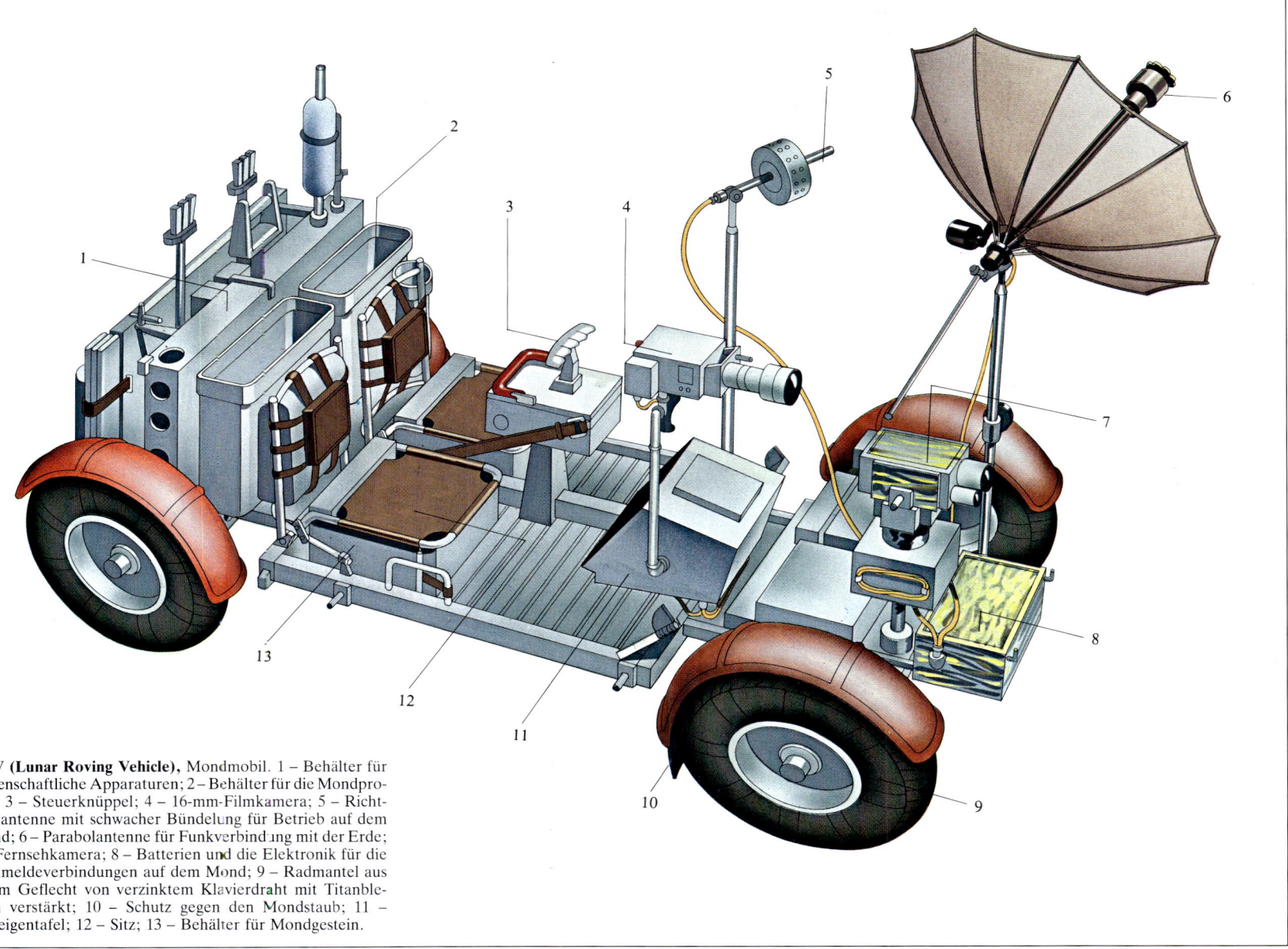

LRV (Lunar Roving Vehicle), Mondmobil. 1 – Behälter für wissenschaftliche Apparaturen; 2 – Behälter für die Mondproben; 3 – Steuerknüppel; 4 – 16-mm-Filmkamera; 5 – Richtfunkantenne mit schwacher Bündelung für Betrieb auf dem Mond; 6 – Parabolantenne für Funkverbindung mit der Erde; 7 – Fernsehkamera; 8 – Batterien und die Elektronik für die Fernmeldeverbindungen auf dem Mond; 9 – Radmantel aus einem Geflecht von verzinktem Klavierdraht mit Titanblechen verstärkt; 10 – Schutz gegen den Mondstaub; 11 – Anzeigentafel; 12 – Sitz; 13 – Behälter für Mondgestein.

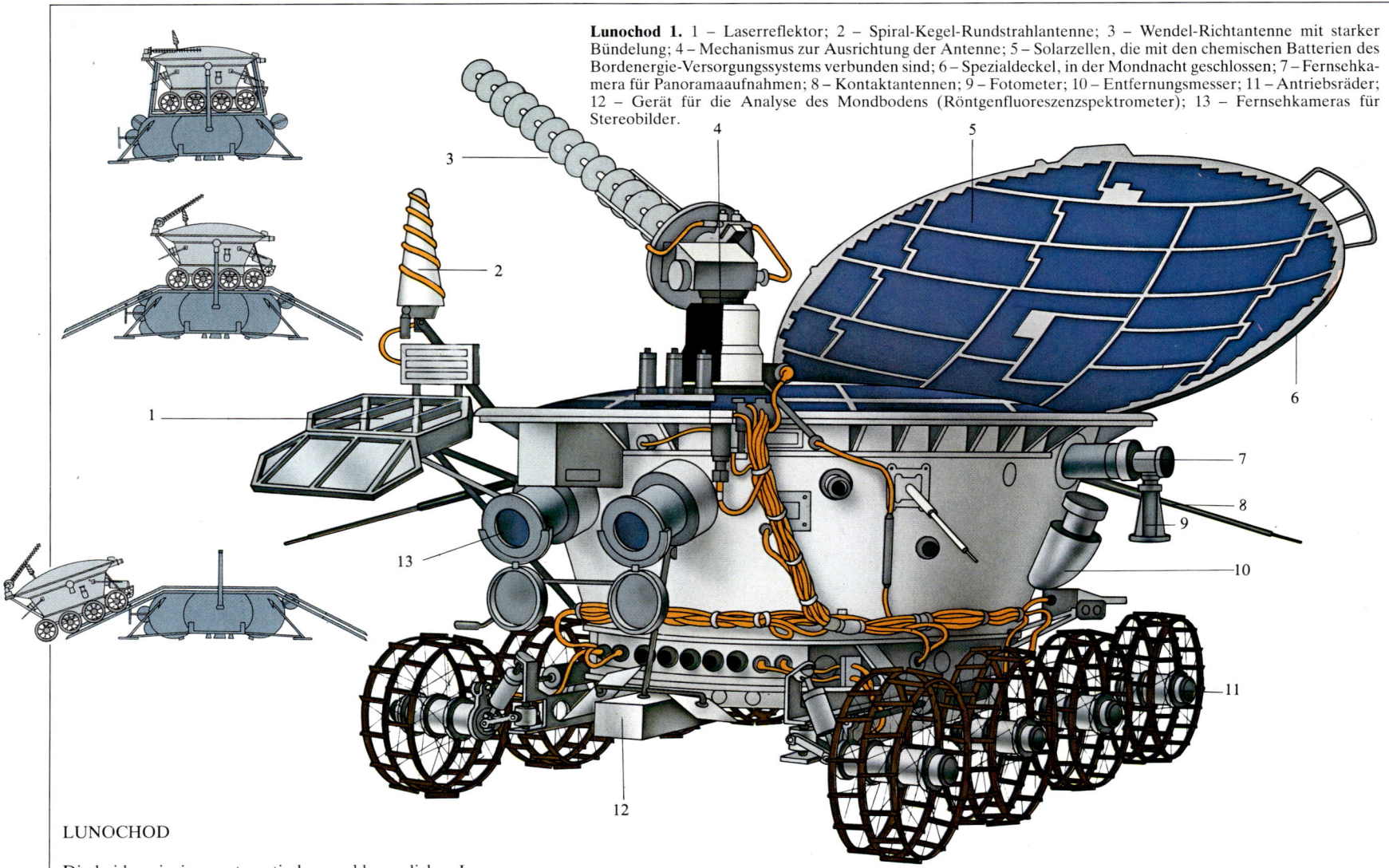

Lunochod 1. 1 – Laserreflektor; 2 – Spiral-Kegel-Rundstrahlantenne; 3 – Wendel-Richtantenne mit starker Bündelung; 4 – Mechanismus zur Ausrichtung der Antenne; 5 – Solarzellen, die mit den chemischen Batterien des Bordenergie-Versorgungssystems verbunden sind; 6 – Spezialdeckel, in der Mondnacht geschlossen; 7 – Fernsehkamera für Panoramaaufnahmen; 8 – Kontaktantennen; 9 – Fotometer; 10 – Entfernungsmesser; 11 – Antriebsräder; 12 – Gerät für die Analyse des Mondbodens (Röntgenfluoreszenzspektrometer); 13 – Fernsehkameras für Stereobilder.

LUNOCHOD

Die beiden einzigen automatischen und beweglichen Laboratorien, welche den Mond ferngesteuert von der Erde erforschten, waren Lunochod 1 und 2. Einige Daten: Länge 2,21 m, Höhe 1,35 m; Durchmesser des Gerätebehälters (Sende/Empfänger, elektrisches System, Heizsystem, Kontrollsystem, zwei Fernsehkameras) 2,15 m; Gesamtgewicht 756 kg, bei Lunochod 2 840 kg; Spurbreite 1,6 m, Durchmesser der acht Räder 51 cm. Alle acht Räder sind einzeln aufgehängt und wurden von je einem Elektromotor angetrieben; ein neuntes kleineres Rad maß die zurückgelegte Entfernung.

Lunochod 1 wurde am 10. November 1970 (Gewicht beim Start 1 814 kg) gestartet und landete am 17. im Mare Imbrium. Es blieb 11 Monate in Betrieb. Lunochod 1 analysierte die physikalischen Eigenschaften des Bodens an 500 Stellen und die chemischen Eigenschaften an 25 Stellen. Es sandte Fernsehbilder von einem Gebiet mit über 80 000 m². Insgesamt legte es 10 540 m zurück.

Lunochod 2 wurde am 8. Januar 1973 (Gewicht beim Start 4 850 kg) gestartet. Die Landung erfolgte am 16. im Le Monnier-Krater im Mare Serenitatis, nach vier Tagen Mondumkreisung. Das Programm wurde am 3. Juni für abgeschlossen erklärt. Lunochod 2 fuhr 37 km weit, führte Analysen durch und sandte 86 Panoramabilder und 80 000 Fernsehbilder auf die Erde. Beide Lunochod blieben länger als die vorgesehenen drei Monate in Funktion, doch die fünf Monate Lebensdauer von Lunochod 2, eines verbesserten Modells, waren allerdings eine gelinde Enttäuschung.

Die Lunochod blieben ihrem Namen, übersetzt »Mondgänger«, treu. Sie stellten den Oberteil der Mondsonden Luna 17 und Luna 21 dar. Über zwei Rampen gelangten sie mit ihren acht Antriebsrädern auf den Boden. Während der Mondnacht (die 14 Nächten auf der Erde entspricht), bei der die Temperatur auf —150° C zurückgeht, fielen die Mondfahrzeuge in einen »Winterschlaf«. Der mit Solarzellen ausgekleidete Deckel verschloß den ebenfalls mit Solarzellen ausgekleideten Gerätebehälter, der die Druckkabine von Lunochod darstellte. Der Gerätebehälter wurde wie die Fernsehkameras mit Hilfe warmer Gase (dank mitgeführter Radioisotope) geheizt. Lunochod verfügte über eine konstante niedrige Geschwindigkeit mit zwei Vorwärts- und wahrscheinlich zwei Rückwärtsgängen. Das Gefährt konnte noch mit zwei Antriebsrädern pro Seite vorankommen. Anstelle von Reifen trugen die Räder gewölbte Metallrippen mit kleinen Titan-Querstegen, die im Boden besser Fuß fassen sollten. Neigungsmesser setzten gegebenenfalls Bremsen in Gang und hatten auch Vorrang gegenüber den Kommandos von der Erde, um ein Umstürzen zu vermeiden. Die beiden Lunochod hatten keine solchen Unfälle. Nur Lunochod 2 wurde auf Kollisionskurs mit der Landestufe von Luna 21 vier Meter vor dem Hindernis gestoppt.

Eine fünfköpfige Mannschaft steuerte das Gefährt von der Erde aus: ein Kommandant, ein Fahrer, ein Betriebsingenieur, ein Navigator und ein Funker. Zwei Fernsehkameras übertrugen die Bilder von der Mondoberfläche direkt auf die Erde. Es waren Bilder mit verringertem Sehfeld, die auf einen Sehwinkel von 180° umgewandelt werden mußten. Der Kommandant mußte sich stets dessen bewußt sein, daß die Funkwellen 1,3 Sekunden bis zur Erde brauchten. Zwischen dem Kommando und seiner Ausführung verging also einige Zeit. Der Kommandant mußte somit vorausdenken, wie es auch für die Piloten der Formel 1 notwendig ist. Auf der anderen Seite war es nicht möglich, Lunochod dauernd anzuhalten, sonst hätten sich die elektrischen Motoren der Räder zu sehr erhitzt. Am schwierigsten war die Steuerung von Lunochod 2, weil dieses Gefährt sich in einem besonders zerklüfteten Gebiet bewegte, zum Beispiel längs einer 30 bis 49 m tiefen und 298 bis 396 m weiten Spalte.

Die beiden Lunochod-Mondfahrzeuge sahen sich sehr ähnlich. Beide hatten eine spiralförmige Rundstrahlantenne, eine längere Richtantenne mit starker Bündelung, ähnlich einer archimedischen Schraube, ein paar Fernsehkameras, die Stereobilder für die Fahrer auf der Erde aufnahmen, eine Fernsehkamera für Panoramabilder, ein Röntgenteleskop, Halbleiterdetektoren für Protonen, Elektronen und Alphateilchen, eine Bodensonde, einen französischen Laserreflektor zur Messung des Abstandes zwischen Mond und Erde mit Fehlergrenzen innerhalb weniger Dutzend Meter auf eine mittlere Entfernung von 386 000 km hin. Ein kleiner Behälter vorn zwischen den Rädern enthielt das interessanteste Instrument: ein Spektrometer, das unterwegs chemische Analysen durchführte. Es sandte ein Röntgenstrahlbündel aus, das auf die Elektronen in den Gesteinen einwirkte; diese antworteten mit anderen Strahlungen. Da jedes Mineral dabei sein eigenes Strahlprofil hat, fiel eine Bestimmung einfach. Das Experiment trug die Abkürzung RIFMA (Roentgen Isotopic Fluorescent Method of Analysis, Röntgenfluoreszenzanalyse).

Technologie und Sicherheit beim Weltraumtransportsystem

Carlo Buongiorno

Am 12. April 1981 um 7.00 Ortszeit startete von der Rampe 39A des Kennedy Space Center in Florida der Raumtransporter »Columbus« für den ersten jener Flüge, die für das neue von der NASA entwickelte Raumtransportsystem vorgesehen waren, das Space Shuttle.

Das hervortretende und neue Merkmal des Space Shuttles ist seine Wiederverwendbarkeit; es kann im Raum operieren und in der Atmosphäre fliegen. Tatsächlich handelt es sich um eine richtige »Raumfähre«, die in ihrer Ladebucht 29 500 kg Nutzlast von der Erdoberfläche bis in eine kreisrunde Erdumlaufbahn in 300 km Höhe transportieren kann. Welches sind die Gründe und die Notwendigkeiten, die zu diesem Raumtransporter führten?

Nach den Apollo-Missionen, die zwar epische Züge annahmen, aber dennoch episodischer Natur waren, hatte die NASA in den 70er Jahren beschlossen, eine Reihe von Projekten zu beginnen, die auf eine richtiggehende Eroberung des Weltraumes zielten. Der erste Schritt mußte in der Realisierung einer Raumstation bestehen, die in verhältnismäßig geringer Höhe (ungefähr 500 km) um die Erde kreiste und in der die Besatzung für längere Zeit überleben und arbeiten konnte. In dieser Richtung hatte die amerikanische Raumfahrtbehörde schon 1973 die erste experimentelle Raumstation Skylab geschaffen. Zu diesem Zweck verwendete sie viel von der Hardware und der Technologie, die für die Programme Mercury, Gemini und Apollo entwickelt wurden. Um aber den Gebrauch der zukünftigen Raumstationen möglich zu machen und um die sonst prohibitiven Kosten in Grenzen zu halten, war es nötig, ein flexibles und verhältnismäßig sparsames Transportmittel zur Verfügung zu haben. Die NASA löste dieses Problem mit der Realisierung des Space Shuttle. Bei der Projektierung und Entwicklung dieses Systems verwendete die amerikanische Industrie alle Kenntnisse, die sie im Verlauf der vorhergegangenen Weltraummissionen wie Mercury, Gemini und Apollo, gewonnen hatte, und setzte gleichzeitig avantgardistische Technologien im Gebiet der Werkstoffkunde und Verbundbautechnik ein. In dieser Hinsicht sei zunächst auf das Antriebswerk verwiesen. Es besteht aus drei Trieb-

werken mit flüssigem Sauerstoff und Wasserstoff. Diese Triebwerke, von denen jedes in Meereshöhe einen Schub von über 178 t (1750 kN) entwickelt, sind zur Zeit die am weitesten entwickelten der Erde, auch im Hinblick auf ihre Zuverlässigkeit. Sie werden unterstützt von zwei riesigen Feststofftriebwerken, die beim Start als Booster dienen. Sie sind in segmentaler Technik ausgeführt und werden nach jeder Mission geborgen und später wiederverwendet.

Ausgeklügelte Bordcomputer übernehmen die Kontrolle und die Leitung aller wesentlichen Funktionen des Raumschiffs und gewährleisten, daß der Raumtransporter während der verschiedenen Phasen der Mission perfekt arbeitet. Das raffinierte Klimatisierungssystem des Orbiters und die Verwendung geeigneter Isoliermaterialien (Carbon-Carbon-Fliesen) erlauben nicht nur die Aufrechterhaltung einer bestimmten Temperatur, sondern auch die Wiederverwendbarkeit des Raumgleiters mit einem Minimum an Wartungsarbeiten nach jeder Mission.

Alle für die Sicherheit der Besatzung wesentlichen Apparaturen sind mindestens doppelt redundant angelegt und gleichzeitig mit erhöhten Sicherheitsmargen projektiert und ausgeführt.

Abgesehen von den Problemen, die direkt die Sicherheit betreffen, hat die NASA größte Sorgfalt auf jene Einrichtungen verwendet, die den Besatzungsmitgliedern den größtmöglichen Komfort auch beim Fehlen einer Schwerkraft ermöglichen. Das Shuttle verfügt auch über einen Manipulatorarm, der von den Kanadiern gefertigt wurde. Die Astronauten können mit ihm auf Entfernung, aber doch mit unglaublicher Präzision, eine große Zahl von Operationen durchführen, zum Beispiel die Handhabung und das Freilassen von Nutzlasten (pay-load) aus der Ladebucht oder das Einfangen von Satelliten, die repariert werden müssen.

Die NASA realisierte und vervollkommnete auch Druckanzüge, die den Astronauten Tätigkeiten außerhalb des Raumschiffes ermöglichen. Diese Raumanzüge verfügen auch über eine Manövriereinheit (MMU) mit einem düsenbestückten Tornister. Der betreffende Astronaut genießt damit völ-

lige Autonomie und ist nicht mehr wie in der Vergangenheit über eine Nabelschnur mit dem Raumschiff verbunden.

Alle diese Elemente bilden zusammen ein System mit hoher operativer Flexibilität. Damit lassen sich die unterschiedlichsten Missionen durchführen – stets unter größtmöglicher Sicherheit und Zuverlässigkeit.

Das Space Shuttle eröffnet auch möglichen kommerziellen Kunden die Möglichkeit, wissenschaftliche Nachrichtensatelliten in eine Erdumlaufbahn zu transportieren.

In diesem Zusammenhang müssen wir allerdings bemerken, daß viele dieser Satelliten viel höhere Umlaufbahnen benötigen, als sie das Space Shuttle erreichen kann, oder sie erfordern geostationäre Umlaufbahnen. Deswegen brauchen sie weitere zusätzliche Raketen, die sogenannten »upper stage« (Oberstufe), die vom niedrig kreisenden Space Shuttle aus gezündet werden und die für den Einschuß benötigte Energie liefern.

Normalerweise werden verschiedene Nutzlasten transportiert, die sich auf diese Weise die gesamten Startkosten des Raumtransporters teilen. Für solche Missionen bleiben die klassischen Startsysteme, etwa die Trägerrakete Ariane, durchaus konkurrenzfähig. Sie gestatten gezielte Starts und erfordern vom Benutzer weniger strenge Sicherheitsvorkehrungen, weil sich kein Mann an Bord befindet. Dadurch ergeben sich viel einfachere und mit Sicherheit billigere Projektlösungen.

Selbst unter diesen Aspekten bleibt das Space Shuttle aber der Raumtransporter der 90er Jahre, und die NASA plant, von 1987 an jährlich über zehn Flüge mit den drei noch vorhandenen Orbitern Columbus, Discovery und Atlantis sowie einer noch zu bauenden vierten Einheit durchzuführen. Dadurch wird die Möglichkeit geschaffen, daß viele Länder und Organisationen an der Eroberung des Weltraumes teilnehmen können. Unsere Kenntnisse und technologischen Erfahrungen werden weiterhin zunehmen und werden – wie dies auch die jüngste Geschichte gezeigt hat – auch für das tägliche Leben auf der Erde außerordentlich günstige Auswirkungen haben.

Raumtransportsystem Space Shuttle

Raumfahrt oder Fliegerei? Für das Space Shuttle ist eine genaue Identität nicht leicht zu finden. Es gibt auch zwei Antworten auf diese Frage: Auf der einen Seite realisiert das Gefährt zum erstenmal das Konzept eines wiederverwendbaren Raumschiffes und gehört deswegen eindeutig in den Bereich der Astronautik. Auf der anderen Seite stellt es von vielen Gesichtspunkten her den höchsten Ausdruck des traditionellen Flugzeugbaus dar.

Tatsächlich ist beim Space Shuttle die Abkunft vom Flugzeug deutlich zu erkennen. Das gilt zunächst für die Voraussetzungen, die zu seiner Realisierung geführt haben. Es ging ja schließlich darum, ein Transportmittel zu finden, das Hunderte von Malen zwischen der Erde und dem Weltraum hin- und herpendeln kann, mit einer Nutzlast an Bord, so wie ein normales Frachtflugzeug in unseren Tagen die Flughäfen der ganzen Welt miteinander verbindet. Schließlich erinnern auch die operativen Modalitäten an ein echtes Flugzeug. Das Raumschiff wird zwar wie eine Rakete gestartet und bleibt wie ein Satellit in der Erdumlaufbahn, doch den wohl wichtigsten Teil seiner Mission, die Rückkehr, vollführt es wie ein »Flugzeug«, das zu seiner Basis zurückkehrt – eigentlich wie ein höchst ausgeklügeltes, avantgardistisches Segelflugzeug.

Diese äußerste Synthese aus Flugzeug- und Raumfahrttechnik, wie es sie das Space Shuttle darstellt, ist das Ergebnis jahrzehntelanger Forschung und Erfahrung, einer kontinuierlichen Evolution, welche die Strukturen, die Werkstoffe, die Triebwerke, die Bordelektronik und alle anderen Systeme betraf. Einen entscheidenden Beitrag zu dieser Synthese lieferte eines der ehrgeizigsten und harmonischsten Programme, das jemals in der Geschichte des Flugzeuges realisiert wurde: Es begann im bereits fernen Jahr 1942 in den Vereinigten Staaten unter dem Namen Experimental Research Aircraft Program und führte zum Bau der berühmten Reihe von Flugzeugen mit der Bezeichnung »X«. Das waren Versuchsflugzeuge, welche die reine Forschung vorantreiben und die höchstgesteckten Ziele erreichen sollten. Die »X-Flugzeuge« erreichten alle Hauptetappen des modernen Flugwesens und lieferten ihm einen technologischen Beitrag auf höchster Ebene: Sie waren die ersten, die mit Überschallgeschwindigkeit flogen und die variable Tragflügelgeometrien verwendeten; sie erreichten und überwanden als erste 100 000 m Höhe und kamen an Geschwindigkeiten heran, die das Sechsfache der Schallgeschwindigkeit betragen; sie enthielten als erste besondere Metalle, Raketentriebwerke und andere revolutionäre Lösungen.

Der Stammvater dieser Reihe war die Bell X-1, das erste US-Flugzeug mit Raketentriebwerk, und für Forschungen über die Probleme des Überschallfluges entwickelt. Es erreichte am 14. Oktober 1947, ein Jahr nach dem Jungfernflug, als erster der drei Prototypen die Überschallgeschwindigkeit. Der Pilot jenes historischen Fluges war Charles Yeager. Er wurde von einer B-29 in ungefähr 9000 m Höhe ausgeklinkt und erreichte im Horizontalflug eine Geschwindigkeit von 1078 km/h. Einen weiteren Rekord eroberte Frank Everest am 8. August 1949, als er das Flugzeug in 21 950 m Höhe brachte.

Gegen Ende der 50er Jahre wurden drei weitere wesentlich verbesserte Ausführungen gebaut, die Bell X-1A, X-1B, und X-1D. Mit dem ersten von ihnen flog Yeager am 12. Dezember 1953 mit 2655 km/h. Arthur Murray folgte ihm am 4. Juni 1954 mit einer Flughöhe von 27 345 m. Das letzte Flugzeug dieser Familie war die X-1E, ein Einzelstück, das am 12. Dezember 1955 zum erstenmal flog und das zur Erforschung der Eigenschaften eines neuen Flügelprofils gebaut wurde. Das Programm X-1 ging weiter bis 1958. Die Gesamtzahl der Flüge betrug 156 für X-1, 21 für X-1A, 27 für X-1B, 1 für X-1D und 26 für X-1E.

Das darauffolgende Versuchsflugzeug von Bell war die X-2. Sie wurde in zwei Exemplaren 1946 bestellt und hatte die Aufgabe, in noch größerer Höhe und mit noch höherer Geschwindigkeit als die X-1 zu operieren. Gleichzeitig wollte man die Eigenschaften der Pfeilflügel untersuchen. Eines der beiden Flugzeuge führte das Programm weiter, denn bei einem Unfall am 12. Mai 1953 wurde der zweite Prototyp zerstört. Am 11. November 1955 begannen die Testflüge. Die Hauptetappen der X-2 waren der Höhenrekord von 36 637 m am 7. September 1956 (Pilot Iven Kincheloe) und der Geschwindigkeitsrekord von 3370 km/h (Mach 3,2) am 7. September (Pilot Milburn Apt). Gleich nachdem sich das Flugzeug diesen historischen Rekord gesichert hatte, geriet es außer Kontrolle und wurde zerstört.

Die X-3 wurde von der Douglas Aircraft Corporation gebaut. Mit ihr sollte das aerodynamische und mechanische Verhalten bei langen Überschallflügen untersucht werden. Der Raketenantrieb wurde zugunsten zweier Westinghouse-Strahltriebwerke aufgegeben, aber es war gerade das Fehlen eines Antriebs mit entsprechendem Schub, das zum Niedergang dieses Programms führte. Die einzige X-3, die gebaut wurde, flog zum erstenmal am 20. Oktober 1952 und blieb drei Jahre in Betrieb, ohne jedoch die gesteckten Ziele zu erreichen. Die X-3 erhielt den Übernamen »Stilett«, und tatsächlich war das Flugzeug mit seinen kurzen Flügeln und dem langen zugespitzten Rumpf eines der elegantesten jener Zeit.

Das bekannteste aller Flugzeuge der »X«-Reihe war zweifellos die X-15. Dieses Flugzeug übertraf bei weitem die ehrgeizigen Ziele, welche die X-1 und die X-2 bereits erobert hatten. Die X-15 erreichte die höchsten Grenzen des Stratosphärenfluges und näherte sich dem Beginn des Raumfluges. Die Merkmale der X-15 wurden von der NASA schon am 24. Juni 1952 festgelegt. In dieser Zeit schloß die USAF gerade das Programm X-1 ab und begann mit dem Programm X-2. Die Anforderungen sahen den Bau eines Flugzeuges mit Raketenantrieb vor; es sollte Höhen zwischen 18 und 80 km und die vier- bis zehnfache Schallgeschwindigkeit erreichen. Gegen Ende 1954 wurde das Programm der Industrie übergeben. Schließlich wählte man das Projekt der North American Aviation Incorporation, und am

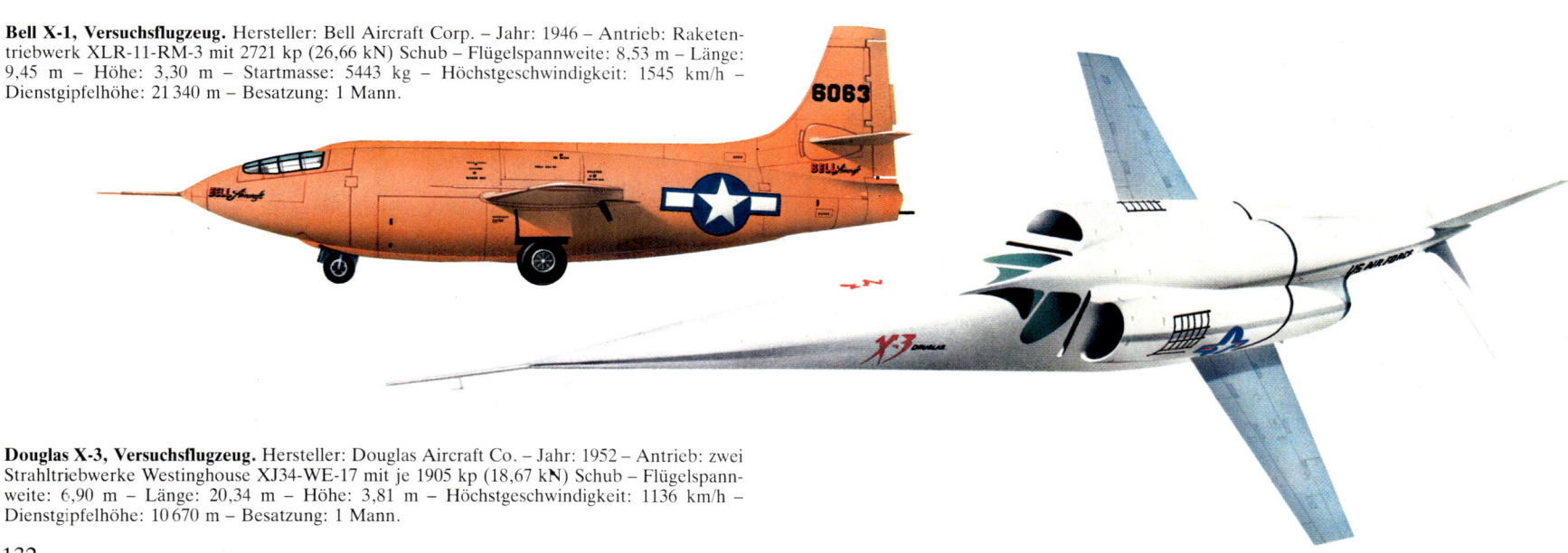

Bell X-1, Versuchsflugzeug. Hersteller: Bell Aircraft Corp. – Jahr: 1946 – Antrieb: Raketentriebwerk XLR-11-RM-3 mit 2721 kp (26,66 kN) Schub – Flügelspannweite: 8,53 m – Länge: 9,45 m – Höhe: 3,30 m – Startmasse: 5443 kg – Höchstgeschwindigkeit: 1545 km/h – Dienstgipfelhöhe: 21 340 m – Besatzung: 1 Mann.

Douglas X-3, Versuchsflugzeug. Hersteller: Douglas Aircraft Co. – Jahr: 1952 – Antrieb: zwei Strahltriebwerke Westinghouse XJ34-WE-17 mit je 1905 kp (18,67 kN) Schub – Flügelspannweite: 6,90 m – Länge: 20,34 m – Höhe: 3,81 m – Höchstgeschwindigkeit: 1136 km/h – Dienstgipfelhöhe: 10 670 m – Besatzung: 1 Mann.

Bell X-2, Versuchsflugzeug. Hersteller: Bell Aircraft Corp. – Jahr: 1955 – Antrieb: Raketentriebwerk Curtiss Wright XLR25-CW-3 mit 680 kp (66,68 kN) Schub – Flügelspannweite: 10,59 m – Länge: 13,84 m – Höhe: 3,58 m – Startmasse: 11 300 kg – Höchstgeschwindigkeit: 3 370 km/h – Dienstgipfelhöhe: 38 465 m – Besatzung: 1 Mann.

North American X-15A, Versuchsflugzeug. Hersteller: North American Avitation Inc. – Jahr: 1959 – Antrieb: Raketentriebwerk Thiokol XLR-99M-2 mit 31 752 kp (311,17 kN) Schub – Flügelspannweite: 6,70 m – Länge: 15,24 m – Höhe: 3,96 m – Startmasse: 15 105 kg – Höchstgeschwindigkeit: 6692 km/h – Dienstgipfelhöhe: 95 935 m – Reichweite: 442 km – Besatzung: 1 Mann.

11. Juni 1956 wurde der definitive Vertrag mit einer Bestellung von drei Exemplaren unterzeichnet. Nicht wenige Probleme mußten überwunden werden. Sie reichten von den Oberflächen, die sehr hohe Temperaturen aushalten mußten, bis zur Entwicklung eines effizienten Raketenantriebs. Die erste X-15 verließ am 15. Oktober 1958 die Fabrik und führte am 10. März des darauffolgenden Jahres, befestigt unter dem Flügel eines eigens umgebauten Bombers B-52, ihren Jungfernflug durch. Die erste freie Landung geschah am 8. Juni, und der erste Flug mit funktionierenden Antriebsmotoren wurde am 17. September vom zweiten Prototyp durchgeführt. Die Maschinen waren aber erst vollständig mit dem Einbau des definitiven Antriebs XLR-99. Weil dieser zu Beginn noch nicht verfügbar war, hatte die North American zwei Raketenmotoren XLR-11 mit deutlich geringerer Leistung eingebaut. Der erste Antrieb XLR-99 wurde schließlich im Mai 1960 ausgeliefert. Nach einer Reihe von Erprobungen auf der Erde war die X-15 schließlich für die ersten Flüge bereit. Diese begannen am 15. November mit dem zweiten Prototypen. Im August 1961 war auch der erste Prototyp der X-15 fertig, der letzte, der umgebaut wurde.

Vom 15. November 1960 bis zum 24. Oktober 1968 (dem Datum der letzten der insgesamt 199 Versuchsflüge dieser drei Flugzeuge) folgten die Rekorde in unglaublicher Weise Schlag auf Schlag. Die bedeutsamsten waren: 6685 km/h am 9. November 1961 mit Bob White; 80 938 m

Höhe am 30. April 1962 mit Joe Walker; 107 960 m Höhe am 22. August 1963 mit demselben Piloten. Es kam auch zu Unfällen, und aus der Notlandung der zweiten X-15 am 9. November 1962 entstand die einzige X-15A-2. Dieses Flugzeug flog schneller als alle anderen (7273 km/h am 3. Oktober 1967 mit dem Piloten William Knight). Das Flugzeug wurde zur Reparatur an die North American geschickt, die es deutlich veränderte. Sie verlängerte den Rumpf um 73 cm und fügte zwei Außentanks hinzu, um mehr Treibstoff mitführen und die Raketentriebwerke länger zünden zu können. Es wurde auch die Verkleidung der Außenflächen verändert, um noch höhere Temperaturen aushalten zu können. Der Flugrekord beendete gleichzeitig auch die Karriere dieses Flugzeugs. Eine weitere Notlandung beschädigte die Strukturen so sehr, daß es nichts mehr zu reparieren gab, und das Flugzeug später dem Museum Wright-Patterson geschenkt wurde. Von jenem Augenblick an neigte sich das Programm X-15 langsam dem Ende zu. Nach dem Verlust des dritten Prototypen am 15. November 1967 führte das letzte Exemplar noch acht Flüge durch, den letzten am 24. Oktober 1968.

Die X-15 lieferte, was Erfahrung und Technologie anbetraf, einen enormen Beitrag zur Projektierung des Space Shuttle. Mit diesen Flugzeugen konnte man zuverlässig die Probleme erforschen, die sich, dank dem Raketenantrieb, beim Flug mit größter Geschwindigkeit und Höhe ergaben. Doch wurden neue Forschungen notwen-

dig, um einen weiteren grundlegenden Aspekt dieses Raumschiffs zu klären: die gesamten Probleme bei der Rückkehr. Dabei mußte das Flugzeug unbeschadet die Atmosphäre durchqueren, die außerordentlich hohen Geschwindigkeiten im Orbit langsam abbremsen und jene viel niedrigeren Geschwindigkeiten erreichen, die für den kontrollierten Gleitflug bis zur Landung notwendig waren.

Diesen Problemen widmete sich die NASA seit dem Beginn der 60er Jahre. Sie entwickelte zwei Projekte, die dann von der Northrop Corporation realisiert wurden, und aus denen die ersten »lifting bodies« entstanden, also Flugzeuge ohne konven-

tionelle Flügel, dafür mit einem besonders geformten Rumpf, der einen Auftrieb erzeugte. Das waren die Typen HL-10 und M2-F2. Diese beiden Flugzeuge ergänzten sich sozusagen gegenseitig in ihrer Struktur. Der Querschnitt durch den Rumpf (ungefähr in der Form eines liegenden »D«) zeigte beim ersten Typ das geradlinige Stück unten, beim zweiten Typ oben. Sonst sahen sich die beiden in ihren Merkmalen und Leistungen ähnlich. Diese »lifting bodies« wurden von einem B-52-Bomber als Last unter dem Flügel auf Höhe gebracht und ausgeklinkt. Mit dem Raketenantrieb gewannen sie weitere Höhe und Geschwindigkeit und flogen im Gleitflug

Northrop/NASA M2-F2, Versuchsflugzeug. Hersteller: Northrop Corp. – Jahr: 1966 – Antrieb: Raketentriebwerk Thiokol XLR-11 mit 3625 kp (35,52 kN) Schub – Flügelspannweite: 2,92 m – Länge: 6,76 m – Höhe: 2,69 m – Startmasse: 4265 kg – Besatzung: 1 Mann.

Northrop/NASA HL-10, Versuchsflugzeug.
Herstellung: Northrop Corp. – Jahr: 1966 –
Antrieb: Raketentriebwerk Thiokol XLR-11
mit 3625 kp (35,52 kN) Schub – Flügelspann-
weite: 4,60 m – Länge: 6,76 m – Höhe: 3,48 m
– Startmasse: 4625 kg – Besatzung: 1 Mann.

Martin Marietta X-24A, Versuchsflugzeug.
Hersteller: Martin Marietta – Jahr: 1969 –
Antrieb: Raketentriebwerk Thiokol XLR-11
mit 3625 kp (35,52 kN) Schub – Flügelspannweite: 4,16 m – Länge: 7,47 m – Höhe: 3,15 m
– Startmasse: 4990 kg – Höchstgeschwindigkeit: 1686 km/h – Dienstgipfelhöhe: 21 760 m
(Schätzwert) – Maximale Flugzeit: 15 Minuten – Besatzung: 1 Mann.

dann kontrolliert zur Erde zurück. Damals
wollte man diese Technologie auf das
Space-Shuttle-Projekt übertragen. Der
Orbiter war im wesentlichen als Gleitflugzeug ohne Flügel gedacht, das sich während des Atmosphärenfluges allerdings
kontrollieren ließ.
Die HL-10 wurde am 19. Januar 1966 an
die NASA geliefert und führte am 22. Dezember den ersten Flug ohne Antrieb
durch. Bis Ende 1971 war sie 37mal geflo-
gen, davon 25mal mit Raketenantrieb. Im
Laufe des Programms erreichte die HL-10
eine Maximalhöhe von 27 500 m und eine
Höchstgeschwindigkeit von Mach 1,861.
Die M2-F2 übernahm die NASA am 15. Juni 1965. Sie führte am 12. Juli 1966 den
ersten Gleitflug aus und war am Ende des
Jahres bereit für die ersten Flüge mit Raketenantrieb. Am 10. Mai 1967 gab es ein
Unglück bei der Landung, und die M2-F2
wurde daraufhin völlig neu gebaut und
dabei teilweise verändert. Unter der neuen
Bezeichnung M2-F3 begann sie mit den
ersten Flügen am 25. November 1970 und
beendete das Programm am 20. Dezember
1972.
Auf diese Typen folgte ein weiteres Versuchsflugzeug, die X-24. Mit ihr schloß die
NASA die Vorbereitungen für das eigentliche Raumprogramm ab. In verschiedener
Hinsicht können wir die X-24 als direkten
Vorläufer des Space Shuttle betrachten. In

der Projektphase des Orbiters wurde allerdings das ursprüngliche Konzept des »lifting body« wieder fallengelassen, und man
wählte ein Gleitflugzeug mit Deltaflügeln,
weil es bessere allgemeine Eigenschaften
und Leistungen aufweist.
Das Projekt X-24 begann 1966, und der
Prototyp wurde im August des folgenden
Jahres geliefert. Die Flüge begannen im
April 1969 und dauerten bis 1971. Das
Flugzeug erreichte 1609 km/h und 21 640 m
Höhe. In jenem Jahr gab die NASA bekannt, sie würde einen veränderten Typ X-
24A bauen und ihn mit einer neuen äußeren Struktur versehen. Unter dem Namen
X-24B machte das Flugzeug im August
1973 seinen Jungfernflug und beschloß am
23. September 1975 erfolgreich sein Pro-
gramm, ein Jahr früher im Vergleich zum
Roll-out des ersten Raumschiffes.

Das Projekt nimmt Gestalt an

Das Ziel hieß: Den äußeren Weltraum
leichter und vor allem mit verhältnismäßig
geringen Kosten zu erreichen. Seit 1969
hatte eine eigens vom US-Präsidenten Nixon eingesetzte Studiengruppe alle Aktivitäten geplant, die auf das Apollo-Programm folgen sollten, und seit jener Zeit
hatten alle dieses Ziel im Auge. Es führte
schließlich zur Realisierung des Space

Shuttle. Nach der ersten Mission des Space
Shuttles Mitte 1981 bestätigten wenige
Zahlen die Richtigkeit dieses gedanklichen
Ansatzes und gleichzeitig den Erfolg des
Projekts: Zu jener Zeit kostete eine »Weg-
werf«-Trägerrakete vom Typ Delta ungefähr 25 Millionen Dollar und konnte 2300
kg transportieren. Eine Raumfähre kostete
beim Start hingegen ungefähr 35 Millionen
Dollar, konnte jedoch 29 500 kg Nutzlast in
die Erdumlaufbahn bringen. Das heißt, für
das 13fache Gewicht zahlte man nur das
Eineinhalbfache. Diese Parameter gestal-
teten sich noch günstiger, wenn man die
Koeffizienten der »Wiederverwendbarkeit« des Shuttles miteinbezog: 100 Flüge
halten die Hitzekacheln aus, bevor sie ersetzt werden müssen, 55 Flüge gelten als
Lebensdauer für die Triebwerke und 500
Flüge als Lebensdauer für die gesamte
Struktur.
Es waren also nicht mehr teurere Trägerraketen vorgesehen, die sich nur ein einziges mal starten ließen, sondern vielmehr ein
eigentliches »Transportsystem«, bestehend
aus wiederverwendbaren Einheiten. Das
erste praktische Herantasten an diese neue
Philosophie begann die NASA 1969 zu
beschäftigen. Damals erhielten vier der
größten US-Firmen auf diesem Gebiet
(General Dynamics, McDonnell-Douglas,
Lockheed und North American Rockwell,
die später zu Rockwell International

wurde) den vertraglich abgesicherten Auftrag zu untersuchen, ob sich ein solches
neues Fahrzeug bauen ließe. Damals trug
es die Abkürzung ILRV (Integrated
Launch and Reentry Vehicle). Das vorläufige Projekt wurde im Oktober jenes Jahres besprochen: Man wollte zwei Stadien
verwenden (einen Booster und einen Orbiter), die zu einem einzigen Gefährt verbunden waren. Der Booster sollte bis zu
einer gewissen Höhe für den größten Schub
sorgen und dann unter Kontrolle zur Basis
zurückkehren, während sich die zweite
Stufe ablösen und dann in Erdumlaufbahnen bis auf 480 km Höhe ihre Missionen
durchführen sollte. Nach deren Abschluß
sollte sie »normal« wieder zur Erde zurückkehren.
Dieses Projekt war zwar optimal für die
Betriebskosten, doch erwies es sich für die
Entwicklung als zu schwierig, vor allem im
Hinblick auf die Geldmengen, welche die
Administration für das gesamte Programm
vorgesehen hatte (insgesamt 5,5 Milliarden
Dollar). So untersuchte die NASA zahlreiche alternative Lösungen und gelangte
1971 schließlich zur Definition eines Fahr-
zeugs, das in der Hauptsache aus einer
völlig wiederverwendbaren Stufe bestehen
sollte. Die endgültige Version sah dann
drei Elemente vor: den Orbiter (also das
eigentliche Raumschiff, das in einer Erdumlaufbahn arbeiten und schließlich zur
Erde zurückkehren sollte); zwei abwerfbare Hilfsraketen für den Start (SRB, Solid
Rocket Booster, Feststoffraketen, wiederverwendbar, vorgesehene Aktionshöhe 50
km); und schließlich einen Außentank
(ET, External Tank, ebenfalls abwerfbar,
jedoch nicht wiederverwendbar, gefüllt mit
flüssigem Sauerstoff und flüssigem Wasserstoff als Brennstoffe für die drei Haupttriebwerke des Orbiters).
In dieser Zusammenstellung erhielt das
Projekt STS (Space Transportation System) am 5. Januar 1972 die offizielle »Start-
erlaubnis« von Präsident Nixon. In den
unmittelbar darauffolgenden Monaten definierte die NASA die Kontrakte mit der
Industrie: Rockwell International wurde
am 26. Juli als Hauptlieferant für den Orbiter, die Rocketdyne (eine Gesellschaft derselben Gruppe) als Verantwortliche für die
Entwicklung der Haupttriebwerke (SSME,
Space Shuttle Main Engine) des Raumtransporters bestimmt. Der Bau der Booster wurde der Thiokol Chemical (Triebwerke), der McDonnell Douglas Astronautics (Aufbau) und der United Space
Boosters (Montage, Start, Wiederverwendung) anvertraut. Für den Außentank
schließlich wurde die Firma Martin Marietta ausersehen. Der definitive Vertrag mit
Rockwell International, der im März 1973
unterzeichnet wurde, sah zunächst den Bau
zweier, später dreier Einheiten vor (nebst
einem Modell für Versuchszwecke). Mit
der Entwicklung des Projekts wurde auch
die Rolle des Raumtransporters klar. Viele
Leute verbanden es mit der Vorstellung
eines richtigen »Weltraumlasters«, also
eines Fahrzeuges, das imstande sein sollte,
»Objekte« und »Waren« (im Falle des Orbiters abgesehen von Spacelab und den fest
eingebauten Instrumenten vor allem Satelliten und Sonden und in Zukunft auch

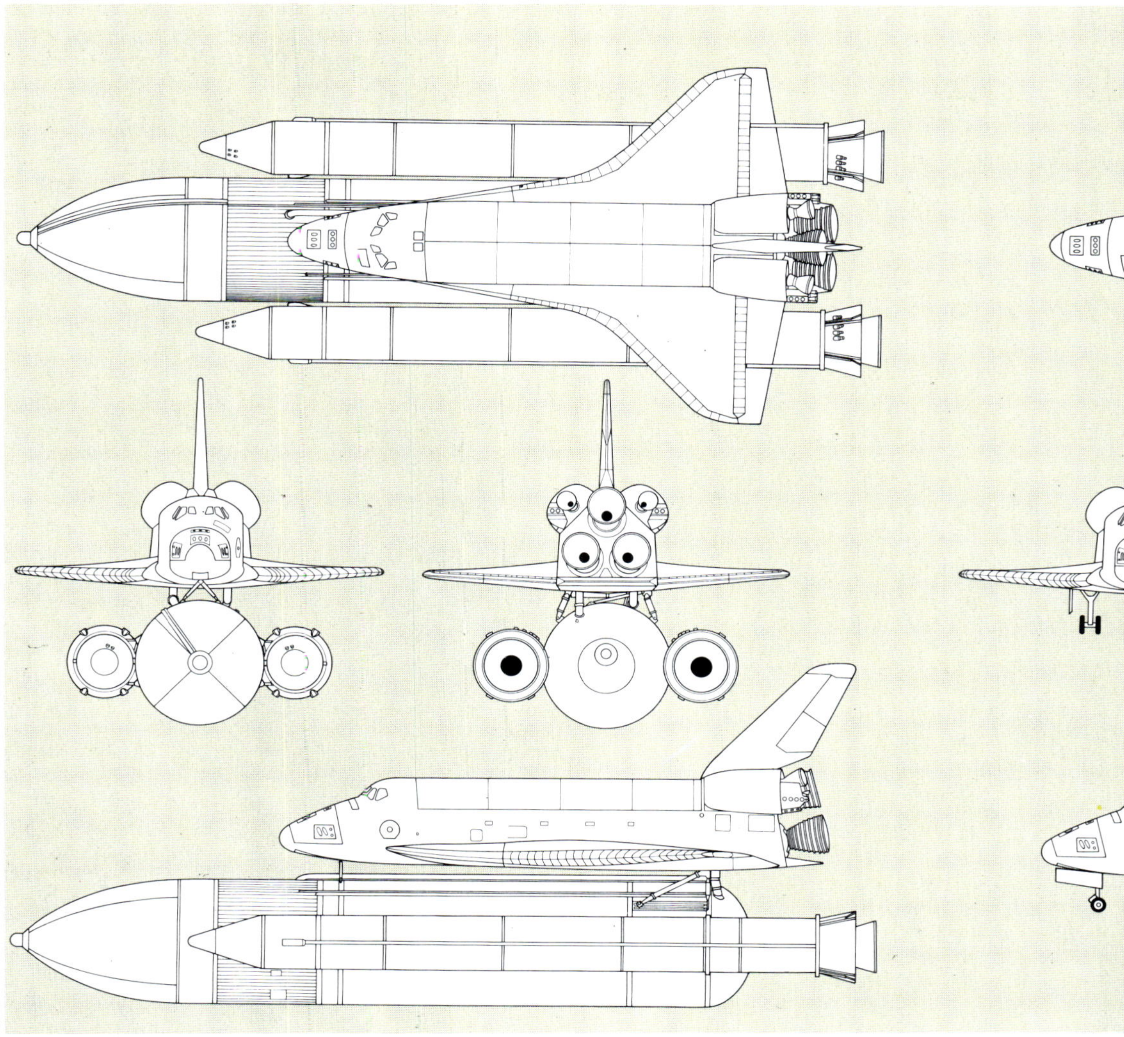

Verschiedene Ansichten des Space Shuttles, links, vollständig mit Außentank (ET, External Tank) und Feststoffstarthilfsraketen (SRB, Solid Rocket Booster); rechts: Dreiseitenansicht des Orbiters.

Space Shuttle Orbiter. Hersteller: Rockwell International – Jahr: 1976 – Antrieb: drei Raketentriebwerke Rocketdyne SSME, je 178,5 t (1751 kN) Schub – Flügelspannweite: 23,79 m – Länge: 37,19 m – Höhe: 17,25 m – Startmasse: 70 805 kg – Geschwindigkeit im Weltraum: 28 000 km/h.

Space Shuttle

Bestandteile von Raumstationen) von der Erde in den Weltraum und umgekehrt zu transportieren. Für diesen Zweck hat das Raumschiff eine 18,29 m lange und 4,57 m breite Ladebucht (höchste Nutzlast beim Start 29,5 Tonnen, bei der Rückkehr 14,5 Tonnen), und es verfügt – genauso wie ein richtiger Lastwagen – auch über einen besonderen ausgeklügelten Manipulatorarm (RMS, Remote Manipulator System), der mit äußerster Genauigkeit die gesamte Ladung auf einmal oder einzelne Teile gesondert bewegen kann. Was vor allem die Satelliten anbelangt, so soll das Space Shuttle sie nicht nur in eine Erdumlaufbahn bringen, wobei es sich eines komplexen Systems mit den sogenannten »Perigäumsmotoren« (Oberstufen) bedienen soll, welche die Satelliten in ihre viel höheren operativen Umlaufbahnen bringen, sondern es soll sie auch wieder einfangen und möglicherweise »an Ort und Stelle« reparieren.

Der erste Orbiter (Enterprise, OV-101) hatte seinen Roll-out am 17. September 1976. Das Raumschiff wurde 9 Monate lang im Verlauf des Jahres 1977 im Dryden Flight Research Center der NASA an der Edwards Air-Base in Kalifornien einer Reihe intensiver Tests unterworfen. Sie sollten das Verhalten des Raumschiffs während der heiklen Phasen des Wiederein-

tritts und der Landung und die allgemeinen aerodynamischen Merkmale erforschen. Die Enterprise vollführte diese Reihe von Proben im wesentlichen als Gleitflugzeug. Eine vierstrahlige Boeing 747, entsprechend verändert (dieses System wurde später auch für alle Transporte der verschiedenen Orbiter eingesetzt), trug die Enterprise huckepack auf dem Rücken. Während fünf Flügen blieb das Raumschiff am Trägerflugzeug fest verankert und war unbemannt. Bei drei Flügen befanden sich an Bord je zwei Astronauten. Die insgesamt fünf freien Flüge begannen am 12. August und dauerten bis zum 26. Oktober: Jedesmal löste sich das Raumschiff von »Jumbo« ab und wurde bis zur Landung mit allen operativen Systemen gesteuert. Das waren richtiggehende Erprobungen des Verhaltens in den tieferen Schichten der Atmosphäre. Die Ergebnisse bestätigten die Daten, die man im Windkanal erhalten hatte, und begeisterten die Piloten. Sie waren vor allem von der leichten Lenkbarkeit des großen und schweren Luftfahrzeugs beeindruckt, das – so erzählten sie – mit einem Jagdflugzeug zu vergleichen sei. Die Enterprise wurde dann zum Marshall Space Flight Center in Huntsville, Alabama, transportiert und diente 8 Monate lang für eine lange Reihe von Vibrationsmessungen. Vom 10. April 1979 an wurde sie am

Kennedy Space Center einer weiteren Reihe von Tests unterworfen. Dazu gehörte der Zusammenbau der Hilfsraketen und des Außentanks, der Transport auf dem entsprechenden Raupenfahrzeug und die Installation auf der Startrampe.

Trotz all dieser Aktivitäten verließ die Enterprise die Erde nie: Das Raumschiff blieb in der Tat für die Tests in der Atmosphäre bestimmt und wurde nie weltraumflugtauglich gemacht. Die erste Mission führte das zweite Space Shuttle Columbia (OV-102) durch. Die Columbia kam am 25. März auf dem Rücken einer B-747 zum Kennedy Space Center. Man baute dort die drei Haupttriebwerke ein und überzog sie mit der Hitzeschutzschicht. Schließlich baute man alle übrigen Komponenten ein und installierte sie auf der Rampe. Diese Phase zog sich lange hin und dauerte fast zwei Jahre. Das vorgesehene Startdatum (10. April 1981) konnte nicht eingehalten werden, weil die Bordcomputer zirka 20 Minuten vor dem Start plötzlich schlecht funktionierten. Die Fehlerquelle wurde schnell eliminiert, und zwei Tage später erhielt die Columbia mit dem Kommandanten John W. Young und dem Piloten Robert L. Crippen an Bord die Raumtaufe.

Zu den beiden anfänglichen Shuttles kam sehr schnell ein drittes hinzu. Man vervoll-

ständigte die Strukturen, die eigentlich für die ersten Tests gedacht waren, und erhielt damit die Challenger (OV-099). Sie flog erstmals am 4. April 1983 während der sechsten STS-Mission. Der Bau zweier weiterer Raumschiffe (Discovery und Atlantis, OV-103 und OV-104) wurde beim zweiten Vertrag mit der Rockwell International am 29. Januar 1979 von der NASA in Auftrag gegeben. Die Discovery startete erstmals im Juni 1984, während die Atlantis am 6. April 1985 ihren Roll-out hatte; ihre erste Mission war für den September vorgesehen. Wenn man die Enterprise ausschließt, so verfügte die amerikanische Raumfahrtbehörde in der Mitte der 80er Jahre über eine Flotte von vier Shuttles. Der Bau des fünften ursprünglich angeforderten Exemplars wurde aufgeschoben.

Die Komponenten des Space Shuttles

Schauen wir uns in den Einzelheiten das Space Shuttle an. Das wiederverwendbare Weltraumtransportsystem ist beim Start insgesamt 56,14 m hoch, wiegt 2000,0 Tonnen und erreicht einen Gesamtschub von fast 3000 Tonnen (28 848 kN), 535,5 t (5248 kN) insgesamt für die drei SSME-Haupttriebwerke 2403,4 t (23 600 kN) für die beiden Booster).

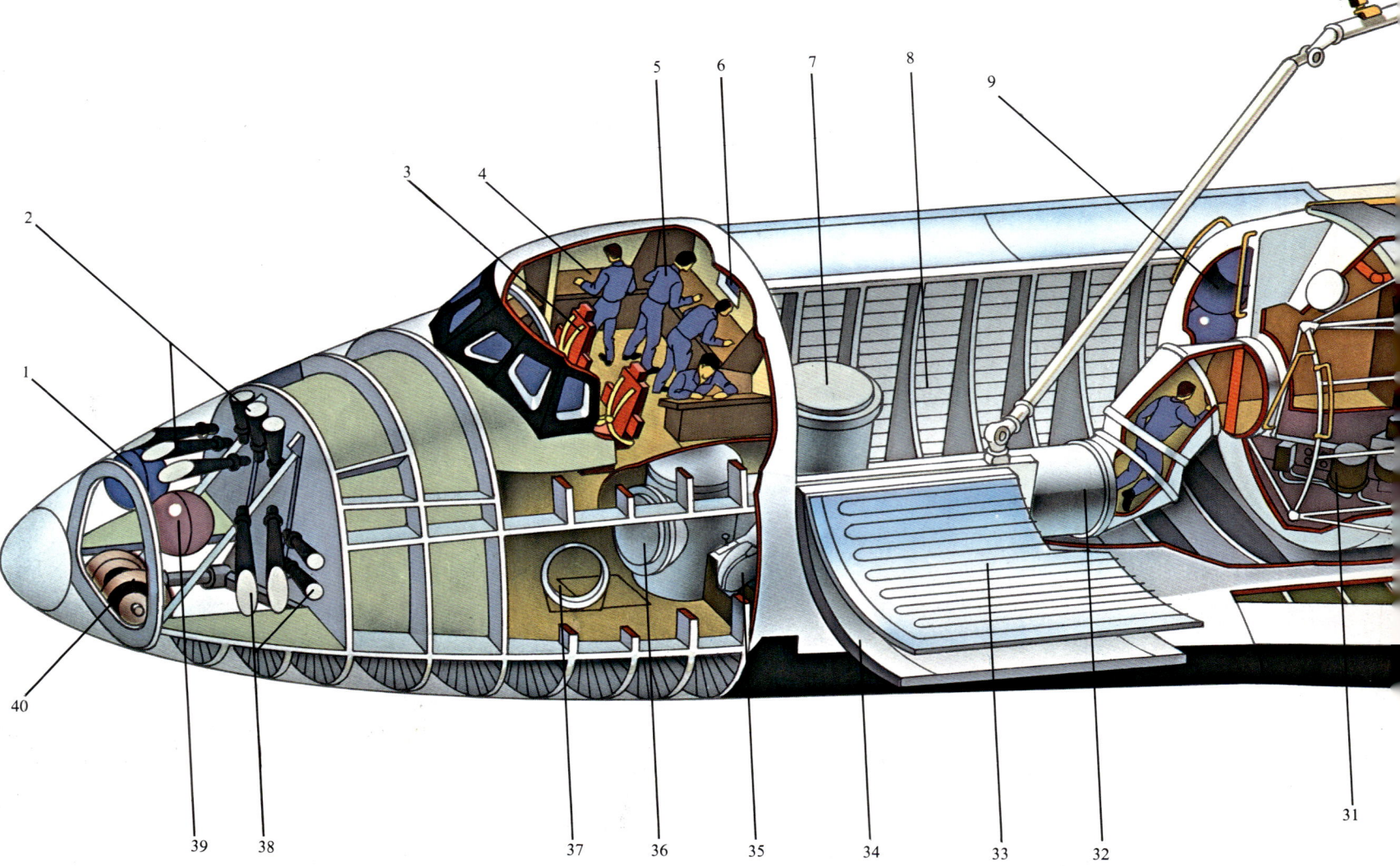

Orbiter

Der eigentliche Orbiter, der die Besatzung und die Nutzlast beherbergt, weist ungefähr die Größe eines mittleren modernen Linienflugzeugs auf (Flügelspannweite 23,79 m, Länge 37,19 m, Höhe 17,25 m, Leermasse 69 Tonnen). Auch wenn der größere Teil des Rumpfes von der eigentlichen Ladebucht eingenommen wird, können an Bord doch bis sieben Personen Platz finden (in Notfällen bis 10). Die maximale Flugdauer liegt bei 30 Tagen, und die Orbitalmissionen erreichen Höhen zwischen 180 und 1100 Kilometer. Die Struktur (hauptsächlich aus Aluminium mit Titan und Verbundwerkstoffen im hinteren Teil, wo die drei mächtigen Haupttriebwerke untergebracht sind) wird in fünf Abschnitte unterteilt: vorderer Rumpf, mittlerer und hinterer Rumpf, senkrechter Stabilisator und Flügel. Im mittleren Rumpf befinden

Space Shuttle. 1 – Behälter für den Oxidator des vorderen RCS (Reaction Control System) Lagekontrolldüsen; 2 – Düsen des RCS; 3 – Sitze (Pilot rechts, Kommandant links); 4 – Flugkontrollkonsole für die Operationen während des Fluges; 5 – Nutzlastspezialist und Bediengerät des Manipulatorarms; 6 – hintere Sichtfenster (2); 7 – Aussteigsluke für EVA (Extra Vehicular Activity); 8 – Ladebucht; 9 – Stickstoffbehälter; 10 – Sichtfenster; 11 – Äußerer Manipulatorarm; 12 – Luftzufuhr für das Spacelab; 13 – Aussteigsluke; 14 – Handlauf für EVA; 15 – Instrumente auf modularer Palette; 16 – Behälter für das hintere RCS; 17 – Behälter für das OMS (Orbital Manoeuvring System); 18 – Seitenflosse und Bremsklappen (für die Landung); 19 – (3) Düsen der Haupttriebwerke (SSME, Space Shuttle Main Engine); 20 – (2) Düsen des OMS; 21 – Düsenbündel des hinteren RCS (2); 22 – Pumpen, die den Treibstoff vom Außentank zu dem SSME befördern; 23 – Hintere (Rumpf) Klappe; 24 – Querruder (2); 25 – Verkleidung mit RCC (Reinforced Carbon-Carbon); 26 – Modulare Plattform für unterschiedliche Instrumenten-Nutzlast; 27 – Hauptfahrwerk (2); 28 – Instrumente des Raumlabors Spacelab; 29 – Zylindrische Form des Spacelab; 30 – Wasserpumpe; 31 – Freonpumpe; 32 – Verbindungstunnel zum Spacelab; 33 – Heizkörper; 34 – Klappen für die Ladebucht; 35 – Mannschaftstoilette; 36 – Einstiegsluke zur Ladebucht; 37 – Einstiegsluke für die Mannschaft vom Startturm her und Aussteigsluke bei Notfällen während der Startphase; 38 – Düsen des vorderen RCS; 39 – Brennstoffbehälter des RCS; 40 – Bugfahrwerk.

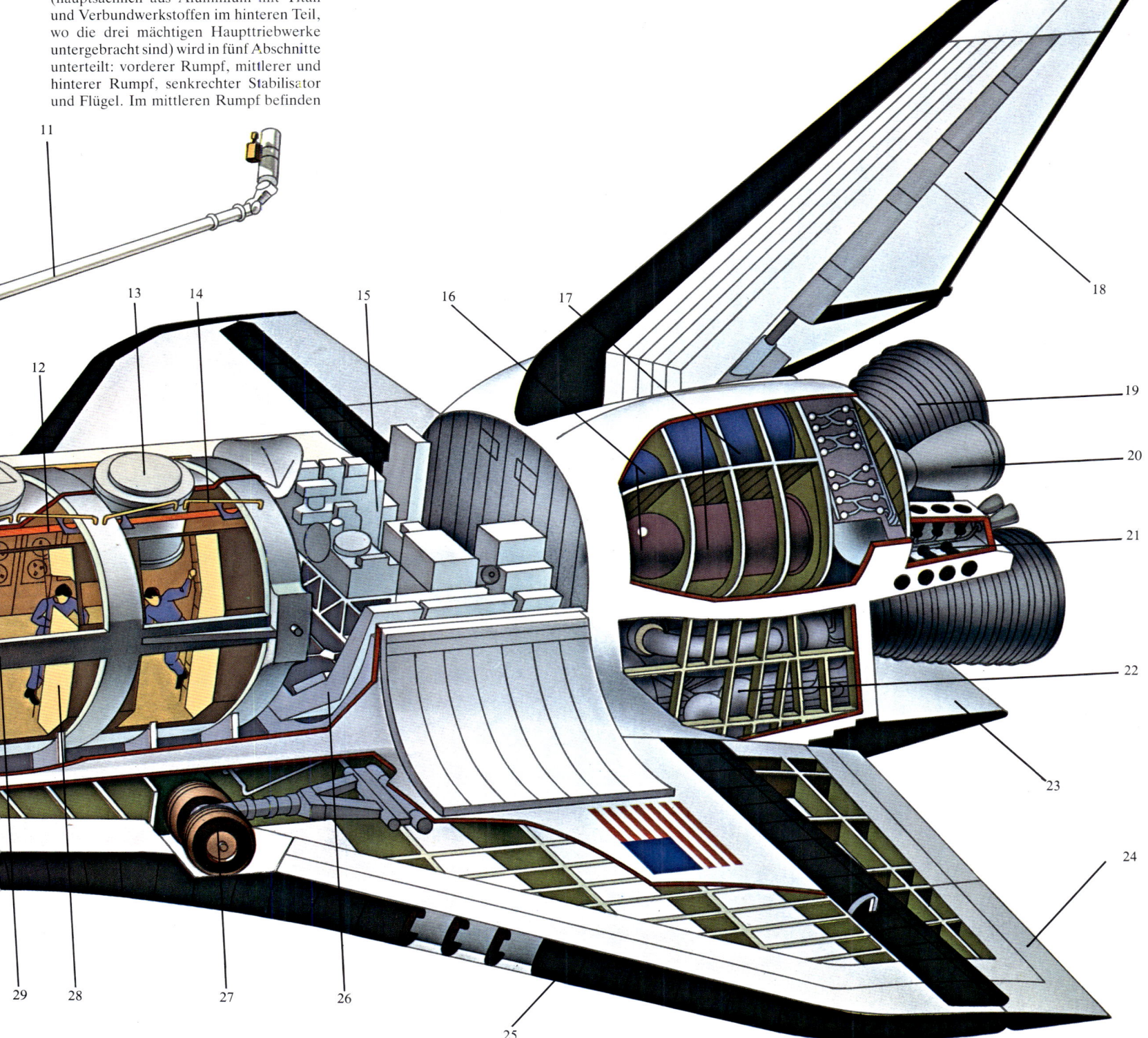

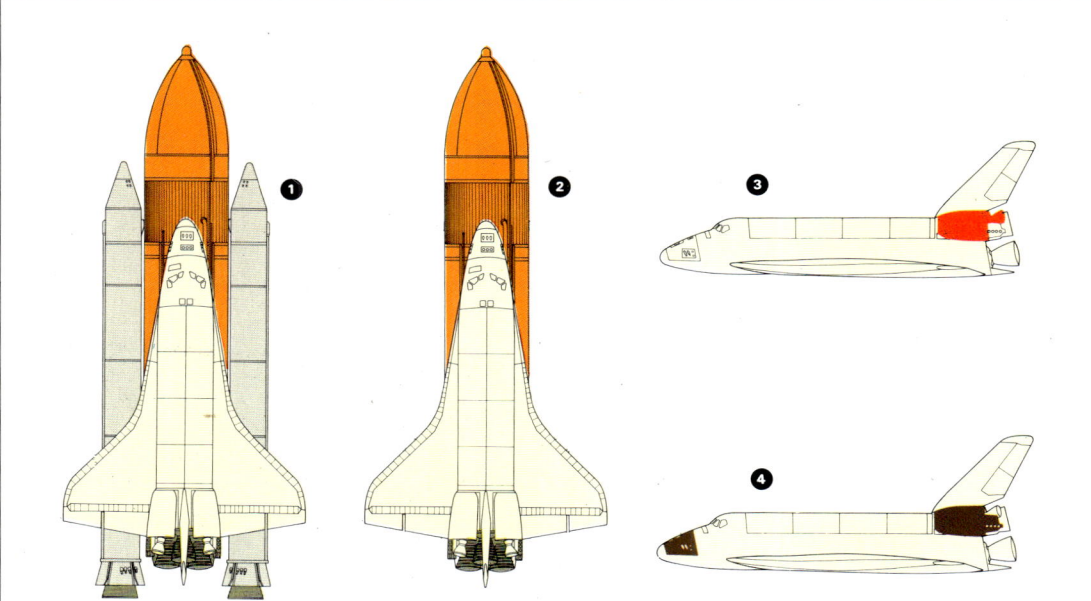

Das Hitzeschutzsystem

● Reinforced Carbon-Carbon (RCC), bis 1650° C.

● High-temperature Reusable Sur face Insulation (HRSI), zwischen 648 und 1260° C

● Low-temperature Reusable Surface Insulation (LRSI), zwischen 371 und 648° C

● Felt Reusable Surface Insulation (FRSI), unte

● 371° C. Metall oder Glas

Die Triebwerke des Space Shuttles. Beim Start (1) wird das Shuttle von den drei Haupttriebwerken (SSME) und von den beiden Starthilfsraketen oder Booster (SRB) angetrieben. Wenn diese beiden SRB abgetrennt sind, fährt die zweite Stufe mit dem Aufstieg (2) fort, wobei die Haupttriebwerke ihren Brennstoff vom großen Außentank (ET) erhalten. Dieser löst sich ungefähr 9 Minuten nach dem Start ab. Der Orbiter verfügt im Weltraum über zwei weitere Antriebssysteme: die Triebwerke für die Manöver im Orbit (OMS), die im Heck eingebaut sind, und die eigentlichen Düsen für die Lageregelung (RCS). Die erstgenannten (3) bestehen aus zwei Einheiten. Die Lagekontrolldüsen (4) sind insgesamt 44 (38 Primärtriebwerke und 6 Vernier-Triebwerke); sie befinden sich im Bug und im Heck in der Nähe der Haupttriebwerke.

sich unter der Ladebucht, die mit großen Klappen aus Verbundwerkstoffen ausgestattet ist, wichtige Subsysteme, etwa die Brennstoffzellen für die Versorgung mit elektrischer Energie, mit den entsprechenden Behältern mit flüssigem Sauerstoff und flüssigem Wasserstoff. Die Besatzung findet vorne Platz.

Eines der wichtigsten Probleme, das gelöst werden mußte, betraf die thermische Isolation des Orbiters. Sie ist unumgänglich, um unbeschadet den Wiedereintritt in die Atmosphäre zu überstehen. Dabei weist das Shuttle zu Beginn noch die Orbitalgeschwindigkeit von 28 000 km/h auf. Seine Oberflächen heizen sich aerodynamisch auf, an einigen Stellen bis auf 1540° C. Das Hitzeschutzsystem (TPS) bedeckt die gesamte Oberfläche des Orbiters und hält die Temperatur überall unterhalb von 176° C. Es sind vier Typen von Hitzeschilden vorgesehen: einen für die absolut höchsten Temperaturen am Bug des Orbiters und an der Flügelvorderkante nahe der Übergangsstelle zum Rumpf; einen für die Temperaturen zwischen 648 und 1260° C (gesamte untere Oberfläche, Teile des Buges und der senkrechten Stabilisators); einen Typ für die Temperaturen zwischen 371° C und 648° C (Teile des Rumpfes und des Ruders sowie die äußeren oberen Flächen des Flügels); und schließlich einen Typ für die Abschnitte unter 371° C (Klappen der Ladebucht, innerer Teil der Flügeloberflächen, Seiten und oberer Teil des Rumpfes). Für jeden dieser Sektoren werden eigene Hitzeschutzmaterialien verwendet. Die Stellen, die sich am meisten erhitzen, werden von einem besonderen schwarzen Kohlenstoffaser-Verbundwerkstoff (Carbonfaser, RCC, Reinforced Carbon-Carbon) beschützt, der bis 1650° C aushält.

Der zweite Sektor wird von schwarzen Kacheln aus Silizium und Keramik (HRSI, Hight-temperature Reusable Surface Insulation) beschützt. Der dritte Sektor trägt entsprechende weiße Kacheln (LRSI, Low-temperature Reusable Surface Insulation). Für den vierten und kühlsten Abschnitt wurde ein Filz aus Verbundwerkstoffen (Nomex) mit der Bezeichnung FRSI (Felt Reusable Surface Insulation) bestimmt. Es sind insgesamt ungefähr 32 000 Hitzekacheln vorhanden. Die mittlere Dicke liegt bei ungefähr 2,5 cm, die Oberfläche zwischen 15 und 20 cm². Jede dieser Kacheln muß von Hand angebaut und geklebt werden, und jede zeigt wegen der zu bedeckenden Oberflächen eine andere Form. Der Hitzeschild LRSI wurde bei der Challenger teilweise und bei der Discovery und der Atlantis vollständig von

einem besonderen ausgeklügelten Gewebe ersetzt.

Der Orbiter verfügt über drei Haupttriebwerke (SSME), die mit flüssigem Sauerstoff und flüssigem Wasserstoff gespeist und pro Einheit in Meereshöhe einen Schub von 178,5 t (1751 kN) entwickeln. Sie sind im Heck eingebaut, und ihr Schub läßt sich von 65 bis 109% des Nominalschubes regulieren. Die austretenden heißen Gase lassen sich in ihrem Winkel etwas verändern. Die Antriebsmotoren haben eine Lebensdauer von 7½ Stunden, und da sie pro Mission im Mittel während acht Minuten arbeiten, hat man ihre Lebensdauer auf 55 Flüge veranschlagt. Erst dann müssen sie zu einer Grundüberholung.

Ferner verfügt der Orbiter im Heck über zwei kleinere Triebwerke, die für die Orbitalmanöver notwendig sind (OMS, Orbital Manoeuvring System). Seine Brennstoffe sind Monomethylhydrazin und Stickstofftetroxid (insgesamt 10,8 t Brennstoff befinden sich in zwei Behältern in jeder der beiden Triebwerkszellen); sie erreichen insgesamt einen Schub von 2721,6 kp (266,7 kN) und sind für 100 Missionen ausgelegt, wobei sie höchstens 15 Stunden hintereinander arbeiten. Für die eigentliche Lageregelung im Raum gibt es 44 kleine Raketentriebwerke (RCS, Reaction Control System), die auf drei Modulen verteilt sind (im vorderen Teil des Rumpfes und in jeder der beiden OMS-Zellen). Es handelt sich um 38 Primärtriebwerke, jedes mit 394,6 kp (3,8 kN) Schub und 6 kleinere Vernier-Triebwerke mit 10,9 kp (0,1 kN) Schub. Vorne befinden sich 14 bzw. 2 Triebwerke, während in jeder der OMS-Zellen 12 bzw. 2 Triebwerke Platz finden. Die nötige Energie an Bord wird

Die Komponenten des Orbiters. 1 – Vorderes RCS (Reaction Control System); 2 – oberer Teil des Cockpits; 3 – Wohndeck und Cockpit; 4 – unterer Teil des Bugs; 5 – Klappen für die Ladebucht; 6 – Ladebucht; 7 – Halbflügel (2); 8 – Querruder (2); 9 – Bug mit den Haupttriebwerken (SSME, Space Shuttle Main Engine); 10 – Zelle mit dem OMS (Orbital Manoeuvring System) und dem hinteren RCS; 11 – Seitenflosse; 12 – Ruder in Bremsklappen-Position.

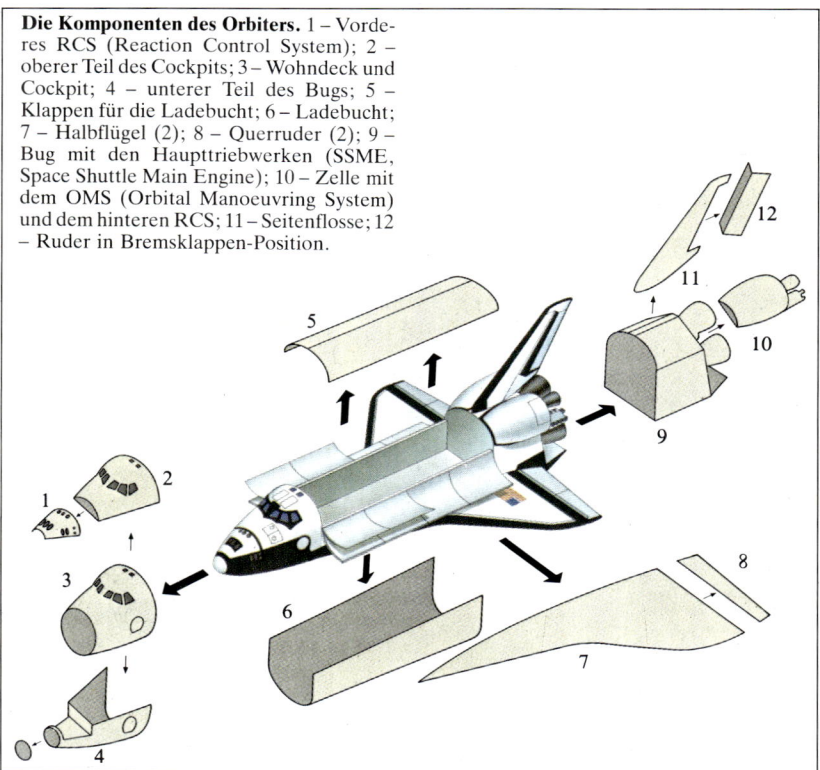

Cockpit des Orbiters. 1 – Feuerwarnanzeige; 2 – CRT (Character Recognition Terminal) mit drei Computerbildschirmen; 3 – Anzeigetafel für die Abtrennmanöver während des Aufstiegs; 4 – ADI (Fluglageleitgerät) und HSI (Horizontal-Situations-Anzeigegerät); – 5 Anzeige für die horizontale und vertikale Geschwindigkeit beim Gleitflug; 6 – Steuer für den Gleitflug; 7 – Pilotensitz; 8 – Klimatisierung; 9 – Kontrollkonsole für Raumaktivitäten; 10 – hinteres Sichtfenster; 11 – Führungsknüppel für den Manipulatorarm; 12 – Anzeigekonsole für den Manipulatorarm; 13 – Sitze für Nutzlastspezialisten beim Start; 14 – Luke zum Flugdeck; 15 – Sitz des Kommdandanten.

Der Rumpfbug des Orbiters. 1 – Flugkontrolltafel; 2 – Flugdeck; 3 – hinteres Sichtfenster; 4 – Kommandotafel für den Manipulatorarm; 5 – Fernsehmonitor zur Kontrolle des äußeren Manipulatorarms; 6 – Steuerknüppel für die Bewegungen des äußeren Manipulatorarms; 7 – Einstiegsluke zum Flugdeck; 8 – Sitz des Kommandanten; 9 – Leiter zum Flugdeck; 10 – Einstiegsluke für die Besatzung; 11 – Speiseschrank-Waschraum/Flüssigsystemmodul für elektrophoretische Experimente bei STS-6 (Space Transportation System); 12 – Elektronik; 13 – mittleres Deck; 14 – Einstiegsluke zum unteren Deck; 15 – WC; 16 – Anlage zur Luftreinigung; 17 – unteres Deck; 18 – äußere Verkleidung des Rumpfes; 19 – modulare Bucht für Versuchsapparaturen; 20 – Schlafplätze; 21 – Flugkonsolen; 22 – Pilotensitz; 23 – Luftschleuse für EVA (Extra Vehicular Activity), von dem aus man in die Ladebucht gelangt.
A – Abschnitt für die Flugkontrolle; B – Abschnitt für die Kontrolle der Operationen im Orbit; C – Abschnitt für die Kontrolle der wissenschaftlichen Tätigkeiten im Spacelab und in dessen Subsystemen.

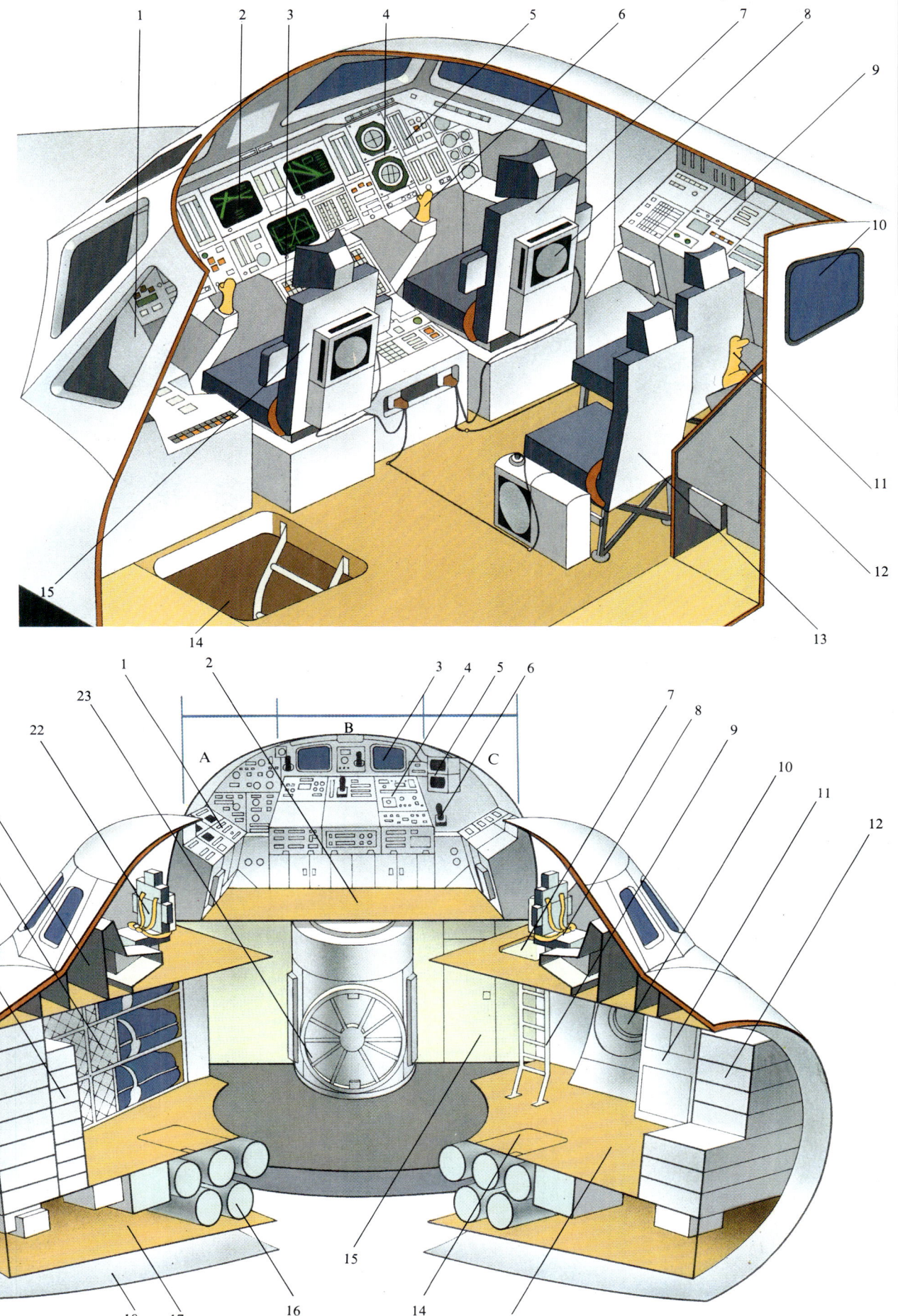

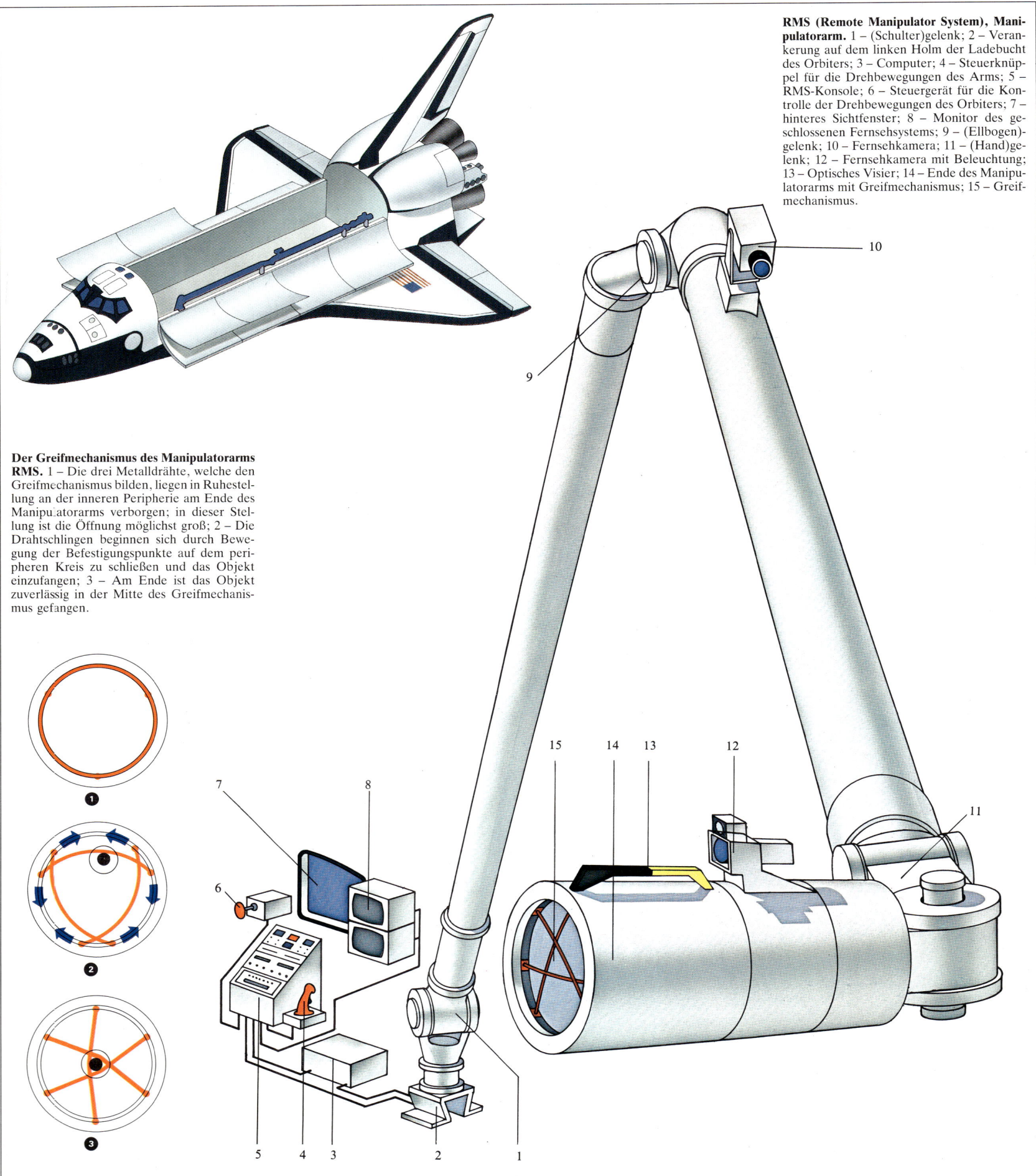

RMS (Remote Manipulator System), Manipulatorarm. 1 – (Schulter)gelenk; 2 – Verankerung auf dem linken Holm der Ladebucht des Orbiters; 3 – Computer; 4 – Steuerknüppel für die Drehbewegungen des Arms; 5 – RMS-Konsole; 6 – Steuergerät für die Kontrolle der Drehbewegungen des Orbiters; 7 – hinteres Sichtfenster; 8 – Monitor des geschlossenen Fernsehsystems; 9 – (Ellbogen)gelenk; 10 – Fernsehkamera; 11 – (Hand)gelenk; 12 – Fernsehkamera mit Beleuchtung; 13 – Optisches Visier; 14 – Ende des Manipulatorarms mit Greifmechanismus; 15 – Greifmechanismus.

Der Greifmechanismus des Manipulatorarms RMS. 1 – Die drei Metalldrähte, welche den Greifmechanismus bilden, liegen in Ruhestellung an der inneren Peripherie am Ende des Manipulatorarms verborgen; in dieser Stellung ist die Öffnung möglichst groß; 2 – Die Drahtschlingen beginnen sich durch Bewegung der Befestigungspunkte auf dem peripheren Kreis zu schließen und das Objekt einzufangen; 3 – Am Ende ist das Objekt zuverlässig in der Mitte des Greifmechanismus gefangen.

von zwei Systemen geliefert, einem hydraulischen und einem elektrischen. Das hydraulische wird von drei mit Hydrazin gespeisten Hilfsenergieeinheiten (APU, Auxiliary power units) gebildet. Jede leistet davon 135 PS (99,2 kN) und zusammen versorgen sie die wichtigsten Systeme des Raumschiffes (zum Beispiel die aerodynamischen Oberflächen, das Fahrwerk, die Ventile der Haupttriebwerke sowie deren Ausrichtung). Das elektrische System besteht aus drei Brennstoffzellen mit Sauerstoff und Wasserstoff. Sie erzeugen während des Starts und der Landung zwischen 1000 und 1500 W, im Mittel 7000 W mit Maxima bis 12 000 W während der Arbeit im Raum.

Die Flugelektronik (Avionik) des Orbiters setzt sich aus einer Gruppe von fünf Computern zusammen, die von der IBM geliefert wurden. Ein Computer dient als Reserve. Die Computer üben eine völlige Kontrolle über das Raumschiff aus, über das Funktionieren all seiner Systeme und die Bordoperationen. Während des Starts und der Landung arbeiten die Computer synchron zusammen und kontrollieren mehrmals in jeder Sekunde gegenseitig über Kreuz ihre Ergebnisse. In der Erdumlaufbahn kontrolliert ein Computer den Flug, ein zweiter die Apparaturen des Orbiters, ein oder wenn nötig zwei weitere die Nutzlast in der Ladebucht. Der fünfte Computer stellt eine Art Supercontroller der übrigen vier dar. Zusammen überwachen sie automatisch jede Phase der Mission. In jedem Augenblick kann allerdings die Mannschaft von Hand eingreifen und je nach Bedarf bestimmte Situationen verändern. Von einem Sensorsystem, das über die gesamte Struktur des Orbiters verteilt ist, erhalten die Computer Informationen über die wichtigsten Parameter des Orbiters. Sie vergleichen sie mit im Flugprogramm gespeicherten Daten und veranlassen automatisch Korrekturen, wenn keine Übereinstimmung gegeben ist. In Notfällen kann einer der Computer die Kontrolle über den Orbiter übernehmen und ihn absolut sicher auf die Erde zurückbringen. Der Dialog zwischen der Mannschaft und dem Computer geschieht über drei Tastenfelder und vier Monitoren. Die Computer können auf tausend Fragen über den Flug und die Funktion des Orbiters Auskunft geben.

Die Feststoffraketen

Die beiden Feststoffraketen (SRB, Solid Rocket Boosters) sind zu beiden Seiten des großen Außentanks angebracht, auf der Orbiter aufsitzt. Sie stellen die größten Feststoffraketen dar, die bis jetzt hergestellt wurden, und die ersten, die für die Wiederverwendung vorgesehen sind. Sie arbeiten parallel mit den drei Haupttriebwerken des Orbiters während der ersten zwei Flugminuten. Ihre Dimensionen: Länge 45,46 m, Durchmesser 3,60 m, Gewicht beim Start 586 t; Schub beim Start 1203,2 t (11 800 kN). Der Oxidator besteht aus Aluminiumperchloratpulver, während der Brennstoff reines Aluminiumpulver ist. Als Katalysator verwendet man Eisenoxid und ein Polymer, das gleichzeitig als

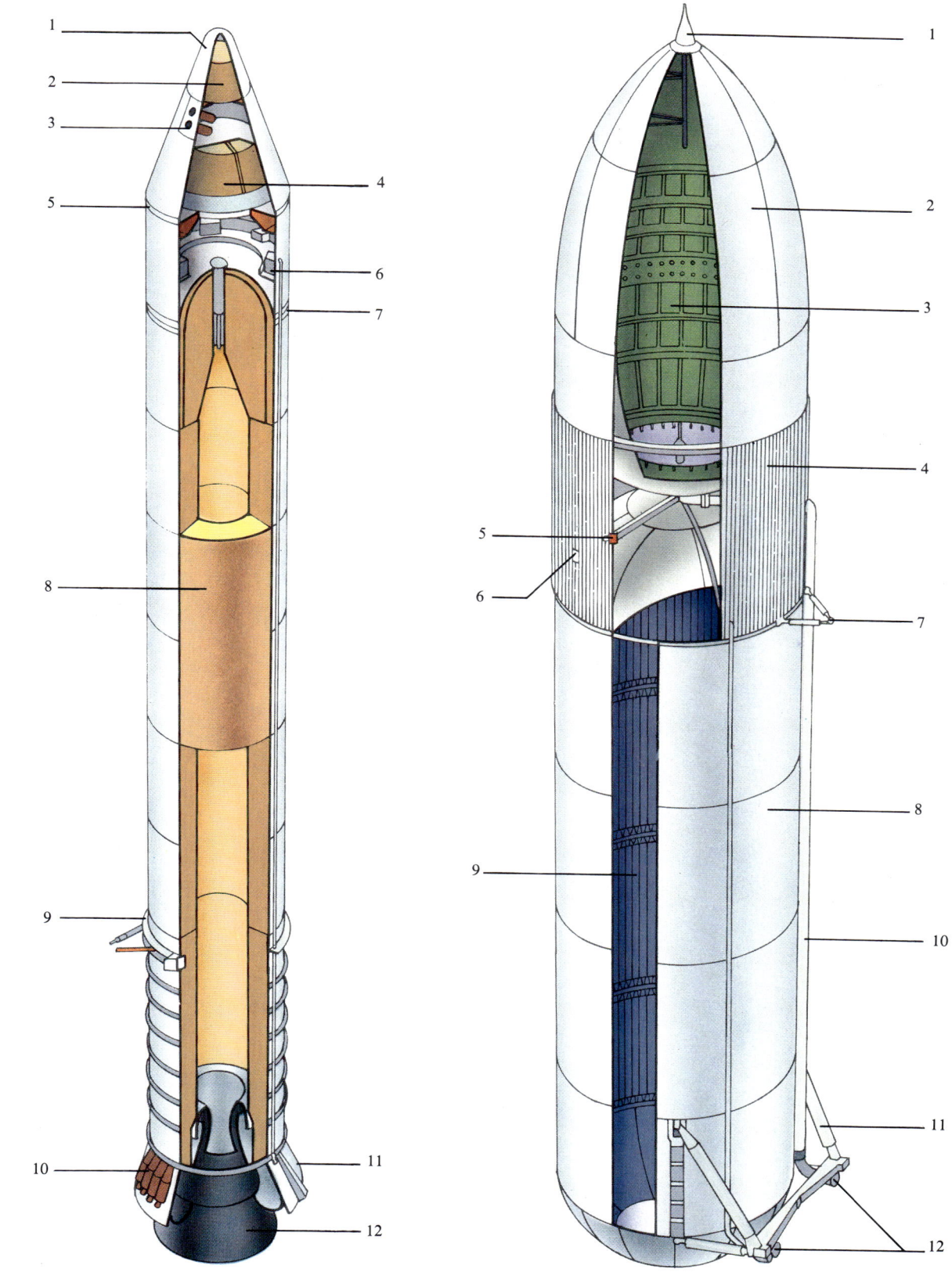

SRB (Solid Rocket Booster, Feststoffrakete). 1 – Aerodynamische Haube; 2 – Stabilisierungsfallschirm; 3 – Abtrenntriebwerke (4); 4 – Hauptfallschirme; 5 – Vorderrand des wiederverwendbaren zylindrischen Körpers; 6 – Trennelektronik für das Niederschweben und das Wiederauffinden; 7 – Vordere Befestigung zwischen SRB und Außentank (ET, External Tank); 8 – Segment mit festem Brennstoff; 9 – Hintere Befestigung zwischen SRB und ET und Nabelschnur für die Bordelektronik; 10 – Abtrenntriebwerke (4); 11 – Hinterer Rand und Befestigung beim Start; 12 – Expansionsdüse.

ET (External Tank, Außentank). 1 – Ventil; 2 – Flüssigsauerstoffbehälter; 3 – Kontrollvorrichtung für Verdampfungsvorgänge und Eisbildung; 4 – Verbindungsstruktur zwischen den beiden Tanks; 5 – Vordere Verbindung mit dem SRB (Solid Rocket Booster); 6 – Verbindungsplatte; 7 – Vordere Befestigung am Orbiter; 8 – Flüssigwasserstoffbehälter; 9 – Innenaufbau; 10 – Außenliegende Sauerstoffleitung; 11 – Hinterer Befestigungspunkt am Orbiter; 12 – Verbindungen zum Orbiter (Treibstoffleitung, Druckkontrolle, Bordelektronik).

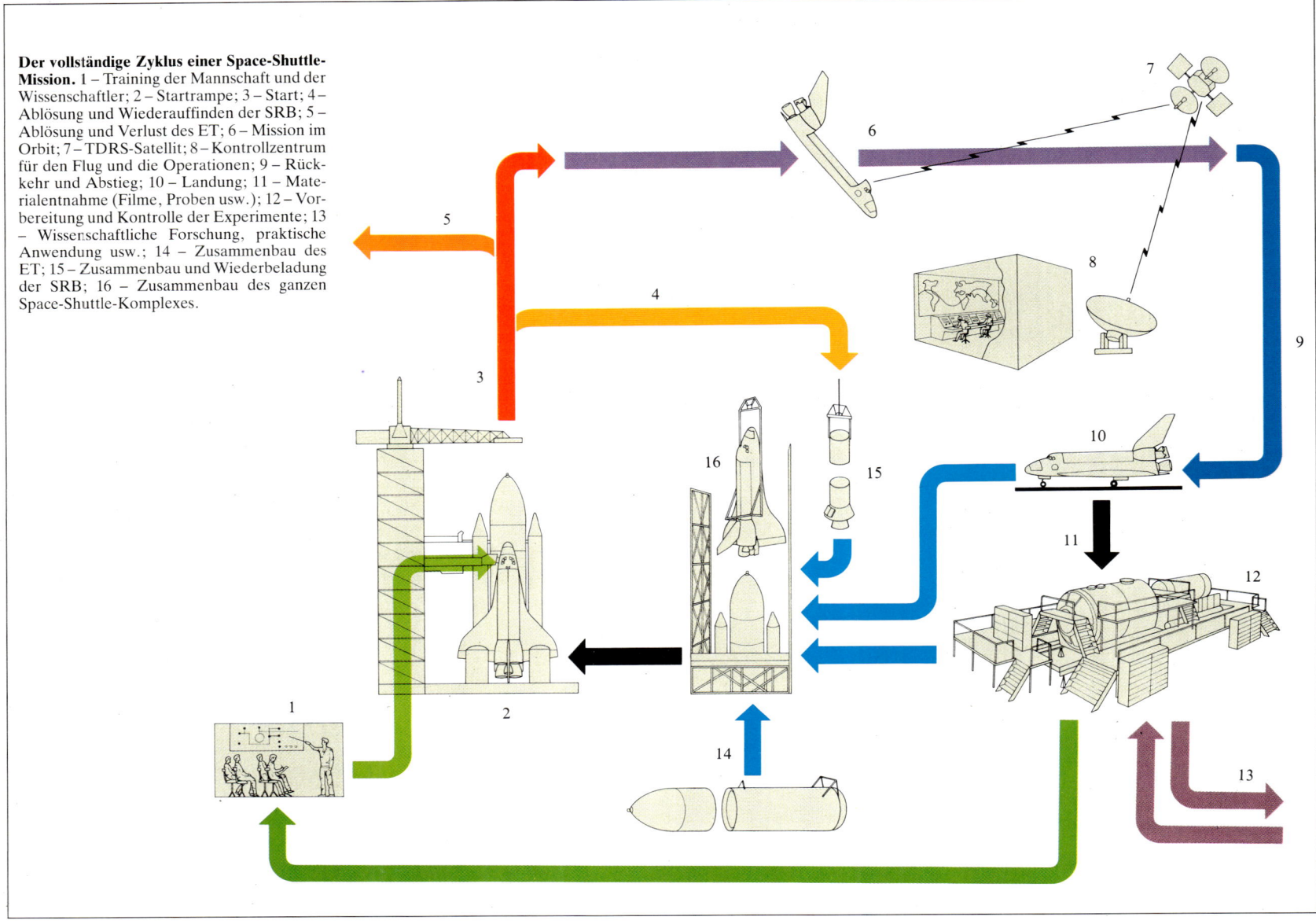

Der vollständige Zyklus einer Space-Shuttle-Mission. 1 – Training der Mannschaft und der Wissenschaftler; 2 – Startrampe; 3 – Start; 4 – Ablösung und Wiederauffinden der SRB; 5 – Ablösung und Verlust des ET; 6 – Mission im Orbit; 7 – TDRS-Satellit; 8 – Kontrollzentrum für den Flug und die Operationen; 9 – Rückkehr und Abstieg; 10 – Landung; 11 – Materialentnahme (Filme, Proben usw.); 12 – Vorbereitung und Kontrolle der Experimente; 13 – Wissenschaftliche Forschung, praktische Anwendung usw.; 14 – Zusammenbau des ET; 15 – Zusammenbau und Wiederbeladung der SRB; 16 – Zusammenbau des ganzen Space-Shuttle-Komplexes.

Bindemittel und als Brennstoff dient. Während die Triebwerke laufen, kann die Austrittsdüse synchron mit den drei anderen Triebwerken um höchstens 6° geschwenkt werden. Überdies ist der Treibstoff so ausgelegt, daß er nach 44 Flugsekunden den Schub um 35% reduziert, dies mit dem Zweck, mechanische Überbelastungen des gesamten Systems zu vermeiden. Die Feststoffraketen lösen sich nach 2 Minuten 7 Sekunden vom Start in 50 km Höhe ab. Die Trennung vom Orbiter geschieht mit Hilfe acht besonderer Raketen (4 am Bug und 4 am Heck), jede mit einem Schub von 9,8 t (96,4 kN). Nach dem Abwurf fallen die Booster an drei großen Fallschirmen zur Erde zurück, werden im Meer wieder aufgefischt und zum Hersteller zurückgebracht, der sie überholt und wieder auffüllt. Die Feststoffraketen können bis zu zwanzigmal wiederverwendet werden.

Der Außentank

Das dritte und letzte und zugleich umfangreichste Element des Space Shuttles ist der Außentank (ET, External tank), der den flüssigen Wasserstoff und den flüssigen Sauerstoff aufnimmt, die Treibstoffe für die drei Haupttriebwerke des Orbiters. Der Außentank ist 47 m lang, 8,40 m breit und wiegt leer 35,4 t. Im Innern zeigt er zwei getrennte Behälter; der obere Teil enthält −147° C kalten flüssigen Sauerstoff (617,7 t), der untere 103,2 t flüssigen Wasserstoff bei −251° C. Der Außentank trennt sich nach ungefähr 9minütigem Flug in fast 120 km Höhe ab. Was von ihm nach der Überquerung der hohen Atmosphärenschichten übrigbleibt und noch nicht verglüht ist, fällt in einer vorausberechneten Flugbahn ins Meer. Der Außentank kann also nicht wiederverwendet werden. Allerdings studiert die NASA Mittel und Wege, ihn wiederzugewinnen.

Vom Start bis zur Landung

Wie sieht das typische Profil eines Space-Shuttle-Fluges aus? Wie folgen die wichtigsten Operationen im Hinblick auf die größeren Komponenten des Systems aufeinander? Und die Mannschaft? Wie ist sie untergebracht, wie lebt sie, wie ist sie organisiert?
Der letzte Countdown beginnt 5 Stunden vor dem Start. 30 Minuten danach beginnt man den Außentank (ET) zu füllen: zuerst der flüssige Wasserstoff, dann der Sauerstoff. Die Mannschaft geht 1 Stunde und 50 Minuten vor dem Start an Bord. Die Luken werden 40 Minuten danach geschlossen, und dann beginnt der Abschnitt der intensivsten Kontrollen. 4 Minuten und 30 Sekunden vor dem Start geht der Orbiter auf Eigenenergieversorgung über. 3 Minuten vor dem Start werden die Haupttriebwerke in Startposition gebracht. Die Kontrolle der letzten 25 Sekunden des Countdowns wird von den Bordcomputern übernommen. 3 Sekunden vor dem Start werden die drei Haupttriebwerke gezündet (Sequenz 3,2,1, Intervall zwischen den Zündungen 120 Millisekunden). In der Sekunde 0 wird ein Zeitgeber aktiviert, der 2,64 Sekunden für die Zündung der Feststoffraketen zusteht. Der eigentliche Start beginnt bei +3 Sekunden, mit dem Abheben von der Plattform. Der Rest geschieht in verhältnismäßig langsamer Aufeinanderfolge, in den Hauptphasen jedoch auf das Hundertstel genau berechnet. 6,5 Sekunden nach dem Zeitpunkt 0 hat das Shuttle von der Startrampe abgehoben. Zwischen der 11. und der 30. Sekunde wird das Rollmanöver um 120° durchgeführt, das den Orbiter in die Stellung »Kopf nach unten« für die darauffolgende Abtrennung der Booster und des Außentanks bringt. Normalerweise wird 44 Sekunden nach dem Start die Schallgeschwindigkeit (Mach 1) erreicht, und die Haupttriebwerke gehen automatisch von 100 auf 65% des Nominalschubs zurück. Wenn aber die größte dynamische und mechanische Belastung der Gesamtstruktur in dieser Flugphase vorbei ist, erhöhen sie den Schub wieder. Diese Maßnahme verringert auch die Beschleunigung, welche die Mannschaft auszuhalten hat. Sie erreicht einen Höchstwert von 3 g (in diesen Augenblicken wiegen die Astronauten dreimal soviel wie auf der Erde). Nach 2 Minuten ist Brennschluß für die Feststoffraketen, und 7 Sekunden später lösen sie sich ab. Dies geschieht in einer Höhe von 50 km bei einer Geschwindigkeit von Mach 4,5. Nach 4 Minuten und 20

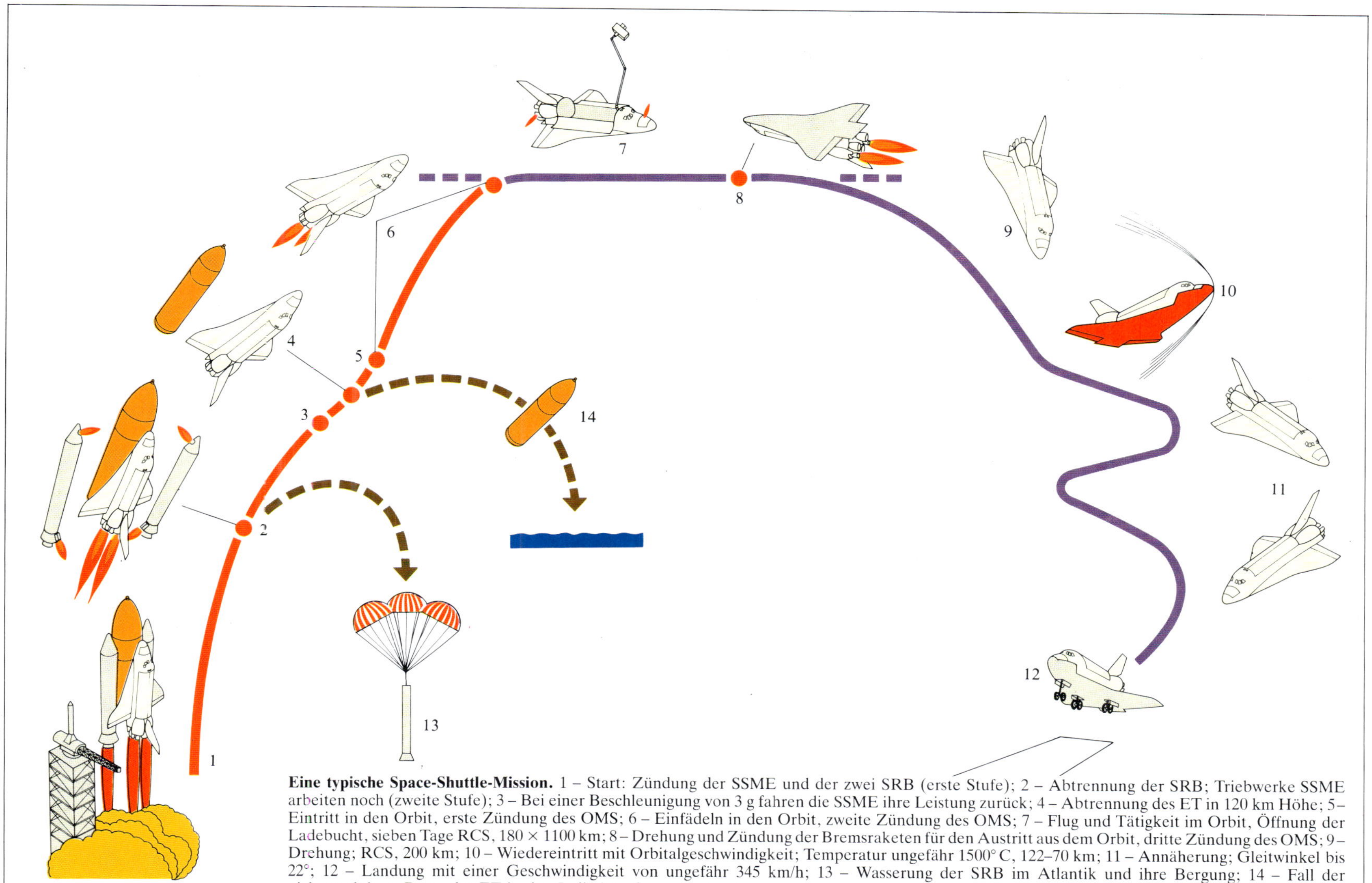

Eine typische Space-Shuttle-Mission. 1 – Start: Zündung der SSME und der zwei SRB (erste Stufe); 2 – Abtrennung der SRB; Triebwerke SSME arbeiten noch (zweite Stufe); 3 – Bei einer Beschleunigung von 3 g fahren die SSME ihre Leistung zurück; 4 – Abtrennung des ET in 120 km Höhe; 5 – Eintritt in den Orbit, erste Zündung des OMS; 6 – Einfädeln in den Orbit, zweite Zündung des OMS; 7 – Flug und Tätigkeit im Orbit, Öffnung der Ladebucht, sieben Tage RCS, 180 × 1100 km; 8 – Drehung und Zündung der Bremsraketen für den Austritt aus dem Orbit, dritte Zündung des OMS; 9 – Drehung; RCS, 200 km; 10 – Wiedereintritt mit Orbitalgeschwindigkeit; Temperatur ungefähr 1500° C, 122–70 km; 11 – Annäherung; Gleitwinkel bis 22°; 12 – Landung mit einer Geschwindigkeit von ungefähr 345 km/h; 13 – Wasserung der SRB im Atlantik und ihre Bergung; 14 – Fall der nichtverglühten Reste des ET in den Indischen Ozean, keine Bergung.
SSME = Space Shuttle Main Engine (Haupttriebwerk); SRB = Solid Rocket Booster (Feststofftriebwerk); ET = External Tank (externer Tank); OMS = Orbital Manoeuvring System (Orbital-Manövriersystem); RCS = Reaction Control System (Lagekontrollsystem).

Sekundens ist es nicht mehr möglich, den Start abzubrechen und zur Basis zurückzukehren (die Bodenkontrolle informiert den Kommandanten und verlangt von ihm eine Bestätigung). Nach 6 Minuten und 30 Sekunden (Höhe 130 km, 15fache Schallgeschwindigkeit) beginnt das Space Shuttle mit einem langen »Abstieg«, der es 10 000 m näher zur Erde bringt. Es bereitet sich dabei auf die Trennung vom Außentank vor. 8 Minuten und 28 Sekunden nach dem Start reduzieren die drei Haupttriebwerke erneut den Schub auf 65%; 10 Sekunden später schalten sie ab. Bei 8 Minuten und 54 Sekunden trennt sich der Außentank ab. Er fällt um die halbe Erde und verglüht dabei zum größten Teil in der Atmosphäre. Der Orbiter ist nunmehr von seinen umfangreichen Anhängseln befreit und er kann sich in die vorgesehene Umlaufbahn einfädeln. Er vertraut dabei ausschließlich auf seine eigenen Triebwerke, die ihn mit zwei kurzen Zündungen in die richtige Position bringen. Die erste Zündung des OMS (Orbit Manoeuvring System) findet 10 Minuten und 39 Sekunden nach dem Start statt und dauert bis 12 Minuten 24

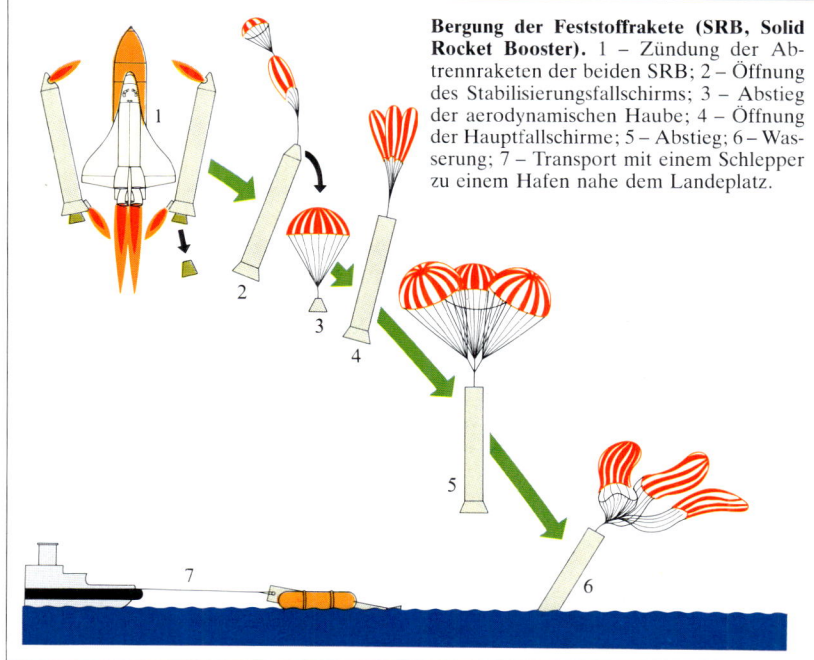

Bergung der Feststoffrakete (SRB, Solid Rocket Booster). 1 – Zündung der Abtrennraketen der beiden SRB; 2 – Öffnung des Stabilisierungsfallschirms; 3 – Abstieg der aerodynamischen Haube; 4 – Öffnung der Hauptfallschirme; 5 – Abstieg; 6 – Wasserung; 7 – Transport mit einem Schlepper zu einem Hafen nahe dem Landeplatz.

Sekunden. Sie bringt das Gefährt in eine anfänglich elliptische Umlaufbahn. Die zweite Zündung beginnt bei 45 Minuten und 58 Sekunden nach dem Start und dauert bis 46 Minuten 34 Sekunden. Die Erdumlaufbahn wird dadurch in der gewünschten Höhe kreisförmig; die Geschwindigkeit liegt nun bei 28 000 km/h.
Die Rückkehr am Ende einer Mission hat ebenfalls einen analogen Countdown, der 2 Stunden vor der Landung beginnt. Der Orbiter befindet sich dann in mindestens 320 km Höhe. Man unterscheidet fünf Hauptphasen: Austritt aus dem Orbit, Eintritt in die Atmosphäre, Annäherung an die vorgesehene Basis, endgültiger Abstieg, Landung.
Der Austritt aus dem Orbit sieht vor, daß sich das Raumschiff mit dem Heck gegen die Flugrichtung orientiert und mit dem Schub der beiden OMS-Triebwerke die notwendige Geschwindigkeitsverzögerung bewirkt. Die Triebwerke werden bei minus 1 Stunde gezündet; ihre Arbeitsdauer (im Normalfall zwischen 2 und 3 Minuten) hängt grundlegend vom Gewicht des Gefährts und seiner Ladung ab. Der Orbiter

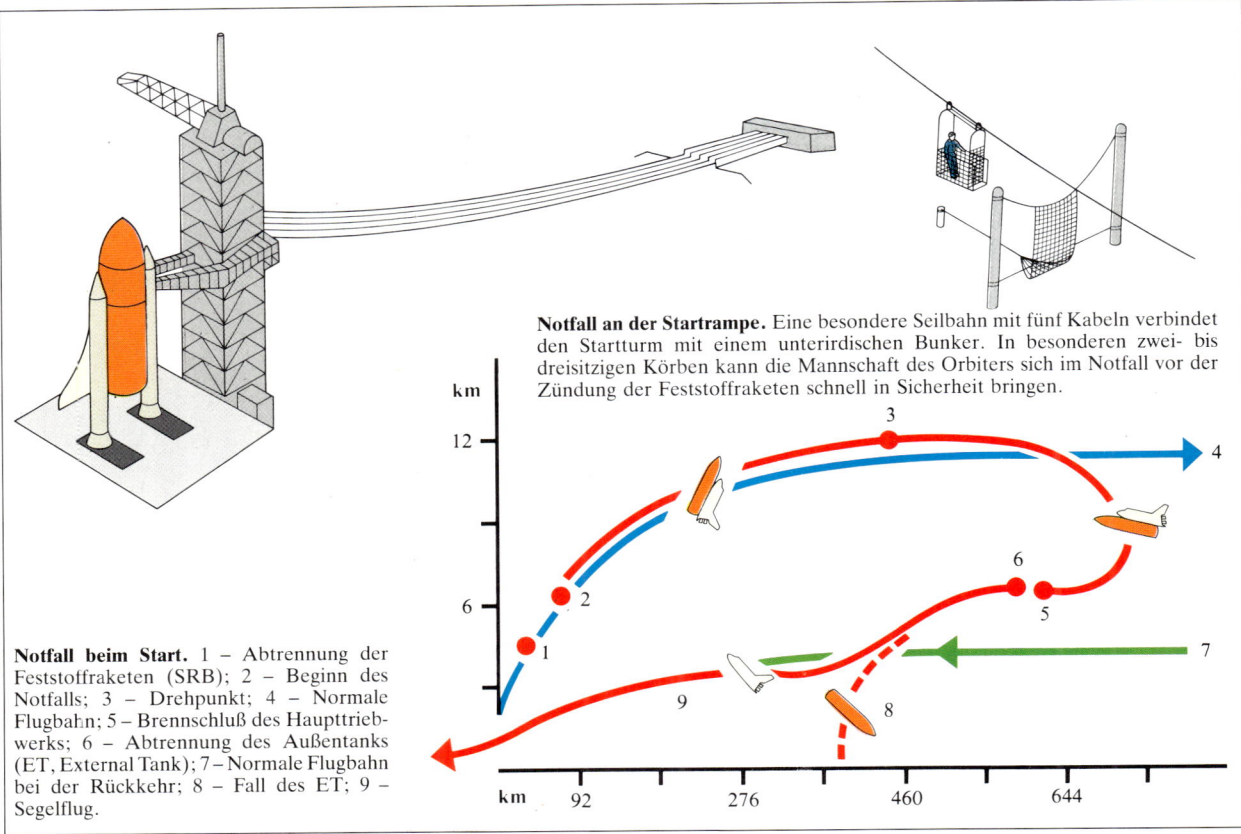

Notfall an der Startrampe. Eine besondere Seilbahn mit fünf Kabeln verbindet den Startturm mit einem unterirdischen Bunker. In besonderen zwei- bis dreisitzigen Körben kann die Mannschaft des Orbiters sich im Notfall vor der Zündung der Feststoffraketen schnell in Sicherheit bringen.

Notfall beim Start. 1 – Abtrennung der Feststoffraketen (SRB); 2 – Beginn des Notfalls; 3 – Drehpunkt; 4 – Normale Flugbahn; 5 – Brennschluß des Haupttriebwerks; 6 – Abtrennung des Außentanks (ET, External Tank); 7 – Normale Flugbahn bei der Rückkehr; 8 – Fall des ET; 9 – Segelflug.

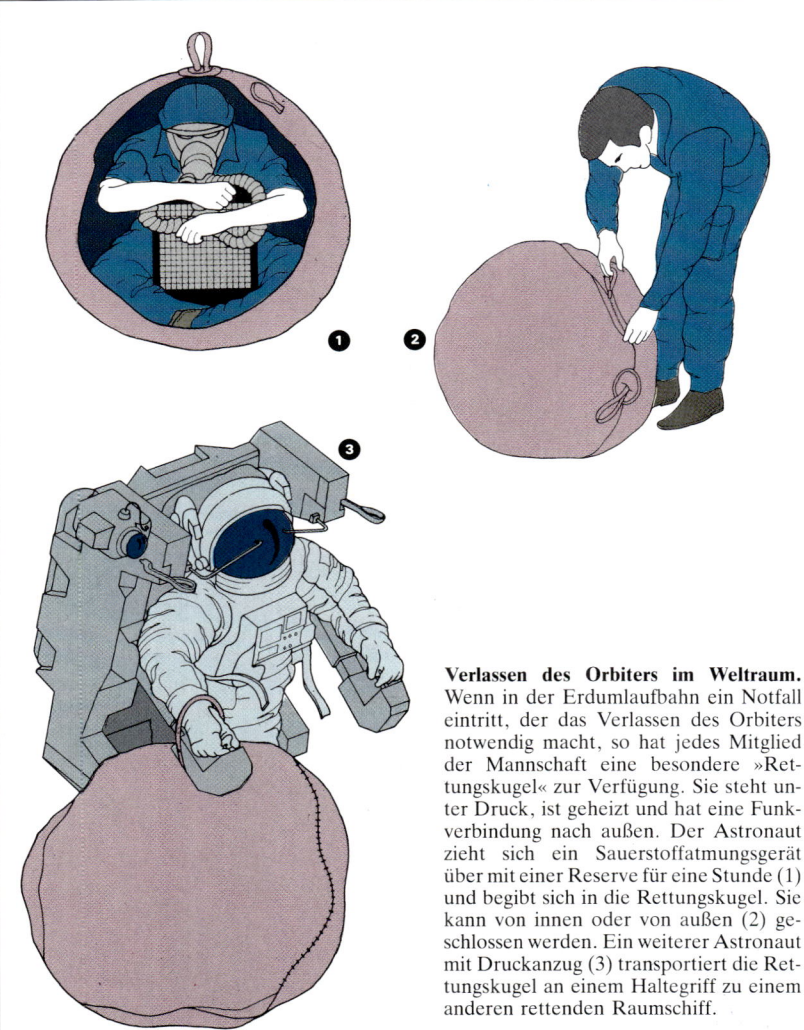

Verlassen des Orbiters im Weltraum. Wenn in der Erdumlaufbahn ein Notfall eintritt, der das Verlassen des Orbiters notwendig macht, so hat jedes Mitglied der Mannschaft eine besondere »Rettungskugel« zur Verfügung. Sie steht unter Druck, ist geheizt und hat eine Funkverbindung nach außen. Der Astronaut zieht sich ein Sauerstoffatmungsgerät über mit einer Reserve für eine Stunde (1) und begibt sich in die Rettungskugel. Sie kann von innen oder von außen (2) geschlossen werden. Ein weiterer Astronaut mit Druckanzug (3) transportiert die Rettungskugel an einem Haltegriff zu einem anderen rettenden Raumschiff.

Notfall bei der Landung. Nach der Landung kann die Mannschaft den Orbiter entweder durch die hintere Luke oder durch unten gelegene Luken der Hauptkabine verlassen. In diesem Fall wird ein besonderer Isolierteppich ausgerollt, um die Mannschaft vor der Oberflächenhitze zu schützen.

kehrt dann in seine normale Position zurück mit einem Neigungswinkel zwischen 28 und 38° und verliert nach und nach an Höhe, bis er eine Höhe von ungefähr 120 km erreicht. In der Zwischenzeit bereitet sich die Mannschaft auf den Wiedereintritt in die Atmosphäre vor. Diese in vielerlei Hinsicht heikelste und schwierigste Phase findet weniger als 30 Minuten vor der Landung statt. Die ungeheure Hitze, die durch die kinetische Energie des Orbiters entsteht, bewirkt, daß einzelne Teile Spitzentemperaturen von 1500°C erreichen. Gleichzeitig bewirkt sie einen totalen Ausfall der Funkverbindungen, weil ionisierte Partikel den Orbiter mit einem richtigen Schirm umgeben, den auch elektromagnetische Wellen nicht durchdringen können. Die Funkstille dauert ungefähr 12 Minuten, und in dieser Zeit (ungefähr 20 Minuten vor der Landung, in einer Höhe von 70 100 m und einer Geschwindigkeit von 24 200 km/h erreicht die Erhitzung ihren Höhepunkt) wird der Orbiter ausschließlich von den Bordcomputern geführt. Sie halten das Gefähr nicht nur in der richtigen Lage, sondern bereiten auch die Kontrollfunktionen auf die »atmosphärische« Phase vor, bei der die aerodynamischen Oberflächen eine Rolle spielen.

Der Orbiter verläßt die Zone des Blackouts 12 Minuten vor der Landung. Er fliegt noch mit ungefähr 13 300 km/h, die Höhe beträgt 55 000 m, die Entfernung von der Landepiste 885 km. Bei 5 Minuten und 30 Sekunden beginnt die dritte Phase, die Annäherung; sie dauert bis 86 Sekunden vor der Landung. Der Orbiter steigt von 45 338 auf 4074 m ab, verlangsamt seine Fahrt bis auf 682 km/h und nähert sich der Piste auf 12 km.

Nun beginnt das Landemanöver, das automatisch oder von Hand ausgeführt wird. Bis 32 Sekunden vor der Landung sinkt der Orbiter in einem Winkel von 22° (mit 3048 m pro Minute). Er hat sich nun auf 3,2 km der Piste genähert, fliegt 576 km/h schnell und hat noch eine Höhe von 526 m. Eine weitere kleine Lageänderung 17 Sekunden vor der Landung. 3 Sekunden später wird das Fahrwerk ausgefahren (Geschwindigkeit 530 km/h, Höhe 270 m, Entfernung von der Piste 335 m). Die letzte Phase, die Berührung mit dem Boden, geschieht zum Zeitpunkt 0 mit einer Geschwindigkeit von 345 km/h. Der Orbiter braucht zwei weitere Minuten, um zum völligen Stillstand zu kommen, nach zwei weiteren Minuten werden die wichtigsten Systeme inaktiviert. Die Mannschaft muß weitere 23 Minuten warten, bevor sie den Orbiter verlassen und den Fuß wieder auf die Erde setzen kann. Theoretisch nach 160 Stunden, entsprechend 14 Arbeitstagen, ist der Orbiter für einen weiteren Weltraumflug wieder bereit.

Bei ihrer rigorosen Planung hat die NASA auch alle möglichen Notfälle mit berücksichtigt, sowohl während des Starts wie im Verlauf des Raumflugs.

Während zweier Phasen kann der Start abgebrochen werden: an der Startrampe noch vor der Zündung der Feststoffraketen und während des Aufstiegs. Im ersten Fall muß die Mannschaft den Orbiter sofort verlassen und sich in einen unterirdischen

Bunker zurückziehen, der 375 m weit entfernt ist. Die Evakuierung erfolgt in zwei Phasen: das Verlassen des Gefährts, der Gang bis zum Startturm und der Weg von diesem bis zum Bunker. Eine Seilbahn mit fünf Kabeln verbindet den Turm mit dem Bunker. Jede Seilbahn besteht aus einem Korb, der zwei bis drei Personen aufnehmen kann. Die Fluchtseilbahn bewegt sich automatisch über die Schwerkraft, und die 375 m werden in ungefähr 35 Sekunden zurückgelegt. Natürlich sind auch Notsituationen nach der Landung vorgesehen, doch gleichen die Maßnahmen in diesen Fällen denen bei normalen Flugzeugen.

Viel komplizierter sind die Notfälle während des Aufstiegs, das heißt nach der Zündung der Feststoffraketen. Dabei sind vier Fälle möglich: Rückkehr zur Startbasis (falls in den ersten vier Minuten und 20 Sekunden die Haupttriebwerke ungenügend arbeiten), jedenfalls nach der Abtrennung der Feststoffraketen und des Außentanks; Notlandung auf der amerikanischen Basis Rota in Spanien oder Köln/Bonn (vorgesehen nur bei einem Start vom Kennedy Space Center und beim Ausfall eines der drei Haupttriebwerke); Notlandung auf der Basis von White Sands in New Mexico (falls eines oder zwei Triebwerke abschalten, wenn das Raumschiff nahe der Orbitalgeschwindigkeit ist); Verfehlen der Erdumlaufbahn (Schubverlust einer der Triebwerke in größerer Höhe), wobei das Shuttle mit Hilfe der Orbitaltriebwerke gleichwohl eine minimale Erdumlaufbahn von 194 km Höhe erreichen kann.

Der schlimmste Weltraumnotfall sieht das Verlassen des Raumschiffs und die Rettung der Mannschaft durch ein anderes vor. Zu den Schwierigkeiten, die eine derartige Lösung bedingen könnte, gehören Feuer an Bord oder ein Ausfall der Lebenserhaltungssysteme in der Kabine.

Das Verlassen des Orbiters ist dank besonderer »Rettungskugeln« möglich, die zusätzlich zu den beiden Raumanzügen an Bord für jedes der Mannschaftsmitglieder zur Verfügung stehen. Es handelt sich um Kugeln aus drei Schichten und Materialien (Polyurethan, Kevlar und eine äußere Hitzeschutzschicht). Der Durchmesser beträgt 86 cm, das Gewicht liegt bei 11 kg. Die Kugel hat im Innern eine Druckatmosphäre, ist beheizt und verfügt über eine Funksprechverbindung. Der Astronaut zieht sich erst ein Sauerstoffgerät mit einer Reserve für eine Stunde über und begibt sich dann in die Rettungskugel. Sie läßt sich von innen wie von außen hermetisch verschließen. Ein Astronaut im Druckanzug transportiert diese Kugel dann zum rettenden Raumschiff. Die Kugel läßt sich allerdings auch im Inneren des Shuttles als momentaner Schutz beim Ausfall des Lebenserhaltungssystems verwenden. Der Astronaut, der in der Rettungskugel hockt, sieht über ein kleines Sichtfenster (Durchmesser 10 cm) nach außen.

Aber die Sicherheit der Mannschaft ist beim Space Shuttle nicht der einzige primäre Imperativ. Eine ebenso umfangreiche Planung betrifft alle Aspekte des Lebens an Bord, die Unterkunft der Astronauten und ihren Komfort im allgemeinen.

Die Grundmannschaft besteht aus drei Mitgliedern: dem Kommandanten, dem Piloten und einem Spezialisten für die Mission, der den Auftrag hat, die Nutzlastoperationen und die eventuellen wissenschaftlichen Experimente zu koordinieren. Ferner können normalerweise vier weitere Nutzlastspezialisten Aufnahme an Bord finden. Es handelt sich im allgemeinen um Wissenschaftler, Ingenieure oder Ärzte; sie müssen nicht Berufsastronauten sein. Die gesamte Mannschaft hat ihre Unterkunft im Bug des Orbiters, der in drei miteinander verbundene Decks aufgeteilt ist: Im Flugdeck sind alle Einrichtungen, besonders zur Flugführung und für die Nutzlast, untergebracht; das mittlere Deck beherbergt die eigentlichen Aufenthaltsräume (Kombüse, vier Liegeplätze, Toilette, ein besonderes »Waschbecken«, ferner eine Reihe kleiner Schränke zur Aufnahme persönlicher Gegenstände oder wissenschaftlicher Instrumente); das untere Deck enthält Komponenten des Abfallbeseitigungssystems und dient als Lagerraum für die Ausrüstung. Die Hinterwand zur Ladebucht hin enthält eine Luke, die mit einer besonderen Luftschleuse zur Dekompression verbunden ist. Durch sie hindurch kann man in den Weltraum gelangen. Die bewohnbaren Räume haben ein Gesamtvolumen von 74,33 m³ und stehen unter einem Druck, wie er auf Meereshöhe herrscht. Die Temperatur schwankt von 11 bis 27° C – sie läßt sich ebenso wie die Luftfeuchtigkeit je nach Bedarf von den Astronauten regeln. Die Atmosphäre besteht aus 21% Sauerstoff und 79% Stickstoff.

Bei der Organisation des Lebens an Bord wurde keine Einzelheit vernachlässigt. So richtete man eine besondere Aufmerksamkeit auf die Kleidung, die im Inneren des Orbiters zu tragen ist; sie ist für beide Geschlechter gleich, und jedes Kleidungsstück ist so geschnitten, daß es ein Höchstmaß an Funktionalität und Bequemlichkeit bietet. Auch bei der Organisation der Kombüse, bei der Auswahl der Speisen verfuhr man äußerst genau. Vielen Speisen wurde das Wasser entzogen, andere sind vorgekocht, wiederum andere wie Brot und Haselnüsse liegen in natürlicher Form vor. Die Gerichte werden abwechselnd von jedem Mannschaftsmitglied bereitet. 6 Tage lang kommt immer etwas anderes auf den Tisch, und die Astronauten nehmen täglich rund 3000 Kalorien zu sich.

Überschüssige Energie können die Astronauten auf einer Art beweglichem Teppich loswerden. Dieser wurde besonders an die Bedingungen der Schwerelosigkeit angepaßt, und die Astronauten können nicht nur darauf gehen, sondern auch gleichzeitig den Grad der körperlichen Anstrengung mit Hilfe eines besonders ausgeklügelten Gurtsystems variieren. Tatsächlich wurde dieser Apparat für einen ganz bestimmten Zweck entworfen: Er sollte die Muskeln, besonders den Herzmuskel, trainieren, weil sie sonst unter der langen Schwerelosigkeit leiden könnten. Im Stundenplan der Astronauten ist auch die Dauer dieses Weltraumjoggens vorgegeben: 15 Minuten pro Tag für Missionen, die weniger als eine Woche dauern, 30 Minuten für über einwöchige Missionen.

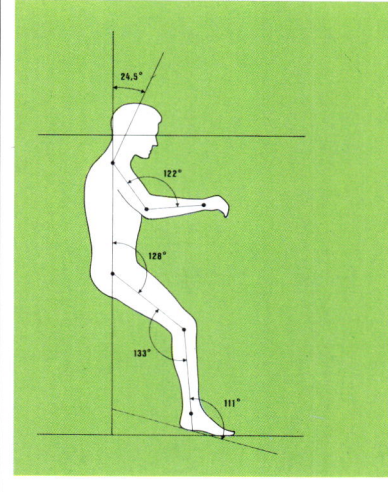

Die Arbeit an Bord. Die gesamten Arbeiten mit der Nutzlast werden von der Hauptkabine des Orbiters aus gesteuert, an deren Rückwand sich sämtliche Kontrolltafeln befinden. Unter den Bedingungen der stark reduzierten Schwerelosigkeit ist die Arbeitsstellung des Körpers ziemlich von der normalen verschieden: Die Arme »schwimmen in der Luft«, der Rumpf ist leicht geneigt, die Knie angewinkelt, und die Füße sind weit nach vorne gerichtet. Um diese Stellung zu verbessern, wurden mit Saugnäpfen versehene, besondere Schuhe geschaffen, in denen die Astronauten aufrecht stehen und sich am Boden verankern können. Eine in der Höhe verstellbare kleine Plattform erleichtert den Zugang zu Instrumenten oder höher gelegenen Kontrollanzeigen.

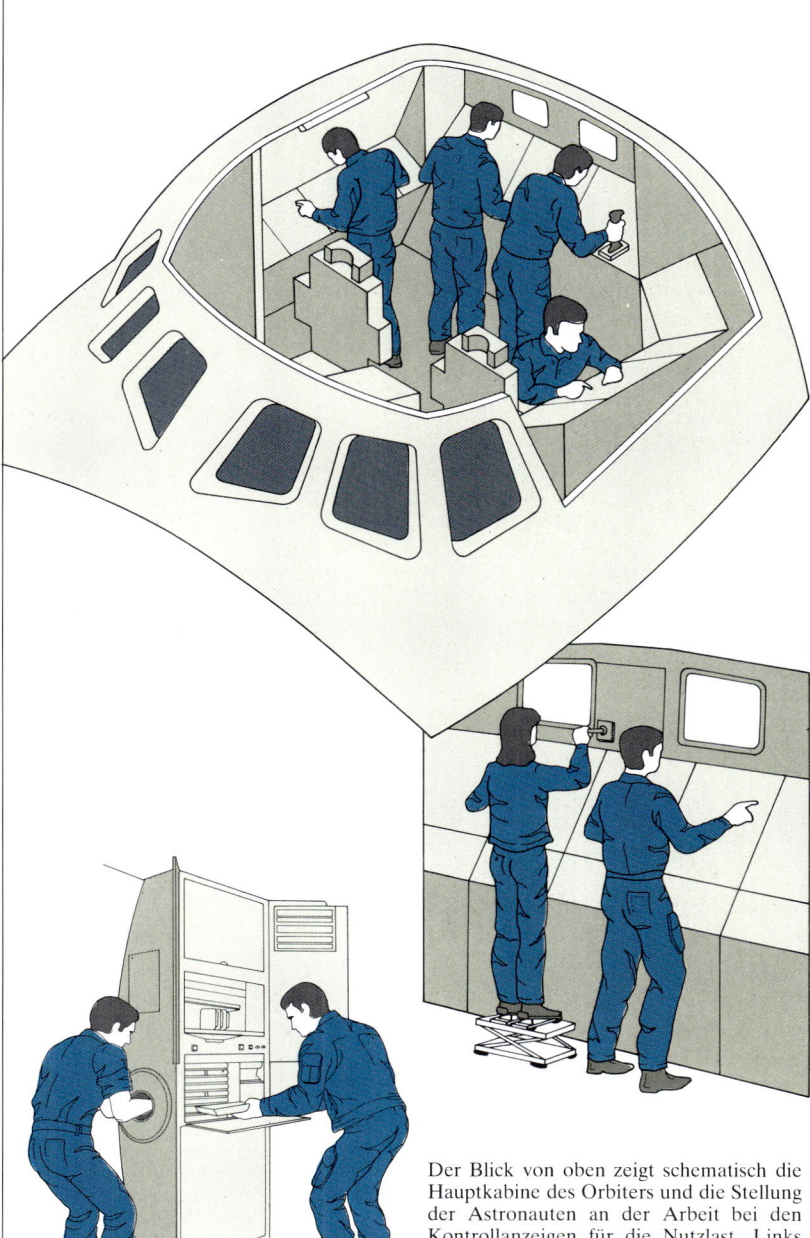

Der Blick von oben zeigt schematisch die Hauptkabine des Orbiters und die Stellung der Astronauten an der Arbeit bei den Kontrollanzeigen für die Nutzlast. Links der Speiseschrank und das besonders konstruierte Waschbecken.

*Von der Mannschaft
durchzuführende Operationen*

Der Mannschaft an Bord des Shuttles fehlt es allerdings nicht an Betätigungsmöglichkeiten. Im Weltraum kann der Orbiter eine große Vielfalt von Arbeiten durchführen. Sie reichen von der Aussetzung von Satelliten in eine Erdumlaufbahn, von deren Wiedereinfangen oder gar Reparieren bis zu wissenschaftlichen Experimenten, die von Menschen oder automatisch durchgeführt werden. Je nach der Art der Mission nimmt der Orbiter zwei ganz verschiedene Aspekte an: Er wird entweder zu einer eigentlichen Startplattform oder zu einem

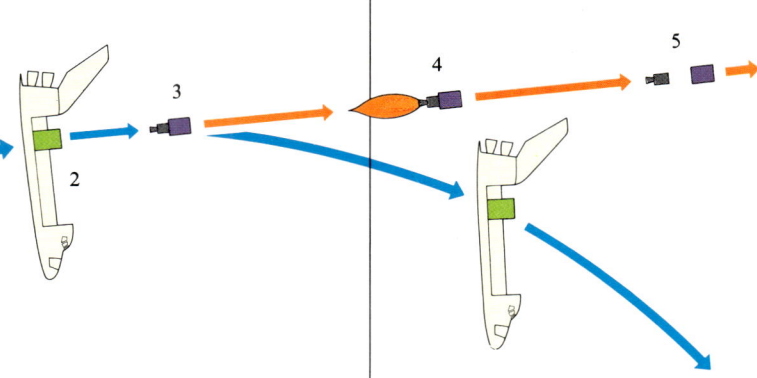

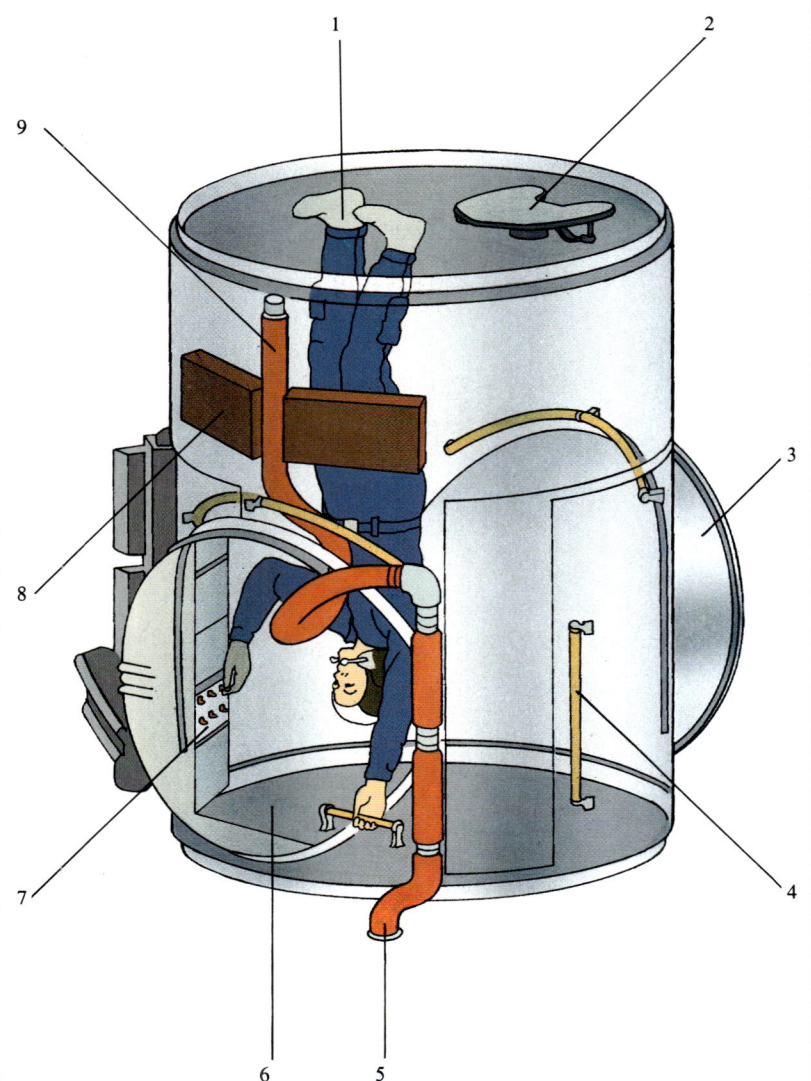

Luftschleusenmodul für EVA. Die Astronauten an Bord des Orbiters können über eine besondere Luftschleuse zu einer EVA (Extra Vehicular Activity) in den Weltraum gelangen. Man unterscheidet drei Typen der EVA: geplant (d. h. notwendig zur Erreichung der Ziele der Mission), nicht geplant (aber doch notwendig für den Erfolg der Operationen) und den Notfall (unumgänglich, um den Orbiter oder dessen Mannschaft zu retten). 1 – Astronaut im Innern der Luftschleuse; 2 – Verankerung für die Füße, wenn der Astronaut den Druckanzug für die EVA trägt; 3 – Luke zur Ladebucht des Orbiters; 4 – Handgriffe für die Lagekontrolle unter Schwerelosigkeit; 5 – Luftzuführung; 6 – Luke zum Mitteldeck des Orbiters; 7 – Kontrolltafel für die Kompression oder Dekompression; 8 – Behälter für die Luftzuführung während des Starts und der Landung; 9 – Stellung der Luftzuführung im Betrieb.

Ein Satellit wird in seine Umlaufbahn gebracht (System PAM-D, Pay-load Assist Module/Delta). 1 – Orbiter in der Parkbahn; 2 – Orbiter in der Stellung für den Start; 3 – Komplex PAM-D/Satellit; 4 – Triebwerkszündung PAM; 5 – Trennung von PAM und Satellit, der in seine Umlaufbahn gelangt.

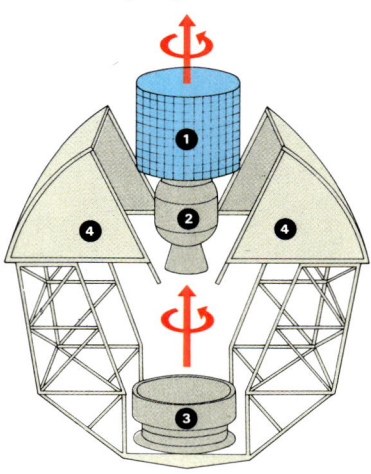

Aufbau des PAM. 1 – Satellit; 2 – SSUS (Spinning Solid Upper Stage / Spinnstabilisierte Feststoff-Oberstufe); 3 – Drallplattform; 4 – Deckel des Behälters

ausgeklügelten Weltraumlabor. In beiden Fällen macht die geräumige Ladebucht diese große Vielfalt möglich. Dort werden entweder die komplizierten Systeme für den Start der unterschiedlichsten Satelliten oder aber das Weltraumlabor Spacelab installiert. Das Spacelab und der Orbiter sind so miteinander verbunden, daß sie zusammen eine richtige Raumstation bilden. Während der ersten 18 Missionen (bis zum Juni 1985) diente der Orbiter hauptsächlich als Startplattform.

In solchen Fällen arbeitet die Besatzung normalerweise von der Hauptkabine aus. Die Astronauten können sich aber über eine Luke in den Weltraum begeben und dort EVA betreiben – dieses Akronym steht für Extra Vehicular Activity und meint einen Weltraumspaziergang. Die Anzeigetafeln für die Kontrolle der Nutzlast befinden sich an der Hinterwand des Kommandodecks. Von dort aus haben die Astronauten über zwei Sichtfenster einen freien Blick über die gesamte Ladebucht. Auf ihrer linken Seite ist der Manipulatorarm (RMS) befestigt. Er wird allerdings

nur dann mitgenommen, wenn es die Mission verlangt; ein zweiter Manipulatorarm kann auf der rechten Seite des Orbiters eingebaut werden. Mit dem Manipulatorarm bewegen die Nutzlastexperten Gegenstände innerhalb und außerhalb der Ladebucht.

Der Manipulatorarm wurde von der kanadischen Gesellschaft Spar gebaut und von ihr Canadarm getauft. Er ist 15 m und 24 cm lang und wiegt insgesamt 450 kg. Er setzt sich aus drei großen Teilen zusammen, einem Schultergelenk, einem Ellbogengelenk und einem Handgelenk; die Aufgaben sind dieselben wie bei den entsprechenden Teilen des menschlichen Körpers. Das Schultergelenk ist fest im Orbiter verankert, das Ellbogengelenk erlaubt ein Abwinkeln in der Mitte, das Handgelenk ein solches am Ende. Diese Analogie läßt sich noch weiter treiben, denn ganz am Ende befindet sich ein Greifmechanismus, der allerdings nicht die Form einer Hand aufweist. Der Mechanismus packt die Gegenstände mit Hilfe von Drahtschlingen. Unter den Bedingungen der Schwerelosigkeit kann der Arm den gesamten Inhalt der Ladebucht mit einem Höchstgewicht von 29,5 t oder jedes Stück einzeln herausheben. Die Kontrolle des Manipulatorarms erfolgt völlig automatisch oder über Steuergriffe in der Mitte oder rechts auf der Kommandotafel der Rückwand. Der Manipulatorarm verfügt schließlich über zwei Fernsehkameras, die auf der Höhe des Ellbogen- und des Handgelenks befestigt sind. Ihre Signale erscheinen auf zwei Monitoren neben dem rechten Sichtfenster und können direkt vom ›Operator‹ verfolgt werden.

Der Manipulatorarm stellt eine grundlegende Komponente des Orbiters in seiner Funktion als Startplattform dar, doch er allein reicht nicht aus, um die Grenzen zu überschreiten, die dem Orbiter von der Technik her gesetzt sind. Das Raumschiff kann sich nämlich nicht in Erdumlaufbahnen begeben, die mehr als 1100 km über der Erde liegen. Die meisten transportierten Satelliten sind aber für geostationäre Umlaufbahnen vorgesehen, die in einer Höhe von 36 000 km über der Erdoberfläche liegen. Das befindet sich weit jenseits der Möglichkeiten des Space Shuttles. Um diese Lücke zu schließen und um solche Missionen zu ermöglichen, wurden die sogenannten Oberstufen entwickelt. Sie bestehen aus zwei Feststofftriebwerken, welche die Satelliten von der erdnahen in eine

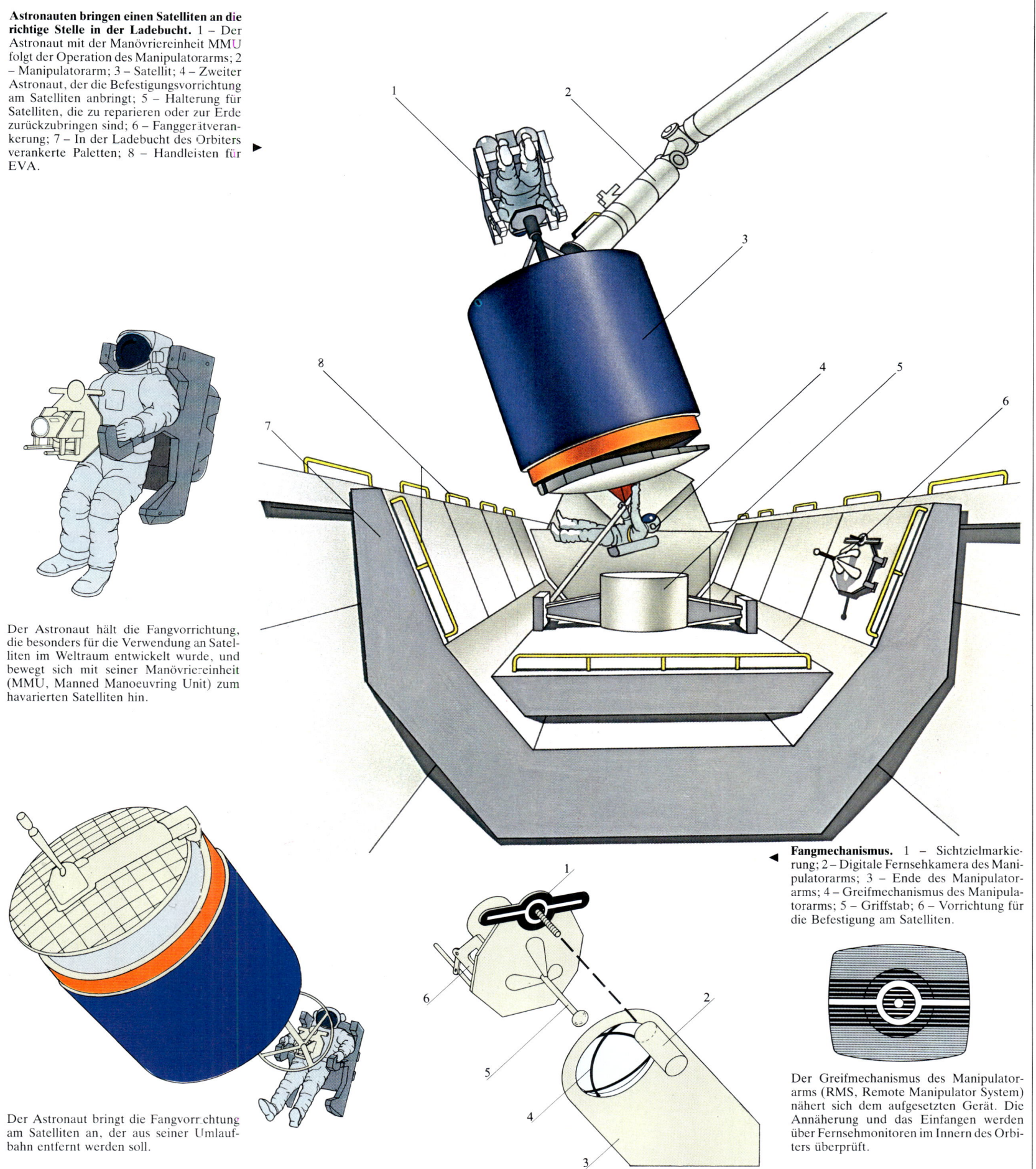

Astronauten bringen einen Satelliten an die richtige Stelle in der Ladebucht. 1 – Der Astronaut mit der Manövriereinheit MMU folgt der Operation des Manipulatorarms; 2 – Manipulatorarm; 3 – Satellit; 4 – Zweiter Astronaut, der die Befestigungsvorrichtung am Satelliten anbringt; 5 – Halterung für Satelliten, die zu reparieren oder zur Erde zurückzubringen sind; 6 – Fanggerätverankerung; 7 – In der Ladebucht des Orbiters verankerte Paletten; 8 – Handleisten für EVA.

Der Astronaut hält die Fangvorrichtung, die besonders für die Verwendung an Satelliten im Weltraum entwickelt wurde, und bewegt sich mit seiner Manövriereinheit (MMU, Manned Manoeuvring Unit) zum havarierten Satelliten hin.

Der Astronaut bringt die Fangvorrichtung am Satelliten an, der aus seiner Umlaufbahn entfernt werden soll.

Fangmechanismus. 1 – Sichtzielmarkierung; 2 – Digitale Fernsehkamera des Manipulatorarms; 3 – Ende des Manipulatorarms; 4 – Greifmechanismus des Manipulatorarms; 5 – Griffstab; 6 – Vorrichtung für die Befestigung am Satelliten.

Der Greifmechanismus des Manipulatorarms (RMS, Remote Manipulator System) nähert sich dem aufgesetzten Gerät. Die Annäherung und das Einfangen werden über Fernsehmonitoren im Innern des Orbiters überprüft.

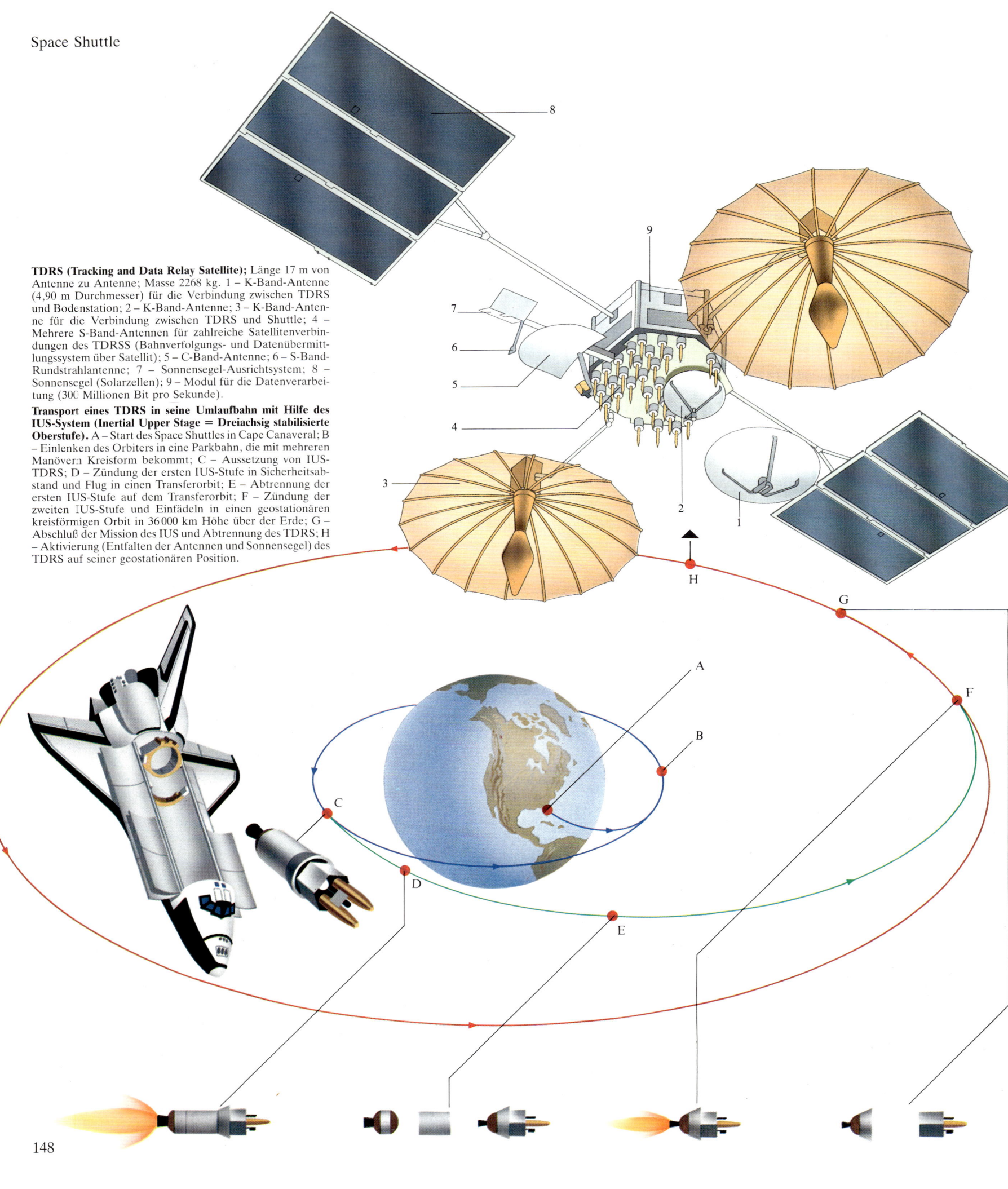

Space Shuttle

TDRS (Tracking and Data Relay Satellite); Länge 17 m von Antenne zu Antenne; Masse 2268 kg. 1 – K-Band-Antenne (4,90 m Durchmesser) für die Verbindung zwischen TDRS und Bodenstation; 2 – K-Band-Antenne; 3 – K-Band-Antenne für die Verbindung zwischen TDRS und Shuttle; 4 – Mehrere S-Band-Antennen für zahlreiche Satellitenverbindungen des TDRSS (Bahnverfolgungs- und Datenübermittlungssystem über Satellit); 5 – C-Band-Antenne; 6 – S-Band-Rundstrahlantenne; 7 – Sonnensegel-Ausrichtsystem; 8 – Sonnensegel (Solarzellen); 9 – Modul für die Datenverarbeitung (300 Millionen Bit pro Sekunde).

Transport eines TDRS in seine Umlaufbahn mit Hilfe des IUS-System (Inertial Upper Stage = Dreiachsig stabilisierte Oberstufe). A – Start des Space Shuttles in Cape Canaveral; B – Einlenken des Orbiters in eine Parkbahn, die mit mehreren Manövern Kreisform bekommt; C – Aussetzung von IUS-TDRS; D – Zündung der ersten IUS-Stufe in Sicherheitsabstand und Flug in einen Transferorbit; E – Abtrennung der ersten IUS-Stufe auf dem Transferorbit; F – Zündung der zweiten IUS-Stufe und Einfädeln in einen geostationären kreisförmigen Orbit in 36 000 km Höhe über der Erde; G – Abschluß der Mission des IUS und Abtrennung des TDRS; H – Aktivierung (Entfalten der Antennen und Sonnensegel) des TDRS auf seiner geostationären Position.

148

geostationäre Umlaufbahn katapultieren. Das eine, das Perigäumstriebwerk, bringt den Satelliten aus der niedrigen Umlaufbahn in eine elliptische Übergangsbahn, deren Apogäum in Höhe der geostationären (Synchron-) Bahn liegt. Das andere, das Apogäumstriebwerk, schießt dann den Satelliten in den geostationären Orbit ein. Auch wenn zahlreiche Typen von Perigäumsmotoren untersucht werden, haben bis heute nur zwei eine größere Verbreitung gefunden. Beide werden von der McDonnell-Douglas hergestellt und weisen unterschiedliche Werte für den Schub und die Nutzlast auf. Der Hersteller nennt sie PAM. Diese kleinen einstufigen Feststofftriebwerke können Lasten bis zu 1250 kg (Typ PAM-D) oder bis zu 1842 kg (Typ PAM-DII) in höhere Orbits bringen. Die Art des Vorgehens beim Start ist für beide dieselbe: Die Triebwerke tragen den Satelliten und sind in der Ladebucht des Shuttles auf einer eigenen rotierenden Plattform befestigt. Vor dem Start dreht sich der Orbiter in die vorgesehene Lage, während die Plattform sich zu drehen beginnt (50 Umdrehungen pro Minute). Der ganze Komplex PAM/Satellit dreht sich mit, stabilisiert sich um die Längsachse und verteilt dazu die Temperatur gleichmäßig. Dann löst er sich vom Raumschiff ab und entfernt sich. 45 Minuten später wird das Triebwerk gezündet. Nach dem Abbrand löst sich die Stufe ab und gibt den Satelliten frei, der nun in die vorgesehene Umlaufbahn einschwenkt. Das PAM wurde erstmals bei der fünften Mission eingesetzt, die das Raumschiff Columbia im November 1982 durchführte. Dabei wurden zwei Fernmeldesatelliten in ihre geostationären Umlaufbahnen gebracht.

Es gibt auch stärkere Perigäumsmotoren. Einer unter ihnen trägt die Bezeichnung IUS (Inertial Upper Stage) und wurde von der Firma Boeing für das Verteidigungsministerium gebaut. IUS besteht aus einer zweistufigen Feststoffrakete, die bis 6 t schwere Satelliten in ihre Umlaufbahn transportieren kann. Im April 1983 kam es während der sechsten Space-Shuttle-Mission zum ersten Einsatz, der allerdings

IUS (Inertial Upper Stage). 1 – Lagekontrolldüsen der ersten Stufe; 2 – Expansionsdüse des Feststoff-Transfer-Triebwerks der 1. Stufe; 3 – Feststoff-Transfer-Triebwerk der 1. Stufe; 4 – Verbindungsteil; 5 – Lagekontrolldüsen der 2. Stufe; 6 – Lagekontrolldüsen (RCS, Reaction Control System); 7 – Adapterkonus für den Transport des in einen Orbit zu bringenden Satelliten; 8 – Bordelektronik; 9 – Expansionsdüse des Feststoff-Apogäums-Triebwerks der 2. Stufe.

unglücklich verlief, da die zweite Stufe nicht richtig funktionierte und den Satelliten nicht in die vorgesehene Umlaufbahn brachte. Der modernste Apogäumsmotor ist der Centaur der Firma General Dynamics. Er wurde schon als Oberstufe der Atlas- und Titanraketen eingesetzt. Das Triebwerk verwendet flüssigen Sauerstoff

und Wasserstoff und kann bis 11 t schwere Satelliten transportieren.

Bei solchen Arbeiten übernimmt der Mensch hauptsächlich die Rolle eines ›Controllers‹ von Operationen, die automatisch vor sich gehen. In anderen Fällen kann er aber selbst zum Protagonisten werden, indem er die Aktivität der Bordsysteme mit eigener Tätigkeit integriert, sei es durch direkte Interventionen oder Arbeit im Weltraum. Das ist zum Beispiel beim Wiedereinfangen von Satelliten der Fall. Die Mannschaft des Raumschiffes hat zunächst die Aufgabe, sich einem aus der vorgesehenen Erdumlaufbahn abgekommenen oder beschädigten Satelliten zu nähern. Als zweites muß sie versuchen, ihn zu reparieren oder definitiv zu bergen und an Bord des Raumschiffes wieder zur Erde zurückzubringen. Die erste »Reparatur« führte die Mannschaft von Challenger im April 1984 durch, denn sie brachte den wissenschaftlichen Satelliten Solar Max wieder in einen Orbit. Das erste Experiment zum Wiedereinfangen eines Satelliten wurde erfolgreich am 12. und am 14. November desselben Jahres durchgeführt. Das geschah während der 14. Space-Shuttle-Mission mit dem Orbiter Discovery. Die Mannschaft brachte zwei Fernmeldesatelliten (den indonesischen Palapa B2 und den amerikanischen Westar 6) wieder auf die Erde zurück, weil sie nicht die vorgesehene Umlaufbahn erreicht hatten. Beide Missionen wurden dank eines neuen Transportmittels möglich, eines düsenbetriebenen Tornisters mit der Bezeichnung MMU (Manned Manoeuvring Unit). Diese Manövriereinheit wurde zum erstenmal bei der Mission STS-11 von Challenger (Start am 3. Februar 1984) eingesetzt. Die Tornister sind in Tat und Wahrheit autonome Manövriereinheiten. Sie gestatten es den Astronauten, sich ohne die traditionelle »Nabelschnur«, welche die Bewegungsfreiheit im Raum enorm einschränkte, schnell und effizient im Weltraum zu bewegen. Das MMU hat bei den beiden »Rettungs«-Missionen seine Fähigkeiten unter Beweis gestellt. Es erlaubte es dem Astronauten, nach der Annäherung durch die Raumfäh-

re an den havarierten Satelliten zu gelangen, ihn an den Manipulatorarm anzuhängen und ihn mit dessen Hilfe in der Ladebucht unterzubringen. Im ersten Fall (Solar Mix) wurden schadhafte Teile gegen funktionstüchtige ausgetauscht und der Satellit wieder in seine Umlaufbahn gebracht. Im zweiten Fall wurden die Satelliten einfach in der Ladebucht befestigt und auf die Erde zurückgeflogen.

Das Weltraumlabor Spacelab

Am 28. November 1983, beim Start der Mission STS-9, ging das Raumschiff Columbia zum erstenmal nicht als »Weltraumtransporter«, sondern als eigenständiges wissenschaftliches Labor in eine Erdumlaufbahn. In der Ladebucht des Orbiters war in der Tat das Spacelab eingerichtet, das Weltraumlabor der europäischen Weltraumorganisation ESA (European Space Agency), die mit der NASA im guten Einvernehmen zusammenarbeitet. Spacelab sollte die unterschiedlichsten Weltraumexperimente zu verhältnismäßig geringen Kosten ermöglichen. Die Mission dauerte insgesamt 10 Tage, 7 Stunden und 47 Minuten und ging am 9. Dezember zu Ende. In ihrem Verlauf wurden 38 grundlegende wissenschaftliche Experimente durchgeführt (13 der NASA, 25 der ESA). Sie betrafen unterschiedliche Fachgebiete: Astronomie, Sonnenphysik, Physik des Weltraumplasmas, Atmosphärenphysik, Beobachtung der Erde, Biologie, Werkstoffkunde. Ganz abgesehen vom Wert dieser Erfahrungen stellte der Flug der Columbia den operativen Beginn des ersten großen Programms einer Kooperation im Weltraum zwischen der Neuen und der Alten Welt dar.

Das Spacelab-Programm hatte genau zehn Jahre zuvor seinen Anfang genommen (sofort nach der definitiven Verabschiedung des Space-Shuttle-Projekts und während des Skylab-Programms). Am 24. September 1973 hatten nämlich die NASA und die ESRO (European Space Research Organisation, die 1974 zur ESA wurde) ein Me-

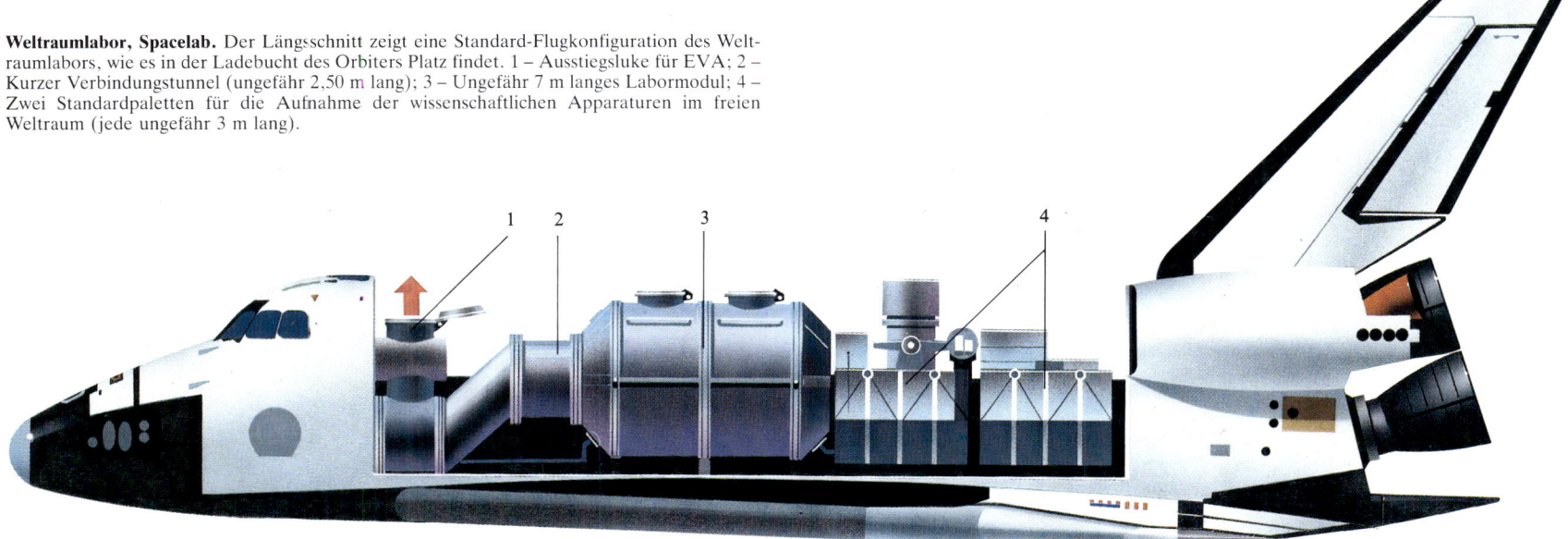

Weltraumlabor, Spacelab. Der Längsschnitt zeigt eine Standard-Flugkonfiguration des Weltraumlabors, wie es in der Ladebucht des Orbiters Platz findet. 1 – Ausstiegsluke für EVA; 2 – Kurzer Verbindungstunnel (ungefähr 2,50 m lang); 3 – Ungefähr 7 m langes Labormodul; 4 – Zwei Standardpaletten für die Aufnahme der wissenschaftlichen Apparaturen im freien Weltraum (jede ungefähr 3 m lang).

morandum unterzeichnet. Darin wurden der NASA die Entwicklung, der Bau und die Operationen des Raumtransporters, den Europäern die Projektierung und Realisierung des Spacelab überlassen. Das Weltraumlabor wurde damit zu einem integrierten Teil des Space-Shuttle-Programms und entsprach somit genau denselben grundlegenden Kriterien, darunter als wichtigstem der Wiederverwendungsfähigkeit des Systems.

Die operative Phase des Programms begann im darauffolgenden Jahr, als nämlich eine Ausschreibung unter den größten Luftfahrtunternehmen Europas zu Ende ging. Damals wurde ein sechsjähriger Vertrag mit einem Industriekonsortium unterschrieben, das von der deutschen Gesellschaft VFW-Fokker/ERNO geleitet wurde und weitere 11 Firmen umfaßte: Aeritalia (Italien), AEG und Dornier (Bundesrepublik Deutschland), BTM und Sabca (Belgien), Fokker (Holland), Hawker Siddeley Dynamics (Großbritannien), Matra (Frankreich), Kampsax (Dänemark), Inta-Sener (Spanien), CIR (Schweiz).

Das Programm wurde von den Mitgliedern der ESA finanziert; die größten Beteiligungen stammten von der Bundesrepublik Deutschland (55%), Italien (16%) und Frankreich (10%). Die italienische Firma war aber der größte Kontrahent. Die Aeritalia wurde in der Tat die Projektierung und Realisierung von vier wichtigen Komponenten des Spacelab anvertraut: der Hauptstruktur des Labors (zylindrische Wände sowie Verschluß- und Verbindungselemente); der sekundären Struktur

(Boden und innere Strukturen für die Instrumentenausrüstung); der thermischen Anlage sowie des Wärmeschutzes nach außen. Das Labor und seine Systeme wurden 1983 abgenommen.

Wie viele andere Teile des Space Transportation Systems (STS) ist das Spacelab aus modularen Elementen zusammengebaut. Es gibt zwei Basiskomponenten: einen geschlossenen zylindrischen Abschnitt mit Druckkabine, der es dem Menschen erlaubt, dort zu leben und zu arbeiten; ferner im Querschnitt U-förmige offene Elemente, sogenannte Paletten, die als ihre Hauptaufgabe die unterschiedlichsten Instrumente und Apparaturen für die Arbeit im Weltraum aufnehmen sollen. Diese beiden Basiselemente lassen sich zu verschiedenen Konfigurationen zusammenbauen; damit kann man ganz unterschiedlicher wissenschaftlicher Missionen befriedigen. Die möglichen Kombinationen reichen von einem langen Mannschaftsmodul ohne Palette bis zu einem kurzen Modul mit drei Paletten sowie von einer einzigen Palette ohne Modul bis zu einem Maximum zu fünf Moduln. Bei jeder dieser Konfigurationen ist die gesamte Struktur in der Ladebucht des Orbiters fest verankert und wird dadurch natürlich zu einem integrierenden Teil.

Die Paletten stellen die verhältnismäßig einfachste Komponente des Spacelab dar. Sie sind 3 m lang und 4 m breit und können ein Gewicht von 3110 kg aufnehmen. Wenn sie ohne Labor eingebaut werden, kann man an ihnen eine zylindrische Einheit (»Iglu«, Breite 1 m, Höhe 2,20 m, Gewicht

665 kg, Innenvolumen 2,2 m³) befestigen. Es nimmt jene Ausrüstung auf, die vor den Einflüssen des Weltraums geschützt werden müssen (Druckkabine). In einem solchen Fall werden die Experimente direkt von der Orbiter-Kabine aus kontrolliert. Das Iglu wurde für eine Missionsdauer von 7 Tagen ausgelegt, doch läßt sich seine Funktionsfähigkeit auch auf ein Maximum von 30 Tagen verlängern.

Das Mannschafts- oder Labormodul hingegen stellt ohne Zweifel den kompliziertesten und wichtigsten Teil vom Spacelab dar. Es wurde in zwei Versionen gebaut, die sich je nach den Erfordernissen der Mission unterschiedlich einsetzen lassen. Die erste Version mit kurzem Modul besteht zur Hauptsache aus einem zylindrischen Segment (jedes Segment ist 2,70 m lang) mit zwei flachen kegelförmigen Deckeln; die Gesamtlänge beträgt 4,26 m, das Gewicht 5,7 t. Die zweite Version mit dem langen Modul besteht aus zwei gekoppelten zylindrischen Segmenten und zwei konischen Abschlußdeckeln; die Länge beträgt 6,98 m, das Gewicht 10,8 t. Beide Versionen weisen denselben Durchmesser (4,11 m) auf, der natürlich von den Dimensionen der Ladebucht der Raumfähre vorgegeben ist. Der größte Teil der Ausrüstung im kurzen Modul ist für die Kontrolle der Experimente auf den Außenpaletten bestimmt, während man im längeren und damit größeren Modul Laborausrüstungen unterbringen kann, die mehr Raum beanspruchen. Alle Ausrüstungen für wissenschaftliche Experimente sind auf eigens entworfenen Trägersystemen (Breite 50 cm) angebracht, die im Aufbau möglichst einfach und in Gebrauch möglichst vielseitig sind. Die Moduln sind mit der Kabine des Raumschiffes über einen Zugangstunnel verbunden, den Spacelab Transfer Tunnel, dessen Länge je nach dem Typ des gerade verwendeten Moduls unterschiedlich ausfällt. Der Durchmesser beträgt 1,10

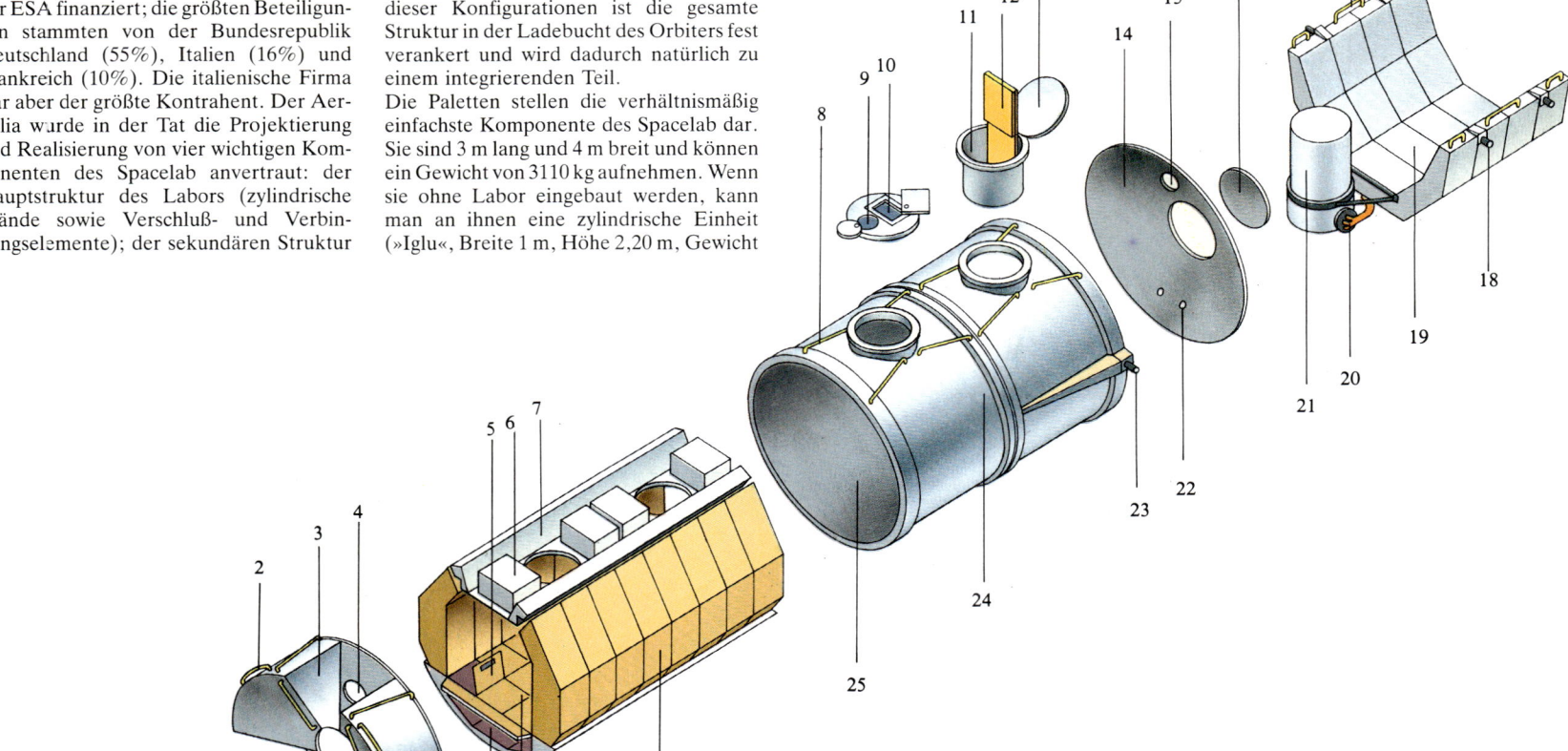

Aufbau des Spacelab. 1 – Ausstiegsluke (Luftschleuse) für EVA; 2 – Handlauf für EVA; 3 – Abdeckung über Temperaturmeßwertgeber; 4 – Obere Versorgungsdurchführung zwischen Modul und Orbiter; 5 – Einstiegsluke zum unteren Teil; 6 – Lagerbehälter für wissenschaftliche Apparaturen; 7 – Längsstrukturen im oberen Teil des Moduls; 8 – Handlauf für EVA; 9 – Sichtfenster; 10 – Hochwertiges Beobachtungsfenster der NASA;11 – Experimentenlaufschleuse; 12 – Für Weltraumexperimente nach außen zu klappende Instrumententafel; 13 – Schleusenluke geöffnet; 14 – Hinterer Endkonus; 15 – Sichtfenster; 16 – Endabdeckung; 17 – Handlauf für EVA; 18 – Punkte zur Befestigung an der Ladebucht des Orbiters; 19 – Standardpalette für wissenschaftliche Apparaturen im Weltraum; 20 – Versorgungsverbindung zwischen Iglu und Palette; 21 – Autonome Versorgungseinheit (Energie und Instrumente) für die Palette (Iglu): wird nur bei Missionen verwendet, die ausschließlich eine oder mehr Paletten mit sich führen; 22 – Durchführungen für Versorgungsleitungen; 23 – Punkte (4) zur Befestigung an der Ladebucht des Shuttle; 24 – Primäre Struktur des Spacelab; 25 – Druckzylinder; 26 – Modularer Komplex mit der Laboreinrichtung des Spacelab; 27 – Flur aus Aluminiumplatten; 28 – Unterflur des Spacelab mit Versorgungs-Subsystemen und dem Lebenserhaltungssystem; 29 – Vorderer Endkonus; 30 – Versorgungsleitungen zwischen Spacelab und Orbiter; 31 – Zugangstunnel; 32 – Adaptertunnel (Orbiter-Element); der Pfeil gibt die Einstiegsrichtung in die Orbiter-Kabine an.

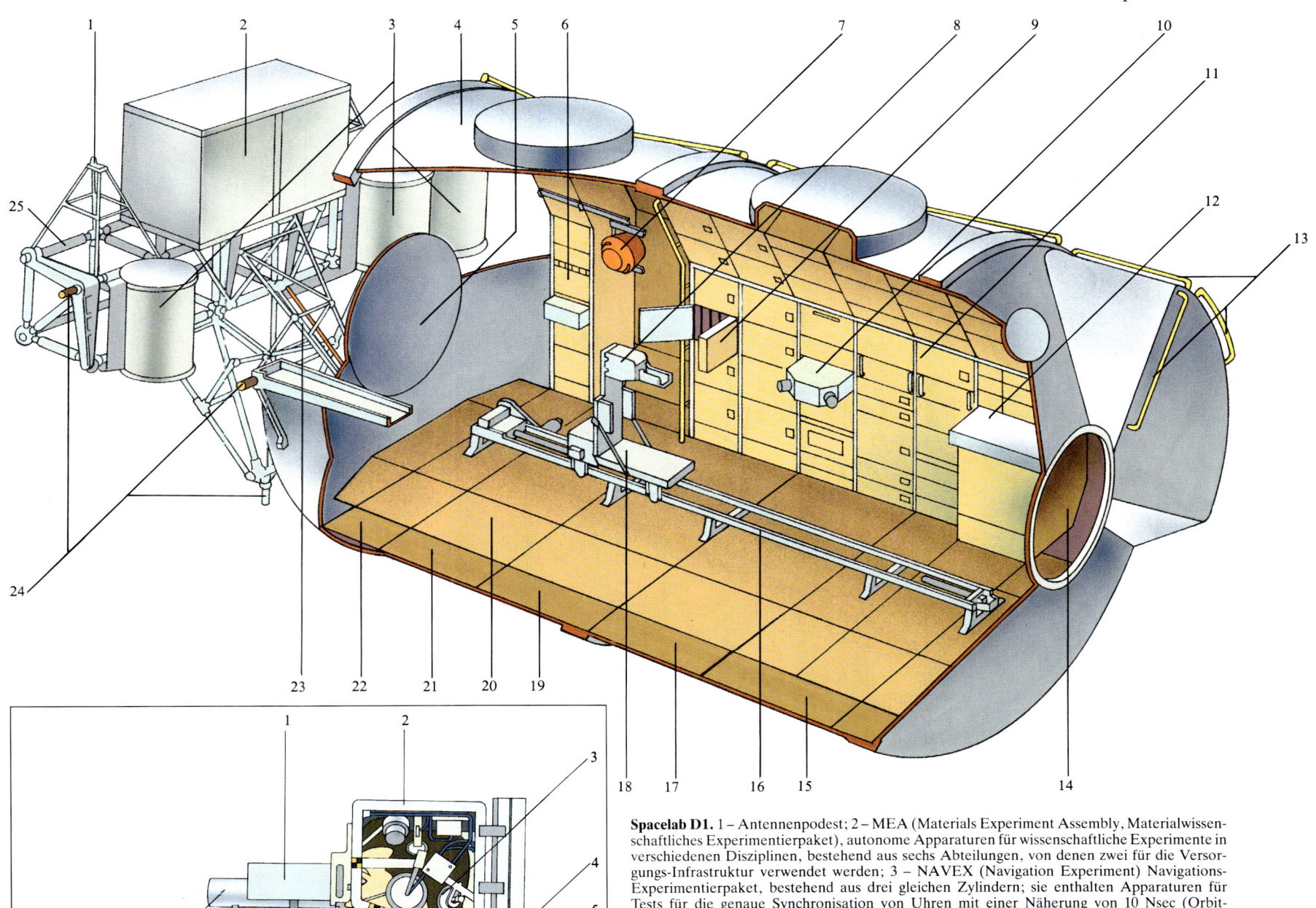

Spacelab D1. 1 – Antennenpodest; 2 – MEA (Materials Experiment Assembly, Materialwissenschaftliches Experimentierpaket), autonome Apparaturen für wissenschaftliche Experimente in verschiedenen Disziplinen, bestehend aus sechs Abteilungen, von denen zwei für die Versorgungs-Infrastruktur verwendet werden; 3 – NAVEX (Navigation Experiment) Navigations-Experimentierpaket, bestehend aus drei gleichen Zylindern; sie enthalten Apparaturen für Tests für die genaue Synchronisation von Uhren mit einer Näherung von 10 Nsec (Orbit-Erdoberfläche) und für Tests zur Entfernungsmessung mit einer Näherung von 30 m; 4 – Äußerer Druckzylinder des Spacelab; 5 – Abschlußdeckel des Endkonus des Spacelab; 6 – VSE – Vestibular Rack (Vestibular Sled Experiment), ein einzelnes Modul für die Kontrolle der Experimente zum Verhalten des Vestibularapparats auf dem »Raumschlitten«; 7 – Rotierende Trommel für Experimente im medizinischen Bereich, die Körperhaltung und Empfindungen der Wissenschaftsastronauten visuell beeinflußt; 8 – Europäischer Helm für die Vestibularexperimente; 9 – Doppeltes Modul mit ausziehbaren Standardbehältern für Proben und wissenschaftliches Experimentierzubehör; 10 – Biorack für biologische Untersuchungen, mit Tiefkühlgerät, Inkubatoren und steriler Handhabungskammer; 11 – MEDEA, doppeltes Modul für die Untersuchung von Schmelzvorgängen in Schwerelosigkeit; 12 – Doppeltes Modul mit Arbeitsbank; 13 – Handläufe für EVA; 14 – Einstieg zum Tunnel;15 – CCR (Control Center Rack), ein doppeltes Versorgungsmodul, identisch für jede Spacelab-Mission; 16 – Laufschienen für den Raumschlitten; 17 – SR (System Rack), doppeltes Modul mit Videoaufzeichnung, Versorgungskonsolen, Wärmetauscher, Kühlwasserversorgung und Temperaturmeßsystem; 18 – Raumschlitten; 19 – Werkstofflabor (Spiegelofen, Cryostat, Gradientenofen, Flüssigkeitsphysik-Modul, Isothermale Heizanlage und Hochtemperatur-Thermostat; 20 – Arbeitstisch; 21 – Prozeßkammer (Holographische Interferometrie-Anlage, Interdiffusion in Salzlösung, Marangoni Konvektion Boot); 22 – Einzelnes Modul mit den elektronischen Apparaturen zur Auswertung der Vestibularexperimente; 23 – Versorgungsleitungen; 24 – Aufnahmepunkte an der Ladebucht; 25 – USS (Unique Support Structure), Struktur der Außenpalette.

Der Vestibular-Schlitten von D1. Der Raumschlitten kann sich auf Gleitschienen mit Beschleunigungen bis 1,96 m/s bewegen; er hat die Aufgabe, die funktionelle Organisation des menschlichen Gleichgewichts- und Raumorientierungssystems sowie der vestibularen Adaptionsvorgänge unter Schwerelosigkeit zu untersuchen. 1 – Infrarotempfindliche Fernsehkamera, registriert auch die Augenbewegung im Dunkeln; 2 – Europäischer Instrumentenhelm u. a. zur Messung der Nervenreizung bei unterschiedlichen Beschleunigungen; 3 – Kopfauflage; 4 – Optischer Bezugspunkt für die Fernsehaufnahme; 5 – Polsterung; 6 – Schlittensitz; 7 – Laufschienen; 8 – Zugkabel für den Schlitten; 9 – Wie Ziffer 1, nur für das rechte Auge; 10 – Vorrichtung zur Meldung der Wahrnehmungen während des Experiments.

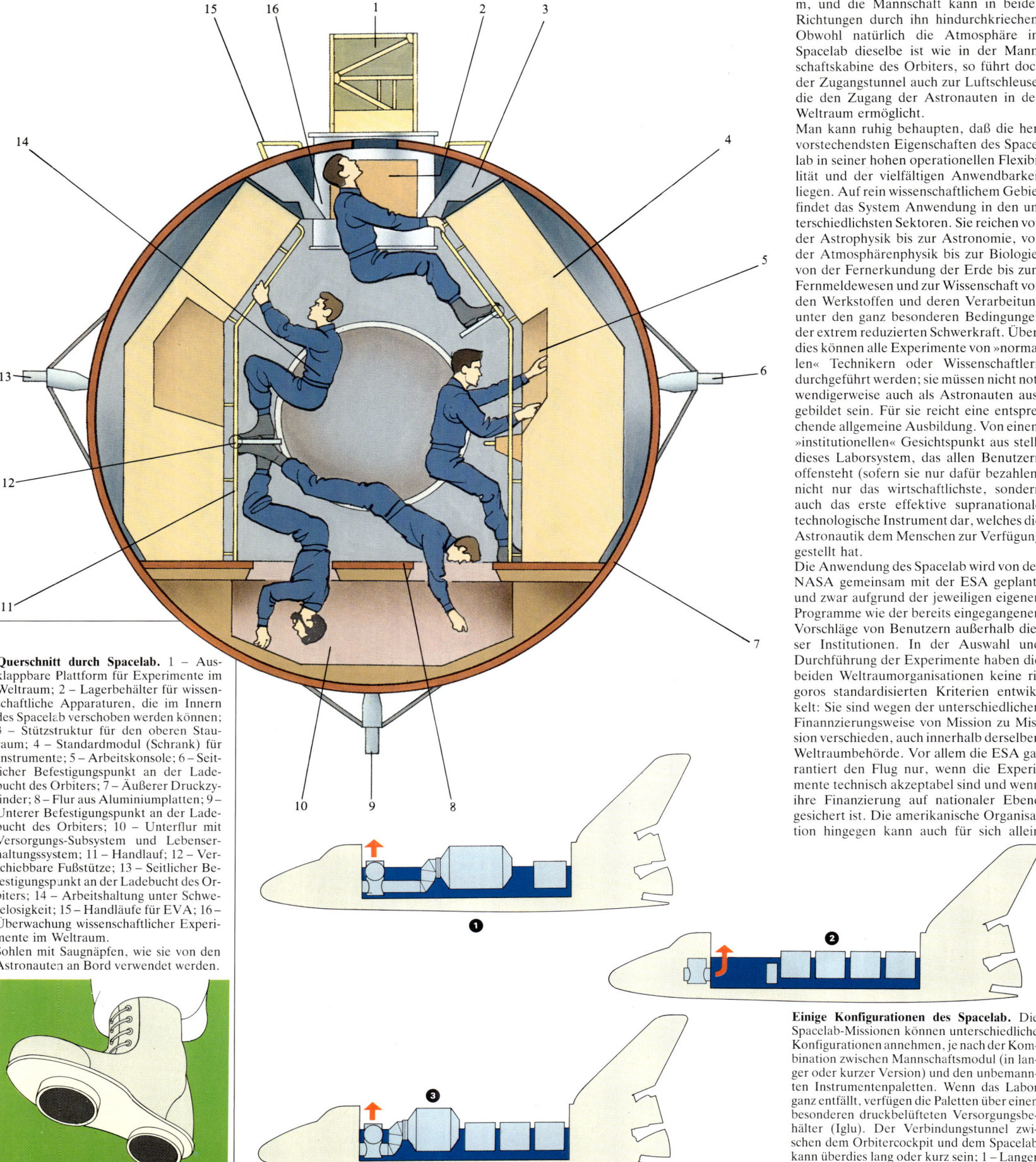

m, und die Mannschaft kann in beiden Richtungen durch ihn hindurchkriechen. Obwohl natürlich die Atmosphäre im Spacelab dieselbe ist wie in der Mannschaftskabine des Orbiters, so führt doch der Zugangstunnel auch zur Luftschleuse, die den Zugang der Astronauten in den Weltraum ermöglicht.

Man kann ruhig behaupten, daß die hervorstechendsten Eigenschaften des Spacelab in seiner hohen operationellen Flexibilität und der vielfältigen Anwendbarkeit liegen. Auf rein wissenschaftlichem Gebiet findet das System Anwendung in den unterschiedlichsten Sektoren. Sie reichen von der Astrophysik bis zur Astronomie, von der Atmosphärenphysik bis zur Biologie, von der Fernerkundung der Erde bis zum Fernmeldewesen und zur Wissenschaft von den Werkstoffen und deren Verarbeitung unter den ganz besonderen Bedingungen der extrem reduzierten Schwerkraft. Überdies können alle Experimente von »normalen« Technikern oder Wissenschaftlern durchgeführt werden; sie müssen nicht notwendigerweise auch als Astronauten ausgebildet sein. Für sie reicht eine entsprechende allgemeine Ausbildung. Von einem »institutionellen« Gesichtspunkt aus stellt dieses Laborsystem, das allen Benutzern offensteht (sofern sie nur dafür bezahlen, nicht nur das wirtschaftlichste, sondern auch das erste effektive supranationale technologische Instrument dar, welches die Astronautik dem Menschen zur Verfügung gestellt hat.

Die Anwendung des Spacelab wird von der NASA gemeinsam mit der ESA geplant, und zwar aufgrund der jeweiligen eigenen Programme wie der bereits eingegangenen Vorschläge von Benutzern außerhalb dieser Institutionen. In der Auswahl und Durchführung der Experimente haben die beiden Weltraumorganisationen keine rigoros standardisierten Kriterien entwickelt: Sie sind wegen der unterschiedlichen Finanzierungsweise von Mission zu Mission verschieden, auch innerhalb derselben Weltraumbehörde. Vor allem die ESA garantiert den Flug nur, wenn die Experimente technisch akzeptabel sind und wenn ihre Finanzierung auf nationaler Ebene gesichert ist. Die amerikanische Organisation hingegen kann auch für sich allein

Querschnitt durch Spacelab. 1 – Ausklappbare Plattform für Experimente im Weltraum; 2 – Lagerbehälter für wissenschaftliche Apparaturen, die im Innern des Spacelab verschoben werden können; 3 – Stützstruktur für den oberen Stauraum; 4 – Standardmodul (Schrank) für Instrumente; 5 – Arbeitskonsole; 6 – Seitlicher Befestigungspunkt an der Ladebucht des Orbiters; 7 – Äußerer Druckzylinder; 8 – Flur aus Aluminiumplatten; 9 – Unterer Befestigungspunkt an der Ladebucht des Orbiters; 10 – Unterflur mit Versorgungs-Subsystem und Lebenserhaltungssystem; 11 – Handlauf; 12 – Verschiebbare Fußstütze; 13 – Seitlicher Befestigungspunkt an der Ladebucht des Orbiters; 14 – Arbeitshaltung unter Schwerelosigkeit; 15 – Handläufe für EVA; 16 – Überwachung wissenschaftlicher Experimente im Weltraum.

Sohlen mit Saugnäpfen, wie sie von den Astronauten an Bord verwendet werden.

Einige Konfigurationen des Spacelab. Die Spacelab-Missionen können unterschiedliche Konfigurationen annehmen, je nach der Kombination zwischen Mannschaftsmodul (in langer oder kurzer Version) und den unbemannten Instrumentenpaletten. Wenn das Labor ganz entfällt, verfügen die Paletten über einen besonderen druckbelüfteten Versorgungsbehälter (Iglu). Der Verbindungstunnel zwischen dem Orbitercockpit und dem Spacelab kann überdies lang oder kurz sein; 1 – Langer Tunnel; langes Modul; eine Palette; 2 – Vier Paletten mit einem Iglu; 3 – Kurzer Tunnel, kurzes Modul, drei Paletten.

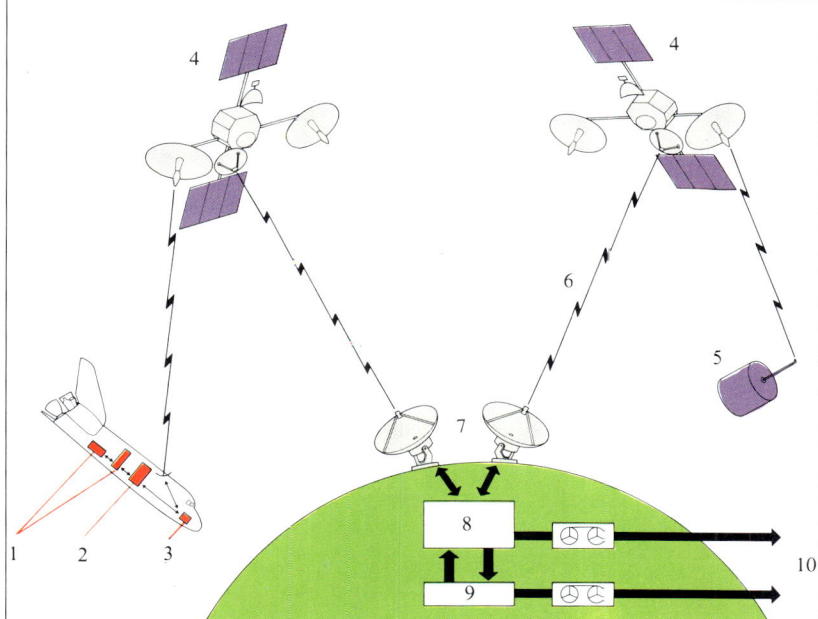

Die Fernmeldeverbindungen von Spacelab. 1 – Wissenschaftliche Instrumente; 2 – CDMS (Kontrollsystem der Experimente); 3 – Bordelektronik; 4 – TDRS-Daten-Relais-Satellit; 5 – Service-Satellit; 6 – K-Band-Übermittlung; 7 – Bodenstationen; 8 – Kontrollzentrum für Nutzlastoperationen; 9 – Missionskontrollzentrum. Mit Hilfe der beiden TDRS-Satelliten gelangen die Daten und Mitteilungen des Spacelab über die Avionik des Orbiters zu den Bodenkontrollstationen (10), auch wenn keine direkte Übermittlung möglich ist.

ausgewählte wissenschaftliche Aktivitäten finanzieren.

Ist die Mission einmal genehmigt, so befassen sich die Experimentatoren direkt mit deren Organisation und Planung. Jetzt übernimmt der sogenannte Nutzlastspezialist, ein Techniker oder Wissenschaftler, zusätzlich zur Mannschaft eine wichtige Rolle. Seine Aufgabe an Bord besteht ausschließlich in der Durchführung der Experimente, auch wenn für viele Versuche das Vorhandensein des Menschen nicht unbedingt notwendig ist. Die Aufgabenkreise reichen von der Organisation der Experimente bis zur Interpretation der entsprechenden Daten, von der Überwachung der Instrumente bis zu deren Instandhaltung. Ferner übernehmen die Nutzlastspezialisten eine grundlegende Funktion bei der Kommunikation mit den Wissenschaftlern auf der Erde. Sie berichten ihnen über den Fortgang der Dinge und erhalten von ihnen Anleitungen zur Durchführung der Experimente. Bei einer typischen Spacelab-Mission sind zwei Nutzlastspezialisten unter den sechs Mannschaftsmitgliedern. Bei der ersten Mission übernahmen Byron Lichtenberg und Ulf Merbold diese Aufgabe. Der Deutsche Merbold war der erste Spezialist der ESA, der einen Weltraumflug unternahm. Die restliche Mannschaft bestand damals aus dem Kommandanten John Young, dem Piloten Brewster Shaw und den Missionsspezialisten Owen Garriott und Robert Parker. Bis zur ersten Hälfte des Jahres 1985 hatte Spacelab eine einzige weitere Mission unternommen. Sie dauerte vom 29. April bis 6. Mai. Spacelab befand sich an Bord des Raumschiffes Challenger, und es war der 17. Space Shuttle-Start. Die Mission wurde von der NASA völlig für sich genutzt, und die Mannschaft bestand aus sieben Mitgliedern: dem Kommandanten Robert Overmyer, dem Piloten Frederick Gregory, den Ärzten Norman Thagard und William Thornton, dem Physiker Don Lind, dem Naturwissenschaftler Taylor Wang sowie dem Techniker Lodewijk van den Berg. Er war Angestellter einer kalifornischen Halbleiterfirma, die elektronische Bauteile mit kristalliner Struktur herstellt. Der erste Shuttle-Astronaut, der nicht der NASA angehörte, war übrigens 1984 der Ingenieur Charles Walker. Er hatte die Aufgabe, das elektrophoretische System zu überwachen, das die McDonnell-Douglas im Rahmen des Programms EOS entwickelt hatte.

EURECA

EURECA (European Retrieval Carrier, europäische rückführbare, autonome Experimentenplattform) wird die erste autonome Infrastruktur darstellen, welche die Europäer in eine Erdumlaufbahn bringen und nach einer Arbeitszeit von drei bis sechs Monaten im Raum wieder zur Erde zurückholen. EURECA ist unbemannt und dient als Raumlabor. In ihm werden die ersten langfristigen Experimente zur Werkstoffkunde, Biologie und Medizin stattfinden; sie sollen dann in der Weltraumstation Columbus weiterentwickelt werden.

EURECA startet an Bord des Orbiters und wird von ihm in eine niedrige Umlaufbahn mit 300 km Höhe gebracht. Von hier erreicht EURECA mit einem eigenen Transportsystem eine Höhe von 500 km, wo die Schwerkraft schon außerordentlich niedrig ist (10^{-5} g). Nach drei bis sechs Monaten kehrt EURECA in eine niedrigere Erdumlaufbahn zurück, wird vom Orbiter aufgenommen und zur Erde zurücktransportiert.

Die Plattform ist 2,6 m lang und 4 m breit und unwahrscheinlich mit wissenschaftlichen Instrumenten und Apparaturen vollgestopft. Die Gesamtmasse liegt bei 4000 kg (Nutzlast 1000 kg). Das Nutzvolumen beträgt 8,5 m³. Zwei Solarpaneele liefern die 1000 W, welche die Plattform und die Experimente benötigen. Die Daten werden mit einer Geschwindigkeit von 1,5 Kilobit pro Sekunde auf die Erde übermittelt. Es ist vorgesehen, für die Fernmeldeverbindung zur und von der Erde den Satelliten Olympus zu verwenden.

EURECA ist für eine Experimentierdauer von über 6 Monaten ausgelegt, kann im Weltraum aber weitere 9 Monate überleben, um auf den Raum-Transporter zu warten. Die Lebensdauer von EURECA ist auf 5 Missionen oder 10 Jahre (auf der Erde oder im Weltraum) ausgelegt.

Erste Mission

Die erste Mission ist für den März 1988 mit der Rückkehr im September vorgesehen. Die definitive Erdumlaufbahn ist kreisförmig mit einer Höhe von 525 km und einer Bahnneigung von 28,5°. Die Plattform wird mit einem Lageregelungssystem OCS (Orbit Control Subsystem, Schub 0,05 kp (0,5 N) für Bewegungen im Orbit ausgerüstet.

In den sechs Monaten in der Erdumlaufbahn sind 48 Experimente über Kristallzucht, Flüssigkeiten, über die Metallurgie, u. a. von Halbleitern, über das Wachstum von Pflanzen und Proteinen unter der Schwerelosigkeit vorgesehen. Drei davon wurden von Italienern entwickelt: das erste europäische Raum-Experiment über Solarpaneele aus Galiumarsenid, dem Halbleitermaterial der »letzten Generation«, im Auftrag der Cise in Mailand; die Beschichtung keramischer Materialien mit geschmolzenen Metallen, um äußerst hitzeresistente Materialien zu erhalten, projektiert von Professor Alberto Passerone (CNR-Genova); Forschungsarbeiten über die Oberflächenkräfte, die unter stark reduzierter Schwerkraft beim Kontakt verschiedener Festkörper auftreten, geplant von Professor Giulio Poletti (Universität Mailand).

Zukünftige Missionen

Mit unterschiedlicher Konfiguration kann EURECA auch Missionen mit Spezialaufgaben durchführen, etwa auf dem Gebiet der Astronomie (Erdumlaufbahn in 525 km Höhe mit 28,5° Bahnneigung), der Sonnenphysik (525 km, 98°), der Fernerkundung der Erde (678 km, 98°). Es ist auch die Möglichkeit vorgesehen, EURECA mit der europäischen Raumstation Columbus zu verbinden, als fixes Element und Begleiter. EURECA kann in diesem Fall weitere elektrische Energie, Speicherkapazität für den Computer und zusätzliche Fernmeldeverbindungen zur Erde via Satellit liefern.

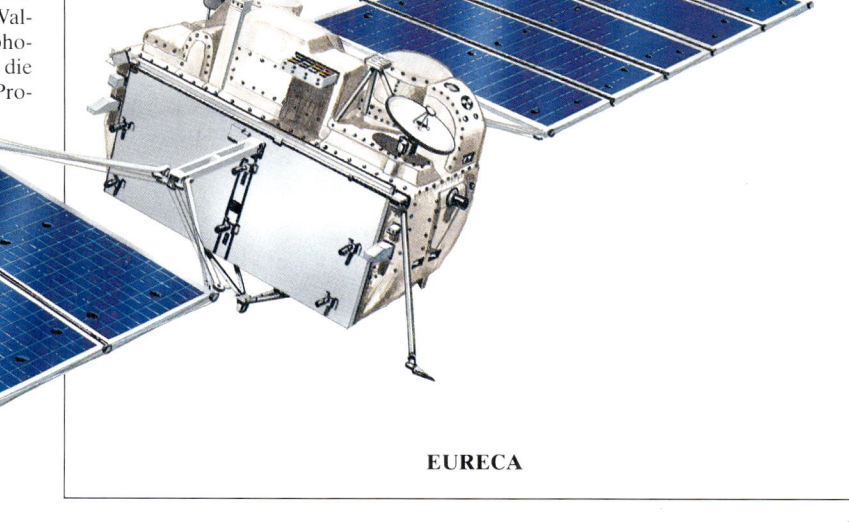

EURECA

Die Entwicklung nach dem Space Shuttle

Wie der »Flyer« der Gebrüder Wright damals im Jahre 1903 den Endpunkt und das Ziel vieler Experimente und gleichzeitig den Ausgangspunkt für immer ehrgeizigere Ziele des Flugwesens bildete, so stellt das Space Shuttle den Stammvater einer neuen Generation von Raumfahrzeugen dar. Sie wird in den nächsten Jahrzehnten zu immer besseren und leistungsstärkeren Flugzeugen führen, die immer näher an das Ideal des Raumschiffes der Sciencefiction herankommen. Und die technologische und operationelle Erfahrung, die mit dem amerikanischen Raumschiff gewonnen wurde, hat bereits Früchte getragen und konkret im Laufe der 80er Jahre zu ähnlichen Projekten anderer Länder geführt, die ebenfalls Weltraumforschung betreiben, nämlich der UdSSR und Frankreichs.

Obwohl die UdSSR im Vergleich zu ihrem traditionellen Gegner im Westen im Verzug steht, scheint sie doch dem gemeinsamen Ziel am nächsten gekommen zu sein, nämlich der Realisierung eines Transportsystems, das die Kosten eines Weltraumfluges im Vergleich zum Space Shuttle-Programm auf ein Zehntel reduziert.

Das erste Raumschiff, von dem der Westen

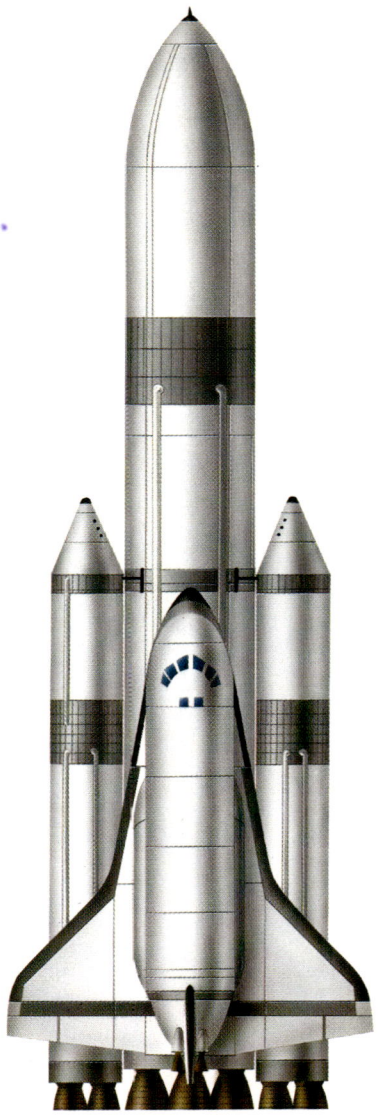

erfuhr (Kosmos 1374) wurde am 3. Juni 1982 von Kapustin Jar gestartet. Es handelte sich um ein unbemanntes Modell in verkleinertem Maßstab, das ungefähr 900 kg wog. Es war auf einer umgebauten ballistischen Mittelstreckenrakete vom Typ SS-5 montiert und hatte eine einzige Erdumkreisung durchgeführt, bevor es wieder in die Atmosphäre eindrang und im Indischen Ozean wasserte. Ein zweites Modell (Kosmos 1445, auch dieses verkleinert, ungefähr 5,50 m breit und 900 kg schwer) wurde am 16. März 1983 während der Bergung wiederum im Indischen Ozean von einem australischen Aufklärer fotografiert. Das Raumschiff ähnelte sehr den »lifting bodies«, welche die USA während der 60er Jahre entwickelt hatten. Ein drittes Versuchsmodell (Kosmos 1517) wurde am 27. Dezember 1983 gestartet und im Schwarzen Meer geborgen. Das endgültige Modell (wie es das US-Verteidigungsministerium nannte) soll eine Flügelspannweite von ungefähr 9,40 m und eine Gesamtlänge von 16,25 m aufweisen. Es soll mit einer herkömmlichen Rakete starten und mit einer Nutzlast von 15 t eine Erdumlaufbahn in 180 km Höhe erreichen.

Dieses ist aber nicht das einzige sowjetische Projekt in dieser Richtung – stets nach den Quellen des amerikanischen Verteidigungsministeriums zu urteilen. Am Ende der Entwicklung soll ein größeres Raumschiff stehen, das dem Space Shuttle nicht nur in den Dimensionen, sondern auch im allgemeinen Aufbau und dem Trägersystem ähneln soll. Das Startgewicht des gesamten Komplexes wird auf 1500 t, die Schubkraft auf 4000 bis 6000 t (39 200–58 800 kN) geschätzt. Das Raumschiff soll einen Orbit in 180 km Höhe erreichen, 95 t wiegen, zuzüglich 30 t Nutzlast in der Ladebucht.

Man nimmt an, daß das sowjetische Programm in der zweiten Hälfte der 80er Jahre in die operationelle Phase eintritt. Für das nächste Jahrzehnt ist hingegen das französische Projekt Hermes vorgesehen. Auf diesen Namen wurde das europäische Raumschiff getauft. Das Programm soll 1988 beginnen, und der erste unbemannte

Flug ist für 1995 vorgesehen. Zwei Jahre später soll der erste Start mit Astronauten an Bord stattfinden. Das Projekt Hermes wird von der französischen Raumfahrtbehörde CNES getragen und wurde auch den übrigen europäischen Ländern als gemeinsames Projekt vorgeschlagen. Die geschätzten Investitionen – die Daten stammen vom Juni 1985 – belaufen sich auf 14 Milliarden Franc. Die vorläufigen Studien führte die Firma Aérospatiale durch. Hermes hat die allgemeine Aufgabe, die künftigen Raumstationen Europas, der USA oder der UdSSR zu versorgen. Das endgültige Modell soll auf eine Rakete des Typs Ariane 5 montiert und von ihr in eine Erdumlaufbahn zwischen 110 und 360 (äquatorial) bzw. 760 (polar) km Höhe gebracht werden. Nach Abschluß der Mission, die mindestens eine Woche dauern wird, wobei die Möglichkeit besteht, bis zu drei Monate lang an Raumstationen angedockt zu bleiben, tritt das Raumschiff aus dem Orbit aus und kehrt im Gleitflug zur Erde zurück. Hermes kann zwei Piloten und zwei Techniker (im Notfall zwei weitere Personen) transportieren. Je nach Mannschaftsgröße liegt die Nutzlast zwischen 1 und 4,5 t.

Nach dem Vorschlag von Aérospatiale hat das Raumschiff niedrig angesetzte Doppeldeltaflügel mit Winglets am Ende. Der Rumpf umfaßt einen vorderen Teil, der unter Druck steht (die Kabine mit 26 m³ Nutzraum, sowie weitere 6 m³ zur Aufnahme der Bordelektronik und des Lebenserhaltungssystems), sowie einen hinteren Teil ohne Druckausgleich (die 3 m breite Ladebucht mit 35 m³ Inhalt sowie einen Manipulatorarm ähnlich dem des Shuttle). Die beiden Orbitaltriebwerke (jedes mit 2500 kp [24,5 kN] Schub) liegen zusammen mit den entsprechenden Flüssigtreibstoffbehältern im hinteren Teil. Das Lageregelungssystem besteht aus 8 kleinen Raketen, die zwischen Bug und Heck verteilt liegen (jede mit 25 kp [0,24 kN] Schub). Die Flügelspannweite beträgt 10 m, die Gesamtlänge rund 17 m. Als Startbasis ist Kourou (ELA 3) vorgesehen, wohin Hermes ähnlich wie das Shuttle transportiert

werden soll, nämlich huckepack auf einem eigens umgebauten zweistrahligen Flugzeug vom Typ Airbus A300.

Das sind soweit die Aussichten für die 90er Jahre; aber noch interessanter sind sie für langfristige Projekte für das Jahr 2000. Heute denkt man in den USA bereits an die sogenannten Trans-Atmospheric Vehicles (TAV). Unter den verschiedenen Studien zu diesem Thema ragt jene hervor, welche die USAF bei der Firma Lockheed in Auftrag gab. Sie sollte ergründen, ob sich ein Mittelding zwischen Flugzeug und Raumschiff gegen Ende des Jahrhunderts verwirklichen läßt. Es sollte horizontal von normalen Flugplätzen starten und als Unterschallflugzeug für Interkontinentalverbindungen (in einer Flughöhe von 12 000 m) und gleichzeitig für Suborbitalflüge in Höhen von 90 km mit einer Geschwindigkeit von Mach 30 sorgen. Das würde bedeuten, daß es den Atlantik in 12 Minuten überquert und die Strecke New York-Australien in 30 Minuten zurücklegt. In beiden Fällen beträgt die Nutzlast rund 9 t, ohne Zweifel wenig im Verhältnis zur Masse (Startmasse 680 t, Länge 62,50 m, Höhe 18,30 m). Für die Flüge oberhalb der Atmosphäre sind flüssiger Sauerstoff und flüssiger Wasserstoff als Antriebsmittel vorgesehen, während in geringeren Höhen die konventionellen Treibstoffe zum Zug kommen. Die Besatzung besteht aus zwei Mann, die Kabine ist hoch automatisiert.

Noch weiter entfernt, allerdings auch aussichtsreicher ist das Projekt, dem die British Aerospace den Namen HOTOL verliehen hat. Dahinter stehen die gleichen Gedanken wie beim Space Shuttle: die Optimierung eines kommerziellen wiederverwendbaren Raumschiffes, das die Bedürfnisse der Benutzer berücksichtigt und das billig sicher bis 7 t Nutzlast in niedrige Erdumlaufbahnen transportieren kann.

HOTOL beruht auf einer eigentümlichen Art des Antriebs – den Planern zufolge dem einzig möglichen, um ein Orbitalfahrzeug mit einer Stufe zu bauen. HOTOL verwendet ein luftatmendes Antriebskonzept, um die Treibstoffmenge an Bord zu reduzieren und um die Verwendung von

Der sowjetische Raumtransporter. So sieht den Angaben des amerikanischen Verteidigungsministeriums zufolge das Raumschiff aus, das die Sowjets zur Zeit entwickeln, nachdem sie seit 1982 mindestens drei Modelle in verkleinertem Maßstab ausprobiert haben. Das Raumschiff hat eine Flügelspannweite von ungefähr 9,40 m und eine Gesamtlänge von 16,25 m. Es wird mit einer herkömmlichen Trägerrakete gestartet und erreicht mit einer Nutzlast von ungefähr 15 t eine Erdumlaufbahn in 180 km Höhe. In der UdSSR steht auch ein weiteres größeres Raumschiff kurz vor dem Ende der Entwicklung. Es soll dem amerikanischen Space Shuttle (links) ziemlich ähnlich sehen. Diese Raumschiffe sollen in der zweiten Hälfte der 80er Jahre zum Einsatz kommen.

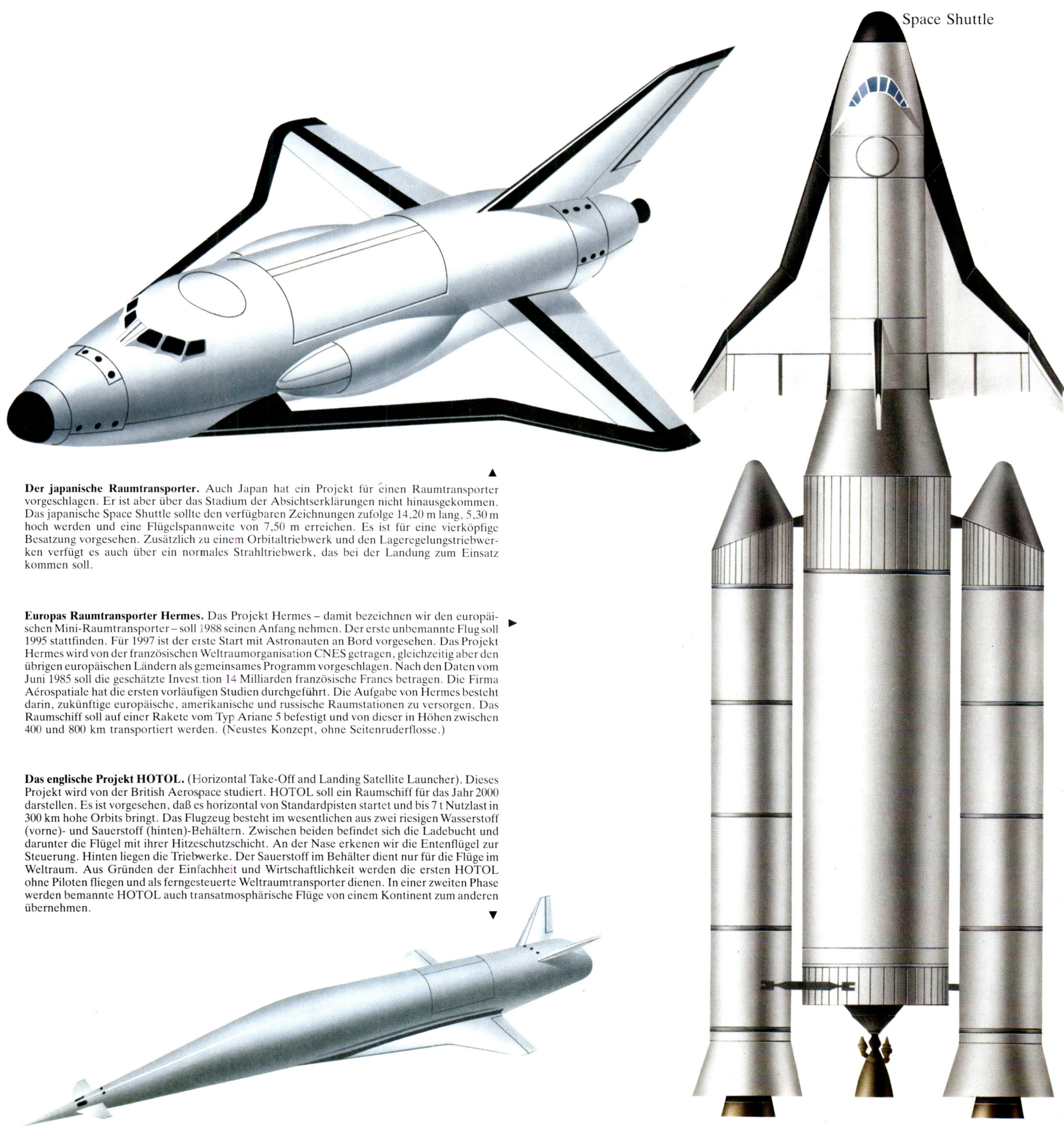

Space Shuttle

Der japanische Raumtransporter. Auch Japan hat ein Projekt für einen Raumtransporter vorgeschlagen. Er ist aber über das Stadium der Absichtserklärungen nicht hinausgekommen. Das japanische Space Shuttle sollte den verfügbaren Zeichnungen zufolge 14,20 m lang, 5,30 m hoch werden und eine Flügelspannweite von 7,50 m erreichen. Es ist für eine vierköpfige Besatzung vorgesehen. Zusätzlich zu einem Orbitaltriebwerk und den Lageregelungstriebwerken verfügt es auch über ein normales Strahltriebwerk, das bei der Landung zum Einsatz kommen soll.

Europas Raumtransporter Hermes. Das Projekt Hermes – damit bezeichnen wir den europäischen Mini-Raumtransporter – soll 1988 seinen Anfang nehmen. Der erste unbemannte Flug soll 1995 stattfinden. Für 1997 ist der erste Start mit Astronauten an Bord vorgesehen. Das Projekt Hermes wird von der französischen Weltraumorganisation CNES getragen, gleichzeitig aber den übrigen europäischen Ländern als gemeinsames Programm vorgeschlagen. Nach den Daten vom Juni 1985 soll die geschätzte Investition 14 Milliarden französische Francs betragen. Die Firma Aérospatiale hat die ersten vorläufigen Studien durchgeführt. Die Aufgabe von Hermes besteht darin, zukünftige europäische, amerikanische und russische Raumstationen zu versorgen. Das Raumschiff soll auf einer Rakete vom Typ Ariane 5 befestigt und von dieser in Höhen zwischen 400 und 800 km transportiert werden. (Neustes Konzept, ohne Seitenruderflosse.)

Das englische Projekt HOTOL. (Horizontal Take-Off and Landing Satellite Launcher). Dieses Projekt wird von der British Aerospace studiert. HOTOL soll ein Raumschiff für das Jahr 2000 darstellen. Es ist vorgesehen, daß es horizontal von Standardpisten startet und bis 7 t Nutzlast in 300 km hohe Orbits bringt. Das Flugzeug besteht im wesentlichen aus zwei riesigen Wasserstoff (vorne)- und Sauerstoff (hinten)-Behältern. Zwischen beiden befindet sich die Ladebucht und darunter die Flügel mit ihrer Hitzeschutzschicht. An der Nase erkenen wir die Entenflügel zur Steuerung. Hinten liegen die Triebwerke. Der Sauerstoff im Behälter dient nur für die Flüge im Weltraum. Aus Gründen der Einfachheit und Wirtschaftlichkeit werden die ersten HOTOL ohne Piloten fliegen und als ferngesteuerte Weltraumtransporter dienen. In einer zweiten Phase werden bemannte HOTOL auch transatmosphärische Flüge von einem Kontinent zum anderen übernehmen.

155

Nutzungsbereiche des Space Shuttle

Das amerikanische TAV. Unter den verschiedenen amerikanischen Studien über das TAV (Trans-Atmospheric Vehicle) sticht jene hervor, welche die USAF bei der Firma Lockheed in Auftrag gegeben hat. Das Transportsystem soll ein Mittelding zwischen einem Flugzeug und einem Raumschiff darstellen und horizontal von normalen Flugplätzen starten. Es ist vorgesehen sowohl als Unterschallflugzeug für interkontinentale Verbindungen (Flughöhe 12 000 m) als auch für Suborbitalflüge (90 km Höhe) mit einer Geschwindigkeit von Mach 30. Damit überquert es den Atlantik in 12 Minuten und erreicht in 30 Minuten Australien von New York aus. In beiden Fällen soll die Nutzlast ungefähr 9 t betragen.

So könnte das zukünftige amerikanische Space Shuttle aussehen. Das Raumschiff wird gerade von der NASA projektiert und sollte in den 90er Jahren fliegen, zunächst parallel mit dem heutigen Space Shuttle, später soll es jenes ersetzen. Sein Aufbau ist recht eigentümlich: ohne Seitenruder (um Masse zu sparen), mit einer leicht zu wechselnden Ladebucht im oberen Teil des Rumpfes. Die Nutzlast soll bei 68 t liegen und damit mehr als das Doppelte des heutigen Space Shuttle betragen.

Flügeln zu gestatten, welche die Bahn zu Beginn des Fluges nach dem Start von einer Standardpiste optimieren. Das Gefährt besteht im wesentlichen aus zwei enormen Behältern mit Flüssigwasserstoff (vorne) und Flüssigsauerstoff (hinten). Dazwischen liegt die Ladebucht, und darunter sind die Flügel mit ihrer Hitzeschutzschicht angeordnet. An der Nase liegen Entenflügel, hinten die Hybrid-Triebwerke. Der Sauerstoff im Behälter dient nur für Flüge im Weltraum. Das Fahrwerk ist ausschließlich für die Landung vorgesehen und sehr leicht gebaut. Der Start geschieht mit Hilfe eines Start-Schlittens. Die Projektdaten sehen für HOTOL eine Länge von 62 m, eine Flügelspannweite von 19,70 m und einen Rumpfdurchmesser von 5,70 m vor. Die Startmasse liegt bei 126 t, die Landemasse bei 42 t. Die Nutzlast beträgt 7 t bei einem Orbit am Äquator in 300 km Höhe. Das Flugzeug startet von einer 2300 m hoch gelegen und 3000 m langen Piste, mit Beschleunigungen von 0,56 g und einer Geschwindigkeit von 537 km/h; nach 2 Minuten fliegt es mit Überschallgeschwindigkeit, nach 9 Minuten erreicht es Mach 5 und 26 km Höhe. Die Orbitalgeschwindigkeit ist nach 90 km erreicht. In der Erdumlaufbahn (operative Höhe 300 km, Mis-

sionsdauer im Normalfall 50 Stunden) kann HOTOL mit einem Kontrollsystem vom Typus OMS manövrieren, um das Perigäum bis auf 70 km zu bringen und so einen guten Ausgangspunkt für den Wiedereintritt in die Atmosphäre zu haben. Der Wiedereintritt geschieht ähnlich wie beim Shuttle, doch sanfter: Bahnneigung 16°, Geschwindigkeit beim Aufsetzen 141 km/h.

Aus Gründen der Einfachheit und Wirtschaftlichkeit werden die ersten HOTOL ohne Piloten fliegen, nur ferngesteuert und ausschließlich mit der Aufgabe als Weltraumtransporter. Nach den Voraussagen der British Aerospace erlaubt dieses Transportsystem, die heutigen Kosten für die Erreichung einer Erdumlaufbahn um 80% zu senken. Es ist das erklärte Ziel dieser Gesellschaft, 75% des kommerziellen Marktes im Jahr 2000 und später zu erobern. In einer zweiten Phase können bemannte HOTOL auch für transatmosphärische Flüge von einem Kontinent zum anderen eingesetzt werden. Die britische Gesellschaft bezeichnet HOTOL schon heute »als neues Konzept eines Linienflugzeugs des 21. Jahrhunderts« und wirbt damit, daß man in 45 Minuten von London nach Sydney fliegen kann.

Das Space Shuttle – so lesen wir in einer Publikation der NASA – ist der Schlüssel für die amerikanischen Weltraumoperationen der 80er und 90er Jahre. Als erstes wiederverwendbares Fahrzeug der Astronautik spielt es in der Tat eine bestimmende Rolle – gerade wegen seiner vielfältigen Anwendung und der außerordentlich vielfältigen Nutzungsmöglichkeiten. In der geräumigen Ladebucht finden die unterschiedlichsten Nutzlasten bis zu einem Rekordgewicht von fast 30 t Platz.

In den ersten Jahren der Nutzung transportierte das Shuttle hauptsächlich Fernmeldesatelliten in eine niedrige Erdumlaufbahn. Von hier erreichten sie einen geostationären Orbit. Damit sind aber die Nutzungsmöglichkeiten keinesfalls erschöpft. Zu nennen wären beispielsweise der Transport großer wissenschaftlicher Satelliten, militärischer Nutzlasten, ausgeklügelter Instrumente für die Beobachtung der Erde und des Himmels, die verschiedenen Versionen des Weltraumlaboratoriums Spacelab, das dem Menschen eine nutzbringende Arbeit im Kosmos ermöglicht, solange die Weltraumstationen noch auf sich warten lassen. Unter den Möglichkeiten des Shuttles ist nicht zuletzt auch der Transport kleiner zylindrischer Behälter mit Namen »Getaway special« zu nennen, die 30 bis 90 kg Nutzlast aufnehmen können. Die Nutzung dieser Behälter steht jedermann frei, sofern er nur dafür bezahlt. Da die Kosten dafür sich einigermaßen in Grenzen halten, haben mehrere Schulen/Universitäten Experimente vorbereitet, die in diesem Getaway special Platz fanden.

Unter den zahlreichen Möglichkeiten zieht der Transport der sogenannten »Shuttle Pallet«-Satelliten besondere Aufmerksamkeit auf sich. Es handelt sich um eine neue Generation von Satelliten, welche der Orbiter mit seinem Manipulatorarm in den Weltraum entläßt. Dann schießen sich diese Pallet-Satelliten mit einem eigenen Antriebssystem in einen höheren und sichereren Orbit, wo sie so lange verbleiben, bis sie alle an Bord vorgesehenen Experimente durchgeführt haben. Dabei können Wochen und Monate vergehen. Nach dem Abschluß der Operationen fliegt der »Shuttle Pallet«-Satellit wieder in eine niedrigere Erdumlaufbahn. Ein Orbiter fängt ihn ein und bringt ihn wieder zur

Erde zurück, wo er für eine weitere Reise mit anderen Instrumenten ausgerüstet wird.

Solche Möglichkeiten tragen zu einer vermehrten Flexibilität bei all den Missionen im Weltraum bei. Wer bestimmte Forschungen durchführen will, kann einen bestimmten Teil eines solchen »Shuttle Pallet«-Satelliten mieten. Er braucht dabei nicht wie bisher einen ganz neuen Satelliten zu entwerfen und zu bauen. Dies alles erweitert in enormem Maße die Zugangsmöglichkeit zum Weltraum, weil die Kosten dafür entscheidend verringert werden. Die Bundesrepublik Deutschland hat Erfahrungen gesammelt mit dem »Shuttle Pallet«-Satelliten SPAS, die Europäische Weltraumorganisation ist gerade dabei, die Plattform EURECA zu bauen, und die USA realisieren gerade »Leasecraft«: Dies sind die Namen der neuen Generation von Fahrzeugen in Erdumlaufbahn.

Ein ähnliches System, das der Orbiter in Erdumlaufbahn bringen soll, ist eine Art Schachtel oder Plattform, die äußerlich wie die Ladebucht des Orbiters aussieht. Sie trägt den Namen »Long Duration Exposure Facility (LDEF)«. Auch sie soll wie die »Shuttle Pallet«-Satelliten mit dem Manipulatorarm in den Weltraum gehievt werden. Im Gegensatz zu diesem bleibt sie aber stabil an Ort und Stelle und braucht keine Triebwerke. Das System LDEF ist 9,14 m lang, 4,27 m breit und wiegt fast 10 t. Es erlaubt langfristige Experimente unter Weltraumbedingungen und kann mehr als ein Jahr an Ort und Stelle verbleiben. Dann holt ein Orbiter das System wieder zur Erde.

Bei den Anwendungen des Space Shuttle sind der Phantasie keine Grenzen gesetzt. Die Liste der Nutzungsmöglichkeiten wird vielleicht dann vollständig sein, wenn 1995 die amerikanische Raumstation in Betrieb gehen soll. Ungefähr 10 Missionen sind in der Tat für den Transport verschiedener Elemente dieser großen Raumstation und für deren komplizierte Montagearbeiten vorgesehen.

Wenn diese Raumstation bezugsfertig sein wird, wird das amerikanische Shuttle seine wahre Rolle als Raumtransporter von Menschen und Gegenständen zwischen den Basisstationen auf der Erde und den Weltraumstationen aufnehmen. Bis es soweit ist, betrachten wir hier einige der bereits aktuellen oder zukünftigen Nutzungsmöglichkeiten.

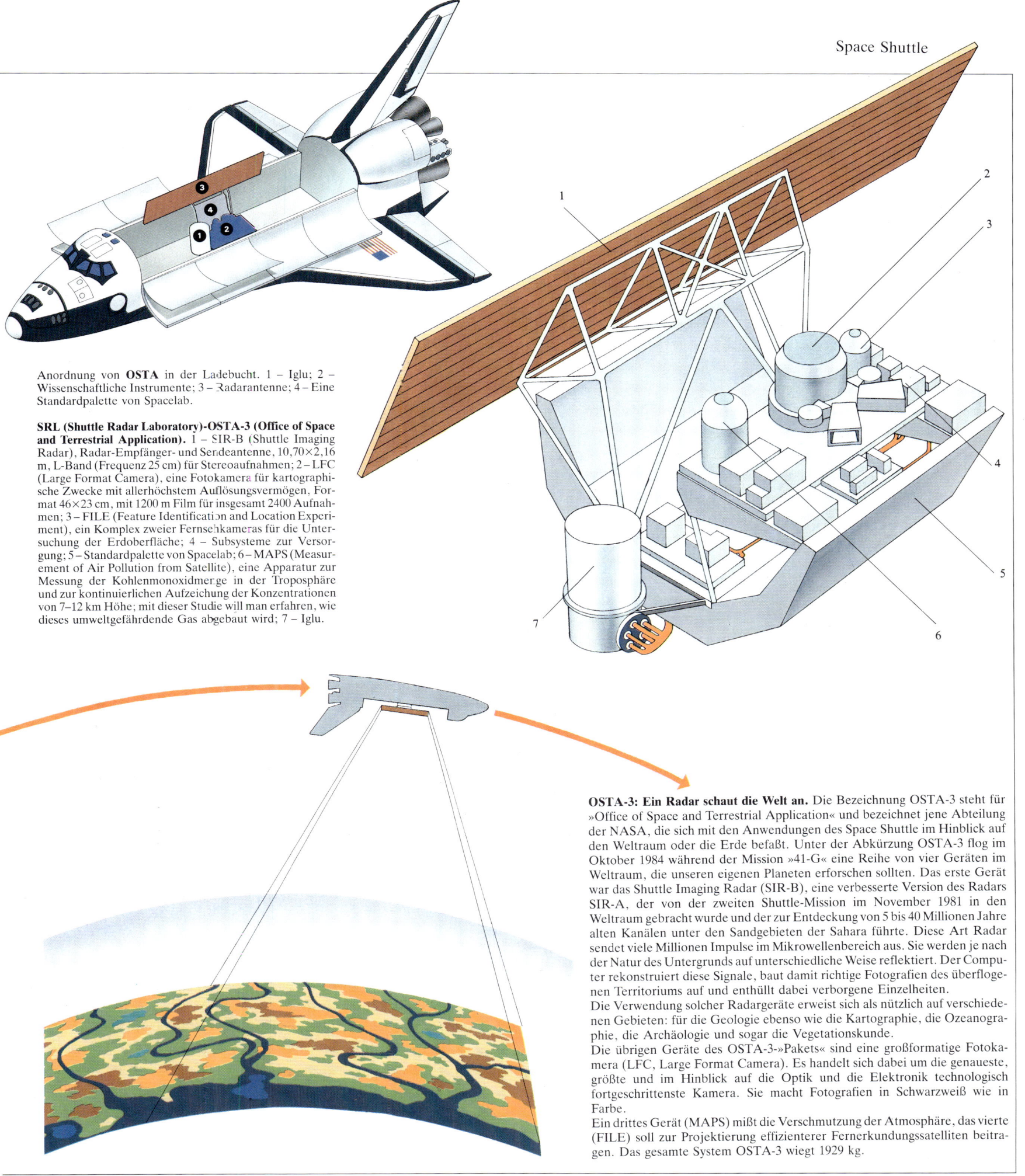

Anordnung von **OSTA** in der Ladebucht. 1 – Iglu; 2 – Wissenschaftliche Instrumente; 3 – Radarantenne; 4 – Eine Standardpalette von Spacelab.

SRL (Shuttle Radar Laboratory)-OSTA-3 (Office of Space and Terrestrial Application). 1 – SIR-B (Shuttle Imaging Radar), Radar-Empfänger- und Sendeantenne, 10,70×2,16 m, L-Band (Frequenz 25 cm) für Stereoaufnahmen; 2 – LFC (Large Format Camera), eine Fotokamera für kartographische Zwecke mit allerhöchstem Auflösungsvermögen, Format 46×23 cm, mit 1200 m Film für insgesamt 2400 Aufnahmen; 3 – FILE (Feature Identification and Location Experiment), ein Komplex zweier Fernsehkameras für die Untersuchung der Erdoberfläche; 4 – Subsysteme zur Versorgung; 5 – Standardpalette von Spacelab; 6 – MAPS (Measurement of Air Pollution from Satellite), eine Apparatur zur Messung der Kohlenmonoxidmenge in der Troposphäre und zur kontinuierlichen Aufzeichnung der Konzentrationen von 7–12 km Höhe; mit dieser Studie will man erfahren, wie dieses umweltgefährdende Gas abgebaut wird; 7 – Iglu.

OSTA-3: Ein Radar schaut die Welt an. Die Bezeichnung OSTA-3 steht für »Office of Space and Terrestrial Application« und bezeichnet jene Abteilung der NASA, die sich mit den Anwendungen des Space Shuttle im Hinblick auf den Weltraum oder die Erde befaßt. Unter der Abkürzung OSTA-3 flog im Oktober 1984 während der Mission »41-G« eine Reihe von vier Geräten im Weltraum, die unseren eigenen Planeten erforschen sollten. Das erste Gerät war das Shuttle Imaging Radar (SIR-B), eine verbesserte Version des Radars SIR-A, der von der zweiten Shuttle-Mission im November 1981 in den Weltraum gebracht wurde und der zur Entdeckung von 5 bis 40 Millionen Jahre alten Kanälen unter den Sandgebieten der Sahara führte. Diese Art Radar sendet viele Millionen Impulse im Mikrowellenbereich aus. Sie werden je nach der Natur des Untergrunds auf unterschiedliche Weise reflektiert. Der Computer rekonstruiert diese Signale, baut damit richtige Fotografien des überflogenen Territoriums auf und enthüllt dabei verborgene Einzelheiten.

Die Verwendung solcher Radargeräte erweist sich als nützlich auf verschiedenen Gebieten: für die Geologie ebenso wie die Kartographie, die Ozeanographie, die Archäologie und sogar die Vegetationskunde.

Die übrigen Geräte des OSTA-3-»Pakets« sind eine großformatige Fotokamera (LFC, Large Format Camera). Es handelt sich dabei um die genaueste, größte und im Hinblick auf die Optik und die Elektronik technologisch fortgeschrittenste Kamera. Sie macht Fotografien in Schwarzweiß wie in Farbe.

Ein drittes Gerät (MAPS) mißt die Verschmutzung der Atmosphäre, das vierte (FILE) soll zur Projektierung effizienterer Fernerkundungssatelliten beitragen. Das gesamte System OSTA-3 wiegt 1929 kg.

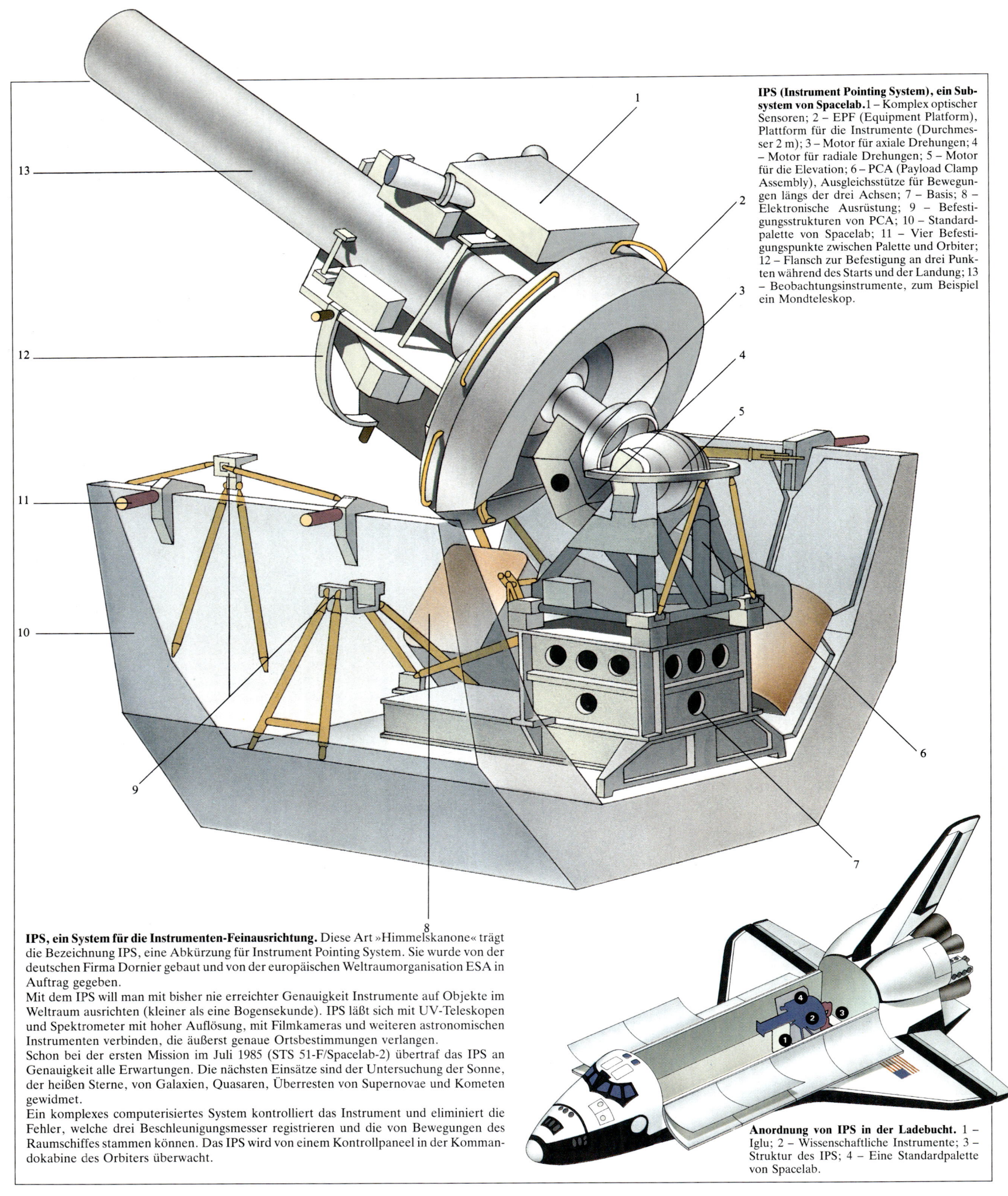

IPS (Instrument Pointing System), ein Subsystem von Spacelab. 1 – Komplex optischer Sensoren; 2 – EPF (Equipment Platform), Plattform für die Instrumente (Durchmesser 2 m); 3 – Motor für axiale Drehungen; 4 – Motor für radiale Drehungen; 5 – Motor für die Elevation; 6 – PCA (Payload Clamp Assembly), Ausgleichsstütze für Bewegungen längs der drei Achsen; 7 – Basis; 8 – Elektronische Ausrüstung; 9 – Befestigungsstrukturen von PCA; 10 – Standardpalette von Spacelab; 11 – Vier Befestigungspunkte zwischen Palette und Orbiter; 12 – Flansch zur Befestigung an drei Punkten während des Starts und der Landung; 13 – Beobachtungsinstrumente, zum Beispiel ein Mondteleskop.

IPS, ein System für die Instrumenten-Feinausrichtung. Diese Art »Himmelskanone« trägt die Bezeichnung IPS, eine Abkürzung für Instrument Pointing System. Sie wurde von der deutschen Firma Dornier gebaut und von der europäischen Weltraumorganisation ESA in Auftrag gegeben.

Mit dem IPS will man mit bisher nie erreichter Genauigkeit Instrumente auf Objekte im Weltraum ausrichten (kleiner als eine Bogensekunde). IPS läßt sich mit UV-Teleskopen und Spektrometer mit hoher Auflösung, mit Filmkameras und weiteren astronomischen Instrumenten verbinden, die äußerst genaue Ortsbestimmungen verlangen.

Schon bei der ersten Mission im Juli 1985 (STS 51-F/Spacelab-2) übertraf das IPS an Genauigkeit alle Erwartungen. Die nächsten Einsätze sind der Untersuchung der Sonne, der heißen Sterne, von Galaxien, Quasaren, Überresten von Supernovae und Kometen gewidmet.

Ein komplexes computerisiertes System kontrolliert das Instrument und eliminiert die Fehler, welche drei Beschleunigungsmesser registrieren und die von Bewegungen des Raumschiffes stammen können. Das IPS wird von einem Kontrollpaneel in der Kommandokabine des Orbiters überwacht.

Anordnung von IPS in der Ladebucht. 1 – Iglu; 2 – Wissenschaftliche Instrumente; 3 – Struktur des IPS; 4 – Eine Standardpalette von Spacelab.

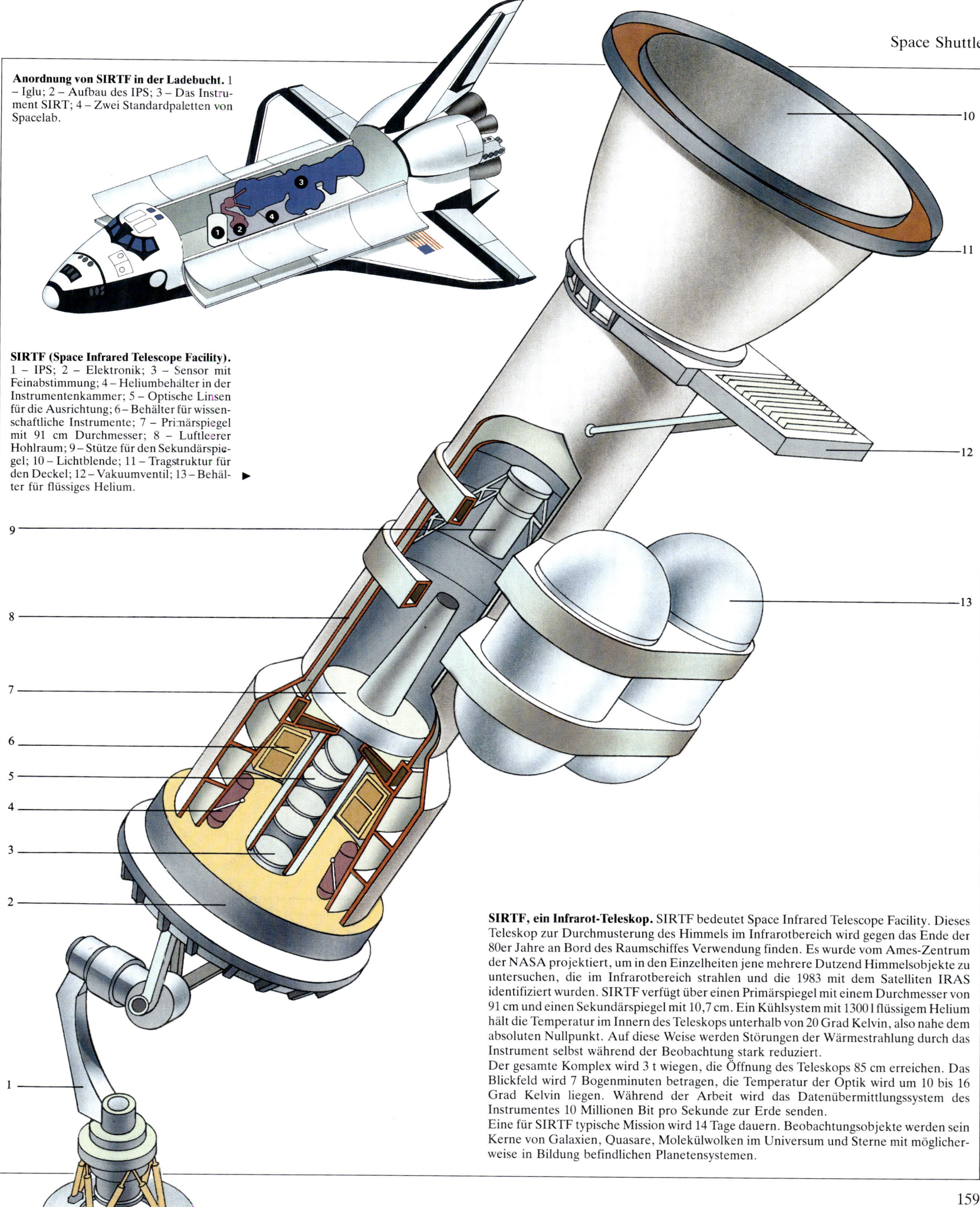

Anordnung von SIRTF in der Ladebucht. 1 – Iglu; 2 – Aufbau des IPS; 3 – Das Instrument SIRT; 4 – Zwei Standardpaletten von Spacelab.

SIRTF (Space Infrared Telescope Facility). 1 – IPS; 2 – Elektronik; 3 – Sensor mit Feinabstimmung; 4 – Heliumbehälter in der Instrumentenkammer; 5 – Optische Linsen für die Ausrichtung; 6 – Behälter für wissenschaftliche Instrumente; 7 – Primärspiegel mit 91 cm Durchmesser; 8 – Luftleerer Hohlraum; 9 – Stütze für den Sekundärspiegel; 10 – Lichtblende; 11 – Tragstruktur für den Deckel; 12 – Vakuumventil; 13 – Behälter für flüssiges Helium. ▶

SIRTF, ein Infrarot-Teleskop. SIRTF bedeutet Space Infrared Telescope Facility. Dieses Teleskop zur Durchmusterung des Himmels im Infrarotbereich wird gegen das Ende der 80er Jahre an Bord des Raumschiffes Verwendung finden. Es wurde vom Ames-Zentrum der NASA projektiert, um in den Einzelheiten jene mehrere Dutzend Himmelsobjekte zu untersuchen, die im Infrarotbereich strahlen und die 1983 mit dem Satelliten IRAS identifiziert wurden. SIRTF verfügt über einen Primärspiegel mit einem Durchmesser von 91 cm und einen Sekundärspiegel mit 10,7 cm. Ein Kühlsystem mit 1300 l flüssigem Helium hält die Temperatur im Innern des Teleskops unterhalb von 20 Grad Kelvin, also nahe dem absoluten Nullpunkt. Auf diese Weise werden Störungen der Wärmestrahlung durch das Instrument selbst während der Beobachtung stark reduziert.

Der gesamte Komplex wird 3 t wiegen, die Öffnung des Teleskops 85 cm erreichen. Das Blickfeld wird 7 Bogenminuten betragen, die Temperatur der Optik wird um 10 bis 16 Grad Kelvin liegen. Während der Arbeit wird das Datenübermittlungssystem des Instrumentes 10 Millionen Bit pro Sekunde zur Erde senden.

Eine für SIRTF typische Mission wird 14 Tage dauern. Beobachtungsobjekte werden sein Kerne von Galaxien, Quasare, Molekülwolken im Universum und Sterne mit möglicherweise in Bildung befindlichen Planetensystemen.

159

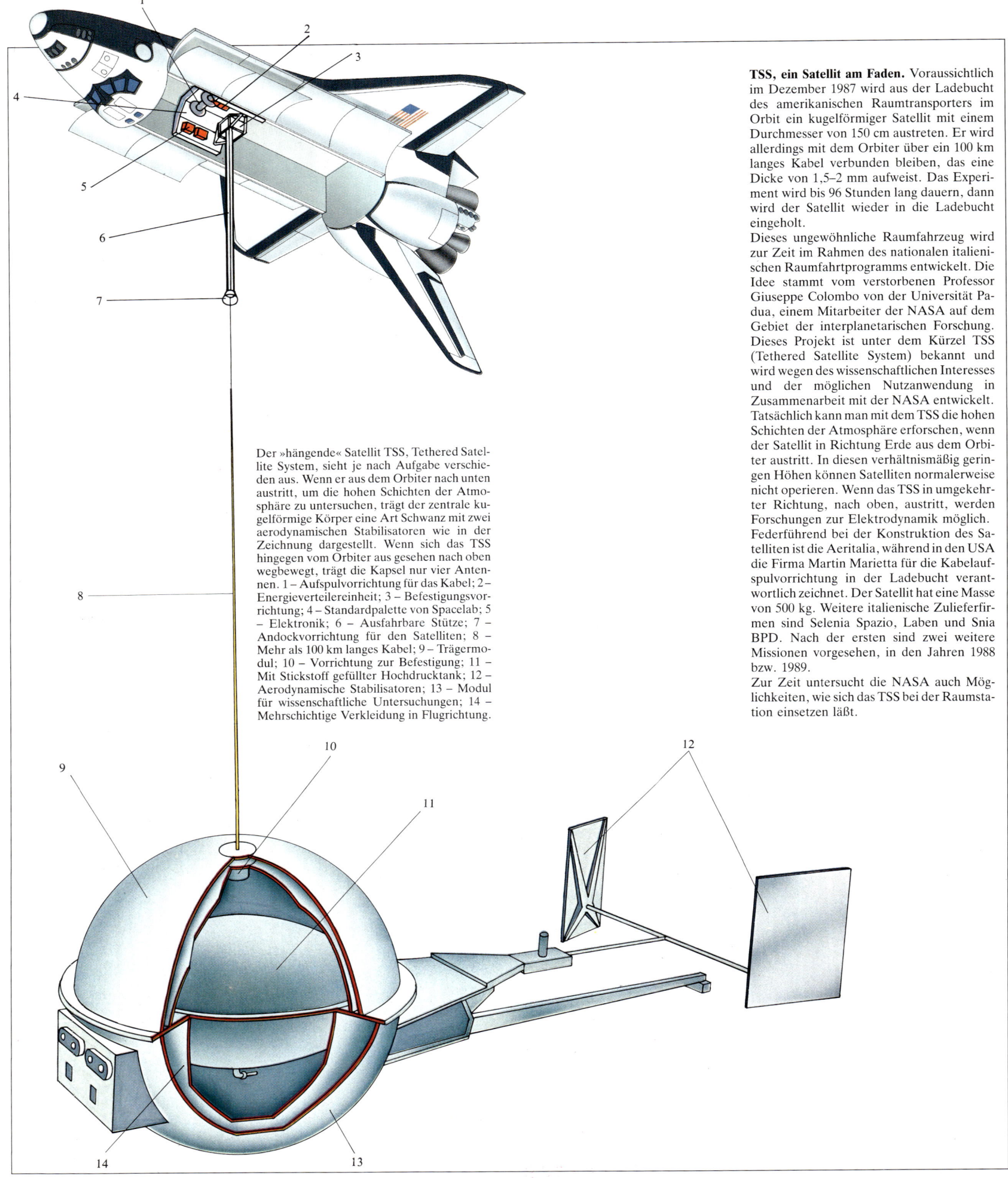

Der »hängende« Satellit TSS, Tethered Satellite System, sieht je nach Aufgabe verschieden aus. Wenn er aus dem Orbiter nach unten austritt, um die hohen Schichten der Atmosphäre zu untersuchen, trägt der zentrale kugelförmige Körper eine Art Schwanz mit zwei aerodynamischen Stabilisatoren wie in der Zeichnung dargestellt. Wenn sich das TSS hingegen vom Orbiter aus gesehen nach oben wegbewegt, trägt die Kapsel nur vier Antennen. 1 – Aufspulvorrichtung für das Kabel; 2 – Energieverteilereinheit; 3 – Befestigungsvorrichtung; 4 – Standardpalette von Spacelab; 5 – Elektronik; 6 – Ausfahrbare Stütze; 7 – Andockvorrichtung für den Satelliten; 8 – Mehr als 100 km langes Kabel; 9 – Trägermodul; 10 – Vorrichtung zur Befestigung; 11 – Mit Stickstoff gefüllter Hochdrucktank; 12 – Aerodynamische Stabilisatoren; 13 – Modul für wissenschaftliche Untersuchungen; 14 – Mehrschichtige Verkleidung in Flugrichtung.

TSS, ein Satellit am Faden. Voraussichtlich im Dezember 1987 wird aus der Ladebucht des amerikanischen Raumtransporters im Orbit ein kugelförmiger Satellit mit einem Durchmesser von 150 cm austreten. Er wird allerdings mit dem Orbiter über ein 100 km langes Kabel verbunden bleiben, das eine Dicke von 1,5–2 mm aufweist. Das Experiment wird bis 96 Stunden lang dauern, dann wird der Satellit wieder in die Ladebucht eingeholt.

Dieses ungewöhnliche Raumfahrzeug wird zur Zeit im Rahmen des nationalen italienischen Raumfahrtprogramms entwickelt. Die Idee stammt vom verstorbenen Professor Giuseppe Colombo von der Universität Padua, einem Mitarbeiter der NASA auf dem Gebiet der interplanetarischen Forschung. Dieses Projekt ist unter dem Kürzel TSS (Tethered Satellite System) bekannt und wird wegen des wissenschaftlichen Interesses und der möglichen Nutzanwendung in Zusammenarbeit mit der NASA entwickelt. Tatsächlich kann man mit dem TSS die hohen Schichten der Atmosphäre erforschen, wenn der Satellit in Richtung Erde aus dem Orbiter austritt. In diesen verhältnismäßig geringen Höhen können Satelliten normalerweise nicht operieren. Wenn das TSS in umgekehrter Richtung, nach oben, austritt, werden Forschungen zur Elektrodynamik möglich. Federführend bei der Konstruktion des Satelliten ist die Aeritalia, während in den USA die Firma Martin Marietta für die Kabelaufspulvorrichtung in der Ladebucht verantwortlich zeichnet. Der Satellit hat eine Masse von 500 kg. Weitere italienische Zulieferfirmen sind Selenia Spazio, Laben und Snia BPD. Nach der ersten sind zwei weitere Missionen vorgesehen, in den Jahren 1988 bzw. 1989.

Zur Zeit untersucht die NASA auch Möglichkeiten, wie sich das TSS bei der Raumstation einsetzen läßt.

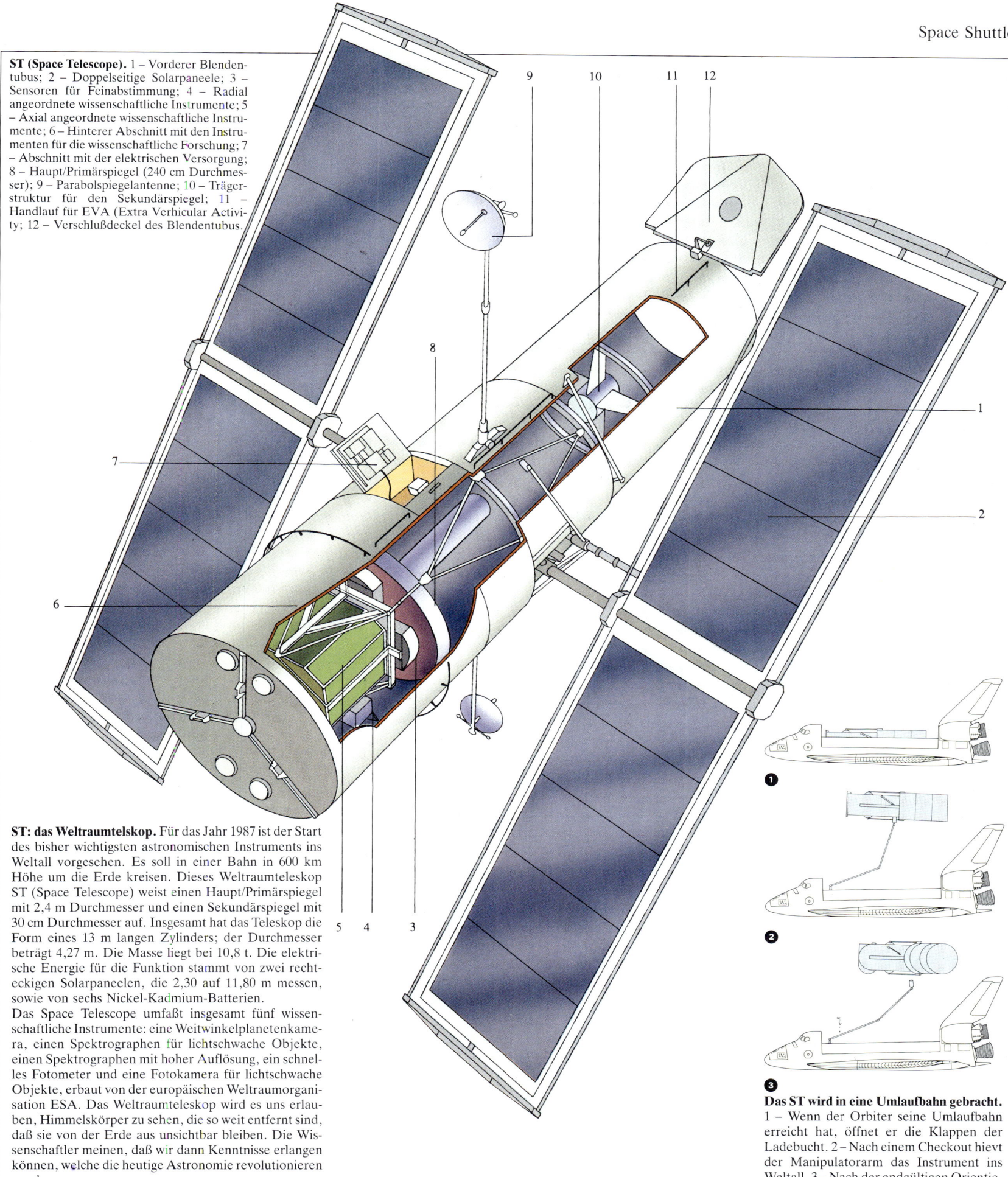

ST (Space Telescope). 1 – Vorderer Blendentubus; 2 – Doppelseitige Solarpaneele; 3 – Sensoren für Feinabstimmung; 4 – Radial angeordnete wissenschaftliche Instrumente; 5 – Axial angeordnete wissenschaftliche Instrumente; 6 – Hinterer Abschnitt mit den Instrumenten für die wissenschaftliche Forschung; 7 – Abschnitt mit der elektrischen Versorgung; 8 – Haupt/Primärspiegel (240 cm Durchmesser); 9 – Parabolspiegelantenne; 10 – Trägerstruktur für den Sekundärspiegel; 11 – Handlauf für EVA (Extra Verhicular Activity; 12 – Verschlußdeckel des Blendentubus.

ST: das Weltraumtelskop. Für das Jahr 1987 ist der Start des bisher wichtigsten astronomischen Instruments ins Weltall vorgesehen. Es soll in einer Bahn in 600 km Höhe um die Erde kreisen. Dieses Weltraumteleskop ST (Space Telescope) weist einen Haupt/Primärspiegel mit 2,4 m Durchmesser und einen Sekundärspiegel mit 30 cm Durchmesser auf. Insgesamt hat das Teleskop die Form eines 13 m langen Zylinders; der Durchmesser beträgt 4,27 m. Die Masse liegt bei 10,8 t. Die elektrische Energie für die Funktion stammt von zwei rechteckigen Solarpaneelen, die 2,30 auf 11,80 m messen, sowie von sechs Nickel-Kadmium-Batterien.

Das Space Telescope umfaßt insgesamt fünf wissenschaftliche Instrumente: eine Weitwinkelplanetenkamera, einen Spektrographen für lichtschwache Objekte, einen Spektrographen mit hoher Auflösung, ein schnelles Fotometer und eine Fotokamera für lichtschwache Objekte, erbaut von der europäischen Weltraumorganisation ESA. Das Weltraumteleskop wird es uns erlauben, Himmelskörper zu sehen, die so weit entfernt sind, daß sie von der Erde aus unsichtbar bleiben. Die Wissenschaftler meinen, daß wir dann Kenntnisse erlangen können, welche die heutige Astronomie revolutionieren werden.

Das ST wird in eine Umlaufbahn gebracht. 1 – Wenn der Orbiter seine Umlaufbahn erreicht hat, öffnet er die Klappen der Ladebucht. 2 – Nach einem Checkout hievt der Manipulatorarm das Instrument ins Weltall. 3 – Nach der endgültigen Orientierung im Raum wird das ST freigegeben.

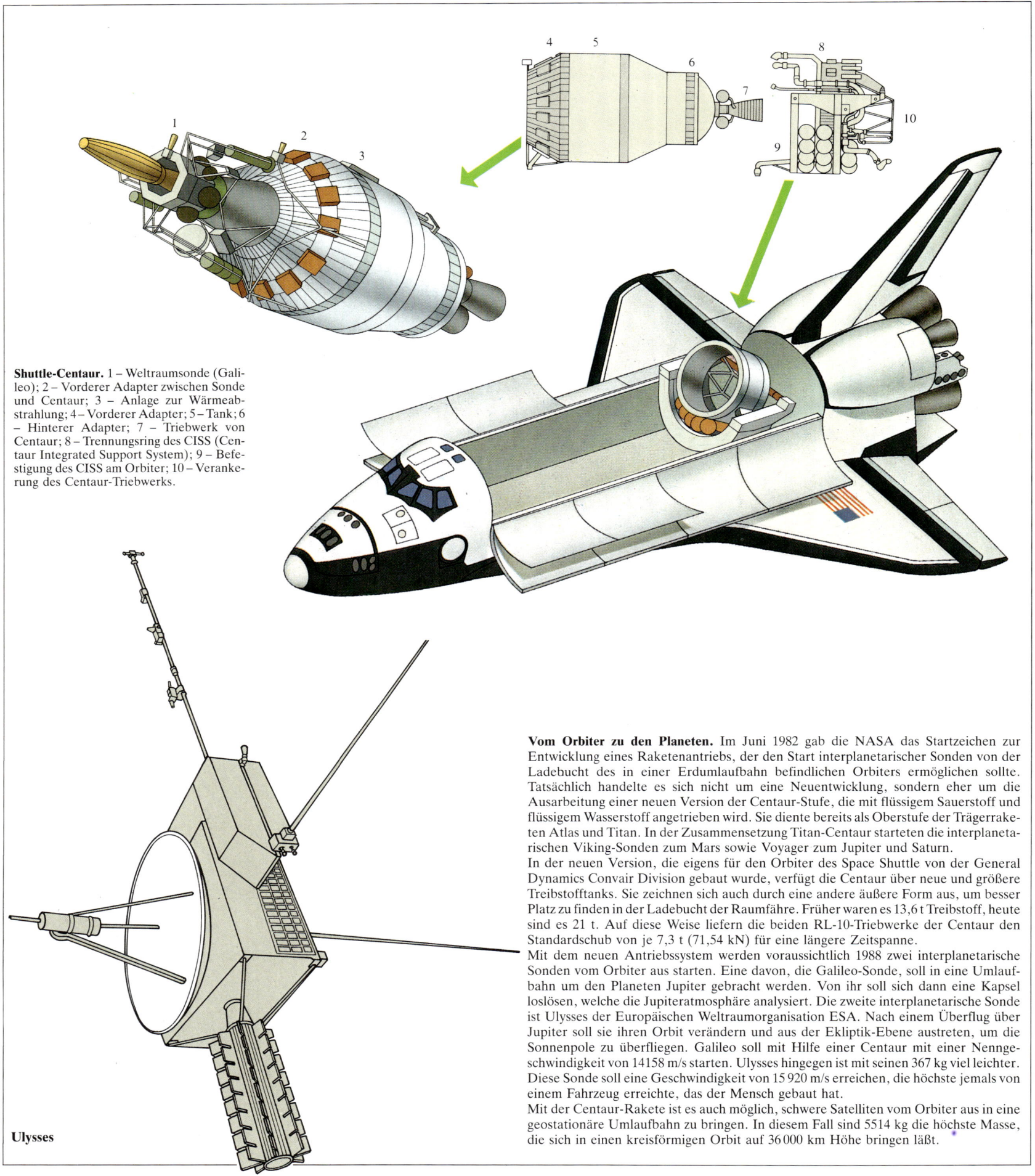

Shuttle-Centaur. 1 – Weltraumsonde (Galileo); 2 – Vorderer Adapter zwischen Sonde und Centaur; 3 – Anlage zur Wärmeabstrahlung; 4 – Vorderer Adapter; 5 – Tank; 6 – Hinterer Adapter; 7 – Triebwerk von Centaur; 8 – Trennungsring des CISS (Centaur Integrated Support System); 9 – Befestigung des CISS am Orbiter; 10 – Verankerung des Centaur-Triebwerks.

Ulysses

Vom Orbiter zu den Planeten. Im Juni 1982 gab die NASA das Startzeichen zur Entwicklung eines Raketenantriebs, der den Start interplanetarischer Sonden von der Ladebucht des in einer Erdumlaufbahn befindlichen Orbiters ermöglichen sollte. Tatsächlich handelte es sich nicht um eine Neuentwicklung, sondern eher um die Ausarbeitung einer neuen Version der Centaur-Stufe, die mit flüssigem Sauerstoff und flüssigem Wasserstoff angetrieben wird. Sie diente bereits als Oberstufe der Trägerraketen Atlas und Titan. In der Zusammensetzung Titan-Centaur starteten die interplanetarischen Viking-Sonden zum Mars sowie Voyager zum Jupiter und Saturn.

In der neuen Version, die eigens für den Orbiter des Space Shuttle von der General Dynamics Convair Division gebaut wurde, verfügt die Centaur über neue und größere Treibstofftanks. Sie zeichnen sich auch durch eine andere äußere Form aus, um besser Platz zu finden in der Ladebucht der Raumfähre. Früher waren es 13,6 t Treibstoff, heute sind es 21 t. Auf diese Weise liefern die beiden RL-10-Triebwerke der Centaur den Standardschub von je 7,3 t (71,54 kN) für eine längere Zeitspanne.

Mit dem neuen Antriebssystem werden voraussichtlich 1988 zwei interplanetarische Sonden vom Orbiter aus starten. Eine davon, die Galileo-Sonde, soll in eine Umlaufbahn um den Planeten Jupiter gebracht werden. Von ihr soll sich dann eine Kapsel loslösen, welche die Jupiteratmosphäre analysiert. Die zweite interplanetarische Sonde ist Ulysses der Europäischen Weltraumorganisation ESA. Nach einem Überflug über Jupiter soll sie ihren Orbit verändern und aus der Ekliptik-Ebene austreten, um die Sonnenpole zu überfliegen. Galileo soll mit Hilfe einer Centaur mit einer Nenngeschwindigkeit von 14158 m/s starten. Ulysses hingegen ist mit seinen 367 kg viel leichter. Diese Sonde soll eine Geschwindigkeit von 15 920 m/s erreichen, die höchste jemals von einem Fahrzeug erreichte, das der Mensch gebaut hat.

Mit der Centaur-Rakete ist es auch möglich, schwere Satelliten vom Orbiter aus in eine geostationäre Umlaufbahn zu bringen. In diesem Fall sind 5514 kg die höchste Masse, die sich in einen kreisförmigen Orbit auf 36 000 km Höhe bringen läßt.

Die Zukunft und der nächste logische Schritt der Raumfahrt

John Hodge

Präsident Reagan hat in seiner jährlichen Botschaft an das amerikanische Volk im Januar 1984 der NASA den Auftrag erteilt, die Entwicklung einer dauernd bemannten Raumstation voranzutreiben. Sie soll in den nächsten zehn Jahren fertig werden. Der Präsident hat auch Freunde und Verbündete der USA eingeladen, der NASA bei dieser Entwicklung, Erprobung und schließlich Nutzung der Raumstation beizustehen.

Reagan schlug eine enge Zusammenarbeit zwischen Industrie und Regierung vor, um das Interesse und Investionen auf dem Gebiet der Weltraumforschung zu wecken. Die NASA fand enthusiastische Worte für die Entscheidung des Präsidenten und verfolgt seither die vorgegebenen Ziele. Der Kongreß der Vereinigten Staaten bewilligte die anfänglich benötigten finanziellen Mittel und unterstützte damit die Idee einer Raumstation. Er betrachtete sie damit als den nächsten logischen Schritt der USA in den Weltraum. In ähnlich günstiger Weise nahmen viele Länder den Vorschlag Reagans auf, an einem solchen Programm teilzunehmen und zu kooperieren. Die Raumstation wird der technologischen Entwicklung der teilnehmenden Länder neuen Auftrieb und neue Kreativität verleihen. Das wirtschaftliche Wohlergehen in einer Welt, in der der Wettbewerb herrscht, hängt von der Produktivität ab. In den USA haben die Investitionen in die Forschung und die Technologie beträchtlich zur amerikanischen Produktivität beigetragen. Die Mittel, die der NASA für Forschung und Technologie zur Verfügung standen, stellen eines der grundlegenden Elemente in der Investitionsstrategie dieses Landes dar.

Auch andere Länder werden an den Arbeiten für eine Raumstation teilnehmen, im Hinblick auf die Entwicklung wie auf die spätere Nutzung. Diese Teilnahme stellt auch ein deutliches Symbol für die Entschlossenheit der freien Länder dar, den Weltraum auf friedliche Weise nutzen zu wollen. Die Raumstation wurde sinngemäß als der nächste logische Schritt ins Weltall bezeichnet. Ist sie es auch wirklich? Sie wird sich jedenfalls von allen anderen bisher unternommenen Weltraumprojekten grundlegend unterscheiden. Die Weltraumstation wird dauernd bemannt und in Betrieb sein. Sie wird einen modularen Aufbau haben, d. h. es lassen sich je nach Bedarf weitere Komponenten hinzufügen. Die Raumstation wird es uns möglich machen, Dinge im Weltraum zu unternehmen, die uns bisher verschlossen blieben. Wenn die Raumstation im All montiert sein wird und ihren Betrieb aufgenommen hat – das wird zwischen dem Anfang und der Mitte

der 90er Jahre der Fall sein –, dann wird sie einen Katalysator für die weitere friedliche Nutzung des Weltraums darstellen, sowohl in wissenschaftlicher wie technologischer und kommerzieller Hinsicht. Die Raumstation wird als Labor für Werkstoffkunde sowie für industrielle wie technologische Verfahren dienen. Sie wird ein dauerndes Zentrum für astronomische Beobachtungen wie für die Fernerkundung der Erde darstellen. Sie wird als Lager dienen, als Basis für die Revision anderer Satelliten oder als Reparaturwerkstätte für Triebwerke. Und gleichzeitig wird sie als erster Industriekomplex im Weltraum genutzt werden.

Es wird noch viele weitere Nutzungsmöglichkeiten für die Raumstation geben, darunter wohl auch einige, die bisher noch nicht in Betracht gezogen wurden. Jedenfalls sind schon genügend Ideen vorhanden, wie wir die Raumstation zu Beginn nutzen können. Diese Nutzungskonzepte wurden von besonderen Kongressen entwickelt, welche die Regierungen und Industrien von Kanada, Europa, Japan und den USA in den letzten drei Jahren veranstalteten. Bei diesen Meetings konnten die Bedürfnisse der späteren Benutzer der Raumstation schärfer definiert werden, sowohl der wissenschaftlichen akademischen Gemeinschaften wie der kommerziell ausgerichteten Industrie. Sie stellten die Grundlage für die darauffolgende Entwicklungsphase der Raumstation dar, nämlich die Definition und das vorläufige Projekt. Mit dem Beginn der Phase B im April 1985 wurde auch das Startzeichen für die Definition und Projektierung der verschiedenen Elemente der Raumstation gegeben.

Die Kontrakte zwischen der NASA und der US-Industrie für die Phase B werden ungefähr 21 Monate laufen. In der Halbzeit wird die NASA die Grundkonfiguration der anfänglichen Raumstation festlegen und sich mit den assoziierten Firmen darüber einigen, welche was liefert. Die NASA hat auch Vereinbarungen mit Kanada, Europa und Japan über die Studien zur Definition der Raumstation unterzeichnet. Diese Vereinbarungen legen die Struktur der Kooperation für die Projektierungs- und Definitionsphase fest. Sie sorgen gleichzeitig dafür, daß die Anstrengungen der assoziierten Länder parallel zu denen in den Vereinigten Staaten laufen und daß eine enge Zusammenarbeit die Bedürfnisse aller teilnehmenden Nationen befriedigt. Diese Anstrengungen werden mithin zum Projekt einer Raumstation führen, die auf lange Sicht hinaus die Interessen der Vereinigten Staaten wie die der teilnehmenden Nationen befriedigt. Die NASA ist glücklich darüber, daß die genannten

Länder an dieser Anfangsphase teilgenommen haben, und hofft, daß die Zusammenarbeit auch anhält, wenn das Programm weiter fortgeschritten sein wird. Bei den früheren Kooperationen wurde eine Reihe von Prinzipien und Kriterien befolgt. Die daran beteiligten Regierungen einigten sich darauf, daß alle die technische und finanzielle Verantwortlichkeit für ihren Teil des Projekts übernahmen. Gleichzeitig wurde festgelegt, daß technische Informationen ohne Schranken gegenseitig ausgetauscht werden. Im Hinblick auf die Raumstation wird von erstrangiger Bedeutung die Nutzung des fertigen Produktes sein. Im Programm für die Raumstation fordert die NASA, daß die assoziierten Länder weiterhin die Verantwortung für den Besitz und die Instandhaltung ihrer Teile übernehmen. Gleichzeitig können sie aber alle Vorteile nutzen, die aus dieser internationalen Zusammenarbeit hervorgehen.

Die NASA zielt beim Raumstation-Programm auf eine langfristige internationale Zusammenarbeit. Der grundlegende Gedanke hierfür sieht vor, daß alle am Programm teilnehmenden Länder Zugang zu allen Elementen der Raumstation haben, darin eingeschlossen auch jene, die von internationalen Organisationen geliefert wurden. Die Hauptverantwortung für die Führung, Integration und Funktionsfähigkeit der Raumstation wird hingegen von den USA übernommen. Teilnehmende internationale Organisationen haben bei den Entscheidungen über die Leitung, das Ziel und damit die Funktion der Raumstation ein Mitspracherecht proportional zu ihren Investitionen.

Die Raumstation wird sowohl an Fassungsvermögen sowie an Vielfalt zunehmen, immer wenn sich neue Bedürfnisse auftun, und die Arbeiten an ihr werden sich über Jahrzehnte hinziehen. Die Raumstation wird eine enorme und ehrgeizige Herausforderung an die Manager ebenso wie an die Ingenieure sein. Die Teilnahme mehrerer Länder am Projekt wird auch zur Unterzeichnung weiterer Vereinbarungen führen, um auch spätere Phasen des Projekts zu sichern und um die unterschiedlichsten Probleme zu lösen. Sie reichen von der Verantwortung für die Entwicklung gewisser Elemente der Raumstation bis zu praktischen Vereinbarungen über die Benutzungszeiten der Laboratorien und die Arbeitszeiten der Mannschaft. Die NASA und die mit ihr assoziierten Organisationen auf der ganzen Welt werden bei der Ausarbeitung dieses außerordentlich wichtigen Projekts auch gleichzeitig die Grundlagen für weitere noch ehrgeizigere Weltraumprojekte legen.

Weltraumstationen

Sowjetunion

Das Programm der sowjetischen Raumstationen beruht auf drei Elementen: der eigentlichen Raumstation Salut, den Raumschiffen Sojus für den Transport der Kosmonauten von und zur Erde und die automatischen Zubringer Progress für die Versorgung. Dazu kommen noch Raumschiffe wie Kosmos 929, das schwerer war als die Progress-Kapseln. Es konnte für längere Zeit an die Salut-Station andocken und als zusätzliches bewohntes Modul für künftige Erweiterungen der Raumstation dienen.

Die Salut-Orbitalstation

Eine Salut-Station besteht aus drei untrennbaren Sektionen: zwei mit Druckkabine (eine zum Andocken und für das Umsteigen der Mannschaft, die andere für den Aufenthalt und die Arbeit in Erdumlaufbahn) und die dritte ohne Druckkabine; sie übernimmt den Antrieb und nimmt die Bordaggregate auf. Die Gesamtlänge beträgt 16 m, die Breite 4,20 m, die Masse ungefähr 19 t. Nutzbar sind ungefähr 100 m³ Raum, und es finden darin bis fünf Personen Platz. Die Energie wird von Solarzellenpaneelen geliefert, die bei Salut 1 in drei Gruppen zu je zwei angeordnet waren und eine Oberfläche von 42 m² aufwiesen. Von Salut 4 bis 7 waren es zwei waagrechte Gruppen und eine senkrechte Gruppe, jede davon mit einer Oberfläche von 20 m². Für die Andockmanöver im Orbit verfügten Salut 1 bis 5 über eine einzige Luke, Salut 6 und 7 über zwei.

Die Andock- und Umsteigesektion ist ovoidal geformt, 3 m lang und hat einen Maximaldurchmesser von 2 m. Sie enthält die Geräte und Druckanzüge, die für Weltraumspaziergänge benötigt werden. Die Aufenthalts- und Arbeitssektion besteht aus zwei Zylindern, die 2,90 bzw. 3,50 m lang sind und einen Durchmesser von 4,10 bzw. 2,70 m aufweisen. Beide werden von einem 1,20 m langen konischen Abschnitt verbunden. In der kleineren Sektion befindet sich der größte Teil der Apparaturen für die Flugführung, die Kontrolle und die Kommunikation. Dort befindet sich auch die Kombüse der Kosmonauten, d. h. der Ort, wo sie essen und sich ausruhen. Im konischen Abschnitt ist ein Teil der Apparaturen für die medizinischen Kontrollen untergebracht.

Der größere Zylinder nimmt hauptsächlich wissenschaftliche Instrumente, das Laufband für das Training, die senkrechten »Betten« für die Mannschaft, das Vorratslager und die hygienischen Einrichtungen auf. Im Zentrum des Zylinders befindet sich ein großes Teleskop für Beobachtungen im Wellenlängenbereich unterhalb 1 mm.

Hinter diesem Zylinder befindet sich die letzte Sektion der Raumstation. Sie ist 2,20 m lang und hat einen Durchmesser von 4,15 m; sie beherbergt die Triebwerke und die Treibstoffbehälter. Am Ende befindet sich die Luke und die Andockstelle für das Versorgungsraumschiff Progress. Wenn dieses fest mit der Raumstation verbunden ist, kann es auch als Hilfsmotor zur Erhöhung des Orbits der gesamten Raumstation dienen.

Die Missionen

Salut 1 startete am 19. April 1971 und blieb 175 Tage lang, bis zum 11. Oktober, in einer 200 × 222 km hohen Erdumlaufbahn. Am 24. April dockten die drei Kosmonauten Wladimir Schatalow (Kommandant), Alexej Jelissejew und Nikolai Rukawischnikow an Bord von Sojus 10 an der Raumstation an, konnten diese aber nicht betreten, weil das Kopplungssystem nicht richtig funktionierte. Am 7. Juni nahmen die drei Kosmonauten Georgi Dobrowolski, Wladislaw Wolkow und Victor Pazajew, alle bei ihrer ersten Mission an Bord von Sojus 11, zum erstenmal die Raumstation in Besitz und hielten sich 23 Tage und 18 Stunden darin auf. Sie führten dort überwiegend medizinische oder biologische (darin eingeschlossen Experimente zum Pflanzenwachstum) und astrophysikalische (Sternspektren) Untersuchungen durch. Bei der Rückkehr am 30. Juni, eine halbe Stunde vor der Landung, starb die gesamte Besatzung, die nicht von Raumanzügen geschützt war, durch Embolie. Bei der Trennung des Raumschiffs von der Orbitalstation war irrtümlicherweise ein Ventil offen geblieben, und die Sojus-Kapsel hatte ihren Druck verloren.

Die Mission von Salut 2 mit dem Start am 3. April 1973 mißlang. Am 14. April ging das Lageregelungssystem kaputt. Die Weltraumstation begann sich zu drehen und zerfiel in einzelne Stücke.

Salut 3 wurde am 25. Juni 1974 in einen 219 × 270 km hohen Orbit geschossen und blieb 7 Monate lang, bis zum 24. Januar 1975, in Funktion. Vom 5. bis 19. Juli war die Station von den Kosmonauten Pawel Popowitsch und Juri Artjuchin (Sojus 14) bewohnt; beide führten die Experimente von Salut 1 weiter. Im Westen ist man der Ansicht, diese Mission habe hauptsächlich militärischen Charakter gehabt und die Kosmonauten hätten vor allem die Erde mit hochauflösender Optik beobachtet. Im Vergleich mit Salut 1 war die neue Raumstation mit rotierenden Solarzellenpaneelen, mit besseren, wirksameren Lagerungssystemen und größerem Komfort ausgerüstet. Noch war nur an einer Stelle eine Ankoppelung möglich. Einer zweiten Mannschaft in Sojus 15 gelang das Andokken nicht, und sie mußte in aller Eile nachts zurückkehren. Der Grund: Eine doppelte Havarie am automatischen Kopplungssystem des Progress-Transportraumschiffs. Am 26. Dezember 1974 wurde von Tjuratam die Raumstation Salut 4 in einen 350 km hohen Orbit geschossen. Sie blieb dort 2 Jahre und 40 Tage bis zum 3. Februar 1977; damals wurde sie vorsätzlich in der Atmosphäre zerstört. Es handelte sich um einen verbesserten Typ, weil man sie leichter reparieren und von ihr Teile austauschen konnte und weil die wissenschaftliche Ausrüstung auch vielfältiger war. Am 12. Januar 1975 dockte Sojus 17 mit Alexej Gubarew und Georgi Gretschko an Salut 4 an. Beide blieben etwas mehr als 29 Tage

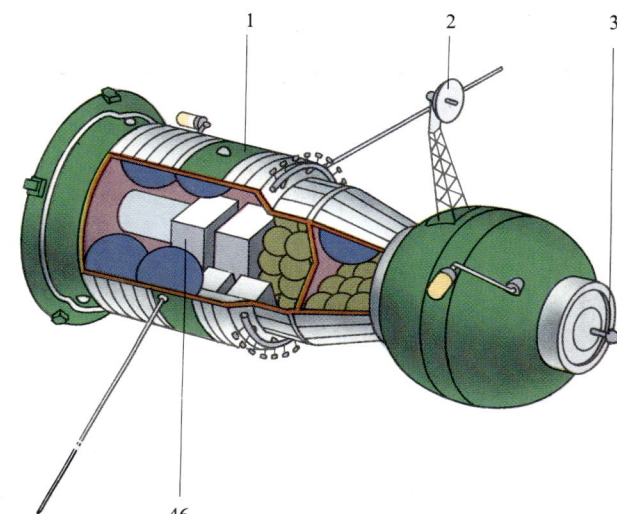

Progress – Salut – Sojus. 1 – Automatisches Transport-Raumschiff Progress für die Versorgung der Orbitalstation Salut; 2 – Antennen des Kopplungssystems; 3 – Koppelungsmechanismus von Progress; 4 – Einrichtung für die Koppelung zwischen Salut und Progress; 5 – Triebwerke für die Lagekontrolle von Salut; 6 – Einrichtung für die Abfallvernichtung; 7 – Teleskop BST-1M und Instrumentenmodul; 8 – Liegeplätze; 9 – Schwerelosigkeitswaage; 10 – Kreislauftrainer (Cyclette); 11 – Multispektralkamera MKD-6M; 12 – Vakuumzylinder; 13 – Solarzellenpaneele; 14 – Elektronik; 15 – Docktunnel und Luftschleuse; 16 – Antennen des Kopplungssystems; 17 – Äußere Fernsehkamera; 18 – Behälter für den Hauptfallschirm; 19 – Kommando- und Wiedereintrittsmodul von Sojus; 20 – Sitze für die Kosmonauten; 21 – Lagekontrolldüsen von Sojus; 22 – Ausrüstungsmodul von Sojus; 23 – Triebwerke; 24 – Hitzeschild der Rückkehrkapsel; 25 – Elektronische Geräte der Rückkehrkapsel; 26 – Periskop; 27 – Anzeigentafel des Kommando- und Kontrollstandes; 28 – Sojus-Orbitalmodul; 29 – Vorrichtung zur Koppelung zwischen Salut und Sojus; 30 – Einstiegsluke zum Docktunnel; 31 – Ausstiegsluke für Tätigkeit außerhalb des Raumschiffes; 32 – Druckluftbehälter; 33 – Ausrüstung für Tätigkeit außerhalb des Raumschiffes; 34 – Einstiegsluke zum Labor; 35 – Handlauf für Tätigkeiten außerhalb des Raumschiffes; 36 – Sauerstoff in Gasflaschen; 37 – Motor für die Steuerung der Solarzellenpaneele; 38 – Sitze der Kosmonauten; 39 – Laufband; 40 – Abfallbehälter; 41 – Wasserbehälter; 42 – Handlauf für die Tätigkeit außerhalb des Raumschiffes; 43 – Einstiegsluke zum Progress; 44 – Brennstoffbehälter; 45 – Raketentriebwerk; 46 – Versorgung mit Treibstoff, Wasser, Sauerstoff und Nahrung.

und führten Experimente zur Biomedizin, zur Fernerkundung von Lagerstätten und zur Sonnenspektrographie durch und analysierten Schadstoffe in der Atmosphäre. Um sich zu waschen, verwendeten sie das Wasser, daß ihre eigenen Körper transpirierten.

Der Start von Sojus 18A am 5. April 1975 mit Wassili Lasarew und Oleg Makarow an Bord mißlang noch während des Aufstiegs. Ein falscher Alarm über das Verhalten der Trägerrakete A-2 hatte das automatische Kommando zur Abtrennung von Sojus ausgelöst. Die Mannschaft wurde ohne Schaden geborgen. Die UdSSR bezeichnete diese Mission ohne Angabe weiterer Gründe als »Anomalie vom 5. April«. Wie vorgesehen hingegen verlief die nächste Mission; die Kosmonauten blieben 61 Tage in der Orbitalstation und betrieben Beobachtungen astronomischer und mineralogischer Art (2000 Fotos von der UdSSR) und führten Wachstumsexperimente an Erbsen durch. Am 19. November 1975 dockte die unbemannte Sojus 20 mit Schildkröten, Gladiolenknollen und anderen Pflanzen an Bord an der Orbitalstation Salut an. Die Kapsel blieb dort 89 Tage lang und kehrte dann zur Erde zurück. Das war der erste Beweis für die Möglichkeit einer automatischen Versorgung; damit konnte man bestimmen, wie lange die Station im Hinblick auf längere bemannte Aufenthalte autark bleiben konnte.

Westliche Spezialisten betrachteten Salut 5, gestartet am 22. Juni 1976 mit einem Orbit mit den Maßen 219 × 260 km, als eine Raumstation, die hauptsächlich militärischen Zwecken diente, vor allem der Fernerkundung mit hochauflösender Optik. Die Station blieb 412 Tage lang, bis zum 8. August 1977, im Orbit. Am 7. Juli 1976 dockten Boris Wolynow und Witali Sholobow an Bord von Sojus 21 in der Rekordzeit von 10 Minuten an. Sie führten Experimente zum Wachstum von Pflanzen, zur Fortpflanzung von Insekten, zur Orientierung von Fischen und zum Kristallwachstum unter stark reduzierter Schwerkraft durch. Nach 48 Tagen wurde der Aufenthalt plötzlich abgebrochen, und die Kosmonauten kehrten nachts zurück. Ein scharfer, unerklärlicher Geruch aus dem Lebenserhaltungssystem der Sojus hatte diesen Notfall verursacht.

Sojus 22 (15.–23. September 1976) hatte anstelle der Koppelungsvorrichtung eine fotografische Kamera von der Firma Karl Zeiss in Jena (DDR) bei sich. Dieses war das erste nichtsowjetische Instrument in einer bemannten Kapsel der UdSSR. Der Orbit wies eine ungewöhnliche Neigung (65°) auf, so daß westliche Spezialisten glauben, es habe sich um eine Spionagemission gehandelt.

Dem Raumschiff Sojus 23 (Start am 14. Oktober 1976) gelang die Ankoppelung nicht, weil das Annäherungssystem ausfiel.

Es handelte sich um eine leichtere Version der Sojus-Raumschiffe. Auch diese Rückkehr zur Erde (16. 10.) verlief nachts, als Notfall, mit der zusätzlichen Erschwernis eines Schneesturms. Die Kosmonauten Wjatscheslaw Sudow und Waleri Roshdestwenski waren die ersten, die eine ungewollte Wasserung im Tengiz-See vornahmen.

Den Sowjets zufolge begann mit Salut 6 die zweite Generation dieser semipermanenten Raumstationen. Sie unterschied sich von den vorhergehenden Versionen durch einige grundlegende Neuerungen: die Verdoppelung der Kopplungseinrichtungen (eine vordere für die Mannschaft, eine hintere für die Versorgung mit dem Raumschiff Progress); ein neues Antriebssystem, das Nachschublieferungen im Orbit gestattete; ein System für die Regenerierung des Wassers mit einer Dusche für die Kosmonauten u. a. m. Salut 6 war als erste Orbitalstation für sehr lange Aufenthaltsdauer vorgesehen. Sie wurde am 29. September 1977 gestartet und blieb 4 Jahre und 10 Monate, bis zum 29. Juli 1982, im Orbit. Damals zerstörte man sie vorsätzlich in der Atmosphäre. Diese sechste sowjetische Orbitalstation wurde von 27 Kosmonauten in 16 Sojus-Flügen insgesamt 676 Tage lang bewohnt oder besucht. Zwei Sojus-Kapseln mißlang das Andocken, zwei weitere waren als unbemannt. Der Weltrekord für die Aufenthaltsdauer im Weltraum wurde viermal verbessert bis zum Maximum von 184 Tagen, 19 Stunden und 2 Minuten, gehalten von Leonid Popow und Waleri Rjumin, die am 9. April 1980 mit Sojus 35 starteten und am 11. Oktober Sojus 37 zurückkehrten. Rjumin hält mit 362 Tagen den absoluten Rekord für die Gesamtaufenthaltsdauer im Weltraum.

Zum erstenmal dockten zwei Raumschiffe (Sojus 27 und Progress 1) an eine Orbitalstation an. Am 22. Januar 1978 versorgte das automatische Transport-Raumschiff Progress 1 den Orbitalkomplex mit 2,3 t Material, darunter Treibstoffe, Ersatzteile, Verbrauchsgüter, frische Nahrung und Post. Zum erstenmal wechselte eine Mannschaft im Orbit das Raumschiff: Wladimir Dshanibekow und Oleg Makarow starteten am 10. Januar 1978 mit Sojus 27 und kehrten am 16. Januar 1978 mit Sojus 26 zurück. Die Regel lautete, man solle der Mannschaft der Orbitalstation das »frischere« Raumschiff Sojus überlassen. Die Orbitalstation Salut 6 sah überdies die ersten internationalen Mannschaften: Sojus 28 (02.–10. März 1978) hatte Alexej Gubarew und den Tschechoslowaken Vladimir Remek an Bord; dieser wurde damit der erste nichtrussische und nichtamerikanische Mensch, der in den Weltraum flog.

Die Orbitalstation Salut 6 wurde von 12 automatischen Progress-Transport-Raumschiffen versorgt. Diese erhöhten auch dauernd den Orbit, der zu Beginn die Maße 219 × 275 km mit einer Bahnneigung von 51,6° aufwies.

Dabei hatte alles sehr schlecht begonnen. Am 10. Oktober 1977 gelang Sojus 25 mit Wladimir Kowaljonok und Walerie Rjumin an Bord das automatische Andockmanöver nicht, und die Handsteuerung führte durch einen Fehler der Kosmonauten zur Kollision. Glücklicherweise beschädigte der Aufprall die Kopplungseinrichtung nicht.

Auf Salut 6 wurden insgesamt 1600 wissenschaftliche Experimente durchgeführt. Die Kosmonauten schossen 15 000 Fotos von der Erde. Am 19. Juni 1981 dockte an die unbemannte Salut 6 das Raumschiff Kos-

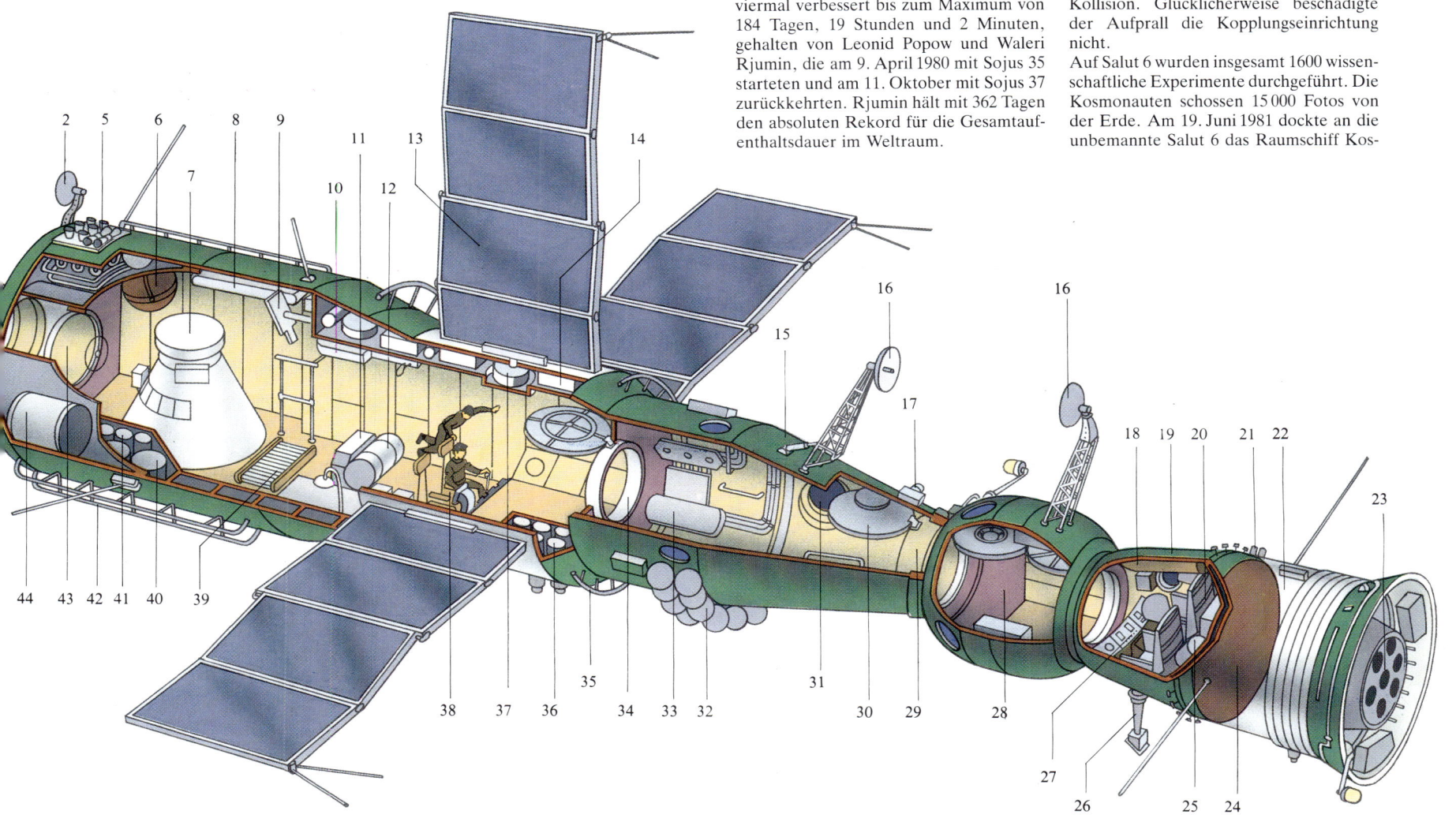

mos 1267 an. Es stellte den Prototypen eines Moduls künftiger dauernd bewohnbarer Raumstationen dar. Kosmos 1267 diente auch als zusätzliches Antriebssystem, das die Station Salut 6 zweimal in eine höhere Umlaufbahn brachte.

Am 19. April 1982 wurde Salut 7 gestartet. Im Vergleich zu ihrer Vorgängerin zeigte sie Neuerungen vor allem in den Bordapparaturen, bei den Schutzschilden der Sichtluken zur Vermeidung von Schäden auftreffender Mikrometeoriten sowie im allgemeinen Komfort (neue Duschen und ein Kühlschrank).

Die biomedizinische Forschung wurde auf Salut 7 weiter vertieft, vor allem mit einer Einrichtung namens Aelita, einer Art kleinem Diagnosekabinett. Es stand mit dem Bordcomputer zur Untersuchung des Blutgefäßsystems und des Gehirns in Verbindung. Für die industriell ausgerichtete Forschung verwendete man vor allem einen Elektroofen (»Splaw«), um unter den extrem reduzierten Schwerkraft Halbleiter aus Galliumarsenid zu gewinnen und um Schmelzversuche mit nichtmischbaren Materialien durchzuführen. Für die astrophysikalische Forschung verwendete man ein Röntgenteleskop und ein Gammateleskop, wie es bereits in Salut 6 stand.

Die wichtigsten Missionen und Besuche an Bord von Salut 7 waren: Anatoli Beresowoi und Walentin Lebedew (Sojus T-5), Start am 14. Mai 1982, Gesamtaufenthaltsdauer 211 Tage (damaliger Rekord); Wladimir Dshanibekow und Alexander Iwantschenkow mit ihrem französischen Kollegen Jean-Loup Chrétien (dem ersten westlichen Astronauten in einem Orbit mit sowjetischem Raumschiff und Mannschaft) an Bord von Sojus T-6, Dauer vom 24. Juni bis 2. Juli 1982; und die Kosmonauten Leonid Popow, Alexander Serebrow und Swetlana Sawizkaja (die zweite Frau im Weltraum, 19 Jahre nach Walentina Tereschkowa) an Bord von Sojus T-7, Dauer vom 20.–27. August. Swetlana wurde damit (am 17. 7. 1984) die erste Frau, die zweimal im Weltraum war; sie unternahm am 25. Juli einen Weltraumspaziergang, der 3 Stunden, 35 Minuten dauerte. Nach der Ankunft an der Orbitalstation Salut 7 wurden medizinische Experimente zu ihren Reaktionen auf die stark verringerte Schwerkraft durchgeführt. Sie bewiesen, daß in dieser Hinsicht kein Unterschied zwischen Mann und Frau besteht.

Den Weltrekord für die Aufenthaltsdauer brach schließlich die Mission Sojus T-10B mit Leonid Kisim, Wladimir Solowjow und Oleg Atkow. Sie blieben 236 Tage, 22 Stunden und 40 Minuten (darin eingeschlossen die Flugzeit von der Erde zur Orbitalstation) im Orbit, vom 8. Februar bis zum 2. Oktober 1984.

Progress

Unter dieser Bezeichnung faßt man die Sojus ähnlichen automatischen Versorgungs- und Transportraumschiffe zusammen. Sie bestehen aus drei Sektionen: einem ovoidalen, der eigentlichen Ladebucht, einem konischen zur Aufnahme der Brennstoffe und der Luft und einem zylindrischen mit dem Triebwerk, den Geräten und Aggregaten. Länge 7,94 m, Durchmesser 2,20 m, Gesamtmasse 7020 kg. Die Progress-Transport-Raumschiffe können 2300 kg Nutzlast transportieren, darunter 1300 kg unterschiedliche Güter und 1000 kg Brennstoff. Sie können 3 Tage lang autonom fliegen. Wenn sie an der Raumstation angedockt sind, erhöht sich die Lebensdauer auf 30 Tage.

Vereinigte Staaten

Skylab

Skylab ist das erste westliche Raumlabor. Es entstand in der Nachfolge des Apollo-Projekts, sollte anfänglich AAP, Apollo Application Programme, heißen und verwendete auch teilweise dessen Raumschiffe und Trägerraketen. Nach einem katastrophalen Beginn, der fast zum Abbruch des Programms geführt hätte, brachten amerikanische Astronauten mit Reparaturen im Orbit Skylab wieder auf die fast völlige Funktionsfähigkeit. Das Weltraumlabor bestand zur Hauptsache aus dem OWS (Orbital Workshop, Länge 14,66 m, Durchmesser 6,58 m, Masse 35 380 kg), das in zwei Ebenen unterteilt war, die obere für die Nahrungsmittelvorräte und die Wasserbehälter, die untere für den Aufenthalt und die Arbeit der Astronauten, darunter die senkrechten Schlafplätze und die Toilette. Dazu kamen das IU (Instrument Unit), ein 91 cm langer zylindrischer Ring für die Instrumentenausrüstung, das AM (Airlock Module, Länge 5,37 m, Durchmesser 3,04 m, Masse 22 225 kg), ein luftdichtes Modul, das auch für die Tätigkeit außerhalb des Raumschiffes verwendet wurde, der MDA (Multiple Docking Adapter, Länge 5,30 m, Durchmesser 3,05 m, Gewicht 6260 kg) für Koppelungsmanöver im Orbit. Auf dem Koppelungsadapter war das ATM (Apollo Telescope Mount) befestigt. Dieses Weltraumteleskop zur Untersuchung der Sonne wies vier charakteristische windmühlenflügelartige Solarzellenpaneele auf, die dem Skylab ein unverwechselbares Aussehen verliehen. Die Gesamtlänge von Skylab betrug 36,12 m, das Gewicht 90 265 kg, der bewohnbare Raum 361,4 m³. Das restliche benötigte Material stammte vom Apollo-Projekt, etwa die Kapseln für den Transport in die Erdumlaufbahn und für die Rückkehr der Astronauten sowie die Trägerrakete Saturn V, die Skylab in den Orbit schoß. Der Start erfolgte am 14. Mai 1973 von Cape Canaveral. Die Erdumlaufbahn wies die Maße 440 × 427 km und die Bahnneigung von 50° auf. Die Vibrationen des Startes blockierten allerdings die Öffnungssysteme eines der beiden Solarzellenpaneele des Labors und zerstörten eine Stelle des Hitzeschildes. Skylab hatte deswegen nur die Hälfte der elektrischen

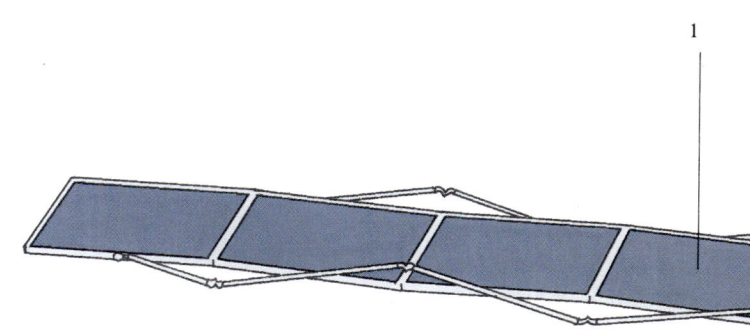

Skylab. 1 – Solarzellenpaneele; 2 – Sonnenbeobachtungsanlage (ATM); 3 – Sensoren des Teleskops; 4 – Ausleger für Ausstiegsleinenhalterung; 5 – Stickstoffbehälter; 6 – Sauerstoffbehälter; 7 – Luke; 8 – Wasserbehälter; 9 – Küche und Vorräte; 10 – Badekabine; 11 – Fahrradergometer; 12 – Drehstuhl; 13 – Behälter für Experimente unter Vakuum; 14 – Radiator des Kühlsystems; 15 – Druckgasbehälter (Stickstoff) für die Lageregelungsdüsen; 16 – Dimension des zweiseitlichen Solarzellenpaneels, das sich bei Skylab 1 nicht entfaltete; 17 – Kommando- und Kontrollstand; 18 – Schlafgelegenheiten; 19 – Labor; 20 – Stauraum; 21 – Befestigung der seitlichen Solarzellenpaneels; 22 – Zuführung und Verteilung atmosphärischer Luft; 23 – Einstiegsluke zum Weltraumlabor (OWS, Orbital Workshop); 24 – Antenne; 25 – Batteriegehäuse; 26 – Tragstruktur der Sonnenbeobachtungsanlage; 27 – Radiometer; 28 – Multispektralscanner; 29 – Mehrfach-Kopplungsadapter (MDA); 30 – Luke für seitliches Andocken; 31 – Infrarotspektrometer; 32 – L-Bandantenne; 33 – Koppelungsluke; 34 – Koppelungsvorrichtung; 35 – Kommandomodul; 36 – Lagekontrolldüsen; 37 – Versorgungsteil; 38 – Expansionsdüse des Triebwerks.

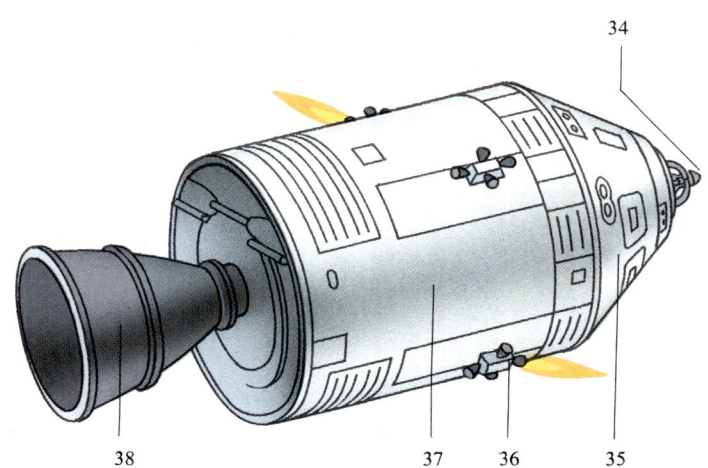

Energie zur Verfügung, und die Innentemperatur machte ein Überleben unmöglich. Die erste Mission (Skylab 2) mit Charles Conrad, Joseph Kerwin und Paul Weitz (Start am 25. Mai) konnte aber diese Fehler fast völlig beheben, indem sie über dem Labor eine Art Sonnenschirm aufspannten, um die übermäßige Erhitzung durch die Sonne zu verhindern. In den 28 Tagen (504 Umläufe) ihres Aufenthalts gelang es den Astronauten, 80% der vorgesehenen Experimente durchzuführen.

Die zweite Mission (Skylab 3) mit Alan Bean, Owen Garriott und Jack Lousma startete am 28. Juli. Alle litten unter Übelkeit und der Raumfahrerkrankheit; da ging es den Spinnen Anita und Arabella schon besser, denn sie bauten ihre Netze unermüdlich auch unter den Bedingungen der stark reduzierten Schwerkraft; während der Rückkehr starben die Tiere allerdings. Die Astronauten führten fast alle Experimente zur Astrophysik der Sonne, zur Fernerkundung und zur Herstellung metallischer Legierungen unter der stark reduzierten Schwerkraft durch. Die Mission dauerte 59 Tage (1080 Umläufe).

Die dritte und letzte Skylab-Mission mit Gerald Carr, Edward Gibson und William Pogue startete am 16. November 1973. Eine Aufgabe bestand darin, den Kometen Kohoutek zu untersuchen. Die Lebensbedingungen an Bord waren deutlich verbessert dank reichhaltigeren Menus und neuen Geräten zur körperlichen Ertüchtigung. Die Mission dauerte 84 Tage (1512 Umläufe). Nachdem die Astronauten zur Erde zurückgekehrt waren, wurde Skylab desaktiviert.

Skylab hat eine reichliche Ausbeute auf verschiedenen Gebieten ermöglicht: über 40 000 Bilder von der Erde, 182 000 Bilder von der Sonne; Beginn einer industriellen Tätigkeit im Weltraum mit den ersten Ex-

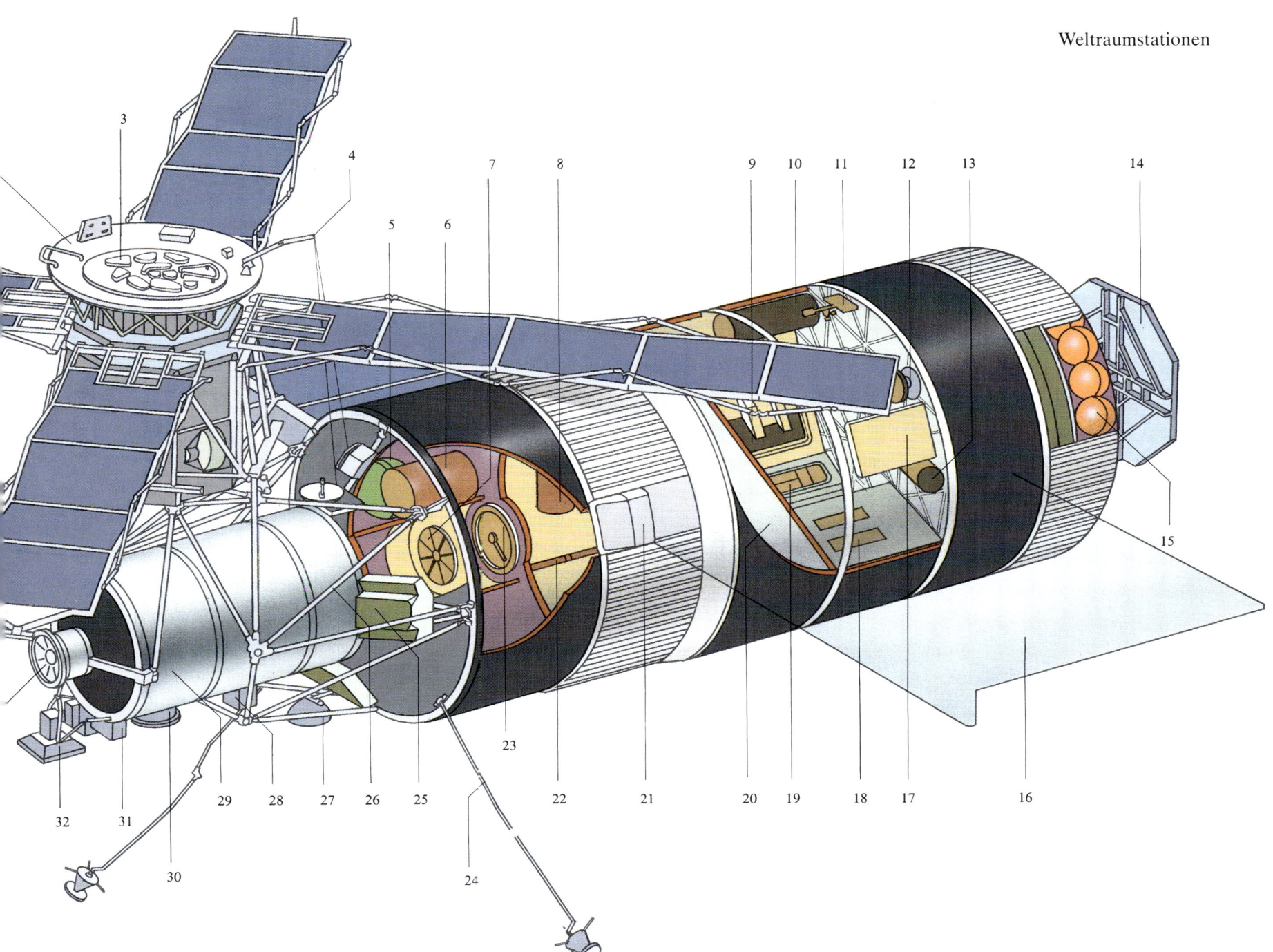

perimenten zur Erschmelzung von Metallen unter den Bedingungen der fast völligen Schwerelosigkeit. Schließlich lieferte Skylab wertvolle Informationen über die Wirkungen des Weltraums und der Schwerelosigkeit auf den menschlichen Organismus.

Die amerikanische Raumstation

Am 25. Januar 1984 kündigte der amerikanische Präsident Ronald Reagan in seiner jährlichen Botschaft an das amerikanische Volk das Projekt einer dauernd bewohnten Raumstation an. Sie sollte innerhalb von zehn Jahren zu realisieren sein und eine »logische Weiterentwicklung« der Raumaktivitäten der 60er und 70er Jahre darstellen. Anfänglich war diese Raumstation ein rein amerikanisches Unternehmen, doch heute hat es internationalen Zuschnitt ge-

wonnen, denn es nehmen daran auch Europa, Kanada und Japan teil. Die Raumstation wird wahrscheinlich »America« heißen. Eigentlich wollte man sie »Columbus« nennen, um die Entdeckung Amerikas vor 500 Jahren zu feiern, doch die Deutschen und die Italiener hatten diesen Namen schon für ihre eigene Raumstation verwendet, und auch die Europäische Weltraumorganisation übernahm ihn dann.
Die amerikanische Raumstation wird die erste sein, die im Weltraum aufgebaut wird, die dauernd wachsen und in der Theorie auf ewige Zeiten weiterbestehen kann. Sie wird auf einem Kreisorbit in 550 km Höhe mit einer Bahnneigung zum Äquator von 28,5° fliegen. Zu Beginn wird sie 6–8, in Zukunft bis 18 Personen aufnehmen. Das Space Shuttle wird die Teilstücke in diesen Orbit bringen und sie mit dem Manipulatorarm und durch direktes Eingreifen der Astronauten zusammenbauen.

Die Struktur der Raumstation sieht vor, daß sich das größte Gewicht unten befindet, so daß eine Selbststabilisierung möglich ist. Das Schwerefeld der Erde ist zwar minimal, hat aber doch immer noch seine Auswirkungen. Die Lage soll weiterhin durch Kreiselgeräte stabilisiert werden.
Sie trägt auch den Namen »power tower«, das heißt Energieturm und soll 139 t schwer, 118 m lang und 88 m breit werden. Die Raumstation soll sich an einem von der Erde aus gesehen senkrechten Stahlgerüst entfalten. Wie die Blätter eines Baumes zweigen waagrechte Strukturen ab, welche die Solarzellenpaneele und die Modulen mit den Versorgungseinheiten enthält. Das Gerüst besteht aus einer offenen kubischen Struktur mit einer Seitenlänge von 2,70 m. Das Space Shuttle transportiert sie in seiner Ladebucht zusammengeklappt von der Erde in den Orbit. An der Basis des Gerüsts befinden sich fünf zylindrische be-

wohnbare Modulen mit Druckkabine. Es ist keine Vorrichtung zur Erzeugung einer künstlichen Schwerkraft vorgesehen.
Von oben nach unten (zur Erde hin) gesehen umfaßt die Raumstation eine waagrechte Struktur, an der die Instrumente für die astronomische Forschung sowie die Nachrichtenverbindungssysteme mit den entsprechenden Parabolantennen angeordnet sind. Sie sollen mit den Satelliten des TDRSS in Verbindung treten, die eine Funkbrücke zur Erde herstellen. Ungefähr 30 m weiter unten erstrecken sich zwei seitliche insgesamt 90 m lange waagrechte Arme, an denen die acht großen Solarzellenpaneele der Station befestigt sind. Jedes mißt 12 auf 36 m, und die Gesamtfläche beträgt rund 7000 m². Wo sich die Arme mit der Längsstruktur kreuzen, befinden sich die Leit- und Navigationssysteme der Station, ferner zwei große Ringe mit einigen Meter Durchmesser, die zu startende

oder zu reparierende Satelliten »festhalten«, eine geschlossene »Garage« für weitere Satelliten und Ersatzteile sowie eine große Struktur in der Form eines Parallelogramms, das Raumschiffe für Orbitaltransporte (OTV, Orbital Transfer Vehicle) aufnehmen soll. Zu Füßen des senkrechten Rahmens befindet sich die Basis des automatischen Manipulatorarms (MRMS, Mobile Remote Manipulatory System), der ferngesteuerte Kran, der längs dem senkrechten Rahmen auf- und abfahren kann, um die Raumstation zusammenzubauen und zu reparieren, sowie die beiden seitlichen Flügel (jeder mit 111 m² Oberfläche), welche die Aufgabe haben, die im Innern der Raumstation erzeugte Wärme abzustrahlen.

Noch weiter unten und fast eingeklemmt befinden sich die fünf Wohnmodule mit Druckkabinen. Sie bieten ein bewohnbares Gesamtvolumen von 226 m³.

Die Wohnmodulen haben eine zylindrische Form mit konischen Enden und sind 10,50 m lang bei einem Durchmesser von 4,20 m. Sie weisen dieselbe Form wie die Modulen des europäischen Spacelab auf, sind aber um ungefähr die Hälfte länger. Die Wohnmodulen bestehen aus Gußaluminium mit verschweißten Verbindungen, um Druckverluste zu vermeiden. An den beiden Enden liegt je eine Luftschleuse, den Zugang des Astronauten in Vakuumbereiche der Raumstation erlaubt und umgekehrt. Sie sind gleichzeitig mit den Einrichtungen für EVA (Extra Vehicular Activity) ausgerüstet.

Zwei Modulen dienen als Labors, eines davon als eigentliche »Weltraumfabrik« mit Ausrüstungen für Versuche und Produktionsverfahren auf dem Gebiet der Biologie und der Werkstoffkunde. Das andere Modul dient der biomedizinischen Forschung.

Zwei Modulen sind als Aufenthalts- und Ruheräume der Astronauten vorgesehen. Das eine, sogenannte »aktive« Modul dient dem Leben »tagsüber« und umfaßt die Kommando- und Kontrollzentrale der Station, die Apparaturen für die biomedizinischen Kontrollen an den Astronauten, den »Turnsaal« mit den Laufbändern für die körperliche Ertüchtigung und dem »Speisesaal«, der aus einem Tisch besteht, an dem die Astronauten ihre Mahlzeiten einnehmen. Der Tisch hat unter der Schwerelosigkeit keine Funktion, aber er wurde doch vorgesehen, um im Raum das tägliche Ritual des Versammelns um den Eßtisch zu ermöglichen. In diesem Modul befinden sich auch die kurzfristig benötigten Nahrungsmittelvorräte, das Wasser und die Einrichtungen zur Wiederverwendung der Luft, des Wassers und der Abfälle.

Das sogenannte »ruhige« Modul ist für die »Nacht« vorgesehen und umfaßt ein Duplikat der Kontrollanzeige sowie sechs Schlafzimmer, in die sich die Astronauten zum erstenmal zurückziehen und in völliger Abgeschiedenheit schlafen können. Es wird mindestens zwei Toiletten geben; auch sie werden so geplant sein, daß eine absolute Intimität gegeben ist. Zum erstenmal in der Geschichte des Weltraumes muß auch an eine Wäscherei gedacht werden; sie wird wegen der langen Aufenthaltsdauer der

Astronauten (bis 90 Tage) notwendig. Im Modul werden auch die Kommandoeinrichtungen für die Nachrichtenverbindungen und die Datenverarbeitung Platz finden.

Das fünfte Modul dient der Logistik und dem Nachschub und wurde bereits als »der Laden an der Ecke« bezeichnet. Es enthält tatsächlich die Vorräte für das Überleben der Astronauten auf lange Frist hinaus sowie die Materialien für die Instandhaltung der Station. Am unteren Ende der Modulgruppe befinden sich weitere Ausrüstungen, darunter ein Apparat für die Fernerkundung, ein Lidar (Lichtradar) für die Analyse der Erdatmosphäre und die Koppelungseinrichtungen für den Raumtransporter.

Neben der Raumstation werden weitere Strukturen und Raumschiffe um die Erde drehen, etwa zwei freie automatische Plattformen mit Experimenten zur Werkstoffkunde, Astronomie und Astrophysik. Diese Paletten dürfen selbst von den geringsten Vibrationen der Raumstation nicht beeinflußt werden. Man kann sie aber für die Versorgung mit Material und die Instandhaltung der Raumstation verbinden, oder sie sind mit Orbital Manoeuvring Vehicles (OMV) zu erreichen. Auch die europäische Raumplattform Columbus wird zu Beginn ihrer Aktivität (1994) mit der Raumstation verbunden bleiben und vielleicht später selbständig, aber neben ihr, um die Erde kreisen.

Schließlich werden mit der Raumstation Raumschiffe der beiden Typen OTV und OMV um die Erde kreisen. Die OTV werden mit in der Station »geparkten« Satelliten verbunden sein oder von Orbiter dorthin gebracht werden, und sie werden diese Satelliten in höhere geosynchrone Umlaufbahn bringen. Praktisch gesehen werden diese Raumschlepper die heutigen Perigäumsmotoren PAM (Payload Assist Module) ersetzen. Die OMV hingegen werden Satelliten in tiefere Umlaufbahnen und dort in die richtige Lage bringen. Die OTV wie die OMV werden nach Erledigung ihrer Aufgabe wieder zur Raumstation zurückkehren.

Die Raumstation braucht 75 kW elektrische Energie. Sie wird geliefert von den acht Solarzellenpaneelen oder von einem dynamischen System zur Nutzung der Sonnenenergie: Es besteht aus vier Parabolspiegeln mit 15 m Durchmesser; sie bündeln die Sonnenenergie an einem Punkt und erhitzen dadurch eine Flüssigkeit, die eine Turbine antreibt. Dieses System wird auf der Erde recht häufig in Anlagen zur Nutzung der Sonnenenergie verwendet, doch verfügt man noch nicht über Erfahrungen im Weltraum. Es hat aber den Vorteil, weniger sperrig und damit auch leichter ausbaubar zu sein.

Die Umwelt- und Lebensbedingungen in der Station werden vom ECLSS (Environmental Control and Life Support System) kontrolliert. Es sorgt für die Ventilation, die Befeuchtung und die Wiederverwendung der Flüssigkeiten. Das Wärmekontrollsystem TCS setzt sich aus Einrichtungen zusammen, die in jeder Sektion der Weltraumstation Platz finden. Sie sind untereinander durch Röhren mit Wärmetau-

scherflüssigkeiten verbunden; diese fließen in den Röhren der Gerüststruktur.

Die Kontrollen, die Leitung, die Navigation, die Fernmeldeverbindungen und die Datenverarbeitung werden von »intelligenten« elektronischen Apparaturen übernommen, den modernsten, die gerade entwickelt wurden. Sie beruhen auf parallel arbeitenden Computern und Robotern mit sogenannten »expert systems«. Diese befähigen einen Rechner dazu, sich wie ein menschlicher Experte zu verhalten; sie stellen dem jeweiligen Benutzer Fragen und schlagen ihm die jeweils besten und geeignetsten Maßnahmen vor. Die NASA hat für die Automatisierung der Raumstation bis eine Milliarde Dollar bereitgestellt. Die Verantwortung für das Programm der Raumstation hat sie auf vier ihrer Zentren verteilt. Das Marshall Space Flight Center beschäftigt sich mit den Modulen und den Laboratorien, die unter Druck stehen. Das Johnson Space Center untersucht die allgemeine Architektur, die Bewohnbarkeit und die Nachrichtenverbindungen. Das Goddard Space Center kümmert sich um die Nutzlast und die unbewohnten Plattformen, die neben der Raumstation um die Erde kreisen. Das Lewis Research Center schließlich untersucht die Energieerzeugungssysteme.

Am 15. April 1984 gab die NASA den Startschuß für die Phase B (vorläufige Studien), die 21 Monate dauern wird.

Parallel dazu wurden auch Europa, Japan und Kanada eingeladen, analoge Studien für die verschiedenen Teile der Raumstation anzufertigen. Die entsprechenden vorläufigen Vereinbarungen wurden am 3. Juni, am 9. Mai und am 16. April 1985 unterzeichnet. In der Mitte des Jahres 1987 soll der Bau der Raumstation tatsächlich beginnen, natürlich noch auf der Erde. Dann werden die Aufgaben definitiv verteilt, die Zusammenarbeit und die finanziellen Beiträge anderer Länder festgelegt sein. Für 1992 und später sind die ersten Flüge des Space Shuttles für die Montage der Weltraumstation im Orbit vorgesehen. Dies wird folgendermaßen vor sich gehen: 1) Montage der Seitenarme mit vier Solarzellenpaneelen; 2) Zusammenbau der senkrechten Gerüststruktur; 3) Montage der Radiatoren-Paneele und des ersten Wohnmoduls; 4) Montage des zweiten Wohnmoduls; 5) Montage der übrigen vier Solarzellenpaneele, des Turmaufbaus und des Versorgungsmoduls; von diesem Zeitpunkt an kann die Raumstation dauernd bewohnt werden; 6) Montage des ersten Labormoduls; 7) Montage des zweiten Labormoduls.

Columbus

Columbus wird die erste europäische Raumstation in einer Erdumlaufbahn sein. Sie ist aus einem Projekt der Aeritalia und des deutschen Firmenverbundes Erno/MBB hervorgegangen. Wenn Columbus dauernd bewohnt werden will, muß sie sich allerdings mit der amerikanischen Raumstation verbinden. Das italienisch-deutsche Projekt wurde im Januar 1985 von der ESA geprüft. Diese legte den gesamten Finanzierungsaufwand und die entsprechenden Teilnahmequoten fest. Sie werden folgendermaßen aufgeteilt (wobei zu Beginn die Summe der Quoten 110,5% beträgt): 38% Bundesrepublik Deutschland, 25% Italien, 15% Großbritannien, 15% Frankreich, 8% Spanien, 5% Belgien, 4% Niederlande und 0,5% Dänemark.

Der Aufbau

Columbus besteht aus vier Elementen. Das Hauptelement ist ein zylindrischer, 10 m langer, ungefähr 4 m breiter und 12–13 t schwerer Zylinder mit Druckkabine. Er geht aus dem europäischen Raumlabor Spacelab hervor. In diesem Modul beschäftigen sich 2–3 Spezialisten mit Versuchen auf den Gebieten der Werkstoffkunde, der Biologie und der Medizin. Dieses Modul verfügt über nur sehr wenige autonome Ressourcen, denn es wird zunächst an die amerikanische Raumstation gekoppelt, von der es für die Lebenserhaltungssyste-

me, die elektrische Energie, die Nachrichtenverbindung und die Datenverarbeitung abhängt. Dieses wird als erstes der vier Modulen gebaut. Wenn die anderen hinzukommen, kann dieses Labormodul von der Raumstation der NASA abgekoppelt werden und autonom im Weltraum kreisen.

Das zweite ist das Energiemodul, das dem gesamten Columbus-System elektrische Energie liefert, anfänglich 5,5 kW, später 15 kW. Es enthält die Vorrichtung für die Lagekontrolle, die Navigation, die Nachrichtenverbindungen mit der Erde und dient auch der Hitzeabstrahlung der unbemannten Nutzlast-Plattform.

Das dritte Modul ist die unbemannte Nutzlast-Plattform, die mit Experimenten vollgestopft wird und die auf demselben Orbit kreist. Dieses Modul wird aufgrund der Erfahrungen mit EURECA gebaut werden. Es läßt sich mit dem Labormodul oder dem Versorgungsmodul koppeln.

Das vierte Modul ist der »Raumschlepper«, der Experimentiereinrichtungen, weitere Komponenten oder Astronauten zwischen den Plattformen (oder Laboratorien) und der Weltraumstation hin- und hertransportiert. Er wird über einen Roboterarm und eine kleine Druckkabine verfügen, die für zwei bis drei Tage die Columbus-Astronauten aufnehmen wird, wenn die europäische Weltraumstation losgelöst von der amerikanischen um die Erde kreist. In Notfällen erlaubt diese Druckkabine das Überleben für 21 Tage.

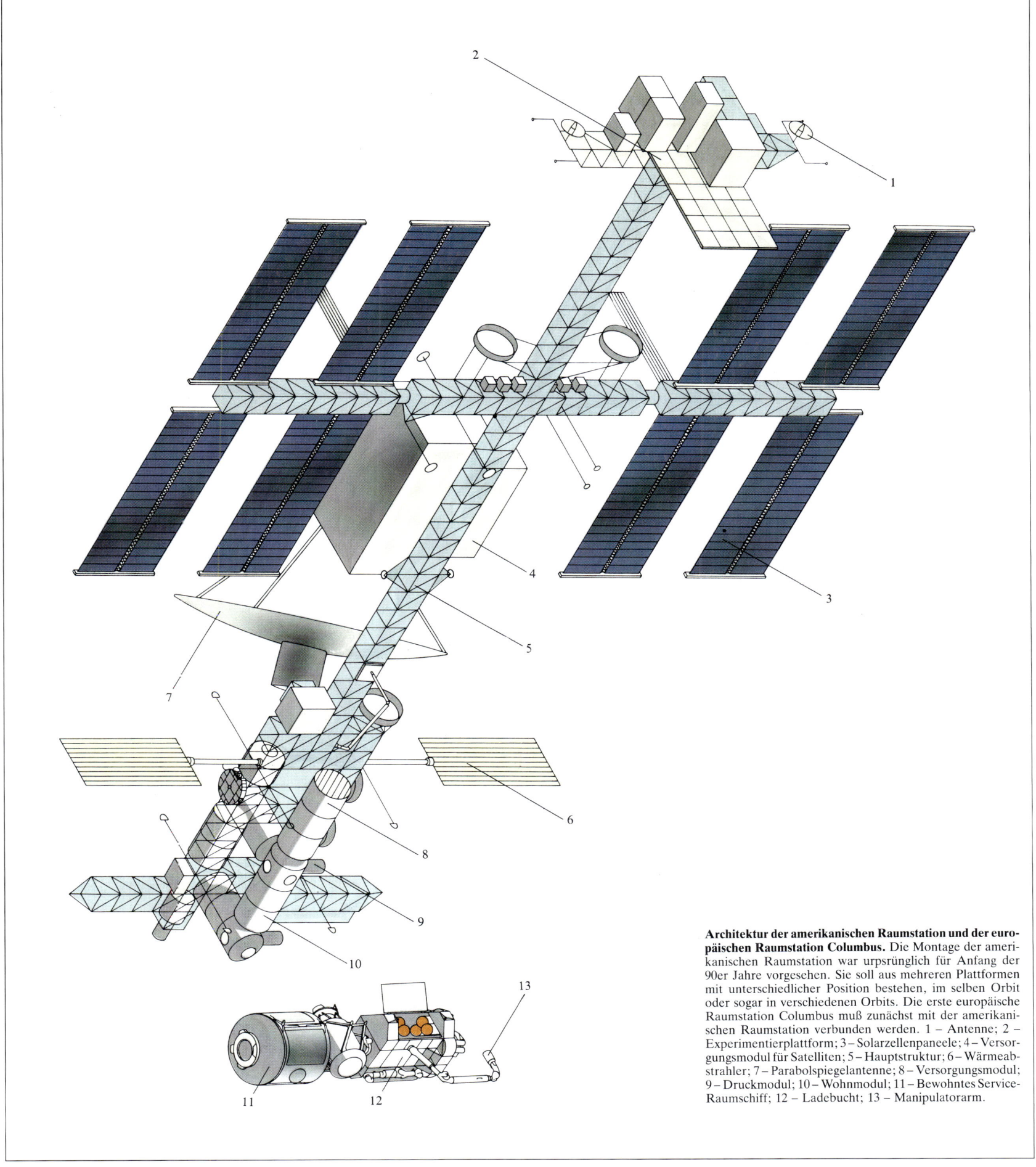

Architektur der amerikanischen Raumstation und der europäischen Raumstation Columbus. Die Montage der amerikanischen Raumstation war urpsrünglich für Anfang der 90er Jahre vorgesehen. Sie soll aus mehreren Plattformen mit unterschiedlicher Position bestehen, im selben Orbit oder sogar in verschiedenen Orbits. Die erste europäische Raumstation Columbus muß zunächst mit der amerikanischen Raumstation verbunden werden. 1 – Antenne; 2 – Experimentierplattform; 3 – Solarzellenpaneele; 4 – Versorgungsmodul für Satelliten; 5 – Hauptstruktur; 6 – Wärmeabstrahler; 7 – Parabolspiegelantenne; 8 – Versorgungsmodul; 9 – Druckmodul; 10 – Wohnmodul; 11 – Bewohntes Service-Raumschiff; 12 – Ladebucht; 13 – Manipulatorarm.

Der Mensch im Weltraum

Seitdem Juri Gagarin im Oktober 1957 den ersten Ausflug ins Weltall unternommen hatte, hat sich das Bild des Menschen, der in einer derart unnatürlichen Umgebung leben und arbeiten muß, stark verändert. Dies zunächst vor allem deswegen, weil die Raumschiffe, in denen der Mensch überleben muß, sich verändert haben, aber auch weil in all diesen Jahren wichtige Informationen über das Verhalten der Lebewesen bei verschwindend geringer Schwerkraft gesammelt wurden. Aus diesen Gründen ist es heute möglich, einen einfachen Bürger mit normaler körperlicher Ausstattung in eine Erdumlaufbahn zu bringen. Diese Gelegenheit ergab sich zum erstenmal im April 1985, als der amerikanische Senator Jack Garn als Gast an der Mission »51-D« des Space Shuttle Discovery teilnahm, ihm folgte mit der Mission 61-C der Kongress-Abgeordnete Bill Nelson.

Heute gibt es zwei Raumschiffe, um Menschen in den Weltraum zu befördern: das wiederverwendbare Space Shuttle der USA und das Raumschiff Sojus der UdSSR. Der für die Passagiere grundlegende Unterschied zwischen den beiden liegt in der unterschiedlichen Beschleunigung bzw. Verzögerung, die beim Start bzw. Landung auftritt. Das amerikanische Shuttle erreicht ein Maximum von 3 g (also die dreifache Schwerkraft wie auf der Erde), während die Sojus-Kapsel bei der Landung fast 6 g erreicht. Diese Werte und die allgemeinen Merkmale der beiden Raumschiffe bestimmen, wie der Mensch beschaffen sein muß, der an einer solchen Mission teilnimmt.

Die NASA teilt heute die Weltraumreisenden in drei Kategorien ein: Piloten, Missionsspezialisten und Nutzlastexperten. Damit berücksichtigt sie die heutigen unterschiedlichen Bedürfnisse einer Mission an Bord des Orbiters. Die Piloten haben die Aufgabe, den Flug zu leiten, die Missionsspezialisten managen die Systeme und die Nutzlast in der Ladebucht, und die Nutzlastexperten arbeiten direkt mit den an Bord befindlichen Instrumenten. Im allgemeinen ist der Nutzlastexperte ein Techniker oder ein Wissenschaftler, der nicht der NASA angehört. Er erhält von ihr aber die Flugerlaubnis für eine Mission, um bestimmte Experimente durchzuführen. In einem solchen Fall beläuft sich die Trainingszeit auf 150 Stunden. Sie wird für ausreichend erachtet, um die Umwelt des Raumschiffes kennenzulernen. Der Nutzlastexperte lernt dabei, einige Einrichtungen des Raumschiffes zu benutzen, zum Beispiel die Toilette. Der erste Nutzlastexperte, dem eine solche Gelegenheit geboten wurde, war der Ingenieur Charles Walker von der McDonnell-Douglas Astronautics. Er beaufsichtigte während des 14. Shuttle-Fluges im August/September 1984 eine Apparatur für Elektrophorese, die seine Firma entwickelt hatte, um verschiedene Stoffe unter den Bedingungen der extrem reduzierten Schwerkraft zu trennen.

Die Vorbereitung für die Piloten und die Missionsspezialisten verläuft natürlich ganz anders. Nach der Auslese beginnt für sie ein Studium der unterschiedlichsten Disziplinen. Sie reichen von der Mathematik zur Meteorologie, von der Navigation und Flugleitung bis zur Astronomie, von der Physik bis zur Computerkunde. Beide müssen sich mit der künstlich erzeugten Schwerkraft vertraut machen, und sei es auch nur für jene kurzen Zeiten, wie sie an Bord des Flugzeuges KC-135 möglich sind. Dieses vollführt hintereinander mehrere parabelförmige Flüge und erzeugt dabei eine kurzzeitige Schwerelosigkeit. Um sich an die Arbeit unter den schwierigen Bedingungen des Weltraums zu gewöhnen, verwenden die Amerikaner auch riesige Wasserbecken, in denen die Astronauten in ihren Druckanzügen lernen müssen, sich zu bewegen.

Der Missionsspezialist dringt dann tiefer in das Studium der Systeme des Raumschiffes ein, während sich der Pilot im wesentlichen auf die Arbeit am Shuttle-Simulator konzentriert. Er lernt dabei, das Raumschiff völlig zu beherrschen und auf die unterschiedlichsten Notfallsituationen angemessen zu reagieren.

Der Simulator für die Astronauten kam zur Zeit der doppelt bemannten Gemini-Flüge auf und spielt seit jener Zeit eine bestimmte Rolle in der Vorbereitung der Missionen. Mit ihm kann man über Computerhilfe jeden Augenblick des Fluges reproduzieren. Für das Space Shuttle existiert nicht nur ein Simulator am Boden, sondern auch einer, der fliegt. Es handelt sich um einen Jet vom Typ Grumman Gulfstream II mit der Bezeichnung Shuttle Training Aircraft. Dieses Flugzeug wurde soweit verändert,

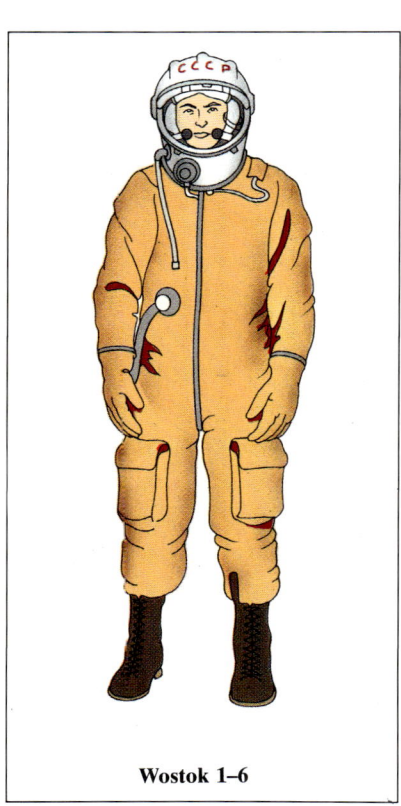

Wostok 1–6

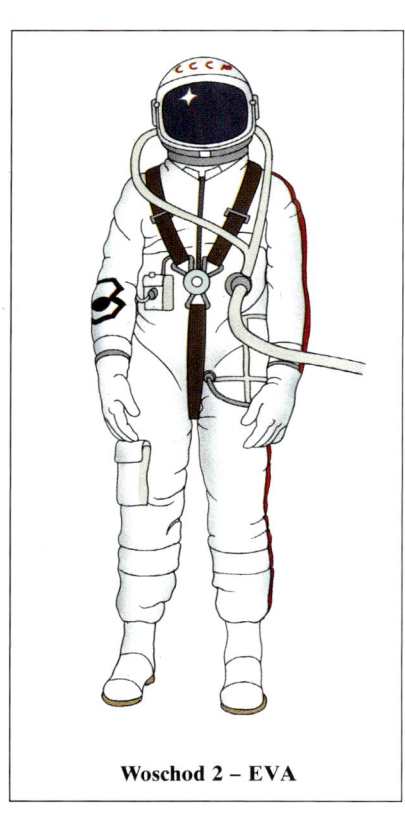

Woschod 2 – EVA

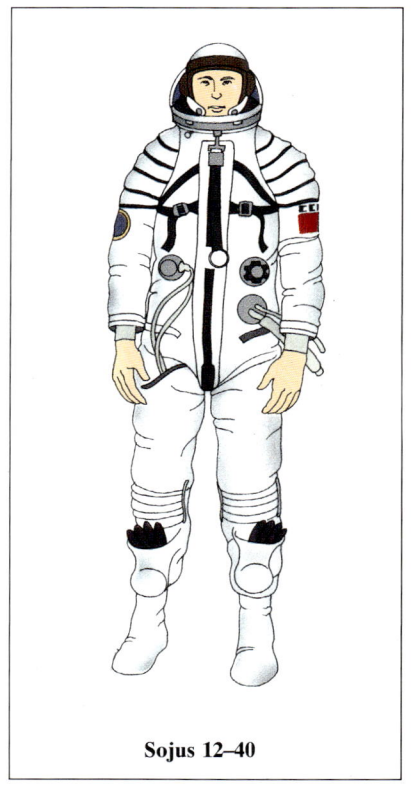

Sojus 12–40

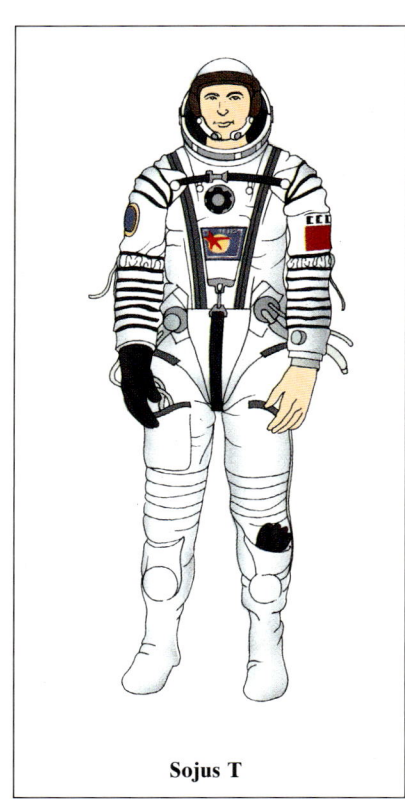

Sojus T

daß es dasselbe Verhalten wie der Orbiter in der Abstiegsphase zur Erde von einer Höhe von 12 000 m anzeigt.

Wer sich um die Stelle eines Piloten bewirbt, muß vor dem Eintritt in die NASA bereits über reichliche Erfahrungen als Pilot herkömmlicher Flugzeuge verfügen.

Die Vorbereitung für einen Raumflug ist für sowjetische Kosmonauten viel anstrengender, denn sie müssen auch physisch imstande sein, die höheren Beschleunigungs- bzw. Verzögerungskräfte ihres Raumschiffes auszuhalten. Die Zentrifuge ist deswegen ein grundlegendes Instrument bei ihrem Training, denn mit ihr kann man jede gewünschte Beschleunigung erzeugen. Dies alles schränkt natürlich den Kreis der möglichen Kandidaten stark ein. Abgesehen von der Arbeit am Simulator müssen die Sowjets auch darauf trainiert sein, in unwirtlichen Gegenden und weit weg vom Hilfspersonal zu landen. Deswegen müssen die Kosmonauten für eine kurze Zeit mit den Mitteln überleben können, die ihnen ihr Raumschiff zur Verfügung stellt. Auch die Notlandung im Meer gehört heute noch zum Trainingsprogramm der Sowjets.

Da die meisten russischen Sojus-Flüge einen ziemlich langen Aufenthalt in der Weltraumstation Salut zum Ziele haben, gehört zur traditionellen Ausbildung auch ein psychologisches Training, das dem Kosmonauten während der langen Abwesenheit im Raum Hilfestellung leisten soll. Diesem Aspekt verleihen die sowjetischen Spezialisten zu Recht eine große Bedeutung.

Die Raumanzüge

Die Raumanzüge, welche die Astronauten oder Kosmonauten zu bestimmten Augen-

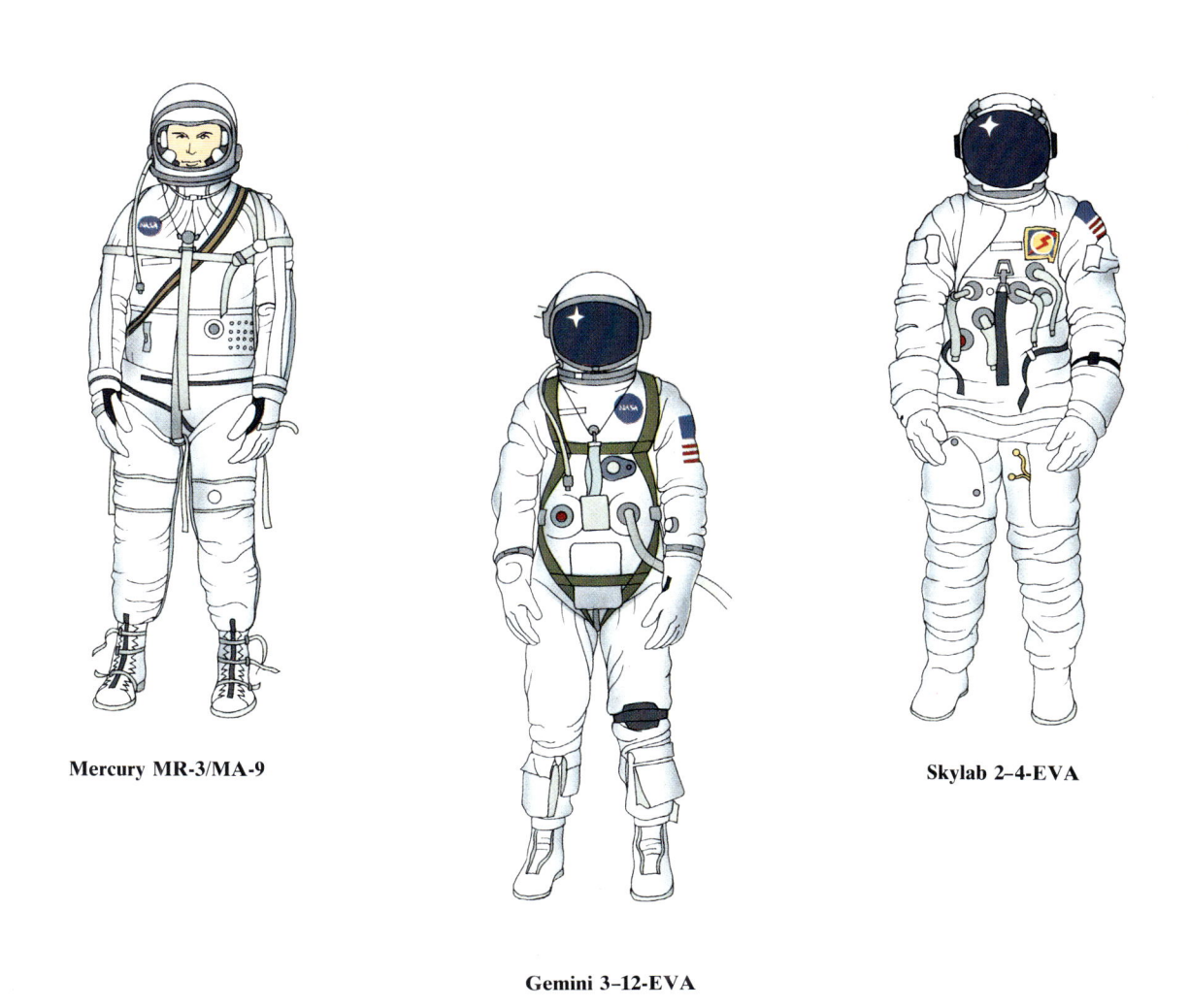

Mercury MR-3/MA-9

Gemini 3–12-EVA

Skylab 2–4-EVA

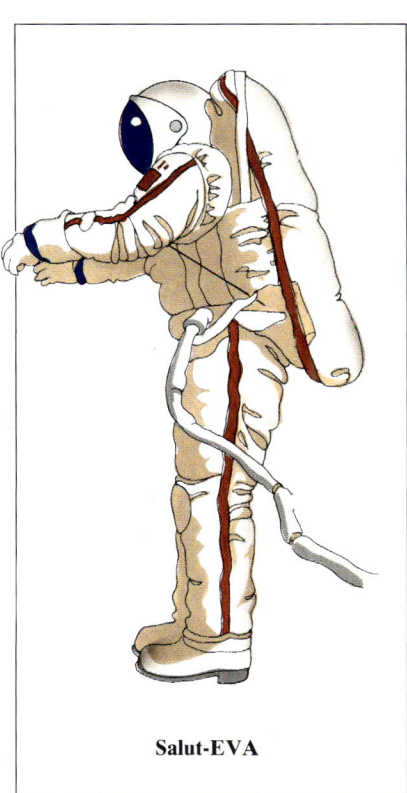

Salut-EVA

blicken ihrer Missionen anziehen müssen, stellen ein grundlegendes Moment für den Erfolg der Weltraumaktivitäten dar.

Die NASA hat seit dem Beginn der Mercury-Flüge sieben Typen von Raumanzügen verwendet. Den zeitlich letzten Typ tragen die Astronauten des Space-Shuttles bei ihren Tätigkeiten außerhalb des Orbiters. Wenn wir die verschiedenen Missionen von Gemini, Apollo und Skylab durchgehen, erkennen wir, daß der Raumanzug ausgehend von einem Grundmodell fast bei jeder Mission Veränderungen erfuhr. Sie verbesserten dessen Eigenschaften oder paßten ihn den besonderen Gegebenheiten der jeweiligen Mission an. So ging man vom maßgeschneiderten persönlichen Modell der Astronauten der Mercury-Kapseln (hervorgegangen aus dem Anzug Mark-IV der Piloten der US Navy, Durchschnittsgewicht 10 kg) bis zum wiederverwendbaren und untereinander austauschbaren Anzug für die Shuttle-Astronauten. Um zu diesem letzten Typ zu gelangen, verwendete man die Erfahrungen, die an drei Anzugmodellen bei Gemini und zwei bei Apollo gewonnen wurden. Besonders bei den beiden letztgenannten Typen hatte die Technologie des Portable Life Support System (PLSS) bemerkenswerte Fortschritte gemacht. Dabei verschwand die traditionelle

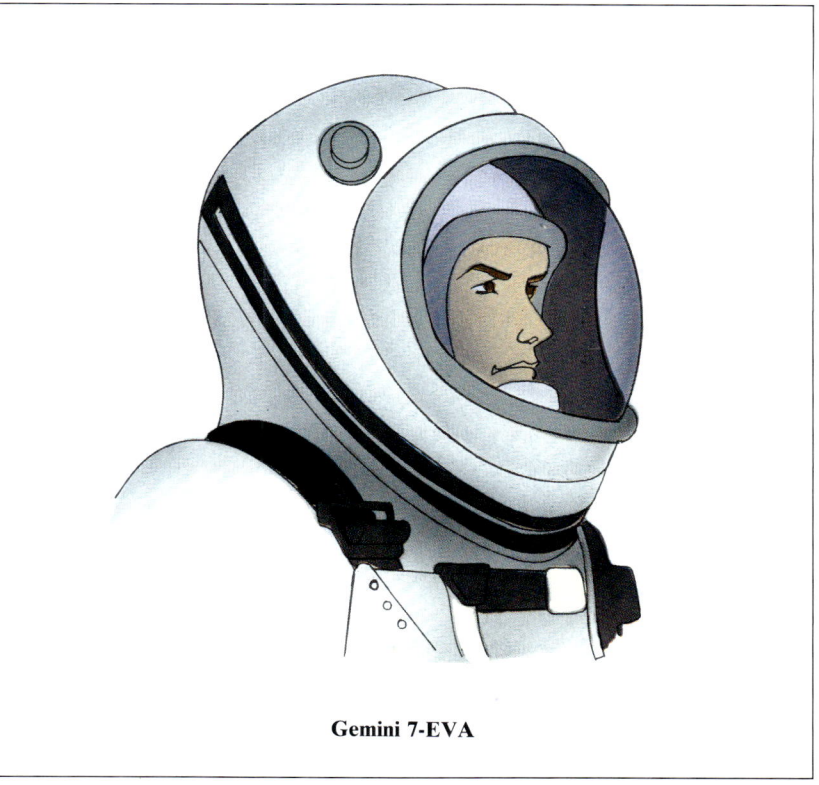

Gemini 7-EVA

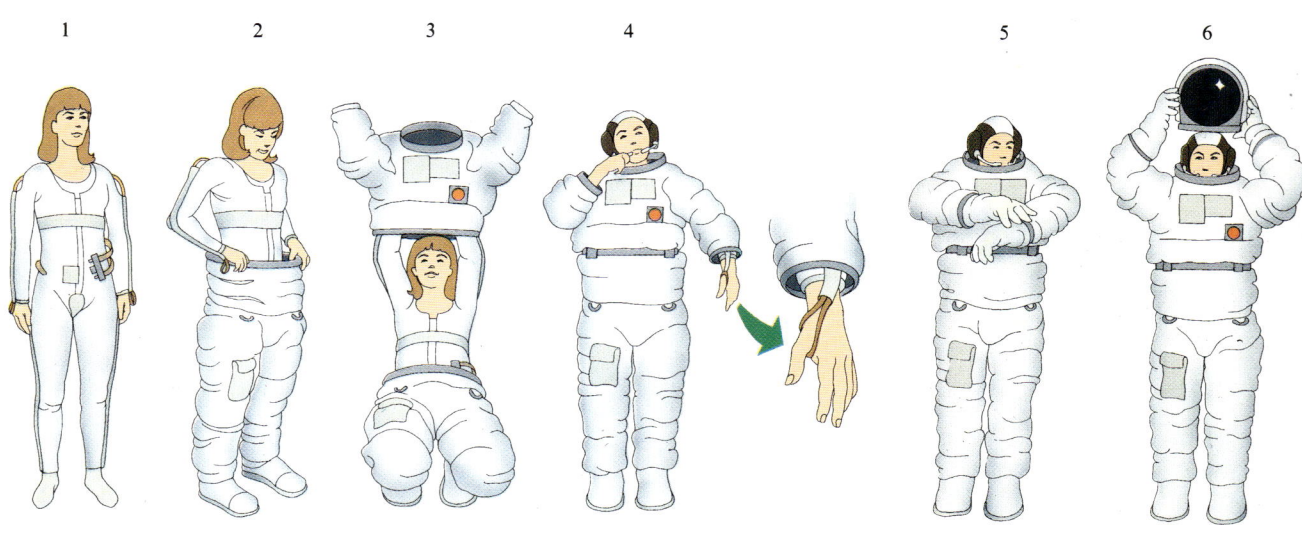

1   2   3   4   5   6

Kleidung der Shuttle-Astronauten für die Tätigkeit außerhalb des Raumschiffs (EVA, Extra Vehicular Activity). 1 – Anzug mit eingebautem Kreislauf einer Kühlflüssigkeit; 2 – Teilanzug für die untere Körperhälfte; 3 – Teilanzug für die obere Körperhälfte (an Haken aufgehängt); 4 – Helm für die Funkverbindung und Detail der Verankerung des Raumanzugs am Daumen; 5 – Handschuhe; 6 – Helm; 7 – Drucksack des PLSS (Primary Life Support System); 8 – Befestigung auf der Manövriereinheit MMU (Manned Manoeuvring Unit), die ihrerseits an der Flight Support Station (FFS) im vorderen Teil der Ladebucht des Shuttles befestigt ist.

Nabelschnur, die von der Kapsel Sauerstoff und Energie in den Raumanzug zuführte, und wurde von einem kleinen Rucksack ersetzt. Er enthält alle Systeme, die eine volle Autonomie gewährleisten. Auf diese Weise gelang es, lange Spaziergänge auf dem Mond durchzuführen.

In den USA wurde die Firma Hamilton Standard Spezialistin für das tragbare System PLSS. Sie baute es auch für das letzte Modell, das im Space-Shuttle verwendet wird. Die Kleidung über dem Körper hingegen stammt von der ILC Industries.

Das letzte Modell des Raumanzuges ist im Gegensatz zu den vorhergehenden segmental aufgebaut. Ein unterer und ein oberer Teil werden in der Taille durch einen Aluminiumring zusammengehalten. Der Rückenteil ist starr (Fiberglas), und mit ihm ist direkt der Rucksack verbunden. Die Länge der Ärmel und Hosen läßt sich je nach der Größe des Benutzers verändern. Zur Verfügung stehen aber immerhin fünf Größen. Der Raumanzug, der im technischen Jargon EMU (Extra Vehicular Mobility Unit) heißt, ist aus fünf Geweben zusammengesetzt, von denen jedes eine besondere Funktion erfüllt. Der Raumanzug muß dem Druck standhalten, vor Mikrometeoriten und vor den Temperaturschwankungen schützen. Der äußerste Teil besteht aus fünf Schichten aus aluminiumbeschichtetem Mylar. Darunter befindet sich eine weitere Mylarschicht und dann eine Draconschicht für den Druckanzug. Die Lebensdauer des Shuttle-EMU ist auf 15 Jahre ausgelegt und garantiert eine Autonomie von 6 Stunden. Ein computerisiertes System kontrolliert das gesamte Lebenserhaltungssystem und meldet dem Astronauten allfällige Anomalien.

Auch die Sowjets haben weite Schritte zur Verbesserung der Raumanzüge ihrer Kosmonauten getan. Für die Tätigkeiten außerhalb des Raumschiffes wurden bisher drei Typen eingesetzt, man muß aber auch in diesen Fällen die dauernden Verbesserungen berücksichtigen. Die sowjetischen Raumanzüge brauchen aber heute noch die

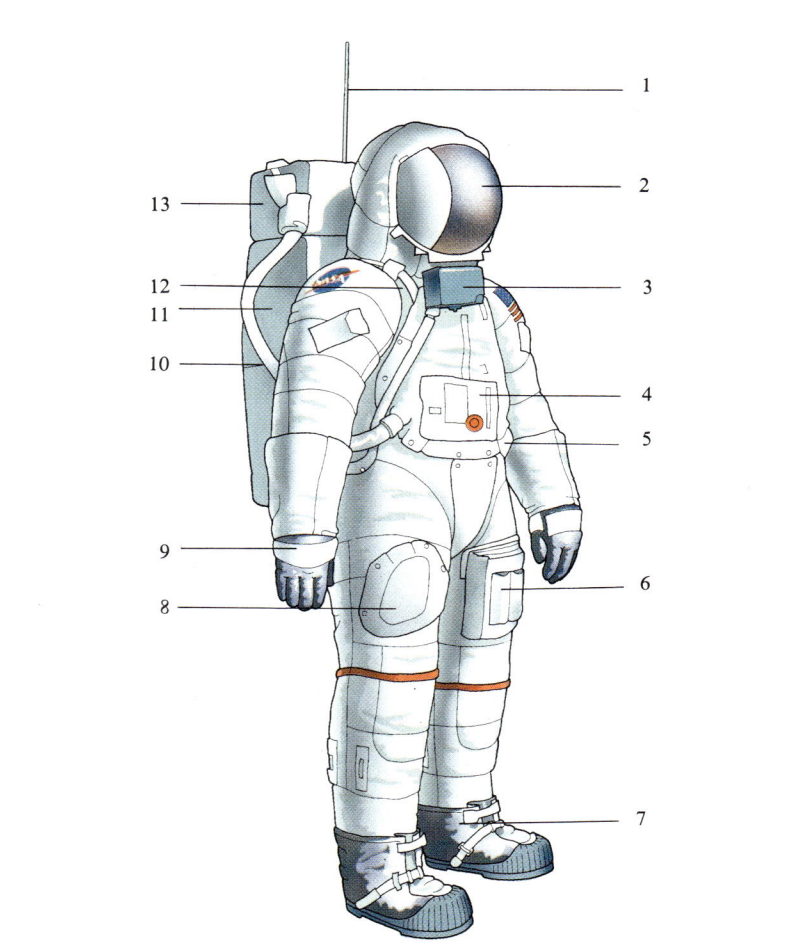

Apollo-Mondanzug. 1 – Sprechfunkantenne für die Verbindungen mit dem LEM; 2 – Goldbeschichtetes Sonnenschutz-Visier; 3 – Sauerstoff-Kontrollgerät; 4 – Abdeckung der fünf Anschlüsse für die Versorgungssysteme im Raumschiff; 5 – Verbindung des Ventilations- und Kühlsystems; 6 – Bereitschaftstasche für Instrumente; 7 – Mondstiefel; 8 – Abdeckung für den Urinsammler und Öffnung für eventuelle medizinische Injektionen; 9 – Handschuhe mit Haft-Tast-Spitzen für die Tätigkeit außerhalb des Raumschiffes; 10 – Zuleitung zur Sauerstoffreinigung; 11 – Tragbare Ausrüstung zur Lebenserhaltung in luftleerer Umgebung; 12 – Tragegurte des Versorgungstornisters; 13 – Sauerstoffversorgung.

Nabelschnur für die Energie- und Sauerstoffzufuhr.

Zu den Druckanzügen, die hingegen im Innern der Raumschiffe verwendet wurden, tritt heute neben den Wostok- und Woschod-Modellen ein neues Modell hinzu. Es wird in verschiedenen Varianten bei den Sojus-Flügen verwendet. Seitdem Sojus T 1980 in Dienst gestellt wurde, gibt es auch dafür ein neues Modell.

Der menschliche Organismus

Als die Weltraumaktivitäten begannen, verfügte man noch über keine Kenntnisse, wie der menschliche Organismus auf die Bedingungen der Schwerelosigkeit oder der extrem verringerten Schwerkraft reagieren würde. Einige prophezeiten sogar unüberwindliche Gefahren. Viele glaubten, der Mensch könne nur dann für längere Zeit überleben, wenn man eine künstliche Schwerkraft erzeuge, die in gewisser Hinsicht die Bedingungen auf der Erde simuliere.

Diese Meinungen übten einen starken Einfluß auf die Techniker aus, und aus diesem Grund zeichnete zum Beispiel Werner von Braun in den 50er Jahren das Modell einer Raumstation in Kreisform, die sich dreht und dabei eine wenn auch geringe Schwerkraft erzeugt. Dies alles erwies sich in der Folge als weniger kompliziert; die Lebewesen konnten ohne Schaden zu nehmen die stark verringerte Schwerkraft aushalten, jedenfalls bis zu einem bestimmten Punkt. Wenn der Astronaut im Kosmos lebt, beginnen in seinem Körper eine Reihe von Mechanismen wirksam zu werden, die wir heute einigermaßen kennen, auch wenn noch vieles zu erforschen bleibt. Wir sind aber recht gut informiert über die physischen Folgen langer Schwerelosigkeit.

Das erste Organsystem, welches das fast völlige Fehlen einer Schwerkraft zu spüren bekommt, ist das Herz mit den Blutgefäßen. Das Herz muß sich weniger anstren-

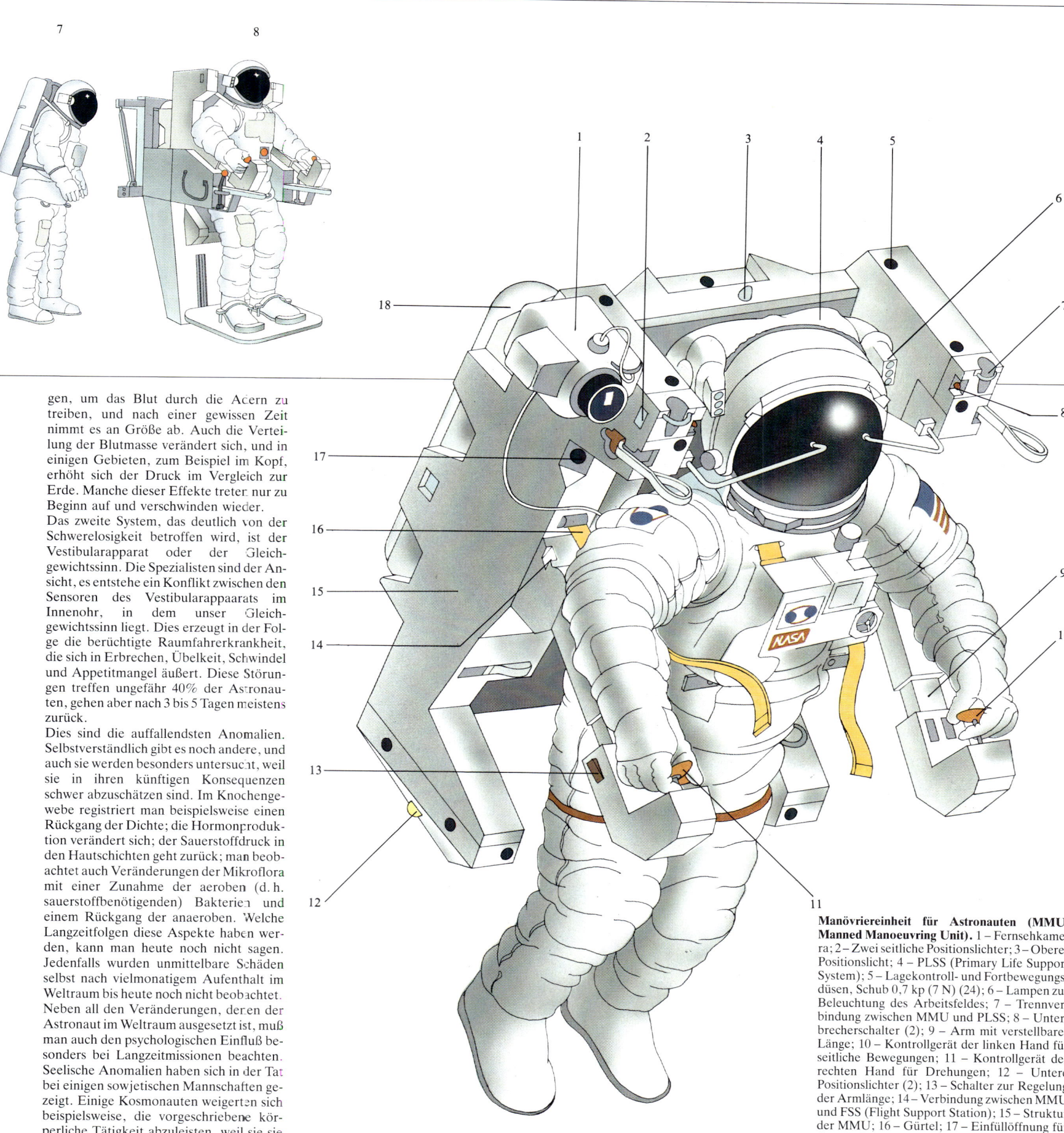

gen, um das Blut durch die Adern zu treiben, und nach einer gewissen Zeit nimmt es an Größe ab. Auch die Verteilung der Blutmasse verändert sich, und in einigen Gebieten, zum Beispiel im Kopf, erhöht sich der Druck im Vergleich zur Erde. Manche dieser Effekte treten nur zu Beginn auf und verschwinden wieder.

Das zweite System, das deutlich von der Schwerelosigkeit betroffen wird, ist der Vestibularapparat oder der Gleichgewichtssinn. Die Spezialisten sind der Ansicht, es entstehe ein Konflikt zwischen den Sensoren des Vestibularapparats im Innenohr, in dem unser Gleichgewichtssinn liegt. Dies erzeugt in der Folge die berüchtigte Raumfahrerkrankheit, die sich in Erbrechen, Übelkeit, Schwindel und Appetitmangel äußert. Diese Störungen treffen ungefähr 40% der Astronauten, gehen aber nach 3 bis 5 Tagen meistens zurück.

Dies sind die auffallendsten Anomalien. Selbstverständlich gibt es noch andere, und auch sie werden besonders untersucht, weil sie in ihren künftigen Konsequenzen schwer abzuschätzen sind. Im Knochengewebe registriert man beispielsweise einen Rückgang der Dichte; die Hormonproduktion verändert sich; der Sauerstoffdruck in den Hautschichten geht zurück; man beobachtet auch Veränderungen der Mikroflora mit einer Zunahme der aeroben (d. h. sauerstoffbenötigenden) Bakterien und einem Rückgang der anaeroben. Welche Langzeitfolgen diese Aspekte haben werden, kann man heute noch nicht sagen. Jedenfalls wurden unmittelbare Schäden selbst nach vielmonatigem Aufenthalt im Weltraum bis heute noch nicht beobachtet. Neben all den Veränderungen, denen der Astronaut im Weltraum ausgesetzt ist, muß man auch den psychologischen Einfluß besonders bei Langzeitmissionen beachten. Seelische Anomalien haben sich in der Tat bei einigen sowjetischen Mannschaften gezeigt. Einige Kosmonauten weigerten sich beispielsweise, die vorgeschriebene körperliche Tätigkeit abzuleisten, weil sie sie einfach nicht für notwendig hielten.

Manövriereinheit für Astronauten (MMU, Manned Manoeuvring Unit). 1 – Fernsehkamera; 2 – Zwei seitliche Positionslichter; 3 – Oberes Positionslicht; 4 – PLSS (Primary Life Support System); 5 – Lagekontroll- und Fortbewegungsdüsen, Schub 0,7 kp (7 N) (24); 6 – Lampen zur Beleuchtung des Arbeitsfeldes; 7 – Trennverbindung zwischen MMU und PLSS; 8 – Unterbrecherschalter (2); 9 – Arm mit verstellbarer Länge; 10 – Kontrollgerät der linken Hand für seitliche Bewegungen; 11 – Kontrollgerät der rechten Hand für Drehungen; 12 – Untere Positionslichter (2); 13 – Schalter zur Regelung der Armlänge; 14 – Verbindung zwischen MMU und FSS (Flight Support Station); 15 – Struktur der MMU; 16 – Gürtel; 17 – Einfüllöffnung für den Treibstoff; 18 – Druckgasbehälter (Stickstoff, 2).

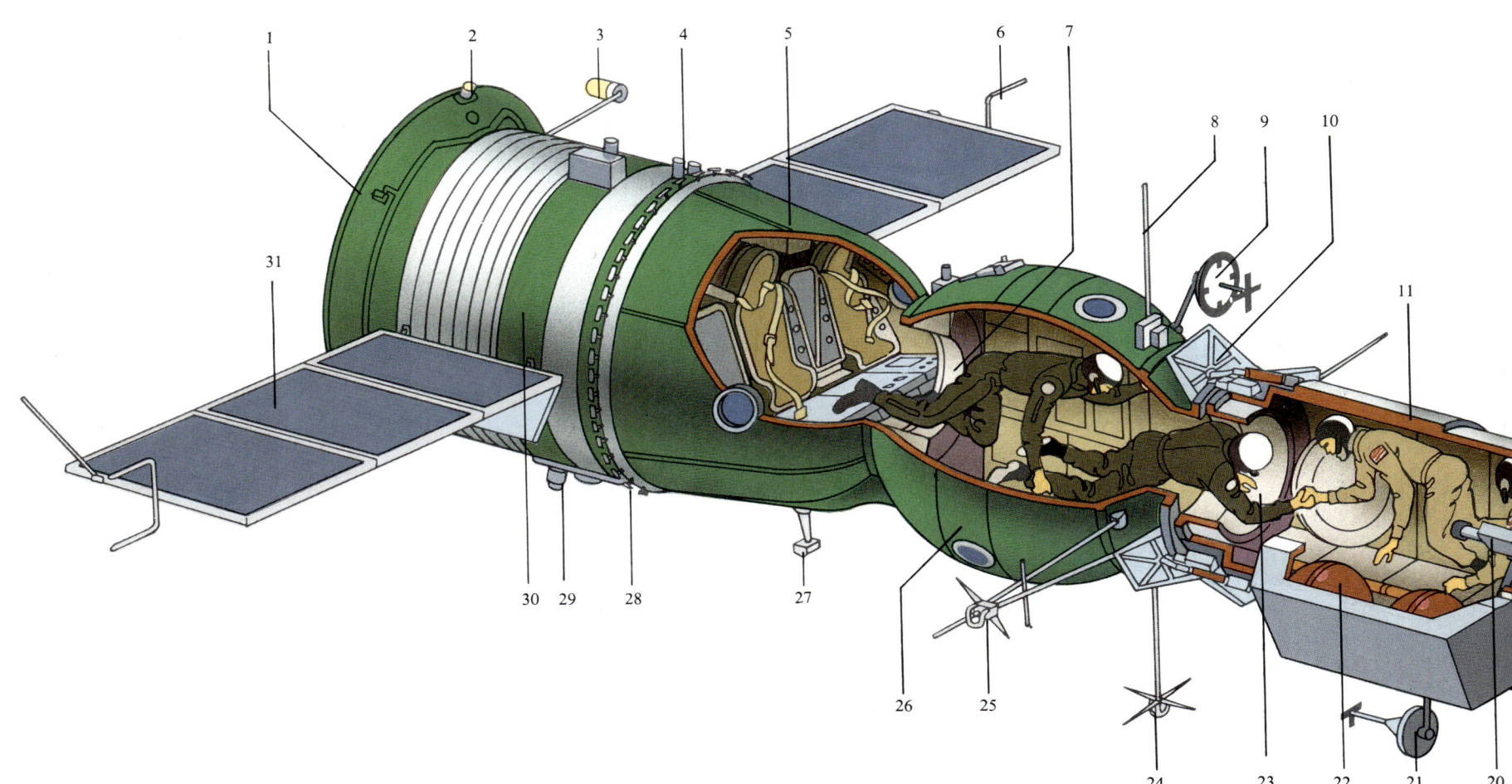

Apollo-Sojus. 1 – Triebwerkssektion; 2 – Lageregelungsdüse; 3 – Antenne des Kopplungssystems; 4 – Düsen für leichte Korrekturen während des Koppelungsmanövers; 5 – Rückkehreinheit des Sojus-Raumschiffs, Druckkabine mit Sauerstoff- und Stickstoffatmosphäre; 6 – Antenne für die Entfernungsmessung; 7 – Luke Nr. 1 offen; 8 – VHF-Antenne; 9 – Rendezvous-Visiereinrichtung für Apollo; 10 – Eine von drei Führungen des Kopplungsadapters; 11 – Kopplungsschleuse zwischen den beiden Raumschiffen; 12 – Geschlossene Luke; 13 – Kommandotafel von Apollo; 14 – Lagekontrolldüsen; 15 – Manövriertriebwerke; 16 – Expansionsdüse des Haupttriebwerks; 17 – S-Band-Richtantennen für Funkverbindungen mit der Erde über den Satelliten ATS-6; 18 – Serviceeinheit des Apollo-Systems; 19 – Kommando- und Rückkehreinheit des Apollo-Systems, Druckkabine mit reinem Sauerstoff; 20 – Fernsehkamera; sie übertrug zur Erde den Händedruck zwischen dem Kosmonauten Leonow und dem Astronauten Stafford; 21 – Rendezvous-Visiereinrichtung für Sojus; 22 – Druckbehälter für Sauerstoff; 23 – Luken 2 und 3 offen; 24 – VHF-Antenne; 25 – Antenne; 26 – Orbitalmodul von Sojus; 27 – Periskop; 28 – Kreisförmige Antenne; 29 – Infrarot-Leitsystem; 30 – Geräte-(Service-)Sektion von Sojus; 31 – Solarzellenpaneel.

Sowjetische Zusammenarbeit

Zwischen den Jahren 1972 und 1974 unterzeichneten die Vereinigten Staaten und die Sowjetunion auf Regierungsebene eine Reihe von (11) Vereinbarungen. Sie schrieben die Möglichkeit einer Zusammenarbeit auf einigen wissenschaftlichen und technologischen Gebieten und bestimmten Projekten fest. Unter ihnen befand sich auch die Weltraumfahrt. Diese Vereinbarungen wurden 1977 von den beiden Parteien teilweise erneuert. Aber bereits in der Zwischenzeit, im Juli 1975, kam es zu einem ersten sensationellen Ergebnis, einer gemeinsamen Mission um die Erde. Ein amerikanisches Apollo-Raumschiff und ein sowjetisches Sojus-Raumschiff dockten im Orbit aneinander an; die Astronauten und Kosmonauten arbeiteten dann unterschiedslos in den beiden Raumschiffen und führten dabei wichtige wissenschaftliche Arbeiten durch.

Diese gemeinsame Mission schien eine Zusammenarbeit zwischen den beiden Supermächten zu einer reellen Möglichkeit werden zu lassen. Die darauffolgenden Jahre zeigten dann aber, daß beide von der praktischen Verwirklichung dieses Ziels noch weit entfernt waren, trotz der Versuche, die noch weiterhin unternommen wurden.

Bereits im Jahre 1962 hatten der Leiter der NASA und das Mitglied der sowjetischen Akademie Anatol Blagonrawow eine erste Vereinbarung über eine gewisse Koordination auf dem Gebiet der Wettersatelliten, bei den Forschungen über das Magnetfeld der Erde und für gemeinsame Nachrichtenexperimente mit dem passiven Satelliten Echo 2, einem großen Reflektorballon, unterzeichnet.

Eine zweite Vereinbarung geht auf das Jahr 1965 zurück. Man kann nicht behaupten, sie sei von besonderer Bedeutung gewesen, doch hat sie immerhin die Möglichkeit wachgehalten, daß man früher oder später ein substanzielleres Ergebnis erreicht. 1965 entschieden die Sowjetische Akademie der Wissenschaften und die nationale Luft- und Raumfahrtbehörde der USA, gemeinsam eine Zusammenfassung der weltraummedizinischen und weltraumbiologischen Kenntnisse herauszugeben. Die Arbeit erschien zehn Jahre später, im Jahre 1976, in drei Bänden, gleichzeitig in beiden Nationen unter dem Titel Foundations of Space Biology and Medicine.

Im Jahre 1969, als die Amerikaner gerade auf dem Mond landeten, begannen ehrgeizige Gespräche zwischen den beiden Supermächten. Im darauffolgenden Jahr, im Oktober 1970, wurde eine Vereinbarung unterzeichnet: Man wollte überprüfen, ob es möglich war, in einer Erdumlaufbahn ein amerikanisches und sowjetisches Raumschiff aneinanderzukoppeln. Nach den Überprüfungen war man der Ansicht, das Unternehmen sei möglich. Inzwischen dehnte sich die Zusammenarbeit auch auf andere Gebiete des Weltraumwesens aus – vielleicht unter dem Sog dieses ehrgeizigen Ziels. 1971 unterschrieben die NASA und die Sowjetische Akademie der Wissen-

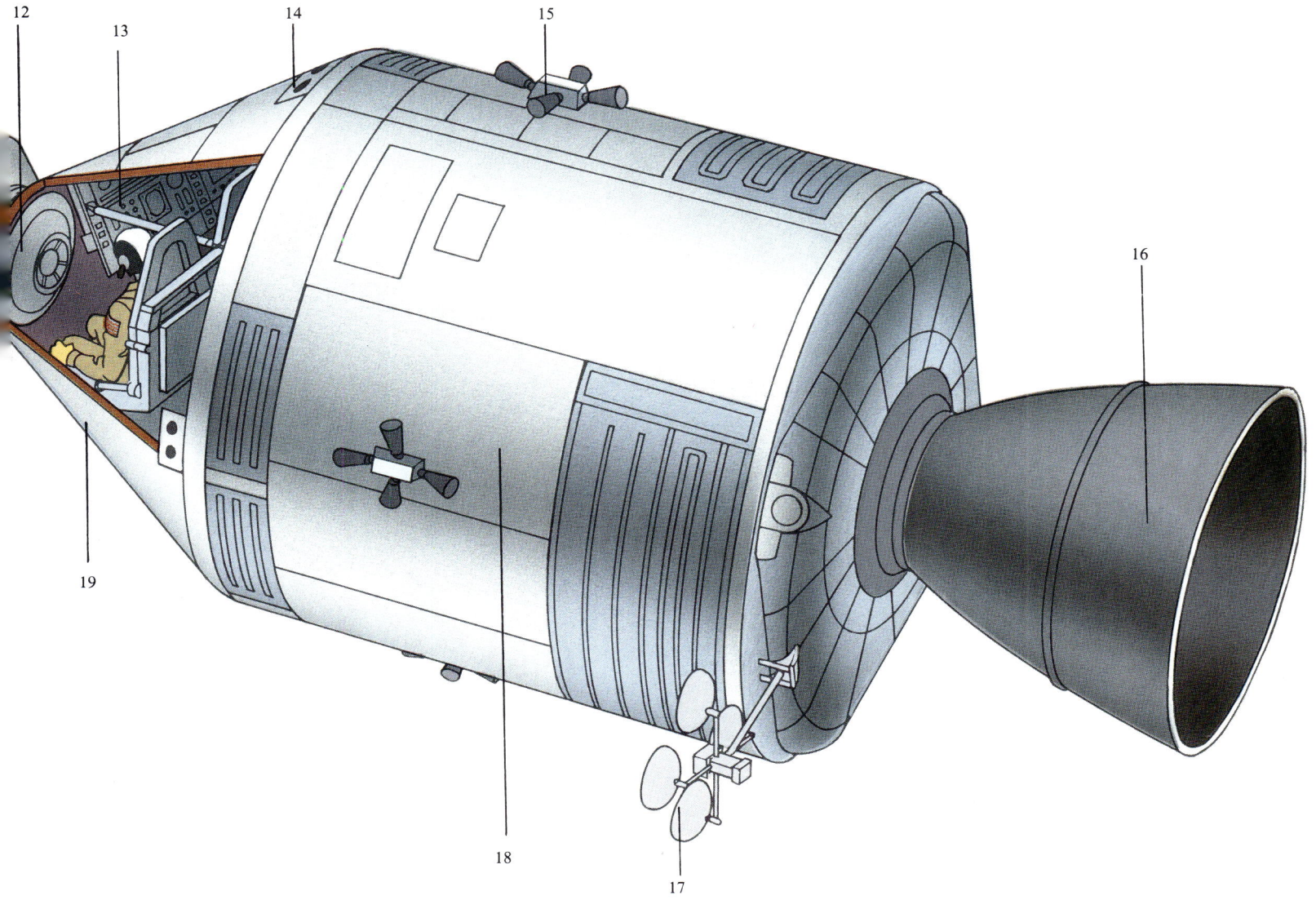

schaften eine Vereinbarung über den Informationsaustausch, über gemeinsame Aktivitäten auf meteorologischem Gebiet, über den Start von Sonden, über Umweltforschung, über Untersuchungen des erdnahen Weltraums, über Forschung am Mond (mit Austausch von Bodenproben) und den Planeten und schließlich über die Weltraummedizin und Weltraumbiologie.

Bis zu dieser Zeit hatten allerdings nur Forschungsorganisationen, wenn auch unter stillschweigendem politischen Konsens, diese Vereinbarungen getroffen. Es fehlte aber noch ein richtiggehender Akt zwischen den Regierungen, der diese Art der Kooperation auch als empfehlenswerten Weg bezeichnen würde. Dies geschah nun am 24. Mai 1972, und den Vertrag unterschrieben der amerikanische Präsident Nixon und der sowjetische Ministerratspräsident Kossygin. Das wichtigste Element dieses Dokuments war die Realisierung einer gemeinsamen Mission um die Erde; die Amerikaner nannten sie Apollo-Sojus Test Project (ASTP).

Dieses Projekt wurde dann im Juli 1975 realisiert. Die Operation begann mit dem Start von Sojus 19 am 15. Juli von Tjuratam-Baikonur. An Bord befanden sich die Kosmonauten Alexej Leonow und Waleri Kubassow. Das Raumschiff erreichte eine Erdumlaufbahn in 250 km Höhe. Am selben Tag, im Abstand von 7½ Stunden, startete von Cape Canaveral das Raumschiff Apollo mit Thomas Stafford, Vance Brand und Donald Slayton an Bord. Der zuletzt genannte Astronaut befand sich in der Gruppe jener sieben Männer, die für das Projekt Mercury ausgewählt wurden. Er blieb dann aber auf der Erde, weil man bei ihm einen ganz kleinen Herzfehler entdeckte.

Um das Andocken zwischen den beiden Raumschiffen mit ihren unterschiedlichen Charakteristiken (zum Beispiel eine unterschiedliche Atmosphäre: Sauerstoff in Apollo und eine Mischung aus Stickstoff und Sauerstoff in Sojus) zu ermöglichen, entwarfen die sowjetischen und amerikanischen Ingenieure zusammen ein Zwischenmodul, das die Verbindung zwischen den beiden Fahrzeugen ermöglichte. Dieser Kopplungs-Schleusen-Adapter wurde in den Vereinigten Staaten von der Firma Rockwell International gebaut und mit Apollo in den Orbit gebracht; die Technik war dieselbe wie für den Transport des Mondmoduls. Nach dem Erreichen des Orbits löste sich das Raumschiff Apollo zusammen mit seiner Versorgungseinheit von der Trägerrakete, drehte sich um 180°, dockte am Zwischenmodul an, welches sich am oberen Ende der Rakete befand. Nach dem Andocken zog Apollo das Modul aus der schützenden Umhüllung heraus. Eine neue Drehung um 180° brachte das Raumgefährt in die richtige Lage, um die Annäherung an das sowjetische Raumschiff Sojus und schließlich das Andocken vorzunehmen, was am 17. Juli 1975 geschah.

Das Unternehmen war damals eine Sensation. In der Leere des Weltalls hatten die beiden Supermächte, die auf der Erde in einer dauernden Konfrontation leben, einen Weg zur Verständigung und Zusam-

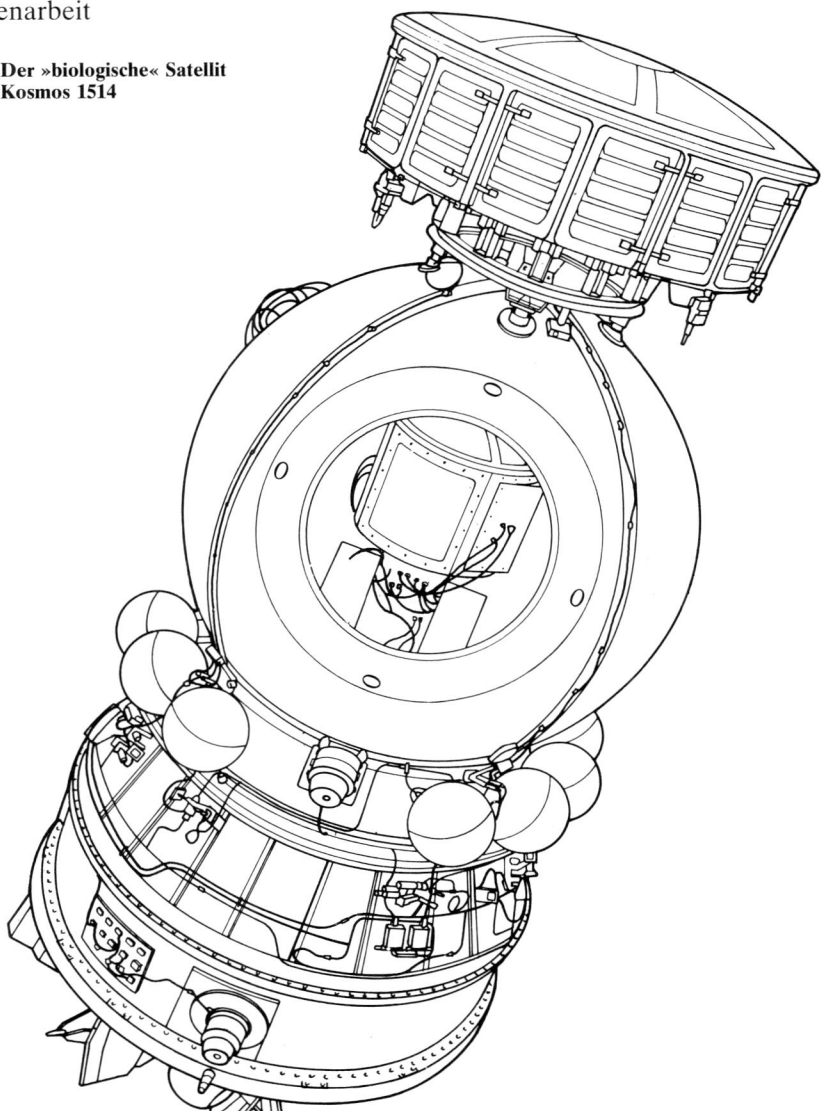

Der »biologische« Satellit Kosmos 1514

menarbeit gefunden. So schien es mindestens. Und in der Tat trug die Mission Früchte. Die fünf Astronauten beobachteten den Himmel, studierten die Sonne, indem sie eine künstliche Sonnenfinsternis inszenierten, und untersuchten gewisse Aspekte der Erdatmosphäre. Überdies führten sie eine Reihe von Versuchen zur Schwerelosigkeit mit biologischen Proben und einigen Festkörpern durch.

Um sich besser zu verstehen, hatten die drei amerikanischen Astronauten Russisch gelernt, und die beiden sowjetischen Kosmonauten Englisch. Der Flug wurde genauestens vorbereitet mit gegenseitigen Besuchen in den Raumzentren und mit einem Probeflug, nämlich dem Start der Sojus 16. Nach zwei Tagen gemeinsamen Flugs, währenddessen die beiden Staatsoberhäupter Ford und Breschnew mit den Astronauten und Kosmonauten in Verbindung traten und sie zu ihrer Leistung beglückwünschten, trennten sich die beiden Raumschiffe am 19. Juli. Das sowjetische Raumschiff landete am 21. Juli in der Nähe von Arkaljk, während Apollo bis zum 24. Juli in der Erdumlaufbahn verbrachte, weitere Forschungen durchführte und dann 500 km von Hawaii entfernt im Pazifik wasserte. Nachdem sich das Aufsehen um diese gemeinsame Unternehmung –

internationale Kommentatoren bezeichneten sie als Public Relations – gelegt hatte, wurde eine mögliche dauerhafte Zusammenarbeit zwischen den USA und der UdSSR im Weltraum wieder äußerst schwierig. Tatsächlich unterschrieben beide Nationen zwei Jahre später, aber immer noch auf der Welle des Erfolges von 1975, bei der fälligen Erneuerung der Übereinkunft von 1972 ein weiteres Agreement mit zwei ehrgeizigen Zielen. Sie erwiesen sich in der Durchführung aber als derart schwierig, daß in der Mitte der 80er Jahre, fast zehn Jahre nach der Unterzeichnung, noch gar nichts realisiert war. Man hatte in dieser Vereinbarung ein Zusammentreffen zwischen dem amerikanischen Space Shuttle und der sowjetischen Raumstation Salut sowie den Bau einer Plattform im Orbit vorgesehen, die einer internationalen Zusammenarbeit offenstehen sollte.

In Tat und Wahrheit waren die Beziehungen der beiden Supermächte im Weltraum viel bescheidener und zogen sich über Jahre hin. Sie hingen hauptsächlich mit einer Reihe von Starts der sowjetischen Kosmos-Satelliten zusammen. In ihnen fanden biologische Experimente statt (diese Kosmos-Satelliten hießen dann auch einfach »biologische Satelliten«), die von verschiedenen Ländern des Ostblocks, von Frankreich

sowie den Vereinigten Staaten vorbereitet wurden. Solche Satelliten transportierten auch Tiere und brachten sie dann in einer Kapsel wieder auf die Erde, wo sie geborgen und untersucht wurden. Der erste dieser Kosmos-Satelliten startete 1966 (Kosmos 110). Bis zur Mitte der 80er Jahre waren es ingesamt fast zehn Starts. Die beiden letzten waren Kosmos 1514 (Start im Dezember 1983, an Bord die Affen Abrek und Bpon und eine Gruppe trächtiger Mäuse, die nach der Rückkehr auf die Erde ohne Schwierigkeiten warfen) und Kosmos 1667 (Start am 10. Juli 1985, mit an Bord die Affen Vernj und Gordj in Gesellschaft von zehn männlichen Mäusen, einigen Fruchtfliegen sowie einem Aquarium mit Guppys).

Das Ziel dieser Missionen – so definierte es die Prawda anläßlich der beiden letzten Starts – war die Untersuchung »der vestibulären und hämodynamischen Reaktionen des Organismus bei Schwerelosigkeit während der akuten Phase der Anpassung«.

Abgesehen von diesem biologischen Zweig führte die Kooperation zwischen den USA und der UdSSR zu einem Informationsaustausch über die interplanetarische Forschung, insbesondere über Mars und Venus. In diesem Sektor ist auch die Teilnahme der Amerikaner am Beobachtungsprogramm des Kometen Halley in den ersten Monaten des Jahres 1986 zu nennen. Auf den beiden sowjetischen Vega-Sonden, die in der »Nähe« des Kometen vorbeiflogen, befand sich ein Instrument (ein Detektor für Kometenstaub), das die Universität Chicago entwickelt hatte. In diesem Fall vermittelte das deutsche Max-Planck-Institut die Zusammenarbeit.

Allerdings reduziert ein im November 1984 vom amerikanischen Präsidenten Reagan gebilligtes und unterzeichnetes Gesetz die Beziehung und Zusammenarbeit mit der UdSSR fast auf Null. Das Gesetz ist als Protest gegen die Regierung zu verstehen, welche die Sowjets den Polen aufdrängten. Der Gesetzestext spricht vor allem von zwei Dingen. Das erste betrifft die Durchführung einer gemeinsamen Mission im Orbit, mit dem amerikanischen Space Shuttle und der sowjetischen Raumstation Salut. Es sollte dabei eine Rettungsoperation mit der düsenbetriebenen Manövriereinheit für Astronauten simuliert werden. Im wesentlichen wird darin die Vereinbarung erneuert, die bereits 1977 getroffen worden war.

Die zweite Seite der Kooperation betrifft die Weltraummedizin und die Weltraumbiologie, die interplanetarische Astronomie sowie die bemannte und unbemannte Erforschung des Sonnensystems. Auf diesen Gebieten zeichnet sich die Möglichkeit einer bemannten Reise auf den Mars ab, vorbereitet und realisiert gemeinsam von den Amerikanern und den Russen.

Dieser Traum ist aber ehrgeizig, und die politische Realität in den beiden Nationen wird wohl kaum ein solches Unternehmen zulassen. Vor allem weil dies einen Austausch technologischer Kenntnisse auf höchstem Niveau gleichkäme, was aus technischen und wirtschaftlichen Erwägungen sehr unwahrscheinlich ist.

Besiedlung des Mondes und die Erforschung des Mars

Im Jahr 1983 gaben die Amerikaner den Startschuß für die Entwicklung und den Bau ihrer bemannten Raumstation. Das Jahr 1984 hingegen wird für die westliche Welt wohl das Bezugsjahr für das Projekt einer dauernden Besiedlung des Mondes bleiben. In den 12 Monaten dieses Jahres wurden in den Vereinigten Staaten die beiden ersten offiziellen Zusammentreffen abgehalten. Dabei diskutierten Wissenschaftler, Techniker, Experten zahlreicher Fachgebiete, darunter auch Rechtsgelehrte, die Gründe, die Probleme und die Notwendigkeit einer dauernden Besiedlung unseres natürlichen Satelliten. Es werden wahrscheinlich diese beiden Zusammenkünfte sein, die in historischer Sicht den konkreten Anfang dieser Entwicklung darstellen. Die Möglichkeit dazu war im Verlauf der astronautischen Entwicklung allerdings schon öfter erwogen worden, wenn auch nur im Hinblick auf die ferne Zukunft.

Beide Zusammenkünfte wurden von der NASA finanziert. Das erste Zusammentreffen fand im April in New Mexico im Los Alamos National Laboratory statt. Es gehört zum Institut für Geophysik und Planetenphysik der Universität Kalifornien. Das Zusammentreffen trug den offiziellen Namen Lunar Base Workshop. 50 Spezialisten der unterschiedlichsten Disziplinen lieferten in fünftägiger Diskussion ihre wertvollen Beiträge. Daraus ging ein Dokument hervor, die erste Willenserklärung, dauernd auf dem Mond leben und arbeiten zu wollen. Dieses Dokument wurde von allen unterzeichnet und von ihnen als »white paper«, weißes Papier, bezeichnet. Es enthält eine Reihe von Empfehlungen über den Wert und die Notwendigkeit, den Plan einer dauernden Besiedlung des Mondes durch den Menschen ins Auge zu fassen. Darin wird auch empfohlen, an einem derart ehrgeizigen Projekt auch andere Nationen teilnehmen zu lassen.

»Wir empfehlen – so sagt das »white paper« –, »daß diese Nation in der wissenschaftlichen Erforschung fortfahre, die Handelsmöglichkeiten ausweite und sich darauf vorbereite, dauernd auf anderen Planeten zu wohnen, wobei sie das Ziel ins Auge fassen sollte, wieder auf den Mond zurückzukehren.«

Während der fünf Tage in Los Alamos beschränkten sich die Wissenschaftler nicht darauf, abstrakt die Möglichkeiten eines solchen Projekts zu erwägen. Vielmehr wurde bereits eine wenn auch nur allgemeine technische und technologische Überprüfung begonnen. Sie diente dazu, ein Gerüst für das Vorgehen zu entwickeln. Mit anderen Worten, es wurden die Richtungen für die zukünftigen Operationen bestimmt. Daraus ging zum Beispiel hervor, daß man alle Infrastrukturen, die mit wissenschaftlicher Forschung zu tun haben, auf der erdabgewandten Seite des Mondes aufbauen muß, um zu vermeiden, daß die industrielle Produktion auf der erdzugewandten Seite, etwa der Bergbau, zu einer Störung durch Verschmutzung führt. Es wurden auch die praktischen Möglichkeiten einer industriellen Nutzung des Mondbodens abgesteckt. Es wurde auch die Notwendigkeit deutlich, daß die beim Bau einer Mondbasis erforderlichen Technologien aus den Erfahrungen hervorgehen müssen, die man in diesem und zukünftigen Jahren beim Bau der Raumstation gewinnt.

Eine direkte Folge der Zusammenkunft von Los Alamos war das Meeting, das im Herbst 1984 am Sitz der National Academy of Science in Washington stattfand. Damit wollte die NASA den Vorschlägen des Frühjahrsworkshops offizielles Gewicht verleihen und gleichzeitig die Bedeutung des neuen Zusammentreffens erweitern, indem es die zukünftigen Aktivitäten im Weltraum von allen möglichen Seiten beleuchtete. »Lunar bases and space activities of 21st century« war der Titel dieses Symposions, das den Blick auf das nächste 21. Jahrhundert richtete.

Auch das offizielle Washington gab den Hinweis, daß die Rückkehr und die Besiedlung des Mondes ein Fixpunkt in der nächsten strategischen Planung darstellt, auch

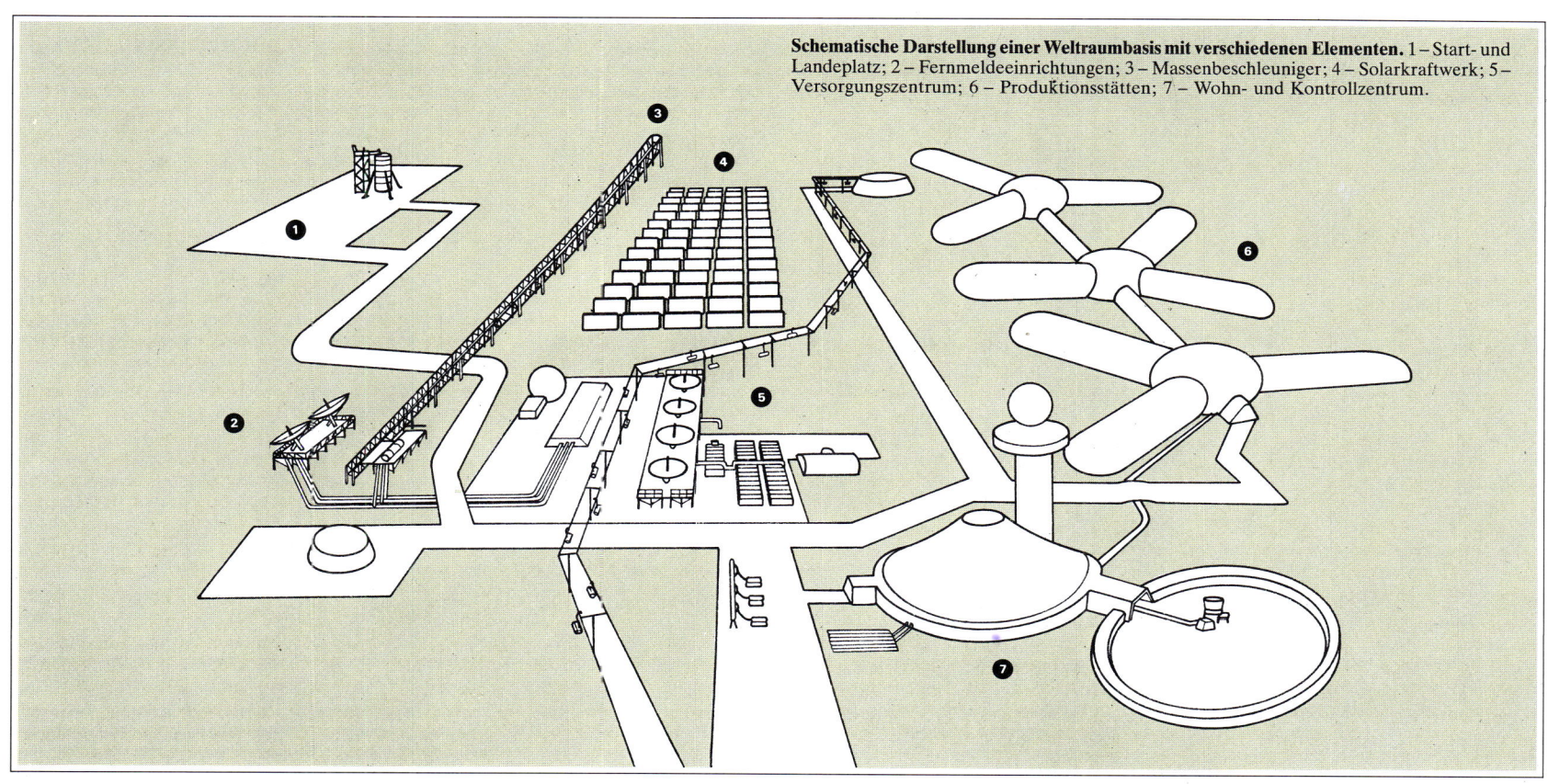

Schematische Darstellung einer Weltraumbasis mit verschiedenen Elementen. 1 – Start- und Landeplatz; 2 – Fernmeldeeinrichtungen; 3 – Massenbeschleuniger; 4 – Solarkraftwerk; 5 – Versorgungszentrum; 6 – Produktionsstätten; 7 – Wohn- und Kontrollzentrum.

wenn der nächste logische Schritt eigentlich die faszinierende Reise eines bemannten Raumschiffes auf den nächsten Planeten Mars wäre. So sieht man es jedenfalls heute in der zweiten Hälfte der 80er Jahre. Im Hinblick auf die enormen Investitionen solcher Unternehmen könnten nur schwerwiegende politische Gründe zu einer realistischen Programmierung und schließlich Realisierung führen. »Ich glaube mit Sicherheit, daß wir in den nächsten 25 Jahren auf den Mond zurückkehren«, sagte am Symposion James Beggs, der damalige Leiter der NASA, und er fügte hinzu: »Die Basis auf dem Mond ist das natürlichste und stimulierendste Ziel, das wir erreichen können, indem wir die Raumstation als Zugang dazu verwenden.« In Washington gingen die Diskussionen viel mehr ins Detail als die Beiträge in Los Alamos. Insbesondere wurden einige frühere Bewertungen verschiedener Gruppen von Wissenschaftlern, von NASA-Angehörigen oder nicht, in Betracht gezogen. Aus den Ergebnissen der beiden amerikanischen Kongresse ergibt sich folgendes Bild.

Kosten: Natürlich stellten die Kosten einer solchen Operation stets das Schlüsselelement in den Diskussionen dar.

»Wir kommen zum Schluß, daß eine Mondbasis keine schwere Belastung für das Budget der NASA darstellt und daß sie mit den normalen Zuwendungen an die amerikanische Weltraumbehörde finanziert werden kann«, meint ein Dokument der Gesellschaft Merrill Lynch & Co. Für die anfängliche Entwicklung und die entsprechenden Operationen reichten 50–90 Milliarden Dollar aus, verteilt auf die nächsten 25 Jahre, mit jährlichen Maximalausgaben in der Höhe von 6–9 Milliarden Dollar. Wenn man die Bilanzentwicklung der NASA aufgrund der heutigen Wachstumsrate betrachtet, so wird die Weltraumbehörde im Jahr 2020 ein Budget von ungefähr 18 Milliarden Dollar zur Verfügung haben. Damit bleibt nach Meinung der

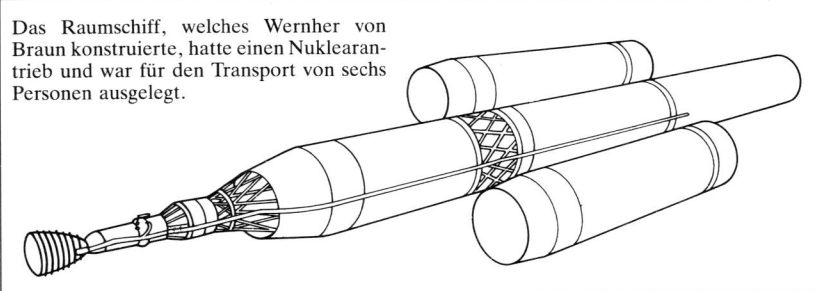

Das Raumschiff, welches Wernher von Braun konstruierte, hatte einen Nuklearantrieb und war für den Transport von sechs Personen ausgelegt.

Experten noch eine weite Marge für andere Aktivitäten (Raumstation, interplanetarische Forschung, wissenschaftliche Satelliten), die von den Ausgaben für die Mondbasis durchaus nicht abgewürgt werden. Wenn man das finanzielle Engagement für das Apollo-Programm zur Erforschung des Mondes dagegenhält, so stellte dieses eine größere Belastung dar, denn es verschlang 0,3% des Bruttosozialprodukts, während die Kosten für das Programm einer dauernden Besiedlung des Mondes unter 0,1% bleiben werden.

Wissenschaftliche Vorteile: Die wissenschaftliche Forschung würde aus einer Besiedlung des Mondes vor allem auf zwei Gebieten sicheren Vorteil ziehen, nämlich der Raumphysik und der Astrophysik, natürlich ganz abgesehen davon, daß die Erforschung des Mondes gleichzeitig die Fragen nach dessen Ursprung und Evolution beantwortet. Diese beiden grundlegenden Aspekte sind uns ja noch unbekannt. Im Hinblick auf die Astrophysik bestünden die Vorteile vor allem im Bau großer Observatorien auf der Mondoberfläche. Es könnten Radioteleskope oder Einrichtungen zur Erforschung der Gammastrahlen, der kosmischen Strahlung und der Gravitationswellen errichtet werden.

Vorteile für die Industrie: Alle Experten,

die an der Entstehung dieses Projekts bisher mitgewirkt haben, sind sich einig darüber, daß nicht die wissenschaftlichen Ziele dieses Programm rechtfertigen werden. Vielmehr werden es die Aussichten für die Industrie sein, welche Investitionen in diese Richtung ermöglichen, denn daraus werden handfeste ökonomische Vorteile entstehen. Diese Vorteile allerdings, die sich nur auf Weltraumaktivitäten beziehen.

Der Mond beherbergt beträchtliche Lagerstätten an Silizium, Eisen, Aluminium, Kalium, Magnesium, Titan und Sauerstoff. Vor allem der Sauerstoff wird eines der ersten wirtschaftlich nutzbaren Produkte sein. Man wird ihn aus Ilmenit, einem an der Oberfläche verbreiteten Eisen-Titan-Oxid, gewinnen und für den Antrieb von Raumschiffen verwenden. Schwieriger und teurer wird die Gewinnung des Wasserstoffs, des Stickstoffs und des Kohlenstoffs sein, die alle nur in geringen Mengen vorhanden sind.

Anwendbare Technologien: Die Technologien, die für die Mondbasis Verwendung finden, gehen direkt aus jenen hervor, welche jetzt für den Bau der Raumstation entwickelt werden. Schon heute wird den Erbauern dieser Station empfohlen, Systeme zu berücksichtigen, die sich leicht weiterentwickeln und für die menschliche Be-

siedlung des Mondes nutzen lassen werden. Besondere Aufmerksamkeit erhält dabei das sogenannte »Closed Ecological Life-Support System«, ein Lebenserhaltungssystem, das dauernd arbeitet und alles wiederverwertet, was der Mensch für das Überleben braucht. Alle Arten von Abfällen, von Kohlendioxid bis zu festen Stoffen, werden wiederverwendet und reintegriert, um die Verluste dieses Systems auf ein Minimum zu begrenzen. Das andere Schlüsselelement stellt die Energieversorgung dar. Man ist fast sicher, daß man ein solares und nukleares Mischsystem verwenden wird. Die solare Komponente wird auf der Photovoltaik beruhen, während das nukleare System eine Weiterentwicklung des heutigen Reaktors SP-100 darstellen kann. Von der Leistung her gesehen, wird das heutige vorgesehene Niveau von 75–100 kW für die Raumstation auf 1000 kW oder mehr kommen müssen, vor allem im Hinblick auf die künftige industrielle Produktion.

Die Automatisierung der Systeme und Prozesse stellt schließlich ein weiteres entscheidendes Element dar. Sie wird fast alle Arbeiten betreffen, so daß der Mensch nur noch Kontrollfunktionen ausübt. Für diesen Aspekt wird man die Techniken der künstlichen Intelligenz verwenden. Natürlich hängt jedes Projekt eines Stützpunktes auf dem Mond davon ab, wie die ersten Infrastrukturen auf unseren natürlichen Satelliten transportiert werden können. Es wird also unerläßlich sein, ein »Orbital Transfer Vehicle« zu bauen, das die Verbindungen zwischen der Raumstation in Erdumlaufbahn und dem Mond erleichtert. Diese Raumstation wird auch als Knotenpunkt für die gesamte Aktivität auf unserem Satelliten und für alle weiteren Raumaktivitäten dienen. In der Raumstation werden tatsächlich die Fahrzeuge zusammengebaut, welche die nächsten Reisen in den Kosmos unternehmen.

Vorläufige Erkundung: Der erste Schritt besteht heute in einer vorläufigen Erkundung der Mondoberfläche, um jene Gebiete herauszufinden, die für eine Besiedlung in Frage kommen. Trotz der automatischen Programme der Amerikaner und der Sowjets sowie der bemannten amerikanischen Flüge des Apollo-Programms (6 Landungen mit je 2 Astronauten), ist die Oberfläche des Mondes den Aussagen der Geologen zufolge weniger bekannt als die von Mars. Aus diesem Grund sieht das amerikanische Programm zur interplanetarischen Forschung ungefähr für das Jahr 1990 den Start einer Sonde in eine Mondumlaufbahn vor.

Das Projekt einer dauernden Besiedlung des Mondes stellt mindestens für die Vereinigten Staaten jenes Ziel dar, das nach dem Bau der Raumstation erreicht werden soll. Für spätere Zeiten zeigen sich aber bereits die Idee und der Wille zu einem Flug auf den Mars. Viele Gründe und Zeichen sagen uns, daß das »Ziel Mond« auch für die Sowjets Bedeutung erlangt hat. Und zur gleichen Zeit haben auch sie die Idee einer Marsexpedition ins Auge gefaßt. Die konkreten Technologien für dieses ehrgeizige Ziel werden aber beiden Mächten erst nach einigen Jahrzehnten zur Verfügung stehen.

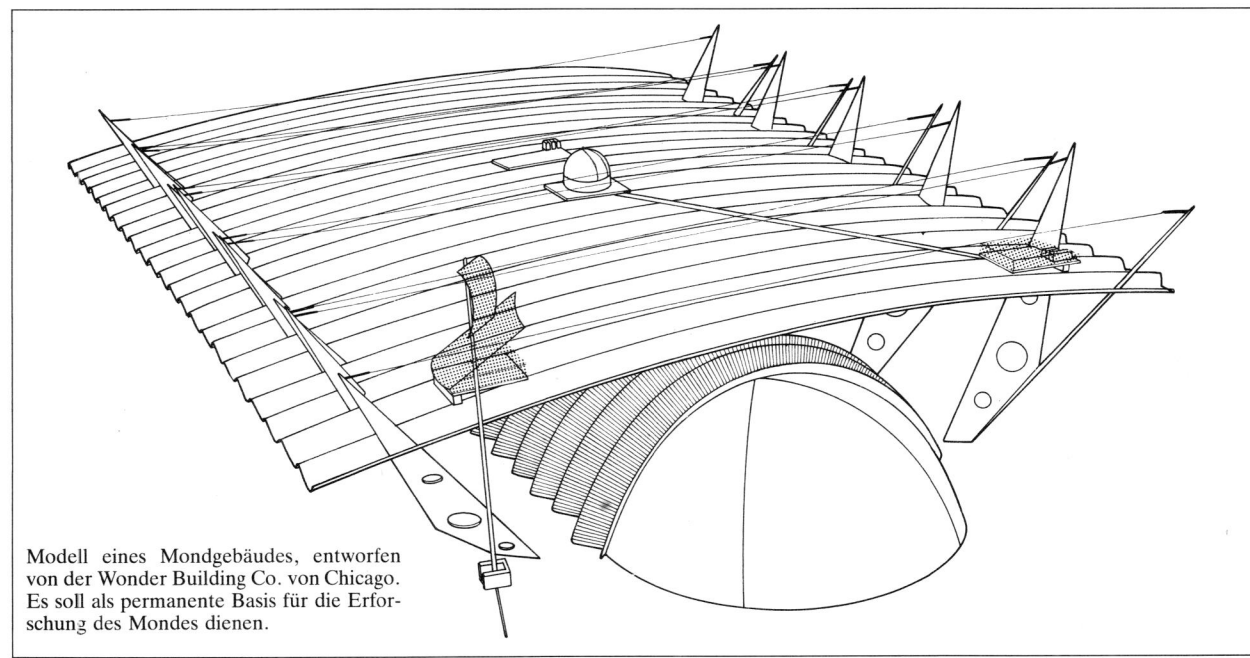

Modell eines Mondgebäudes, entworfen von der Wonder Building Co. von Chicago. Es soll als permanente Basis für die Erforschung des Mondes dienen.

Anhang

Unbemannte Mondsonden und bemannte Raumflüge zur Erforschung des Mondes

Sonde oder Kapsel	Start-datum	Masse in kg
1 – Pioneer 0 USA	17. 8. 58	38

Versuchsflug zum Mond. Rakete Thor-Able I, explodierte beim Start.

Sonde oder Kapsel	Start-datum	Masse in kg
2 – Pioneer 1 USA	11. 10. 58	38

Versuchsflug zum Mond. Fehler in der Rakete Thor-Able I, 3. Stufe schaltete sich zu früh ab. Sonde fiel am 12.10. in die Erdatmosphäre zurück. Entfernung 117 000 km. Datenübermittlung 43ʰ

| 3 – Pioneer 2   USA | 8. 11. 58 | 39,5 |

Versuchsflug zum Mond. Fehlstart wegen Nichtzündung der 3. Stufe der Thor-Able I beim Verlassen der Erdatmosphäre.

| 4 – Pioneer 3   USA | 6. 12. 58 | 5,87 |

Versuchsflug zum Mond. Fehler in der Juno II Rakete. Sonde fiel am 7. 12. in die Erdatmosphäre zurück. Entfernung 102 300 km. Entdeckte den Van-Allen-Strahlungsgürtel.

| 5 – Lunik 1   UdSSR | 2. 1. 59 | 361,3 |

Versuchsflug zum Mond nach einer Erd- und Mondumkreisung. Verfehlte das Ziel und flog am 4. 1. in 5600 km Entfernung am Mond vorbei in eine Sonnenumlaufbahn; Umlaufperiode 450 Tage mit einer Bahnneigung von 0,01°. Erstes irdisches Objekt, das Fluchtgeschwindigkeit von 40 248 km/h erreichte. A-1 Rakete.

| 6 – Pioneer 4   USA | 3. 3. 59 | 6,07 |

Sonde verfehlte den Mond um 60 000 km und flog in eine Sonnenumlaufbahn; Umlaufperiode 398 Tage mit einer Bahnneigung von 1,30°. Funkkontakt bis zu 700 000 km von der Erde.

| 7 – Lunik 2   UdSSR | 12. 9. 59 | 390 |

Erstes irdisches Objekt, das auf der Mondoberfläche aufschlug (15. 9.); im Gebiet des Kraters Autolycus zwischen dem Mare Serenitatis und Mare Imbrium. Die kugelförmige Sondenoberfläche trug eine Tafel mit dem Hammer-und-Sichel-Emblem

| 8 – Pioneer (P 1)   USA | 24. 9. 59 | 170 |

Versuchsflug in eine Mondumlaufbahn. Versuchsrakete explodierte.

| 9 – Lunik 3   UdSSR | 4. 10. 59 | 278,5 |

Erste Aufnahmen aus 63 000 km Abstand von der Mondrückseite (über 300 Bilder durch Funk übertragen). Nach einem Vorbeiflug am 10. 10. im Abstand von 6200 km Entfernung bewirkte ein Swing-by-Effekt eine Flugbahnänderung zur Erde. Orbit 40 638 × 460 725 km, Neigung 76,8°. Verglühte in der Erdatmosphäre am 29. 4. 60.

| 10 – Pioneer (P 3)   USA | 26. 11. 59 | 170 |

Versuchsflug zum Mond. 45 s nach dem Start durch Abriß der Nutzlastverkleidung zerstört. Atlas-Able IV Rakete.

| 11 – Pioneer (P 30)   USA | 29. 9. 60 | 176 |

Versuchsflug zum Mond. 2. Stufe der Atlas-Able VA explodierte beim Aufstieg.

| 12 – Pioneer (P 31)   USA | 15. 12. 60 | 176 |

Versuchsflug zum Mond. Atlas-Able VB explodierte 70 s nach dem Start.

| 13 – Ranger 1   USA | 23. 8. 61 | 306 |

System- und Instrumententests für Studien im interplanetarischen Raum. Erdumlaufbahn zu niedrig 169 × 504 km, konnte Wartebahn nicht verlassen. Verglühte am 30. 8. Versagen der Atlas-Agena-Rakete.

Sonde oder Kapsel	Start-datum	Masse in kg
14 – Ranger 2 USA	18. 11. 61	306

Wiederholung des vorherigen Versuchs. Erdumlaufbahn zu niedrig 153 × 235 km, konnte Wartebahn nicht verlassen. Verglühte am 20. 11. Erste Mondsonde, die nur mit Solarzellen ausgerüstet war. Versagen der Trägerrakete.

| 15 – Ranger 3   USA | 26. 1. 62 | 330 |

Sollte mit der Fernsehkamera Aufnahmen vom Mond übermitteln. Die ankommenden Signale waren zu schwach. Wegen zu hoher Brennschlußgeschwindigkeit Mond um 36 792 km verfehlt. Trat in eine Sonnenumlaufbahn mit einer Umlaufperiode von 406,4 Tagen.

| 16 – Ranger 4   USA | 23. 4. 62 | 331 |

Stürzte am 26. 4. auf die Mondoberfläche. Keine Bildübertragung wegen Versagens der Fernsehkamera.

| 17 – Ranger 5   USA | 18. 10. 62 | 342 |

Verfehlte den Mond um 725 km. Trat in eine Sonnenumlaufbahn mit einer Umlaufperiode von 366 Tagen.

| 18 – Luna 4   UdSSR | 2. 4. 63 | 1422 |

Verfehlte den Mond um 8498 km am 6. 4. Baryzentrischer Orbit von 89 801 × 698 455 km. Rakete A-2-e.

| 19 – Ranger 6   USA | 30. 1. 64 | 365 |

Schlug hart auf der Mondoberfläche auf. Versagen der Fernsehkamera.

| 20 – Ranger 7   USA | 28. 7. 64 | 365,7 |

Erste Sonden-Fotos von der der Erde zugewandten Mondseite. Übertrug während der letzten 15 Minuten vor der harten Landung im Mare Nubium (31. 7.) 4316 Bilder (von 2100 km an bis auf 480 m Mondabstand) von einer 2000mal besseren Qualität als von der Erde aus. 38 cm großes Gestein konnte erkannt werden.

| 21 – Ranger 8   USA | 17. 2. 65 | 367 |

Übertrug während der letzten 23 Minuten vor der harten Landung im Mare Tranquillitatis (20. 2.) 7137 Bilder.

| 22 – Kosmos 60   UdSSR | 12. 3. 65 | 1460 |

Erster Versuch einer weichen Landung auf der Mondoberfläche. Verlassen der 201 × 287 km hohen Erdumlaufbahn gelang nicht. Verglühte am 17. 3.

| 23 – Ranger 9   USA | 21. 3. 65 | 366 |

Übertrug 5814 Bilder aus Mondnähe, 200 davon unmittelbar vor dem harten Aufschlag am östlichen Rand des Kraters Alphonsus, mit nur 4,8 km Zielabweichung (24. 3.). Die Bilder bewiesen, daß der Mond nicht, wie vielfach erwartet, Wasser besitzt, er aber trotzdem, wegen des Bombardements von Mikrometeoriten, der Erosion unterliegt. Letzte Ranger-Sonde.

| 24 – Luna 5   UdSSR | 9. 5. 65 | 1476 |

Weiche Landung mißglückte; stürzte durch Versagen der Bremsraketen im Mare Nubium ab (12. 5.).

| 25 – Luna 6   UdSSR | 8. 6. 65 | 1442 |

Verfehlte den Mond um 160 000 km (11. 6.); ging in Sonnenumlaufbahn.

| 26 – Zond (Sonde) 3   UdSSR | 18. 7. 65 | 960 |

Flog auf dem Weg zum Mars 9200 km am Mond vorbei und übertrug in der Zeit 25 Bilder von der Mondrückseite (20. 7.).

| 27 – Luna 7   UdSSR | 4. 10. 65 | 1506 |

Schlug durch Versagen der Bremsraketen im Oceanus Procellarum hart auf der Mondoberfläche auf (7. 10.).

Sonde oder Kapsel	Start-datum	Masse in kg
28 – Luna 8 UdSSR	3. 12. 65	1552

Schlug durch Versagen der Bremsraketen westlich des Oceanus Procellarum hart auf der Mondoberfläche auf (6. 12.).

| 29 – Luna 9   UdSSR | 31. 1. 66 | 1583 |

Erste weiche Landung auf der Mondoberfläche im Oceanus Procellarum. Kugelförmige Landekapsel mit Abstiegsteil. Übermittelte Fernsehbilder von der Mondfläche (27 in drei Tagen). Der Mondboden ist nicht bedeckt von einer meterhohen Staubschicht, wie bisher angenommen wurde.

| 30 – Kosmos 111   UdSSR | 1. 3. 66 | 1600 |

Versuchsflug zum Mond. Sonde gelang es nicht, die 191 × 226 km hohe Erdumlaufbahn zu verlassen. Verglühte am 3. 3.

| 31 – Luna 10   UdSSR | 31. 3. 66 | 1600 |

Erster Satellit, der in die Mondumlaufbahn einfliegt (3. 4.). Orbit von 350 × 1000 km, Neigung von 72°. Stellte fest, daß die Form des Mondes ovaler ist als man bisher geglaubt hatte. Erprobung von Satelliten-Systemen zur Erforschung des näheren Umfeldes des Mondes. Datenübertragung bis 30. 5.

| 32 – Surveyor 1   USA | 31. 5. 66 | 995 |

Weiche Landung im Oceanus Procellarum (2. 6.). Übermittelte bis zum 13. 7. 11 150 Bilder von der Mondoberfläche. Letzter Kontakt am 7. 1. 67. Lieferte Aufschluß über die Festigkeit des Mondbodens für die Apollo-Mondlandeeinheit (LM). Höhe 3,70 m; Durchmesser (einschließlich des Dreibein-Landegestells) 4,30 m. Atlas-Centaur-Rakete.

| 33 – Explorer 33   USA | 1. 7. 66 | 93 |

(IMP-D Interplanetary Monitoring Platform)
Verfehlte die Mondumlaufbahn wegen zu hoher Geschwindigkeit und trat in eine sehr exzentrische Erdumlaufbahn ein (15 900 × 435 424 km, Neigung 28,7°), IMP-Satellit zur Messung des Erdmagnetfeldes, des Sonnenwindes und Raumpartikelchen jenseits des Mondes. Thor-Delta-Rakete.

| 34 – Lunar Orbiter 1   USA | 10. 8. 66 | 386 |

Erster reiner Foto-Satellit, der in der Mondumlaufbahn die Filme entwickelte und dann die Bilder automatisch zur Erde übertrug. Anfangs-Mondumlaufbahn 189 × 1868 km, Neigung 12,2°. Übermittelte 207 Bilder mittlerer und höchster Auflösung von den möglichen Landeplätzen für Apollo und Surveyor-Sonden. Erste Aufnahmen von der Erde aus der Mondumlaufbahn aufgenommen. Nach Bahnänderung wurden erste Aufschlüsse über die Verschiedenheit des Schwerefeldes des Mondes erhalten, hervorgerufen durch lokale, ungleichförmige Massenkonzentrationen im Mondinneren (Mascon). Absturz (29. 10.) auf die Mondoberfläche nach Funkkommando von der Erde, um Störungen mit Lunar Orbiter 2 auszuschließen. Rakete Atlas-Agena.

| 35 – Luna 11   UdSSR | 24. 8. 66 | 1640 |

In Mondumlaufbahn von 160 × 1200 km, Neigung 27°. Erforschung des Mondumfeldes bis 1. 10.

| 36 – Surveyor 2   USA | 20. 9. 66 | 1000 |

Eine Kopie des Surveyor 1. Stürzte auf die Mondoberfläche wegen Versagens des Steuerteils (23. 9.).

| 37 – Luna 12   UdSSR | 22. 10. 66 | 1640 |

In Mondumlaufbahn von 100 × 1740 km. Übermittelt Fernsehaufnahmen von 30 × 30 km großen Gebieten der Mondoberfläche. Testsatellit für Lunochod 1 (Luna 17).

Sonde oder Kapsel	Start-datum	Masse in kg
38 – Lunar Orbiter 2 USA	6. 11. 66	389

Kopie des ersten Foto-Satelliten Lunar Orbiter 1. Anfangs-Mondumlaufbahn 46 × 1858 km, Neigung 11.8°. Beantwortete über 2870 Funkkommandos von der Erde und führte mehr als 280 Manöver aus. Übermittelte 422 Aufnahmen. Schlug am 11. 10. 67 auf der Mondoberfläche auf.

Sonde oder Kapsel	Start-datum	Masse in kg
39 – Luna 13 UdSSR	21. 12. 66	1600

Nach weicher Landung Übermittlung erster Daten über die Beschaffenheit des Mondbodens durch zwei 1,50 m tiefe Bohrungen. Bilder und Daten aus dem Oceanus Procellarum, südwestlich des Kraters Seleucus.

40 – Lunar Orbiter 3 USA	5. 2. 67	385

Wiederholte die Aufgaben seiner Vorgänger. Anfangs-Mondumlaufbahn 199 × 1850 km, Neigung 21°. Übermittelte 422 Bilder. Schlug am 9. 10. 67 auf den Mond auf.

41 – Surveyor 3 USA	17. 4. 67	1005

Weiche Landung im Oceanus Procellarum am 20. 4. Untersucht mit Hilfe eines kleinen Schürfgeräts die Beschaffenheit der Mondoberfläche. Entdeckte Kieselsteine in 15 cm Tiefe. Übermittelte 6315 Bilder und Bodenanalyse-Daten zur Erde.

42 – Lunar Orbiter 4 USA	3. 5. 67	390

Erste Bilder vom Südpol des Mondes. Anfangs-Mondumlaufbahn 2705 × 6035 km, Neigung 85,5°. Übermittelt 163 Bilder. Absturz auf die Mondoberfläche am 6. 10. 67.

43 – Surveyor 4 USA	14. 7. 67	1002

Wiederholte die weichen Landeversuche seiner Vorgänger. Stürzte auf die Mondoberfläche (17. 7.) ab, nachdem die Bremsrakete bei der Zündung explodierte, gleichzeitig brach der Funkkontakt ab.

44 – Explorer 35 USA	19. 7. 67	104,5
(IMP-E Interplanetary Monitoring Platform)		

Mondumlaufbahn von 746 × 7744 km, Neigung 146,3°. Erforschung der Erdmagnetosphäre und deren Ausläufer in Mondnähe sowie Messen von energiereichen Partikeln und Solar-Plasma.

45 – Lunar Orbiter 5 USA	1. 8. 67	390

Führte das kartographische Programm auf dem Mond mit 99,5% fotografierter Mondoberfläche zu Ende. Übermittelte 212 Bilder bester Qualität. Mondumlaufbahn 166 × 6023 km, Neigung 85°. Dokumentierte 36 Zonen von wissenschaftlichem Interesse, fünf für geeignete Apollo-Landeplätze und vervollständigte die Kartographierung der Mondrückseite. Absturz auf die Mondoberfläche (31. 1.).

46 – Surveyor 5 USA	8. 9. 67	1065

Weiche Landung im Mare Tranquillitatis (11. 9.). Chemische Analysen mit Alpha-Teilchen zeigten Ähnlichkeiten mit Basaltgestein der Erde. Übermittelte 18 006 Bilder von der Mondoberfläche am ersten Mondtag (entsprechend 14 Erdtagen). Überlebte die erste Mondnacht (bei – 159°C), aber die Qualität der übermittelten Daten hatte darunter gelitten.

47 – Surveyor 6 USA	7. 11. 67	1008

Weiche Landung im Sinus Meddi (10. 11.). Erster 3 m weiter Sprung einer Sonde auf der Mondoberfläche, wobei die Raketen keinen Mondstaub aufwirbelten. Möglichkeit eines Wiederstarts von der Mondoberfläche demonstriert. Die Sonde übermittelte 30 100 Bilder sowie durch Alpha-Teilchen-Analyse Daten von der Beschaffenheit des Mondbodens.

48 – Surveyor 7 USA	7. 1. 68	1491

Weiche Mondlandung in der Nähe des Kraters Tycho (10. 11.) auf einer Hochebene. Erste Kombination von Fernsehübertragungen (21 274 Bilder) und Bodenanalysen, einschließlich Schürfungen mit Beweisen, die zeigten, daß der Eisengehalt in den höher gelegenen Gebieten geringer ist als in den tiefen Gebieten. Ende des unbemannten Mondforschungsprogramms der USA.

Sonde oder Kapsel	Start-datum	Masse in kg
49 – Zond 4 UdSSR	2. 3. 68	2500

Unbemannter Raumflugkörper in Erdumlaufbahn 211 × 290 km, Neigung 5,6°. Erforschung des weiteren Umfeldes der Erde. Vorversuche für Sojus-Raumfahrzeuge, wahrscheinlich Wiedereintrittversuche für zukünftige bemannte Unternehmungen in der Erdumlaufbahn. Rakete D-1-e Proton.

50 – Luna 14 UdSSR	7. 4. 68	1615

Vierte Sowjet-Sonde in Mondumlaufbahn (11. 4.) von 159 × 871 km, Neigung 42°. Erforschung des Schwerefeldes des Mondes und Erprobung der Funkkommandostabilität. Vorversuche für Lunochod.

51 – Zond 5 UdSSR	14. 9. 68	2500

Erste unbemannte Umfliegung des Mondes und Rückkehr auf ballistischer Abstiegsbahn zur Erde sowie Bergung aus dem Indischen Ozean (21. 9.). An Bord waren Schildkröten, Insekten, Pflanzen und Samen. Westliche Vermutung: Vorversuch für den bemannten Raumflug. Annäherung an den Mond bis auf 1212 km.

52 – Apollo 7 USA	11. 10. 68	16 415

Erster bemannter Apollo-Flug in einer Erdumlaufbahn mit einer dreiköpfigen Besatzung (Walter Schirra, Donn Eisele und Walter Cunningham). 163 Erdumkreisungen. Erste Live-Fernsehübertragung aus einem bemannten Raumflugkörper. Wiedereintritt am 22. 10. und anschließende Wasserung im Pazifik. Saturn-IB-Rakete. Startplatz Cape Canaveral.

53 – Zond 6 UdSSR	10. 11. 68	2720

Zweite unbemannte Umfliegung des Mondes mit Rückkehr zur Erde. Landung in der UdSSR (17. 11.). Fotografierte die Rückseite des Mondes im Abstand von 2420 km. Wird als zweiter Vorversuch für die bemannte sowjetische Raumfahrt bewertet.

54 – Apollo 8 USA	21. 12. 68	30 781

Erste bemannte Mondumfliegung; 10 Mondumkreisungen. Besatzung: Frank Borman, James Lovell und William Anders. Die Mondfähre (LM) wurde durch eine massegleiche Attrappe ersetzt. Erprobung aller Systeme. 27. 12. Wasserung im Pazifik. Rakete Saturn V.

55 – Apollo 9 USA	3. 3. 69	38 414
(CM Gumdrop; LM Spider)		

Erstmalige Erprobung des kompletten Mondflugsystems in der Erdumlaufbahn; 151 Erdumkreisungen. Besatzung: James McDivitt, David R. Scott und Russell L. Schweickart. Apollo und LM trennen sich bis zu 160 km Abstand, Rendezvous und erstes Koppelungsmanöver mit der Mondlandeeinheit. Erstes EVA von der Apollo-Kapsel aus. Wasserung im Pazifik am 13. 3.

56 – Apollo 10 USA	18. 5. 69	44 3676
(Cm Charlie Brown; LM Snoopy)		

Abschlußversuch für eine bemannte weiche Landung auf dem Mond. Das LM mit Thomas Stafford und Eugene Cernan an Bord näherte sich bis auf 15 km der Mondoberfläche, dem äußersten Grenzwert für einen Rückflug zum CM (gesteuert von John Young). In Mondumlaufbahn: 2 Tage, 13^h, 10^{min}. Wasserung im Pazifik am 26. 5.

57 – Luna 15 UdSSR	13. 7. 69	1814

In Mondumlaufbahn (17. 7.). Erfolglose weiche Landung auf dem Mond zur Rückführung von Mondmaterie zur Erde, zirka 2^h vor dem Wiederaufstieg der Apollo-Mondfähre mit zwei Astronauten der Apollo-11-Mission. Erste (zweimalige) Bahnänderung einer sowjetischen Sonde.

58 – Apollo 11 USA	16. 7. 69	44 676
(CM Columbia; LM Aquila)		

Erste Landung zweier »Erdbewohner« (Neil Armstrong und Edwin Aldrin) auf dem Mond; am Südrand des Mare Tranquillitatis (20. 7.). In Mondumlaufbahn Michael Collins. Erforschungsgrenze: in 60 m Entfernung vom LM; Zeit: 2^h, 31^{min}; entsprechend 11,7% des gesamten Aufenthalts. 32 kg Mondgestein gesammelt. Wiedereintritt und Wasserung im Pazifik am 24. 7.

Sonde oder Kapsel	Start-datum	Masse in kg
59 – Zond 7 UdSSR	7. 8. 69	2720

Dritte unbemannte Mondumfliegung mit Rückkehr zur Erde. Farbfotos von der Mondrückseite aus 2200 km Abstand. Landung in Kasachstan UdSSR am 14. 8.

60 – Kosmos 300 UdSSR	23. 9. 69	5600

Nach westlicher Beobachtung mißglückter Mondlandeversuch eines Lunochod-Mondfahrzeugs (Luna 17).

61 – Kosmos 305 UdSSR	22. 10. 69	5600

Gleiche Vermutung wie bei Kosmos 300.

62 – Apollo 12 USA	14. 11. 69	46 127
(CM Yankee Clipper; LM Intrepid)		

Zweite bemannte Mondlande-Mission mit Charles Conrad, Alan Bean und in der Mondumlaufbahn Richard Gordon. Landung im Oceanus Procellarum am 19. 11. Aufenthaltsdauer: 31^h, 31^{min}, davon 24,6% EVA. 35 kg Mondgestein gesammelt, aus 70 cm Tiefe. Teile der Surveyor-3-Sonde geborgen. 200 kg wissenschaftliches Gerät zurückgelassen. Wasserung im Pazifik am 24. 11.

63 – Apollo 13 USA	11. 4. 70	44 676
(CM-Odyssey; LM Aquarius)		

Dritte bemannte Mondlande-Mission mit James Lowell, John Swigert und Fred Haise wurde abgebrochen wegen der Explosion eines Sauerstofftanks im Serviceteil. Es mußte sofort auf das Versorgungssystem des LM zurückgegriffen werden. Nach Umfliegen des Mondes wurde vor Eintritt in eine freie Rückkehrbahn zur Erde das Serviceteil abgetrennt. Wasserung im Pazifik am 17. 4.

64 – Luna 16 UdSSR	12. 9. 70	1880

Erste Rückführung von Mondmaterie zur Erde mit der unbemannten Sonde vom Typ Luna 15. Aus Mondparkbahn weiche Landung im Mare Fertilitas (20. 9.). Mit mechanischem Bohrgerät wurden aus 30 cm Tiefe 105 g Mondproben in der Rückkehrkapsel untergebracht. Rückstart am 21. 9. auf ballistischer Eintauchbahn. Landung am Fallschirm am 24. 9. in Kasachstan.

65 – Zond 8 UdSSR	20. 10. 70	4000

Mondumfliegung im Abstand von 1200 km, letzter Vorversuch einer bemannten Mission. Weitere Mondaufnahmen. Landung im Indischen Ozean am 27. 10.

66 – Luna 17 UdSSR	10. 11. 70	1814

Weiche Mondlandung im Mare Imbrium (17. 10.); Absetzen des ersten halbautomatischen Mondfahrzeugs Lunochod 1; Masse 756 kg. Angetrieben durch Batterien und Solarzellen. Analyse von Mondgestein, physikalische und mechanische Bodenuntersuchungen an 500 Stellen, chemische an 25. Von der Erde aus ferngesteuert legte es in 11 Monaten über 10 540 m zurück und fotografierte ein Gebiet von 80 000 m². An Bord war ein französischer Laser-Reflektor installiert.

67 – Apollo 14 USA	31. 1. 71	44 676
(CM Antares; LM Kitty Hawk)		

Dritte bemannte Mondlande-Mission mit Alan Shepard, Edgard Mitchell und in der Mondumlaufbahn Stuart Roosa. Landung im Krater Fra Mauro. Aufenthaltsdauer: 1 Tag, 9^h, 31^{min}, davon 27,7% EVA. Einsammeln von 43,5 kg Mondgestein mit einem Handkarren. Größte Tiefe der Bohrungen 80 cm, Gesteinsalter zirka 4,5 Milliarden Jahre. Zurückgelassenes wissenschaftliches Gerät 225 kg. 3. Stufe der Saturn V stürzte zur Erzeugung eines Bebens auf die Mondoberfläche. Wasserung im Pazifik 9. 2.

68 – Apollo 15 USA	26. 7. 71	48 549
(CM Endeavour; LM Falcon)		

Vierte bemannte Mondlande-Mission mit David Scott, James Irwin und in der Mondumlaufbahn Alfred Worden. Landung in der Nähe der Hadleyschen Rille (30. 7.). Erster Mondaufenthalt mit dem Elektromobil »Lunar Rover«. Größter Abstand vom LM zirka 6 km. Aufenthaltsdauer: 2 Tage, 18^h, 55^{min}, davon 27,8% EVA. Einsammeln von Mondmaterie mehr als 100 kg. Tiefe der Bohrungen 2,36 m, Gesteins-Durchschnittsalter zirka 4,5 Milliarden Jahre. Zurückgelassenes wissenschaftliches Gerät 549 kg. Wasserung im Pazifik am 7. 8.

Mondsonden und Raumflüge zur Erforschung des Mondes

Sonde oder Kapsel	Start-datum	Masse in kg
69 – Subsatellite USA Apollo 15	4.8.71	36

Absetzen des ersten Mondsatelliten aus der Apollo-Kapsel in eine Mondumlaufbahn von 103,5 × 135,9 km, Neigung 151,28°. Abgesetzt durch Springfedermechanismus. Ausgerüstet mit Teilchendetektor, Magnetometer und S-Band-Verstärker zur Messung des Erdmagnetfeldes in Mondnähe und der Schwerefeldveränderungen des Mondes infolge Mascons. Datenübermittlung bis zum 3.2.72.

Sonde oder Kapsel	Start-datum	Masse in kg
70 – Luna 18 UdSSR	2.9.71	1880

4½ Tage in Mondumlaufbahn. Mißlungene weiche Landung im Mare-Fertilitas-Hochland (11.9.) Wahrscheinlich ein dritter Versuch mit einer Sonde des Typs Luna 15/16 zur Rückführung von Mondmaterie zur Erde.

| 71 – Luna 19 UdSSR | 28.9.71 | 1814* |

In Mondumlaufbahn von 172 × 135 km, Neigung 40° (2.10.) Gravitationsfeld-Untersuchungen und Fotografien von der Mondoberfläche, u.a. wissenschaftliche Untersuchungen in Mondnähe.

| 72 – Luna 20 UdSSR | 14.2.72 | 1880* |

Zweite Rückführung von Mondmaterie zur Erde mit einer unbemannten automatischen Sonde. Gleiches Verfahren wie bei Luna 16. Weiche Landung im bergigem Gebiet südlich des Mare Crisium (20.2.). Eine Bohrvorrichtung holte aus 10–15 cm Tiefe 150 gr hellgraue Mondmaterie. Rückstart vom Mond am 22.2., Landung der Rückkehrkapsel am 25.2. im Schneesturm, 40 km nordwestlich der Stadt Dsheskasgan (Kasachstan).

| 73 – Apollo 16 USA | 16.4.72 | 48 549 |

(CM Caspar; LM Orion)
Fünfte bemannte Mondlande-Mission mit John Young, Charles Duke und in der Mondumlaufbahn Thomas Mattingly. Landung in der Descartes Hochebene (20.4.). Aufenthaltsdauer: 2 Tage, 23^h, 2^{min}, davon 28,5% EVA. Einsammeln von 96 kg Mondmaterie mit dem Mondmobil aus Bohrungen bis zu 3 m Tiefe. Gesteins-Durchschnittsalter 4 Milliarden Jahre. Zurückgelegte Strecke von 27,9 km, bei größtem Abstand vom LM von 6 km. UV-Fotografien von zirka 10000 Himmelskörpern. Wiedereintritt und Wasserung im Pazifik am 27.4.

Sonde oder Kapsel	Start-datum	Masse in kg
74 – Subsatellit USA Apollo 16	24.4.72	36

Absetzen des zweiten Mondsatelliten aus der Apollo-Kapsel in eine Mondumlaufbahn. Datenübermittlung von Meßergebnissen des Erd- und interplanetaren Magnetfeldes in Mondnähe sowie der Schwerefeldveränderungen des Mondes infolge Mascons; Messung des Elektronen-Protonen-Flusses durch Teilchendetektor. Nach Bahnänderung in eine falsche Mondumlaufbahn, Absturz auf die Mondoberfläche am 29.5.

| 75 – Apollo 17 USA | 7.12.72 | 48 549 |

(CM America; LM Challenger)
Sechste und letzte Mondlande-Mission mit Eugene Cernan, Harrison Schmitt und in der Mondumlaufbahn Ronald Evans. Landung im Taurus-Littrow-Gebiet in der Nähe des Littrow-Kraters. Aufenthaltsdauer: 3 Tage, 3^h, davon 22% EVA mit dem Mondmobil. Fahrstrecke von 35 km, bei größtem Abstand vom LM von 6,4 km. Einsammeln von 110,2 kg Mondmaterie aus bis zu 2,50 m tiefen Bohrungen. Gesteins-Durchschnittsalter 3,5–4 Milliarden Jahre. Entdeckung von kleinen, orangefarbigen, blasenartigen Krateröffnungen, die auf sogenannte Fumarole hindeuten. Erster Wissenschaftler auf dem Mond, der Geologe Schmitt. Wiedereintritt und Wasserung im Pazifik am 19.12.

| 76 – Luna 21 UdSSR | 8.1.73 | 4850 |

Landung des Mondfahrzeugs Lunochod 2 (16.1.) im Inneren der Kraterformation Le Monnier am Ostrand des Mare Serenitatis, nach viertägiger Verweildauer in einer Mondumlaufbahn. Masse des Lunochods 840 kg. Nach Beendigung der Aktivitäten waren 37 km Fahrstrecke zurückgelegt, dabei wurden 86 stereoskopische und Panorama-Aufnahmen sowie 80000 Fernsehbilder zur Erde übertragen. Die chemische Mondbodenanalyse erbrachte die gleichen Ergebnisse wie im Mare Imbrium. Der Mondhimmel ist voll von Dunstpartikelschwärmen, die am Tage das Sonnenlicht brechen.

| 77 – Explorer 49 USA | 10.6.73 | 250 |

(RAE 2 – Radio Astronomy Explorer)
Radioastronomie-Satellit in einer Mondumlaufbahn von 1109 × 1120 km; benutzt den Mond als Abschirmung gegen Frequenzüberlagerungen von der Erde. Verfügt über vier ausfahrbare 225 m lange Antennen in X-förmiger Anordnung. Dient zur Untersuchung (Stärke und Richtung) galaktischer und solarer Radiostrahlung. Delta-Rakete.

Sonde oder Kapsel	Start-datum	Masse in kg
78 – Luna 22 UdSSR	29.5.74	4000

In Mondumlaufbahn (2.6.). Fernsehbilder, Mond-Morphologie, Schwerefeld und chemische Untersuchung der Bodenzusammensetzung mit Gamma-Strahlen. Mehrmalige Bahnänderungen vom Ausgangsorbit 220 km über 30 km zum Endorbit von 100 × 1286 km, Neigung 21°. Missionsende im Oktober 1975.

| 79 – Luna 23 UdSSR | 28.10.74 | 1814 |

Weiche Landung auf der Mondoberfläche im südöstlichen Randgebiet des Mare Crisium auf sehr steinigem Boden. Sondentyp wie Luna 16. Bodenprobeentnahme mißlang, nachdem der Bohrer 2,50 m tief in den Boden eingedrungen war und abbrach, was auch das Ende der weiteren Untersuchungen bedeutete.

| 80 – Luna 24 UdSSR | 9.8.76 | 4000 |

Weiche Landung auf dem Mond (18.8.) an der gleichen Stelle von Luna 23 im Mare Crisium. Das verbesserte Bohrgerät lieferte Bodenproben aus 2 m Tiefe, darunter Gesteinskörner von 8 mm Durchmesser. Das Material wurde nicht spezifiziert, sondern als »drittes Material dieser Art« zur Erde zurückgebracht. Mondrückstart am 18.8. Landung auf der Erde am 22.8., 200 km südöstlich von Surgut in Westsibirien.

| 81 – Luna 25* UdSSR | 1990 | 300–500 |

Sonde in polarer Kreisumlaufbahn des Mondes mit 100 km Abstand zur Mondoberfläche. Soll wissenschaftliches Gerät und Instrumente (13 Teile) zur Anfertigung einer geochemischen Mondkarte an Bord tragen, teilweise unter französischer Beteiligung.

| 82 – Lunar geoscience orbiter USA | 1993 | |

Befindet sich in der Entwurfsphase. Sonde in polarer Kreisumlaufbahn des Mondes mit 50–100 km Abstand zur Mondoberfläche, Kapsel mit Bremsvorrichtung für weiches Aufsetzen auf der Oberfläche. Zielsetzung: Erstellen einer geochemischen und topographischen Mondkarte sowie in kleinerem Maßstab über die unterschiedlichen Schwerefelder und das magnetische Feld. Aufkärung über den gegenwärtigen Dunst und andere flüchtige Substanzen in den kalten Polarregionen. Die Missionsdauer in der Mondumlaufbahn soll ein Jahr betragen. Planung einer zukünftigen Mondbesiedlung und deren Standortbestimmung im Hinblick auf Mondmaterie, aus der möglicherweise Sauerstoff gewonnen werden kann. Space Shuttle – PAM A Oberstufe, Startplatz Cape Canaveral.

Anmerkungen

Nach Meinung des Westens sind die folgenden Kosmos-Raumflugkörper Mondsonden, die nicht aus der Erdumlaufbahn herausgekommen sind: Kosmos 146 (10.3.67) und Kosmos 154 (8.4.67), beide mit Zond-Sonden. Laut der Union of International Telecommunications (UIT) ist Kosmos 146 ein wissenschaftlicher meteorologischer Satellit.

Das Startdatum der US-Sonden und -Kapseln bezieht sich auf Greenwich-Zeit (GMT)

CM steht für Command Modul = Kommandoeinheit. LM steht für Lunar Module = Mondlandeeinheit (Mondfähre)

EVA steht für Extra Vehicular Activity = Außenbordtätigkeit eines Raumfahrers

Der erstgenannte Astronaut ist der Kommandant, der zweite der Pilot der Mondlandeeinheit und der dritte der Pilot der Kommandoeinheit

Die Trägerraketen und Startplätze werden nur jeweils beim ersten Start aufgeführt. Für die nachfolgenden Starts derselben Serie sind es die gleichen, wenn nicht anderweitig aufgeführt

* Voraussichtliche Daten

Übersicht der bemannten Raumflüge von 1961 bis Frühjahr 1986

	Raumfahrzeug	Land	Masse kg	Start (Rückkehr)	Dauer (Umläufe)	Besatzung	Bemerkung
1	Wostok (A-1)	UdSSR	4725	12.4.61 (12.4.61)	0.01:48	Juri Gagarin	Erster bemannter Raumflug
2	Mercury MR-3 »Freedom 7« (Redstone)	USA	1315	5.5.61 (5.5.61)	0.00:15	Alan Shepard	Erster bemannter US-Raumflug. Ballistischer Flug (Höhe 187,5 km, Entfernung 487,6 km)
3	Mercury MR-4 »Liberty Bell« (Redstone)	USA	1470	21.7.61 (21.7.61)	0.00:16	Virgil Grissom	Ballistischer Flug. Kapsel gesunken; Grissom schwimmend gerettet
4	Wostok 2 (A-1)	UdSSR	4725	6.8.61 (6.8.61)	1.01:18 (17)	German Titow	Erster Raumflug über die Dauer eines Tages hinaus
5	Mercury MA-6 »Friendship 7« (Atlas)	USA	1443	20.2.62 (20.2.62)	0.04:55 (3)	John Glenn	Erster Amerikaner in Erdumlaufbahn
6	Mercury MA-7 »Aurora 7« (Atlas)	USA	1349	24.5.62 (24.5.62)	0.04:56 (3)	Malcolm Scott Carpenter	Wiedereintritt 463 km vom Zielgebiet entfernt
7	Wostok 3 (A-1)	UdSSR	4725	11.8.62 (15.8.62)	3.22:22 (64)	Andrijan Nikolajew	Gleicher Orbit wie Wostok 4 (erster Doppelflug)
8	Wostok 4 (A-1)	UdSSR	4725	12.8.62 (15.8.62)	2.22:57 (48)	Pawel Popowitsch	Gleicher Orbit wie Wostok 3 (erster Doppelflug)
9	Mercury MA-8 »Sigma 7« (Atlas)	USA	1374	3.10.62 (3.10.62)	0.09:13 (6)	Walter Schirra	Wiedereintritt 7,4 km vom Zielgebiet entfernt
10	Mercury MA-9 »Faith 7« (Atlas)	USA	1360	15.5.63 (16.5.63)	1.10:19 (22)	Gordon Cooper	Wiedereintritt durch Handsteuerung
11	Wostok 5 (A-1)	UdSSR	4725	14.6.63 (19.6.63)	4.23:06 (81)	Waleri Bykowski	Gleicher Orbit wie Wostok 6 (zweiter Doppelflug)
12	Wostok 6 (A-1)	UdSSR	4725	16.6.63 (19.6.63)	2.22:50 (48)	Walentina Tereschkowa	Erste Frau im Weltraum. Gleicher Orbit wie Wostok 5 (zweiter Doppelflug)
13	Woschod 1 (A-2)	UdSSR	5300	12.10.64 (13.10.64)	1.00:17 (16)	Wladimir Komarow (c) Konstantin Feoktistow Boris Jegorow	Erste Dreimann-Besatzung; in Reihenfolge: Kommandant, Konstrukteur der Raumkapsel, Arzt
14	Woschod 2 (A-2)	UdSSR	5700	18.3.65 (19.3.65)	1.02:02 (17)	Pawel Beljajew Alexej Leonow	Erster »Spaziergang« im Weltraum: Leonow 10 min freischwebend neben der Kapsel, mit der er über eine Nabelschnur verbunden ist (18.3.)
15	Gemini 3 »Molly Brown« (Titan II)	USA	3225	23.3.65 (23.3.65)	0.04:53 (3)	Virgil Grissom (c) John Young	Erster US-Zweimann-Raumflug. Grissom unternimmt als erster Mensch einen zweiten Weltraumflug
16	Gemini 4 (Titan II)	USA	3574	3.6.65 (7.6.65)	4.01:48 (62)	James McDivitt Edward White	Erste amerikanische EVA von 23 min Dauer, dabei erster Einsatz eines Druckgas-Rückstoßgeräts durch White
17	Gemini 5 (Titan II)	USA	3604	21.8.65 (29.8.65)	7.22:56 (120)	Gordon Cooper Charles Conrad	Erstmals eine Woche lang im Weltraum. Erste Verwendung von Brennstoffzellen zur Energieversorgung von Gemini
	Gemini 6 (Atlas-Agena)	USA	3253	25.10.65	—	unbemannt	Rakete explodiert auf der Startplattform. Entwickelt für Rendezvous- und Andockmanöver
18	Gemini 7 (Titan II)	USA	3663	4.12.65 (18.12.65)	13.18:35 (206)	Frank Borman (c) James Lovell	Bewertung der physiologischen Reaktion der Astronauten im Weltraum
19	Gemini 6A (Titan II)	USA	3545	15.12.65 (16.12.65)	1.01:52 (17)	Walter Schirra (c) Thomas Stafford	Erstes Rendezvous-Manöver im Weltraum (mit Gemini 7). Ein Abstand von 2 m konnte für 4^h eingehalten werden
20	Gemini 8 (Titan II)	USA	3550	16.3.66 (17.3.66)	0.10:42 (7)	Neil Armstrong (c) David Scott	Erstes Andockmanöver im Weltraum (16.3.) mit einer Atlas-Agena als Zielflugkörper. Abbruch des Unternehmens kurz nach der Koppelung wegen Fehlfunktion einer Lageregelungsdüse des Gemini-Systems
	Gemini 9 (Atlas-Agena)	USA	3252	17.5.66	—	unbemannt	Zielflugkörper für Rendezvous- und Andockmanöver. Wegen Versagens der Rakete. Orbit nicht erreicht
21	Gemini 9A (Titan II)	USA	3680	3.6.66 (6.6.66)	3.00:22 (48)	Thomas Stafford (c) Eugene Cernan	Ankoppelungsmanöver konnte nicht durchgeführt werden, weil die Schutzkappe des Zielkörpers sich nicht völlig gelöst hatte. Zweiter US EVA (Cernan), Dauer 2^h, 8^{min}
22	Gemini 10 (Titan II)	USA	3630	18.7.66 (21.7.66)	2.09:47 (43)	John Young (c) Michael Collins	Erstmals zweimaliges Ankoppelungsmanöver mit Agena 10 (19.7.) und Agena 8. Zündung des Agena-10-Antriebs und Bahnänderung von 320 km auf 761 km. Collins EVA, Dauer 27 min, montiert dabei einen Mikrometeoritendetektor von Agena 8 ab
23	Gemini 11 (Titan II)	USA	3630	12.9.66 (15.9.66)	2.23:18 (44)	Charles Conrad (c) Richard Gordon	Ankoppelung während des 1. Umlaufs in 1,34 min. Gemini und Agena durch Seil verbunden. Gordons EVA, Dauer 44 min
24	Gemini 12 (Titan II)	USA	3700	11.11.66 (15.11.66)	3.22:34 (59)	James Lovell (c) Edwin Aldrin	Letzte Mission des Gemini-Programms. Rekord EVA von 5^h, 30^{min} (Aldrin). Durchführung von 14 Experimenten einschließlich Fotos von der Sonnenfinsternis. Antrieb der Agena Zielrakete konnte nicht gebraucht werden

Raumfahrzeug	Land	Masse kg	Start (Rückkehr)	Dauer (Umläufe)	Besatzung	Bemerkung
25 Sojus 1 (A-2)	UdSSR	6800	23.4.67 (24.4.67)	1.02:45 (17)	Wladimir Komarow	Erster tödlicher Absturz, nach Wiedereintritt wegen Versagens des Hauptfallschirms von Sojus. Erster Flugversuch mit der neuen Dreimann-Kapsel
26 Apollo 7 (Saturn IB)	USA	16415	11.10.68 (22.10.68)	10.20:08 (163)	Walter Schirra (c) Donn Eisele Walter Cunningham	Erster Orbital-Apollo-Flug mit einer dreiköpfigen Besatzung. Rendezvous mit der IVB-Stufe der Saturn-Trägerrakete
Sojus 2 (A-2)	UdSSR	6400	25.10.68 (28.10.68)	3	unbemannt	Zielflugkörper für Rendezvous-Manöver mit Sojus 3. Kehrte zur Erde zurück
27 Sojus 3 (A-2)	UdSSR	6400	26.10.68 (30.10.68)	3.22:51 (64)	Georgi Beregowoi	Rendezvous mit dem Zielflugkörper Sojus 2
28 Apollo 8 (Saturn V)	USA	30781	21.12.68 (27.12.68)	6.03:42 (10 Mondumläufe)	Frank Borman (c) James Lovell William Anders	Erste bemannte Mondumfliegung
29 Sojus 4 (A-2)	UdSSR	6400	14.1.69 (17.1.69)	2.23:02 (48)	Wladimir Schatalow	Erste Koppelung zwischen zwei bemannten Raumkapseln (mit Sojus 5). Zwei Kosmonauten von Sojus 5 steigen in Sojus 4 über
30 Sojus 5 (A-2)	UdSSR	6400	15.1.69 (18.1.69)	3.08:00 (50)	Boris Wolynow (c) Jewgeni Chrunow Alexej Jelissejew	Chrunow und Jelissejew steigen von Sojus 5 über den freien Weltraum um nach Sojus 4 und kehren mit Sojus 4 zur Erde zurück
31 Apollo 9 (Saturn V)	USA	38414	3.3.69 (13.3.69)	10.01:01 (151)	James McDivitt (c) David Scott (pcm) Russell Schweickart (plm)	Erstes Koppelungsmanöver mit Mondfähre in Erdumlaufbahn
32 Apollo 10 (Saturn V)	USA	44676	18.5.69 (26.5.69)	8.00:03 (31 Mondumläufe)	Eugene Cernan (c) John Young (pcm) Thomas Stafford (plm)	Versuchsflug mit Mondfähre bis auf 14 km über Mondoberfläche
33 Apollo 11	USA	44676	16.7.69 (24.7.69)	8.03:19 (31 Mondumläufe)	Neil Armstrong (c) Edwin Aldrin (plm) Michael Collins (pcm)	Die ersten beiden Menschen auf der Mondoberfläche (Armstrong und Aldrin)
34 Sojus 6 (A-2)	UdSSR	6400	11.10.69 (16.10.69)	4.22:42 (80)	Georgi Schonin Waleri Kubassow	Erster Dreier-Formationsflug (15.10.) mit Sojus 6, 7 und 8. Abstand von 500 m bis zu mehreren km
35 Sojus 7 (A-2)	UdSSR	6400	12.10.69 (17.10.69)	4.22:41 (80)	Anatoli Filiptschenko (c) Wladislaw Wolkow Viktor Gorbatko	Erste Schweißversuche von Metallen im Weltraum; darüber hinaus führten die Besatzungen umfangreiche wissenschaftliche Arbeiten durch, u. a. Funkübertragungen auf 5 Kanälen im Meter- und Dezimeter-Band mit dem Molnija-Satelliten als Relaisstation
36 Sojus 8 (A-2)	UdSSR	6400	13.10.69 (18.10.69)	4.22:50 (80)	Wladimir Schatalow (c) Alexej Jelissejew	
37 Apollo 12 (Saturn V)	USA	46127	14.11.69 (24.11.69)	10.04:36 (49 Mondumläufe)	Charles Conrad (c) Richard Gordon (pcm) Alan Bean (plm)	Zweite Mondlande-Mission. Conrad und Bean 2 EVA auf der Mondoberfläche
38 Apollo 13 (Saturn V)	USA	44676	11.4.70 (17.4.70)	5.22:55	James Lovell (c) John Swigert (pcm) Fred Haise (plm)	Mondlande-Mission abgebrochen wegen der Explosion eines Sauerstofftanks 56ʰ nach dem Start. Besatzung sicher gelandet (Wasserung)
39 Sojus 9 (A-2)	UdSSR	6400	1.6.70 (19.6.70)	17.17:00 (285)	Andrijan Nikolajew (c) Witali Sewastjanow	Raummedizinische Langzeituntersuchungen und Erd-Ressourcen-Forschungsprogramm
40 Apollo 14 (Saturn V)	USA	44676	31.1.71 (9.2.71)	9.00:42 (34 Mondumläufe)	Alan Shepard (c) Stuart Roosa (pcm) Edgar Mitchell (plm)	Dritte Mondlande-Mission. Shepard und Mitchell sammeln während 2 EVA Mondmaterie mit Handkarren
Salut 1 (Proton D-1)	UdSSR	18900	19.4.71 (11.10.71)	175.00:00 (2800)	unbemannt	Erste Orbitalstation der Welt
41 Sojus 10 (A-2)	UdSSR	6500	23.4.71 (24.4.71)	1.23:46 (32)	Wladimir Schatalow (c) Alexej Jelissejew Nikolai Rukawischnikow	Koppelung (24.4.) mit Salut 1, aber kein Überwechseln der Kosmonauten
42 Sojus 11 (A-2)	UdSSR	6100	6.6.71 (30.6.71)	23.18:22 (380)	Georgi Dobrowolski (c) Wladislaw Wolkow Viktor Pazajew	Koppelung (7.6.) und erste Besetzung der Orbitalstation. Die drei Kosmonauten bei Wiedereintritt gestorben an Embolie: wegen plötzlichen Druckabfalls während Trennung von Salut 1 durch ein offengebliebenes Ventil
43 Apollo 15 (Saturn V)	USA	48549	26.7.71 (7.8.71)	12.07:12 (74 Mondumläufe)	David Scott (c) Alfred Worden (pcm) James Irwin (plm)	Vierte Mondlande-Mission. Scott und Irwin sammeln während 3 EVA Mondmaterie mit dem ersten Mondauto »Lunar Rover«
44 Apollo 16 (Saturn V)	USA	48549	16.4.72 (27.4.72)	11.01:52 (64 Mondumläufe)	John Young (c) Thomas Mattingly (pcm) Charles Duke (plm)	Fünfte Mondlande-Mission. Young und Duke 3 EVA
45 Apollo 17 (Saturn V)	USA	48549	7.12.72 (19.12.72)	12.13:52 (75 Mondumläufe)	Eugene Cerman (c) Ronald Evans (pcm) Harrison Schmitt (plm)	Sechste und letzte Apollo-Mondlande-Mission. Cerman und Schmitt 3 EVA. Der Geologe Schmitt ist der erste Wissenschaftler auf dem Mond
Salut 2 (Proton D-1)	UdSSR	18000	3.4.73	56.00:00	unbemannt	Zweite Orbitalstation, die nie besetzt wurde. Zerfiel im Orbit infolge eines Unfalls
Kosmos 557 (Proton D-1)	UdSSR	19400	11.5.73 (22.5.73)	—	unbemannt	Nach westlicher Auffassung ein Salut-Typ, aber unbrauchbare Orbitalstation
Skylab 1 (Saturn V 2stufig)	USA	71500	14.5.73 (11.7.79)	3 Jahre 59.00:00 (34981)	unbemannt	Erstes US-Raumlabor/Raumstation. Jeweils von einer dreiköpfigen Besatzung ab 8.2.74 besetzt. Beim Wiedereintritt zerbrochen und z. T. verglüht

Raumfahrzeug	Land	Masse kg	Start (Rückkehr)	Dauer (Umläufe)	Besatzung	Bemerkung
46 Skylab 2 (Saturn IB)	USA	29750	25.5.73 (22.6.73)	28.00:49 (404)	Charles Conrad (c) Joseph Kerwin Paul Weitz	Ankoppelung und erste Untersuchung der Raumstation Skylab 1
47 Skylab 3 (Saturn IB)	USA	29750	28.7.73 (25.9.73)	59.11:09 (858)	Alan Bean (c) Owen Garriott Jack Lousma	Zweite Besichtigung des Raumlabors Skylab 1
48 Sojus 12 (A-2)	UdSSR	6570	27.9.73 (29.9.73)	1.23:16 (32)	Wassili Lasarew (c) Oleg Makarow	Zwei Kosmonauten in einer Dreimann-Kapsel. Modifikationstest nach Sojus-11-Unglück. Druckanzugerprobung bei kritischen Flugabschnitten (Start, Andocken, Trennen und Wiedereintritt)
49 Skylab 4 (Saturn IB)	USA	29750	16.11.73 (8.2.74)	84.01:16 (1214)	Gerald Carr (c) Edward Gibson William Pogue	Dritte und letzte Mission zur Raumstation Skylab 1. Dauerrekord im All geht an die USA
50 Sojus 13 (A-2)	UdSSR	6570	18.12.73 (26.12.73)	7.20:55 (128)	Pjotr Klimuk (c) Walentin Lebedew	Erneuter Erprobungsflug eines modernisierten Raumschiffs vom Typ Sojus. Astrophysikalische- und Erdbeobachtungen. Obwohl im ersten Flugabschnitt, beide, die USA und UdSSR zur gleichen Zeit im Orbit waren, wurde gegenseitig keine Verbindung aufgenommen
Salut 3 (Proton D-1)	UdSSR	18500	25.6.74 (24.1.75)	214.00:00 (3430)	unbemannt	Modernisierte Orbitalstation Salut 3
51 Sojus 14 (A-2)	UdSSR	6570	3.7.74 (19.7.74)	15.17:30 (252)	Pawel Popowitsch (c) Juri Artjuchin	Koppelung mit Orbitalstation Salut 3 (5.7.). Besatzung bleibt an Bord bis 19.7.
52 Sojus 15 (A-2)	UdSSR	6570	26.8.74 (28.8.74)	2.00:12 (32)	Gennadi Sarafanow (c) Lew Djomin	Koppelung mit Salut 3 mißlang, Wiedereintritt bei Nacht (Notfall)
53 Sojus 16 (A-2) UdSSR	UdSSR	6570	2.12.74 (8.12.74)	5.22:24 (96)	Anatoli Filiptschenko (c) Nikolai Rukawischnikow	Erprobung der modernisierten Sojus-Bordsysteme für das Sojus-Apollo-Testprogramm (ASTP) im Juli 1975. Neuer Kopplungsadapter
Salut 4 (Proton D-1)	UdSSR	18900	26.12.74 (3.2.77)	770.00:00 (12000)	unbemannt	Dritte und verbesserte Orbitalstation Salut 4
54 Sojus 17 (A-2)	UdSSR	6570	11.1.75 (9.2.75)	29.14:40 (467)	Alexej Gubarew (c) Georgi Gretschko	Koppelung mit Salut 4 und Besichtigung der Orbitalstation
Sojus 18A (A-2)	UdSSR	6570	5.4.75	—	Wassili Lasarew (c) Oleg Makarow	Wegen Startfehler Umlaufbahn zum Andocken an Salut 4 nicht erreicht. Ballistischer Flug und sichere Landung
55 Sojus 18B (A-2)	UdSSR	6570	24.5.75 (26.7.75)	62.23:20 (993)	Pjotr Klimuk (c) Witali Sewastjanow	Koppelung mit Salut 4 (25.5.). Aufenthaltsdauer in der Orbitalstation 61 Tage
56 Sojus 19 Apollo-Sojus-Test-Programm (A-2)	UdSSR	6182	15.7.75 (21.7.75)	5.22:31 (96)	Alexej Leonow (c) Waleri Kubassow	Bisher einziger sowjetisch-amerikanischer Raumflug im Rahmen des ASTP: Erprobung eines kompatiblen Rendezvous- und Andocksystems für Notfälle und für Zusammenarbeit im Weltraum
57 Apollo Apollo-Sojus-Test-Programm (Saturn IB)	USA	14856	15.7.75 (24.7.75)	9.01:28 (138)	Thomas Stafford (c) Vance Brand Donald Slayton	Zwei Andockmanöver am 17.7. und 19.7. mit Begrüßung durch Händeschütteln im Orbit und Fernsehübertragung von Stafford und Leonow. Durchführung von 28 wissenschaftlichen Experimenten, einschließlich Kristallzüchtung und Elektrophorese. Letzte Mission der traditionellen US-Raumkapsel
Sojus 20 (A-2)	UdSSR	6570	17.11.75 (16.2.76)	91.00:00	unbemannt	89 Tage Verbundflug mit Salut 4 (vom 19.11. an) mit anschließender Rückkehr zur Erde. Erprobung der automatischen Versorgungsflüge
Salut 5 (Proton D-1)	UdSSR	18500	22.6.76 (8.8.77)	412.00:00 (6630)	unbemannt	Vierte sowjetische Orbitalstation, nach westlichen Beobachtungen hauptsächlich zur militärischen Verwendung
58 Sojus 21 (A-2)	UdSSR	6680	6.7.76 (25.8.76)	49.05:24 (789)	Boris Wolynow (c) Witali Sholobow	Andocken an Salut 5 innerhalb von 10 min (17.7.). Aufenthaltsdauer 48 Tage
59 Sojus 22 (A-2)	UdSSR	6680	15.9.76 (23.9.76)	7.21:54 (127)	Waleri Bykowski (c) Wladimir Axjonow	Einsatz einer Multispektralkamera der Karl-Zeiss-Werke Jena (DDR). Zum erstenmal ein nicht-sowjetisches Gerät an Bord eines sowjetischen Raumschiffs. 4 Kanäle im optischen und 2 im Infrarot-Bereich. 2400 Aufnahmen von der UdSSR und DDR für geologische und geographische Forschungsarbeiten aufgenommen. Ungewöhnlicher Orbit mit 65° Neigung. Nach westlicher Ansicht handelte es sich bei Sojus 22 um eine Aufklärungs- (Spionage-) Mission
60 Sojus 23 (A-2)	UdSSR	weniger als 6680	14.10.76 (16.10.76)	2.00:06 (32)	Wjatscheslaw Sudow (c) Waleri Roshdestwenski	Mißlungener Koppelungsversuch an Salut 5. Erste Landung einer sowjetischen Raumkapsel im Wasser
61 Sojus 24 (A-2)	UdSSR	6680	7.2.77 (25.2.77)	17.16:08 (286)	Viktor Gorbatko (c) Juri Glaskow	Koppelung mit Salut 5
Kosmos 929 (Proton D-1)	UdSSR	20000	17.7.77	—	unbemannt	Automatischer Raumflugkörper vom Sojus-Typ zur Verdopplung des Lebensraumes an Bord der Salut-Orbitalstation
Salut 6 (Proton D-1)	UdSSR	18900	29.9.77 (29.7.82)	4 Jahre 10 Monate	unbemannt	Fünfte sowjetische Orbitalstation. Erste doppelte Andockmöglichkeit. Erste Versorgung im Orbit durch das automatische Transportraumschiff Progress. Erster Wechsel von Raumfahrzeugen im Orbit. Erste internationale Besatzung
62 Sojus 25 (A-2)	UdSSR	6800	9.10.77 (11.10.77)	2.00:46 (32)	Wladimir Kowaljonok (c) Waleri Rjumin	Mißlungene Ankoppelung an Salut 6
63 Sojus 26 (A-2)	UdSSR	6800	10.12.77 (16.1.78)	96.10:00 (1520)	Juri Romanenko (c) Georgi Gretschko	Der von den USA gehaltene Rekord im All durch die UdSSR gebrochen. Rückkehr mit Sojus 27

Raumfahrzeug	Land	Masse kg	Start (Rückkehr)	Dauer (Umläufe)	Besatzung	Bemerkung
64 Sojus 27 (A-2)	UdSSR	6800	10.1.78 (16.1.78)	6.00:04 (96)	Wladimir Dshanibekow (c) Oleg Makarow	Erstmals zwei Raumfahrzeuge an einer Raumstation angekoppelt (mit Progress 1). Erster Raumfahrzeugwechsel im Orbit. Besatzung Ankunft mit Sojus 27, Rückkehr mit Sojus 26
Progress 1 (A-2)	UdSSR	7020	20.1.78 (6.2.78)	—	Versorgungsgüter, keine Besatzung Kap. 2,3 t. Ankoppelung (22.1.) mit Salut 6 – Sojus 27. Trennung 6.2.	Sojus-Raumschiff-Typ. Ohne Wiedereintrittvorrichtung, Transport von Lebensmitteln, Treibstoff, Ersatzteilen, Luxus-Gütern und Post
65 Sojus 28 (A-2)	UdSSR	6800	2.3.78 (10.3.78)	7.20:16 (124)	Alexej Gubarew (c) Vladimir Remek (CSSR)	Erste internationale Besatzung
66 Sojus 29 (A-2)	UdSSR	6800	15.6.78 (2.11.78)	139.14:18 (2233)	Wladimir Kowaljonok (c) Alexander Iwantschenkow	Ankoppelung Sojus 29 an Salut 6. Langzeitforschungsprogramm. Rückkehr mit Sojus 31
67 Sojus 30 (A-2)	UdSSR	6800	27.6.78 (5.7.78)	7.22:04 (126)	Pjotr Klimuk (c) Miroslaw Hermaszewski (Polen)	Internationaler Raumflug zur Salut-6-Orbitalstation (28.6. bis 5.7.)
Progress 2 (A-2)	UdSSR	7020	7.7.78 (4.8.78)	—	Unbemannt, Last 2,3 t. Kopplung am 9.7. an Salut 6 – Sojus 29. Trennung 4. 8.	Versorgungsflug
Progress 3 (A-2)	UdSSR	7020	8.8.78 (24.8.78)	—	Unbemannt, Last 2,3 t. Kopplung am 10.8. an Salut 6 – Sojus 29. Trennung 24. 8.	Frachter mit Forschungsmaterilien aus der DDR. Mußte eigenes Triebwerk zünden, um die Umlaufbahn des Salut-Sojus-Orbitalkomplexes zu erreichen
68 Sojus 31 (A-2)	UdSSR	6800	26.8.78 (3.9.78)	7.20:49 (125)	Waleri Bykowski (c) Sigmund Jähn (DDR)	Dritte Interkosmos-Mannschaft zum Gemeinschaftsflug in Salut 6 (27.8.). Rückkehr an Bord von Sojus 29
Progress 4 (A-2)	UdSSR	7020	4.10.78 (26.10.78)	—	Unbemannt, Last 2,3 t. Kopplung am 6.10. an Salut 6 – Sojus 31. Trennung 24.10.	Versorgungsflug
69 Sojus 32 (A-2)	UdSSR	6680	25.2.79 (19.8.79)	175.00:36 (2800)	Wladimir Ljachow (c) Waleri Rjumin	Ankoppelung an die seit 2.11. unbemannte Salut 6 (26.2.). Rückkehr mit Sojus 34, das unbemannt ankoppelte. Unbemannter Rückflug von Sojus 32 mit Forschungsmaterialien von Ljachow und Rjumin am 13.6.
Progress 5 (A-2)	UdSSR	7020	12.3.79 (5.4.79)	—	Unbemannt, Last 2,3 t. Kopplung am 14.3. an Salut 6	Versorgungsflug. Dreiwöchiger Troika-Verbundflug. Am 16.3. Reparatur der defekten Triebwerkanlage, dadurch Rettung der Orbitalstation vor der Aufgabe
70 Sojus 33 (A-2)	UdSSR	6680	10.4.79 (12.4.79)	1.19:01 (31)	Nikolai Rukawischnikow (c) Georgi Iwanow (Bulgarien)	Interkosmos-Mannschaft. Mißlungene Ankopplung an Salut 6. Rückkehr und sichere Landung (12.4.)
Progress 6 (A-2)	UdSSR	7020	13.5.79 (9.6.79)	—	Unbemannt, Last 2,3 t. Kopplung am 15.5. mit Salut 6 – Sojus 32. Trennung 8.6.	Versorgungsflug
Sojus 34 (A-2)	UdSSR	6680	6.6.79 (19.8.79)	73.18:24 (1180)	Unbemannt. Kopplung am 9.6. an Salut 6 – Sojus 32	Rückkehr-Raumschiff für Ljachow/Rjumin anstelle von Sojus 32, das unbemannt mit Forschungsmaterialien zur Erde zurückkehrt
Progress 7 (A-2)	UdSSR	7020	28.6.79 (20.7.79)	—	Unbemannt, Last 2,3 t. Kopplung am 30.6. mit Salut 6 – Sojus 34. Trennung 18.7.	Versorgungsflug. Installation des Radioteleskops KTR-10. Kursmanöver auf höchste von Salut je erreichte Umlaufbahn, von 399 x 411 km
Sojus T-1 (A-2)	UdSSR	6850	16.12.79 (25.3.80)	100.09:20 (1600)	Unbemannt. Kopplung an unbemannte Orbitalstation Salut 6 am 19.12. Trennung 23.3.	Neuer Raumschifftyp mit zwei Solarzellenflügeln und Platz für drei mit Raumanzügen ausgestattete Kosmonauten. Landung in Kasachstan
Progress 8 (A-2)	UdSSR	7020	27.3.80 (26.4.80)	—	Unbemannt, Last 2,3 t. Kopplung 29.3. mit unbemannter Salut 6. Trennung 25.4.	Versorgungsgüter für Popow/Rjumin (Sojus 35). Mehrere Kursmanöver zum Erreichen von Salut 6 durchgeführt
71 Sojus 35 (A-2)	UdSSR	6680	9.4.80 (11.10.80)	184.19:02 (2957)	Leonid Popow (c) Waleri Rjumin (Langzeitrekordhalter von 362 Tagen im Weltraum)	Kopplung mit Sojus 35 (10.4.). Rückkehr mit Sojus 37 (11.10)
Progress 9 (A-2)	UdSSR	7020	27.4.80 (22.5.80)	—	Unbemannt, Last 2,3 t. Kopplung am 29.4. mit Salut 6 – Sojus 35. Trennung 20.5.	Ersatzteilversorgung. Kurskorrektur der Station durch Triebwerk von Progress 9
72 Sojus 36 (A-2)	UdSSR	6680	26.5.80 (3.6.80)	7.20:46 (126)	Waleri Kubasow (c) Bertalan Farkas (Ungarn)	Interkosmos-Mannschaft dockt am 28.5. an Salut 6 an. Rückkehr am 3.6. mit Sojus 35
73 Sojus T-2 (A-2)	UdSSR	6850	5.6.80 (9.6.80)	3.22:22 (62)	Juri Malyschew (c) Wladimir Axjonow	Bemannter Versuchsflug mit dem neuen T-Raumschiff für dreiköpfige Besatzung. Erprobung leichterer Raumanzüge. Dockte vom 6.6. bis 9.6. an Salut 6 an
Progress 10 (A-2)	UdSSR	7020	29.6.80 (19.7.80)	—	Unbemannt, Last 2,3 t. Kopplung am 1.7. mit Salut 6 – Sojus T-2. Trennung 17.7.	Nachschubgüter für Popow/Rjumin. Treibstoff, biologisches Experimentiermaterial, Filme, Proviant
74 Sojus 37 (A-2)	UdSSR	6680	23.7.80 (31.7.80)	7.21:42 (126)	Viktor Gorbatko (c) Pham Tuan (Vietnam)	Interkosmos-Mannschaft dockte am 24.7. an Salut 6 an. Rückkehr an Bord von Sojus 36
75 Sojus 38 (A-2)	UdSSR	6680	18.9.80 (26.9.80)	7.20:43 (125)	Juri Romanenko (c) Arnoldo Tamayo Mendez (Kuba)	Interkosmos-Mannschaft dockte vom 19.9. bis 26.9. an Salut 6 – Sojus 37 an
Progress 11 (A-2)	UdSSR	7020	28.9.80 (11.12.80)	—	Unbemannt, Last 2,3 t. Kopplung am 30.9. mit Salut 6 – Sojus 37. Trennung 9.12.	Versorgungsgüter für Popow/Rjumin. Gerät für Abschlußexperimente
76 Sojus T-3 (A-2)	UdSSR	6850	27.11.80 (10.12.80)	12.19:08 (205)	Leonid Kisim (c) Oleg Makarow Gennadi Strekalow	Raumschiff mit drei Kosmonauten. Kopplung am 29.11. mit Salut 6 – Sojus 37. Trennung am 10.12. Zum erstenmal wachsen Blumen im Weltraum
Progress 12 (A-2)	UdSSR	7020	24.1.81 (20.3.81)	—	Unbemannt, Last 2,3 t. Kopplung am 26.1. mit Salut 6. Trennung 19.3.	Versorgungsgüter für die Sojus T-4-Besatzung

Raumfahrzeug	Land	Masse kg	Start (Rückkehr)	Dauer (Umläufe)	Besatzung	Bemerkung
77 Sojus T-4 (A-2)	UdSSR	6850	12.3.81 (26.5.81)	74.18:43 (1196)	Wladimir Kowaljonok (c) Viktor Sawinych (100. Mensch im im Weltraum. 50. Sowjetbürger)	Letzte Salut 6 Besatzung. Kopplung am 13.3., Trennung 26.5.
78 Sojus 39 (A-2)	UdSSR	6680	22.3.81 (30.3.81)	7.20:43 (126)	Wladimir Dshanibekow (c) Shygderdemidyn Gurragtschaa (Mongolei)	Interkosmos-Mannschaft dockte am 23.3. an Salut 6 – Sojus T-4 an. Trennung am 30.3.
79 STS-1 (Space Transportation System) »Columbia«	USA	87969	12.4.81 (14.4.81)	2.06:21	John Young (c) Robert Crippen	Erstes wiederverwendbares Raumtransportsystem. Erster von 4 Erprobungsflügen in Erdumlaufbahn. Wiedereintritt und normale Landung des Raumgleiters (Orbiter) auf Edwards Air Force Base (Kalifornien)
Kosmos 1267 (Proton D-1)	UdSSR	20000	25.4.81 (29.7.82)	—	unbemannt	Prototyp einer zukünftigen Raumstation. Andockmanöver an Salut 6 für System-Erprobungen (im Juni)
80 Sojus 40 (A-2)	UdSSR	6680	14.5.81 (22.5.81)	7.20:38 (125)	Leonid Popow (c) Dumitru Prunariu (Rumänien)	Interkosmos-Mannschaft, Kopplung mit Salut 6 am 15.5. Letzter Einsatz eines Zweimann-Raumschiffs vom Typ Sojus
81 STS-2 »Columbia«	USA	94469	12.11.81 (14.11.81)	2.06:13	Joe Engle (c) Richard Truly	Erstmalige Fernbedienung des Manipulatorarms. Landung Edwards
82 STS-3 »Columbia«	USA	95838	22.3.82 (30.3.82)	8.00:05	Jack Lousma (c) Gordon Fullerton	Dritter Flug von Columbia. Landung White Sands (New Mexiko)
Salut 7 (Proton D-1)	UdSSR	20150	19.4.82	Im Dienst bis 26.9.85	unbemannt	Sechste sowjetische Orbitalstation (manövrierbar) mit jeweils 4 Stammbesatzungen. Maximale Besatzungsstärke 6 Kosmonauten
83 Sojus T-5 (A-2)	UdSSR	6850	13.5.82 (10.12.82)	211.08:05 (3381)	Anatoli Beresowoi (c) Walentin Lebedew	Erste Salut-7-Stammbesatzung. Kopplung am 14.5. Rückkehr mit Sojus T-7. Von Hand im Orbit zwei Satelliten für Funkamateure ausgesetzt. Dramatische Rückkehr bei Nacht, nach Rekordraumflug, am 10.12.
Progress 13 (A-2)	UdSSR	7020	23.5.82 (6.6.82)	—	Unbemannt, Last 2,3 t. Kopplung am 25.5. mit Salut 7 – Sojus T-5. Trennung 4.6.	Versorgungsflug
84 Sojus T-6 (A-2)	UdSSR	6850	24.6.82 (2.7.82)	7.00:21 (126)	Wladimir Dshanibekow (c) Alexander Iwantschenkow Jean-Loup Chretien (Frankreich)	Kopplung mittels Handsteuerung (25.6.)
85 STS-4 »Columbia«	USA	97623	27.6.82 (4.7.82)	7.01:10	Thomas Mattingly (c) Henry Hartsfield	Vierter und letzter Erdumlauf-Erprobungsflug. Landung Edwards
Progress 14 (A-2)	UdSSR	7020	10.7.82 (13.8.82)	—	Unbemannt, Last 2,3 t. Kopplung am 12.7. mit Salut 7 – Sojus T-5. Trennung 11.8.	Versorgungsflug
86 Sojus T-7 (A-2)	UdSSR	6850	19.8.82 (27.8.82)	7.21:52 (127)	Leonid Popow (c) Alexander Serebrow Swetlana Sawizkaja	Kopplung am 20.8. mit Salut 7 – Sojus T-5. Rückkehr mit Sojus T-5
Progress 15 (A-2)	UdSSR	7020	18.9.82 (16.10.82)	—	Unbemannt, Last 2,3 t. Kopplung am 20.9. mit Salut 7 – Sojus T-7. Trennung 14.10.	Versorgungsflug. Verwendet zur Erhöhung des Salut-Orbits
Progress 16 (A-2)	UdSSR	7020	31.10.82 (13.12.82)	—	Unbemannt, Last 2,3 t. Kopplung am 2.11. mit Salut 7 – Sojus T-7. Trennung 13.12.	Versorgungsflug
87 STS-5 »Columbia«	USA	100195	11.11.82 (16.11.82)	5.02:14	Vance Brand (c) Robert Overmyer Joseph Allen William Lenoir	Fünfte »Columbia«-Raumtransporter-Mission. Erster kommerzieller Einsatz in niedriger Umlaufbahn. Aussetzen der beiden Nachrichtensatelliten SBS-3 und Anik C-3. EVA in der Ladebucht anulliert
Kosmos 1443 (Proton D-1)	UdSSR	20000	2.3.83 (19.9.83)	—	Unbemannt. Last 6,5 t. Kopplung am 10.3. mit Salut 7. Trennung 14.8.	Neuer Transportraumschifftyp mit Lebensmittel und zwei Solarzellenflügel für Sojus T-8 an Bord
88 STS-6 »Challenger«	USA	117267	4.4.83 (9.4.83)	5.00:24	Paul Weitz (c) Karol Bobko Donald Peterson Story Musgrave	Sechste Shuttle-Mission. Erster Einsatz des zweiten Raumtransporters »Challenger«. Aussetzen des Nachrichten- (Relais-) Satelliten TDRS, dessen 2. Oberstufe nicht zündete und ins Taumeln geriet. Erst 2 Monate später gelang es, den Satelliten auf seiner geostationären Parkbahn zu plazieren. Landung Edwards
89 Sojus T-8 (A-2)	UdSSR	6850	20.4.83 (22.4.83)	2.00:18 (32)	Wladimir Titow (c) Gennadi Strekalow Alexander Serebrow	Handkoppelungsversuch mißlang (21.4.) mit Salut 7 – Kosmos 1443
90 STS-7 »Challenger«	USA	106141	18.6.83 (24.6.83)	6.02:24	Robert Crippen (c) Frederick Hauck John Fabian Sally Ride (1. Amerikanerin im All) Norman Thagard (Arzt)	Siebte Shuttle-Mission. Zweiter »Challenger«-Einsatz. Erstmals fünf Personen in einem Raumfahrzeug. Erfolgreicher Einsatz der SPAS-1-Plattform. Aussetzen der Satelliten Anik C-2 und Palapa B-1 in niedrige Umlaufbahn. Landung Edwards
91 Sojus T-9 (A-2)	UdSSR	6850	27.6.83 (23.11.83)	149.09:46 (2390)	Wladimir Ljachow (c) Alexander Alexandrow	Zweite Stammbesatzung an Bord von Salut 7. Kopplung (28.6.) mit Salut 7 – Kosmos 1443. Rückflug mit Sojus T-9. Rückkehr Kosmos 1443 zur Erde (23.8.)
Progress 17 (A-2)	UdSSR	7020	17.8.83 (18.9.83)	—	Unbemannt. Last 2,3 t. Kopplung am 19.8. mit Salut 7 – Sojus T-9	Versorgungsflug
92 STS-8 »Challenger«	USA	113411	30.8.83 (5.9.83)	6.00:07	Richard Truly (c) Daniel Brandenstein William Thornton Guion Bluford Dale Gardner	Achte Shuttle-Mission. Dritter »Challenger«-Einsatz. Erster Start und erste Landung bei Nacht. Aussetzen des indischen Nachrichtensatelliten Insat-1B in eine niedrige Umlaufbahn. Landung Edwards

	Raumfahrzeug	Land	Masse kg	Start (Rückkehr)	Dauer (Umläufe)	Besatzung	Bemerkung
	Sojus T-10A (A-2)	UdSSR	6850	27.9.83	—	Wladimir Titow (c) Gennadi Strekalow	Mißglückter Start. Rakete auf der Startplattform von Tjuratam-Baikonur explodiert, 90 s vor dem Start. Kosmonauten durch Rettungsturm gerettet
	Progress 18 (A-2)	UdSSR	7020	20.10.83 (16.11.83)	—	Unbemannt. Last 2,3 t. Kopplung am 22.10. mit Salut 7 – Sojus T-9	Versorgungsflug. Verwendet zur Erhöhung des Salut-Orbits
93	STS-9 41-A »Columbia«	USA	118615	28.11.83 (9.12.83)	10.07:47	John Young (c) (sein 6. Raumflug: ein Rekord) Brewster Shaw Owen Garriott Robert Parker Byron Lichtenberg Ulf Merbold (erster ESA-Astronaut)	Neunte Shuttle-Mission. Sechster »Columbia«-Einsatz. Erste Experimente durchgeführt von den Wissenschaftsastronauten Merbold und Lichtenberg. Erste Spacelab-Mission (Weltraumlaboratorium der ESA). Landung Edwards
94	STS 41-B »Challenger«	USA	119151	3.2.84 (11.2.84)	7.23:16	Vance Brand (c) Robert Gibson Bruce McCandless Robert Stewart Ronald McNair	Zehnte Shuttle-Mission. Vierter »Challenger«-Einsatz. EVA durch McCandless und dann Stewart erstmals frei (ohne Verbindung mit dem Shuttle). Aussetzen der Satelliten Westar-6 und Palapa B-2 (beide erreichten nicht die Umlaufbahn). Versuch mit SPAS abgebrochen. Landung Cape Canaveral
95	Sojus T-10B (A-2)	UdSSR	6850	8.2.84 (2.10.84)	236.22:40	Leonid Kisim (c) Wladimir Solowjow Oleg Atkow (Arzt)	Absoluter 237tägiger Weltraumrekordflug. Neuer EVA Rekord: sechs Unternehmungen mit zusammen 22^h 50^{min}. Rückkehr mit Sojus T-11 (2.10.)
	Progress 19 (A-2)	UdSSR	7020	21.2.84 (2.4.84)	—	Unbemannt. Last 2,3 t. Kopplung am 23.2. mit Salut 7 – Sojus T-10. Trennung 1.4.	Versorgungsflug und verwendet zur Erhöhung des Salut-Orbits
96	Sojus T-11 (A-2)	UdSSR	6850	3.4.84 (11.4.84)	7.21:51 (126)	Juri Malyschew (c) Gennadi Strekalow Rakesh Sharma (Indien)	Erstmals eine sechsköpfige Mannschaft an Bord von Salut. Rückkehr mit Sojus T-10B
	Progress 20 (A-2)	UdSSR	7020	15.4.84 (7.5.84)	—	Unbemannt. Last 2,3 t. Kopplung am 17.4. mit Salut 7 – Sojus T-11. Trennung 6.5.	Versorgungsflug und zur Erhöhung des Salut-Orbits verwendet
97	STS 41-C »Challenger«	USA	115330	6.4.84 (13.4.84)	6.23:40	Robert Crippen (c) Francis Scobee George Nelson James Van Hoften Terry Hart	Elfte Shuttle-Mission. Fünfter »Challenger«-Einsatz. Reparatur des Satelliten »Solar Max« durch Nelson. Aussetzen des Container-Satelliten LDEF-1 mit 57 wissenschaftlichen Experimenten. Landung Edwards
	Progress 21 (A-2)	UdSSR	7020	8.5.84 (26.5.84)	—	Unbemannt. Last 2,3 t. Kopplung am 10.5. mit Salut 7 – Sojus T-11. Trennung 25.1.	Versorgungsflug und zur Erhöhung des Salut-Orbits verwendet
	Progress 22 (A-2)	UdSSR	7020	28.5.84 (16.7.84)	—	Unbemannt. Last 2,3 t. Kopplung am 30.5. mit Salut 7 – Sojus T-11. Trennung 15.7.	Versorgungsflug und zur Erhöhung des Salut-Orbits verwendet
98	Sojus T-12 (A-2)	UdSSR	6850	17.7.84 (29.7.84)	—	Wladimir Dshanibekow (c) Swetlana Sawizkaja Igor Wolk	Kopplung mit Salut (19.7.). Erstes EVA einer Frau und die erste Frau zum zweitenmal im Weltraum
	Progress 23 (A-2)	UdSSR	7020	13.8.84 (28.8.84)	—	Unbemannt. Last 2,3 t. Kopplung am 15.8. mit Salut 7 – Sojus T-11. Trennung 26.8.	Versorgungsflug. Transport eines Röntgenteleskops für galaktische und außergalaktische Forschungen
99	STS 41-D »Discovery«	USA	111957	30.8.84 (9.9.84)	6.00:55	Henry Hartsfield (c) Michael Coats Judith Resnik Steven Hawley Richard Mullane Charles Walker	Zwölfte Shuttle-Mission. Erster »Discovery«-Einsatz. Absetzen von drei Nachrichtensatelliten SBS-4 (30.8.), Leasat 2 (31.8.), Telestar-3 (1.9.). Erster zahlender Passagier an Bord: Walker, von McDonnell Douglas, für Elektrophorese-Experimente. Landung Edwards
100	STS 41-G »Challenger«	USA	109671	5.10.84 (13.10.84)	8.05:34	Robert Crippen (c) Jon McBride Kathyrin Sullivan Sally Ride David Leestma Paul Scully-Power Marc Garneau (Kanada)	13. Shuttle-Mission. Sechster »Challenger«-Einsatz. Erste siebenköpfige Besatzung. Untersuchungen der Erdoberfläche, Schwerpunkt, die Landschaft zwischen Freiburg und Kaiserstuhl. Landung Cape Canaveral
101	STS 51-A »Discovery«	USA	79765	8.11.84 (16.11.84)	7.23:45	Frederick Hauck (c) David Walker Anna Fischer Dale Gardner Joseph Allen	14. Shuttle-Mission. Zweiter »Discovery«-Einsatz. Geglückte Bergung und Rücktransport zur Erde, der beiden Satelliten Palapa B und Westar 6. Zwei Satelliten ausgesetzt: Anik D2 und Leasat 2-Syncom IV. Landung Cape Canaveral
102	STS 51-C »Discovery«	USA	—	24.1.85 (27.1.85)	3.01:33	Thomas K. Mattingly (c) Loren Shiver James Buchli Ellison Onizuka Gary Payton	15. Shuttle-Mission. Dritter »Discovery«-Einsatz. Erste rein militärische Mission. Aussetzen eines Fernmeldeaufklärungssatelliten (SIGINT-Signals Intelligence). USAF-Major Payton; vom Pentagon eingesetzter Deckname
103	STS 51-D »Discovery«	USA	112913	12.4.85 (19.4.85)	6.23:55	Karol Bobko (c) Donald Williams Margaret Rhea Seddon Jeffrey Hoffman David Griggs Jack Garn Charles Walker	16. Shuttle-Mission. Vierter »Discovery«-Einsatz. Absetzen von zwei Nachrichtensatelliten: Anik-1 und Syncom IV-3, der seinen Orbit nicht erreichte. Erstmals ein US-Senator im All: Jack Garn. Zweites McDonnell-Douglas-Experiment. Mission zwei Tage länger als geplant

Raumfahrzeug	Land	Masse kg	Start (Rückkehr)	Dauer (Umläufe)	Besatzung	Bemerkung
104 STS 51-B »Challenger«	USA	111676	29.4.85 (6.5.85)	—	Robert Overmyer (c) Frederick Gregory Don Lind Norman Thagard William Thornton Lodewijik Van den Berg Taylor G. Wang	17. Shuttle-Mission. Siebter »Challenger«-Einsatz. Zweitesmal Spacelab an Bord. Aussetzen des NUSAT (Northern Utah Satellite), dagegen mißglückte das Aussetzen von GLOMR, der sich aus der Hülle im Shuttle-Laderaum nicht lösen konnte. Mini-Zoo an Bord. Landung Edwards
105 Sojus T-13 (A-2)	UdSSR	6850	6.6.85 (26.9.85)	—	Wladimir Dshanibekow (c) Viktor Sawinych	Vierte Salut-7-Stammbesatzung. Ankopplung am 8.6. Durchchecken der seit dem 2.10.84 unbemannten Orbitalstation. Neue Hand-Ankopplungsvorrichtung für Sojus
Progress 24 (A-2)	UdSSR	7020	21.6.85 (15.7.85)	—	Unbemannt. Last 2,3 t. Kopplung am 23.6. Salut 7 – Sojus T-13. Trennung 15.7.	Versorgungsflug, darunter Material zur Reparatur der Orbitalstation
106 STS 51-G »Discovery«	USA	116360	17.6.85 (24.6.85)	7.01:39	Daniel Brandenstein (c) John Creigton Shannon Lucid John Fabian Steven Nagel Patrick Baudry (Frankreich) Salman Abdelazize Al-Saud (Saudi-Arabien)	18. Shuttle-Mission. Fünfter »Discovery«-Einsatz. Astronauten aus drei Nationen an Bord. Aussetzen von drei Nachrichtensatelliten: Morelos-1, Arabsat 1B und Telstar-3 (sämtlich mit PAM-D-Oberstufe). Aussetzen und späteres wieder Einfangen des ersten Spartan-Freiflugträgers für Astronomieexperimente u. a. Sammeln von Daten über die sogenannten »Schwarzen Löcher«
Kosmos 1669 (A-2)	UdSSR	7020	19.7.85 (29.8.85)	—	Unbemannt. Last 2,3 t. Kopplung am 21.7. mit Salut 7 – Sojus T-13. Trennung 29.8.	Raumfahrzeug vom Typ Progress mit Versorgungsgütern an Bord, u. a. für geophysikalische und biologische Forschungszwecke
107 STS 51-F »Challenger«	USA	114695	29.7.85 (6.8.85)	7.23:12	Gordon Fullerton (c) Ray Bridges Anthony England Karl Henize Story Musgrave Loren Acton John David Bartoe	19. Shuttle-Mission. Achter »Challenger«-Einsatz. Am 12.7. stoppte 3 sek. vor dem Abheben ein Computer den Start wegen eines defekten Triebwerkventils. Beim Start am 29.7. fiel nach 5^{min} und 45^s das mittlere Triebwerk aus, daher Einflug in sehr niedrigen Orbit von 195×260 km. Dritter Einsatz des europäischen Weltraumlabors Spacelab. Erster Einsatz des von Dornier entwickelten hochgenauen Instrumentenausrichtesystems IPS u. v. m. Landung in Edwards nach eintägiger Verlängerung der Mission
108 STS 5-I »Discovery«	USA	—	27.8.85 (3.9.85)	7.01:39	Joe Engle (c) Richard Covey James van Hoften Michael Lounge William Fischer	20. Shuttle-Mission. Sechster »Discovery«-Einsatz. Drei Nachrichtensatelliten ausgesetzt: AUSSAT (27.8.), ASC-1 und SYNCOM IV-4 (LEASAT 4) 29.8. SYNCOM IV-3 eingefangen, repariert und wieder ausgesetzt. Landung Edwards
109 Sojus T-14	UdSSR	—	17.9.85 (21.11.85)	65	Wladimir Wasjutin (c) Georgi Gretschko Alexander Wolkow	Kopplung am 18.9. mit Salut 7 – Sojus T-13. Abkopplung Sojus T-13 am 25.9., an Bord: W. Dshanibekow (nach 112 Tagen) und G. Gretschko. Landung Sojus T-13 am 26.9. Rückkehr Sojus T-14 am 21.11., an Bord: W. Wasjutin (wegen Erkrankung), V. Sawinych und A. Wolkow
Kosmos 1686 (Proton D-1)	UdSSR	20000	27.9.85	—	Unbemannt. Last 6,5 t. Kopplung am 2.10. mit Salut 7 – Sojus T-14	Modulsatellit, ähnlich Kosmos 929, 1267 und 1443. Versorgungsflug
110 STS 51-J »Atlantis«	USA	—	3.10.85 (7.10.85)	4.02:00	Karol Bobko (c) Ronald Grabe William Pailes David Hilmers Robert Stewart	21. Shuttle-Mission. Erster »Atlantis«-Einsatz. Rein militärisches Unternehmen. Aussetzen von zwei Satelliten DSCS III (Defence Satellit Communications System). Landung Edwards
111 STS 61-A »Challenger«	USA	—	30.10.85 (6.11.85)	7.00:44	Henry Hartsfield (c) James Buchli Steven Nagel Guion Bluford Bonnie Dunbar Reihard Furrer Ernst Messerschmid Wubko Ockels	22. Shuttle-Mission. Neunter »Challenger«-Einsatz. Spacelab-Mission D-1, unter Mitwirkung der drei Wissenschaftsastronauten Furrer und Messerschmid (DFVLR) Bundesrepublik Deutschland und Ockels (ESA) Niederlande. Fast 76 Experimente durchgeführt. Aussetzen des Satelliten GLOMR (Global Low Orbiting Relay Satellit). Landung Edwards
112 STS 61-B »Atlantis«	USA	—	27.11.85 (3.12.85)	5.21:04	Brewster Shaw (c) Bryan O'Connor Sherwood Spring Mary Cleave Charles Walker Jerry Ross Rudolfo Neri Vela (Mexiko)	23. Shuttle-Mission. Zweiter »Atlantis«-Einsatz. Aussetzen von drei Nachrichtensatelliten: AUSSAT 2, RCA-Satcom Ku 2, Morelos 2. Zusammenbau von Konstruktionselementen aus 126 Einzelteilen in 5 1/2 h. Landung in Edwards
113 STS 61-C »Columbia«	USA	—	12.1.86 (18.1.86)	—	Robert L. Gibson (c) Charles F. Bolden jr. Franklin R. Chang-Diaz Steven A. Hawley George D. Nelson Robert Cenker Bill Nelson	24. Shuttle-Mission. Siebter »Columbia«-Einsatz. Start erfolgte nach einer Reihe von Startabbrüchen mit 25 Tagen Verspätung. An Bord die Kongress-Abgeordnete Bill Nelson. Absetzen des RCA-Nachrichtensatelliten SATCOM Ku 1. Neben wissenschaftlichen Experimenten wird der Halleysche Komet fotografiert
114 STS 51-L »Challenger«	USA	—	28.1.86	—	Francis »Dick« Scobee (c) Michael J. Smith Judith R. Resnik Gregory B. Jarvis Ellison S. Onizuka Ronald E. McNair Christa McAuliffe	25. Shuttle-Mission. Zehnter »Challenger«-Einsatz. Space Shuttle explodierte 72 Sekunden nach dem Start. Es gab keine Überlebenden

Bemannte Raumflüge

Raumfahrzeug	Land	Masse kg	Start (Rückkehr)	Dauer (Umläufe)	Besatzung	Bemerkung
Mir (Proton D-1)	UdSSR	21000	20.2.86	—	unbemannt	Neues sowjetisches Raumstationsmodul mit vier Andocköffnungen am Umfang sowie je einer an beiden Enden. Umlaufbahn 324 x 352 km, Neigung 51,6°. (Eventuelle Kopplung mit Salut 7 – Kosmos 1686 – Orbitalstation vorgesehen)
115 Sojus T-15 (A-2)	UdSSR	6850	13.3.86	—	Leonid Kisim Wladimir Solowjow	Kopplung am 15.3. mit Mir. Entkonservierung des neuen wesentlich größeren Weltraumlaboratoriums als Salut 7. Sojus T-15 legt nach 52 Tagen von Mir ab (5.5.) und koppelt an Salut 7 – Kosmos 1686 an, damit ist der erste Umzug im Weltraum geglückt. Mir fliegt Salut 7 – Kosmos 1686 – Sojus T-15 auf gleicher Bahn rund 3000 km voraus.
Progress 25 (A-2)	UdSSR	7020	19.3.86	—	Unbemannt. Last 2,3 t. Kopplung am 20.3. mit Mir	Versorgungsflug

Anmerkung

(c) steht für Kommandant; (pcm) für Pilot der Kommandoeinheit und (plm) für Pilot der Mondlandeeinheit (Mondfähre) im Apollo-Programm.
Die Aufenthaltsdauer im Weltraum wurde in Tagen, Stunden und Minuten (T.h:min) angegeben.
Die Namen der sowjetischen Raumfahrzeuge bedeuten: Wostok = Osten; Woschod = Morgengrauen; Sojus = Union und Mir = Frieden.
Unter der Raumkapsel-Bezeichnung des amerikanischen Mercury- sowie unter der ersten Kapsel des Gemini-Programms stehen die jeweiligen Namen, die ihnen die Astronauten verliehen hatten.
Die Raumtransporter des Space Shuttle-Programms haben offizielle Namen erhalten: Columbia, Challenger, Discovery und Atlantis.
KCS steht für Kennedy Space Center in Cape Canaveral, Florida.
EVA steht für Extra Vehicular Activity = Außerbordtätigkeit eines Raumfahrers.
Beim Space Shuttle bezieht sich die Masseangabe auf den Orbiter und seine Ladung.
Wenn eine Besatzung in der Umlaufbahn in ein anderes Sojus-Raumschiff überwechselte, so bezieht sich das in Klammern angegebene Rückkehr-Datum auf das jeweils tatsächlich dafür verwendete Raumschiff.

Gesamtregister

(Die fettgedruckten Seitenzahlen verweisen auf Abbildungen)